MACAULAY'S MAMMUT-BUCH DER TECHNIK

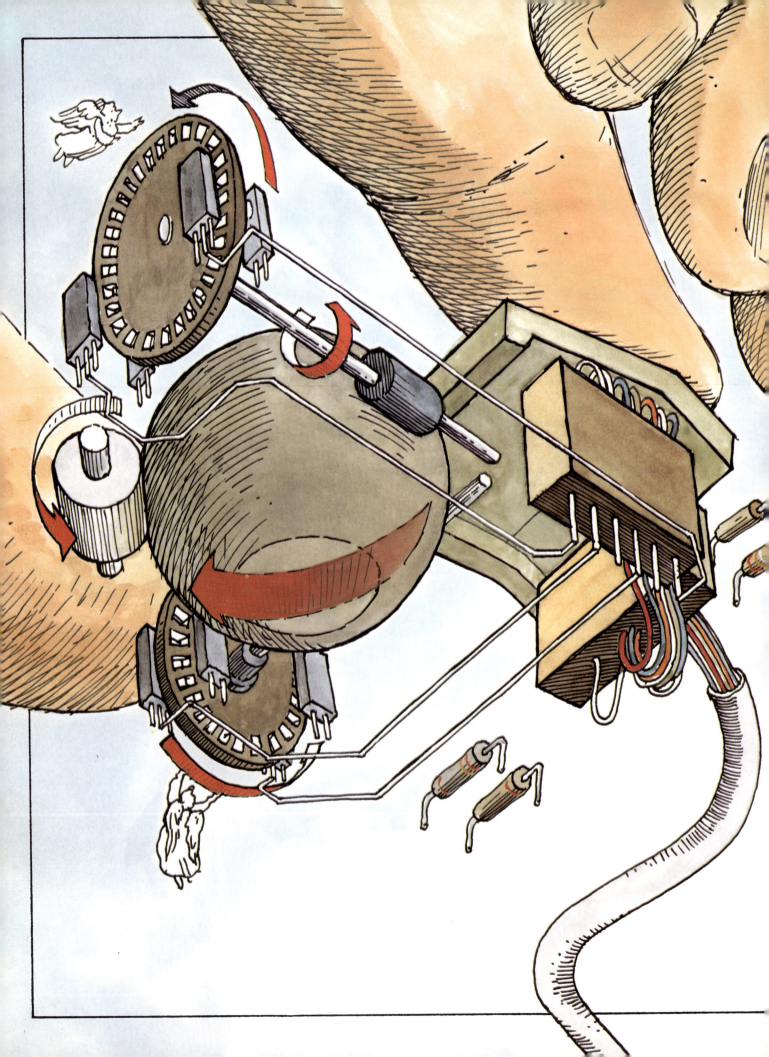

MACAULAY'S MAMMUT-BUCH DER TECHNIK

DAVID MACAULAY
UND
NEIL ARDLEY

DEUTSCH VON
HELMUT MENNICKEN

TESSLOFF

Die Arbeit am MAMMUT-BUCH DER TECHNIK hat
mich drei Jahre lang beschäftigt. Ohne die Hilfe
und die Unterstützung einiger Leute hätte es gut und
gerne doppelt so lange dauern können. Vor allem
und zu allererst bin ich Neil Ardley zu großem
Dank verpflichtet, der die technischen Texte
besorgte und der sein breites Wissen über dieses
Thema mit enormer Geduld und Enthusiasmus
in dieses Projekt einbrachte. Ein anderes
Mitglied der Arbeitsgruppe, dem ich danken
möchte, ist David Burnie, dessen Einsatz
als Herausgeber, organisatorisches Geschick und
unerschöpfliches Gefühl für das Buch von Anfang
an bis zum Schluß nur noch von seiner vorgeblichen
Ruhe angesichts der drohenden Abgabetermine übertroffen
wurde. Peter Luff lieferte sowohl als Designer den
graphischen Rahmen für das Buch, der den visuellen
Zusammenhang sicherstellt, wie er mir auch bei der
Anfertigung der Illustrationen als Kritiker von unschätzbarem
Wert war. Ich möchte auch Christopher Davis danken, der
mich trickreich bei einem Plausch nach einem Abendessen
beschwatzte, dieses Projekt als erstes in Angriff zu nehmen,
und auch Linda, Ben und Sam Davis, die mir während der
zahlreichen Besprechungen in London ein zweites Zuhause
bereiteten. Schließlich möchte ich meiner Frau Ruth danken,
die mich abwechselnd bei diesem Projekt und den damit
verbundenen Arbeiten ermutigt und hat gewähren lassen.
Ihr ist dieses Buch in Liebe gewidmet.

Ein Dorling Kindersley Buch
Originaltitel: The Way Things Work

Copyright © 1988 by Dorling Kindersley Limited. London
Übersetzung Copyright © 1989 by Tessloff Verlag, Nürnberg

ISBN 3-7886-0133-7

Printed in Spain by Artes Graficás Toledo, S.A.
D.L.TO:2418–1989

INHALT

DIE MECHANIK
DER BEWEGUNG

INHALT

Als Begleitung
& Verdeutlichung des ersten Teils des

GROSSEN WERKS

wird demüthig angedienet

aus meinem eigenen Skizzenbuch

ein höchst persönlicher Bericht über einige

NACHFORSCHUNGEN

betreffend das Prinzip & die Arbeitsweise verschiedener

MECHANISCHER
MASCHINEN

ans Licht der Sonne gebracht

während des EINFANGENS, der ZÄHMUNG

& nachfolgender BESCHÄFTIGUNG

—— DES ——

GROSSEN WOLLENEN MAMMUTS

welcher völlig frei ist von der Verwirrung des

GESUNDEN MENSCHENVERSTANDES.

So wie während meiner Reisen beobachtet und aufgezeichnet

...um Ergötzen kommender Generationen und

EINLEITUNG

Für jede Maschine ist die Arbeit eine Sache des Naturgesetzes, denn alles, was eine Maschine leistet, tut sie in Übereinstimmung mit einer Anzahl von Prinzipien oder naturwissenschaftlichen Gesetzen. Um zu sehen, wie eine Maschine arbeitet, genügt es, daß man einfach den Deckel abnimmt, um hineinzusehen. Doch um zu verstehen, was dort vor sich geht, muß man wissen, welche Naturgesetze ihre Arbeitsweise bestimmen.

Die Maschinen in diesem Teil und den folgenden Teilen von MACAULAY'S MAMMUT-BUCH DER TECHNIK sind aus diesem Grund eher entsprechend den Naturgesetzen, die sie regieren, als nach ihrer Verwendung zusammengestellt. Dadurch entstehen interessante Nachbarschaften: Schulter an Schulter befinden sich zum Beispiel Pflug und Reißverschluß wie auch das hydroelektrische Kraftwerk und der Zahnbohrer. Mögen sie auch unterschiedlich aussehen, sich in den Ausmaßen sehr unterscheiden und verschiedene Zwecke erfüllen, so arbeiten sie doch — betrachtet sie man unter dem Blickwinkel der Naturgesetze — auf die nämliche Art und Weise.

TRIEBWERKE IN BETRIEB

Mechanische Maschinen arbeiten mit Teilen, die sich bewegen: mit Hebeln, Zahnrädern, Treibriemen, Rädern, Nocken, Kurbeln und Federn. Oft sind sie in komplizierten Verbindungen miteinander verknüpft: einige von ihnen sind groß genug, um Berge zu versetzen, andere wiederum so klein, daß sie fast unsichtbar sind. Manchmal ist ihre Bewegung so schnell, daß sie in einem Gewirr von wirbelnden Wellen und rotierenden Zahnrädern untergeht, und manchmal so langsam, daß es schwerfällt zu sagen, ob sich überhaupt etwas bewegt.

Doch bei allen Unterschieden im Aussehen sollen alle Maschinen, die mechanische Teile verwenden, nur einen einzigen Zweck erfüllen: sie sollen sicherstellen, daß genau die richtige Menge Bewegung durch exakt die richtige Menge Kraft genau dort erzeugt wird, wo man sie braucht.

BEWEGUNG UND KRAFT

Viele mechanische Maschinen sind lediglich zu dem Zweck erfunden worden, eine Bewegungsform in eine andere umzuwandeln. Diese Bewegung kann entweder linear (dabei handelt es sich oft um eine Hin- und Herbewegung wie beim Auf und Ab eines Kolbens) oder kreisförmig sein. Viele Maschinen wandeln eine lineare Bewegung in eine Kreisbewegung um und umgekehrt, weil die Kraftquelle, die die Maschine antreibt, oftmals in eine Richtung geht, die Maschine aber in die entgegengesetzte. Doch unabhängig davon, ob die Bewegungsrichtung umgewandelt wird oder nicht, bewegen sich die mechanischen Teile, um die angewendete Kraft in eine größere oder kleinere zu verwandeln, die für die gestellte Aufgabe angemessen ist. Alle mechanischen Maschinen haben es mit Kräften zu tun. Sie verhalten sich dabei genauso wie die Menschen, wenn sie in Bewegung kommen: dazu ist einige Leistung vonnöten. Eine Bewegung startet nicht plötzlich von allein, selbst dann nicht, wenn man einen Gegenstand fallen läßt. Eine Antriebskraft ist erforderlich — der Schub eines Motors, die Muskelkraft oder die Schwerkraft zum Beispiel. Diese Antriebskraft muß dann in der richtigen Menge an den richtigen Platz gelangen.

Es bedarf eines gerüttelten Maßes an Erfindungsgabe, um eine Kraft von dem einen an den anderen Ort zu übertragen und sicherzustellen, daß sie in der richtigen Menge dort ankommt. Wenn man die Griffe eines Dosenöffners zusammendrückt, dann schneidet das Messerblatt ohne Mühen durch den Dosendeckel. Das Gerät ermöglicht also etwas, was sonst unmöglich wäre. Diese Aufgabe erledigt der Dosenöffner nicht, indem er einem Kraft gibt, wenn man keine hat, sondern indem er die Kraft aus dem Handgelenk in eine für diese Erledigung der Aufgabe nützliche Form umwandelt — in diesem Fall, indem er sie vergrößert — und sie dort anwendet, wo sie benötigt wird.

DIE MATERIE ZUSAMMENHALTEN

Jeder Körper auf der Erde wird von drei grundlegenden Kräftearten zusammen- und an seinem Ort gehalten; eigentlich alle Maschinen benutzen nur jeweils zwei davon.

Die erste Kräfteart ist die Schwerkraft (Gravitation), die zwei Körper aufeinander ausüben. Sie wird vermutlich als große Kraft erscheinen, ist jedoch bei weitem die schwächste der drei Kräfte. Ihre Wirkung ist nur deshalb bemerkenswert, weil ihre Größe von der Masse der beiden betroffenen Körper abhängt und weil einer dieser Körper — die ganze Erde — eine enorme Masse besitzt.

Die zweite Kraft ist die elektrische Kraft, die zwischen Atomen besteht. Sie ist für die Elektrizität verantwortlich, ein Thema, das im letzten Teil von MACAULAY'S MAMMUT-BUCH DER TECHNIK behandelt wird. Die elektrische Kraft verbindet die Atome, aus denen alle Körper bestehen, und hält sie mit gewaltiger Stärke zusammen. In den Maschinen wird die Bewegung nur deshalb von den einzelnen Teilen — es sei denn, sie brechen — übertragen, weil Atome und Gruppen von Atomen (Moleküle) in diesen Teilen von elektrischen Kräften zusammengehalten werden. Aus diesem Grund benutzen alle mechanischen Maschinen diese Kraft auf indirektem Weg. Zudem benutzen einige Maschinen, wie Federn und Bremssysteme, sie auch direkt, um Bewegung zu erzeugen oder sie zu verhindern.

Die dritte Kraft ist die Atomkraft, die die Elementarteilchen in den Atomkernen zusammenhält. Diese Kraft ist von allen die gewaltigste; sie wird nur in solchen Maschinen freigesetzt, die Kernkraft erzeugen.

DIE ERHALTUNG DER ENERGIE

Dem Funktionieren der Maschinen liegt ein Prinzip zugrunde, das alle anderen umfaßt — das Prinzip von der Erhaltung der Energie. Damit ist nicht so sehr der heutzutage überlebensnotwendig gewordene sparsame Umgang mit Energie gemeint, sondern vielmehr das, was mit der Energie geschieht, wenn sie benutzt wird, das heißt, man erhält nur soviel Energie aus einer Maschine, wie man vorher in sie hineingesteckt hat — nicht mehr und nicht weniger.

Wenn ein Motor arbeitet oder die Muskeln sich bewegen, um Kraft in eine Maschine einzuspeisen, übertragen sie diese Energie auf sie; ein Mehr an Kraft oder Bewegung ergibt ein Mehr an Energie. Bewegung ist eine besondere Energieform, die kinetische Energie heißt. Sie entsteht, indem andere Energieformen umgewandelt werden, wie zum Beispiel die potentielle Energie, die eine Feder gespeichert hat, die Wärmeenergie in einem Benzinmotor, die elektrische Energie in einem Elektromotor oder die chemische Energie in den Muskeln.

Wenn eine Maschine eine Kraft überträgt und sie anwendet, dann kann sie nur soviel Energie aufwenden, wie in sie hineingesteckt wurde, um sie in Bewegung zu setzen. Wenn die Kraft, die die Maschine aufwendet, größer sein soll, so muß die erzeugte Bewegung entsprechend kleiner werden, und umgekehrt. Insgesamt gesehen bleibt die Summe aller Energien erhalten. Das Prinzip von der Erhaltung der Energie bestimmt alle Vorgänge. Federn können zwar mehr Energie aufnehmen, und Reibung kann Energie in Wärme umwandeln, doch nimmt man alles in allem, so wird weder Energie geschaffen noch welche vernichtet.

Würde das Prinzip von der Erhaltung der Energie plötzlich aus dem Katalog der Regeln gestrichen, die die Arbeit von Maschinen bestimmen, dann würde nichts mehr funktionieren. Würde Energie während der Arbeit von Maschinen vernichtet — unabhängig davon, wie mächtig die Maschinen sind —, so würden sie doch unweigerlich langsamer werden und schließlich anhalten. Würde dagegen durch die Arbeit von Maschinen Energie geschaffen, so liefen die Maschinen schneller und immer schneller, wobei sich Energie wahrhaft titanischer Ausmaße ansammeln würde. In beiden Fällen würde die Erde zu existieren aufhören — mit einem Seufzer im ersten und mit einem Knall im zweiten Fall. Doch das Prinzip von der Erhaltung der Energie ist auch weiterhin in Kraft, und sämtliche Maschinen gehorchen ihm. Jedenfalls fast alle. Atomare Maschinen bilden eine Ausnahme — doch das ist eine andere Geschichte, die wir uns für den zweiten Teil von MACAULAY'S MAMMUT-BUCH DER TECHNIK aufheben wollen.

DIE SCHIEFE EBENE

WIE FÄNGT MAN EIN MAMMUT?

*I*m Frühjahr jenen Jahres hatte man mich in das Land des vielgesuchten wollenen Mammuts eingeladen, das von den inzwischen vertraut gewordenen hohen Holztürmen der Mammutfänger übersät ist. In früheren Zeiten wurde das Mammut nämlich seines delikaten Fleisches wegen gejagt. Doch seine später erkannte Nützlichkeit als Arbeits- und seine wachsende Beliebtheit als Haustier führten zu einer stets verfeinerten und weniger vernichtenden Methode seiner Ergreifung.

Jedes nichtsahnende Tier wurde zu einem der Türme gelockt, von dem man einen Findling in den angemessenen Ausmaßen aus menschenfreundlicher Höhe auf den dicken Schädel des Tiers plumpsen ließ. Das auf diese Weise betäubte Mammut ließ sich dann ohne Widerstand zu einer Koppel führen, wo es mit einem Eisbeutel und frischem Sumpfgras schnell über seine verletzten Gefühle und sein angeborenes Mißtrauen hinweggetröstet wurde.

DAS PRINZIP DER SCHIEFEN EBENE

Die Gesetze der Physik besagen, daß es einer gewissen Menge an Arbeit bedarf, um einen Gegenstand — zum Beispiel einen Findling zwecks Betäubung eines Mammuts — auf eine bestimmte Höhe zu hieven. Dieselben Gesetze besagen auch, daß diese Arbeitsmenge nicht verringert werden kann. Die Rampe, auf die man gern zurückgreift, macht das Leben erträglicher, nicht etwa weil sie die Arbeitsmenge verändert, sondern vielmehr die *Art und Weise*, in der diese Arbeit ausgeführt wird.

Die Arbeit als physikalische Größe ist das Produkt aus hineingesteckter Kraft und Verschiebung (Weg) in der Kraftrichtung. Nimmt die Kraft zu, so nimmt entsprechend der Weg ab, und umgekehrt.

Am ehesten versteht man dieses Prinzip, wenn man sich zwei Extreme vor Augen führt. Möchte man einen Berg auf

dem steilsten Weg besteigen, so verlangt dies die größte Kraft, der Weg dagegen ist hierbei am kürzesten. Steigt man den Berg aber immer auf einem sanften Abhang hinauf, so ist der Weg am längsten. Die Arbeit ist in beiden Fällen identisch und ergibt sich aus der Kraft (die man aufwendet), multipliziert mit dem Weg, über den man diese Kraft erbringt.

Was man also an Kraft gespart hat, muß man für den Weg ausgeben. Dies ist eine Grundregel, der viele mechanische Geräte gehorchen, und aus diesem Grund funktioniert die Rampe: sie verringert die erforderliche Kraft, um einen Gegenstand zu heben, indem sie die Wegstrecke verlängert.

Die Rampe ist ein Beispiel für eine schiefe Ebene. Schon im Altertum nutzten die Ägypter dieses Prinzip. Mit Hilfe von Rampen bauten sie ihre Pyramiden und Tempel. Seither wird dieses Prinzip bei vielen verschiedenen Geräten angewendet.

Während das Verfahren mehr oder weniger erfolgreich war, gab es dennoch eine Reihe empfindlicher Rückschläge. Das größte Problem war, einen schweren Findling auf die richtige Höhe zu schaffen. Dazu war nämlich eine dem Herkules würdige Kraftanstrengung vonnöten, und dabei wurde Herkules erst viele Jahrhunderte später geboren. Ein weiteres Problem bestand darin, daß das getroffene Mammut stets in den Holzturm stürzte, seine Jäger dabei zu Boden beförderte oder zumindest die Aufbauten schwer beschädigte.

Nachdem ich ein paar Berechnungen gemacht hatte, informierte ich meine Gastgeber davon, daß beide Probleme zugleich gelöst werden könnten, wenn man statt eines Holzturms eine schräge Fläche oder Rampe benutzen würde. Die für die Rampe typische Robustheit machte sie praktisch selbst dann unzerstörbar, wenn ein Mammut dagegen taumelte. Und nun konnte man den Findling, statt ihn im Schweiße des Angesichts mühsam hochzuhieven, allmählich auf die gewünschte Höhe rollen, was zudem weit weniger schweißtreibend war.

Zuerst konnten meine Gastgeber mit meiner genialen, weil verblüffend einfachen Lösung verständlicherweise nicht viel anfangen. „Und was machen wir mit unseren Holztürmen?" fragten sie vielmehr als erstes äußerst skeptisch. Ich stellte einige weitere Berechnungen an und schlug dann vor, man solle in den unteren Stockwerken Geschäfts- und Lagerräume, in den oberen dagegen Luxusappartements einrichten.

SO HÄNGEN KRAFT UND WEG ZUSAMMEN

Die schräge Seite der Rampe ist doppelt so lang wie die senkrechte. Um eine Last über die schräge Seite zu hieven, ist daher eine halb so große Kraft vonnöten, wie über die senkrechte Seite.

HALBE KRAFT

VOLLE KRAFT

SCHRÄGE SEITE

SENKRECHTE SEITE

DER KEIL

Das Prinzip der schiefen Ebene erscheint in den meisten Maschinen, die davon Gebrauch machen, in der Form eines Keils. Ein Türkeil ist eine einfache Anwendung: Man schiebt das spitze Ende eines Keils unter die Tür und weiter vor, und schon öffnet sich die Tür.

Der Keil wirkt dabei als eine bewegliche schiefe Ebene. Statt einen Gegenstand über eine schiefe Ebene hochzuwuchten, kann man nämlich auch die schiefe Ebene bewegen: das Resultat ist dasselbe. Da die Ebene einen größeren Weg zurücklegt als der Gegenstand, hebt sie ihn mit einer größeren Kraft. So funktioniert der Türkeil. Wenn der Keil sich unter die Türe schiebt, so hebt er sie leicht an und übt eine starke Kraft auf sie aus. Die Tür dagegen drückt den Keil stark gegen den Boden, und die ▷ Reibung mit dem Boden hält den Keil dort fest und somit die Tür offen.

SCHLÖSSER UND SCHLÜSSEL

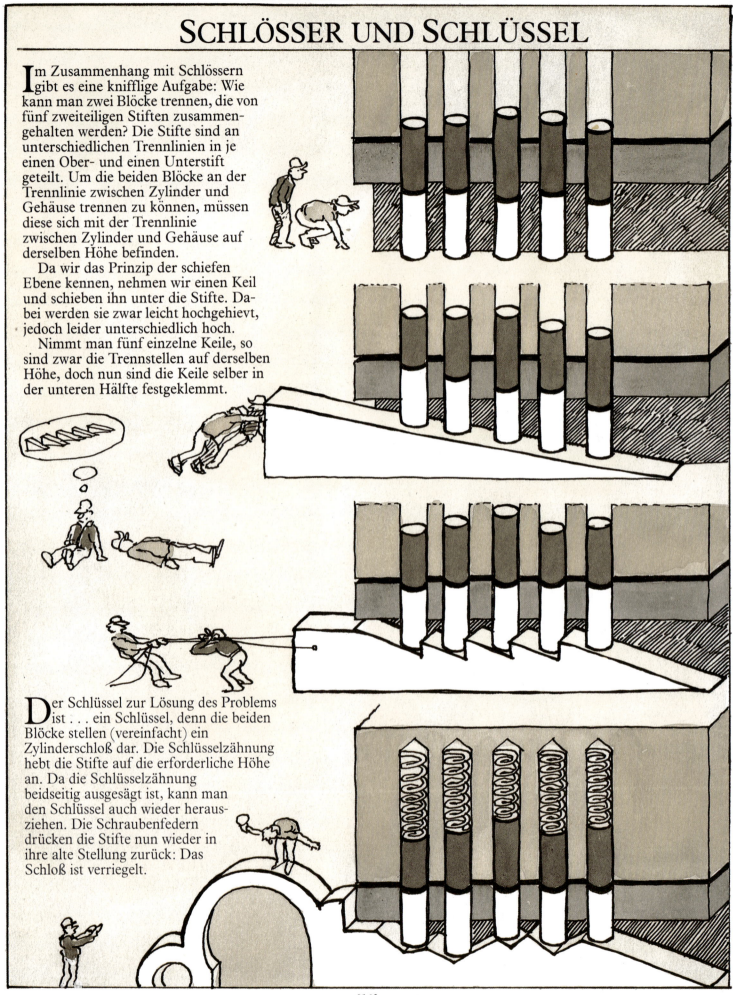

Im Zusammenhang mit Schlössern gibt es eine knifflige Aufgabe: Wie kann man zwei Blöcke trennen, die von fünf zweiteiligen Stiften zusammengehalten werden? Die Stifte sind an unterschiedlichen Trennlinien in je einen Ober- und einen Unterstift geteilt. Um die beiden Blöcke an der Trennlinie zwischen Zylinder und Gehäuse trennen zu können, müssen diese sich mit der Trennlinie zwischen Zylinder und Gehäuse auf derselben Höhe befinden.

Da wir das Prinzip der schiefen Ebene kennen, nehmen wir einen Keil und schieben ihn unter die Stifte. Dabei werden sie zwar leicht hochgehievt, jedoch leider unterschiedlich hoch.

Nimmt man fünf einzelne Keile, so sind zwar die Trennstellen auf derselben Höhe, doch nun sind die Keile selber in der unteren Hälfte festgeklemmt.

Der Schlüssel zur Lösung des Problems ist . . . ein Schlüssel, denn die beiden Blöcke stellen (vereinfacht) ein Zylinderschloß dar. Die Schlüsselzähnung hebt die Stifte auf die erforderliche Höhe an. Da die Schlüsselzähnung beidseitig ausgesägt ist, kann man den Schlüssel auch wieder herausziehen. Die Schraubenfedern drücken die Stifte nun wieder in ihre alte Stellung zurück: Das Schloß ist verriegelt.

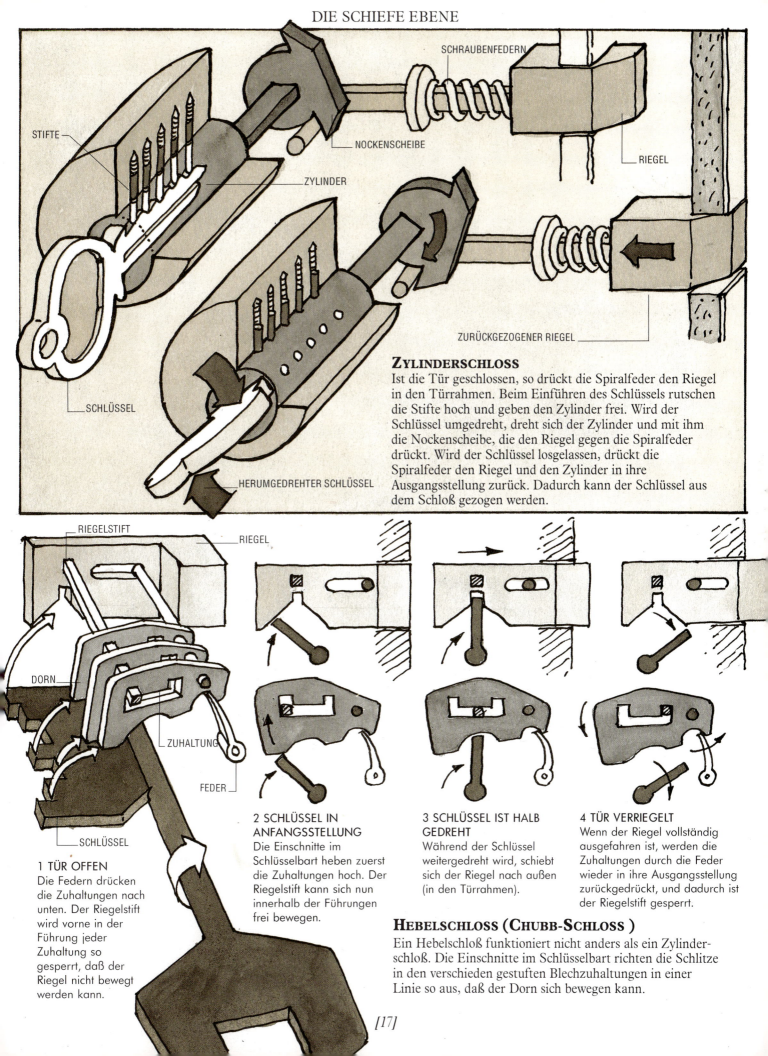

STIFTE

NOCKENSCHEIBE

ZYLINDER

SCHRAUBENFEDERN

RIEGEL

SCHLÜSSEL

ZURÜCKGEZOGENER RIEGEL

HERUMGEDREHTER SCHLÜSSEL

ZYLINDERSCHLOSS

Ist die Tür geschlossen, so drückt die Spiralfeder den Riegel in den Türrahmen. Beim Einführen des Schlüssels rutschen die Stifte hoch und geben den Zylinder frei. Wird der Schlüssel umgedreht, dreht sich der Zylinder und mit ihm die Nockenscheibe, die den Riegel gegen die Spiralfeder drückt. Wird der Schlüssel losgelassen, drückt die Spiralfeder den Riegel und den Zylinder in ihre Ausgangsstellung zurück. Dadurch kann der Schlüssel aus dem Schloß gezogen werden.

RIEGELSTIFT

RIEGEL

DORN

ZUHALTUNG

FEDER

SCHLÜSSEL

1 TÜR OFFEN
Die Federn drücken die Zuhaltungen nach unten. Der Riegelstift wird vorne in der Führung jeder Zuhaltung so gesperrt, daß der Riegel nicht bewegt werden kann.

2 SCHLÜSSEL IN ANFANGSSTELLUNG
Die Einschnitte im Schlüsselbart heben zuerst die Zuhaltungen hoch. Der Riegelstift kann sich nun innerhalb der Führungen frei bewegen.

3 SCHLÜSSEL IST HALB GEDREHT
Während der Schlüssel weitergedreht wird, schiebt sich der Riegel nach außen (in den Türrahmen).

4 TÜR VERRIEGELT
Wenn der Riegel vollständig ausgefahren ist, werden die Zuhaltungen durch die Feder wieder in ihre Ausgangsstellung zurückgedrückt, und dadurch ist der Riegelstift gesperrt.

HEBELSCHLOSS (CHUBB-SCHLOSS)

Ein Hebelschloß funktioniert nicht anders als ein Zylinderschloß. Die Einschnitte im Schlüsselbart richten die Schlitze in den verschieden gestuften Blechzuhaltungen in einer Linie so aus, daß der Dorn sich bewegen kann.

SCHNEIDEMASCHINEN

Fast alle Schneidemaschinen verwenden einen Keil, eine Spielart der schiefen Ebene. Ein keilförmiges Schneideblatt wandelt eine Vorwärtsbewegung in eine des Teilens oder Abtrennens um, die rechtwinklig zur Schneide wirkt.

BEWEGUNG ABWÄRTS

BEWEGUNG SEITWÄRTS

KEILFÖRMIG GESCHNITTENE BLÄTTER

SCHERE

Jedes Blatt wirkt wie ein zweiarmiger ▷ Hebel. Die geschliffenen Kanten der Blätter bilden zwei Keile, die mit großer Kraft aus entgegengesetzten Richtungen in ein Material schneiden.

▷ bedeutet stets: siehe auch Stichwort im Register.

AXT

Eine Axt ist lediglich ein Keil am Stiel. Die lange Abwärtsbewegung erzeugt eine solch gewaltige Seitwärtskraft, daß dadurch das Holz gespalten wird. Die Axt besitzt einen eingebauten Keil: ein Metallstift wird in das Stielende getrieben, das somit eingeklemmt wird.

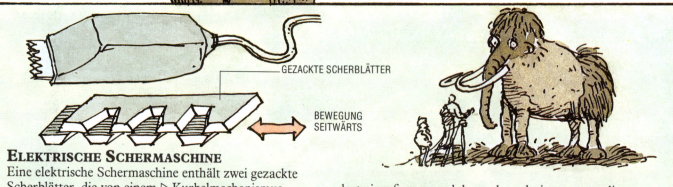

GEZACKTE SCHERBLÄTTER

BEWEGUNG SEITWÄRTS

ELEKTRISCHE SCHERMASCHINE

Eine elektrische Schermaschine enthält zwei gezackte Scherblätter, die von einem ▷ Kurbelmechanismus angetrieben und hin und her bewegt werden. Befinden sich die Zacken übereinander, werden Stiele oder Haare dort eingefangen und dann abgeschnitten, wenn die Blätter sich zur Seite bewegen. Ähnlich wie bei der Schere wirken die Scherblätter wie ein Paar Keile.

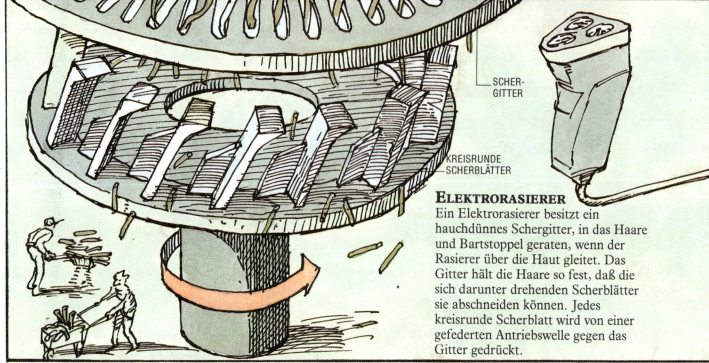

SCHER-GITTER

KREISRUNDE SCHERBLÄTTER

ELEKTRORASIERER

Ein Elektrorasierer besitzt ein hauchdünnes Schergitter, in das Haare und Bartstoppel geraten, wenn der Rasierer über die Haut gleitet. Das Gitter hält die Haare so fest, daß die sich darunter drehenden Scherblätter sie abschneiden können. Jedes kreisrunde Scherblatt wird von einer gefederten Antriebswelle gegen das Gitter gedrückt.

DER DOSENÖFFNER

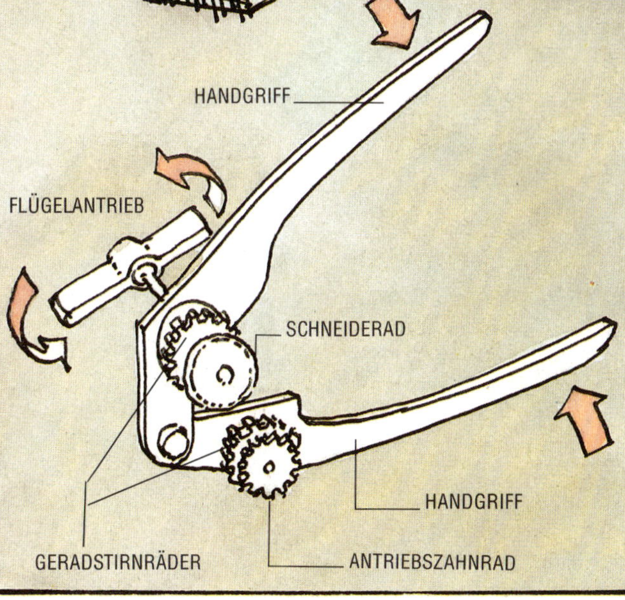

HANDGRIFF

FLÜGELANTRIEB

SCHNEIDERAD

HANDGRIFF

GERADSTIRNRÄDER

ANTRIEBSZAHNRAD

Ein Dosenöffner hat ein scharfkantiges Scherblatt oder -rad, das in den Dosendeckel schneidet. Ein Zahnrad fährt genau unter dem Dosenrand entlang und dreht die Dose so, daß das Schneiderad weiter in den Deckel hineingedrückt wird. Mit zwei übereinanderliegenden Geradstirnrädern wird die Drehkraft des Flügelantriebs auf das Antriebszahnrad übertragen.

DER PFLUG

Ein Pflug ist nichts anderes als ein Keil, der von einem Zugtier oder einem Traktor durch den Akkerboden gezogen wird. Dabei schneidet er mit Sech und Schar den obersten Streifen Erde (Erdbalken) heraus, wendet ihn mit Hilfe des Streichblechs, verlagert ihn seitlich und zerkleinert ihn dabei. Auf diese Weise wird der Boden für die Neubepflanzung grob gelockert und die Vegetation im Boden umgewälzt, wodurch sie verrottet und die neue Saat mit Nahrung versorgt. Der Pflug ist eine der ältesten Maschinen der Menschheit und seit mehr als 5000 Jahren bekannt.

DIE HAUPTBESTANDTEILE EINES PFLUGS

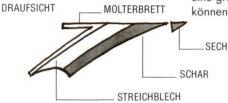

SEITENANSICHT

DRAUFSICHT

MOLTERBRETT

SECH

SCHAR

STREICHBLECH

Ein Pflug besteht aus vier stählernen Hauptbestandteilen. Das Sech geht dem Hauptkörper voran, der aus Schar, Streichblech und Molterbrett besteht. Sech, Schar und Streichblech verhalten sich wie Keile, die eine große Kraft ausüben können.

DIE EINZELNEN PHASEN BEIM PFLÜGEN

DAS SECH trennt den Erdbalken senkrecht auf.

Das Sech (Pflugmesser oder -kolter) trennt den umzupflügenden Erdbalken senkrecht auf. Ein von Tieren gezogener Pflug hat ein feststehendes Messer als Sech. Der von einem Traktor gezogene Pflug hat meistens ein Scheiben-Sech, ein scharfkantiges Rad, das sich dreht, wenn der Pflug vorwärtsgezogen wird.

Das Schar folgt dem Sech und schneidet waagerecht einen Erdbalken aus dem Boden heraus. An ihm ist das Streichblech befestigt, das diesen Erdbalken anhebt, wendet und seitlich verlagert. So entsteht eine Furche, die beim nächsten Durchgang vom Erdbalken daneben gefüllt wird. Das Molterbrett ist seitlich vom Streichblech montiert und gleitet an der senkrechten Wand der Furche entlang.

DAS PFLUGSCHAR schneidet die oberste Bodenschicht waagerecht ab.

DAS STREICHBLECH hebt den Erdbalken an und wendet ihn.

DER REISSVER[...]

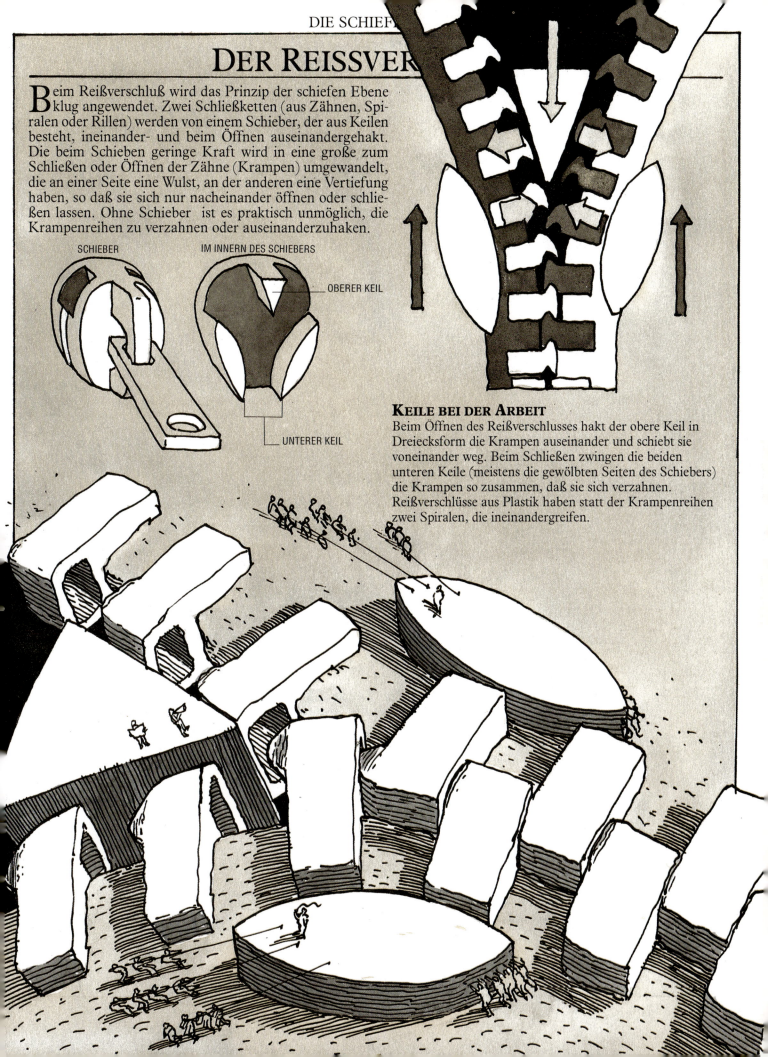

Beim Reißverschluß wird das Prinzip der schiefen Ebene klug angewendet. Zwei Schließketten (aus Zähnen, Spiralen oder Rillen) werden von einem Schieber, der aus Keilen besteht, ineinander- und beim Öffnen auseinandergehakt. Die beim Schieben geringe Kraft wird in eine große zum Schließen oder Öffnen der Zähne (Krampen) umgewandelt, die an einer Seite eine Wulst, an der anderen eine Vertiefung haben, so daß sie sich nur nacheinander öffnen oder schließen lassen. Ohne Schieber ist es praktisch unmöglich, die Krampenreihen zu verzahnen oder auseinanderzuhaken.

SCHIEBER

IM INNERN DES SCHIEBERS

OBERER KEIL

UNTERER KEIL

KEILE BEI DER ARBEIT

Beim Öffnen des Reißverschlusses hakt der obere Keil in Dreiecksform die Krampen auseinander und schiebt sie voneinander weg. Beim Schließen zwingen die beiden unteren Keile (meistens die gewölbten Seiten des Schiebers) die Krampen so zusammen, daß sie sich verzahnen. Reißverschlüsse aus Plastik haben statt der Krampenreihen zwei Spiralen, die ineinandergreifen.

HEBEL

WIE WIEGT MAN EIN MAMMUT?

*B*evor ein Mammut an seinen Bestimmungsort verschifft wird, muß es gewogen werden. In einem Dorf war ich in der glücklichen Lage, diese Prozedur aus nächster Nähe beobachten zu können. Ein kräftiger Baumstamm wurde genau in seiner Mitte auf einen Findling gelegt. Ein Ende wurde auf den Boden gedrückt, und man ermunterte das Mammut, sich daraufzusetzen. Kaum schien das Tier sich einigermaßen bequem niedergelassen zu haben, da kletterten auch schon einige Dorfbewohner auf das andere Ende des Stamms. Langsam sank ihr Ende hinunter, während das bestürzte Mammut sich nach oben bewegte. Wenn der Baumstamm sich in der Waagerechten befinde, so sagte man mir, entspreche das Gesamtgewicht der Dorfbewohner dem des Mammuts. Das schien mir sehr einleuchtend.

DAS HEBELGESETZ

Der Baumstamm verhält sich wie ein Hebel, der nichts weiter ist als ein Körper (eine Stange oder ein Stab), der auf einem Dreh- oder Angelpunkt aufliegt und sich um diese Achse dreht. Greift nun eine *Kraft* durch Druck oder Zug an einem Hebelende an, dreht sich der Hebel um die Achse, um an seinem anderen Ende eine *Last* zu heben oder einen Widerstand zu überwinden.

An welcher Stelle sich der Auflagepunkt des Hebels befindet, ist ebenso von Bedeutung wie die Größe der Kraft, die auf den Hebel wirkt. Ähnlich wie bei der schiefen Ebene verkleinert man die Kraft, indem man den Weg vergrößert. Manche Hebel kehren diese Wirkungsmöglichkeit um, indem sie die Kraft vergrößern, um etwas an Weg einzusparen.

Bei Hebeln hängt der zurückgelegte Weg davon ab, wie weit Kraft und Last vom Auflagepunkt entfernt sind. Das Hebelgesetz besagt, daß am Hebel Gleichgewicht herrscht, wenn das resultierende Drehmoment der an ihm angreifenden Kräfte gleich Null ist. Beim einfachen geraden Hebel gilt: Kraft × Kraftarm = Last × Lastarm.

AUFLAGEPUNKT IN DER HEBELMITTE

Kraft und Last befinden sich gleich weit vom Auflagepunkt entfernt. In diesem Fall sind Kraft und Last gleich groß, und beide bewegen sich um denselben Weg, wenn der Hebel sich um den Auflagepunkt bewegt.

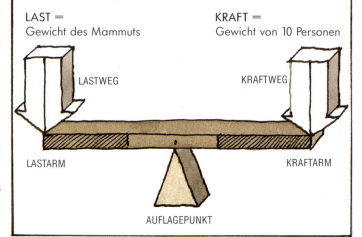

LAST =
Gewicht des Mammuts

KRAFT =
Gewicht von 10 Personen

LASTWEG

KRAFTWEG

LASTARM

KRAFTARM

AUFLAGEPUNKT

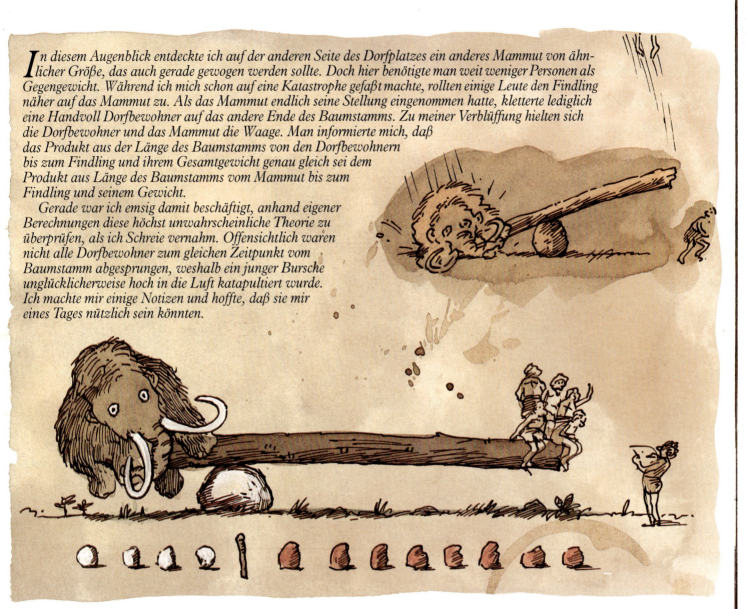

In diesem Augenblick entdeckte ich auf der anderen Seite des Dorfplatzes ein anderes Mammut von ähnlicher Größe, das auch gerade gewogen werden sollte. Doch hier benötigte man weit weniger Personen als Gegengewicht. Während ich mich schon auf eine Katastrophe gefaßt machte, rollten einige Leute den Findling näher auf das Mammut zu. Als das Mammut endlich seine Stellung eingenommen hatte, kletterte lediglich eine Handvoll Dorfbewohner auf das andere Ende des Baumstamms. Zu meiner Verblüffung hielten sich die Dorfbewohner und das Mammut die Waage. Man informierte mich, daß das Produkt aus der Länge des Baumstamms von den Dorfbewohnern bis zum Findling und ihrem Gesamtgewicht genau gleich sei dem Produkt aus Länge des Baumstamms vom Mammut bis zum Findling und seinem Gewicht.

Gerade war ich emsig damit beschäftigt, anhand eigener Berechnungen diese höchst unwahrscheinliche Theorie zu überprüfen, als ich Schreie vernahm. Offensichtlich waren nicht alle Dorfbewohner zum gleichen Zeitpunkt vom Baumstamm abgesprungen, weshalb ein junger Bursche unglücklicherweise hoch in die Luft katapultiert wurde. Ich machte mir einige Notizen und hoffte, daß sie mir eines Tages nützlich sein könnten.

HEBEL ERSTER KLASSE

Hebel kann man in drei Hauptklassen unterteilen. Bei allen Hebeln auf diesen beiden Seiten handelt es sich um Hebel erster Klasse. Sie sind nicht etwa besser als Hebel einer anderen Klasse, sondern es handelt sich um zweiarmige Hebel, deren Auflagepunkt sich stets zwischen Kraft und Last befindet.

Befindet sich der Auflagepunkt in der Mitte zwischen Kraft und Last (linke Zeichnung), so sind Kraft und Last gleich weit davon entfernt (Kraftarm = Lastarm) und gleich groß. Das Gewicht der Dorfbewohner entspricht genau dem des Mammuts.

Wenn die Dorfbewohner jedoch doppelt so weit vom Auflagepunkt entfernt sitzen wie das Mammut (rechte Zeichnung), benötigt man nur halb so viele Dorfbewohner, um das Mammut in die Höhe zu bringen. Und wenn die Personen dreimal so weit vom Auflagepunkt entfernt sitzen wie das Mammut, so benötigen sie nur ein Drittel der ursprünglichen Anzahl, und so weiter, denn mit wachsendem Abstand zum Auflagepunkt vergrößert der Hebel die Kraft, die auf ihn wirkt.

Ein solcher Hebel, bei dem sich Kraft und Last die Waage halten, ist eine einfache Maschine zum Wiegen und heißt aus diesem Grund Waage.

AUFLAGEPUNKT AUSSERHALB DER HEBELMITTE

Die Kraft befindet sich doppelt so weit vom Auflagepunkt entfernt wie die Last. In diesem Fall hat die Kraft einen doppelt so weiten Weg wie die Last; sie ist jedoch nur halb so groß.

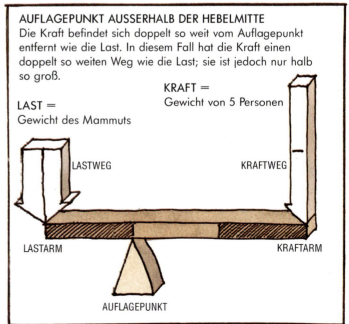

LAST =
Gewicht des Mammuts

KRAFT =
Gewicht von 5 Personen

LASTWEG

KRAFTWEG

LASTARM

KRAFTARM

AUFLAGEPUNKT

ZUR HYGIENE EINES MAMMUTS

Schon sehr früh bei meinen Nachforschungen entdeckte ich, daß ein Mammut streng riecht und seine direkte Umgebung ebenso unvermeidlich. Mit Genugtuung bemerkte ich deshalb, daß die Wärter aus dem Mammutgehege die Tiere, die sie zu betreuen haben, so abrichten, daß sie sich auf Matten setzen, damit der unerfreuliche Duft auf ein erträgliches Mindestmaß beschränkt wird. Diese Matten müssen dann gelegentlich ausgewechselt werden.

Da ein Mammut, wenn es einmal sitzt, sich bekanntlich nicht mehr vom Fleck rührt, ist es den Wärtern mit Hilfe der erfinderischen Anwendung eines Baumstamms gelungen, eine Matte sogar dann auszuwechseln, während sie vom Mammut benutzt wird. Das Ende eines entsprechend angespitzten Baumstamms wird vorsichtig unter das Mammut geschoben, ohne es oder die Matte über Gebühr zu strapazieren. Wenn das andere Stammende dann einigermaßen angehoben wird, ist das Mammut gerade so hoch vom Boden entfernt, daß man das stinkende Gewebe entfernen kann.

Die Leichtigkeit, mit der die Wärter ihre Last hochheben konnten, verblüffte mich. Ich notierte, daß während der Reinigungsarbeiten Schubkarren von unschätzbarem Wert sind.

HEBEL ZWEITER KLASSE

Der Mammutheber und auch die Schubkarre sind Beispiele für Hebel zweiter Klasse. Es handelt sich dabei um einarmige Hebel, bei denen der Auflagepunkt sich an einem Ende der Stange oder des Stabs befindet und die Kraft auf das andere Ende wirkt. Die Last liegt dazwischen.

Bei den Hebeln zweiter Klasse befindet sich die Kraft immer weiter vom Auflagepunkt entfernt als die Last. Aus diesem Grund ist hier der Lastweg kleiner als der Kraftweg, dafür aber ist die benötigte Kraft kleiner. Je näher sich die Last am Auflagepunkt befindet, um so mehr wird die Kraft vergrößert und um so leichter fällt es, diese Last zu heben. Ein Hebel zweiter Klasse vergrößert stets den Kraftweg und verringert den Lastweg.

Eine Schubkarre funktioniert wie der Hebelbaum zum Mammutheben. Mit ihrer Hilfe kann jeder eine schwere Last versetzen. Umgekehrt kann man einen Hebel auch dazu benutzen, einen Gegenstand zu pressen. Scheren und ▷ Nußknacker sind Beispiele für Hebel erster und zweiter Klasse. Diese Geräte sind zusammengesetzte Hebel, die aus Hebelpaaren bestehen, deren Auflagepunkt das Scharnier ist.

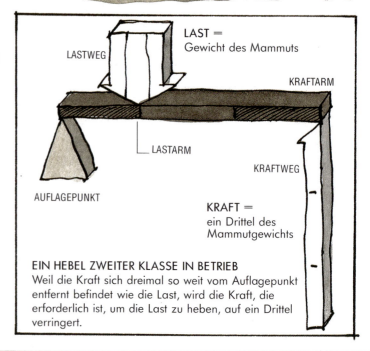

LASTWEG

LAST = Gewicht des Mammuts

KRAFTARM

LASTARM

KRAFTWEG

AUFLAGEPUNKT

KRAFT = ein Drittel des Mammutgewichts

EIN HEBEL ZWEITER KLASSE IN BETRIEB
Weil die Kraft sich dreimal so weit vom Auflagepunkt entfernt befindet wie die Last, wird die Kraft, die erforderlich ist, um die Last zu heben, auf ein Drittel verringert.

ÜBER DAS KÜRZEN VON STOSSZÄHNEN UND DAMIT ZUSAMMENHÄNGENDE PROBLEME

Mit großer Neugierde beobachtete ich, wie man einem Mammut vor dem Verschiffen als Vorsichtsmaßnahme die Stoßzähne kürzen wollte. Das Tier war erkennbar verärgert, daß die Arbeiter an ihm herumsägten, hämmerten und feilten. Kaum war mir das bekannte Sprichwort

„Mag eine Frau auch noch so wütend sein, ein zorn'ges Mammut haut alles kurz und klein" in den Sinn gekommen, als die zähneknirschende Kreatur auch schon seinen Rüssel um das Ende eines nahen Baumstamms gewunden hatte und ihn hin- und herzuschwingen begann.

Während das Trimmgerüst zusammenbrach, bemerkte ich, daß das freie Ende des Baumstamms sehr viel weiter auspendelte als der Kopf des Mammuts, der sich nur wenig bewegte, und dabei eine bemerkenswerte Geschwindigkeit erzielte.

HEBEL DRITTER KLASSE

Indem das Mammut seinen Rüssel künstlich verlängerte, hatte es etwas gemeinsam mit solch harmlosen Gerätschaften wie Angelrute und Pinzette. Denn es war zu einem riesengroßen Hebel dritter Klasse geworden.

Bei diesen einarmigen Hebeln befindet sich der Auflagepunkt an einem Ende des Hebels, doch im Unterschied zu den Hebeln zweiter Klasse ist hier die Stellung von Last und Kraft vertauscht. Die Last, die zu heben oder zu überwinden ist, befindet sich am weitesten vom Auflagepunkt entfernt, während die Kraft zwischen Auflagepunkt und Last wirkt. Da die Last am weitesten entfernt ist, wird sie müheloser bewegt als die Kraft, doch der Lastweg ist entsprechend größer. Hebel dritter Klasse vergrößern den Lastweg, verringern aber den Kraftweg.

Der Nacken des Mammuts ist der Auflagepunkt, und das Ende des Baumstamms bewegt sich weiter als der Rüssel, der ihn hält. Die Kraft, mit der die Arbeiter vom Baumstamm getroffen werden, ist geringer als die Kraft, die auf den Baumstamm wirkt, doch immerhin noch groß genug, um deren Gewicht zu übertreffen und sie auseinanderzuscheuchen.

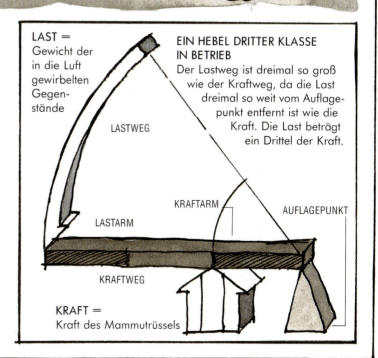

LAST =
Gewicht der in die Luft gewirbelten Gegenstände

LASTWEG

LASTARM

KRAFTARM

AUFLAGEPUNKT

KRAFTWEG

KRAFT =
Kraft des Mammutrüssels

EIN HEBEL DRITTER KLASSE IN BETRIEB
Der Lastweg ist dreimal so groß wie der Kraftweg, da die Last dreimal so weit vom Auflagepunkt entfernt ist wie die Kraft. Die Last beträgt ein Drittel der Kraft.

HEBEL IN BETRIEB

AUFLAGEPUNKT LAST KRAFT

HEBEL ERSTER KLASSE

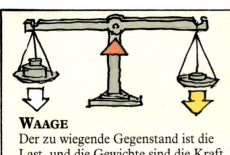

WAAGE
Der zu wiegende Gegenstand ist die Last, und die Gewichte sind die Kraft. Sind Last und Kraft gleich groß, sind sie im Gleichgewicht.

LAUFGEWICHTSWAAGE
Der Auflagepunkt liegt außerhalb der Mitte, und das Gewicht wird so lange verschoben, bis es den Gegenstand ins Gleichgewicht gebracht hat.

NAGELKLAUE
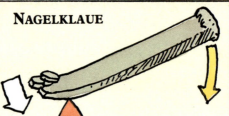

Der Druck der Hand auf die Nagelklaue wird vergrößert. Die Last ist hier der Widerstand des Nagels beim Herausziehen.

STECHKARRE
Indem man den Griff der Stechkarre mühelos kippt, kann man eine schwere Last heben.

ZANGE
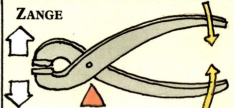

Eine Zange ist ein zusammengesetzter Hebel. Die Last ist der Widerstand gegen den Zugriff der Zange.

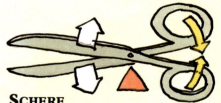

SCHERE
Eine Schere ist ein zusammengesetzter Hebel erster Klasse. Sie erzeugt eine kräftige Schneidetätigkeit sehr nahe am Scharnier.

HEBEL ZWEITER KLASSE

SCHUBKARRE
Mit wenig Kraft läßt sich eine schwere Last in der Nähe des Rads heben.

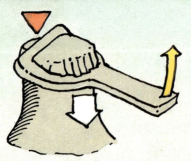

FLASCHENÖFFNER
Indem man den Hebel nach oben zieht, überwindet man den starken Widerstand der Flaschenkapsel.

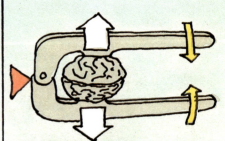

NUSSKNACKER
Ein Nußknacker ist ein zusammengesetzter Hebel zweiter Klasse. Die Last ist hier der Widerstand der Nußschale gegen das Knacken.

HEBEL DRITTER KLASSE

HAMMER

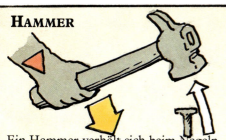

Ein Hammer verhält sich beim Nageln wie ein Hebel dritter Klasse. Der Auflagepunkt ist das Handgelenk, und die Last ist der Widerstand des Holzes. Der Hammerkopf bewegt sich beim Hämmern schneller als die Hand.

ANGELRUTE

Eine Hand liefert die Kraft, um die Rute zu bewegen, während die andere den Auflagepunkt bildet. Die Last ist das Gewicht des Fisches, der über einen langen Weg mit einer kurzen Handbewegung an Land geholt wird.

PINZETTE

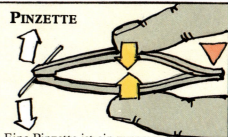

Eine Pinzette ist ein zusammengesetzter Hebel dritter Klasse. Eine kleine Fingerbewegung erzeugt eine lange Bewegung der Pinzette, um ein Haar zu greifen. Die Last ist hier der Widerstand des Haars.

MEHRFACHE HEBEL

HYDRAULIKBAGGER

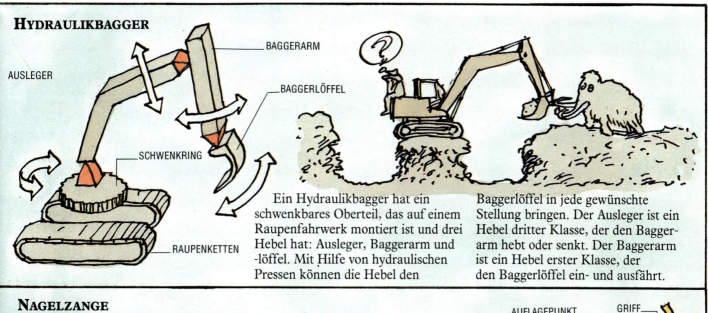

Ein Hydraulikbagger hat ein schwenkbares Oberteil, das auf einem Raupenfahrwerk montiert ist und drei Hebel hat: Ausleger, Baggerarm und -löffel. Mit Hilfe von hydraulischen Pressen können die Hebel den Baggerlöffel in jede gewünschte Stellung bringen. Der Ausleger ist ein Hebel dritter Klasse, der den Baggerarm hebt oder senkt. Der Baggerarm ist ein Hebel erster Klasse, der den Baggerlöffel ein- und ausfährt.

NAGELZANGE

Eine Nagelzange besteht aus einer geschickten Kombination zweier Hebel, mit der man starke Schnitte ausführen kann, die zugleich leicht zu steuern sind. Der Griff ist ein Hebel zweiter Klasse, der die Schneiden gegeneinander drückt. Dadurch wird eine große Kraft auf die Schneiden ausgeübt, die zusammen einen Hebel dritter Klasse bilden. Die Schneiden müssen sich nur wenig bewegen, um den Widerstand der Nägel zu überwinden.

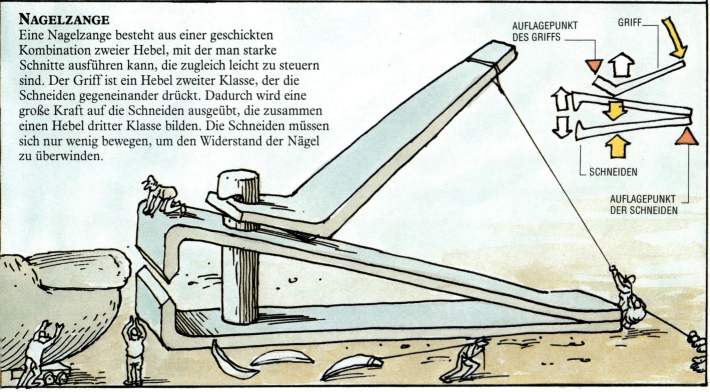

WAAGEN

DAS ROBERVAL-RÄTSEL

Diese einfache Küchenwaage beruht auf dem Roberval-Rätsel, einer Verbindung paralleler Hebel, die der französische Mathematiker Roberval sich 1669 ausgedacht hatte. Bei dieser Konstruktion bleiben die Waagschalen stets waagerecht, und die Gegenstände und Gewichte können überall auf der Waagschale abgestellt werden, ohne daß die Genauigkeit der Skala beeinträchtigt wird. Ihr Gewicht wirkt auf die Halterung jeder Schale. (Auf den erste Blick scheint dies dem Hebelgesetz zu widersprechen — daher auch das Rätsel.)

Eine Waage ist ein Hebel erster Klasse. Da die Mitte der beiden Schalen gleich weit von der Achse entfernt ist, befinden sie sich im Gleichgewicht, wenn das Gewicht einer Schale dem der anderen entspricht. Waagen mit Schalengehänge arbeiten auf dieselbe Weise.

DIE BADEZIMMERWAAGE

Aus Sicherheitsgründen bewegt sich eine Badezimmerwaage kaum, wenn man sich daraufstellt, egal, wie schwer man ist. Der Mechanismus im Innern vergrößert diese kleine Bewegung erheblich, indem er die Skalenscheibe so weit dreht, daß man sein Gewicht ablesen kann.

Ein System von Hebeln dritter Klasse, die sich im Gehäuse unter der Plattform drehen, überträgt seine Bewegung auf eine Skalenscheibe, die an der starken Hauptfeder befestigt ist. Die Hebel ziehen die Scheibe abwärts und dehnen dabei die Spiralfeder um eine Länge, die genau proportional zum Gewicht ist, eine der Haupteigenschaften von ▷ Federn. Die Kurbel — ein Hebel erster Klasse — dreht sich, von einer anderen Feder gezogen, die am Mechanismus der Skalenscheibe befestigt ist. Dieser besteht aus einem ▷ Zahnstangengetriebe, das die Skalenscheibe dreht und das Gewicht in der Öffnung der Plattform anzeigt.

Steigt man von der Plattform hinunter, zieht sich die Hauptfeder zusammen, die Plattform hebt sich und die Kurbel dreht sich, um die Skalenscheibe wieder in Nullstellung zurückzustellen.

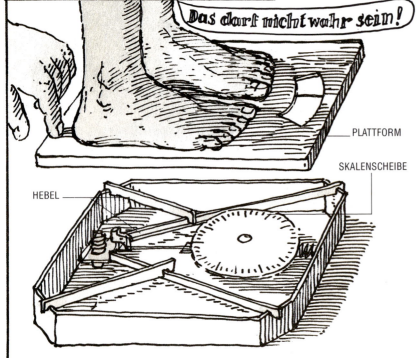

Das darf nicht wahr sein!

PLATTFORM

SKALENSCHEIBE

HEBEL

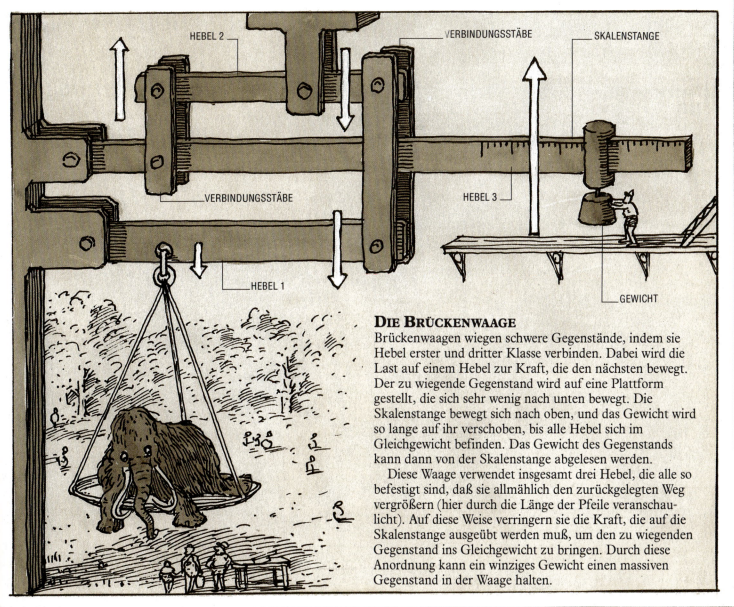

HEBEL 2

VERBINDUNGSSTÄBE

SKALENSTANGE

VERBINDUNGSSTÄBE

HEBEL 3

HEBEL 1

GEWICHT

DIE BRÜCKENWAAGE

Brückenwaagen wiegen schwere Gegenstände, indem sie Hebel erster und dritter Klasse verbinden. Dabei wird die Last auf einem Hebel zur Kraft, die den nächsten bewegt. Der zu wiegende Gegenstand wird auf eine Plattform gestellt, die sich sehr wenig nach unten bewegt. Die Skalenstange bewegt sich nach oben, und das Gewicht wird so lange auf ihr verschoben, bis alle Hebel sich im Gleichgewicht befinden. Das Gewicht des Gegenstands kann dann von der Skalenstange abgelesen werden.

Diese Waage verwendet insgesamt drei Hebel, die alle so befestigt sind, daß sie allmählich den zurückgelegten Weg vergrößern (hier durch die Länge der Pfeile veranschaulicht). Auf diese Weise verringern sie die Kraft, die auf die Skalenstange ausgeübt werden muß, um den zu wiegenden Gegenstand ins Gleichgewicht zu bringen. Durch diese Anordnung kann ein winziges Gewicht einen massiven Gegenstand in der Waage halten.

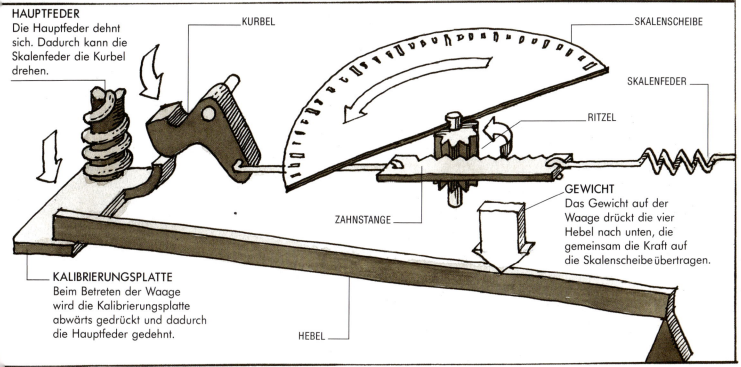

HAUPTFEDER
Die Hauptfeder dehnt sich. Dadurch kann die Skalenfeder die Kurbel drehen.

KURBEL

SKALENSCHEIBE

SKALENFEDER

RITZEL

ZAHNSTANGE

GEWICHT
Das Gewicht auf der Waage drückt die vier Hebel nach unten, die gemeinsam die Kraft auf die Skalenscheibe übertragen.

KALIBRIERUNGSPLATTE
Beim Betreten der Waage wird die Kalibrierungsplatte abwärts gedrückt und dadurch die Hauptfeder gedehnt.

HEBEL

DER KONZERTFLÜGEL

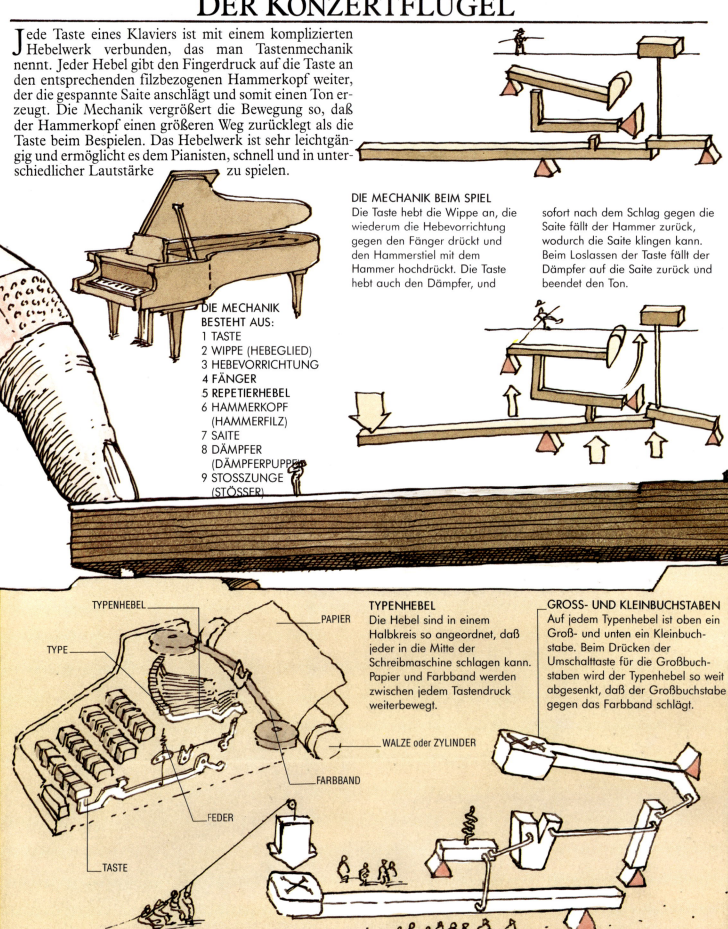

Jede Taste eines Klaviers ist mit einem komplizierten Hebelwerk verbunden, das man Tastenmechanik nennt. Jeder Hebel gibt den Fingerdruck auf die Taste an den entsprechenden filzbezogenen Hammerkopf weiter, der die gespannte Saite anschlägt und somit einen Ton erzeugt. Die Mechanik vergrößert die Bewegung so, daß der Hammerkopf einen größeren Weg zurücklegt als die Taste beim Bespielen. Das Hebelwerk ist sehr leichtgängig und ermöglicht es dem Pianisten, schnell und in unterschiedlicher Lautstärke zu spielen.

DIE MECHANIK BEIM SPIEL
Die Taste hebt die Wippe an, die wiederum die Hebevorrichtung gegen den Fänger drückt und den Hammerstiel mit dem Hammer hochdrückt. Die Taste hebt auch den Dämpfer, und sofort nach dem Schlag gegen die Saite fällt der Hammer zurück, wodurch die Saite klingen kann. Beim Loslassen der Taste fällt der Dämpfer auf die Saite zurück und beendet den Ton.

DIE MECHANIK BESTEHT AUS:
1 TASTE
2 WIPPE (HEBEGLIED)
3 HEBEVORRICHTUNG
4 FÄNGER
5 REPETIERHEBEL
6 HAMMERKOPF (HAMMERFILZ)
7 SAITE
8 DÄMPFER (DÄMPFERPUPPE)
9 STOSSZUNGE (STÖSSER)

TYPENHEBEL

TYPE

PAPIER

TYPENHEBEL
Die Hebel sind in einem Halbkreis so angeordnet, daß jeder in die Mitte der Schreibmaschine schlagen kann. Papier und Farbband werden zwischen jedem Tastendruck weiterbewegt.

GROSS- UND KLEINBUCHSTABEN
Auf jedem Typenhebel ist oben ein Groß- und unten ein Kleinbuchstabe. Beim Drücken der Umschalttaste für die Großbuchstaben wird der Typenhebel so weit abgesenkt, daß der Großbuchstabe gegen das Farbband schlägt.

WALZE oder ZYLINDER

FARBBAND

FEDER

TASTE

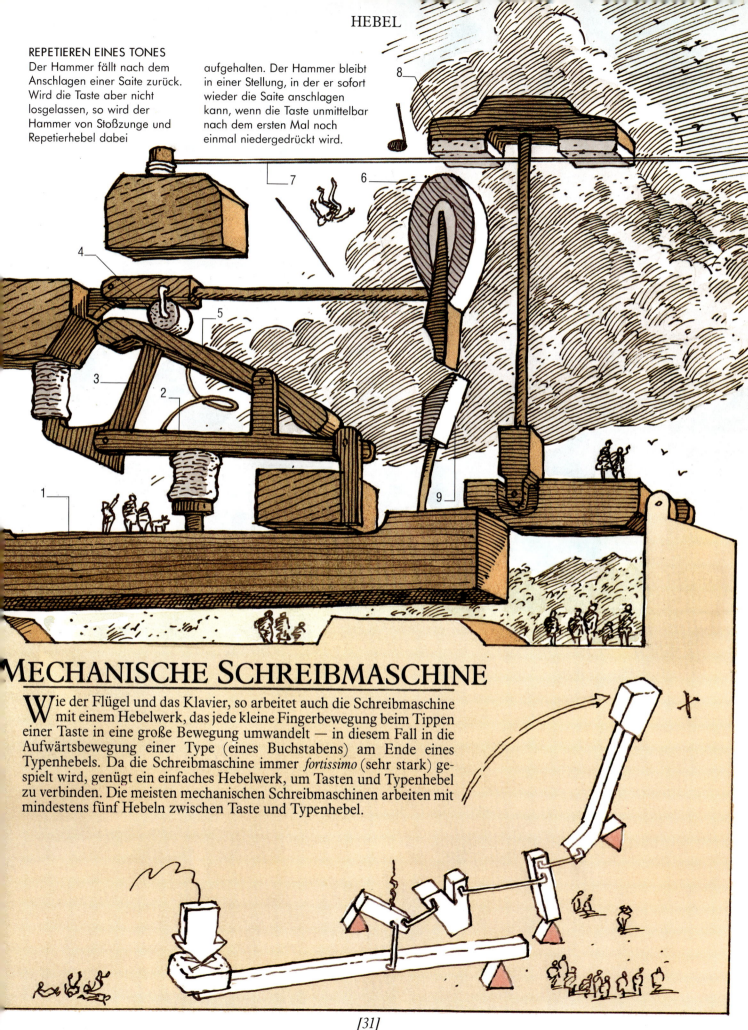

REPETIEREN EINES TONES

Der Hammer fällt nach dem Anschlagen einer Saite zurück. Wird die Taste aber nicht losgelassen, so wird der Hammer von Stoßzunge und Repetierhebel dabei aufgehalten. Der Hammer bleibt in einer Stellung, in der er sofort wieder die Saite anschlagen kann, wenn die Taste unmittelbar nach dem ersten Mal noch einmal niedergedrückt wird.

MECHANISCHE SCHREIBMASCHINE

Wie der Flügel und das Klavier, so arbeitet auch die Schreibmaschine mit einem Hebelwerk, das jede kleine Fingerbewegung beim Tippen einer Taste in eine große Bewegung umwandelt — in diesem Fall in die Aufwärtsbewegung einer Type (eines Buchstabens) am Ende eines Typenhebels. Da die Schreibmaschine immer *fortissimo* (sehr stark) gespielt wird, genügt ein einfaches Hebelwerk, um Tasten und Typenhebel zu verbinden. Die meisten mechanischen Schreibmaschinen arbeiten mit mindestens fünf Hebeln zwischen Taste und Typenhebel.

DIE PARKUHR

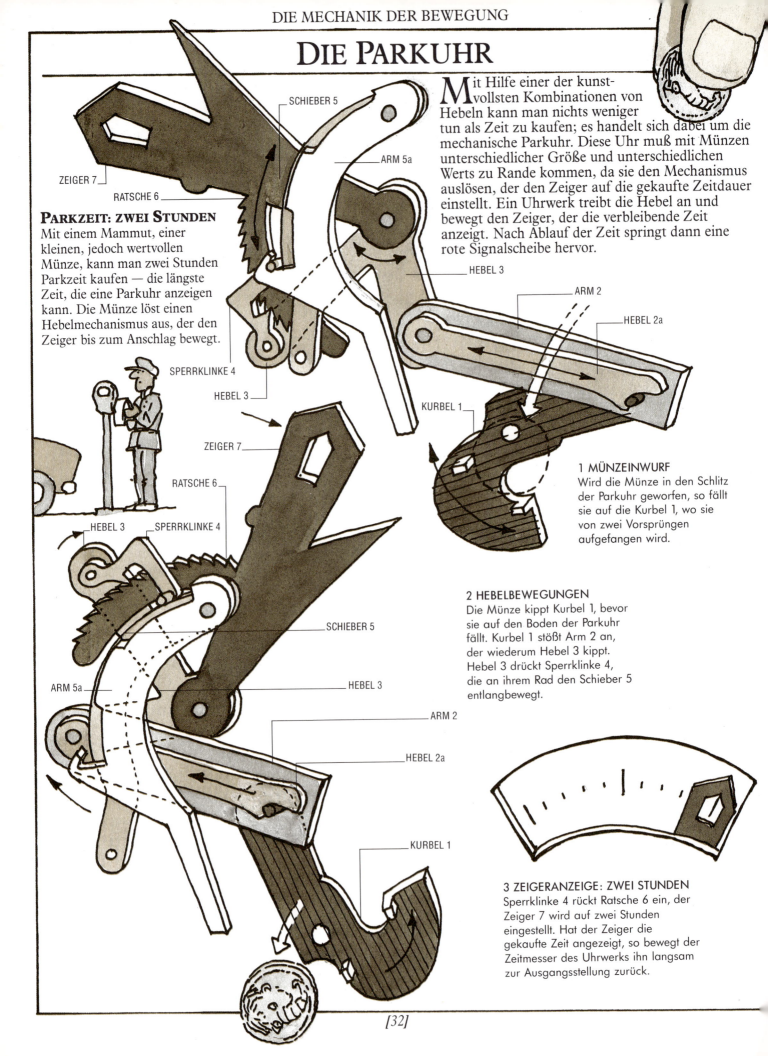

Mit Hilfe einer der kunstvollsten Kombinationen von Hebeln kann man nichts weniger tun als Zeit zu kaufen; es handelt sich dabei um die mechanische Parkuhr. Diese Uhr muß mit Münzen unterschiedlicher Größe und unterschiedlichen Werts zu Rande kommen, da sie den Mechanismus auslösen, der den Zeiger auf die gekaufte Zeitdauer einstellt. Ein Uhrwerk treibt die Hebel an und bewegt den Zeiger, der die verbleibende Zeit anzeigt. Nach Ablauf der Zeit springt dann eine rote Signalscheibe hervor.

SCHIEBER 5

ARM 5a

ZEIGER 7

RATSCHE 6

PARKZEIT: ZWEI STUNDEN

Mit einem Mammut, einer kleinen, jedoch wertvollen Münze, kann man zwei Stunden Parkzeit kaufen — die längste Zeit, die eine Parkuhr anzeigen kann. Die Münze löst einen Hebelmechanismus aus, der den Zeiger bis zum Anschlag bewegt.

HEBEL 3

ARM 2

HEBEL 2a

SPERRKLINKE 4

HEBEL 3

ZEIGER 7

KURBEL 1

RATSCHE 6

1 MÜNZEINWURF

Wird die Münze in den Schlitz der Parkuhr geworfen, so fällt sie auf die Kurbel 1, wo sie von zwei Vorsprüngen aufgefangen wird.

HEBEL 3

SPERRKLINKE 4

2 HEBELBEWEGUNGEN

Die Münze kippt Kurbel 1, bevor sie auf den Boden der Parkuhr fällt. Kurbel 1 stößt Arm 2 an, der wiederum Hebel 3 kippt. Hebel 3 drückt Sperrklinke 4, die an ihrem Rad den Schieber 5 entlangbewegt.

SCHIEBER 5

ARM 5a

HEBEL 3

ARM 2

HEBEL 2a

KURBEL 1

3 ZEIGERANZEIGE: ZWEI STUNDEN

Sperrklinke 4 rückt Ratsche 6 ein, der Zeiger 7 wird auf zwei Stunden eingestellt. Hat der Zeiger die gekaufte Zeit angezeigt, so bewegt der Zeitmesser des Uhrwerks ihn langsam zur Ausgangsstellung zurück.

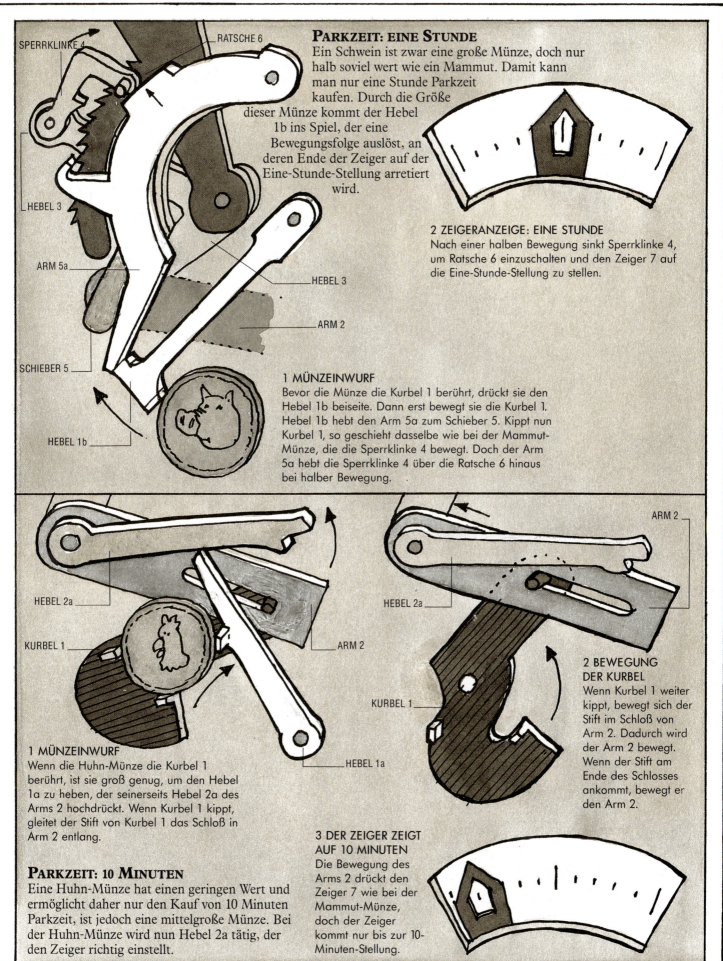

SPERRKLINKE 4

RATSCHE 6

HEBEL 3

ARM 5a

SCHIEBER 5

HEBEL 1b

HEBEL 3

ARM 2

PARKZEIT: EINE STUNDE

Ein Schwein ist zwar eine große Münze, doch nur halb soviel wert wie ein Mammut. Damit kann man nur eine Stunde Parkzeit kaufen. Durch die Größe dieser Münze kommt der Hebel 1b ins Spiel, der eine Bewegungsfolge auslöst, an deren Ende der Zeiger auf der Eine-Stunde-Stellung arretiert wird.

2 ZEIGERANZEIGE: EINE STUNDE

Nach einer halben Bewegung sinkt Sperrklinke 4, um Ratsche 6 einzuschalten und den Zeiger 7 auf die Eine-Stunde-Stellung zu stellen.

1 MÜNZEINWURF

Bevor die Münze die Kurbel 1 berührt, drückt sie den Hebel 1b beiseite. Dann erst bewegt sie die Kurbel 1. Hebel 1b hebt den Arm 5a zum Schieber 5. Kippt nun Kurbel 1, so geschieht dasselbe wie bei der Mammut-Münze, die die Sperrklinke 4 bewegt. Doch der Arm 5a hebt die Sperrklinke 4 über die Ratsche 6 hinaus bei halber Bewegung.

HEBEL 2a

ARM 2

KURBEL 1

HEBEL 2a

KURBEL 1

HEBEL 1a

1 MÜNZEINWURF

Wenn die Huhn-Münze die Kurbel 1 berührt, ist sie groß genug, um den Hebel 1a zu heben, der seinerseits Hebel 2a des Arms 2 hochdrückt. Wenn Kurbel 1 kippt, gleitet der Stift von Kurbel 1 das Schloß in Arm 2 entlang.

PARKZEIT: 10 MINUTEN

Eine Huhn-Münze hat einen geringen Wert und ermöglicht daher nur den Kauf von 10 Minuten Parkzeit, ist jedoch eine mittelgroße Münze. Bei der Huhn-Münze wird nun Hebel 2a tätig, der den Zeiger richtig einstellt.

2 BEWEGUNG DER KURBEL

Wenn Kurbel 1 weiter kippt, bewegt sich der Stift im Schloß von Arm 2. Dadurch wird der Arm 2 bewegt. Wenn der Stift am Ende des Schlosses ankommt, bewegt er den Arm 2.

3 DER ZEIGER ZEIGT AUF 10 MINUTEN

Die Bewegung des Arms 2 drückt den Zeiger 7 wie bei der Mammut-Münze, doch der Zeiger kommt nur bis zur 10-Minuten-Stellung.

RAD UND WELLE

WIE PFLEGT MAN EIN MAMMUT?

Das größte Problem, das beim Waschen von Mammuts
Dentsteht — vorausgesetzt, man kann mit dem Wasser
nah genug an sie herankommen (davon später mehr) —,
besteht darin, daß es viel zu lange dauert, bis die Haare des
Geschöpfs getrocknet sind. Das Problem wird dann noch
vergrößert, wenn nicht ausreichend Sonnenschein zur
Verfügung steht.

Deshalb entwarf ich einen mechanischen Haartrockner,
wobei ich mich lebhaft an den Zwischenfall beim
Zähneschneiden und besonders die Bewegung des freien
Baumstammendes erinnerte. Mein Trockner bestand aus
Federn, die am Ende langer Speichen befestigt wurden, die

an einem Ende eines stabilen Stamms steckten. Am anderen
Ende waren kurze Bretter angebracht. Die ganze Maschine
wurde von einer endlosen Schlange lebhafter Arbeiter
betrieben, die nacheinander von einem höher liegenden
Sprungbrett auf die hervorstehenden Bretter sprangen. Durch
das Gewicht ihres Körpers beim Aufprall auf den Brettern
drehten sie den Stamm. Da die Speichen am entgegengesetzten Ende des Stamms bedeutend länger waren als die
Bretter, rotierten die gefederten Enden natürlich sehr viel
schneller und erzeugten den für ein hurtiges Haartrocknen
erforderlichen stetig wehenden Wind.

Ein Kollege schlug vor, ich solle die menschlichen
Arbeitskräfte durch einen ständigen Wasserstrom ersetzen.
Ich ließ ihn nicht im Zweifel darüber, daß ich von seinem
grotesken Verbesserungsvorschlag nicht viel hielt.

In dem nämlichen Dorf, in dem ich meinen ersten Federtrockner baute, begann man mit dem merkwürdigen — wenngleich modischen — Verfahren der Zahnkorrektur. Ein Mammut wurde mit verbundenen Augen an Seilen, die an seinen Stoßzähnen verknotet waren, gegen einen Pfahl oder Baumstamm gezogen. Die anderen Enden der Seile waren um eine kräftige Winde gedreht — eine sehr sinnreiche Vorrichtung. Als die Arbeiter die Trommel mit Hilfe der Griffe drehten, die an beiden Seiten hervorstanden, gelang es ihnen,

die Stoßzähne zu begradigen. Um die Zähne gerade zu halten, wurden jedoch zahlreiche Visiten erforderlich, was die Prozedur drastisch verteuerte. Da dieses Verfahren dem Mammut nicht nur das Hindurchgehen durch Türen verwehrte, sondern darüber hinaus auch das Atmen erschwerte, mußte diese kosmetische Korrektur wohl oder übel aufgegeben werden.

RÄDER ALS HEBEL

Obwohl viele Maschinen mit Einzelteilen arbeiten, die sich auf und ab oder hin und her bewegen, führen die meisten Kreisbewegungen aus. Diese Maschinen enthalten Räder, doch nicht nur Räder, die auf Straßen fahren. Genauso wichtig sind Vorrichtungen, die Rad und Welle genannt und zur Kraftübertragung genutzt werden. Einige dieser Vorrichtungen sehen tatsächlich wie Rad und Welle aus, andere dagegen nicht. Alle aber drehen sich um einen Fixpunkt, der als kreisender Hebel wirkt.

Das Zentrum von Rad und Welle ist der Auflagepunkt des sich drehenden Hebels. Das Rad ist der äußere Teil des Hebels, und die Welle ist der innere Teil in der Nähe des Zentrums. Beim Mammut-Haartrockner bilden die Federn das Rad, und die Bretter sind die Welle. Bei der Winde ist die Trommel die Welle, und die Griffe bilden das Rad.

Wenn die Vorrichtung sich dreht, legt das Rad einen längeren Weg zurück als die Welle, doch mit geringerer Kraft. Die Kraft, die auf das Rad wirkt, wie bei der Winde, veranlaßt die Welle dazu, sich mit größerer Kraft zu drehen als das Rad. Viele Maschinen verwenden Rad und Welle, um die Kraft auf diese Weise zu vergrößern. Beim Drehen der Welle, beim Mammut-Haartrockner etwa, dreht sich das Rad schneller als die Welle.

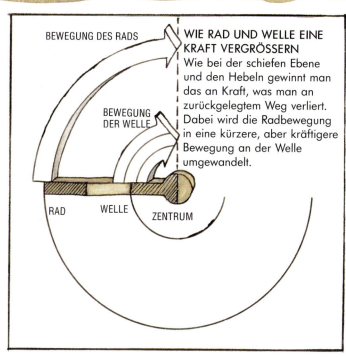

BEWEGUNG DES RADS

BEWEGUNG DER WELLE

RAD   WELLE   ZENTRUM

WIE RAD UND WELLE EINE KRAFT VERGRÖSSERN

Wie bei der schiefen Ebene und den Hebeln gewinnt man das an Kraft, was man an zurückgelegtem Weg verliert. Dabei wird die Radbewegung in eine kürzere, aber kräftigere Bewegung an der Welle umgewandelt.

RAD UND WELLE IN BETRIEB

SCHRAUBENZIEHER

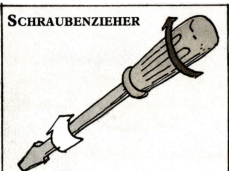

Der Griff eines Schraubenziehers leistet mehr als ein üblicher Griff. Er vergrößert die Kraft, mit der man ihn dreht, um die Schraube einzutreiben.

SARDINENDOSE

Der Schlüssel einer Sardinendose kann eine mächtige Kraft entwickeln, um das Metallband, das die Dose verschließt, abzuziehen und aufzurollen.

LENKRAD

Die Armkraft eines Autofahrers wird vergrößert, damit er die Lenkradsäule so drehen kann, daß eine ausreichend große Kraft entsteht, die den Lenkmechanismus in Gang setzt.

BOHRLEIER

Der Griff einer Bohrleier legt einen längeren Weg zurück als die Bohrspitze im Zentrum. Aus diesem Grund dreht diese sich mit einer größeren Kraft als der Griff.

SCHRAUBENSCHLÜSSEL

Indem man an einem Ende des Schraubenschlüssels zieht, übt man eine mächtige Kraft auf den Schraubenbolzen am anderen Ende aus und kann ihn fest anschrauben.

WASSERHAHN

Der Drehgriff eines Wasserhahns vergrößert die Kraft einer Hand, um die Dichtungsscheibe im Innern fest und so dicht herunterzuschrauben, daß kein Wasser austropfen kann.

WASSERRAD

Die früheste Wasserkraftmaschine — das griechische Mühlenrad aus dem 1. Jh. v. Chr. — hatte ein waagerechtes Wasserrad. Es wurde vom senkrechten Rad abgelöst, das man in größeren Ausmaßen bauen und deshalb eine größere Kraft entwickeln konnte. Wasserräder folgen dem Prinzip von Rad und Welle: die Wasserkraft am Rand der Schaufelblätter erzeugt eine mächtige Antriebskraft an der Welle im Zentrum.

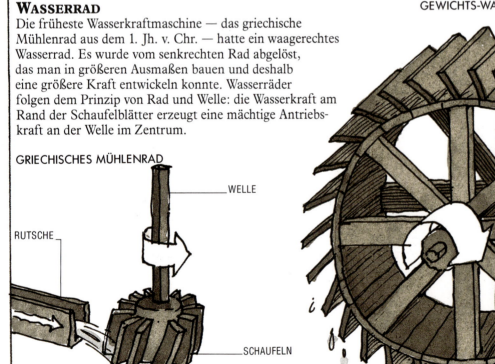

GEWICHTS-WASSERRAD

GRIECHISCHES MÜHLENRAD

WELLE

RUTSCHE

SCHAUFELN

WASSERTURBINE

Wasserkraftwerke verwenden Wasserturbinen, die direkte Abkömmlinge der Wasserräder sind. Eine leistungsfähige Turbine holt soviel Energie wie möglich aus dem Wasser heraus und wandelt einen kräftigen Einlaßfluß in einen relativ schwachen Ablaßfluß um.

Moderne Turbinen, wie etwa die hier vorgestellte Francis-Turbine, sind so gründlich entworfen worden, daß das Wasser mit einem Minimum an energieverschwendenden Turbulenzen zu den Schaufeln geleitet wird.

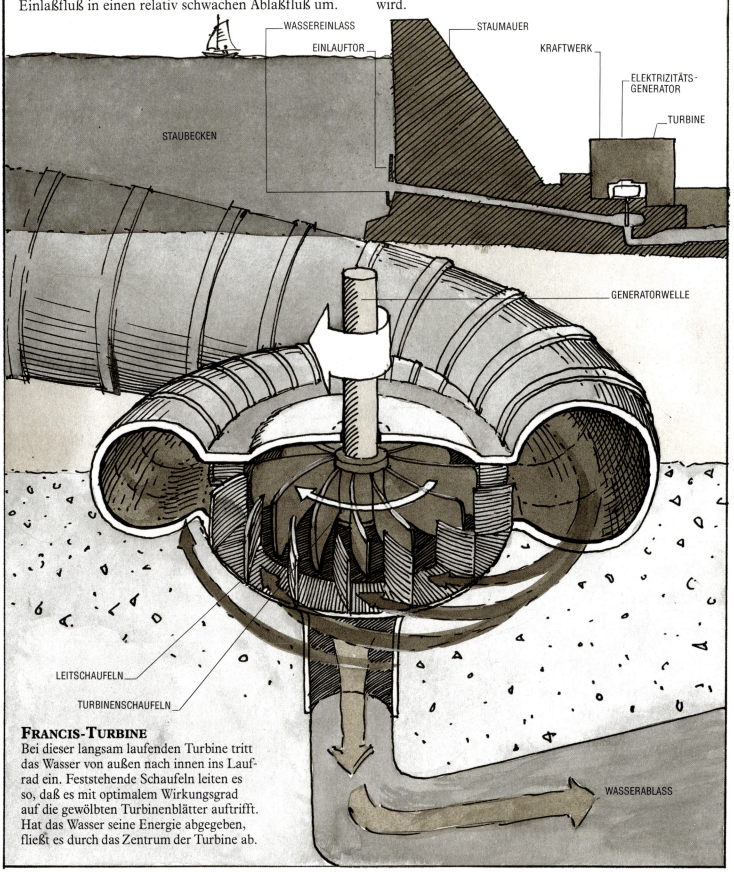

WASSEREINLASS

EINLAUFTOR

STAUMAUER

KRAFTWERK

ELEKTRIZITÄTSGENERATOR

TURBINE

STAUBECKEN

GENERATORWELLE

LEITSCHAUFELN

TURBINENSCHAUFELN

WASSERABLASS

FRANCIS-TURBINE

Bei dieser langsam laufenden Turbine tritt das Wasser von außen nach innen ins Laufrad ein. Feststehende Schaufeln leiten es so, daß es mit optimalem Wirkungsgrad auf die gewölbten Turbinenblätter auftrifft. Hat das Wasser seine Energie abgegeben, fließt es durch das Zentrum der Turbine ab.

DIE WINDMÜHLE

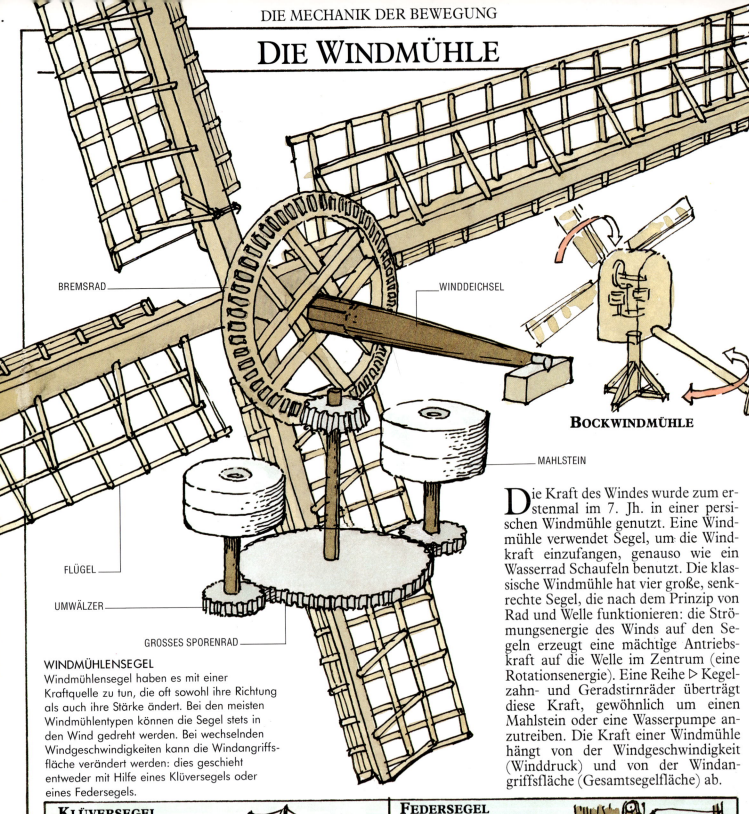

BREMSRAD

WINDDEICHSEL

BOCKWINDMÜHLE

MAHLSTEIN

FLÜGEL

UMWÄLZER

GROSSES SPORENRAD

WINDMÜHLENSEGEL

Windmühlensegel haben es mit einer Kraftquelle zu tun, die oft sowohl ihre Richtung als auch ihre Stärke ändert. Bei den meisten Windmühlentypen können die Segel stets in den Wind gedreht werden. Bei wechselnden Windgeschwindigkeiten kann die Windangriffsfläche verändert werden: dies geschieht entweder mit Hilfe eines Klüversegels oder eines Federsegels.

Die Kraft des Windes wurde zum erstenmal im 7. Jh. in einer persischen Windmühle genutzt. Eine Windmühle verwendet Segel, um die Windkraft einzufangen, genauso wie ein Wasserrad Schaufeln benutzt. Die klassische Windmühle hat vier große, senkrechte Segel, die nach dem Prinzip von Rad und Welle funktionieren: die Strömungsenergie des Winds auf den Segeln erzeugt eine mächtige Antriebskraft auf die Welle im Zentrum (eine Rotationsenergie). Eine Reihe ▷ Kegelzahn- und Geradstirnräder überträgt diese Kraft, gewöhnlich um einen Mahlstein oder eine Wasserpumpe anzutreiben. Die Kraft einer Windmühle hängt von der Windgeschwindigkeit (Winddruck) und von der Windangriffsfläche (Gesamtsegelfläche) ab.

KLÜVERSEGEL

In den Ländern rund ums Mittelmeer, von Portugal bis zur Türkei, sieht man noch immer Windmühlen mit Klüversegeln — einfache Dreieckssegel aus Tuch wie bei einem Segelboot. Je nach Windgeschwindigkeit rollt der Müller jedes Segel einfach auf oder ab.

FEDERSEGEL

Im späten 18. Jh. wurden die Tuchsegel durch Reihen hölzerner Jalousien ersetzt, die sich gegen den Widerstand einer Feder verstellen. Bläst der Wind stärker, öffnen sie sich; läßt er nach, so schließen sie sich. Auf diese Weise bleibt die Windangriffsfläche konstant.

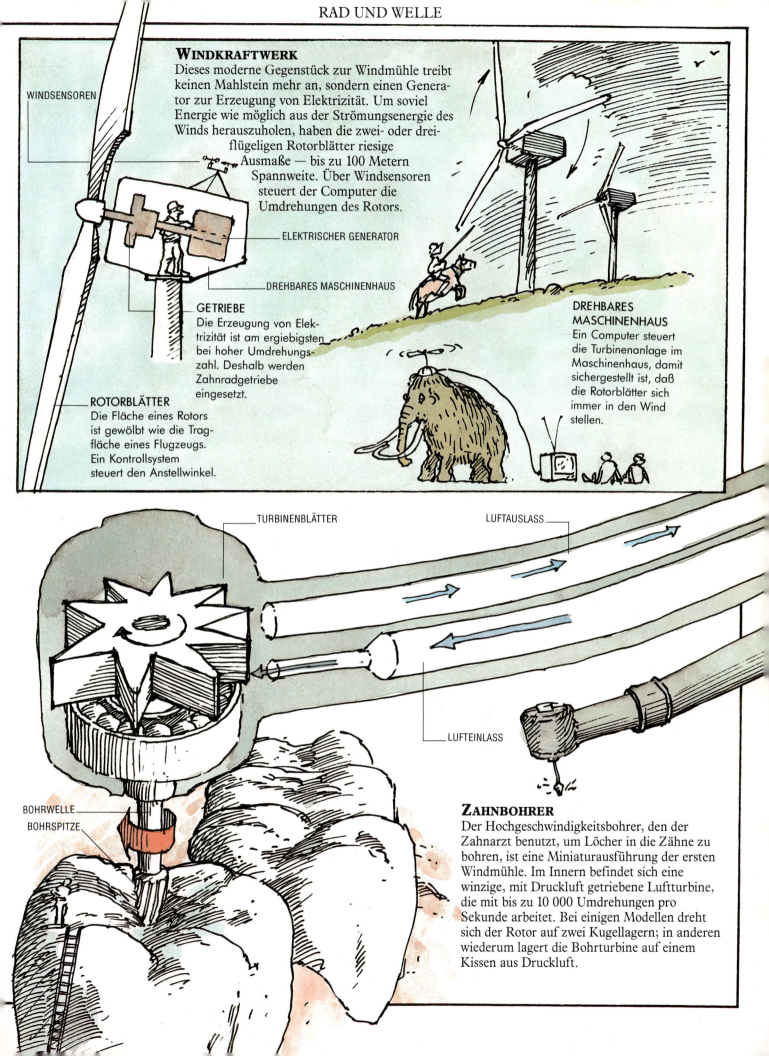

WINDSENSOREN

WINDKRAFTWERK

Dieses moderne Gegenstück zur Windmühle treibt keinen Mahlstein mehr an, sondern einen Generator zur Erzeugung von Elektrizität. Um soviel Energie wie möglich aus der Strömungsenergie des Winds herauszuholen, haben die zwei- oder dreiflügeligen Rotorblätter riesige Ausmaße — bis zu 100 Metern Spannweite. Über Windsensoren steuert der Computer die Umdrehungen des Rotors.

ELEKTRISCHER GENERATOR

DREHBARES MASCHINENHAUS

GETRIEBE

Die Erzeugung von Elektrizität ist am ergiebigsten bei hoher Umdrehungszahl. Deshalb werden Zahnradgetriebe eingesetzt.

ROTORBLÄTTER

Die Fläche eines Rotors ist gewölbt wie die Tragfläche eines Flugzeugs. Ein Kontrollsystem steuert den Anstellwinkel.

DREHBARES MASCHINENHAUS

Ein Computer steuert die Turbinenanlage im Maschinenhaus, damit sichergestellt ist, daß die Rotorblätter sich immer in den Wind stellen.

TURBINENBLÄTTER

LUFTAUSLASS

LUFTEINLASS

BOHRWELLE

BOHRSPITZE

ZAHNBOHRER

Der Hochgeschwindigkeitsbohrer, den der Zahnarzt benutzt, um Löcher in die Zähne zu bohren, ist eine Miniaturausführung der ersten Windmühle. Im Innern befindet sich eine winzige, mit Druckluft getriebene Luftturbine, die mit bis zu 10 000 Umdrehungen pro Sekunde arbeitet. Bei einigen Modellen dreht sich der Rotor auf zwei Kugellagern; in anderen wiederum lagert die Bohrturbine auf einem Kissen aus Druckluft.

GETRIEBE UND TREIBRIEMEN

ÜBER DIE FRÜHE
VERWENDUNG
VON MAMMUTKRAFT

S oviel ich in Erfahrung bringen konnte, wurden Mammuts als Arbeitstiere zuallererst beim berühmten Karussell-Experiment eingesetzt. Die Apparatur bestand aus zwei Rädern, einem großen und einem kleinen, die Kante an Kante so aufgestellt waren, daß sich das kleine Rad automatisch mitdrehte, wenn die Mammuts das große drehten. Zuerst hängte man Sitze an das kleine Rad, das vom großen angetrieben wurde. Das Ergebnis war eine haarsträubende Karussellfahrt. Als man die Räder vertauschte, wurde die Rundfahrt sehr langsam. Schließlich drehten Treibriemen, die mit Rädern unterschiedlicher Größe verbunden waren, zwei Karussells an, ein schnelles und ein langsames. Während der Dauer des Experiments stieg der Karottenkonsum ins Astronomische.

fig 1.

fig 2.

fig. 3

GETRIEBETYPEN

Zahnräder gibt es in unterschiedlicher Größe mit geraden oder gewölbten Zähnen und in verschieden geneigten Winkeln. Sie sind untereinander zu Getrieben verbunden, um Bewegung und Energie in Maschinen zu übertragen. Es gibt jedoch nur vier Haupttypen von Getrieben, die alle wie folgt funktionieren: Ein Getrieberad dreht sich schneller bzw. langsamer als das andere oder dreht sich in die andere Richtung. Ein Unterschied in der Drehgeschwindigkeit erzeugt eine Veränderung der übertragenen Energie.

ZAHNSTANGENGETRIEBE

Ein Rad, das Antriebszahnrad, verzahnt sich mit einer gleitenden Zahnstange und wandelt die Drehbewegung in eine Hin- und Herbewegung um, und umgekehrt.

GERADSTIRNRADGETRIEBE

Zwei Getrieberäder greifen auf ein und derselben Ebene ineinander, regeln die Bewegungsgeschwindigkeit oder -energie und kehren ihre Richtung um.

KEGELZAHNRADGETRIEBE

Zwei Räder greifen in einem bestimmten Winkel ineinander, um die Drehrichtung zu verändern, und falls notwendig ebenfalls die Geschwindigkeit und die Energie. Sie sind auch als Antriebskegel- und Kammrad bekannt.

SCHNECKENGETRIEBE

Eine Welle mit einem Schraubengewinde greift in ein Zahnrad, um die Bewegungsrichtung umzuwandeln und die Geschwindigkeit und die Energie zu ändern.

SO FUNKTIONIEREN GETRIEBE UND TREIBRIEMEN

Auf welche Art und Weise Getriebe und Treibriemen die Bewegung regeln, hängt nur von der Größe der beiden miteinander verzahnten Räder ab. Bei jedem Räderpaar dreht sich das größere Rad langsamer als das kleinere, dafür aber mit mehr Energie. Je größer der Unterschied im Durchmesser der beiden Zahnräder, um so größer der Unterschied in Geschwindigkeit und Energie.

Räder, die mit Treibriemen oder Kette verbunden sind, funktionieren auf genau die gleiche Weise wie die Zahnräder in einem Getriebe, nur die Drehrichtung der Räder ist verschieden.

GETRIEBE

Das große Zahnrad besitzt doppelt soviele Zähne und den doppelten Umfang wie das kleine Zahnrad. Es dreht sich auch mit doppelter Energie und der halben Geschwindigkeit in entgegengesetzter Richtung.

ENERGIE

GESCHWINDIGKEIT — ENERGIE

GESCHWINDIGKEIT

TREIBRIEMEN

Der Umfang des großen Rads ist doppelt so groß wie der des kleinen. Das große Rad dreht sich mit der doppelten Energie und der halben Geschwindigkeit, jedoch in derselben Richtung wie das kleine.

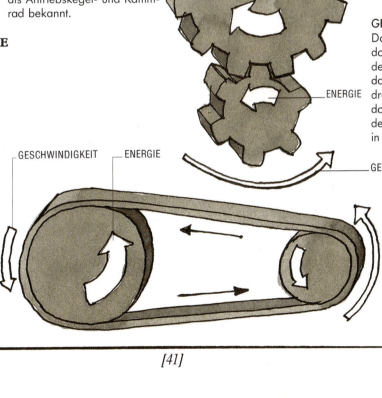

GERADSTIRNRÄDER

ÜBERSETZUNGSGETRIEBE

Eine Fahrradkette wirkt wie ein Treibriemen. Auf ebener Strecke oder bergab sollte das Zahnrad des Hinterrads klein sein, damit eine hohe Geschwindigkeit erzielt wird. Doch bergauf sollte es größer sein, so daß sich das Hinterrad zwar langsamer, dafür aber mit mehr Kraft dreht. Übersetzungsgetriebe können dieses Problem lösen, da sie mit Zahnrädern unterschiedlicher Größe (Gängen) ausgestattet sind. Mit Hilfe einer Gangschaltung wird die Kette von einem Zahnrad auf ein anderes versetzt.

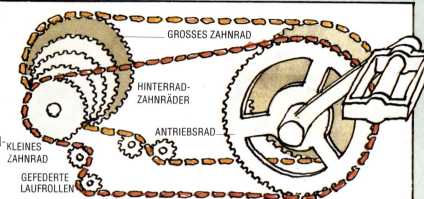

GROSSES ZAHNRAD

HINTERRAD-ZAHNRÄDER

ANTRIEBSRAD

KLEINES ZAHNRAD

GEFEDERTE LAUFROLLEN

ANTRIEBSWERK

Das Antriebswerk wird bei jeder Radumdrehung um jeweils einen Zahn weitergestellt. Der Zähler registriert die Anzahl der Umdrehungen und wandelt diese Zahl in die zurückgelegte Entfernung um.

ROLLEN

Jede Rolle hat zwanzig Zähne — zwei für jede Ziffer — auf der rechten Seite. Auf der linken Seite trägt sie bei Ziffer 2 eine Kerbe, die von zwei Stiften eingefaßt ist.

KILOMETERZÄHLER (FAHRRAD)

Das Zählwerk ist auf der Vorderradgabel befestigt und wird von einem kleinen, an der Vorderradspeiche montierten Mitnehmer angetrieben. Mit Hilfe eines Untersetzungsgetriebes dreht sich die rechte, ziffernlose Rolle bei jedem Kilometer um eine volle Umdrehung. Dabei bringt sie die Ziffernrolle zur Linken dazu, eine Zehntelumdrehung zu machen, und so weiter. Die Umdrehungen der Ziffernrollen werden von einer Reihe kleiner Räder unter den Rollen bewerkstelligt. Diese Räder haben abwechselnd eine breite und eine schmale Schaufel, eine Konstruktion, die es ihnen ermöglicht, zwei nebeneinanderliegende Rollen gleichzeitig zu verzahnen, nachdem die jeweils rechte Rolle eine volle Umdrehung vollendet hat.

SCHAUFELRÄDER
Die Räder verzahnen die Rollen miteinander, nur die ziffernlose Rolle ganz rechts nicht.

UNTERSETZUNGSGETRIEBE

STIFTE

ZAHN

BREITE SCHAUFEL

SCHMALE SCHAUFEL

SO WERDEN ZWEI ROLLEN VERZAHNT

Normalerweise paßt eine schmale Schaufel zwischen die beiden Zähne der nebeneinanderliegenden Rollen, und die Rollen werden nicht vorwärtsbewegt. Erscheint die Ziffer 9 im Sichtfenster des Kilometerzählers, so nimmt der Stift dieser Rolle die schmale Schaufel des Getrieberads mit. Die nächste breite Schaufel fährt in die Kerbe bei Ziffer 2. Dabei verzahnt sie die Rolle mit der links von ihr befindlichen. Während die 9 verschwindet und die 0 erscheint, bewegt sich die linke Rolle um eine Ziffer vorwärts.

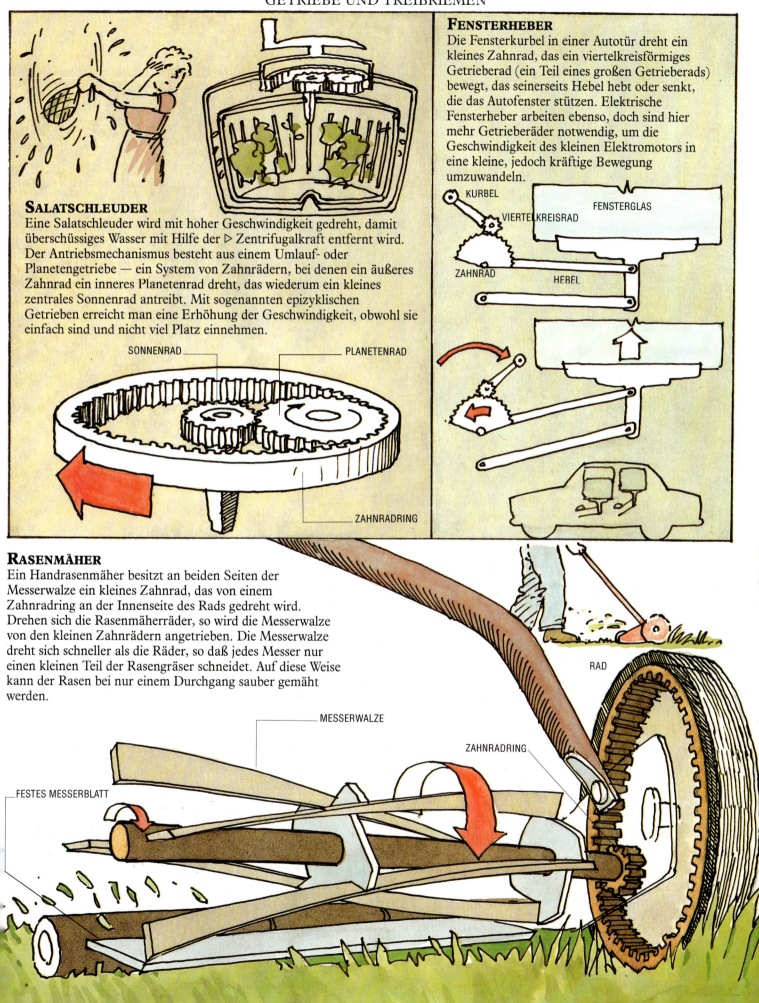

SALATSCHLEUDER

Eine Salatschleuder wird mit hoher Geschwindigkeit gedreht, damit überschüssiges Wasser mit Hilfe der ▷ Zentrifugalkraft entfernt wird. Der Antriebsmechanismus besteht aus einem Umlauf- oder Planetengetriebe — ein System von Zahnrädern, bei denen ein äußeres Zahnrad ein inneres Planetenrad dreht, das wiederum ein kleines zentrales Sonnenrad antreibt. Mit sogenannten epizyklischen Getrieben erreicht man eine Erhöhung der Geschwindigkeit, obwohl sie einfach sind und nicht viel Platz einnehmen.

SONNENRAD

PLANETENRAD

ZAHNRADRING

FENSTERHEBER

Die Fensterkurbel in einer Autotür dreht ein kleines Zahnrad, das ein viertelkreisförmiges Getrieberad (ein Teil eines großen Getrieberads) bewegt, das seinerseits Hebel hebt oder senkt, die das Autofenster stützen. Elektrische Fensterheber arbeiten ebenso, doch sind hier mehr Getrieberäder notwendig, um die Geschwindigkeit des kleinen Elektromotors in eine kleine, jedoch kräftige Bewegung umzuwandeln.

KURBEL

FENSTERGLAS

VIERTELKREISRAD

ZAHNRAD

HEBEL

RASENMÄHER

Ein Handrasenmäher besitzt an beiden Seiten der Messerwalze ein kleines Zahnrad, das von einem Zahnradring an der Innenseite des Rads gedreht wird. Drehen sich die Rasenmäherräder, so wird die Messerwalze von den kleinen Zahnrädern angetrieben. Die Messerwalze dreht sich schneller als die Räder, so daß jedes Messer nur einen kleinen Teil der Rasengräser schneidet. Auf diese Weise kann der Rasen bei nur einem Durchgang sauber gemäht werden.

RAD

MESSERWALZE

ZAHNRADRING

FESTES MESSERBLATT

KRAFTWAGENGETRIEBE

Alle Verbrennungsmotoren geben nur in einem engbegrenzten Drehzahlbereich genügend Leistung und Drehmoment ab. Das Getriebe hat dabei die Aufgabe, durch Übersetzung dafür zu sorgen, daß der Motor bei jeder Fahrgeschwindigkeit in diesem günstigen Drehzahlbereich arbeitet.

Die Kurbelwelle dreht sich immer schneller als die Autoräder — etwa zwölfmal so schnell im ersten und etwa viermal so schnell im höchsten Gang. Das ▷ Ausgleichsgetriebe reduziert die Motordrehzahl auf ein Viertel. Die restliche Reduzierung ist Aufgabe des Getriebes.

Das Getriebe befindet sich zwischen ▷ Kupplung und Ausgleichsgetriebe. Einen Gang wechseln (schalten) kann man nur, wenn die Kupplung das Getriebe vom Motor abgekuppelt (getrennt) hat. Durch Betätigen der Gangschaltung wird für jeden Gang jeweils ein unterschiedlicher Satz von geeigneten Geradstirnrädern ins Spiel gebracht, ausgenommen beim vierten Gang. Im vierten Gang sind die Getrieberäder nicht eingeschaltet, da die Kraftübertragung direkt von der Kupplung ohne Übersetzung zum Ausgleichsgetriebe geht.

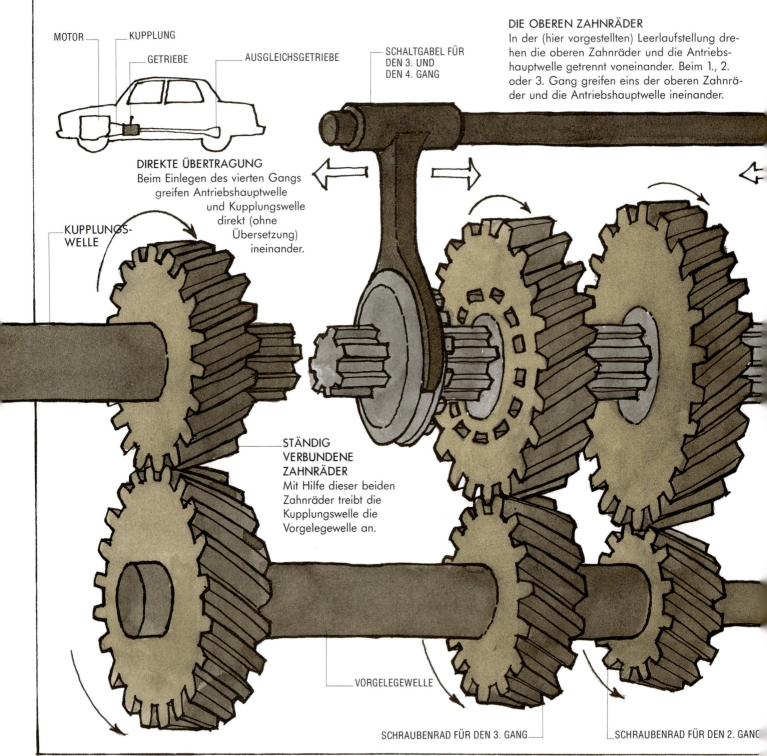

MOTOR — KUPPLUNG

GETRIEBE — AUSGLEICHSGETRIEBE

SCHALTGABEL FÜR DEN 3. UND DEN 4. GANG

DIE OBEREN ZAHNRÄDER
In der (hier vorgestellten) Leerlaufstellung drehen die oberen Zahnräder und die Antriebshauptwelle getrennt voneinander. Beim 1., 2. oder 3. Gang greifen eins der oberen Zahnräder und die Antriebshauptwelle ineinander.

DIREKTE ÜBERTRAGUNG
Beim Einlegen des vierten Gangs greifen Antriebshauptwelle und Kupplungswelle direkt (ohne Übersetzung) ineinander.

KUPPLUNGS-WELLE

STÄNDIG VERBUNDENE ZAHNRÄDER
Mit Hilfe dieser beiden Zahnräder treibt die Kupplungswelle die Vorgelegewelle an.

VORGELEGEWELLE

SCHRAUBENRAD FÜR DEN 3. GANG

SCHRAUBENRAD FÜR DEN 2. GANG

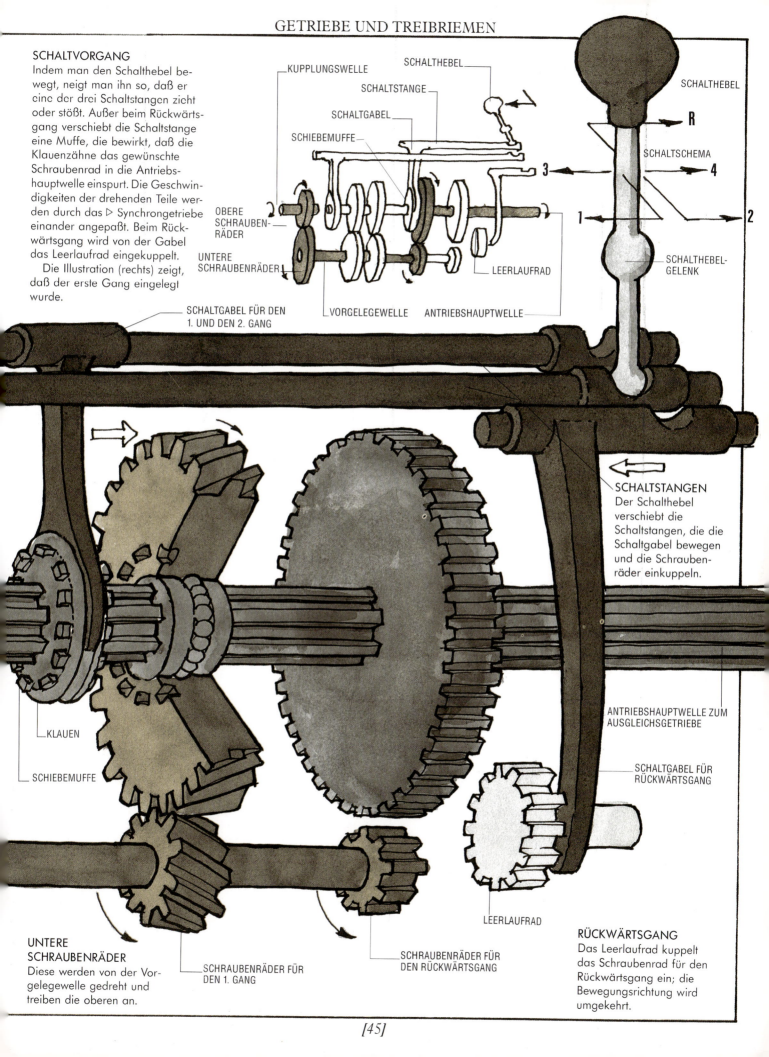

SCHALTVORGANG

Indem man den Schalthebel bewegt, neigt man ihn so, daß er eine der drei Schaltstangen zieht oder stößt. Außer beim Rückwärtsgang verschiebt die Schaltstange eine Muffe, die bewirkt, daß die Klauenzähne das gewünschte Schraubenrad in die Antriebshauptwelle einspurt. Die Geschwindigkeiten der drehenden Teile werden durch das ▷ Synchrongetriebe einander angepaßt. Beim Rückwärtsgang wird von der Gabel das Leerlaufrad eingekuppelt.

Die Illustration (rechts) zeigt, daß der erste Gang eingelegt wurde.

KUPPLUNGSWELLE

SCHALTHEBEL

SCHALTSTANGE

SCHALTGABEL

SCHIEBEMUFFE

OBERE SCHRAUBEN-RÄDER

UNTERE SCHRAUBENRÄDER

VORGELEGEWELLE

ANTRIEBSHAUPTWELLE

LEERLAUFRAD

SCHALTHEBEL

R

SCHALTSCHEMA

4

1

2

SCHALTHEBEL-GELENK

SCHALTGABEL FÜR DEN 1. UND DEN 2. GANG

SCHALTSTANGEN

Der Schalthebel verschiebt die Schaltstangen, die die Schaltgabel bewegen und die Schrauben-räder einkuppeln.

ANTRIEBSHAUPTWELLE ZUM AUSGLEICHSGETRIEBE

SCHALTGABEL FÜR RÜCKWÄRTSGANG

KLAUEN

SCHIEBEMUFFE

LEERLAUFRAD

UNTERE SCHRAUBENRÄDER

Diese werden von der Vorgelegewelle gedreht und treiben die oberen an.

SCHRAUBENRÄDER FÜR DEN 1. GANG

SCHRAUBENRÄDER FÜR DEN RÜCKWÄRTSGANG

RÜCKWÄRTSGANG

Das Leerlaufrad kuppelt das Schraubenrad für den Rückwärtsgang ein; die Bewegungsrichtung wird umgekehrt.

MECHANISCHE UHRWERKE

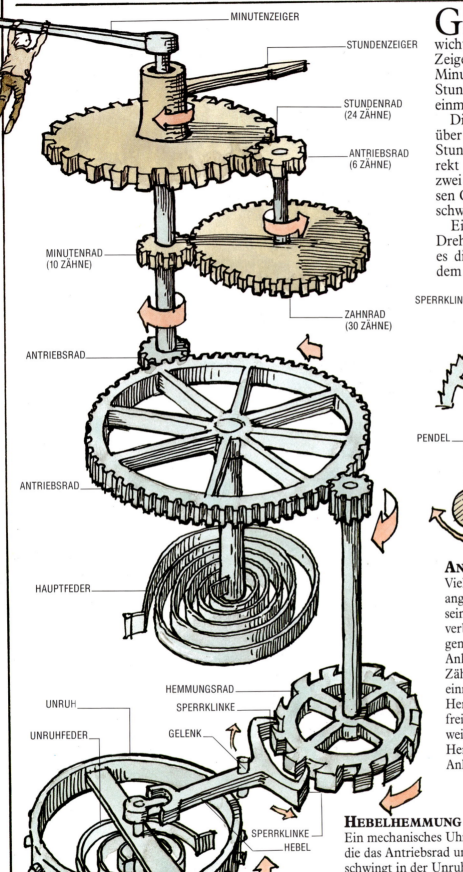

MINUTENZEIGER

STUNDENZEIGER

STUNDENRAD
(24 ZÄHNE)

ANTRIEBSRAD
(6 ZÄHNE)

MINUTENRAD
(10 ZÄHNE)

ZAHNRAD
(30 ZÄHNE)

ANTRIEBSRAD

ANTRIEBSRAD

HAUPTFEDER

UNRUH

UNRUHFEDER

HEMMUNGSRAD

SPERRKLINKE

GELENK

SPERRKLINKE

HEBEL

Geradstirnräder sind das Herz eines jeden mechanischen Zeitmessers. Von Zuggewicht oder einer -feder angetrieben, sind die Zeiger so aufeinander abgestimmt, daß der Minutenzeiger sich genau zwölfmal dreht, der Stundenzeiger im selben Zeitraum aber nur einmal die Runde übers Zifferblatt macht.

Die Zeiger werden von einem Antriebswerk über ein Antriebsrad gedreht, das sich in einer Stunde einmal dreht, den Minutenzeiger direkt antreibt. Der Stundenzeiger wird von zwei Zahnräderwerken angetrieben, die dessen Geschwindigkeit auf ein Zwölftel der Geschwindigkeit des Minutenzeigers reduzieren.

Ein anderes Zahnräderwerk regelt die Drehgeschwindigkeit des Antriebsrads, indem es dieses mit dem Hemmungsrad verbindet, dem Herzen des zeitgenauen Mechanismus.

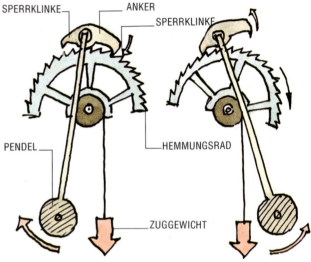

SPERRKLINKE   ANKER

SPERRKLINKE

PENDEL

HEMMUNGSRAD

ZUGGEWICHT

ANKERHEMMUNG

Viele Penduluhren werden von einem Zuggewicht angetrieben, das das Hemmungsrad bewegt, das seinerseits über Zahnradwerke mit den Zeigern verbunden ist. Das Hemmungsrad schwingt genau aus. Das schwingende Pendel bewegt den Anker so hin und her, daß die Sperrklinken ihre Zähne abwechselnd in das Hemmungsrad einrücken. Bei jedem Ausschwingen wird das Hemmungsrad für einen sehr kurzen Zeitraum so freigegeben, daß es sich um einen Zahn weiterdrehen kann. Während die Zähne des Hemmungsrads sich bewegen, drücken sie den Anker so, daß das Pendel weiterschwingt.

HEBELHEMMUNG

Ein mechanisches Uhrwerk wird von seiner Hauptfeder angetrieben, die das Antriebsrad und das Hemmungsrad dreht. Die Unruhfeder schwingt in der Unruh und bewegt dabei den Hebel so hin und her, daß die Sperrklinken das Hemmungsrad genau wie bei der Ankerhemmung freigeben. Die Unruhfeder wird durch den Druck der Zähne des Hemmungsrads auf den Hebel weiter in Schwingung gehalten.

DAS ZAHNSTANGENGETRIEBE

AUTOLENKGETRIEBE

Beim Zahnstangengetriebe dreht die Lenksäule ein Antriebsrad, das eine Zahnstange nach links oder rechts verschiebt. An beiden Seiten der Zahnstange greift eine Spurstange an, die mit einem Lenkhebel verbunden ist, der das Vorderrad schwenkt. Insgesamt wirken Rad, Welle, ein Zahnstangengetriebe und ein Hebel zusammen, um die Kraft der Hände am Lenkrad zu vergrößern und die Räder in den gewünschten Einstellwinkel zu bringen.

LENKHEBEL

SPURSTANGE

LENKSÄULE

ZAHNSTANGENGETRIEBE

LENKRAD

KORKENZIEHER

Ein Korkenziehermodell verbindet sehr erfolgreich die ▷ Schraube mit dem Zahnstangengetriebe, um einen Korken aus der Flasche zu heben. An einem Ende besitzen die langen Griffe ein halbes Antriebsrad. Damit läßt sich eine beachtliche Hebelkraft auf die Zahnstange erzeugen, mit deren Hilfe der Korken eher herausgehoben als -gezogen wird.

ZIEHEN EINES KORKENS

Der Korkenzieher wird zuerst in Stellung gebracht (1), und während er in den Korken geschraubt wird, heben sich die Griffe (2). Wenn die Spirale tief genug sitzt, werden die Griffe nach unten gedrückt (3), so daß die Antriebsräder die Zahnstange — und mit ihr den Korken — nach oben befördern.

1

2

3

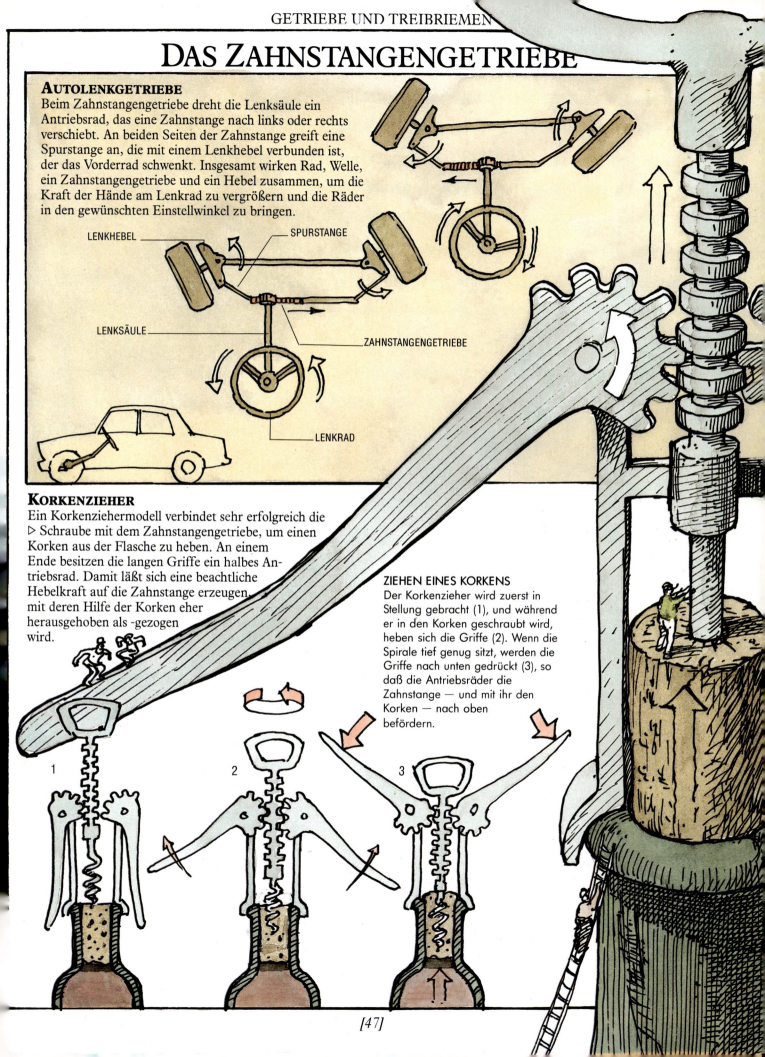

KEGELRADGETRIEBE

SCHNEEBESEN

Beim Kegelradgetriebe sind die Zahnräder meist von sehr unterschiedlicher Größe. Dieser Größenunterschied dient dazu, entweder die Kraft, die an eines der Zahnräder angreift, zu verändern oder dazu, die Bewegungsgeschwindigkeit zu erhöhen oder zu reduzieren. Ein Schneebesen wandelt eine langsame Bewegung in zwei schnellere, einander entgegengesetzte Drehbewegungen um. Mit der Handkurbel wird ein großes, beidseitiges Antriebskegelrad gedreht, das seinerseits zwei Kegelzahnräder antreibt, die wiederum die Besen beschleunigen.

ANTRIEBSKEBELRAD
Das beidseitige Antriebskegelrad überträgt die Drehung der Handkurbel auf die beiden kleineren Kegelräder.

KEGELRÄDER
Weil die Kegelräder an beiden Seiten des Antriebskegelrads anlegen, drehen sie sich in entgegengesetzten Richtungen.

BOHRERSPITZE

SPANNFUTTER

BOHRER

BACKEN

MUFFE

SCHLÜSSEL

KEGELRAD

SCHRAUBE

BOHRFUTTER

Das Spannfutter einer Bohrmaschine muß sehr fest um den Bohrer sitzen, da es ihn dreht. Andererseits muß es sich per Hand lösen oder festdrehen lassen. Eine kompakte Vorrichtung aus Kegelrad und Hebeln erfüllt diesen Zweck.

Mit dem Schlüsselkegelrad wird die Muffe des Spannfutters gedreht, wodurch das Schraubengewinde im Innern die Backen rauf oder runter schiebt. Das Schraubengewinde ist so geschrägt, daß die Backen sich öffnen, wenn sie ins Spannfutter versenkt werden und sich fest um den Bohrer schließen, wenn sie aus dem Spannfutter herausgedreht werden.

DAS AUSGLEICHSGETRIEBE

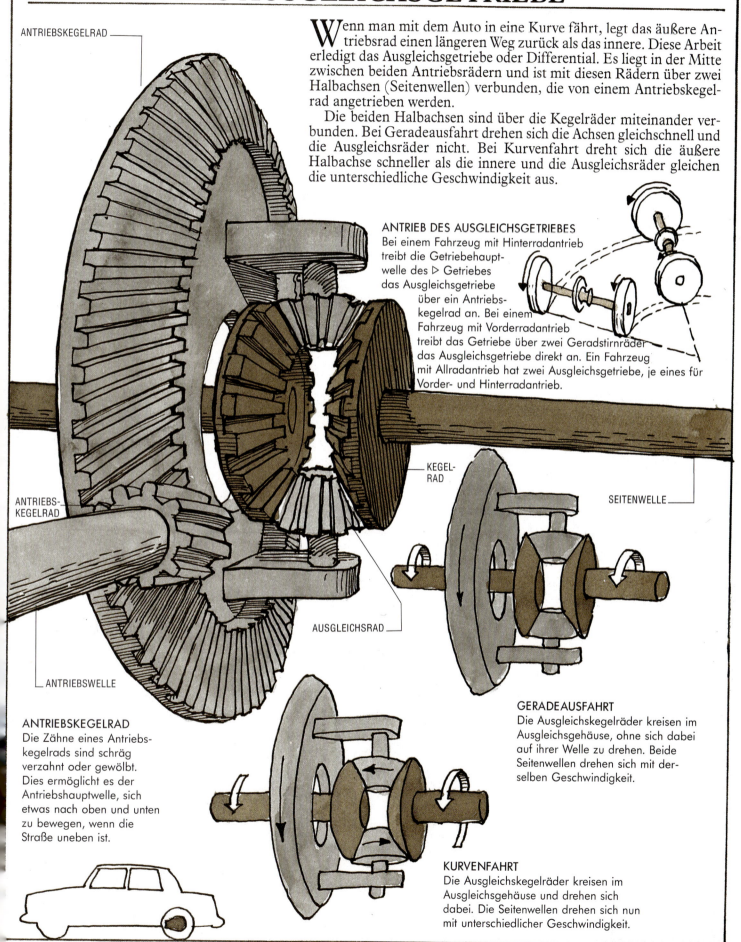

ANTRIEBSKEGELRAD

Wenn man mit dem Auto in eine Kurve fährt, legt das äußere Antriebsrad einen längeren Weg zurück als das innere. Diese Arbeit erledigt das Ausgleichsgetriebe oder Differential. Es liegt in der Mitte zwischen beiden Antriebsrädern und ist mit diesen Rädern über zwei Halbachsen (Seitenwellen) verbunden, die von einem Antriebskegelrad angetrieben werden.

Die beiden Halbachsen sind über die Kegelräder miteinander verbunden. Bei Geradeausfahrt drehen sich die Achsen gleichschnell und die Ausgleichsräder nicht. Bei Kurvenfahrt dreht sich die äußere Halbachse schneller als die innere und die Ausgleichsräder gleichen die unterschiedliche Geschwindigkeit aus.

ANTRIEB DES AUSGLEICHSGETRIEBES

Bei einem Fahrzeug mit Hinterradantrieb treibt die Getriebehauptwelle des ▷ Getriebes das Ausgleichsgetriebe über ein Antriebskegelrad an. Bei einem Fahrzeug mit Vorderradantrieb treibt das Getriebe über zwei Geradstirnräder das Ausgleichsgetriebe direkt an. Ein Fahrzeug mit Allradantrieb hat zwei Ausgleichsgetriebe, je eines für Vorder- und Hinterradantrieb.

KEGEL-RAD

SEITENWELLE

ANTRIEBS-KEGELRAD

AUSGLEICHSRAD

ANTRIEBSWELLE

ANTRIEBSKEGELRAD

Die Zähne eines Antriebskegelrads sind schräg verzahnt oder gewölbt. Dies ermöglicht es der Antriebshauptwelle, sich etwas nach oben und unten zu bewegen, wenn die Straße uneben ist.

GERADEAUSFAHRT

Die Ausgleichskegelräder kreisen im Ausgleichsgehäuse, ohne sich dabei auf ihrer Welle zu drehen. Beide Seitenwellen drehen sich mit derselben Geschwindigkeit.

KURVENFAHRT

Die Ausgleichskegelräder kreisen im Ausgleichsgehäuse und drehen sich dabei. Die Seitenwellen drehen sich nun mit unterschiedlicher Geschwindigkeit.

SCHNECKENGETRIEBE

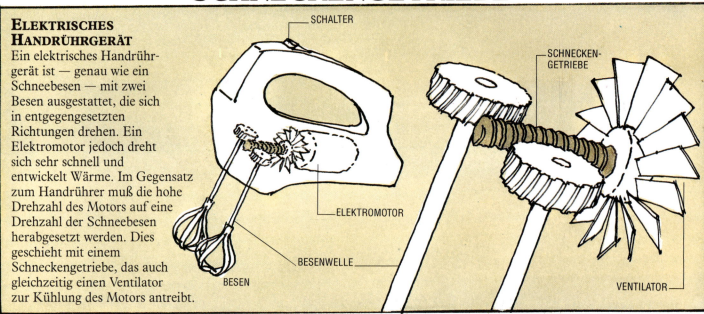

ELEKTRISCHES HANDRÜHRGERÄT

Ein elektrisches Handrührgerät ist — genau wie ein Schneebesen — mit zwei Besen ausgestattet, die sich in entgegengesetzten Richtungen drehen. Ein Elektromotor jedoch dreht sich sehr schnell und entwickelt Wärme. Im Gegensatz zum Handrührer muß die hohe Drehzahl des Motors auf eine Drehzahl der Schneebesen herabgesetzt werden. Dies geschieht mit einem Schneckengetriebe, das auch gleichzeitig einen Ventilator zur Kühlung des Motors antreibt.

SCHALTER

SCHNECKENGETRIEBE

ELEKTROMOTOR

BESENWELLE

BESEN

VENTILATOR

TACHOMETER

Der Tachometer eines Fahrzeugs verwendet ein Schneckengetriebe, um die enorme Verringerung der Geschwindigkeit zu bewerkstelligen. Die letzte Rolle des Kilometerzählers bewegt sich einmal alle zehntausend Kilometer, während die Getriebewelle, die sie antreibt, sich in derselben Zeitspanne mehrere hundert Millionen Mal gedreht hat.

Der Tachometer wird von einem biegbaren Kabel angetrieben, das einen rotierenden Draht beherbergt. Dieser Draht ist mit einem kleinen Antriebsrad verbunden, das von einer großen Schnecke gedreht wird, die auf der Welle sitzt, die die Räder antreibt. Im Innern des Tachometers treibt dieser Draht den Tachometer über ▷ magnetische Induktion an. Seine Geschwindigkeit wird weiter reduziert durch eine andere Schnecke, die den Kilometerzähler dreht, der selber wiederum Untersetzungsgetriebe enthält.

KABELVERBINDUNG

Das Tachometerkabel ist mit der Getriebeaustritts- oder Übertragungswelle oder dem Ausgleichsgetriebe verbunden.

GESCHWINDIGKEITSANZEIGER

Die Welle dreht einen Magneten im Rückschlußring. Je schneller er dreht, desto mehr werden Rückschlußring und Zeiger verdreht.

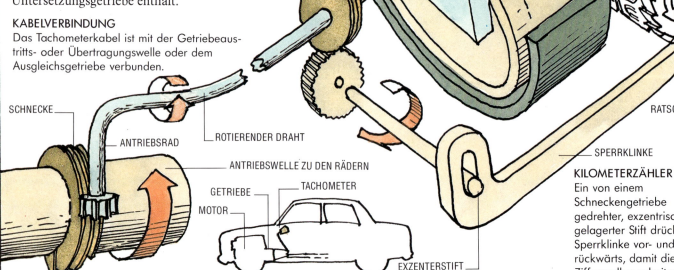

ZIFFERBLATT

ZEIGER

SPIRALFEDER

ZIFFERNROLLEN

RÜCKSCHLUSSRING

MAGNET

SCHNECKENGETRIEBE

SCHNECKE

ANTRIEBSRAD

ROTIERENDER DRAHT

ANTRIEBSWELLE ZU DEN RÄDERN

GETRIEBE

MOTOR

TACHOMETER

EXZENTERSTIFT

RATSCHE

SPERRKLINKE

KILOMETERZÄHLER

Ein von einem Schneckengetriebe gedrehter, exzentrisch gelagerter Stift drückt die Sperrklinke vor- und rückwärts, damit die Ziffernrollen arbeiten.

RASENSPRENGER

Ein guter Rasensprenger erzeugt nicht nur einen feinen Wassersprühnebel, sondern schwenkt ihn auch noch hin und her, damit eine größere Rasenfläche benetzt wird. Eine gesonderte Antriebsquelle ist nicht vonnöten, da der Mechanismus allein vom Wasserfluß durch den Rasensprenger, der ein System von Schneckengetrieben verwendet, angetrieben wird.

Nachdem das Wasser in den Rasensprenger eingetreten ist, treibt es mit hoher Geschwindigkeit eine Turbine an und drängt ins Sprührohr. Die Turbine dreht zwei Schneckengetriebe, die die Turbinendrehzahl reduzieren, so daß eine Kurbel mit geringer Geschwindigkeit betrieben werden kann. Die Kurbel bewegt das Sprührohr langsam hin und her.

SPRÜHROHR

TURBINE

KURBEL

WASSERSCHLAUCH

NOCKEN UND KURBELN

ÜBER EINE ALTE MASCHINE

Vor kurzem stieß ich auf die Überreste einer außergewöhnlichen Maschine, deren Arbeitsweise ich im folgenden beschreiben will. Ich nehme an, daß diese Maschine dazu diente, die Eier einer riesigen und inzwischen ausgestorbenen Tierart aufzuschlagen. Jedes Ei wurde mit einem Hammer zerschmettert, den mehrere Mammuts antrieben, und ein Schieber räumte die kaputten Eierschalen dann aus dem Weg. Aus meiner Entdeckung folgere ich zweierlei. Erstens: das Mammut-betriebene Karussell ist vielleicht doch nicht der erste Arbeitseinsatz der Mammuts gewesen, und zweitens: diese Maschine könnte dazu gedient haben, Omeletts von gigantischer Größe anzufertigen.

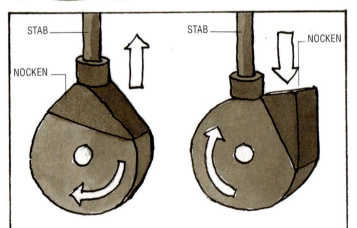

DER NOCKEN

Der Eierknacker verwendet einen Nocken, eine Vorrichtung, die in ihrer einfachsten Ausführung aus einem befestigten Rad mit einem Vorsprung (oder mehreren) besteht. Ein Stab wird gegen das Rad gedrückt, und sobald das Rad sich dreht, wird der Stab auf und ab bewegt.

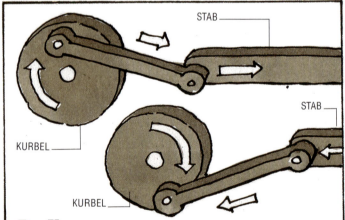

DIE KURBEL

Der Schieber wird von einer Kurbel bewegt, einem Rad mit einem Angelpunkt, an dem ein Stab befestigt ist. Das andere Ende des Stabs ist so eingehängt, daß der Stab sich hin und her bewegt, sobald das Rad sich dreht. Im Gegensatz zum Nocken kann die Bewegungsrichtung einer Kurbel umgekehrt werden.

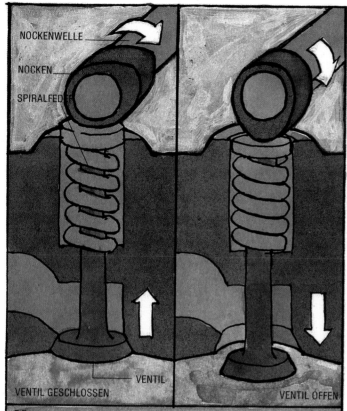

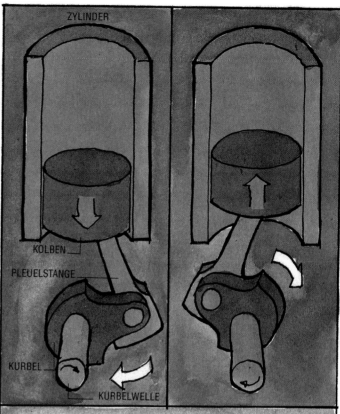

NOCKENWELLE IM OTTOMOTOR

Jeder Zylinder eines Verbrennungsmotors arbeitet mit Ventilen, die das Kraftstoff-Luft-Gemisch ein- und die Abgase auslassen. Jedes Ventil wird über einen Nocken betrieben, der sich auf einer rotierenden Welle befindet. Der Nocken öffnet das Ventil, indem er es gegen einen Federwiderstand nach unten drückt. Danach verschließt die Feder das Ventil, bis der Nocken wiederkehrt.

KURBELWELLE IM OTTOMOTOR

Der Druck der bei der Verbrennung entstandenen Gase treibt den Kolben in jedem Zylinder des Ottomotors nach unten. Eine Pleuelstange verbindet den Kolben mit einer Kurbel auf der Kurbelwelle. Die Stange dreht die Kurbel, die daraufhin weiterdreht und den Kolben im Zylinder wieder nach oben treibt. So wandelt die Kurbelwelle die Auf- und Ab-Bewegung der Kolben in eine Drehbewegung um

SCHEIBENWISCHER

Die Scheibenwischer eines Autos werden von einem Elektromotor betrieben und von einer Kurbel hin und her bewegt. Ein Schnecken- getriebe reduziert die Motorge- schwindigkeit, und die Kurbel dreht ein Zahnrad oder bewegt einen Verbindungsstab, wodurch die Wischerblätter hin und her bewegt werden.

NOCKEN UND KURBELN IM AUTO

Abstimmung auf den Bruchteil von Sekunden ist die wesentliche Voraussetzung dafür, daß ein Automotor ruhig und kräftig dreht. Dies wird mit Hilfe der Nocken- und der Kurbelwelle erreicht, die sozusagen Hand in Hand arbeiten.

Wenn die Kolben sich in den Zylindern auf und ab bewegen, drehen sie dabei die Kurbelwelle, die wiederum ein Schwungrad antreibt und letztendlich die Räder. Zugleich dreht die Kurbelwelle über eine Kette auch die Nockenwelle mit an. Dreht sich die Nockenwelle, so bewegen die Nocken die Ventile der Zylinder. Bei einem Motor mit obenliegender Nockenwelle befinden sich die Nocken über den Ventilen und steuern sie direkt. Bei einem Motor mit untenliegender Nockenwelle befinden sich die Nocken auf einer Seite und steuern die Ventile über Stößel, Stoßstangen, Kipp- und Schwinghebel. Die beteiligten Nocken und Kurbeln öffnen und schließen die Ventile im Einklang mit der Kolbenbewegung im Viertakt-Zyklus.

Die Nocken- und die Kurbelwelle treiben manchmal auch noch andere Motorteile an. Ein Zahnrad auf der Nockenwelle treibt zum Beispiel die Ölpumpe und den Zündverteiler an.

DIE NÄHMASCHINE

Die Nähmaschine ist ein Wunderwerk an mechanischem Erfindungsreichtum. Sie wird von der Drehbewegung eines Elektromotors angetrieben, die in der Maschine in eine komplizierte Bewegungsabfolge aus Stichen und Stofftransport zwischen zwei Stichen umgewandelt wird. Bei diesem Mechanismus spielen Nocken und Kurbeln eine wichtige Rolle. Eine Kurbel bewegt die Nadel an einer Nadelstange auf und ab, während zwei Nocken- und Kurbelwerke den gezackten Nähfuß betätigen, der den Stoff weiterbefördert.

Die gebräuchlichsten Nähmaschinen arbeiten nach dem Zweifadensystem (Doppelsteppstich), bei dem Ober- und Unterfaden miteinander verschlungen werden. Der Oberfaden wird durch die Nadel am Ende der Nadelstange geführt. Die Nadel durchsticht den Stoff, und bei der Aufwärtsbewegung der Nadel bildet der Faden unterhalb des Stoffs eine Schlinge. Durch diese wird mit einem Krummhaken der Unterfaden eingelegt. Dann werden Ober- und Unterfaden spannungsgleich in den Stoff hineingezogen. Der Stich ist vollendet.

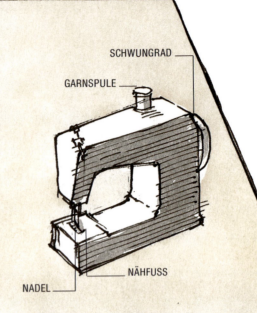

SCHWUNGRAD

GARNSPULE

NÄHFUSS

NADEL

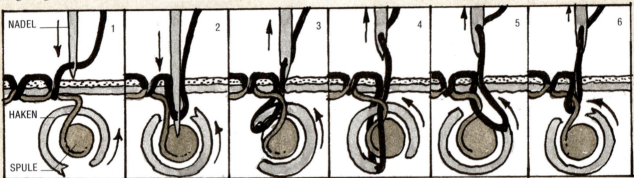

BILDUNG DER SCHLINGE
Die Nadel, die den Faden führt, bewegt sich nach unten (1). Der Unterfaden ist auf eine Spule im Drehschiffchen unter dem Stoff gewickelt. Die Nadel durchsticht den Stoff, und bei der Aufwärtsbewegung der Nadel bildet der Faden unter dem Stoff eine Schlinge (2).

EINLEGEN DES UNTERFADENS
Der Haken auf dem Schiffchen fährt in die Schlinge des Fadens (3). Dann zieht er die Schlinge um die Spule und den Unterfaden herum (4). Der Unterfaden ist nun in die Oberfadenschlinge eingelegt.

VOLLENDUNG DES STICHS
Der Haken dreht sich weiter (5). Die Schlinge rutscht nun vom Haken, da die Nadel über den Stoff zurückgeht (6). Die verschlungenen Ober- und Unterfäden werden nun spannungsgleich in den Stoff hineingezogen.

NOCKEN

ANTRIEBSRAD

KURBEL

NADELFADEN

RIEMEN

MOTOR

KURBEL

NOCKEN

STOFF

NADEL

KURBEL

HAKEN

SPULENFADEN

ROTIERENDES SCHIFFCHEN

GARNSPULE

DER NÄHFUSS

Der Nähfuß bewegt den Stoff weiter. Ein Nocken- und Kurbelwerk bewegt den Nähfuß hin und her, während ein anderes es auf und ab bewegt. Beide werden vom Schwungrad in Bewegung gesetzt, das seinerseits von einem Elektromotor angetrieben wird, der deren Bewegungen aufeinander abstimmt. Der Nähfuß hebt sich und bewegt den Stoff zwischen zwei Stichen weiter, senkt sich dann ab und bewegt sich wieder zurück.

[57]

ROLLEN UND FLASCHENZÜGE

WIE MAN EIN MAMMUT MELKT

Obwohl die Milch eines Mammuts eher unangenehm riecht, ist sie jedoch reich an Mineralien und Vitaminen. In den zahlreichen Dörfern, die ich besucht habe, gibt es eine beachtliche Anzahl von Menschen mit gutem Gebiß und stämmigem Skelett, die ihre blühende Gesundheit auf die regelmäßige Einnahme dieser außergewöhnlich nahrhaften Flüssigkeit zurückführen. Das Melken dieser Kreaturen jedoch ist problematisch — von der Schwierigkeit, genügend Melkeimer zusammenzubekommen, einmal abgesehen (denn sie geben eine unglaubliche Milchmenge) —, weil sie sich gegen jede körperliche Berührung sträuben. Es ist deshalb notwendig, das Mammut so hoch vom Boden zu hieven, daß ihm jegliches Ziehen unmöglich gemacht wird. Der Melker befindet sich erst dann in Sicherheit, wenn die Mammutkuh hilflos in der Luft baumelt.

In vielen Dörfern habe ich beobachtet, daß Mammuts in einem Geschirr mit einer Anzahl von Rollen hochgehievt wurden. Diese Rollen, um die ein starkes Seil verläuft, hängen in einer bestimmten Anordnung an einem stabilen Gerüst. Obwohl das zu hebende Gewicht häufig kolossal ist, wird durch das Rollensystem die dazu notwendige Kraft reduziert. Je mehr Rollen die Dorfbewohner benutzten, um so leichter fiel es ihnen, das Mammut zu hieven, aber aus demselben Grund war es auch nötig, viel länger an dem Seil zu ziehen, um das Mammut auch nur etwas vom Boden hochzuheben.

KRAFT EINES FLASCHENZUGS

Manchen Menschen macht es nichts aus, während des Erklimmens einer Leiter ein schweres Gewicht zu tragen. Den meisten von uns fällt es jedoch wesentlich leichter, etwas abwärts zu ziehen, als es aufwärts zu tragen.

Dieser Richtungswechsel kann mit nur einer Rolle und einem Seil bewerkstelligt werden. Die Rolle wird an einem Träger befestigt, und das Seil wird über die Rolle zur Last geführt. Zieht man nun am Seil, kann die Last bis hoch zum Träger befördert werden. Und da das Körpergewicht desjenigen, der zieht, nach unten wirkt, unterstützt es seine Bewegung, statt sie zu behindern. Eine Rolle, die so eingesetzt wird, nennt man Flaschenzug, und das Hebesystem, das sie bildet, einen einfachen Kran.

Flaschenzüge mit fester Rolle werden in Maschinen eingesetzt, wenn die Bewegungsrichtung geändert werden muß, wie zum Beispiel bei ▷ Aufzügen, bei denen die Aufwärtsbewegung der Kabine mit der Abwärtsbewegung eines Gegengewichts verbunden werden muß.

Bei einem idealen Flaschenzug entspricht die Kraft, mit der am Seil gezogen wird, dem Gewicht der Last. Tatsächlich ist die Kraft stets ein wenig größer als die Last, da sie die ▷ Reibungskraft der Rolle überwinden wie auch die Last heben muß. Die Reibung verringert dadurch den Wirkungsgrad sämtlicher Maschinen.

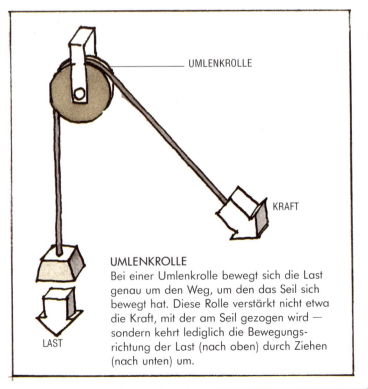

UMLENKROLLE

KRAFT

LAST

UMLENKROLLE

Bei einer Umlenkrolle bewegt sich die Last genau um den Weg, um den das Seil sich bewegt hat. Diese Rolle verstärkt nicht etwa die Kraft, mit der am Seil gezogen wird — sondern kehrt lediglich die Bewegungsrichtung der Last (nach oben) durch Ziehen (nach unten) um.

*W*olle man Zeitvergeudung und Energiever-
schwendung vermeiden, so bemerkte ein weiser,
alter Melker mir gegenüber, sei es klüger, das Geschlecht
der Mammuts zu überprüfen, bevor man ihm das
Geschirr anlege.

POTENZFLASCHENZÜGE

Ein Flaschenzug kann nicht nur die Richtung einer Kraft
umkehren, sondern sie auch verstärken, so wie Hebel dies
vermögen. Ein Potenzflaschenzug besteht aus einer festen
und einer oder mehreren losen Rollen. Mit seiner Hilfe ist es
einem Menschen möglich, ein Vielfaches seines Körper-
gewichts zu heben.

Bei einem Flaschenzug mit loser Rolle ist die feste Rolle am
Träger und die lose Rolle an der Last befestigt. Das Seil läuft
über die feste Rolle nach unten um die lose Rolle herum und
ist am Träger befestigt. Die lose Rolle kann sich frei bewegen,
und wenn man am Seil zieht, wird die Last angehoben. Durch
diese Anordnung der Rollen bewegt sich die Last um die
Hälfte des freien Seilendes (Kraftweg). Andererseits wird die
Kraft, mit der die Last gehoben wird, verdoppelt. Wie bei den
Hebeln wird an Kraftaufwand eingespart, was mit der Wegstrecke bezahlt werden muß — zum Vorteil dessen, der zieht.

Die Flaschenzüge mit loser Rolle nennt man Potenz-
flaschenzüge, weil mit jeder weiteren losen Rolle bei gleichem
Kraftaufwand die Last verdoppelt wird, so daß sich Potenzen
der Zahl zwei ergeben (bei zwei Rollen ist das Verhältnis
Last : Kraft = $2^2 : 1 = 4 : 1$; bei drei Rollen $2^3 : 1 = 8 : 1$
usw.). Tatsächlich müssen mit dem Kraftaufwand auch die
Reibungskräfte in allen losen Rollen überwunden und
zugleich die Last gehoben werden.

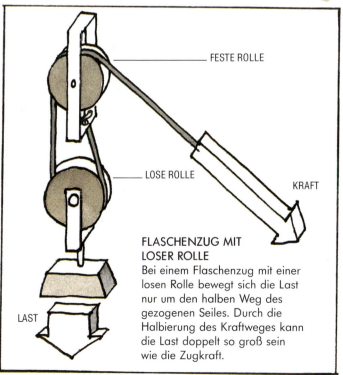

FESTE ROLLE

LOSE ROLLE

KRAFT

LAST

FLASCHENZUG MIT LOSER ROLLE

Bei einem Flaschenzug mit einer
losen Rolle bewegt sich die Last
nur um den halben Weg des
gezogenen Seiles. Durch die
Halbierung des Kraftweges kann
die Last doppelt so groß sein
wie die Zugkraft.

DIE KETTENWINDE

Die Kettenwinde ist nichts anderes als ein Flaschenzug, bei dem die Seile durch Ketten ersetzt wurden, deren einzelne Kettenglieder in warzenförmige Vorsprünge der Rollen greifen. Die feste Rolle besteht aus zwei miteinander verbundenen Rollen verschiedenen Durchmessers. Die Last hängt an der losen Rolle und bewegt sich erst, wenn die Kette bewegt wird. Die Größe der benötigten Kraft hängt von der Differenz der beiden Rollendurchmesser ab. Deshalb heißt dieser Flaschenzug auch Differentialflaschenzug.

HEBEN UND SENKEN DER WINDE

Wird an der Kette so gezogen, daß die beiden festen Rollen sich gegen den Uhrzeigersinn drehen (links), zieht die größere Rolle mehr Kettenglieder hoch, als die kleine Rolle nachläßt; sie übersetzt den ausgeübten Zug und hebt die Last eine kürzere Strecke hoch. Bewegt sich die Kette in entgegengesetzter Richtung (unten), so wird die Last abgesenkt.

KRAFT

LAST

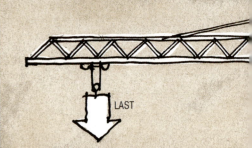

LAST

TURMKRAN (BAUKRAN)

Das moderne Gegenstück eines Schadufs und benutzt ebenso ein Gegengewicht, um seine Last im Gleichgewicht zu halten.

GEGENGEWICHT

DREHPUNKT

LAST

SCHADUF

Diese aus Alt-Ägypten stammende einfache Maschine besteht aus einem schwenkbar gelagerten Balken mit einem Gegengewicht an einem Ende und einem Eimer aus Leder oder Bast am anderen Ende.

GEGENGEWICHT

LAST

GABELSTAPLER

Das große Gegengewicht hinten am Gabelstapler erlaubt es, die Last in die Höhe zu heben, ohne daß der Stapler vorn überkippt.

FLASCHENZUG

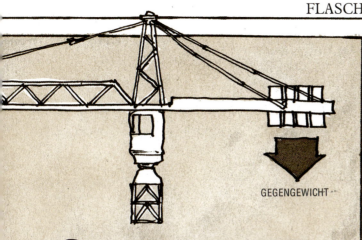

GEGENGEWICHT

GEGENGEWICHTE

Beim Heben von Lasten verwenden Kräne und andere Hebemaschinen oft Gegengewichte, die das Gewicht der Last ausgleichen, damit der Maschinenmotor lediglich die Last bewegen, sie aber nicht tragen muß. Das Gegengewicht verhindert auch, daß der Kran vorn überkippt, wenn die Last vom Boden hochgehoben wird. Nach dem ▷ Hebelgesetz hat ein nahe am Drehpunkt angebrachtes schweres Gegengewicht dieselbe Wirkung wie ein leichteres, das weiter entfernt angebracht ist.

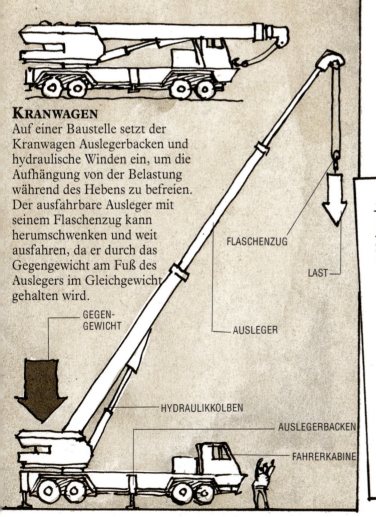

KRANWAGEN

Auf einer Baustelle setzt der Kranwagen Auslegerbacken und hydraulische Winden ein, um die Aufhängung von der Belastung während des Hebens zu befreien. Der ausfahrbare Ausleger mit seinem Flaschenzug kann herumschwenken und weit ausfahren, da er durch das Gegengewicht am Fuß des Auslegers im Gleichgewicht gehalten wird.

GEGEN-
GEWICHT

FLASCHENZUG

LAST

AUSLEGER

HYDRAULIKKOLBEN

AUSLEGERBACKEN

FAHRERKABINE

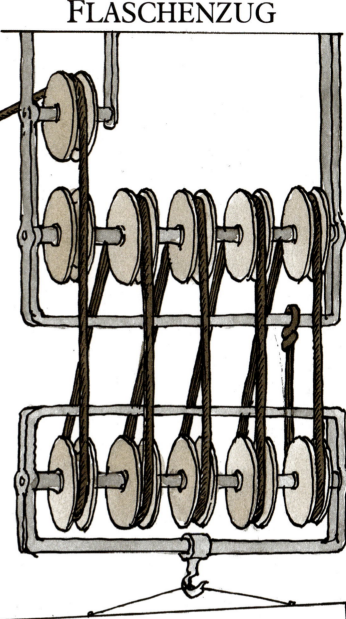

Der Flaschenzug besteht aus einer kompakten Kombination von mehreren festen Rollen mit derselben Anzahl loser Rollen und kann beträchtliche Lasten heben. Gewöhnlich ist er am Ende eines Kranauslegers angebracht, um die Kraft des Kranmotors beim Heben der Lasten zu vergrößern.

Das tragende Seil ist um die festen und die losen Rollen gewickelt, die sich unabhängig voneinander bewegen können. Die festen Rollen sind mit einem Träger, zum Beispiel dem Ausleger, die losen Rollen dagegen mit der Last verbunden. Zieht man am Seil, heben sich die losen Rollen. Das Übersetzungsverhältnis der Kraft, die der Flaschenzug produziert, entspricht der Anzahl seiner Rollen.

Dieser Flaschenzug oben enthält je fünf feste und lose Rollen, dazu eine Führungsrolle ganz oben. Das heißt die Last wird über zehn Rollen gehoben; also ergibt sich hier ein Verhältnis der Kraft zur Last von 1 : 10.

DER TURMKRAN

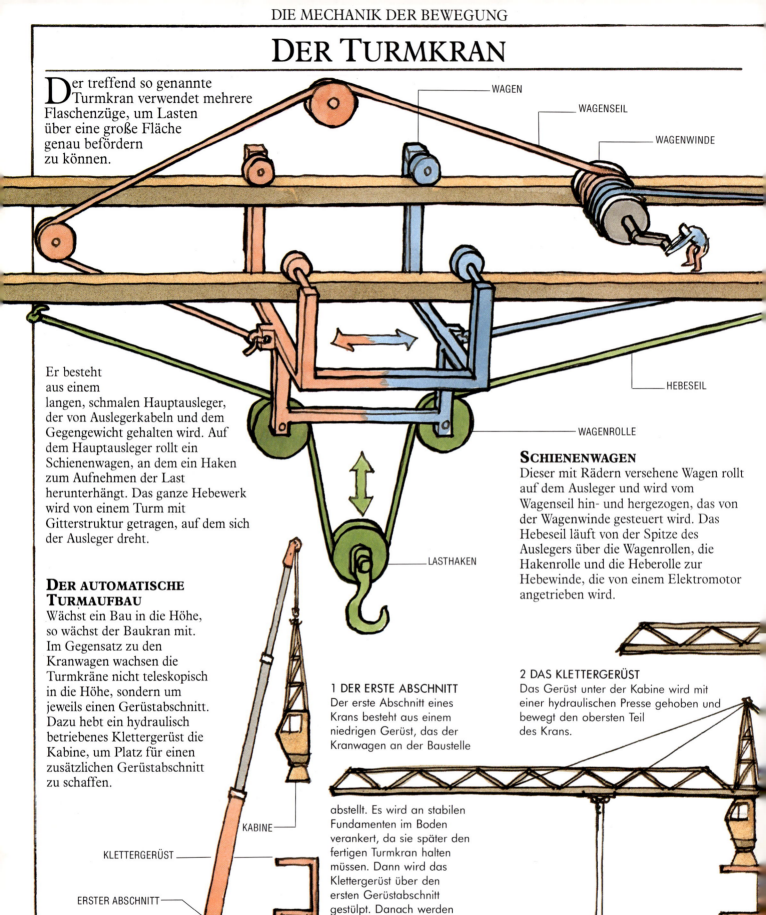

Der treffend so genannte Turmkran verwendet mehrere Flaschenzüge, um Lasten über eine große Fläche genau befördern zu können.

WAGEN

WAGENSEIL

WAGENWINDE

HEBESEIL

WAGENROLLE

Er besteht aus einem langen, schmalen Hauptausleger, der von Auslegerkabeln und dem Gegengewicht gehalten wird. Auf dem Hauptausleger rollt ein Schienenwagen, an dem ein Haken zum Aufnehmen der Last herunterhängt. Das ganze Hebewerk wird von einem Turm mit Gitterstruktur getragen, auf dem sich der Ausleger dreht.

DER AUTOMATISCHE TURMAUFBAU
Wächst ein Bau in die Höhe, so wächst der Baukran mit. Im Gegensatz zu den Kranwagen wachsen die Turmkräne nicht teleskopisch in die Höhe, sondern um jeweils einen Gerüstabschnitt. Dazu hebt ein hydraulisch betriebenes Klettergerüst die Kabine, um Platz für einen zusätzlichen Gerüstabschnitt zu schaffen.

LASTHAKEN

SCHIENENWAGEN
Dieser mit Rädern versehene Wagen rollt auf dem Ausleger und wird vom Wagenseil hin- und hergezogen, das von der Wagenwinde gesteuert wird. Das Hebeseil läuft von der Spitze des Auslegers über die Wagenrollen, die Hakenrolle und die Heberolle zur Hebewinde, die von einem Elektromotor angetrieben wird.

KABINE

KLETTERGERÜST

ERSTER ABSCHNITT

1 DER ERSTE ABSCHNITT
Der erste Abschnitt eines Krans besteht aus einem niedrigen Gerüst, das der Kranwagen an der Baustelle abstellt. Es wird an stabilen Fundamenten im Boden verankert, da sie später den fertigen Turmkran halten müssen. Dann wird das Klettergerüst über den ersten Gerüstabschnitt gestülpt. Danach werden Kabine und Ausleger auf dem Gerüst montiert.

2 DAS KLETTERGERÜST
Das Gerüst unter der Kabine wird mit einer hydraulischen Presse gehoben und bewegt den obersten Teil des Krans.

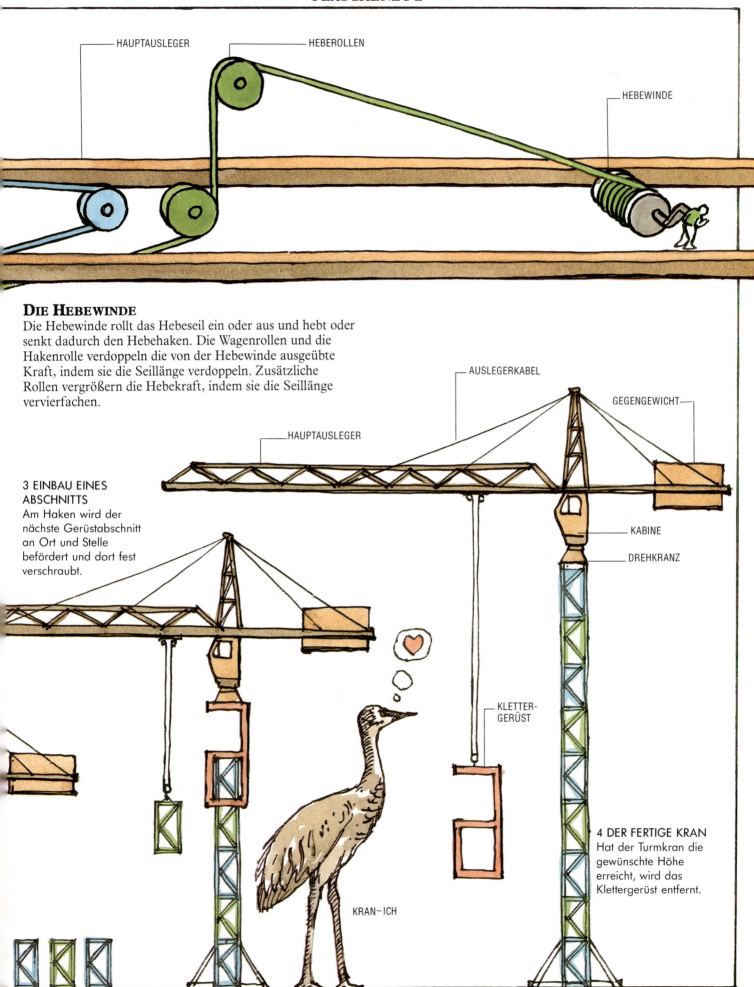

HAUPTAUSLEGER HEBEROLLEN HEBEWINDE

DIE HEBEWINDE

Die Hebewinde rollt das Hebeseil ein oder aus und hebt oder senkt dadurch den Hebehaken. Die Wagenrollen und die Hakenrolle verdoppeln die von der Hebewinde ausgeübte Kraft, indem sie die Seillänge verdoppeln. Zusätzliche Rollen vergrößern die Hebekraft, indem sie die Seillänge vervierfachen.

AUSLEGERKABEL

GEGENGEWICHT

HAUPTAUSLEGER

3 EINBAU EINES ABSCHNITTS
Am Haken wird der nächste Gerüstabschnitt an Ort und Stelle befördert und dort fest verschraubt.

KABINE

DREHKRANZ

KLETTER-GERÜST

4 DER FERTIGE KRAN
Hat der Turmkran die gewünschte Höhe erreicht, wird das Klettergerüst entfernt.

KRAN-ICH

ROLLTREPPE UND AUFZUG

Rolltreppen und Aufzüge sind Hebemaschinen, die Rollen und Gegengewichte verwenden. Beim Aufzug läuft das Tragseil, das die Fahrkabine trägt, über eine Rolle zu einem Gegengewicht. Die Rolle bewegt auch das Seil. Obwohl es nicht sogleich einleuchtet, funktioniert eine Rolltreppe genauso. Ein Antriebsrad bewegt eine Kette, die mit den zurückrollenden Stufen verbunden ist, die als Gegengewicht funktionieren.

DIE ROLL- ODER FAHRTREPPE

Die Stufen einer Rolltreppe sind mit einer Endloskette verbunden, die um ein Antriebsrad läuft. Dieses Rad wird von einem Elektromotor oben an der Rolltreppe angetrieben. Die hinunterrollenden Stufen wirken als Gegengewicht zu den heraufrollenden Stufen, so daß der Motor nur das Gewicht der Menschen bewegen muß, die die Rolltreppe benutzen. Zu jeder Seite der Stufen befindet sich je ein Paar Rollen, die in zwei Führungsschienen unter den Stufen laufen. Die Schienen verlaufen in einer Ebene, ausgenommen am Kopf- und Fußende der Rolltreppe. Dort verläuft die innere Schiene unterhalb der äußeren, so daß jede Stufe auf die Höhe der vorherigen angehoben wird. Dadurch laufen die Endstufen in einer Ebene: die Leute können die Rolltreppe leicht betreten und ebenso leicht verlassen.

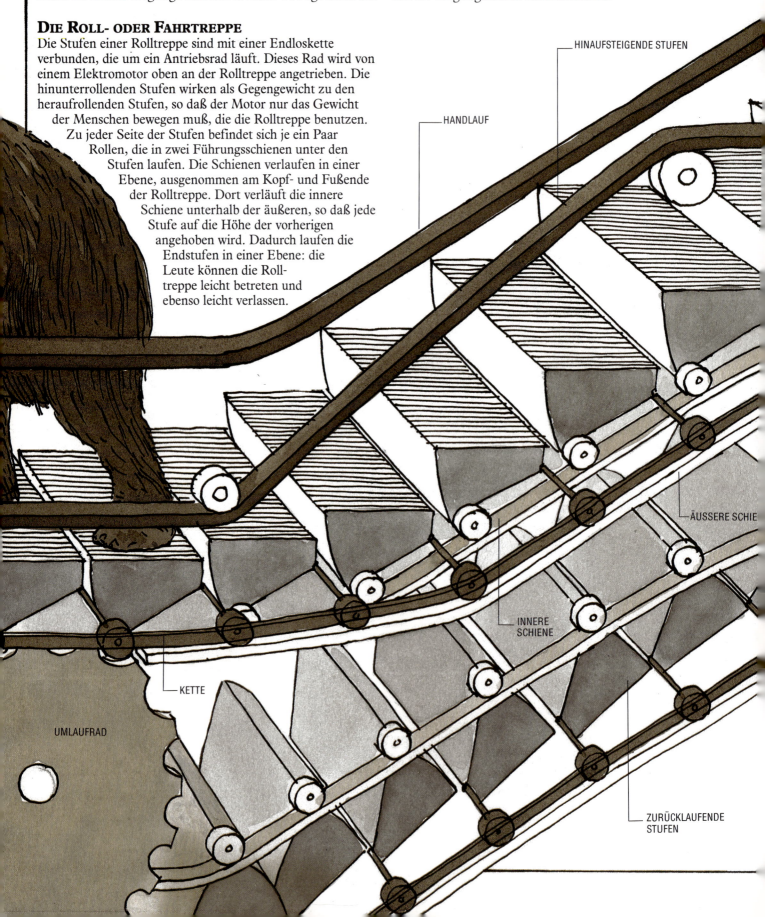

HINAUFSTEIGENDE STUFEN

HANDLAUF

ÄUSSERE SCHIE

INNERE SCHIENE

KETTE

UMLAUFRAD

ZURÜCKLAUFENDE STUFEN

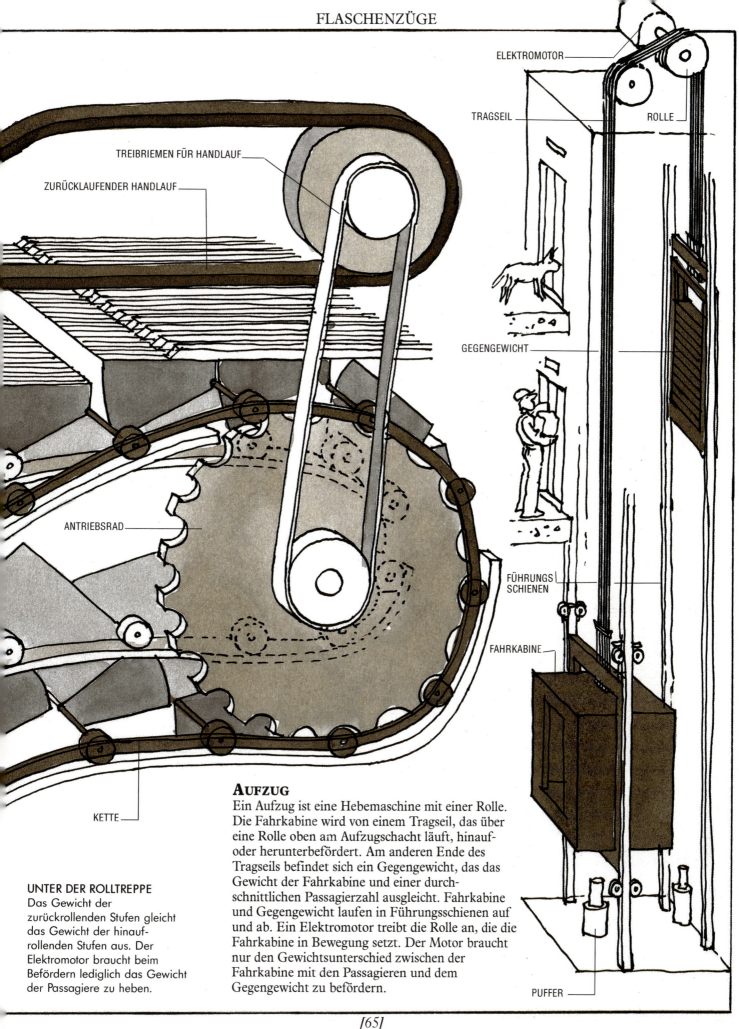

TREIBRIEMEN FÜR HANDLAUF

ZURÜCKLAUFENDER HANDLAUF

ELEKTROMOTOR

TRAGSEIL

ROLLE

GEGENGEWICHT

ANTRIEBSRAD

FÜHRUNGS-SCHIENEN

FAHRKABINE

KETTE

PUFFER

UNTER DER ROLLTREPPE
Das Gewicht der
zurückrollenden Stufen gleicht
das Gewicht der hinauf-
rollenden Stufen aus. Der
Elektromotor braucht beim
Befördern lediglich das Gewicht
der Passagiere zu heben.

AUFZUG
Ein Aufzug ist eine Hebemaschine mit einer Rolle.
Die Fahrkabine wird von einem Tragseil, das über
eine Rolle oben am Aufzugschacht läuft, hinauf-
oder herunterbefördert. Am anderen Ende des
Tragseils befindet sich ein Gegengewicht, das das
Gewicht der Fahrkabine und einer durch-
schnittlichen Passagierzahl ausgleicht. Fahrkabine
und Gegengewicht laufen in Führungsschienen auf
und ab. Ein Elektromotor treibt die Rolle an, die die
Fahrkabine in Bewegung setzt. Der Motor braucht
nur den Gewichtsunterschied zwischen der
Fahrkabine mit den Passagieren und dem
Gegengewicht zu befördern.

SCHRAUBEN

ÜBER DIE INTELLIGENZ VON MAMMUTS

Vor kurzem habe ich ein Dokument ausgegraben, das die vielbesprochenen geistigen Fähigkeiten von Mammuts unwiderlegbar beweist. Auf der Suche nach guten Taten, die zu erledigen wären, so besagt dieses Dokument, stieß ein Ritter mit seinem Mammut eines Tages auf eine Maid, die hoch droben in einem Turm aus Stein gefangen saß. Der Turm besaß keine Türen und nur winzige Fenster. Der Ritter versuchte, die Maid mit Hilfe einer kurzen Leiter zu retten, doch seine Rüstung war ihm so schwer, daß er die Sprossen nicht erklomm. Alsdann baute er eine Rampe, indem er mehrere Bohlen miteinander verband. Leider war der Ritter im Knotenbinden alles andere als geschickt.

SCHRAUBEN UND MUTTERN

Die Schraube ist eine stark verkappte Form der schiefen Ebene, die um einen Zylinder herumgeschlagen ist — so wie die Rampe des Ritters den Turm umgibt. Wie bereits auf Seite 14 geschildert, ändert die schiefe Ebene Kraft und Weg. Wenn sich etwas um ein Schraubengewinde herumdreht — wie eine Mutter um eine Schraube —, muß es mehrere Drehungen machen, um sich ein kurzes Stück fortzubewegen. Wie bei der linearen schiefen Ebene nimmt die Kraft zu, wenn der Weg abnimmt. Eine Mutter bewegt sich deshalb an der Schraube mit einer viel größeren Kraft fort, als der Aufwand zum Drehen beträgt.

Schraube und Mutter halten Gegenstände zusammen, weil sie sie mit großer Kraft umklammern. Die ▷ Reibung verhindert, daß eine Mutter sich löst.

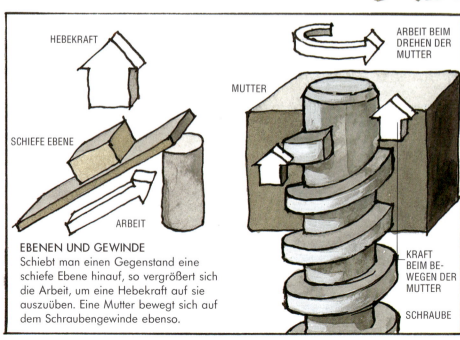

HEBEKRAFT

ARBEIT BEIM DREHEN DER MUTTER

MUTTER

SCHIEFE EBENE

ARBEIT

KRAFT BEIM BEWEGEN DER MUTTER

SCHRAUBE

EBENEN UND GEWINDE

Schiebt man einen Gegenstand eine schiefe Ebene hinauf, so vergrößert sich die Arbeit, um eine Hebekraft auf sie auszuüben. Eine Mutter bewegt sich auf dem Schraubengewinde ebenso.

*D*anach hatte der Ritter die Idee, die Bohlen als Rampe in einer Spirale um den Turm herum zu bauen. Doch die Rampe reichte nicht hoch genug hinauf, um die Maid zu befreien.

Genau hier wurde das treue Mammut aktiv. Es schnappte sich einen herumliegenden Baumstamm, steckte ihn in eines der winzigen Fenster und drehte den ganzen Turm. Der Ritter, der keinen blassen Schimmer hatte, wozu dies gut sein sollte, unterstützte es aber dabei. Zu seiner Verblüffung begann die Rampe sich in die Erde einzuwühlen. Indem sie den Turm mehrfach drehten, schraubten sie ihn langsam in den Boden hinein. Bald schon war die Spitze des Turms in Reichweite der Leiter, und die etwas schwindelige Maid hüpfte in die Freiheit.

SCHRAUBEN

Flache schiefe Ebenen werden oft als Keile verwendet, bei denen die Ebene sich bewegt, um eine Last zu heben. Spiralförmige schiefe Ebenen wirken ebenfalls wie Keile. Die meisten Schrauben drehen sich und arbeiten sich selbst in das Material vor — wie der Turm der Maid. Wie bei der Schraube und der Mutter wird die Dreharbeit so vergrößert, daß die Schraube sich mit erhöhter Kraft vorwärtsbewegt. Die Kraft wirkt auf das Material, in das die Schraube sich versenkt.

Wie bei der Schraube und der Mutter wirkt die Reibung sich so aus, daß die Schraube im Material gehalten wird. Die Reibung wirkt zwischen dem Schraubengewinde und dem Material. Sie ist stark, da das Schraubengewinde lang und die Kraft zwischen dem Gewinde und dem Material mächtig ist.

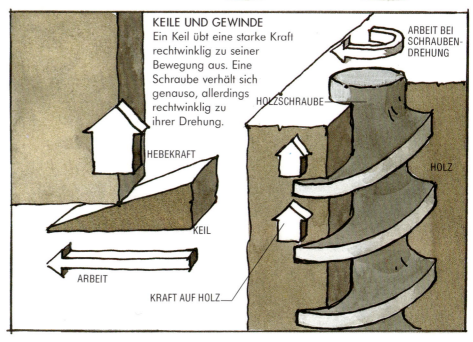

KEILE UND GEWINDE
Ein Keil übt eine starke Kraft rechtwinklig zu seiner Bewegung aus. Eine Schraube verhält sich genauso, allerdings rechtwinklig zu ihrer Drehung.

ARBEIT BEI SCHRAUBENDREHUNG

HOLZSCHRAUBE

HOLZ

HEBEKRAFT

KEIL

ARBEIT

KRAFT AUF HOLZ

SCHRAUBEN IN BETRIEB

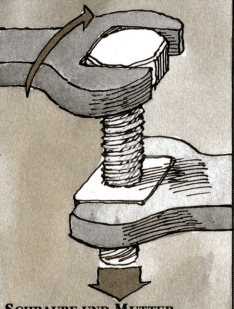

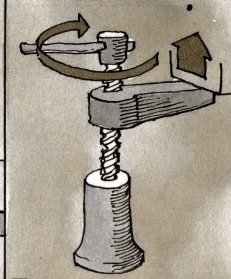

HOLZSCHRAUBE

Das Gewinde einer Holzschraube drückt beim Drehen mächtig gegen das Holz und treibt sich selber vorwärts. Der Schraubenzieher vergrößert dabei noch den Vorwärtsdruck.

SCHRAUBE UND MUTTER

Das Gewinde zwingt Schraube und Mutter zusammen. Die Drehkraft wird durch die Hebelwirkung eines Schraubenschlüssels vergrößert.

WAGENHEBER

Der Wagenheber macht sich einen Schraubenmechanismus zunutze. Bewegt der Griff sich fünfzigmal weiter als der Wagen, so ist die Kraft auf den Wagen fünfzigmal größer als auf den Griff.

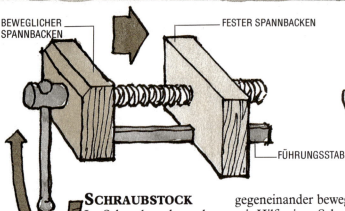

BEWEGLICHER SPANNBACKEN

FESTER SPANNBACKEN

FÜHRUNGSSTAB

KORKENZIEHER

Der Korkenzieher arbeitet wie eine Holzschraube, hat aber die Form einer Spirale, damit der Korken beim Herausziehen nicht kaputtgeht. Der Griff verstärkt die angewandte Drehkraft und ermöglicht einen festen Zugriff beim Korkenziehen.

SCHRAUBSTOCK

Im Schraubstock werden Werkstücke zwischen zwei gegeneinander bewegliche Backen mit Hilfe einer Schraubenwelle eingespannt.

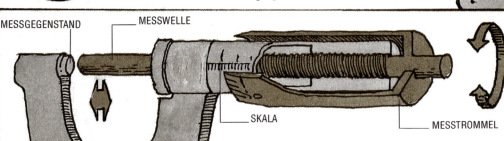

MESSGEGENSTAND

MESSWELLE

SKALA

MESSTROMMEL

MESSTROMMEL

Mit der Meßtrommel wird eine Ratsche betätigt. Die Ratsche verhindert, daß die Meßwelle sich vorwärtsbewegt, wenn sie gegen den Meßgegenstand stößt.

FEINMESSSCHRAUBE

Mit ihrer Hilfe kann man sehr dünne Gegenstände mit hoher Präzision messen. Die Meßtrommel wird langsam gedreht, bis die Meßwelle gegen den Gegenstand in der Feinmeßschraube stößt. Meßwelle und Meßtrommel bewegen ein Schraubengewinde. Die Bewegung der Meßwelle wird an einer Skala abgelesen, während die Skaleneinteilung auf der Meßtrommel die Bruchteile einer Umdrehung angibt. Zusammengezählt ergeben beide Angaben die Länge eines Gegenstands auf einen Tausendstelmillimeter genau.

DER WASSERHAHN

Wer je versucht hat, mit einem Finger den Wasserstrahl aus dem Hahn zurückzuhalten, der weiß, wieviel Druck Wasser haben kann. Doch im Wasserhahn wird dieser Wasserdruck mit wenig Mühe gebändigt. Mit Hilfe eines Schraubengewindes (und durch Rad und Welle im Griff unterstützt) wird die Dichtungsscheibe mit großer Kraft gegen den Wasserstrahl gedrückt. Ist der Hahn zugedreht, so verhindert die ▷ Reibung, daß sich das Schraubengewinde lockert.

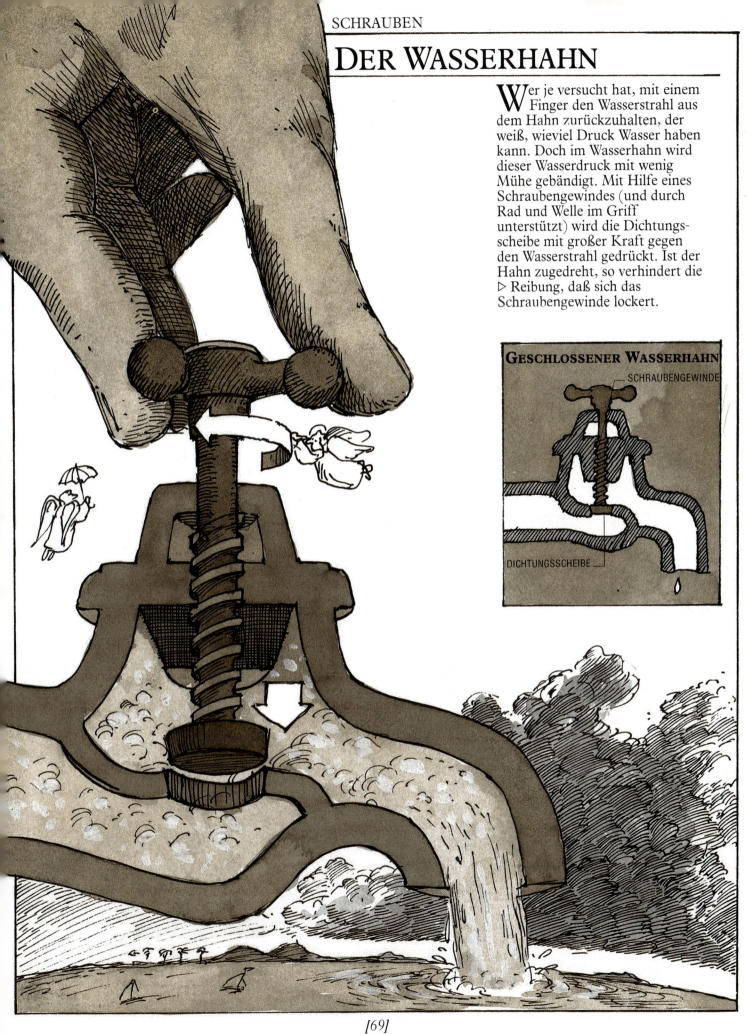

GESCHLOSSENER WASSERHAHN

SCHRAUBENGEWINDE

DICHTUNGSSCHEIBE

BOHRER UND SCHNECKENBOHRER

Bei Bohrern und Schneckenbohrern wird die Schraube als Mittel verwendet, um das lose Abfallmaterial wegzubefördern. Wenn ein Bohrer mit seiner scharfen Spitze in ein Material schneidet, befördert er zugleich die Abfälle die schraubenförmige Rinne entlang nach hinten. In Bohrern mit großen Durchmessern sind die Rinnen, die die Abfälle wegbefördern, ausgeprägter und verleihen dem Bohrer daher das Aussehen eines Korkenziehers.

BOHRLEIER
Wenn eine Menge Kraft benötigt wird — zum Bohren eines Lochs mit einem großen Durchmesser zum Beispiel —, kommt man mit einem gewöhnlichen Handbohrer nicht weit, sondern braucht eine Bohrleier. Dank des Handbügels kann man die Bohrerspitze mit einer großen Hebelkraft drehen.

HANDBOHRER
Ein Handbohrer verwendet ein Kegelradgetriebe, um die Geschwindigkeit der Bohrerspitze zu erhöhen. Ein Kegelrad überträgt die Drehkraft, während das andere sich frei dreht. Handbohrer sind schnell, doch nicht sehr leistungsfähig.

BOHRMASCHINE
Eine elektrische Bohrmaschine verwendet Getriebe, um die Bohrerspitze mit hoher Geschwindigkeit zu drehen. Meistens ist sie auch mit einem Schlagbohrmechanismus versehen, der den Bohrer in harte Materialien hämmern kann.

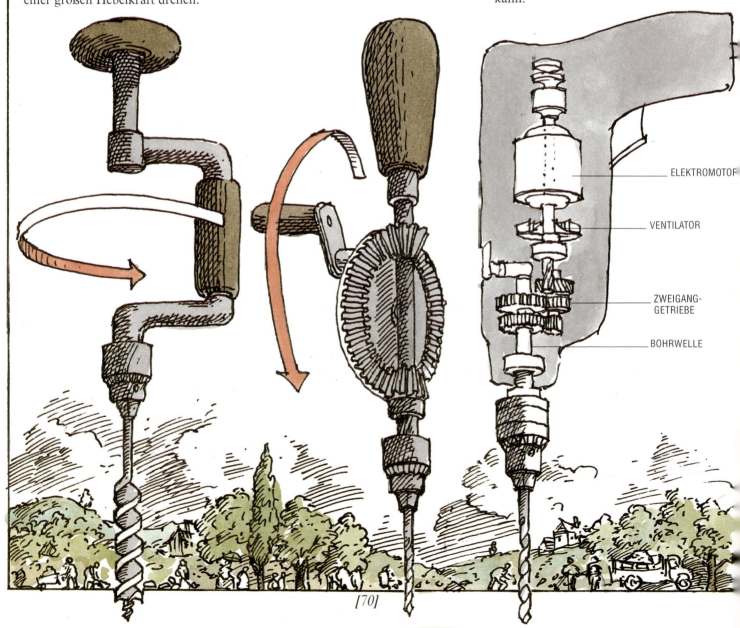

ELEKTROMOTOR

VENTILATOR

ZWEIGANG-GETRIEBE

BOHRWELLE

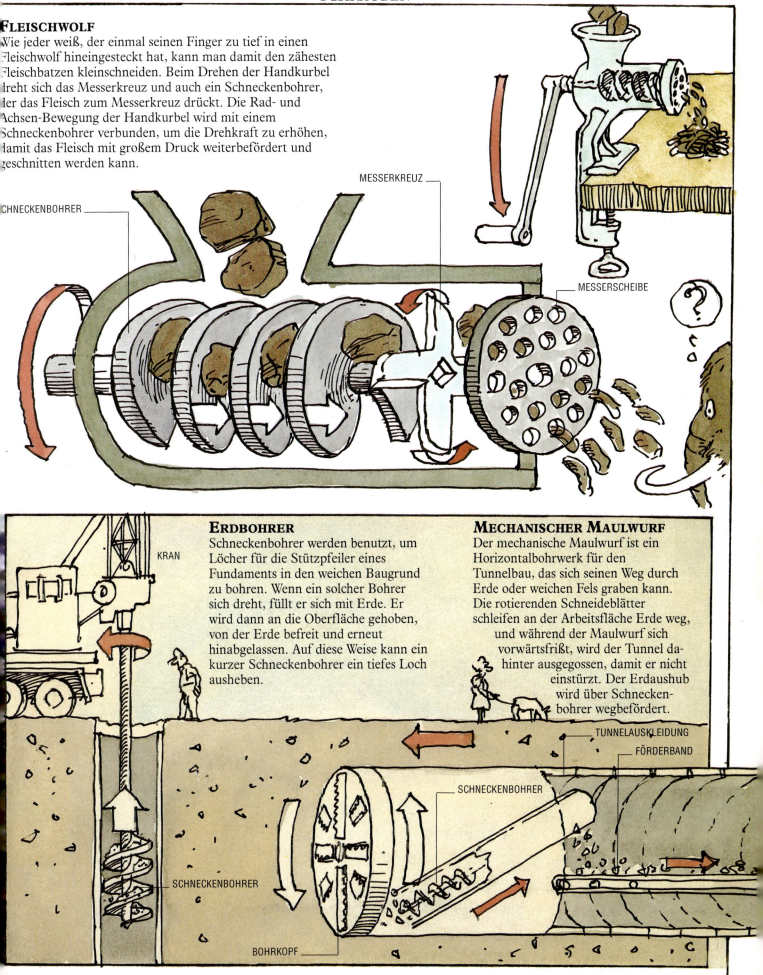

FLEISCHWOLF

Wie jeder weiß, der einmal seinen Finger zu tief in einen Fleischwolf hineingesteckt hat, kann man damit den zähesten Fleischbatzen kleinschneiden. Beim Drehen der Handkurbel dreht sich das Messerkreuz und auch ein Schneckenbohrer, der das Fleisch zum Messerkreuz drückt. Die Rad- und Achsen-Bewegung der Handkurbel wird mit einem Schneckenbohrer verbunden, um die Drehkraft zu erhöhen, damit das Fleisch mit großem Druck weiterbefördert und geschnitten werden kann.

SCHNECKENBOHRER

MESSERKREUZ

MESSERSCHEIBE

KRAN

ERDBOHRER

Schneckenbohrer werden benutzt, um Löcher für die Stützpfeiler eines Fundaments in den weichen Baugrund zu bohren. Wenn ein solcher Bohrer sich dreht, füllt er sich mit Erde. Er wird dann an die Oberfläche gehoben, von der Erde befreit und erneut hinabgelassen. Auf diese Weise kann ein kurzer Schneckenbohrer ein tiefes Loch ausheben.

MECHANISCHER MAULWURF

Der mechanische Maulwurf ist ein Horizontalbohrwerk für den Tunnelbau, das sich seinen Weg durch Erde oder weichen Fels graben kann. Die rotierenden Schneideblätter schleifen an der Arbeitsfläche Erde weg, und während der Maulwurf sich vorwärtsfrißt, wird der Tunnel dahinter ausgegossen, damit er nicht einstürzt. Der Erdaushub wird über Schneckenbohrer wegbefördert.

TUNNELAUSKLEIDUNG

FÖRDERBAND

SCHNECKENBOHRER

SCHNECKENBOHRER

BOHRKOPF

DER MÄHDRESCHER

Der Mähdrescher ist eine Landwirtschaftsmaschine, die die zwei wesentlichen Erntetätigkeiten gleichzeitig erledigt: das *Mähen* (Schneiden der Getreidehalme) und das *Ausdreschen* (Aussortieren des Korns). Zusätzlich bündelt er das Stroh auch noch in Ballen, so daß riesige Feldflächen in einem schnellen und sauberen Arbeitsgang abgeerntet und geräumt werden können. Mähdrescher sind mit einer Anzahl von Schneckenförderern ausgestattet, die die Körner innerhalb der Maschine befördern. Mähdrescher für andere Saatgetreide arbeiten ähnlich.

BESTANDTEILE:

1 HASPEL
Die Haspel fegt die Getreidehalme in die Messerbalken.

2 MESSERBALKEN
Der Messerbalken enthält ein Messer, das sich zwischen den starren Zinken hin und her bewegt und dabei die Halme in Erdbodenhöhe abschneidet.

3 HALMSCHNECKE
Sie befördert die Halme zum Schrägförderer.

4 KETTENSCHRÄGFÖRDERER
Diese Förderanlage transportiert die Halme zur Dreschtrommel.

5 DRESCHTROMMEL
Sie besteht aus einer Reihe von schnell rotierenden Stangen. Das Korn wird an den Köpfen getrennt und fällt durch die Wölbung in den Schüttler.

6 HECKSCHLEGEL
Wenn er rotiert, wird das Stroh (die gedroschenen Halme) zur Strohanlage befördert.

7 STROHSCHÜTTLER
Diese Schüttler befördern das Stroh nach hinten zur Strohablage, wo es auf die Erde fällt oder zu Ballen gebündelt wird.

8 KORNSCHÜTTLER
Diese Schüttler befördern das Korn zu den Sieben.

9 SIEBKASTEN
Das Korn, die ungedroschenen Ähren und die Spreu fallen auf die vibrierenden Siebe. Die Spreu wird mit Hilfe eines Luftgebläses nach hinten geblasen, während die Siebe die ungedroschenen Ähren zurückhalten. Das Korn fällt durch die Siebe in die Kornschnecke unten am Mähdrescher.

10 RÜCKSTANDFÖRDERER
Die ungedroschenen Ähren in den Sieben, die vom Gebläse wegbefördert wurden, werden zur Dreschtrommel hinaufbefördert.

11 KORNSCHNECKE UND FÖRDERSCHNECKE
Das Korn wird von der Kornschnecke und der Schnecke zum Korntank transportiert.

12 ENTLEERUNGSSCHNECKE
Über die Entleerungsschnecke wird Korn auf einen Lastwagen umgeladen oder in Säcke abgefüllt.

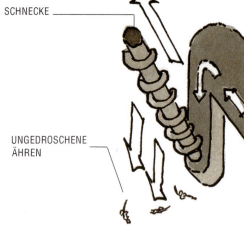

SCHNECKE

UNGEDROSCHENE ÄHREN

5 DRESCHTROMMEL

WÖLBUNG

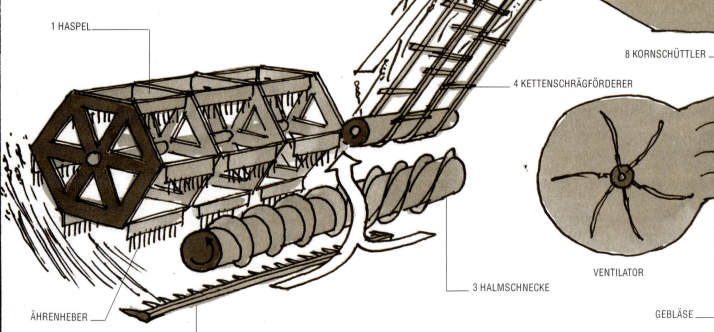

1 HASPEL

8 KORNSCHÜTTLER

4 KETTENSCHRÄGFÖRDERER

3 HALMSCHNECKE

VENTILATOR

GEBLÄSE

ÄHRENHEBER

2 MESSERBALKEN

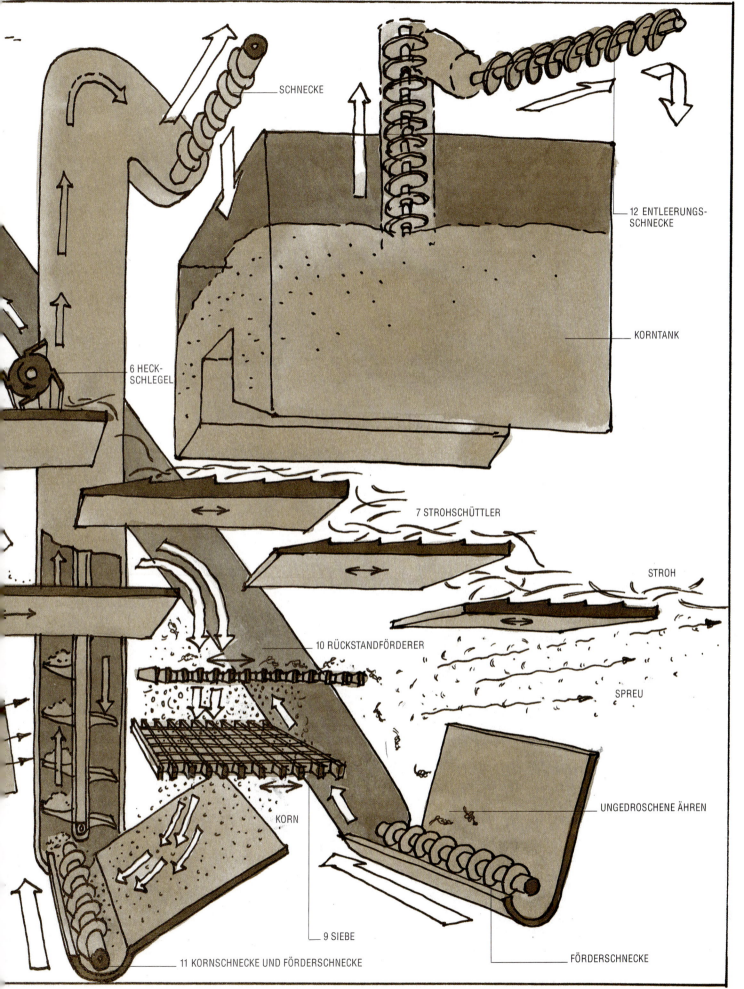

SCHNECKE

12 ENTLEERUNGS-
SCHNECKE

KORNTANK

6 HECK-
SCHLEGEL

7 STROHSCHÜTTLER

STROH

10 RÜCKSTANDFÖRDERER

SPREU

UNGEDROSCHENE ÄHREN

KORN

9 SIEBE

11 KORNSCHNECKE UND FÖRDERSCHNECKE

FÖRDERSCHNECKE

ROTIERENDE RÄDER

LEHREN AUS DEM UNGLÜCK EINES MAMMUTS

Einst war ich so unvorsichtig, in Gegenwart eines jungen Mammuts mein Einrad unbeaufsichtigt abzustellen. Von unbändiger Neugier getrieben, wagte diese ausgelassene Kreatur sich damit sofort auf die Straße. Obwohl ich ihm laut hinterherrief, konnte ich nicht anders, als die gute Stabilität des rotierenden Rads festzustellen, wodurch der Radneuling nicht etwa einen Sturz, sondern eine gute Figur machte.

Obwohl das Mammut bald das Interesse am Radeln verloren hatte, wollte das Rad — das sich in voller Fahrt drehte — einfach nicht anhalten. Als das Einrad schließlich oben auf einem kleinen Hügel angekommen war, wurde sein hilfloser Fahrer unaufhaltsam weiterbefördert. Alles, was sich den beiden in den Weg stellte, wurde unweigerlich und ohne viel Federlesens plattgewalzt.

PRÄZESSION

Präzession ist eine merkwürdige Bewegungsart bei Rädern und anderen rotierenden Gegenständen. Ihre Wirkung ist leicht dann festzustellen, wenn man ein sich drehendes Rad eines Fahrrads an den Achsenenden festhält. Wenn man es zu drehen versucht, stellt man fest, daß das Rad sich nicht so dreht, wie man es gern möchte. Statt dessen „präzessiert" es, so daß die Achse rechtwinklig zur gewünschten Richtung ausweicht.

Die Präzession hält ein selbständig rollendes Rad in aufrechter Stellung, so daß ein Radfahrer (oder ein Einradfahrer) balancieren kann. Instinktiv benutzen wir die Präzession, wenn wir beim Radfahren das Vorderrad leicht hin und her schwenken. Bei jeder Schwenkbewegung tritt Präzession auf, um ein Kippen zu verhindern, und als Ergebnis bleibt das Fahrrad in aufrechter Stellung.

Die Präzessionskraft nimmt mit steigender Drehgeschwindigkeit zu, mit sinkender dagegen ab. Deshalb fällt es schwer, auf einem Fahrrad bei langsamer Fahrt das Gleichgewicht zu halten, und auf einem stehenden Fahrrad ist es fast unmöglich.

TRÄGHEIT

Mit Trägheit ist jeder schon mal in Berührung gekommen, der ein Auto anschieben mußte, wenn der Motor nicht ansprang. Dazu bedarf es einer großen Anstrengung. Bewegt sich das Auto jedoch, so läuft es eine Strecke ohne jedes weitere Anschieben, und mit ein wenig Glück springt dann auch der Motor an.

Verantwortlich für all das Drücken und Stoßen ist die Trägheit, das Beharrungsvermögen eines Körpers, einer Änderung der Größe oder Richtung seiner Geschwindigkeit zu widerstehen. Jeder Körper besitzt eine Trägheit, die proportional seiner Masse ist.

Die Trägheit eines rotierenden Rads hängt auch von der Verteilung seiner Masse ab. Konzentriert sie sich am Rand, so besitzt das Rad eine größere, konzentriert sie sich im Zentrum, so besitzt es eine kleinere Trägheit. Zwei Räder mit gleicher Masse können also eine unterschiedliche Trägheit besitzen. Räder, die wegen ihrer Trägheit in Maschinen eingebaut sind, haben öft verstärkte Ränder, damit sie auf jede Geschwindigkeitsänderung mit maximalem Widerstand reagieren.

Als ich den Hügel hinunter und an den Trümmern vorbeirannte, fragte ich mich, ob meine Versicherung zahlen würde. Dann bemerkte ich den Teich und seinen betretenen Bewohner. Obwohl das kleine Abenteuer des Mammuts nicht ganz freiwillig zu Ende gegangen war, dauerte es ein paar Minuten, bis ich mich nach meinem Einrad umsehen konnte. Das Rad steckte kopfüber im Morast und rotierte noch immer rasant. Alles, was irgendwie daran klebte, wurde ziemlich weit weggeschleudert.

ZENTRIFUGALKRAFT

Wenn ein Körper sich im Kreis dreht, ändert er ständig seine Richtung. Seine Trägheit widersteht jeder Änderung der Richtung und auch Geschwindigkeit, und deshalb würde jeder Körper sich geradeaus fortbewegen, wenn er den Kreis verlassen könnte.

Auf den Kreis bezogen, versucht ein Körper stets, unter Einfluß einer nach auswärts gerichteten Kraft sich vom Zentrum fortzubewegen. Diese Kraft ist als Zentrifugal- oder Fliehkraft bekannt, und alles, was sich im Kreis dreht — wie der Morast beim Einrad —, unterliegt ihr. Sie ist um so größer, je schneller ein Körper sich dreht.

Die Zentrifugalkraft wird in Maschinen eingesetzt, um etwas nach außen zu schleudern. Das einfachste Beispiel ist vermutlich die Wäscheschleuder, in der eine rotierende Trommel die Kleider zurückhält, während das Wasser durch Löcher in der Trommelwand herausgeschleudert wird. Andere Maschinen setzen die Zentrifugalkraft ein, die durch eine plötzliche Bewegung hervorgerufen wird, um Haken und Ratschen auszulösen.

NUTZUNG DER TRÄGHEIT

TÖPFERSCHEIBE

Die Töpferscheibe ist eine schwere Scheibe auf einer Welle. Sie wird entweder durch Drehen der Welle oder durch Betätigung eines Tretrads angetrieben. Das Rad besitzt eine große Trägheit und dreht sich daher auch dann weiter, wenn man es nur hin und wieder mal anstößt.

SPIELZEUG MIT FRIKTIONSANTRIEB

Ein solches Spielzeug speichert Energie in einem Schwungrad. Wenn man es auf dem Boden abrollt, wird das Schwungrad von den Rädern in Bewegung gesetzt. Durch seine Trägheit rotiert es weiter, und wenn man das Spielzeug auf dem Boden absetzt, flitzt es sofort los.

Zentrifugalkraft!

PLATTENTELLER

Der Teller eines Plattenspielers muß sich mit sehr gleichmäßiger Geschwindigkeit drehen. Aus diesem Grund ist sein Rand verstärkt, so daß sich seine größte Masse in jenem Teil befindet, der sich am schnellsten dreht, was seine Trägheit erhöht. Die Trägheit des Plattentellers gleicht auch die kleinste Änderung der Geschwindigkeit aus, die der Elektromotor des Plattenspielers verursachen könnte.

VERSTÄRKTER RAND

TONABNEHMER

ACHSE

ANLASSER

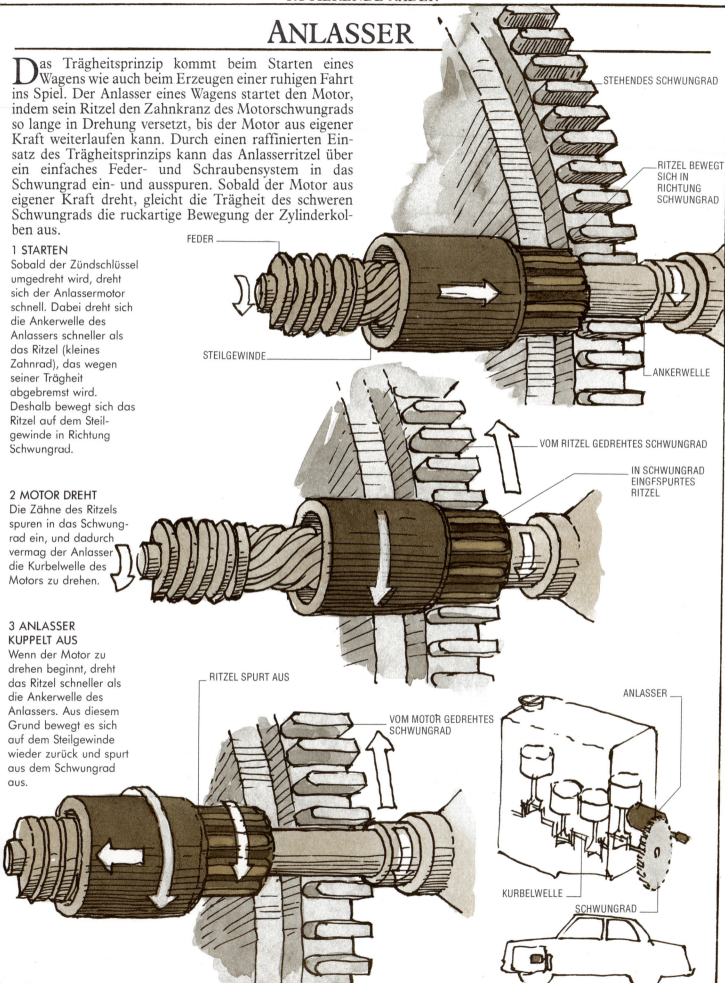

Das Trägheitsprinzip kommt beim Starten eines Wagens wie auch beim Erzeugen einer ruhigen Fahrt ins Spiel. Der Anlasser eines Wagens startet den Motor, indem sein Ritzel den Zahnkranz des Motorschwungrads so lange in Drehung versetzt, bis der Motor aus eigener Kraft weiterlaufen kann. Durch einen raffinierten Einsatz des Trägheitsprinzips kann das Anlasserritzel über ein einfaches Feder- und Schraubensystem in das Schwungrad ein- und ausspuren. Sobald der Motor aus eigener Kraft dreht, gleicht die Trägheit des schweren Schwungrads die ruckartige Bewegung der Zylinderkolben aus.

1 STARTEN
Sobald der Zündschlüssel umgedreht wird, dreht sich der Anlassermotor schnell. Dabei dreht sich die Ankerwelle des Anlassers schneller als das Ritzel (kleines Zahnrad), das wegen seiner Trägheit abgebremst wird. Deshalb bewegt sich das Ritzel auf dem Steilgewinde in Richtung Schwungrad.

2 MOTOR DREHT
Die Zähne des Ritzels spuren in das Schwungrad ein, und dadurch vermag der Anlasser die Kurbelwelle des Motors zu drehen.

3 ANLASSER KUPPELT AUS
Wenn der Motor zu drehen beginnt, dreht das Ritzel schneller als die Ankerwelle des Anlassers. Aus diesem Grund bewegt es sich auf dem Steilgewinde wieder zurück und spurt aus dem Schwungrad aus.

STEHENDES SCHWUNGRAD

RITZEL BEWEGT SICH IN RICHTUNG SCHWUNGRAD

FEDER

STEILGEWINDE

ANKERWELLE

VOM RITZEL GEDREHTES SCHWUNGRAD

IN SCHWUNGRAD EINGFSPURTES RITZEL

RITZEL SPURT AUS

VOM MOTOR GEDREHTES SCHWUNGRAD

ANLASSER

KURBELWELLE

SCHWUNGRAD

DAS SPRINGROLLO

Ein Springrollo läßt man herunter, indem man einfach daran zieht. Es rollt sich ab und verharrt in jeder gewünschten Stellung. Um es hochzurollen, braucht man nur kurz und heftig daran zu ziehen, und schon rollt es sich ganz auf. Doch wie kann das Rollo ein sanftes Ziehen von einem heftigen Ruck unterscheiden?

Die Welle, auf der das Rollo aufgerollt ist, enthält eine kräftige Feder, die aufgezogen wird, wenn man das Rollo herunterzieht.

Ein Sperrmechanismus — eine einfache Ratsche — verhindert, daß die Feder sich abrollt, wenn sie sanft gelöst wird. Wird jedoch mit kurzem Ruck an einem Rollo gezogen, arretiert die Ratsche das Rollo nicht länger in dieser Stellung. Durch diese Bewegung löst ein Zentrifugalgerät im Sperrmechanismus die Feder: die Feder rollt sich ab und setzt die gespeicherte Energie frei, und das Rollo rollt sich auf.

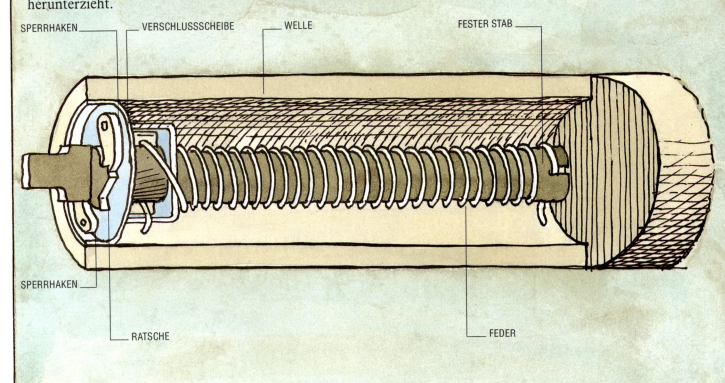

SPERRHAKEN   VERSCHLUSSSCHEIBE   WELLE   FESTER STAB

SPERRHAKEN

RATSCHE   FEDER

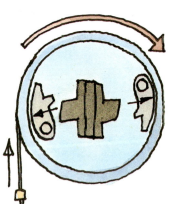

HERUNTERLASSEN
Wenn die Welle sich dreht, dreht sich die Verschlußscheibe, die die Feder aufzieht. Die Sperrhaken hängen lose an einem Gelenk und rutschen über die Ratsche, die fest mit der Welle verbunden ist.

EINRASTEN
Wenn die Welle anhält, drückt die Feder die Verschlußscheibe leicht zurück. Einer der beiden Sperrhaken fällt auf die Ratsche runter und sperrt die Verschlußscheibe.

LÖSEN
Durch einen heftigen Ruck dreht sich die Welle scharf, wodurch sich der verschließende Sperrhaken zurückbewegt und die Ratsche freigibt. Die Verschlußscheibe kann sich nun frei drehen.

HOCHROLLEN
Die Feder rollt sich ab, wodurch sich die Verschlußscheibe schnell dreht. Durch die Zentrifugalkraft bleiben die Sperrhaken der Ratsche fern, und das Rollo rollt sich auf.

DER SICHERHEITSGURT

Ein Sicherheitsgurt funktioniert auf eine dem Spring-rollo entgegengesetzte Weise. Statt zu sperren, wenn am Gurt sanft gezogen wird, sperrt er, wenn mit heftigem Ruck, wie bei einem Autozusammenstoß, daran gezogen wird. Dadurch werden der Fahrer und die Insassen geschützt. Der Gurt bleibt ungesperrt, solange sanft gezogen wird, und macht somit normale Bewegungen auf dem Autositz möglich. Das Herz eines Sicherheitsgurts ist eine Zentrifugalkupplung.

1 GURT DREHT FREI

Bei normalem Gebrauch ist die Zahnradscheibe nicht mit der Kupplung in Berührung, und deshalb kann die Scheibe sich langsam frei drehen.

2 KUPPLUNG RASTET EIN

Bei einer plötzlichen Bewegung rotiert die Zahnradscheibe schnell in der Kupplung. Sie gleitet nach außen: der innere Zahn der Kupplung rastet ein.

3 GURT SPERRT

Ist die Kupplung eingerastet, so bewegt sie einen Sperrhaken, der wiederum die Ratsche einrasten läßt. Der Sperrhaken ist mit der Karosserie verbunden, während die Ratsche an der Gurtwelle befestigt ist. Der Sperrhaken verriegelt die Ratsche, der Gurt ist gesperrt. Lockert sich die Gurtspannung, so bringen Federn alle Teile in die Ausgangsstellung zurück und geben den Gurt frei.

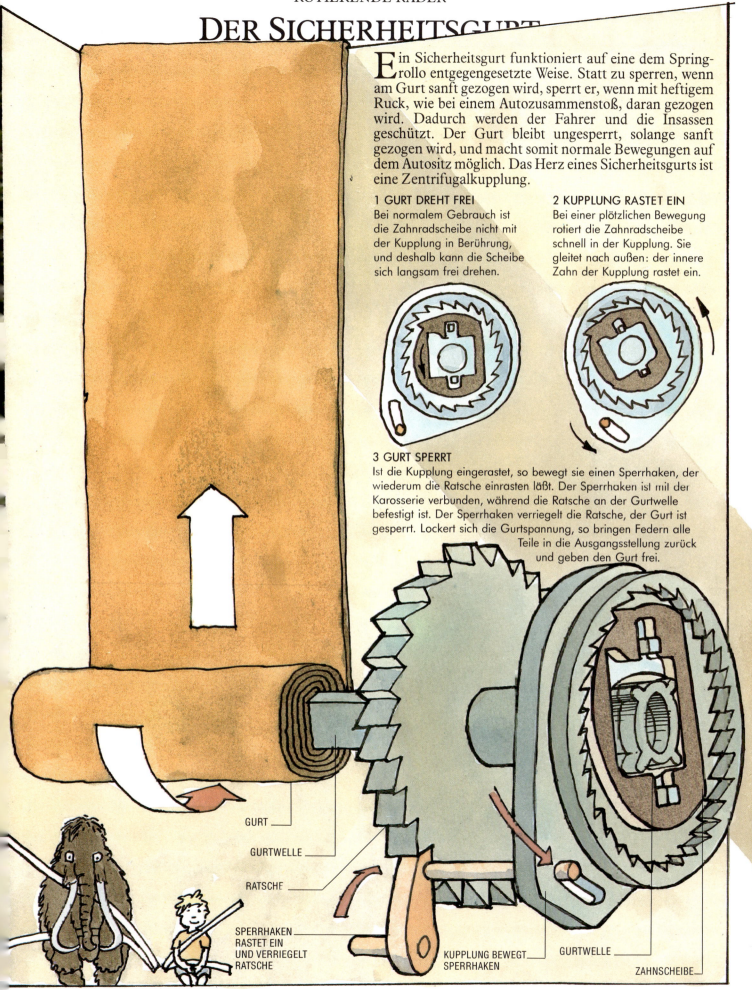

GURT

GURTWELLE

RATSCHE

SPERRHAKEN RASTET EIN UND VERRIEGELT RATSCHE

KUPPLUNG BEWEGT SPERRHAKEN

GURTWELLE

ZAHNSCHEIBE

DAS GYROSKOP

Ein rotierendes Gyroskop (oder Kreisel) kann sich auf einer Achse drehen und der Erdanziehungskraft trotzen, indem es sich waagerecht und auf der Spitze seiner Achse hält. Statt von der Achse zu fallen, dreht sich das Gyroskop um sie herum. Die Erklärung für diese erstaunliche Tatsache liegt in der Präzession begründet. Wie alle anderen Körper unterliegt das rotierende Rad eines Gyroskops der Schwerkraft. Solange es sich jedoch dreht, übersteigt die Präzession die Schwerkraft, indem diese in eine Kraft umgewandelt wird, die das Gyroskop zu drehen statt umzufallen zwingt.

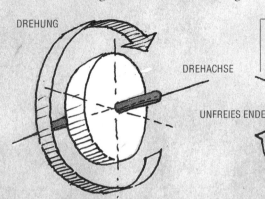

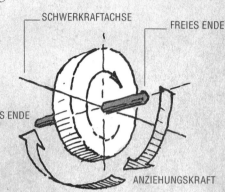

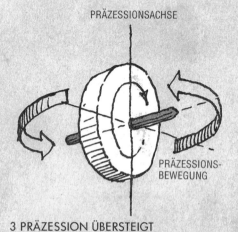

1 DAS GYROSKOP BEGINNT ZU DREHEN
Das Gyroskop wird angestoßen und dreht, so daß seine Achse waagerecht und das Rad senkrecht ist. Das ganze Gyroskop rotiert um die Drehachse, die durch seine Achse verläuft.

2 DIE SCHWERKRAFT WIRKT
Das Gyroskop wird so plaziert, daß sich ein Achsenende frei bewegen kann. Die Schwerkraft versucht, dieses Ende nach unten zu ziehen und dreht das Gyroskop um eine zweite Achse, die Schwerkraftachse.

3 PRÄZESSION ÜBERSTEIGT SCHWERKRAFT
In diesem Punkt greift die Präzession ein. Statt der Anziehungskraft zu gehorchen, bewegt das Gyroskop sich dank der Präzession auf einem waagerechten Kreis — in Wirklichkeit um eine dritte Achse, die Präzessionsachse.

ÄNDERUNG DER RICHTUNG
Wenn die Schwerkraft auf das Gyroskop einwirkt, um es in entgegengesetzter Richtung zu drehen, dann präzessiert es auch in dieser Richtung.

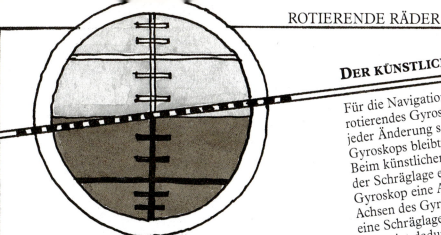

DER KÜNSTLICHE HORIZONT

Für die Navigation sind Gyroskope sehr wichtig. Ein rotierendes Gyroskop besitzt eine gyroskopische Trägheit, die jeder Änderung seiner Richtung widersteht. Die Achse des Gyroskops bleibt in der ursprünglichen Richtung ausgerichtet. Beim künstlichen Horizont — ein Instrument, das den Winkel der Schräglage eines Flugzeugs anzeigt — steuert das Gyroskop eine Anzeige. Mit Hilfe der Kardanringe bleiben die Achsen des Gyroskops stets waagerecht. Geht das Flugzeug in eine Schräglage, verbleibt die Anzeige ebenfalls horizontal und zeigt dadurch die Größe des Winkels der Schräglage an.

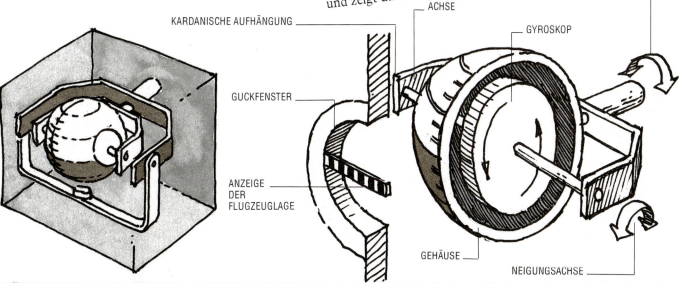

KARDANISCHE AUFHÄNGUNG

ACHSE

GYROSKOP

ROLLACHSE

GUCKFENSTER

ANZEIGE DER FLUGZEUGLAGE

GEHÄUSE

NEIGUNGSACHSE

DER KREISELKOMPASS

Im Kreiselkompaß zeigt das Gyroskop die Richtung an. Die Achse des Kreisels wird in Nord-Süd-Richtung eingestellt und der Kreisel in Rotation versetzt. Das Gyroskop ist mit einer Kompaßanzeige verbunden, so daß das Gyroskop die Anzeige in Nord-Süd-Richtung hält, auch wenn das mit einem Gyroskop ausgerüstete Schiff oder Flugzeug beidreht.

Jedoch kann die Reibung in einem Gyroskop zu einer Abweichung von der Richtung des Nordpols führen, und die muß korrigiert werden. In einigen Gyroskopen geschieht dies automatisch mit Hilfe der Schwerkraft. Und zwar ist das Gyroskop mit einem Gewicht verbunden, zum Beispiel einem Quecksilberbehälter, der als Pendel wirkt. Sobald die Anzeige im Kreiselkompaß vom Nordpol abweicht, kippt das Pendel die Drehachse des Kreisels in die Waagerechte zurück. Die dann auftretende Präzession bringt die Achse in die Richtung des Nordpols zurück.

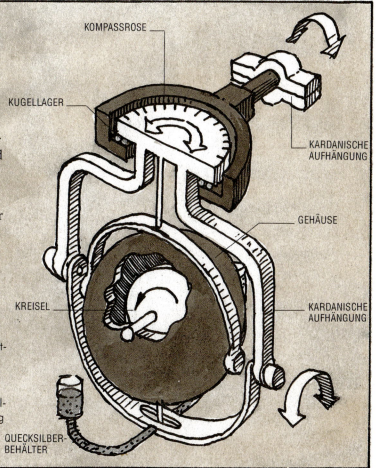

KOMPASSROSE

KUGELLAGER

KARDANISCHE AUFHÄNGUNG

GEHÄUSE

KREISEL

KARDANISCHE AUFHÄNGUNG

QUECKSILBER-BEHÄLTER

DER NICHT-MAGNETISCHE KOMPASS

Ein magnetischer Kompaß zeigt in Richtung der Magnetpole, die nicht mit den geographischen Polen übereinstimmen, und muß deshalb korrigiert werden. Ein Kreiselkompaß arbeitet unabhängig vom Magnetfeld der Erde.

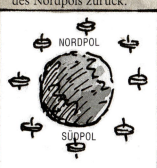

NORDPOL

SÜDPOL

FEDERN

DAS MAMMUT ALS ERNTEHELFER

Eine große Anzahl von Mammuts ist trotz ihres allgemein sanften Temperaments für Hausarbeit ausgesprochen ungeeignet. Da sie zudem der Arbeit unter freiem Himmel den Vorzug geben und über ungeheure Kräfte verfügen, eignen sie sich vorzüglich als Erntehelfer. Ich erinnere mich gut daran, wie Mammuts bei einer besonders schwierigen Kokosnußernte eifrig mithalfen. Statt selbst jede Palme hochzuklettern und von dort oben die Kokosnüsse herunterzuwerfen, die beim Aufprall auf dem Boden zerbersten konnten, setzte der Bauer sein Mammut ein, damit es ihm die Kokosnüsse in Reichweite seiner Leiter herunterzog, von der aus er sie dann mühelos pflücken konnte.

Bild 1

FEDERN, DIE IHRE FORM ZURÜCKGEWINNEN

Federn kommen in zwei Formen vor — als Spiral- und als Biegungsfeder — und werden auf dreierlei Arten in Maschinen verwendet. Die erste Verwendungsart: eine Feder soll einfach etwas in seine ursprüngliche Stellung zurückholen. Eine Türschließfeder zum Beispiel zieht sich wieder zusammen, nachdem sie beim Öffnen der Tür gedehnt wurde.

FEDERN ALS KRAFTMESSER

Die zweite Verwendungsart nutzt den Weg, um den eine Feder sich verformt, wenn eine Kraft an ihr angreift. Dieser Weg ist exakt proportional der Größe der Kraft auf die Feder — je mehr man an einer Feder zieht, um so mehr dehnt sie sich. Viele Waagen verwenden Federn auf diese Art.

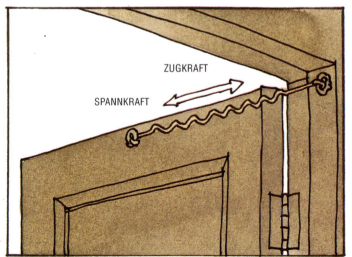

ZUGKRAFT

SPANNKRAFT

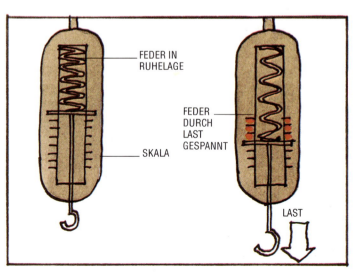

FEDER IN RUHELAGE

SKALA

FEDER DURCH LAST GESPANNT

LAST

Doch während ich gedankenverloren über diese harmonische Partnerschaft von Mensch und Mammut sinnierte, geschah das Unglück. Eine kleine Maus, die überraschend aufgetaucht war, brachte das Mammut so sehr aus dem Gleichgewicht, daß es das Seil losließ. Die Palme hatte nichts Besseres zu tun, als ihrem natürlichen Instinkt zu folgen und in ihre ursprüngliche Stellung zurückzuschnellen, wobei die Kokosnüsse — und der Bauer — weit weg geschleudert wurden.

Bild 2

Bild 3

FEDERN ALS ARBEITSSPEICHER

Die dritte Verwendungsart ist die als Arbeitsspeicher. Wenn man eine Feder dehnt oder zusammendrückt, nimmt sie bei der Verformung Arbeit auf. Diese Arbeit kann sofort wieder abgegeben werden, wie im Fall einer Türschließfeder, oder bleibt gespeichert. Wenn die Feder entlastet wird, gibt sie die gespeicherte Energie ab. Federgetriebene Uhren setzen die in Federn gespeicherte Energie frei.

AUFGEWENDETE KRAFT

FEDER ZIEHT SICH ZUSAMMEN, UM ENERGIE ZU SPEICHERN

ELASTIZITÄT

Ihre besondere Eigenschaft, die Elastizität, erhalten Federn durch die Art und Weise, wie ihre Moleküle untereinander wirken. Zwei Hauptarten der Kraft wirken auf die Moleküle in einem Material — eine Anziehungskraft, die die Moleküle anzieht, und eine Abstoßungskraft, die sie voneinander wegstößt. Normalerweise sind diese beiden Kräfte ausgeglichen, so daß die Moleküle sich in einem gewissen Abstand voneinander befinden.

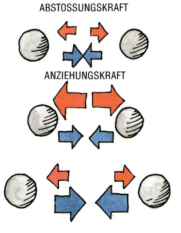

ABSTOSSUNGSKRAFT

ANZIEHUNGSKRAFT

FEDER IN RUHESTELLUNG
Die Anziehungs- und Abstoßungskraft sind ausgeglichen.

ZUSAMMENGEDRÜCKTE FEDER
Durch Zusammendrücken einer Feder entsteht eine Abstoßungskraft. Wenn sie entlastet wird, stößt diese Kraft die Moleküle wieder voneinander weg.

GEDEHNTE FEDER
Durch Dehnung einer Feder entsteht eine Anziehungskraft. Wird sie entlastet, stößt diese Kraft die Moleküle zurück.

DIE HEFTMASCHINE

Eine Heftmaschine ist ein alltägliches Bürogerät, das eine sinnreiche Anordnung von Federn in seinem Innern birgt. Sie enthält eine Spiralfeder, die die Heftklammern im Magazin vorwärtsbewegt, wie auch eine Blattfeder, die nach Gebrauch die Heftmaschine in Anfangsstellung zurückbefördert. Durch Herunterdrücken der Heftmaschine schneidet die Klinge in das Magazin und drückt dabei die erste Heftklammer ins Papier. Der Amboß biegt die beiden Enden der Heftklammern so um, daß das Papier zusammengeheftet wird. Die Rückholfeder hebt dann das Magazin und die Klinge so an, daß die Spiralfeder im Magazin die nächste Heftklammer in Stellung schieben kann.

BASISPLATTE
Ein Vorsprung an der Basisplatte drückt die Rückholfeder hoch, wenn die Heftmaschine benutzt wird. Die Feder drückt die Basisplatte nach Gebrauch nieder.

RADAUFHÄNGUNG

Die Aufhängung der Räder eines Wagens machen es möglich, daß der Wagen sogar über eine holperige Straße ruhig fährt. Die Räder hüpfen auf und nieder, doch zwischen den Radachsen und der Karosserie verformen sich Federn und federn dadurch die Kraft der Stöße so ab, daß die Karosserie davon verschont bleibt. Federn allein würden eine Hüpfbewegung bewirken. Aus diesem Grund ist zu dieser Aufhängung eine Dämpfung in Form der bekannten Stoßdämpfer vonnöten. Diese verzögern die Federbewegung, damit Wagen und Insassen nicht auf und ab hüpfen müssen.

STOSSDÄMPFER
Ein Stoßdämpfer wird zwischen den Radachsen und der Karosserie verschraubt. Der Kolben im Hydraulikzylinder verdrängt Öl durch kleine Bohrungen oder Ventile und wird dabei abgebremst.

SCHRAUBENFEDER
Kleinere Fahrzeuge besitzen je eine Schraubenfeder und einen Stoßdämpfer pro Rad. Die Radachse ist mit Gelenkstreben so verbunden, daß sie sich auf und ab bewegen können. Schraubenfeder und Stoßdämpfer sind zwischen Karosserie und Gelenken oder Dreieckslenkern montiert.

RÜCKHOLFEDER
Die Rückholfeder ist eine Blattfeder, die die Klinge vom Magazin hochhebt und das Magazin sowie die Basisplatte auseinanderdrückt.

MAGAZIN
Ein Streifen Heftklammern wird ins Magazin eingelegt und von einer Spiralfeder gehalten, die die nächste Heftklammer in Stellung bringt.

KLINGE

AMBOSS

MAGAZINFEDER

HEFTKLAMMER

BLATTFEDER

Größere Fahrzeuge sind mit Hochleistungs-Blattfedern und Stoßdämpfern ausgestattet, um die Stöße abzufedern. Die Blattfeder besteht aus einem Stapel leicht gewölbter Stahlstreifen, die sich bei Belastung gerade biegen. Die Achse ist in oder nahe der Mitte der Blattfeder befestigt, die Federenden sind mit der Karosserie verbunden. Der Stoßdämpfer ist zwischen Radachse und Karosserie eingebaut.

TORSIONSSTAB

Ein Torsionsstab ist ein Stahlstab, der beim Aufnehmen einer Drehkraft wie eine Feder wirkt: er widersteht ihr und dreht sich zurück, sobald diese Kraft verschwindet. Viele Autos besitzen Stabilisatoren zwischen den vorderen Radachsen. Wenn der Karosserieaufbau sich in einer scharfen Kurve infolge der Fliehkraft zur Seite neigt, so federt das kurveninnere Rad stärker ein als das äußere. Dadurch verdrillt sich der Stabilisator und wirkt durch seine Federkraft der Seitenneigung entgegen.

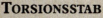

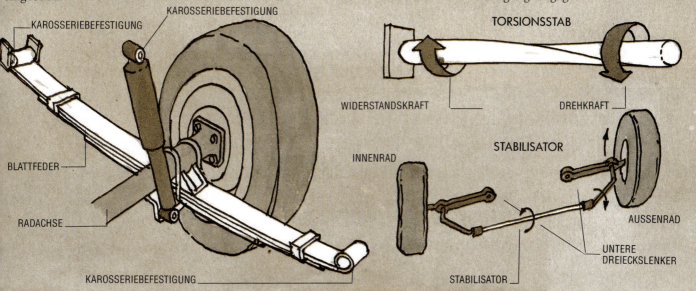

KAROSSERIEBEFESTIGUNG

KAROSSERIEBEFESTIGUNG

TORSIONSSTAB

BLATTFEDER

RADACHSE

WIDERSTANDSKRAFT

DREHKRAFT

STABILISATOR

INNENRAD

AUSSENRAD

KAROSSERIEBEFESTIGUNG

STABILISATOR

UNTERE DREIECKSLENKER

REIBUNG

WIE BADET MAN EIN MAMMUT?

W̓ie die kleinen Kinder in einer Familie, so müssen auch die Mammuts ziemlich regelmäßig gebadet werden. Und wie kleine Kinder empfinden sie ein Bad nur als eine unangenehme Unterbrechung und dämliche Demütigung. Häufiges Baden ist praktisch unmöglich, doch wenn es sich mal wieder nicht vermeiden läßt, ist es am allerschwierigsten, das Biest in den Bereich der Badewanne zu bugsieren.

HAFTUNG UND GRIFFIGKEIT

Die Reibung ist eine Kraft, die auftaucht, wann immer eine ebene Fläche auf einer anderen reibt, oder wenn sich ein Körper durch Wasser oder irgendeine andere Flüssigkeit und durch Luft oder Gas bewegt. Sie ist stets der Bewegung entgegengerichtet. Wenn zwei Flächen aufeinander gleiten, entsteht Reibung. Je stärker sie aneinandergedrückt werden, um so größer ist die Griffigkeit. Hier sind dieselben Molekularkräfte am Werk wie bei den Federn. Die Kräfte zwischen den Molekülen in den Oberflächen drücken die Flächen aneinander. Je näher sich die Moleküle kommen, um so größer ist die Reibung.

Die Bademannschaft hat mit dem überlegenen Gewicht des Mammuts zu kämpfen, das ihm eine bessere Bodenhaftung verschafft. Nur als die Mannschaft die Reibung durch Seife und Kieselsteine — ein Schmiermittel und ein Kugellager — verringerte, konnte sie das Vieh vorwärtsschieben.

Man erhält nie dieselbe Menge nützlicher Arbeit aus einem mechanischen Gerät zurück, die man hineingesteckt hat; die Reibung raubt immer einen Teil der Energie, die von der Maschine weitergegeben wird. Statt als sinnvolle Bewegung taucht diese verlorene Energiemenge als Wärme oder als Töne auf: merkwürdige Geräusche in der Maschine deuten

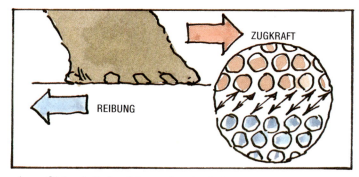

ZUGKRAFT

REIBUNG

darauf hin, daß sie nicht optimal arbeitet.

Konstrukteure und Ingenieure bemühen sich, die Reibung zu reduzieren und die Maschinen so leistungsfähig wie möglich zu bauen. Doch paradoxerweise sind manche Maschinen auf Reibungskräfte angewiesen. Gäbe es keine Reibung, so würden die Autos außer Rand und Band geraten, die Räder wie wild wirbeln. Die Bremsen, die dank der Reibung funktionieren, wären nicht zu gebrauchen und auch die Kupplung nicht, Schleifmaschinen würden nicht mal einen Kratzer verursachen und Fallschirme wie Blei vom Himmel herunterstürzen.

Die Badeszene, die mir noch sehr lebhaft vor Augen schwebt, war der Prozedur beim Wiegen eines Mammuts nicht unähnlich. Viele Leute in Turnschuhen hatten sich auf der Seite der Badewanne versammelt, die mit Seifenlauge gefüllt war. Auf der anderen Seite hockte halsstarrig ein schmutziges Mammut. Es dürfte bekannt sein, daß das Gewicht eines Mammuts seine stärkste Waffe ist. Allein dadurch, daß es gar nichts tut, ist es in der Lage, allen Bemühungen, es in Bewegung zu versetzen, zu widerstehen, ausgenommen den ausgeklügelsten.

Als die Seile am Tier befestigt waren, wurde kräftig daran gezogen. Inzwischen verwendete eine andere Gruppe eine Technik, der ich zuvor auf meinen Forschungsreisen noch nie begegnet war. Zuerst benutzten sie einen Hebel zweiter Klasse, um das Tier leicht anzuheben. Gerade als ich dachte, sie wollten das Mammut den ganzen Weg bis zur Badewanne mit Hilfe dieses Hebels vorwärtsbewegen, schütteten einige von ihnen eine Mischung aus flüssiger Seife und Kieselsteinen zwischen die sich sträubende Kreatur und den Boden.

Das Resultat war verblüffend: Der Widerstand des Tiers war schlagartig geringer, und trotz seines Widerstrebens konnte es unaufhaltsam zur Wanne gezerrt werden. Obwohl man an beiden Seiten zugleich arbeitete, dauerte es doch noch eine gute halbe Stunde, bis das Mammut endlich so nahe am Schaumbad war, daß man ihm gehörig den Kopf waschen konnte.

AUTOREIFEN

Zur Fortbewegung und zum Steuern brauchen Autoreifen die Reibung: sie haften so auf dem Straßenbelag, daß die Motorkraft in eine Kraft umgewandelt wird, die den Wagen vorwärtsbewegt und beschleunigt. Die Reifen müssen bei jedem Wetter haften, auch bei Regenwetter. Wenn sich ein Wasserfilm zwischen Reifen und Straßenbelag schiebt (= Aquaplaning), verliert der Reifen die Haftung — und somit auch die Fähigkeit, den Wagen zu steuern. Das erhöhte Profil des Autoreifens dient dazu, Wasser abzuleiten, damit die Haftung auch auf regennasser Straße gewährleistet ist.

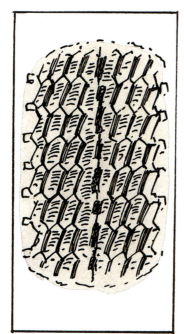

FALLSCHIRM

Wenn sich ein Fallschirm öffnet, entwickelt er eine große Reibungskraft in der Luft, da er sich schnell bewegt. Die Reibung ist zuerst größer als die Schwerkraft, deshalb sinkt der Fallschirm nach dem Öffnen langsamer. Sinkt die Fallgeschwindigkeit, nimmt auch die Reibung ab, bis sie der Schwerkraft entspricht. An diesem Punkt wirkt keine Gesamtkraft mehr auf den Fallschirmspringer, so daß er ohne Änderung der Sinkgeschwindigkeit weiter fällt.

REIBUNG MIT DER LUFT

SCHWERKRAFT

DIE KUPPLUNG

Im Auto wird die Reibung in der Kupplung eingesetzt, um die Drehungen der Kurbelwelle erst zum Getriebe, dann zu den Rädern zu übertragen. Die Kupplung kann diese Drehungen langsam aufnehmen, so daß das Auto sich langsam vorwärtsbewegt.

In einem Auto mit handgeschaltetem Getriebe wird die Kupplung durch Treten des Kupplungspedals gelöst. Das Pedal betätigt die Druckscheibe, die auf Hebel hinter dem rotierenden Kupplungsdeckel drückt. Dadurch wird die Druckscheibe von der Kupplungsscheibe gelöst und das von der Kurbelwelle angetriebene Schwungrad von der Kardanwelle ausgerückt und ausgekuppelt. Wird das Kupplungspedal losgelassen, drücken die Federn die Druck- und die Kupplungsscheibe gegen das Schwungrad. Dank eines Reibungsbelags auf der Kupplungsscheibe kann sie am Schwungrad schleifen und sich einkuppeln, ohne daß es ruckt.

VON DER KURBELWELLE ANGETRIEBENES SCHWUNGRAD

KUPPLUNGSSCHEIBE

DRUCKSCHEIBE

FEDER

KUPPLUNGS-GEHÄUSE

KUPPLUNGSGA...

DRUCK-LAGER

DRUCKRING

SYNCHRONGETRIEBE

Das Synchrongetriebe ist ein Mechanismus im ▷ Getriebe, das dem Fahrer eine leichtere Gangschaltung ermöglicht. Es verhindert, daß sich die Zahnräder im Getriebe bei unterschiedlichen Geschwindigkeiten verzahnen und etwa zusammenkrachen. Vor dem Einlegen eines Vorwärtsganges drehen die vom Motor angetriebenen Zahnräder im Freilauf auf der Antriebshauptwelle. Um einen Gang einlegen zu können, müssen Zahnrad und Welle sich gleich schnell drehen, damit sie verzahnt werden können. Das Synchrongetriebe nutzt die Reibung, um dies ruckfrei und geräuschlos zu bewerkstelligen.

Beim Betätigen des Ganghebels gleitet der Kragen an der Antriebshauptwelle entlang und dreht sich mit ihr. Der Kragen paßt auf einen Kegel auf dem Getriebezahnrad, das beschleunigt oder abgebremst wird, bis es mit derselben Geschwindigkeit dreht. Der äußere Ring auf dem Kragen spurt dann in die Hundezähne auf dem Kegel ein und verriegelt Kragen und Getriebezahnrad.

MOTOR

HAUPTANTRIEBSWELLE

GETRIEBE

AUSGLEICHSGETRIEBE

KUPPLUNG

EINGERÜCKTE KUPPLUNG

Durch Loslassen des Kupplungspedals drücken die Federn Kupplungsscheibe und Schwungrad zusammen, so daß das Schwungrad die Antriebshauptwelle antreibt.

ANTRIEBSHAUPTWELLE ZUM GETRIEBE

AUSGERÜCKTE KUPPLUNG

Tritt man das Kupplungspedal, so wird der Druckring niedergedrückt, der seinerseits die Druckscheibe zurückdrückt. Dadurch werden Schwungrad und Antriebshauptwelle so voneinander getrennt, daß der Motor die Räder nicht antreiben kann.

AUSGESPURTES SYNCHRONGETRIEBE

Ist das Synchrongetriebe ausgespurt, sind Kragen und Zahnrad voneinander getrennt und das Zahnrad läuft auf der Antriebshauptwelle im Freilauf.

SCHALTGABEL

HUNDEZÄHNE

ZAHNKRANZ

KEGEL

KRAGEN

GETRIEBE-ZAHNRAD

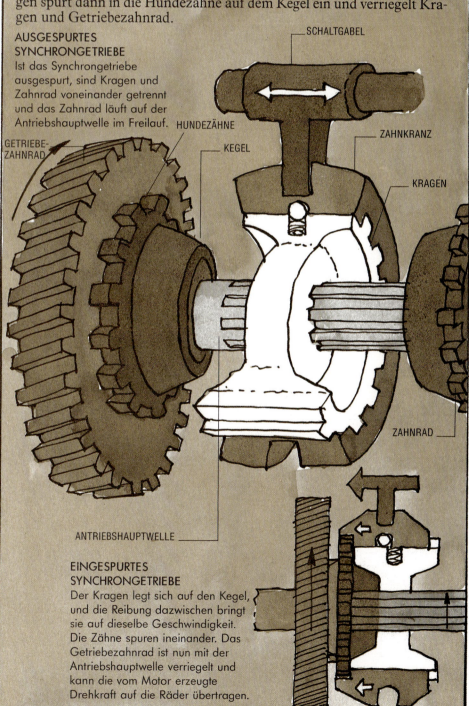

ZAHNRAD

ANTRIEBSHAUPTWELLE

EINGESPURTES SYNCHRONGETRIEBE

Der Kragen legt sich auf den Kegel, und die Reibung dazwischen bringt sie auf dieselbe Geschwindigkeit. Die Zähne spuren ineinander. Das Getriebezahnrad ist nun mit der Antriebshauptwelle verriegelt und kann die vom Motor erzeugte Drehkraft auf die Räder übertragen.

DIE AUTOBREMSEN

Damit ein schnell fahrender Wagen mit Insassen innerhalb weniger Sekunden zum Stoppen kommt, müssen die Bremsen eine größere Kraft erzeugen als der Motor. Immer noch wird diese Kraft durch Reibung zwischen Flächen erzeugt, deren Gesamtfläche nicht viel größer ist als die der beiden Handflächen.

Bremsen sind wirkungsvoll, weil Bremsklötze und Bremsscheibe oder Bremsbacken und Bremstrommel mit großer Kraft zusammengedrückt werden. Bei servounterstützten Bremsen wird der Druck aufs Bremspedal durch eine Hydraulik im Bremssystem verstärkt. Bei Druckluftbremsen werden die Bremselemente von einem teilweisen Vakuum, das vom Motor erzeugt und aufrechterhalten wird, voneinander getrennt. Durch Treten des Bremspedals wird Druckluft eingelassen, die die einzelnen Bremsteile zusammendrückt.

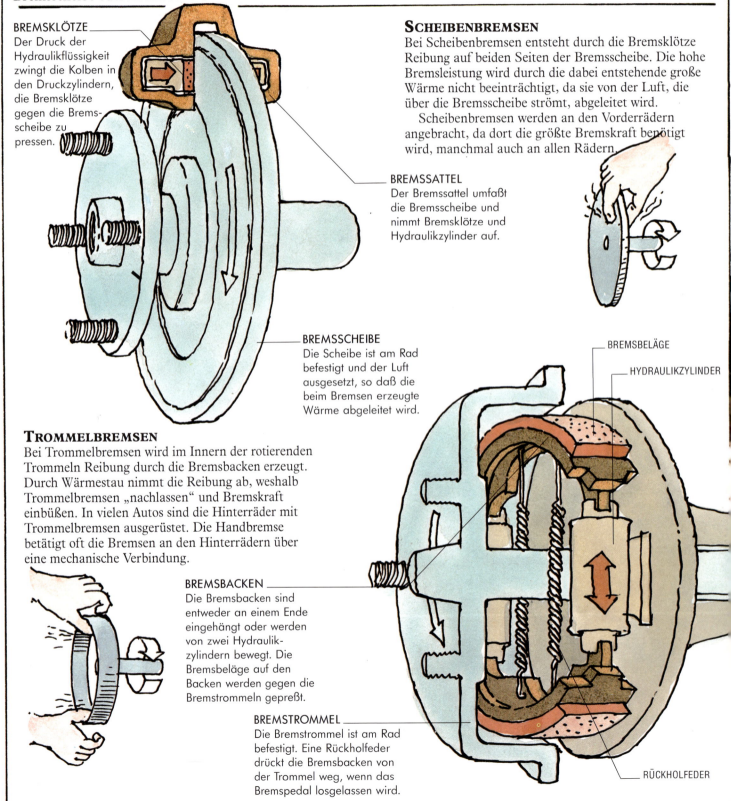

BREMSKLÖTZE
Der Druck der Hydraulikflüssigkeit zwingt die Kolben in den Druckzylindern, die Bremsklötze gegen die Bremsscheibe zu pressen.

SCHEIBENBREMSEN

Bei Scheibenbremsen entsteht durch die Bremsklötze Reibung auf beiden Seiten der Bremsscheibe. Die hohe Bremsleistung wird durch die dabei entstehende große Wärme nicht beeinträchtigt, da sie von der Luft, die über die Bremsscheibe strömt, abgeleitet wird.

Scheibenbremsen werden an den Vorderrädern angebracht, da dort die größte Bremskraft benötigt wird, manchmal auch an allen Rädern.

BREMSSATTEL
Der Bremssattel umfaßt die Bremsscheibe und nimmt Bremsklötze und Hydraulikzylinder auf.

BREMSSCHEIBE
Die Scheibe ist am Rad befestigt und der Luft ausgesetzt, so daß die beim Bremsen erzeugte Wärme abgeleitet wird.

BREMSBELÄGE

HYDRAULIKZYLINDER

TROMMELBREMSEN

Bei Trommelbremsen wird im Innern der rotierenden Trommeln Reibung durch die Bremsbacken erzeugt. Durch Wärmestau nimmt die Reibung ab, weshalb Trommelbremsen „nachlassen" und Bremskraft einbüßen. In vielen Autos sind die Hinterräder mit Trommelbremsen ausgerüstet. Die Handbremse betätigt oft die Bremsen an den Hinterrädern über eine mechanische Verbindung.

BREMSBACKEN
Die Bremsbacken sind entweder an einem Ende eingehängt oder werden von zwei Hydraulikzylindern bewegt. Die Bremsbeläge auf den Backen werden gegen die Bremstrommeln gepreßt.

BREMSTROMMEL
Die Bremstrommel ist am Rad befestigt. Eine Rückholfeder drückt die Bremsbacken von der Trommel weg, wenn das Bremspedal losgelassen wird.

RÜCKHOLFEDER

ÖLBOHRTURM

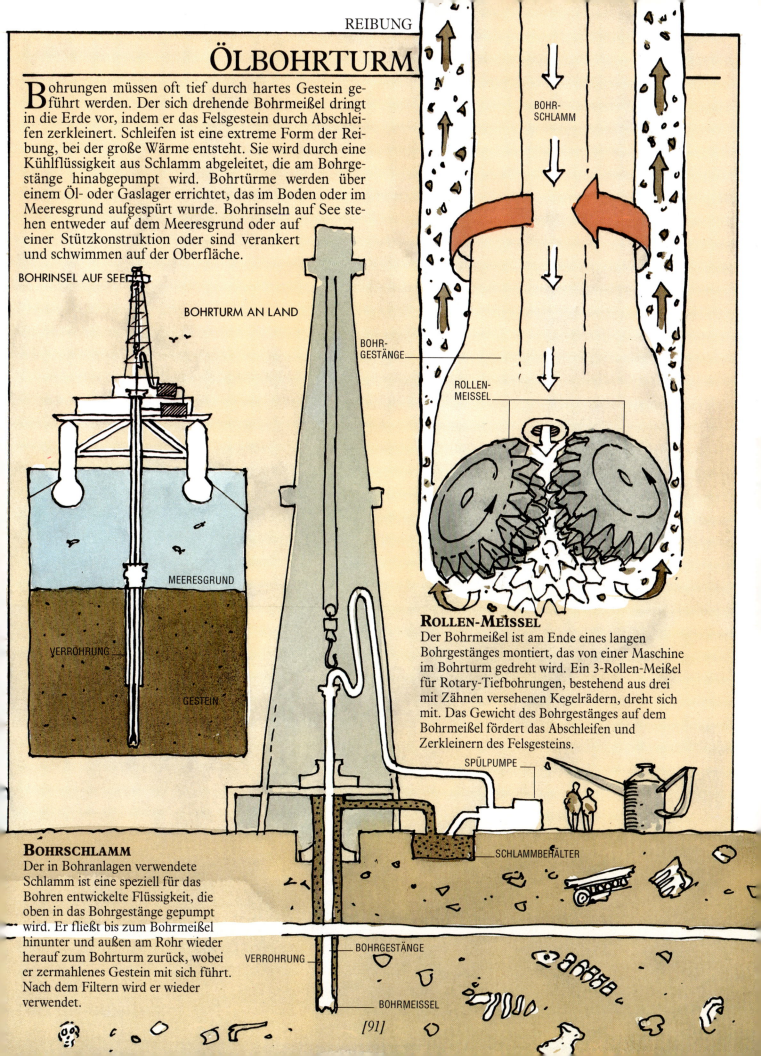

Bohrungen müssen oft tief durch hartes Gestein geführt werden. Der sich drehende Bohrmeißel dringt in die Erde vor, indem er das Felsgestein durch Abschleifen zerkleinert. Schleifen ist eine extreme Form der Reibung, bei der große Wärme entsteht. Sie wird durch eine Kühlflüssigkeit aus Schlamm abgeleitet, die am Bohrgestänge hinabgepumpt wird. Bohrtürme werden über einem Öl- oder Gaslager errichtet, das im Boden oder im Meeresgrund aufgespürt wurde. Bohrinseln auf See stehen entweder auf dem Meeresgrund oder auf einer Stützkonstruktion oder sind verankert und schwimmen auf der Oberfläche.

BOHRINSEL AUF SEE

BOHRTURM AN LAND

MEERESGRUND

VERROHRUNG

GESTEIN

BOHR-SCHLAMM

BOHR-GESTÄNGE

ROLLEN-MEISSEL

ROLLEN-MEISSEL

Der Bohrmeißel ist am Ende eines langen Bohrgestänges montiert, das von einer Maschine im Bohrturm gedreht wird. Ein 3-Rollen-Meißel für Rotary-Tiefbohrungen, bestehend aus drei mit Zähnen versehenen Kegelrädern, dreht sich mit. Das Gewicht des Bohrgestänges auf dem Bohrmeißel fördert das Abschleifen und Zerkleinern des Felsgesteins.

SPÜLPUMPE

SCHLAMMBEHÄLTER

BOHRSCHLAMM

Der in Bohranlagen verwendete Schlamm ist eine speziell für das Bohren entwickelte Flüssigkeit, die oben in das Bohrgestänge gepumpt wird. Er fließt bis zum Bohrmeißel hinunter und außen am Rohr wieder herauf zum Bohrturm zurück, wobei er zermahlenes Gestein mit sich führt. Nach dem Filtern wird er wieder verwendet.

VERROHRUNG

BOHRGESTÄNGE

BOHRMEISSEL

REIBUNGSLOSES ARBEITEN

Maschinen, die sich selbst bewegen oder Bewegungen erzeugen, werden von der Reibung begrenzt. Sie mindert zum Beispiel die Leistung der beweglichen Teile in einem Verbrennungsmotor und kann zu Überhitzung führen. Reduziert man die Reibung, verringert sich der Energiebedarf, und der Wirkungsgrad erhöht sich. Diese Reduzierung kann durch Beschränkung der Reibungsflächen auf ein Mindestmaß erzielt werden, indem man auf Kugellager, eine reibungsarme Bauweise und Schmiermittel zurückgreift.

KUGELLAGER

In einem Kugellager wird die Berührungsfläche zwischen Kugeln und beweglichen Teilen sehr klein gehalten. Daher ist die Reibung entsprechend gering. Rollen- oder Wälzlager verwenden zwar Zylinder statt Kugeln, arbeiten aber genauso.

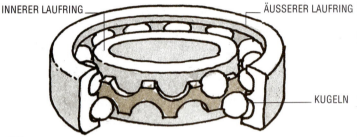

INNERER LAUFRING   ÄUSSERER LAUFRING

KUGELN

MOTORSCHMIERUNG

Ein Auto besitzt mehrere Abschnitte mit beweglichen Teilen, und eine gute Schmierung ist daher unerläßlich. Bei Aufhängung, Lenksystem, Getriebe und Ausgleichsgetriebe reicht es, wenn sie mit Öl oder Fett gefüllt sind. Der Motor dagegen benötigt ein ausgeklügeltes Schmiersystem, damit alle Bestandteile bei der Arbeit mit Öl versorgt werden.

Öl befindet sich in einer Ölwanne unten am Wagen. Das Öl wird von der Wanne aus mit Hilfe einer ▷ Pumpe durch einen Ölfilter gedrückt, in der das Öl von Schmutzteilchen befreit wird, und gelangt dann zu den Lagern und den anderen beweglichen Motorteilen, wie den Kolben zum Beispiel. Diese Teile sind mit engen Kanälen versehen, die das Öl zu den beweglichen Oberflächen leiten. Dann fließt das Öl in die Wanne zurück und gelangt wieder in den Ölkreislauf.

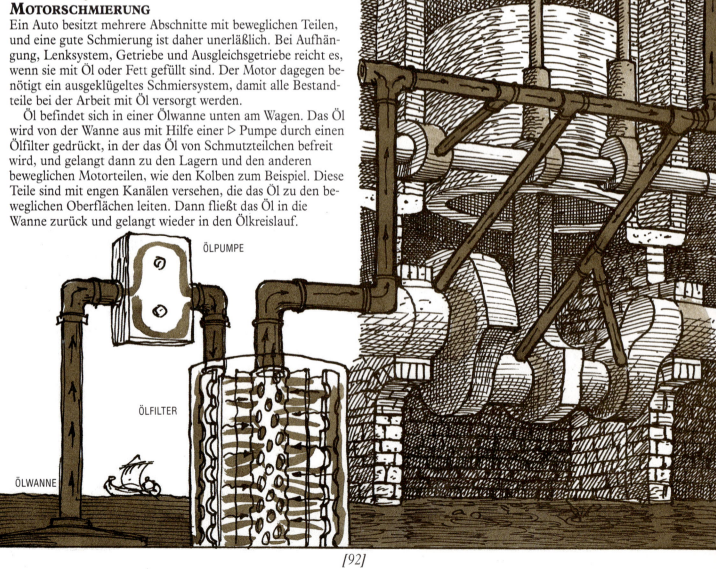

ÖLPUMPE

ÖLFILTER

ÖLWANNE

PERPETUUM MOBILE

Trotz der besten Kugellager, Schmiermittel und einer reibungsarmen Bauweise bleibt dennoch ein Rest an Reibung vorhanden. Ohne die ständige Zufuhr von Brennstoff oder Elektrizität zehrt die Reibung nach und nach die kinetische Energie (Bewegungsenergie) einer Maschine auf, und sie wird langsamer und hält schließlich an. Aus diesem Grund ging der Traum der Erfinder, ein Perpetuum mobile zu bauen, eine Maschine, die sich ewig dreht, nie in Erfüllung ... wenigstens auf der Erde nicht.

Im Weltraum verhalten sich die Körper anders. Im luftleeren Raum gibt es keine Reibung mehr, die ein Raumschiff abbremsen könnte. Hat es einmal seine Umlaufbahn erreicht, so kann es ewig fliegen, ohne jemals seinen Raketenmotor zu zünden. Somit haben wir bei den Raumsonden, die zu fremden Sternen fliegen, doch noch das Perpetuum mobile vollbracht, eine reine Bewegung, die nur von der himmlischen Mechanik der Schwerkraft gesteuert wird.

FREIWILLIGE
MOLEKÜLE
GEHEN IN DIE ERSTE
WÄRMFLASCHE

TEIL 2

NUTZBARMACHUNG DER ELEMENTE

INHALT

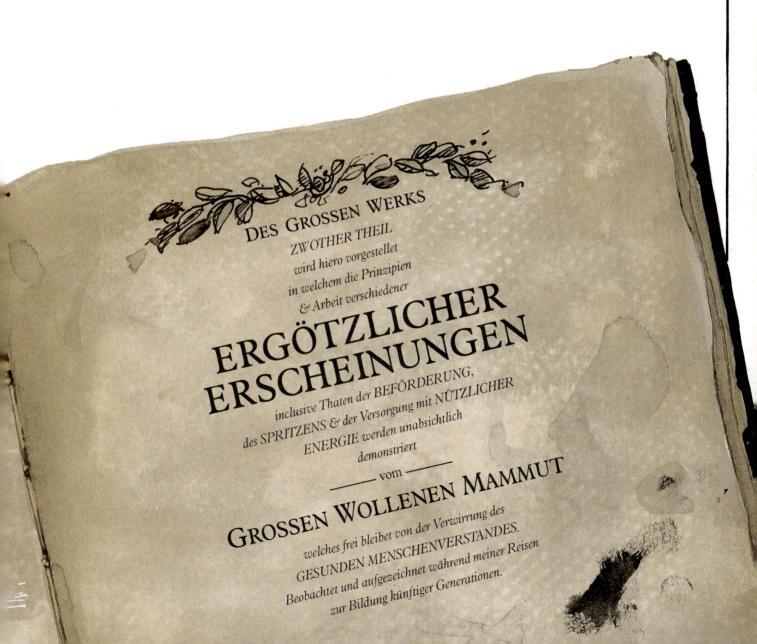

DES GROSSEN WERKS

ZWOTHER THEIL

wird hiero vorgestellet

in welchem die Prinzipien

& Arbeit verschiedener

ERGÖTZLICHER ERSCHEINUNGEN

inclusive Thaten der BEFÖRDERUNG,

des SPRITZENS & der Versorgung mit NÜTZLICHER

ENERGIE werden unabsichtlich

demonstriert

—— vom ——

GROSSEN WOLLENEN MAMMUT

welches frei bleibet von der Verwirrung des

GESUNDEN MENSCHENVERSTANDES.

Beobachtet und aufgezeichnet während meiner Reisen

zur Bildung künftiger Generationen.

EINLEITUNG

Die alten Griechen vertraten als erste die Anschauung, daß alles aus Elementen bestehe. Genau vier davon zauberten sie hervor: Erde, Feuer, Luft und Wasser. Wie sich später herausstellte, war ihre Idee zwar richtig, doch die Elemente waren es nicht. Moderne Elemente sind weniger beziehungsreich, dafür aber um so zahlreicher; es gibt knapp über hundert dieser chemischen Grundstoffe. Manche darunter — wie Wasserstoff, Sauerstoff, Eisen und Kohle zum Beispiel — sind gang und gäbe; andere — wie Quecksilber, Uran und Gold — sind selten und kostbar.

Allein kraft ihrer Vernunft machten die Griechen die weitere grundlegende Entdeckung, daß alle Körper aus kleinen Teilchen bestehen, die sie Atome nannten. Die chemischen Elemente sind Grundstoffe, die nur aus einer Sorte von Atomen bestehen. Alle anderen Stoffe bestehen aus einem Gemisch von zwei oder mehreren Elementen, in denen sich die Atome zu Molekülen zusammenschließen.

Die Art und Weise, wie Moleküle sich verhalten, bestimmt die Arbeitsweise vieler Maschinen, besonders derjenigen, die in diesem Abschnitt von MACAULAY'S MAMMUT-BUCH DER TECHNIK vorgestellt werden. Schiffe, Flugzeuge, Pumpen, Kühlschränke und Verbrennungsmaschinen machen sich die alten Elemente nutzbar und versetzen zugleich Moleküle in Bewegung.

ETWAS MEHR ÜBER MOLEKÜLE

Es bedarf ein wenig der Phantasie, um zu begreifen, daß alles aus kleinsten Teilchen besteht. Während der Leser zum Beispiel diese Zeilen liest, wird er aus allen Richtungen mit Sauerstoff- und Stickstoffmolekülen bombardiert, die sich mit Überschallgeschwindigkeit bewegen. Weshalb bemerkt dieser Leser aber nichts davon? Weil die Moleküle, aus denen die Luft besteht, so klitzeklein sind. Man könnte 400 Millionen Millionen Millionen Moleküle in eine leere Streichholzschachtel packen. Es wäre allerdings besser zu sagen, daß man sie aus einer Streichholzschachtel nehmen würde, da Gasmoleküle so überaktiv sind, daß sie jeden Raum ausfüllen, der ihnen offensteht. Wie Fünfjährige stürzen sie mit nie erlahmender Energie in sämtliche Richtungen und rauschen mit jedem Hindernis zusammen, auf das sie stoßen. In Flüssigkeiten, in denen sie weniger energiegeladen und aufs Geratewohl in kleinen Gruppen versammelt sind, bewegen sie sich eher wie trunkene Tänzer, die dazu neigen, gegen die Wände der Disco zu knallen. Moleküle in Festkörpern haben die geringste Energie; sie kauern sich zusammen wie eine Schafherde beim Weiden auf der Wiese.

Wenn die Moleküle auch unsichtbar sind, so erklärt ihre Existenz doch die Eigenschaften und das Verhalten von Stoffen, die in den Maschinen genutzt werden. In einem Festkörper sind die Fesseln der Moleküle sehr stark; sie werden so fest zusammengehalten, daß der Festkörper steif und starr ist. In einer Flüssigkeit sind sie lockerer; locker genug, daß diese ein bestimmtes Volumen einnehmen und fließen kann. Die Fesseln in einem Gas schließlich sind ganz locker; sie ermöglichen den Molekülen, sich so weit weg zu bewegen, daß das Gas sich ausdehnen und jeden Raum ausfüllen kann.

In jedem Stoff ist der Drang der Moleküle, entweder zusammenzubleiben oder sich voneinander weg zu bewegen, sehr stark. Dieser Drang wird in so unterschiedlichen Maschinen und Vorrichtungen wie der Rakete, dem Wasserklosett und dem Atemgerät genutzt.

DIE MACHT DER GROSSEN ANZAHL

Weil Moleküle in Flüssigkeiten und Gasen sich ständig in Bewegung befinden, besitzen sie Kräfte. Ein einzelnes Molekül besitzt sie sicherlich nicht, doch alle zusammen verfügen über eine Kraft, mit der man rechnen muß. Ein Schiff kann deshalb schwimmen, weil Milliarden über Milliarden von Wassermolekülen seinen Rumpf tragen. Und ein Jumbo-Jet kann deshalb fliegen, weil unzählbare Moleküle sich unter seinen Tragflächen zusammenscharen, um ihn in der Luft zu halten.

Moleküle bombardieren ständig jede Fläche, der sie begegnen. Bei jedem Zusammenprall wird dann eine kleine Kraft erzeugt, wenn das Molekül auf eine Fläche trifft und wie bei einem Trampolin zurückgefedert wird. Über der gesamten Fläche baut sich auf diese Weise eine geballte Kraft auf — sie ist bekannt als der Druck einer Flüssigkeit oder eines Gases. Zwingt man immer mehr Moleküle in denselben Raum, so erhält man einen größeren Druck, da mehr Moleküle auf diese Fläche treffen. Das Gewicht sämtlicher Moleküle in

einem Gas oder einer Flüssigkeit auf einer Oberfläche erhöht auch den Druck.

Der von der ruhelosen Bewegung der Moleküle erzeugte Druck wird in vielen Maschinen angewendet. Maschinen wie der Geschirrspüler arbeiten, indem sie Druck erzeugen, während andere — wie der Preßluftbohrer — mit Druck betrieben werden.

DIE ERHÖHUNG DER GESCHWINDIGKEIT

Es gibt noch eine weitere Möglichkeit, den Druck kräftig zu erhöhen, ohne dabei Körperkraft einsetzen zu müssen. Auf diese Weise werden Autos, Züge, Flugzeuge, ja sogar Raumschiffe betrieben: mit Wärme, die eine Form der Energie ist. Wir empfinden Wärme oder das Fehlen von Wärme als Veränderung der Temperatur. Doch in der Sicht der Moleküle bedeutet Wärme lediglich Bewegung. Wenn man etwas Kaltes berührt, verlangsamen sich die Moleküle in den Fingern; wenn man etwas Warmes berührt, beschleunigen sie sich. Das ist das ganze Geheimnis.

Immer wenn Moleküle erwärmt werden, reagieren sie mit einer schnelleren Bewegung. Der Druck steigt an, bis die Moleküle sich weiter weg bewegen, wodurch der Gegenstand sich ausdehnt.

Werden die Moleküle schnell genug bewegt, so reißen die Fesseln zwischen ihnen: ein Festkörper schmilzt und verflüssigt sich, und eine Flüssigkeit verdampft zu einem Gas.

Kühlt ein Gegenstand ab, so verlangsamt sich die Bewegung seiner Moleküle. Das Material verliert an Druck oder zieht sich zusammen. Bilden sich die Fesseln zu ihrem ursprünglichen Zustand zurück, kann ein Gas zu einer Flüssigkeit kondensieren und eine Flüssigkeit sich zu einem Festkörper verfestigen. Es gibt einen Punkt, der nur schwer zu erreichen und an dem alle Wärme verschwunden ist. Würde ein Körper auf eine Temperatur von −273,16 °C abgekühlt, so würde jegliche Bewegung der Moleküle aufhören. Es ist die niedrigste Temperatur, die zu erreichen möglich ist; sie ist bekannt als der absolute Nullpunkt der Temperatur.

Maschinen, die Wärme erzeugen oder sie nutzen, bringen Moleküle in Bewegung. Diese zusätzliche Bewegung kann die Beziehungen in den Atomfamilien innerhalb der Moleküle belasten, weil die Atome ihre Partner wechseln und neue Moleküle bilden. Feuer und Explosionen sind einige der möglichen Resultate, doch ebenso die Herstellung von Stahl und das Rösten von Brotscheiben.

DAS SPRENGEN DER FESSELN

Die Atome der Elemente setzen sich sogar aus noch kleineren Teilchen zusammen — aus Elektronen, die die äußere Schale eines jeden Atoms bilden, und aus Protonen und Neutronen, die seinen Kern bilden. Wir Menschen machen uns die Energie der Elektronen in Form der elektrischen Wärme in alltäglichen Geräten — vom Haarfön bis zur Heizung — nutzbar. Aber die Fesseln zu sprengen, die den Kern eines Atoms zusammenhalten, ist ganz und gar eine äußerst ernste Angelegenheit.

Wie im letzten Abschnitt *Nutzbarmachung der Elemente* beschrieben, handelt es sich dabei um die stärkste aller Fesseln. Sprengen wir sie, so setzen wir die mächtigste und sicher auch gefährlichste Energiequelle frei, die wir Menschen kennen.

SCHWIMMEN

WIE TRANSPORTIERT MAN EIN MAMMUT?

*A*ls ich einmal auf eine Fähre wartete, beobachtete ich weiter flußabwärts einen Konkurrenzunternehmer, der versuchte, ein besonders großes Mammut auf ein ansehnliches Floß zu schieben. Kaum war das Boot mit seiner widerstrebenden Ladung in See gestochen, als beide sehr schnell untergingen.

Über diesen Verlauf der Ereignisse bestürzt, verließ ich meinen Platz in der Schlange, um Erste Hilfe anzubieten. Das triefende Paar nahm mein Angebot umgehend an. Nachdem ich die Beteiligten gefragt und einige flinke Berechnungen angestellt hatte, kam ich zu der Schlußfolgerung, daß der Wassergeist einfach das Weite gesucht hatte, als er der imposanten Ladung ansichtig geworden war. Dadurch blieb unter dem Floß nichts mehr übrig, und es sank. Offensichtlich war eine kleine List vonnöten, um die geballte Ladung zum Schwimmen zu bringen. Deshalb schlug ich vor, daß man das Mammut hinter einem von mir erfundenen Versteck vor dem Wassergeist verbergen solle.

FLÖSSE UND BOOTE

Obwohl an den Haaren herbeigezogen, enthält die Erklärung des Erfinders ein Körnchen Wahrheit. Wasser geht tatsächlich einem Gegenstand aus dem Weg, der zu Wasser gelassen wird. Doch statt nichts mehr unter dem eingetauchten Gegenstand zu belassen, drückt das Wasser auf den Gegenstand zurück und versucht so, ihn zu tragen. Reicht der Druck aus, dann schwimmt der Gegenstand.

Betrachten wir das Floß einmal ohne seine Ladung. Sein Gewicht drückt es ins Wasser. Doch das Wasser drückt zurück und trägt das Floß mit einer Kraft, die Auftrieb genannt wird. Die Größe dieses Auftriebs hängt von der Wassermenge ab, die das Floß verdrängt oder zur Seite schiebt, wenn es zu Wasser gelassen wird. Je mehr das Floß eintaucht, um so größer wird der Auftrieb. An einem gewissen Punkt entspricht der Auftrieb dem Gewicht des Floßes, und das Floß schwimmt.

Betrachten wir nun das Floß mit der Ladung. Durch das zusätzliche Gewicht des Mammuts sinkt das Floß tiefer ins Wasser ein. Obwohl der Auftrieb zunimmt, wird er nicht groß genug, um das Gewicht von Floß und Mammut zusammen auszugleichen, weil nicht genügend Wasser verdrängt wird. Deshalb geht das Floß mitsamt seiner Ladung unter.

Mit dem Boot verhält es sich anders. Da es hohl ist, kann es tiefer ins Wasser eindringen und ausreichend Wasser verdrängen, um den erforderlichen Auftrieb zu erzeugen, der nötig ist, um das Gewicht von Floß und Mammut zu tragen.

Gegenstände können auch in einem Gas schweben, und ein Ballon fliegt wie das aufblasbare Mammut aus demselben Grund in der Luft, aus dem ein Boot auf dem Wasser schwimmt. Hierbei entspricht der Auftrieb dem Gewicht der Luft, die verdrängt wird. Ist das Gesamtgewicht des Ballons, der Luft, die er enthält, und der Insassen geringer als der Auftrieb, dann steigt der Ballon; ist es größer, dann sinkt er.

DIE WIRKUNG DER DICHTE

Weshalb schwimmt ein schweres Floß aus Holz auf dem Wasser, während eine Nadel aus Stahl sinkt? Und wenn eine Nadel aus Stahl sinkt, weshalb schwimmt dann aber ein Boot aus Stahl? Die Antwort lautet: wegen der Dichte. Dieser Umstand, und nicht etwa das Gewicht, entscheidet darüber, ob ein Gegenstand schwimmt oder sinkt.

Die Dichte eines Gegenstandes ergibt sich aus seinem Gewicht geteilt durch sein Volumen. Jede Substanz, auch Wasser, hat bei einer bestimmten Temperatur seine eigene spezifische Dichte. Jeder Körper, der eine geringere Dichte als Wasser besitzt, schwimmt auf dem Wasser; ist er dichter als Wasser, sinkt er. Ein hohler Gegenstand wie ein Boot schwimmt dann, wenn seine Gesamtdichte geringer ist als die des Wassers.

Mein Vorschlag wurde ausgeführt. Um das Floß herum wurde eine Mauer aus Holz gebaut, und alle waren überrascht — ich selbstverständlich nicht —, daß das Floß mit seiner Ladung sicher auf dem Wasser schwamm.

Weil das riesige Tier offensichtlich wasserscheu war und sich vor einem erneuten Reinfall fürchtete, schlug ich vor, daß man ihm einen Taucheranzug aus Gummi anlegen solle. Ich muß gestehen, daß ich mir bis zum heutigen Tag keinen Reim darauf machen kann, was kurz nach der Landung passierte. Das Mammut war am Ufer festgebunden und stand ruhig in der Sonne. Plötzlich dehnte sich der Gummianzug aus, und zu meiner großen Verblüffung erhob sich das gewaltige Tier in die Lüfte. Weshalb das denn nur? so fragte ich mich. Vielleicht hatte es etwas mit dem Luftgeist zu tun? Jaja, wir haben noch furchtbar viel zu lernen.

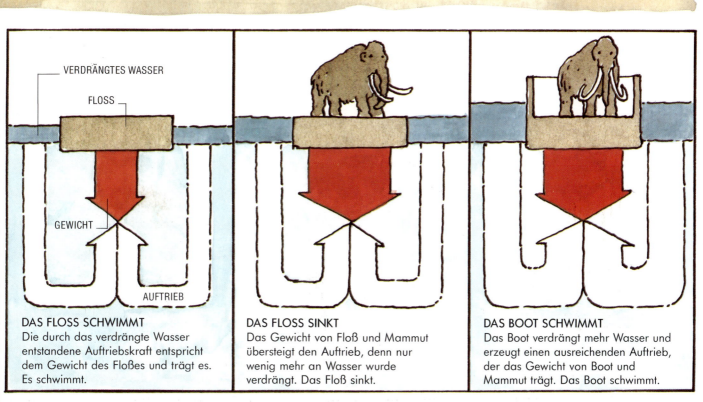

VERDRÄNGTES WASSER

FLOSS

GEWICHT

AUFTRIEB

DAS FLOSS SCHWIMMT
Die durch das verdrängte Wasser entstandene Auftriebskraft entspricht dem Gewicht des Floßes und trägt es. Es schwimmt.

DAS FLOSS SINKT
Das Gewicht von Floß und Mammut übersteigt den Auftrieb, denn nur wenig mehr an Wasser wurde verdrängt. Das Floß sinkt.

DAS BOOT SCHWIMMT
Das Boot verdrängt mehr Wasser und erzeugt einen ausreichenden Auftrieb, der das Gewicht von Boot und Mammut trägt. Das Boot schwimmt.

DAS TAUCHBOOT

Tauchboote sind für große Tiefen ausgelegt und müssen sinken, wieder auftauchen und unter Wasser schwimmen können. Dies ist möglich, indem sie ihr Gewicht mit Hilfe von Tauchtanks verändern, die entweder Luft oder Wasser enthalten können. Werden die Tauchtanks geflutet, nimmt das Gewicht des Tauchboots zu; wird das Wasser mit Preßluft aus diesen Tanks ausgeblasen, verringert sich sein Gewicht. Indem man die Wasser-

menge reguliert, können das Gewicht und die Tragkraft des Tauchbootes genau eingestellt werden.

Tauchboote sollen schwierige Aufgaben in großen Wassertiefen erledigen können und müssen deshalb einem großen Wasserdruck standhalten sowie sehr manövrierfähig sein. Im Unterschied zu den Unterseebooten sind sie nicht stromlinienförmig gebaut, da sie sich nicht schnell unter Wasser fortbewegen müssen.

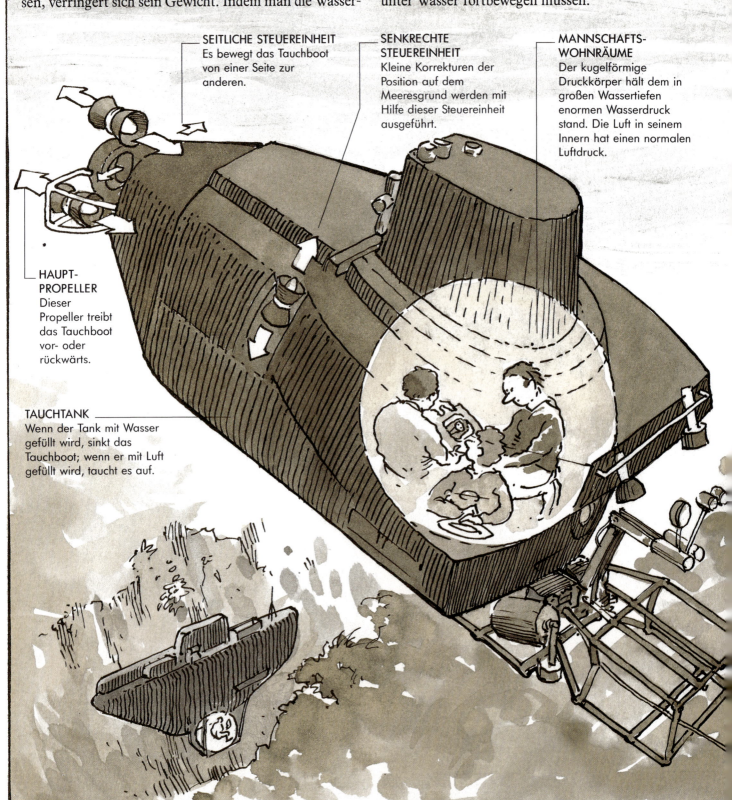

SEITLICHE STEUEREINHEIT
Es bewegt das Tauchboot von einer Seite zur anderen.

SENKRECHTE STEUEREINHEIT
Kleine Korrekturen der Position auf dem Meeresgrund werden mit Hilfe dieser Steuereinheit ausgeführt.

MANNSCHAFTS-WOHNRÄUME
Der kugelförmige Druckkörper hält dem in großen Wassertiefen enormen Wasserdruck stand. Die Luft in seinem Innern hat einen normalen Luftdruck.

HAUPT-PROPELLER
Dieser Propeller treibt das Tauchboot vor- oder rückwärts.

TAUCHTANK
Wenn der Tank mit Wasser gefüllt wird, sinkt das Tauchboot; wenn er mit Luft gefüllt wird, taucht es auf.

DAS UNTERSEEBOOT (U-BOOT)

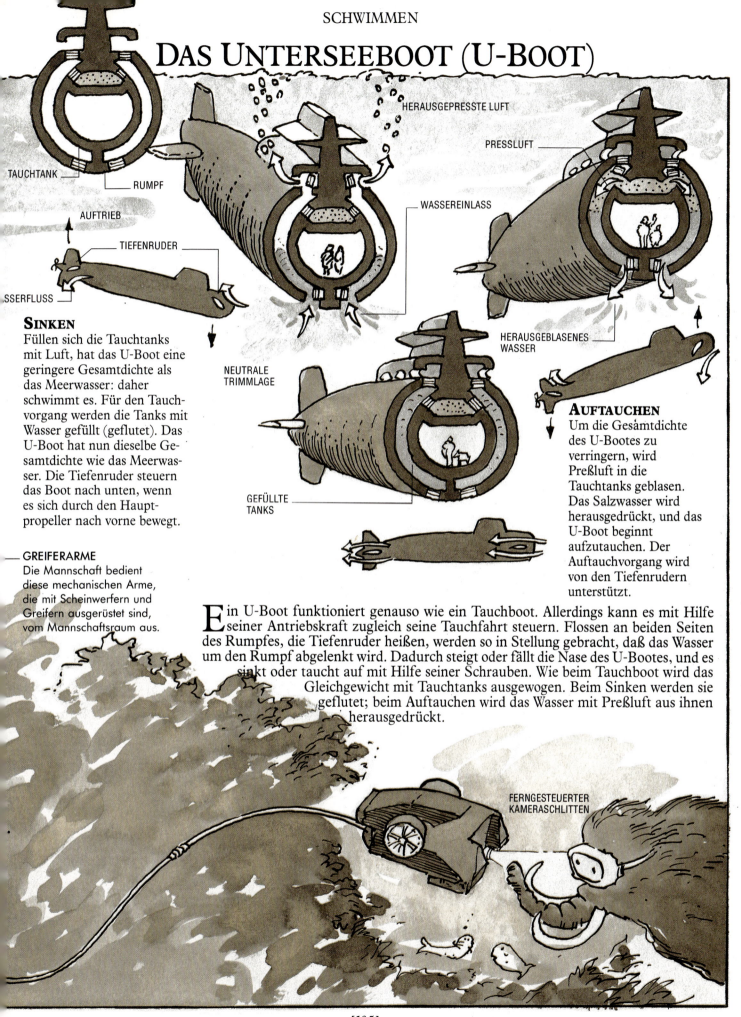

TAUCHTANK

RUMPF

HERAUSGEPRESSTE LUFT

PRESSLUFT

WASSEREINLASS

AUFTRIEB

TIEFENRUDER

SSERFLUSS

HERAUSGEBLASENES WASSER

NEUTRALE TRIMMLAGE

GEFÜLLTE TANKS

SINKEN

Füllen sich die Tauchtanks mit Luft, hat das U-Boot eine geringere Gesamtdichte als das Meerwasser: daher schwimmt es. Für den Tauchvorgang werden die Tanks mit Wasser gefüllt (geflutet). Das U-Boot hat nun dieselbe Gesamtdichte wie das Meerwasser. Die Tiefenruder steuern das Boot nach unten, wenn es sich durch den Hauptpropeller nach vorne bewegt.

GREIFERARME

Die Mannschaft bedient diese mechanischen Arme, die mit Scheinwerfern und Greifern ausgerüstet sind, vom Mannschaftsraum aus.

AUFTAUCHEN

Um die Gesamtdichte des U-Bootes zu verringern, wird Preßluft in die Tauchtanks geblasen. Das Salzwasser wird herausgedrückt, und das U-Boot beginnt aufzutauchen. Der Auftauchvorgang wird von den Tiefenrudern unterstützt.

Ein U-Boot funktioniert genauso wie ein Tauchboot. Allerdings kann es mit Hilfe seiner Antriebskraft zugleich seine Tauchfahrt steuern. Flossen an beiden Seiten des Rumpfes, die Tiefenruder heißen, werden so in Stellung gebracht, daß das Wasser um den Rumpf abgelenkt wird. Dadurch steigt oder fällt die Nase des U-Bootes, und es sinkt oder taucht auf mit Hilfe seiner Schrauben. Wie beim Tauchboot wird das Gleichgewicht mit Tauchtanks ausgewogen. Beim Sinken werden sie geflutet; beim Auftauchen wird das Wasser mit Preßluft aus ihnen herausgedrückt.

FERNGESTEUERTER KAMERASCHLITTEN

DAS PASSAGIERSCHIFF

Jedes motorgetriebene Boot, das im oder auf dem Wasser schwimmt, gibt an das Wasser oder an die Luft eine Bewegung weiter und beim Steuern dem Wasser oder dem Wind eine andere Richtung. Ein großes Schiff wird von Schrauben vorwärtsbewegt und mit Hilfe des Ruders gesteuert. Doch große Schiffe müssen beim Andocken im Hafen auch seitwärts steuern und bei schwerem Seegang ihrer Drehbewegung um die Längsachse (dem Schlingern) Herr werden können. Dies wird dank der Bugstrahlruder und der Stabilisatoren erreicht, die ähnlich wie Schiffsschrauben und Ruder arbeiten.

Unter der Wasseroberfläche ist der Rumpf so glatt wie möglich, um den Wasserwiderstand des Schiffes so gering wie möglich und seine Geschwindigkeit so groß wie möglich zu halten. Die Bugstrahlruder sind versenkt angebracht und behindern daher den Wasserfluß nicht. Die Stabilisatoren sind einziehbar und verschwinden in Luken, wenn man sie nicht braucht. Bei einigen Schiffen endet der Bug in einer riesigen Knolle. Dadurch wird die Bugwelle — die das Schiff erzeugt, wenn es durch das Wasser gleitet — und somit der Wasserwiderstand verkleinert: das verhilft zu einer höheren Geschwindigkeit oder einer Kraftstoffersparnis.

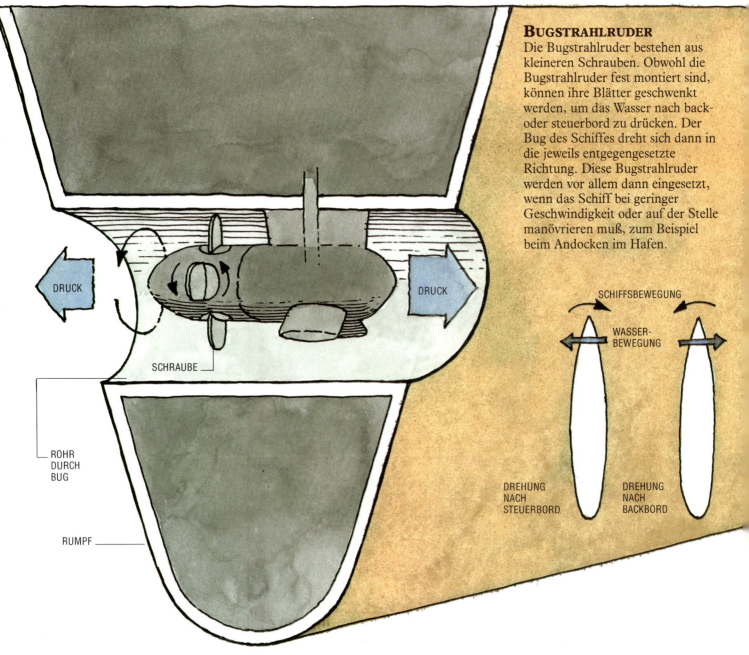

BUGSTRAHLRUDER

Die Bugstrahlruder bestehen aus kleineren Schrauben. Obwohl die Bugstrahlruder fest montiert sind, können ihre Blätter geschwenkt werden, um das Wasser nach back- oder steuerbord zu drücken. Der Bug des Schiffes dreht sich dann in die jeweils entgegengesetzte Richtung. Diese Bugstrahlruder werden vor allem dann eingesetzt, wenn das Schiff bei geringer Geschwindigkeit oder auf der Stelle manövrieren muß, zum Beispiel beim Andocken im Hafen.

DRUCK

DRUCK

SCHRAUBE

ROHR DURCH BUG

RUMPF

SCHIFFSBEWEGUNG

WASSER-BEWEGUNG

DREHUNG NACH STEUERBORD

DREHUNG NACH BACKBORD

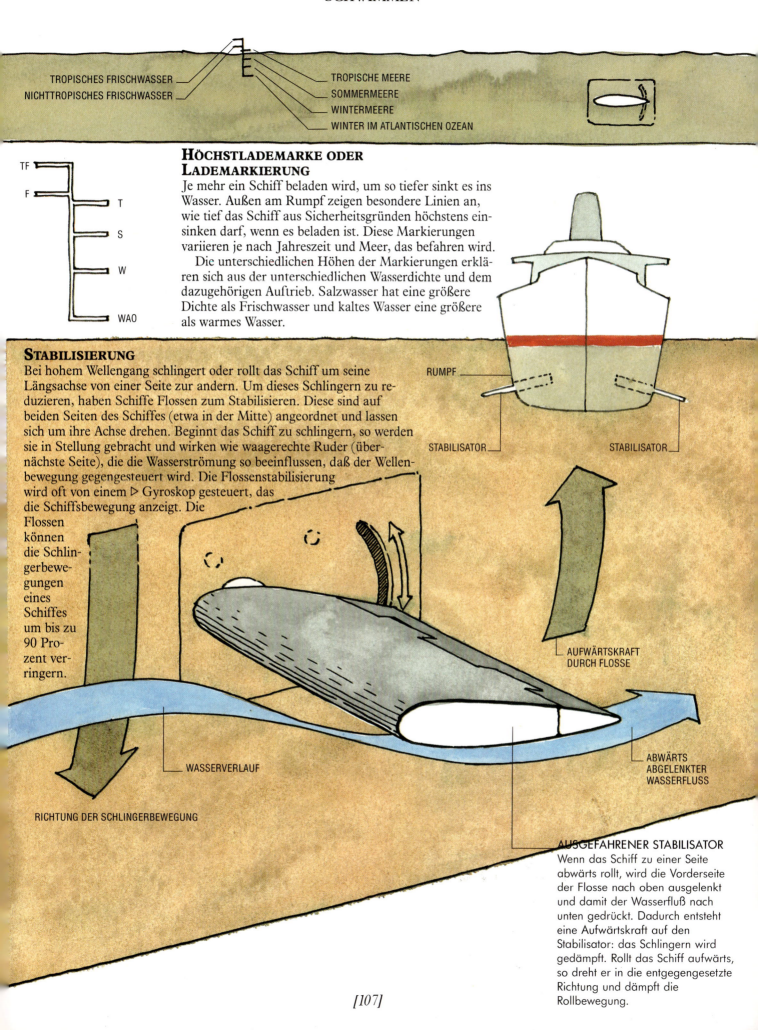

TROPISCHES FRISCHWASSER

NICHTTROPISCHES FRISCHWASSER

TROPISCHE MEERE

SOMMERMEERE

WINTERMEERE

WINTER IM ATLANTISCHEN OZEAN

TF

F

T

S

W

WAO

HÖCHSTLADEMARKE ODER LADEMARKIERUNG

Je mehr ein Schiff beladen wird, um so tiefer sinkt es ins Wasser. Außen am Rumpf zeigen besondere Linien an, wie tief das Schiff aus Sicherheitsgründen höchstens einsinken darf, wenn es beladen ist. Diese Markierungen variieren je nach Jahreszeit und Meer, das befahren wird.

Die unterschiedlichen Höhen der Markierungen erklären sich aus der unterschiedlichen Wasserdichte und dem dazugehörigen Auftrieb. Salzwasser hat eine größere Dichte als Frischwasser und kaltes Wasser eine größere als warmes Wasser.

STABILISIERUNG

Bei hohem Wellengang schlingert oder rollt das Schiff um seine Längsachse von einer Seite zur andern. Um dieses Schlingern zu reduzieren, haben Schiffe Flossen zum Stabilisieren. Diese sind auf beiden Seiten des Schiffes (etwa in der Mitte) angeordnet und lassen sich um ihre Achse drehen. Beginnt das Schiff zu schlingern, so werden sie in Stellung gebracht und wirken wie waagerechte Ruder (übernächste Seite), die die Wasserströmung so beeinflussen, daß der Wellenbewegung gegengesteuert wird. Die Flossenstabilisierung wird oft von einem ▷ Gyroskop gesteuert, das die Schiffsbewegung anzeigt. Die Flossen können die Schlingerbewegungen eines Schiffes um bis zu 90 Prozent verringern.

RUMPF

STABILISATOR

STABILISATOR

AUFWÄRTSKRAFT DURCH FLOSSE

WASSERVERLAUF

RICHTUNG DER SCHLINGERBEWEGUNG

ABWÄRTS ABGELENKTER WASSERFLUSS

AUSGEFAHRENER STABILISATOR

Wenn das Schiff zu einer Seite abwärts rollt, wird die Vorderseite der Flosse nach oben ausgelenkt und damit der Wasserfluß nach unten gedrückt. Dadurch entsteht eine Aufwärtskraft auf den Stabilisator: das Schlingern wird gedämpft. Rollt das Schiff aufwärts, so dreht er in die entgegengesetzte Richtung und dämpft die Rollbewegung.

DAS PASSAGIERSCHIFF

Die meisten Schiffe benötigen eine Kraftquelle, um vorwärtszukommen und auch ein Steuersystem. Diesen Anforderungen entsprechen die Schiffsschraube und das Ruder, die beide nach denselben Prinzipien arbeiten.

Das erste Prinzip ist das von Wirkung und Gegenwirkung. Wenn die Blätter der Schiffsschrauben sich drehen, schlagen sie das Wasser und befördern es zum hinteren Teil des Schiffs. Die Kraft, mit der sie das Wasser bewegen, heißt Wirkung. Wenn sich das Wasser zu bewegen beginnt, erzeugt es eine gleiche Kraft, die Gegenwirkung heißt und die die Schiffsschraube vorwärtsdrückt.

Das zweite Prinzip heißt Unterdruck oder Sog. Die Fläche eines Schraubenblatts ist so gewölbt, daß es die Form einer Flugzeug-Tragfläche hat. Wasser umspült es, während es sich dreht, und bewegt sich schneller über die vordere Oberfläche. Diese schnelle Bewegung verringert den Wasserdruck auf die vordere Oberfläche, und das Blatt wird nach vorne gesogen.

Insgesamt treibt eine Kombination von Wirkung und Gegenwirkung mit dem Sog die Schraube durchs Wasser.

Ein Ruder bewegt das Wasser in seiner Umgebung auf dieselbe Weise. Gegenwirkung und Sog erzeugen eine Drehkraft, die die Richtung des Schiffes ändert.

Schiffsschrauben treiben die meisten Schiffe an, wie auch die Tauch- und U-Boote. Ebenso funktionieren sie in der Luft, wo sie Luftschiffe und Flugzeuge antreiben. Praktisch jedes Fahrzeug für den Wasser- und Lufttransport wird mit Rudern gesteuert.

SCHIFFSSCHRAUBE

Die Blätter einer Schiffsschraube sind breit und gebogen wie ein Krummsäbel, um das Wasser kräftig packen zu können. Eine Schiffsschraube dreht sich nicht schnell, doch dank ihrer breiten Blätter kann sie eine große Wassermenge umwälzen, um sowohl eine mächtige Druckwirkung als auch einen kräftigen Sog zu erzeugen. Kleine Hochgeschwindigkeitsboote haben schnelldrehende Schrauben mit kleinen Blättern, die weniger Wasser umwälzen, dafür aber einen hohen Sog erzeugen. Bei sehr hoher Geschwindigkeit kann eine Schraube sogar Wasser zerstäuben, was jedoch einen Antriebsverlust nach sich zieht.

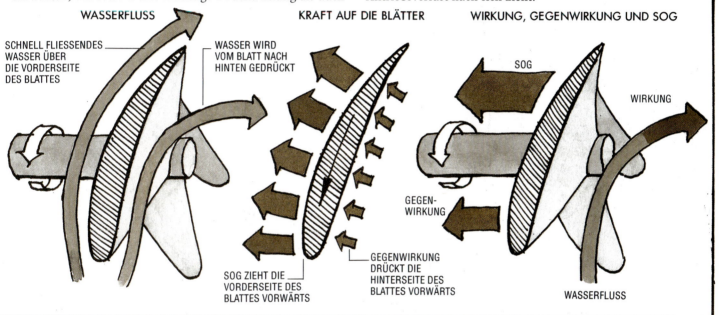

WASSERFLUSS

SCHNELL FLIESSENDES WASSER ÜBER DIE VORDERSEITE DES BLATTES

WASSER WIRD VOM BLATT NACH HINTEN GEDRÜCKT

KRAFT AUF DIE BLÄTTER

WIRKUNG, GEGENWIRKUNG UND SOG

SOG

WIRKUNG

GEGEN-WIRKUNG

SOG ZIEHT DIE VORDERSEITE DES BLATTES VORWÄRTS

GEGENWIRKUNG DRÜCKT DIE HINTERSEITE DES BLATTES VORWÄRTS

WASSERFLUSS

DAS RUDER

Das Ruder wirkt auf das Wasser, das am Schiff vorbeifließt, und auf den Wasserrückstoß, der von der Schiffsschraube kommt. Das Ruderblatt schwenkt aus, um diesen Fluß abzulenken. Wenn der Wasserfluß seine Richtung ändert, drückt er mit einer Gegenwirkungskraft zurück auf das Ruder in die entgegengesetzte Richtung. Ein durch den Wasserfluß um das Ruderblatt erzeugter Sog unterstützt noch die Gegenwirkung. Diese Kräfte bewegen das Schiffsheck, und das ganze Schiff bewegt sich um seinen Drehpunkt, so daß der Bug in eine neue Richtung weist.

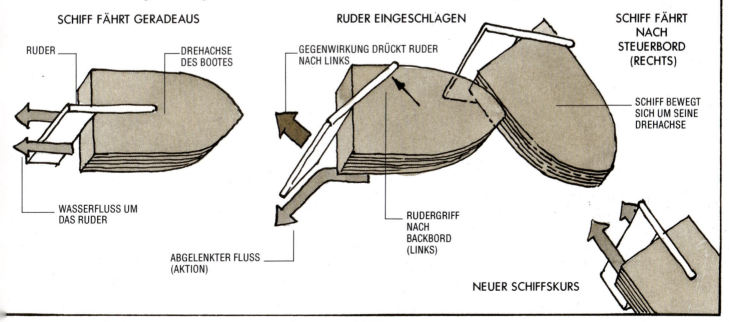

SCHIFF FÄHRT GERADEAUS

RUDER

DREHACHSE DES BOOTES

RUDER EINGESCHLAGEN

GEGENWIRKUNG DRÜCKT RUDER NACH LINKS

SCHIFF FÄHRT NACH STEUERBORD (RECHTS)

SCHIFF BEWEGT SICH UM SEINE DREHACHSE

WASSERFLUSS UM DAS RUDER

ABGELENKTER FLUSS (AKTION)

RUDERGRIFF NACH BACKBORD (LINKS)

NEUER SCHIFFSKURS

DAS SURFBRETT

Moderne Segelboote, vom Surfbrett bis hin zu den Rennbooten, machen sich die Windkraft zunutze und können in jede Richtung segeln, gleich aus welcher Himmelsrichtung auch immer der Wind bläst.

Diese Wendigkeit wird durch ein Dreiecksegel erzielt, das um den Bootsmast herumschwenken kann, damit es den Wind aus unterschiedlichen Richtungen einzufangen vermag. Das Segel bringt das Boot vorwärts, gleich unter welchem Winkel der Wind auf das Segel trifft, ausgenommen er kommt von vorne. Doch selbst dann kann man mit einem Boot ein Ziel erreichen, das genau in Windrichtung liegt. Und zwar durch Kreuzen, indem man einen Zick-zackkurs segelt, bei dem man das Segel stets schräg zum Wind stellt und sich dessen Kraft nutzbar macht.

Das Surfbrett ist das einfachste Segelboot und hat einen beweglichen Mast. Eigentlich ist es ein Floß mit einem Segel an einem beweglichen Mast und einem kleinen Schwert. Der Windsurfer umklammert eine gekrümmte Stange (Gabelbaum), um das Segel in die günstigste Richtung zum Wind zu stellen. Mit dem Segel fängt der Windsurfer nicht nur den Wind ein, sondern er benutzt es auch noch zum Steuern.

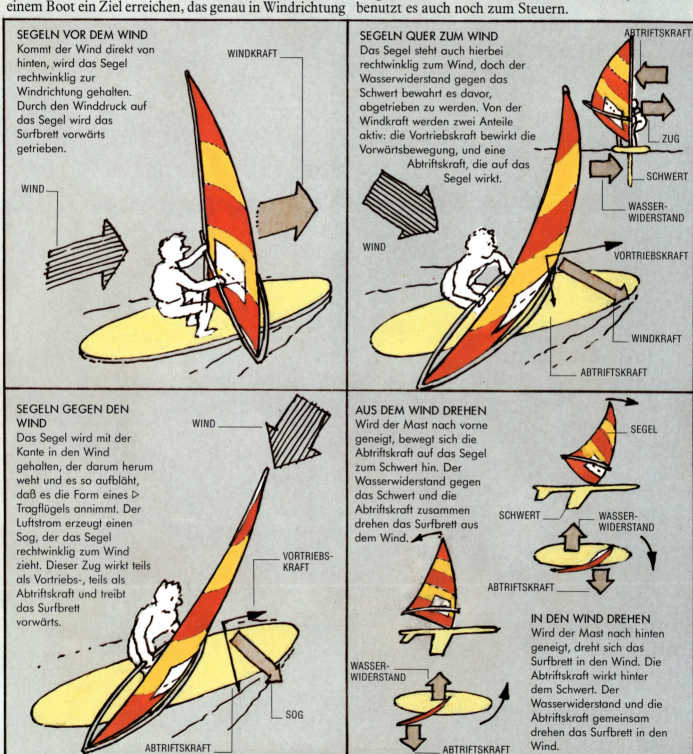

SEGELN VOR DEM WIND
Kommt der Wind direkt von hinten, wird das Segel rechtwinklig zur Windrichtung gehalten. Durch den Winddruck auf das Segel wird das Surfbrett vorwärts getrieben.

WINDKRAFT

WIND

SEGELN QUER ZUM WIND
Das Segel steht auch hierbei rechtwinklig zum Wind, doch der Wasserwiderstand gegen das Schwert bewahrt es davor, abgetrieben zu werden. Von der Windkraft werden zwei Anteile aktiv: die Vortriebskraft bewirkt die Vorwärtsbewegung, und eine Abtriftskraft, die auf das Segel wirkt.

ABTRIFTSKRAFT

ZUG

SCHWERT

WASSER-WIDERSTAND

WIND

VORTRIEBSKRAFT

WINDKRAFT

ABTRIFTSKRAFT

SEGELN GEGEN DEN WIND
Das Segel wird mit der Kante in den Wind gehalten, der darum herum weht und es so aufbläht, daß es die Form eines ▷ Tragflügels annimmt. Der Luftstrom erzeugt einen Sog, der das Segel rechtwinklig zum Wind zieht. Dieser Zug wirkt teils als Vortriebs-, teils als Abtriftskraft und treibt das Surfbrett vorwärts.

WIND

VORTRIEBS-KRAFT

SOG

ABTRIFTSKRAFT

AUS DEM WIND DREHEN
Wird der Mast nach vorne geneigt, bewegt sich die Abtriftskraft auf das Segel zum Schwert hin. Der Wasserwiderstand gegen das Schwert und die Abtriftskraft zusammen drehen das Surfbrett aus dem Wind.

SEGEL

SCHWERT

WASSER-WIDERSTAND

ABTRIFTSKRAFT

WASSER-WIDERSTAND

ABTRIFTSKRAFT

IN DEN WIND DREHEN
Wird der Mast nach hinten geneigt, dreht sich das Surfbrett in den Wind. Die Abtriftskraft wirkt hinter dem Schwert. Der Wasserwiderstand und die Abtriftskraft gemeinsam drehen das Surfbrett in den Wind.

DIE YACHT

Eine Yacht besitzt gewöhnlich zwei Dreiecksegel — das Hauptsegel und den Klüver. Die Segel manövrieren die Yacht vor, gegen oder in den Wind genauso wie ein Surfbrett. Wird gegen den Wind gesegelt, verhalten sich die beiden Segel wie ein großer Tragflügel mit einem Schlitz in der Mitte. Der Schlitz führt Luft über die beiden Segel und erzeugt damit einen kraftvollen Sog. Diese Kraft teilt sich auf: in eine Vortriebskraft, die die Yacht vorwärtstreibt, und eine Abtriftskraft, die sie zum Krängen (Seitwärtsneigung) bringt. Doch der Wasserwiderstand gegen Rumpf und Kiel verhindern, daß die Yacht seitlich abgleitet.

Eine Yacht wird mit einem ▷ Ruder gesteuert, das den Wasserstrom so um den Rumpf herum ablenkt, daß die Yacht in die gewünschte Richtung dreht. Während dieser Drehung kann die Mannschaft die Segel hissen oder einholen, um den besten Winkel zum Wind zu erreichen. Ein bauchig geschnittener Spinnaker (Ballonsegel) wird gehißt, wenn die Yacht vor dem Wind segelt.

GROSSSEGEL

ABTRIFTSKRAFT

SOG

VORTRIEB

WIND

KLÜVER

WASSERWIDERSTAND

RUDER

KIEL

Sie können es nicht verpassen. Es ist blau!

DAS LUFTSCHIFF

Ein Luftschiff hat meist eine zylindrische oder tropfenähnliche Form und ein riesiges Volumen, das den kräftigen Auftrieb bringt, der nötig ist, um das gewaltige Gewicht der Kabine, Motoren, Ventilatoren und Passagiere in die Luft zu heben. Den größten Raum im Innern nehmen die Luftsäcke und die Gaszellen ein, die mit Helium gefüllt sind, einem Gas, das eine geringere Dichte hat als Luft und somit für den Auftrieb des Luftschiffs sorgt: es kann in der Luft „schwimmen". Indem man Luft in die Luftsäcke pumpt, erhöht man sein Gewicht: das Luftschiff sinkt. Läßt man Luft aus ihnen entweichen, sinkt sein Gewicht: das Luftschiff steigt. Angetrieben wird es von ummantelten Propellertriebwerken, die bei Start und Landung zum Manövrieren geschwenkt werden können, und gesteuert mit einem Leitwerk aus kreuzförmig am Heck angeordneten Ruderflossen. Und so bewegt sich das Luftschiff, eine Kombination aus Tauch- und U-Boot der Lüfte, von einem Ort zum andern.

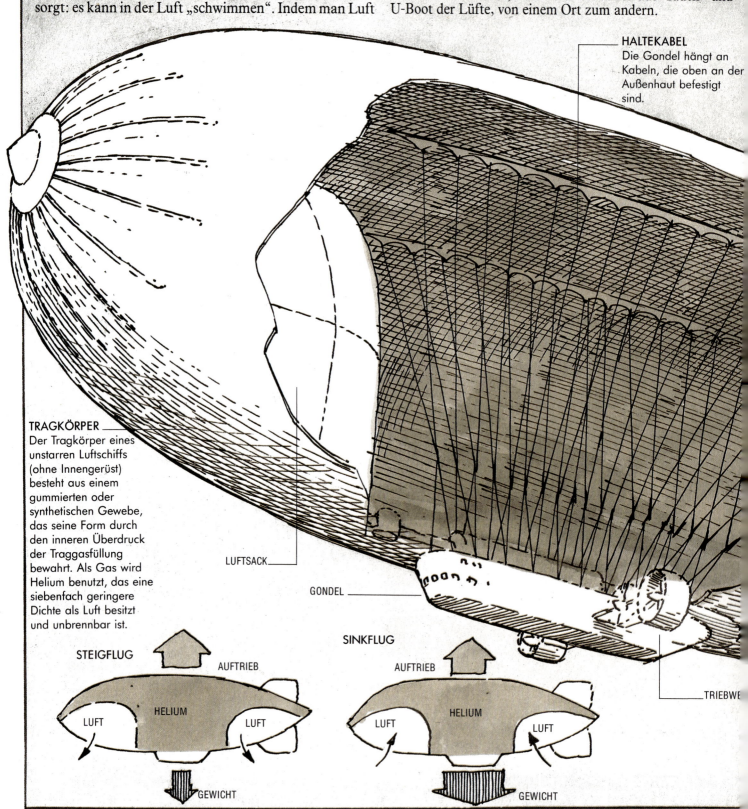

HALTEKABEL
Die Gondel hängt an Kabeln, die oben an der Außenhaut befestigt sind.

TRAGKÖRPER
Der Tragkörper eines unstarren Luftschiffs (ohne Innengerüst) besteht aus einem gummierten oder synthetischen Gewebe, das seine Form durch den inneren Überdruck der Traggasfüllung bewahrt. Als Gas wird Helium benutzt, das eine siebenfach geringere Dichte als Luft besitzt und unbrennbar ist.

LUFTSACK

GONDEL

TRIEBWE

STEIGFLUG

AUFTRIEB

LUFT   HELIUM   LUFT

GEWICHT

SINKFLUG

AUFTRIEB

LUFT   HELIUM   LUFT

GEWICHT

DER HEISSLUFTBALLON

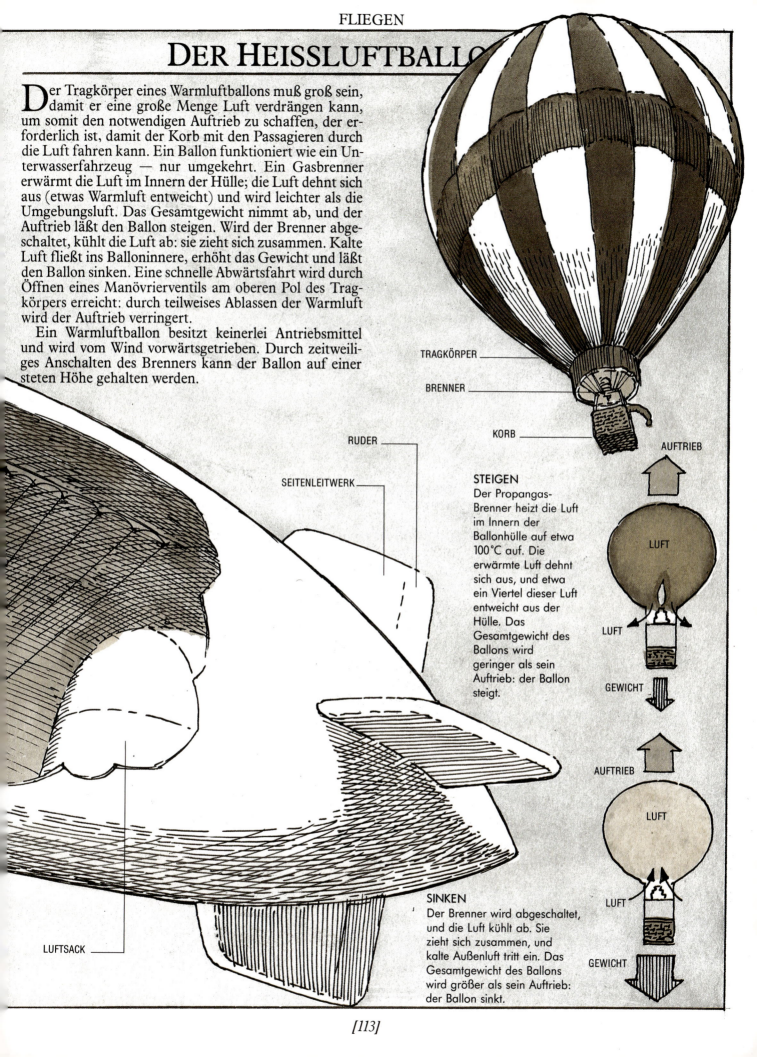

Der Tragkörper eines Warmluftballons muß groß sein, damit er eine große Menge Luft verdrängen kann, um somit den notwendigen Auftrieb zu schaffen, der erforderlich ist, damit der Korb mit den Passagieren durch die Luft fahren kann. Ein Ballon funktioniert wie ein Unterwasserfahrzeug — nur umgekehrt. Ein Gasbrenner erwärmt die Luft im Innern der Hülle; die Luft dehnt sich aus (etwas Warmluft entweicht) und wird leichter als die Umgebungsluft. Das Gesamtgewicht nimmt ab, und der Auftrieb läßt den Ballon steigen. Wird der Brenner abgeschaltet, kühlt die Luft ab: sie zieht sich zusammen. Kalte Luft fließt ins Balloninnere, erhöht das Gewicht und läßt den Ballon sinken. Eine schnelle Abwärtsfahrt wird durch Öffnen eines Manövrierventils am oberen Pol des Tragkörpers erreicht: durch teilweises Ablassen der Warmluft wird der Auftrieb verringert.

Ein Warmluftballon besitzt keinerlei Antriebsmittel und wird vom Wind vorwärtsgetrieben. Durch zeitweiliges Anschalten des Brenners kann der Ballon auf einer steten Höhe gehalten werden.

TRAGKÖRPER

BRENNER

KORB

RUDER

SEITENLEITWERK

LUFTSACK

STEIGEN
Der Propangas-Brenner heizt die Luft im Innern der Ballonhülle auf etwa 100°C auf. Die erwärmte Luft dehnt sich aus, und etwa ein Viertel dieser Luft entweicht aus der Hülle. Das Gesamtgewicht des Ballons wird geringer als sein Auftrieb: der Ballon steigt.

AUFTRIEB

LUFT

LUFT

GEWICHT

AUFTRIEB

LUFT

LUFT

SINKEN
Der Brenner wird abgeschaltet, und die Luft kühlt ab. Sie zieht sich zusammen, und kalte Außenluft tritt ein. Das Gesamtgewicht des Ballons wird größer als sein Auftrieb: der Ballon sinkt.

GEWICHT

[113]

FLIEGEN

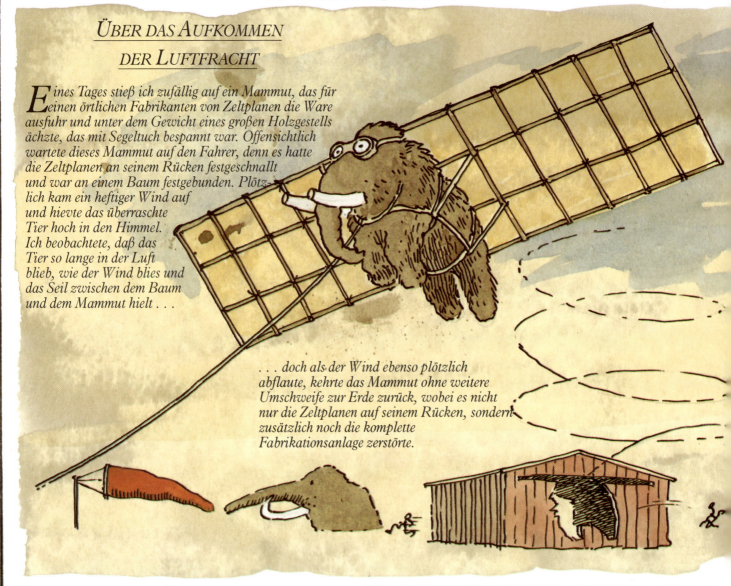

ÜBER DAS AUFKOMMEN DER LUFTFRACHT

*E*ines Tages stieß ich zufällig auf ein Mammut, das für einen örtlichen Fabrikanten von Zeltplanen die Ware ausfuhr und unter dem Gewicht eines großen Holzgestells ächzte, das mit Segeltuch bespannt war. Offensichtlich wartete dieses Mammut auf den Fahrer, denn es hatte die Zeltplanen an seinem Rücken festgeschnallt und war an einem Baum festgebunden. Plötzlich kam ein heftiger Wind auf und hievte das überraschte Tier hoch in den Himmel. Ich beobachtete, daß das Tier so lange in der Luft blieb, wie der Wind blies und das Seil zwischen dem Baum und dem Mammut hielt . . .

. . . doch als der Wind ebenso plötzlich abflaute, kehrte das Mammut ohne weitere Umschweife zur Erde zurück, wobei es nicht nur die Zeltplanen auf seinem Rücken, sondern zusätzlich noch die komplette Fabrikationsanlage zerstörte.

FLUG SCHWERER ALS LUFT

In seinem Kampf, sein nicht unerhebliches Gewicht zu überwinden und sich selbst in die Lüfte zu erheben, wird das Mammut nacheinander zu einem Drachen, einem Gleiter und schließlich zu einem Flugzeug mit Antrieb. Dies sind drei verschiedene Arten, auf die ein Körper, der schwerer als Luft ist, fliegen kann.

Ähnlich wie Ballons und Luftschiffe können Maschinen, die schwerer als Luft sind, eine Kraft erzeugen, die ihr Gewicht übersteigt und sie in der Luft trägt. Da sie jedoch in der Luft nicht schweben können, arbeiten sie anders als etwa ein Ballon.

Drachen benutzen die Windkraft, um sich in der Luft zu halten, während Flugkörper mit Flügeln — Gleiter und Hubschrauber inbegriffen — ihre Tragflügel und Auftriebskräfte verwenden. Senkrechtstarter richten die Kraft ihrer Triebwerke auf den Boden und heben mit gewaltiger Kraft vom Boden ab.

Die beiden Grundprinzipien, die den Flug der Maschinen beherrschen, die schwerer als Luft sind, auch die Motorschiffe — Wirkung und Gegenwirkung sowie der Sog. Beim Fliegen ist die Sogkraft als Auftrieb bekannt.

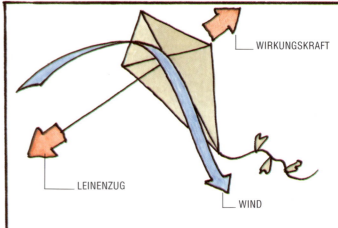

WIRKUNGSKRAFT

LEINENZUG

WIND

DRACHEN

Ein Drachen kann nur bei Wind fliegen und wird so an einer Leine gehalten, daß die Tragfläche den Wind nach unten ablenkt. Der Wind liefert die für den Flug notwendige Kraft. Er wirkt mit einer Gegenwirkungskraft, die der Zugkraft der Leine entspricht, und trägt den Drachen in der Luft.

Während meiner eigenen Experimente bei der Auslieferung mit Zeltplanen entdeckte ich, daß die Gefahren und die erheblichen Unkosten einer Bruchlandung bedeutend verringert werden konnten, wenn man eine leicht gewölbte Zeltbahn auf dem Rücken eines Mammuts befestigt, das sich freiwillig als Testpilot zur Verfügung gestellt hat. Falls der Wind abstarb oder das Seil riß, sollte das Mammut in einer sanften Spirale zur Erde zurückschweben können. Durch eine weitere Verbesserung sollte das Mammut durch ein reibungsverminderndes Fahrwerk in die Lage versetzt werden, sich allein dadurch in die Lüfte heben zu können, indem es mit seinem Rüssel aufwärts blies.

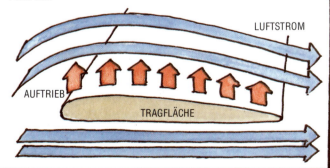

Trotz wiederholter Versuche gelang es dem Mammut jedoch nie, so hoch vom Boden abzuheben, daß diese neue Form der Auslieferung sich als praktisch erwies. Selbst mit dem eigens dafür entwickelten Fahrwerk blieben die Landungen, da so gut wie unberechenbar, stets ein wunder Punkt.

Ich erinnere mich an einen höchst unglücklichen Unfall, nach dem ein Mammut vollständig bandagiert werden mußte, weil es eine ungewöhnlich ungeschickte Landung auf allen vieren hingelegt hatte. Das Resultat war die eher interessante Stromlinienform, die ich hier abgebildet habe. Dabei habe ich nicht den Eindruck, daß sie jemals abzuheben in der Lage ist.

TRAGFLÄCHE

Eine Flugzeugtragfläche hat ein Profil, das man Tragflügel nennt. Bewegt sich der Flügel durch die Luft, wird diese geteilt und muß durch die Krümmung des Tragflügels oben schneller fließen als unten. Schnell strömende Luft hat einen niedrigeren Druck als langsam strömende. Der Luftdruck ist daher unter dem Flügel (Überdruck) größer als darüber (Unterdruck). Durch diesen Druckunterschied wird der Flügel aufwärts getragen. Diese Kraft nennt man Auftrieb.

LUFTSTROM

AUFTRIEB

TRAGFLÄCHE

SEGELFLUGZEUG

Das Segelflugzeug ist die einfachste Ausführung eines Flugzeugs. Beim Start wird es so lange geschleppt, bis sein Auftrieb größer ist als sein Gewicht und es fliegt. Nach dem Start schwebt es im Gleitflug weiter, wobei aufsteigende Luftbewegungen zum Höhengewinn oder ein geringer Sinkflug ausgenutzt werden, bei dem durch die Schwerkraft eine Schubkraft entsteht. Die Reibung mit der Luft erzeugt eine Kraft, die Luftwiderstand heißt und das Segelflugzeug bremst. Diese beiden entgegengesetzten Kräftepaare — Auftrieb und Gewicht, Schub und Widerstand — wirken auf alle Flugzeuge.

AUFTRIEB

SCHUB

AUFTRIEB

GEWICHT

LUFTWIDERSTAND

DAS FLUGZEUG

Versieht man ein Flugzeug mit einem Motor, so erhält es eine Kraft, die es von Winden und Luftströmungen unabhängig macht, auf die nicht motorisierte Flugzeuge wie Ballons und Segelflieger angewiesen sind. Um ein Flugzeug zu steuern, wird ein System von Klappen benötigt. Diese funktionieren genauso wie das Ruder eines Schiffs. Sie lenken den Luftstrom ab und drehen oder neigen das Flugzeug so, daß es um seinen Schwerpunkt dreht, der bei allen Flugzeugen zwischen den Tragflächen liegt.

Normalerweise haben Flugzeuge ein Flügelpaar, das für den Auftrieb sorgt. Die Flügel und das Leitwerk sind mit Klappen versehen, die das Flugzeug in der Luft drehen oder neigen. Die Antriebskraft stammt von einem Propeller, der an der Spitze angebracht ist, oder von mehreren Propellern unter den Tragflächen oder von Strahltriebwerken an Tragflächen, Heck oder im Inneren des Flugzeugrumpfes.

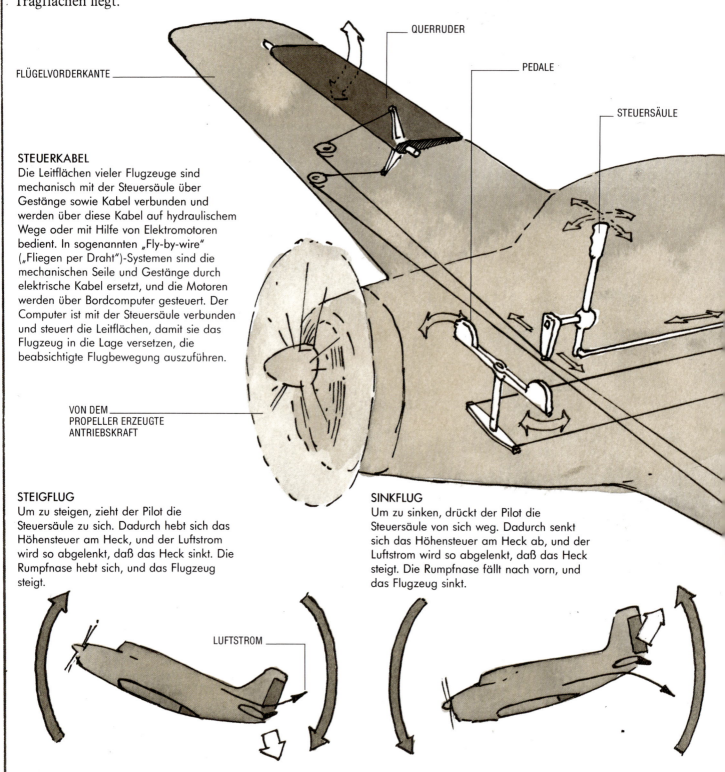

QUERRUDER

PEDALE

STEUERSÄULE

FLÜGELVORDERKANTE

STEUERKABEL

Die Leitflächen vieler Flugzeuge sind mechanisch mit der Steuersäule über Gestänge sowie Kabel verbunden und werden über diese Kabel auf hydraulischem Wege oder mit Hilfe von Elektromotoren bedient. In sogenannten „Fly-by-wire" („Fliegen per Draht")-Systemen sind die mechanischen Seile und Gestänge durch elektrische Kabel ersetzt, und die Motoren werden über Bordcomputer gesteuert. Der Computer ist mit der Steuersäule verbunden und steuert die Leitflächen, damit sie das Flugzeug in die Lage versetzen, die beabsichtigte Flugbewegung auszuführen.

VON DEM PROPELLER ERZEUGTE ANTRIEBSKRAFT

STEIGFLUG

Um zu steigen, zieht der Pilot die Steuersäule zu sich. Dadurch hebt sich das Höhensteuer am Heck, und der Luftstrom wird so abgelenkt, daß das Heck sinkt. Die Rumpfnase hebt sich, und das Flugzeug steigt.

SINKFLUG

Um zu sinken, drückt der Pilot die Steuersäule von sich weg. Dadurch senkt sich das Höhensteuer am Heck ab, und der Luftstrom wird so abgelenkt, daß das Heck steigt. Die Rumpfnase fällt nach vorn, und das Flugzeug sinkt.

LUFTSTROM

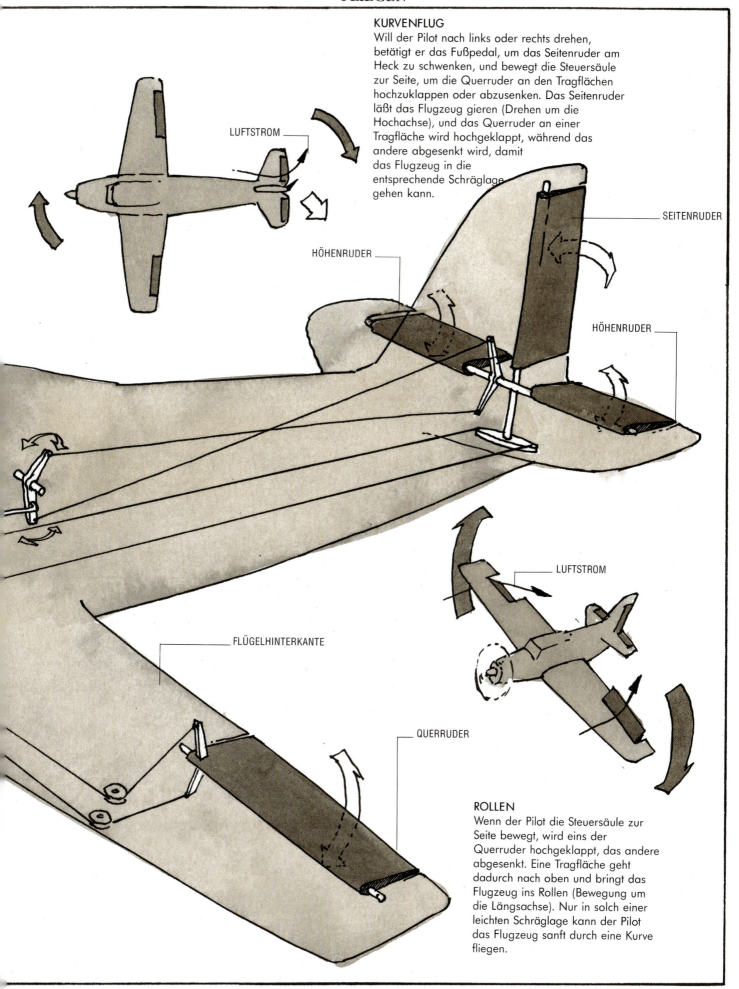

KURVENFLUG
Will der Pilot nach links oder rechts drehen, betätigt er das Fußpedal, um das Seitenruder am Heck zu schwenken, und bewegt die Steuersäule zur Seite, um die Querruder an den Tragflächen hochzuklappen oder abzusenken. Das Seitenruder läßt das Flugzeug gieren (Drehen um die Hochachse), und das Querruder an einer Tragfläche wird hochgeklappt, während das andere abgesenkt wird, damit das Flugzeug in die entsprechende Schräglage gehen kann.

LUFTSTROM

SEITENRUDER

HÖHENRUDER

HÖHENRUDER

LUFTSTROM

FLÜGELHINTERKANTE

QUERRUDER

ROLLEN
Wenn der Pilot die Steuersäule zur Seite bewegt, wird eins der Querruder hochgeklappt, das andere abgesenkt. Eine Tragfläche geht dadurch nach oben und bringt das Flugzeug ins Rollen (Bewegung um die Längsachse). Nur in solch einer leichten Schräglage kann der Pilot das Flugzeug sanft durch eine Kurve fliegen.

FLIEGENDE MASCHINEN

Viele unterschiedliche Maschinen fliegen heutzutage am Himmel: vom einmotorigen Sportflugzeug und den Kunstflugmaschinen bis hin zu den großräumigen Passagierflugzeugen, die sich mit Überschallgeschwindigkeit fortbewegen und Hunderte von Passagieren befördern können. Andere wiederum, wie die Tretflugzeuge, können sich gerade schwerfällig vom Boden lösen, wieder andere dagegen, wie die Aufklärungsflugzeuge, rasen mit dreifacher Schallgeschwindigkeit in einer Höhe dreimal so hoch wie der Mount Everest.

Es gibt die verschiedenen Segelflugzeuge, unter denen der Raumgleiter das größte und der Drachenflieger das kleinste Exemplar ist. Andere Entwicklungen haben zum Hubschrauber und Senkrechtstarter geführt, die in der Lage sind, senkrecht zu starten und in der Luft zu schweben. Es gibt ferner Drachen in allen Formen und Größen, manche sogar groß genug, um eine Person zu transportieren.

Wieder andere Maschinen fliegen übers Wasser. Tragflächenboote, die durch die Wellen fliegen, gehorchen denselben Gesetzen wie die Flugzeuge in der Luft.

SEGELFLUGZEUG
Da es keinen Motor besitzt, kann ein Segelflugzeug nicht schnell fliegen. Deshalb hat es gerade Tragflügel mit langer Streckung, die bei geringer Geschwindigkeit einen großen Auftrieb erzeugen.

RAUMFÄHRE
Die Raumfähre tritt bei einer sehr hohen Geschwindigkeit wieder in die Atmosphäre ein und hat aus diesem Grunde Delta(Dreiecks)flügel wie ein Überschallflugzeug. Sie landet mit hoher Geschwindigkeit.

SPORTFLUGZEUG
Kurze, gerade Tragflächen erzeugen einen guten Auftrieb und einen geringen Luftwiderstand bei mittlerer Geschwindigkeit. Für den Auftrieb sorgen Propellermotoren oder Strahltriebwerke.

DRACHENFLIEGER
Der A-förmige Flügel füllt sich prall in der Luft, wird zu einem Tragflügel von geringem Auftrieb und Luftwiderstand und macht einen Flug geringer Geschwindigkeit mit einem leichten Gewicht möglich.

TRETFLUGZEUG
Weil die Fluggeschwindigkeit sehr gering ist, sind lange und breite Flügel notwendig, um einen maximalen Auftrieb zu erzeugen. Der Luftwiderstand ist bei der sehr geringen Geschwindigkeit äußerst klein.

VORWÄRTS GEPFEILTE FLÜGEL
Diese Flügelkonstruktion erzeugt einen hohen Auftrieb und einen geringen Luftwiderstand. Um bei hoher Geschwindigkeit eine gute Manövrierfähigkeit zu ermöglichen, unterstützen zwei kleine Flügel (Entenflügel) die Steuerung.

SCHWENKFLÜGLER
Die Tragflächen sind bei Start und Landung in schwacher positiver Pfeilstellung, um einen möglichst großen Auftrieb bei geringer Geschwindigkeit zu erzielen. Während des Flugs werden die

Tragflügel in eine starke Pfeilung zurückgeschwenkt, damit der Luftwiderstand verringert und eine hohe Geschwindigkeit erzielt wird.

ÜBERSCHALL-VERKEHRSFLUGZEUG
Flugzeuge, die schneller fliegen als der Schall, haben oft pfeilgerade Deltaflügel. In der Luft bildet sich nämlich um das Flugzeug herum eine Schockwelle, und diese Flügel befinden sich dann noch innerhalb dieser Schockwelle, so daß das Flugzeug noch sicher zu manövrieren ist.

VERKEHRSFLUGZEUG
Zurückgeschwungene Tragflächen sind nötig, um den Luftwiderstand bei hoher Geschwindigkeit niedrig zu halten. Jedoch wird dadurch der Auftrieb ebenfalls verringert, so daß hohe Start- und Landegeschwindigkeiten erforderlich sind.

FLATTERNDE FLÜGEL
Dies ist eine höchst wirksame Tragflächenform, nach der man vor allem dort Ausschau halten sollte, wo Vögel nisten und brüten.

Was wollen diese großen Vögel hier?

FLÜGEL EINES VERKEHRSFLUGZEUGS

Ein kleines Motorflugzeug benötigt lediglich ein Paar einfache, klappbare Querruder an den Tragflächen, damit man es sicher durch die Lüfte steuern kann. Auf den Flügel eines Verkehrsflugzeugs dagegen wirken sowohl am Boden als auch in der Luft enorme und wechselnde Kräfte. Um diesen Kräften gegenzusteuern, ist der Flügel mit einer stattlichen Anzahl komplizierter Klappen ausgerüstet, mit denen die Form der Tragflächen verändert werden kann.

Bei Start und Landung muß die Tragfläche eine andere Form haben als während des Flugs. Indem der Pilot die Fläche der Klappen und ihren Anstellwinkel verändert, ist er in der Lage, die Größe von Auftrieb und Luft-widerstand entsprechend den Erfordernissen in der jeweiligen Flugphase einzustellen.

Es gibt vier Grundarten von Klappen. Ausfahrbare Vorflügel sind vorne an den Tragflächen zu finden, während Landeklappen an der hinteren Tragflächenkante angebracht sind. Diese Klappen vergrößern die Fläche der Tragflügel und verhelfen zu mehr Auftrieb, aber auch zu Luftwiderstand. Störklappen (Spoiler) sind oben auf den Tragflügeln angebracht und reduzieren im ausgefahrenen Zustand den Auftrieb und erzeugen mehr Widerstand. Querruder sind Klappen hinten an der Tragfläche, die hochgeklappt oder abgesenkt werden, um das Flugzeug in eine Kurve zu rollen.

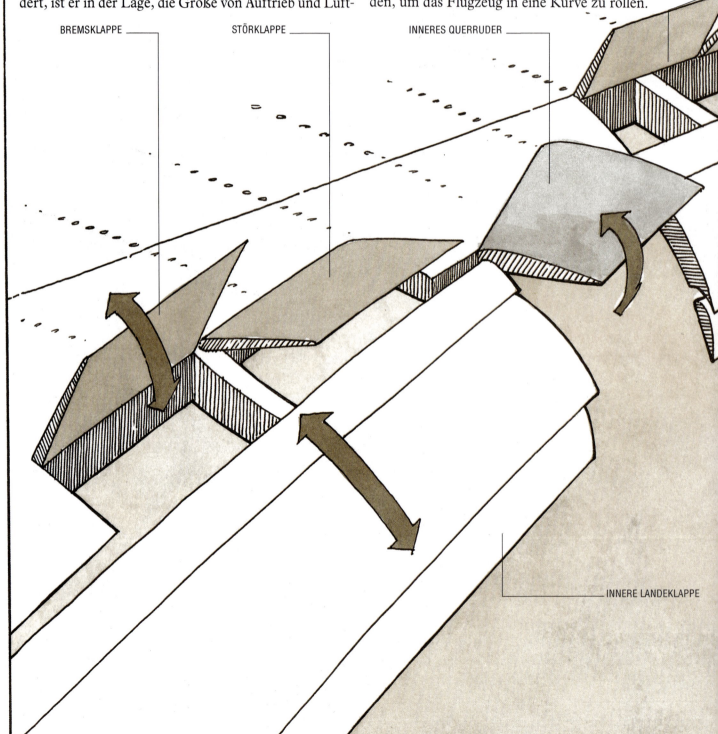

BREMSKLAPPE

STÖRKLAPPE

INNERES QUERRUDER

INNERE LANDEKLAPPE

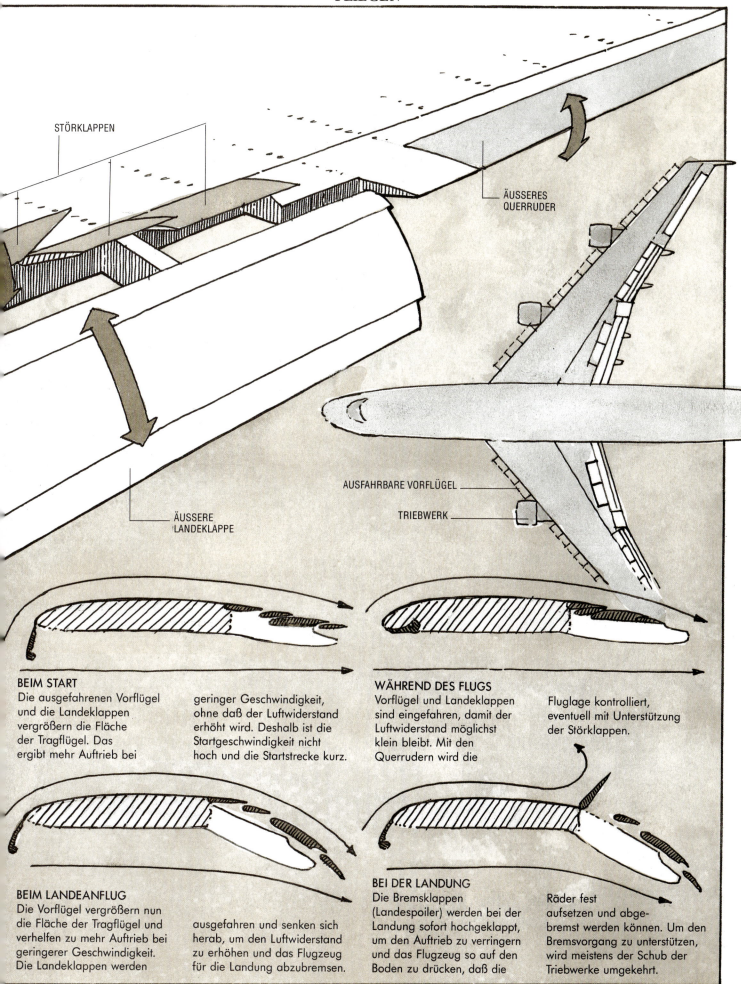

STÖRKLAPPEN

ÄUSSERES QUERRUDER

ÄUSSERE LANDEKLAPPE

AUSFAHRBARE VORFLÜGEL

TRIEBWERK

BEIM START

Die ausgefahrenen Vorflügel und die Landeklappen vergrößern die Fläche der Tragflügel. Das ergibt mehr Auftrieb bei geringer Geschwindigkeit, ohne daß der Luftwiderstand erhöht wird. Deshalb ist die Startgeschwindigkeit nicht hoch und die Startstrecke kurz.

WÄHREND DES FLUGS

Vorflügel und Landeklappen sind eingefahren, damit der Luftwiderstand möglichst klein bleibt. Mit den Querrudern wird die Fluglage kontrolliert, eventuell mit Unterstützung der Störklappen.

BEIM LANDEANFLUG

Die Vorflügel vergrößern nun die Fläche der Tragflügel und verhelfen zu mehr Auftrieb bei geringerer Geschwindigkeit. Die Landeklappen werden ausgefahren und senken sich herab, um den Luftwiderstand zu erhöhen und das Flugzeug für die Landung abzubremsen.

BEI DER LANDUNG

Die Bremsklappen (Landespoiler) werden bei der Landung sofort hochgeklappt, um den Auftrieb zu verringern und das Flugzeug so auf den Boden zu drücken, daß die Räder fest aufsetzen und abgebremst werden können. Um den Bremsvorgang zu unterstützen, wird meistens der Schub der Triebwerke umgekehrt.

DER HUBSCHRAUBER

ROTORBLATT
Die meisten Hubschrauberrotoren haben zwischen drei und sechs Blätter. Jedes Blatt ist mit einem Schlaggelenk und mit einer Schubstange verbunden.

Mit seinen wirbelnden Drehflügeln (Rotoren) unterscheidet sich ein Hubschrauber sehr von einem Flugzeug. Und dennoch benutzt er — genau wie ein Flugzeug — Tragflügel zum Fliegen. Die Rotorblätter eines Hubschraubers haben ein Flügelprofil wie die Tragflächen beim Flugzeug. Doch wo das Flugzeug durch die Lüfte rasen muß, damit die Tragflügel genügend Auftrieb für den Flug erzeugen, dreht der Hubschrauber lediglich seinen Rotor. Dadurch entsteht so viel Auftrieb, daß er vom Boden abheben und sich auch in der gewünschten Richtung fortbewegen kann. Der Anstellwinkel des Rotorblatts bestimmt, wie der Hubschrauber fliegt: auf der Stelle (Schwebeflug), senkrecht, vor-, rück- oder seitwärts.

SCHLAGGELENK
Jedes Rotorblatt ist an einem Schlaggelenk befestigt und ermöglicht Schlagbewegungen während der Rotation, die die unerwünschten Kippmomente ausschalten. Denn sonst würde der Auftrieb auf der einen Seite des Hubschraubers größer als auf der anderen sein.

ROTORWELLE
Die Rotorwelle treibt die Rotorblätter und die obere Taumelscheibe an.

OBERE TAUMELSCHEIBE
Die obere Taumelscheibe rotiert auf Lagern über der unteren Taumelscheibe. Sie wird von der unteren Taumelscheibe gehoben, gesenkt oder gekippt.

STEUERSTANGEN
Diese Stangen bewegen die obere Taumelscheibe.

SCHUBSTANGEN
Diese Stangen werden von der rotierenden Taumelscheibe auf- und abbewegt. Sie ziehen bzw. drücken die verstellbaren Rotorblätter in den jeweils gewünschten Anstellwinkel.

UNTERE TAUMELSCHEIBE
Die untere Taumelscheibe rotiert nicht. Sie wird durch die Steuergeräte des Piloten über die Steuerstangen in einem bestimmten Winkel zur Rotorwelle festgehalten.

WIE ARBEITET EIN ROTOR?
Während die Blätter des Hauptrotors sich drehen, kann ihr Anstellwinkel so verstellt werden, daß sie den für eine Flugbewegung entsprechenden Auftrieb erzeugen. Und das geschieht so: Die Steuersäule des Piloten bewegt zwei Steuerstangen, die eine Taumelscheibe bewegen. Diese Scheibe hebt und senkt sich, während sie die Rotorwelle umläuft. Über die Schubstange wird der Anstellwinkel des Rotorblattes verändert.

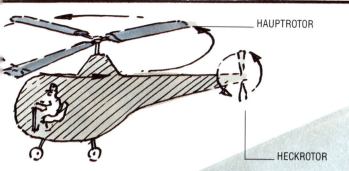

HAUPTROTOR

HECKROTOR

SCHWEBEFLUG

Über die Taumelscheibe wird der Anstellwinkel aller Rotorblätter gleichgeschaltet, so daß der Hubschrauber sich weder vor- noch rückwärts bewegt. Über die Steuersäule wird die Taumelscheibe nur so weit angehoben, daß der entstehende Auftrieb ausreicht, um das Gewicht des Hubschraubers auszugleichen und ihn in der Schwebe zu halten.

SENKRECHTFLUG

Die Steuerstangen heben die Taumelscheibe an und vergrößern über die Schubstange gleichmäßig den Anstellwinkel der Rotorblätter. Dadurch wird der Auftrieb erhöht. Übersteigt er die Schwerkraft, beginnt der Hubschrauber senkrecht zu steigen. Zum Sinken wird die Taumelscheibe abgesenkt. Der Auftrieb an allen Blättern nimmt nun ab und wird kleiner als das Gewicht des Hubschraubers: er sinkt.

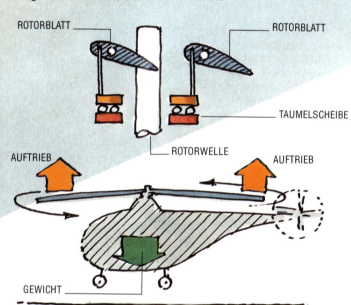

ROTORBLATT

ROTORBLATT

TAUMELSCHEIBE

ROTORWELLE

AUFTRIEB

AUFTRIEB

GEWICHT

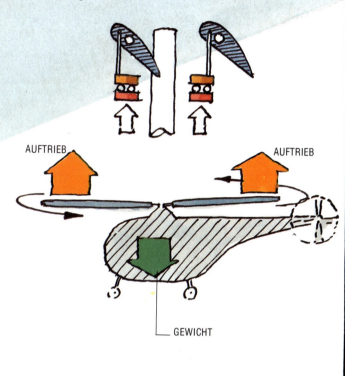

AUFTRIEB

AUFTRIEB

GEWICHT

VORWÄRTSFLUG

Über die Taumelscheibe wird der Anstellwinkel der Rotorblätter verändert: hinter der Rotorwelle wird er größer, vor ihr kleiner. Dadurch erhöht sich der Auftrieb dahinter, und der Rotor neigt sich nach vorne. Die resultierende Kraft besteht aus einer Hebekraft, die das Gewicht des Hubschraubers trägt, und dem Vortrieb.

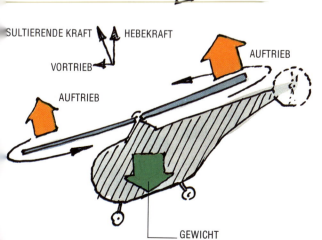

SULTIERENDE KRAFT   HEBEKRAFT

VORTRIEB

AUFTRIEB

AUFTRIEB

GEWICHT

RÜCKWÄRTSFLUG

Über die Taumelscheibe wird der Anstellwinkel der Rotorblätter verändert: vor der Rotorwelle wird er größer, dahinter kleiner. Dadurch erhöht sich der Auftrieb vorne, und es entsteht ein Rücktrieb.

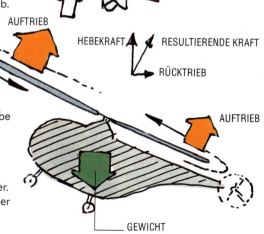

AUFTRIEB

HEBEKRAFT   RESULTIERENDE KRAFT

RÜCKTRIEB

AUFTRIEB

GEWICHT

DER EINROTORIGE HUBSCHRAUBER

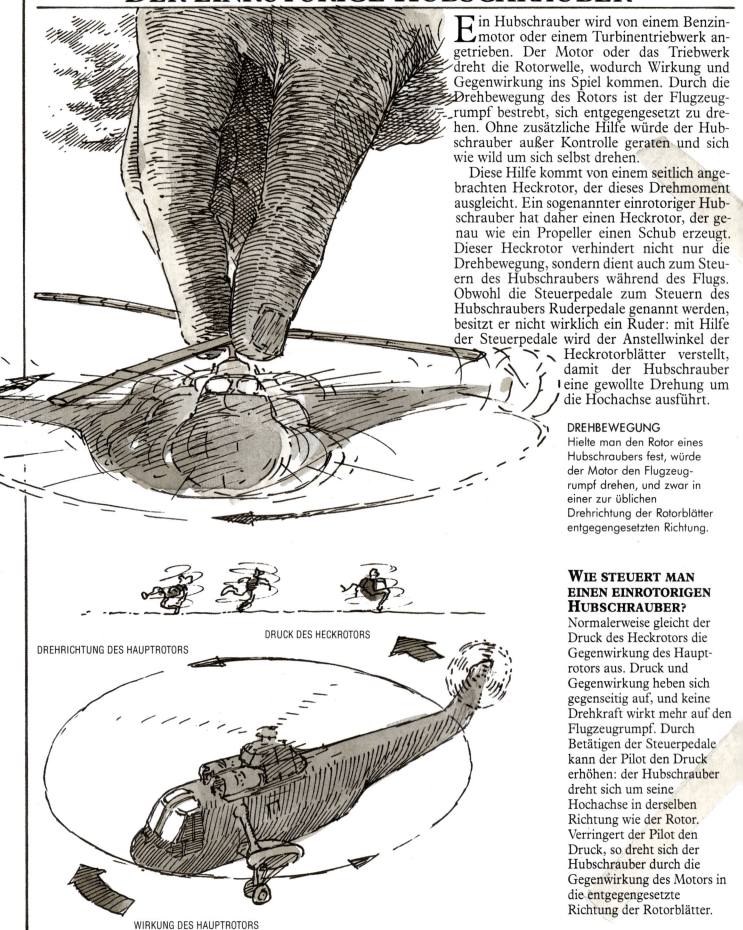

Ein Hubschrauber wird von einem Benzinmotor oder einem Turbinentriebwerk angetrieben. Der Motor oder das Triebwerk dreht die Rotorwelle, wodurch Wirkung und Gegenwirkung ins Spiel kommen. Durch die Drehbewegung des Rotors ist der Flugzeugrumpf bestrebt, sich entgegengesetzt zu drehen. Ohne zusätzliche Hilfe würde der Hubschrauber außer Kontrolle geraten und sich wie wild um sich selbst drehen.

Diese Hilfe kommt von einem seitlich angebrachten Heckrotor, der dieses Drehmoment ausgleicht. Ein sogenannter einrotoriger Hubschrauber hat daher einen Heckrotor, der genau wie ein Propeller einen Schub erzeugt. Dieser Heckrotor verhindert nicht nur die Drehbewegung, sondern dient auch zum Steuern des Hubschraubers während des Flugs. Obwohl die Steuerpedale zum Steuern des Hubschraubers Ruderpedale genannt werden, besitzt er nicht wirklich ein Ruder: mit Hilfe der Steuerpedale wird der Anstellwinkel der Heckrotorblätter verstellt, damit der Hubschrauber eine gewollte Drehung um die Hochachse ausführt.

DREHBEWEGUNG

Hielte man den Rotor eines Hubschraubers fest, würde der Motor den Flugzeugrumpf drehen, und zwar in einer zur üblichen Drehrichtung der Rotorblätter entgegengesetzten Richtung.

WIE STEUERT MAN EINEN EINROTORIGEN HUBSCHRAUBER?

Normalerweise gleicht der Druck des Heckrotors die Gegenwirkung des Hauptrotors aus. Druck und Gegenwirkung heben sich gegenseitig auf, und keine Drehkraft wirkt mehr auf den Flugzeugrumpf. Durch Betätigen der Steuerpedale kann der Pilot den Druck erhöhen: der Hubschrauber dreht sich um seine Hochachse in derselben Richtung wie der Rotor. Verringert der Pilot den Druck, so dreht sich der Hubschrauber durch die Gegenwirkung des Motors in die entgegengesetzte Richtung der Rotorblätter.

DRUCK DES HECKROTORS

DREHRICHTUNG DES HAUPTROTORS

WIRKUNG DES HAUPTROTORS

DER ZWEIROTORIGE HUBSCHRAUBER

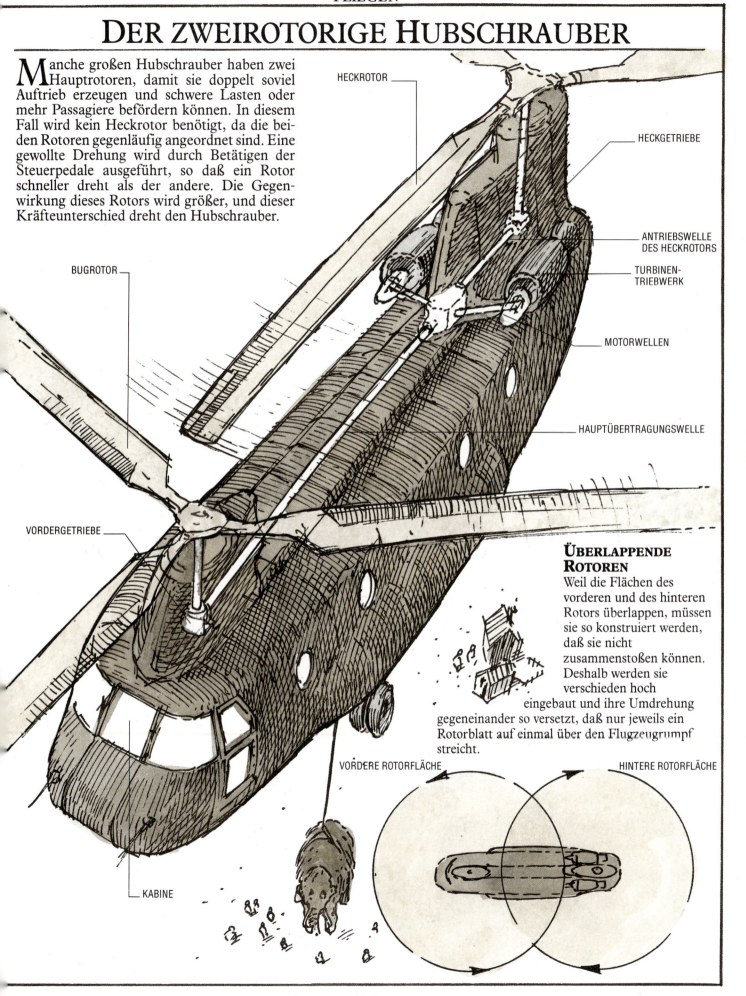

Manche großen Hubschrauber haben zwei Hauptrotoren, damit sie doppelt soviel Auftrieb erzeugen und schwere Lasten oder mehr Passagiere befördern können. In diesem Fall wird kein Heckrotor benötigt, da die beiden Rotoren gegenläufig angeordnet sind. Eine gewollte Drehung wird durch Betätigen der Steuerpedale ausgeführt, so daß ein Rotor schneller dreht als der andere. Die Gegenwirkung dieses Rotors wird größer, und dieser Kräfteunterschied dreht den Hubschrauber.

HECKROTOR

HECKGETRIEBE

ANTRIEBSWELLE DES HECKROTORS

TURBINEN-TRIEBWERK

MOTORWELLEN

HAUPTÜBERTRAGUNGSWELLE

BUGROTOR

VORDERGETRIEBE

KABINE

ÜBERLAPPENDE ROTOREN

Weil die Flächen des vorderen und des hinteren Rotors überlappen, müssen sie so konstruiert werden, daß sie nicht zusammenstoßen können. Deshalb werden sie verschieden hoch eingebaut und ihre Umdrehung gegeneinander so versetzt, daß nur jeweils ein Rotorblatt auf einmal über den Flugzeugrumpf streicht.

VORDERE ROTORFLÄCHE

HINTERE ROTORFLÄCHE

DER SENKRECHTSTARTER

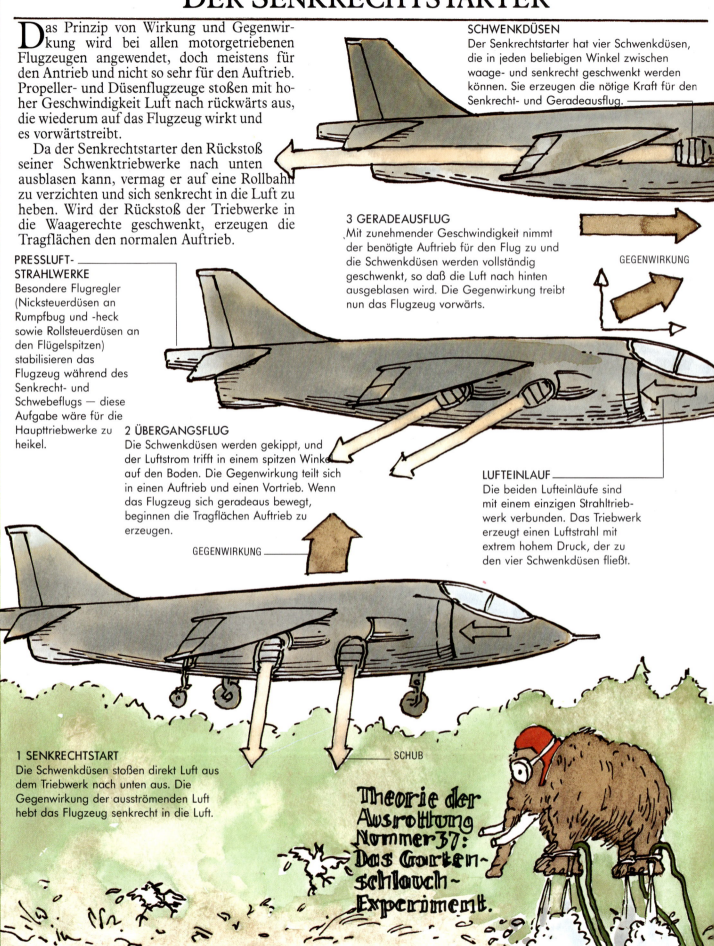

Das Prinzip von Wirkung und Gegenwirkung wird bei allen motorgetriebenen Flugzeugen angewendet, doch meistens für den Antrieb und nicht so sehr für den Auftrieb. Propeller- und Düsenflugzeuge stoßen mit hoher Geschwindigkeit Luft nach rückwärts aus, die wiederum auf das Flugzeug wirkt und es vorwärtstreibt.

Da der Senkrechtstarter den Rückstoß seiner Schwenktriebwerke nach unten ausblasen kann, vermag er auf eine Rollbahn zu verzichten und sich senkrecht in die Luft zu heben. Wird der Rückstoß der Triebwerke in die Waagerechte geschwenkt, erzeugen die Tragflächen den normalen Auftrieb.

SCHWENKDÜSEN
Der Senkrechtstarter hat vier Schwenkdüsen, die in jeden beliebigen Winkel zwischen waage- und senkrecht geschwenkt werden können. Sie erzeugen die nötige Kraft für den Senkrecht- und Geradeausflug.

3 GERADEAUSFLUG
Mit zunehmender Geschwindigkeit nimmt der benötigte Auftrieb für den Flug zu und die Schwenkdüsen werden vollständig geschwenkt, so daß die Luft nach hinten ausgeblasen wird. Die Gegenwirkung treibt nun das Flugzeug vorwärts.

GEGENWIRKUNG

PRESSLUFT-STRAHLWERKE
Besondere Flugregler (Nicksteuerdüsen an Rumpfbug und -heck sowie Rollsteuerdüsen an den Flügelspitzen) stabilisieren das Flugzeug während des Senkrecht- und Schwebeflugs — diese Aufgabe wäre für die Haupttriebwerke zu heikel.

2 ÜBERGANGSFLUG
Die Schwenkdüsen werden gekippt, und der Luftstrom trifft in einem spitzen Winkel auf den Boden. Die Gegenwirkung teilt sich in einen Auftrieb und einen Vortrieb. Wenn das Flugzeug sich geradeaus bewegt, beginnen die Tragflächen Auftrieb zu erzeugen.

GEGENWIRKUNG

LUFTEINLAUF
Die beiden Lufteinläufe sind mit einem einzigen Strahltriebwerk verbunden. Das Triebwerk erzeugt einen Luftstrahl mit extrem hohem Druck, der zu den vier Schwenkdüsen fließt.

1 SENKRECHTSTART
Die Schwenkdüsen stoßen direkt Luft aus dem Triebwerk nach unten aus. Die Gegenwirkung der ausströmenden Luft hebt das Flugzeug senkrecht in die Luft.

SCHUB

Theorie der Ausrottung Nummer 37: Das Gartenschlauch-Experiment.

DAS TRAGFLÄCHENBOOT

Die Prinzipien für den Flug gelten nicht nur in der Luft. Ein Tragflügel funktioniert tatsächlich noch besser im Wasser, das eine größere Dichte als Luft besitzt und deshalb mehr Auftrieb bei niedriger Geschwindigkeit erzeugt. Das Tragflächenboot nutzt diesen Sachverhalt.

Ein Tragflächenboot hat einen normalen Rumpf und fährt bei niedriger Geschwindigkeit wie ein normales Schiff. Doch bei höherer Geschwindigkeit heben flügelähnliche Tragflächen unter dem Rumpf das Motorboot aus dem Wasser. Weil dadurch der Wasserwiderstand verringert wird, kann ein Tragflächenboot zwei- bis dreimal so schnell wie ein normales Boot über das Wasser gleiten.

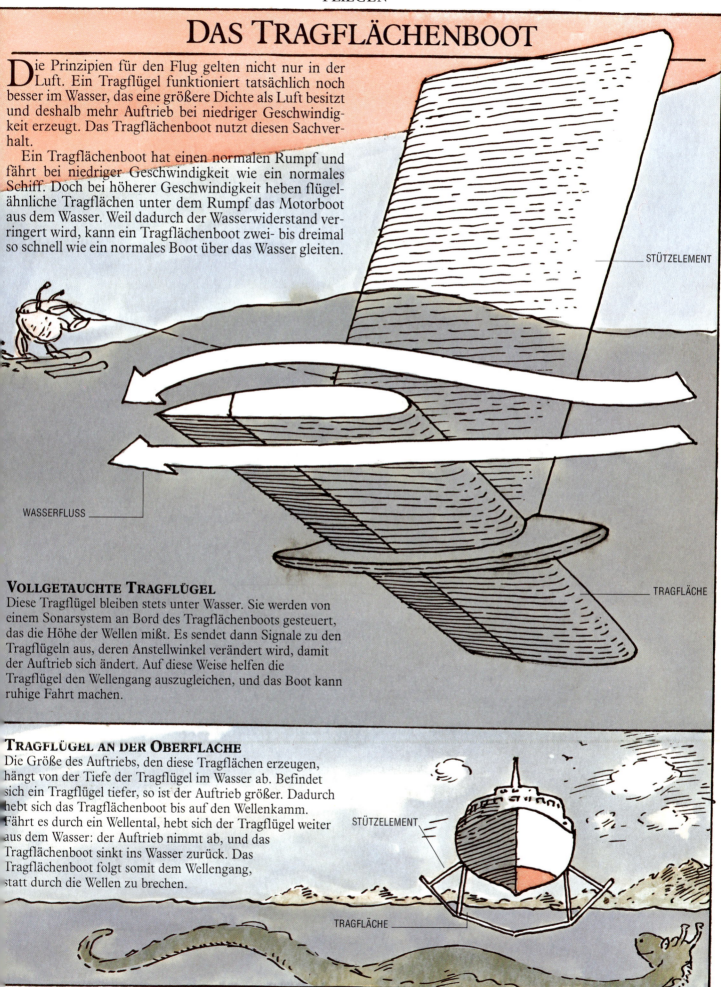

STÜTZELEMENT

WASSERFLUSS

TRAGFLÄCHE

VOLLGETAUCHTE TRAGFLÜGEL
Diese Tragflügel bleiben stets unter Wasser. Sie werden von einem Sonarsystem an Bord des Tragflächenboots gesteuert, das die Höhe der Wellen mißt. Es sendet dann Signale zu den Tragflügeln aus, deren Anstellwinkel verändert wird, damit der Auftrieb sich ändert. Auf diese Weise helfen die Tragflügel den Wellengang auszugleichen, und das Boot kann ruhige Fahrt machen.

TRAGFLÜGEL AN DER OBERFLACHE
Die Größe des Auftriebs, den diese Tragflächen erzeugen, hängt von der Tiefe der Tragflügel im Wasser ab. Befindet sich ein Tragflügel tiefer, so ist der Auftrieb größer. Dadurch hebt sich das Tragflächenboot bis auf den Wellenkamm. Fährt es durch ein Wellental, hebt sich der Tragflügel weiter aus dem Wasser: der Auftrieb nimmt ab, und das Tragflächenboot sinkt ins Wasser zurück. Das Tragflächenboot folgt somit dem Wellengang, statt durch die Wellen zu brechen.

STÜTZELEMENT

TRAGFLÄCHE

DRUCKKRÄFTE

WIE MAN EIN FEUER BEKÄMPFT

*N*ach sorgfältigen Studien war ich in der Lage, ein Verfahren zu ersinnen, das sowohl Leistung wie Reichweite eines Mammuts beim Löscheinsatz erheblich verbesserte. Zuerst wird das Mammut ermuntert, soviel Wasser wie möglich zu trinken, doch nur soviel, daß es noch zu Fuß zur Feuersbrunst gehen kann. Mittlerweile wird ein schwerer Pfahl in geringer, doch sicherer Entfernung vom Brandherd in den Boden gerammt. Das Tier wird nun in mehreren schnellen Stößen mit einem großen Kolben, der von Feuerwehrleuten betrieben wird, gegen diesen Pfahl gepreßt.

PUMPEN

Die Geschehnisse, die in der obigen Urkunde für alle Zeiten aufgezeichnet sind, berichten über die Umwandlung eines Mammuts in eine primitive, doch sehr wirksame Pumpe. Pumpen sind oft vonnöten, um den Druck einer Flüssigkeit oder eines Gases zu erhöhen, obwohl sie andererseits auch den Druck verringern helfen. Mit der Änderung der Druckverhältnisse möchte man eine Kraft ausüben und etwas in Bewegung setzen oder eine Flüssigkeit zum Fließen bringen.

Eine Pumpe erhöht den Druck, indem sie die Moleküle in der Flüssigkeit, die in sie eintreten, näher zusammendrückt. Eine Methode ist das Verdichten der Flüssigkeit, und genau das geschieht mit dem Mammut. Der Kolben übt Druck auf seinen Magen aus, so daß die Wassermoleküle sich zusammendrängen. Der Wasserdruck erhöht sich, wobei die Moleküle eine größere Kraft auf die Magenwände ausüben.

Wenn die Flüssigkeit sich fortbewegen kann, so fließt sie von der Pumpe an jeden Ort, der einen geringeren Druck hat. Die Luft um das Mammut hat einen geringeren Druck als das Wasser im Magen. Deshalb stößt der Wasserdruck das Wasser in den Rüssel hoch, wobei es in einem kräftigen Strahl austritt.

UNTERDRUCK

Eine Pumpe kann ebenfalls dazu dienen, den Gasdruck zu verringern. Eine Methode besteht darin, das Volumen des Gases so zu erhöhen, daß die Moleküle weiter verteilt sind. Das erlebt das Mammut dann, wenn der Kolben entfernt wird und sein Magen wieder das ursprüngliche Volumen einnimmt. Der Luftdruck im Magen ist geringer als derjenige außerhalb, und deshalb strömt Luft in das Mammut — und dabei wird jeder Gegenstand in seiner näheren Umgebung mit angesaugt.

DRUCK UND GEWICHT

Jede Flüssigkeit oder jedes Gas hat aufgrund seines Gewichts einen bestimmten Druck. Wenn das Gewicht einer Flüssigkeit oder eines Gases auf eine Fläche innerhalb der Flüssigkeit oder des Gases oder gegen die Wände eines Behälters drückt, entsteht ein Druck auf diese Oberfläche oder auf die Wände. Das Wasser fließt mit Druck aus einem Wasserhahn, weil das Gewicht des Wassers auf den Leitungen es herausdrückt. Luft hat einen ziemlichen Druck wegen des großen Gewichts der Luft in der Atmosphäre. Der Unterdruck macht sich diesen „natürlichen" Luftdruck zunutze.

Versuche beweisen, daß mein Apparat nicht nur das Mammut vollständig leert, sondern darüber hinaus noch drastisch den Druck erhöht, mit dem das Wasser abgegeben wird. Das einzige Problem bei meiner Erfindung ergibt sich dann, wenn der Kolben zu heftig zurückgezogen wird, solang das Mammut noch leer ist. Wenn es nicht mehr unter Druck steht, dehnt sich das Mammut natürlich wieder zu seiner ursprünglichen Gestalt und Form aus, indem es tief und kräftig Luft holt. Alles und jeder in unmittelbarer Nähe des Rüssels läuft Gefahr, während der Ausdehnungsphase mit Haut und Haaren ins Innere des Tiers gesaugt zu werden.

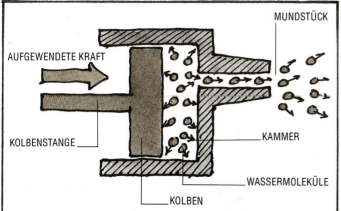

LEERPUMPEN

Wenn in einer einfachen Pumpe der Kolben gedrückt wird, erzeugt die Kraft einen hohen Wasserdruck, da die Wassermoleküle sich zusammendrängen. Die Moleküle bewegen sich dorthin, wo der Druck geringer und es weniger eng für sie ist. Dieser Ort ist das Mundstück der Pumpe, und das Wasser tritt in einem Strahl nach draußen.

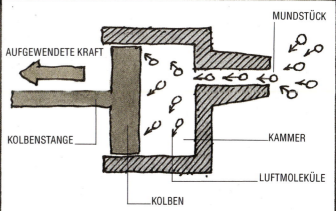

ANSAUGEN

Wird der Kolben zurückgezogen, verringert sich der Luftdruck in der nun leeren Pumpe, da die Luftmoleküle auseinanderstreben. Die Luftmoleküle außerhalb der Pumpe sind enger beisammen, da die Luft draußen unter hohem Druck steht, und aus diesem Grund drängen sie in die Pumpenkammer.

KOLBENPUMPEN

KOLBENPUMPE

In der Kolbenpumpe bewegt sich ein Kolben in einem Zylinder hin und her. An einem Ende saugt sie Wasser oder Luft an, verdichtet sie und stößt Wasser oder Luft am anderen Ende wieder aus. Eine handbetriebene Wasserpistole funktioniert wie hier gezeigt. Eine Fahrradpumpe ist ein weiteres Exemplar einer einfachen Kolbenpumpe.

Pumpen erhöhen (oder verringern) den Druck einer Flüssigkeit oder eines Gases auf zwei Arten. In einer Kolbenpumpe bewegt sich ein Kolben oder eine Membran hin und her. Eine Rotationspumpe verdichtet durch eine Umlaufbewegung.

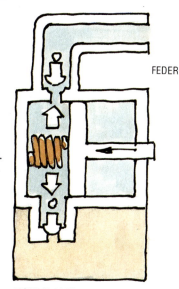

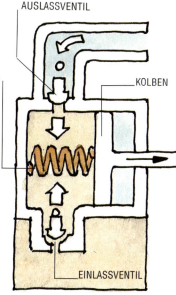

KOLBEN VOR
Der Kolben drückt und erhöht den Luftdruck in der leeren Pumpe. Das Einlaßventil schließt sich, doch das Auslaßventil öffnet sich, wenn die Luft entweicht.

KOLBEN ZURÜCK
Der Kolben bewegt sich zurück und verringert den Luftdruck. Das Auslaßventil schließt sich, während das Wasser unter der Pumpe, das einen höheren Druck hat, in die Pumpe hineindrängt.

KOLBEN VOR
Der Kolben rückt erneut vor und erhöht den Wasserdruck in der Pumpe. Das Einlaßventil schließt sich, doch das Auslaßventil öffnet sich, um das Wasser aus der Pumpe herauszulassen.

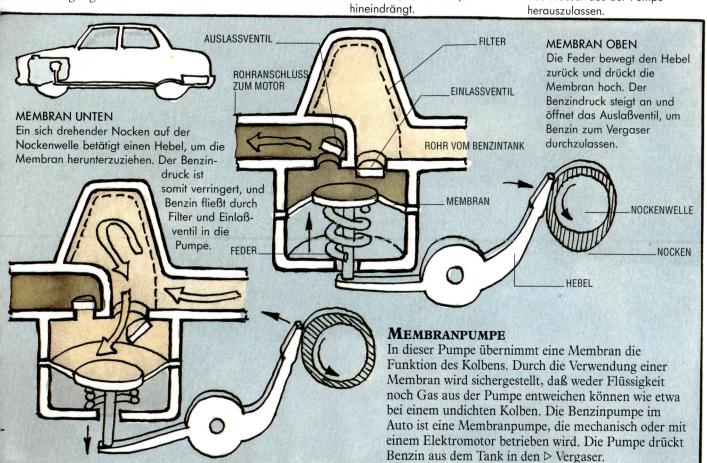

MEMBRAN OBEN
Die Feder bewegt den Hebel zurück und drückt die Membran hoch. Der Benzindruck steigt an und öffnet das Auslaßventil, um Benzin zum Vergaser durchzulassen.

MEMBRAN UNTEN
Ein sich drehender Nocken auf der Nockenwelle betätigt einen Hebel, um die Membran herunterzuziehen. Der Benzindruck ist somit verringert, und Benzin fließt durch Filter und Einlaßventil in die Pumpe.

MEMBRANPUMPE

In dieser Pumpe übernimmt eine Membran die Funktion des Kolbens. Durch die Verwendung einer Membran wird sichergestellt, daß weder Flüssigkeit noch Gas aus der Pumpe entweichen können wie etwa bei einem undichten Kolben. Die Benzinpumpe im Auto ist eine Membranpumpe, die mechanisch oder mit einem Elektromotor betrieben wird. Die Pumpe drückt Benzin aus dem Tank in den ▷ Vergaser.

KREISELPUMPEN

ZAHNRADPUMPE

Das Öl, das den Automotor schmiert, muß mit hohem Druck durch ein Leitungssystem in den ▷ Motor gedrückt werden. Diese Arbeit wird meistens von einer robusten und langlebigen Zahnradpumpe erledigt.

Die rotierende ▷ Nockenwelle des Motors treibt die Ölpumpe an, indem sie eine Welle dreht, die wiederum zwei ineinandergreifende Zahnräder in einer enganliegenden Kammer betätigt. Das Öl tritt in die Pumpe ein und wird von den Zahnrädern erfaßt. Die Räder befördern das Öl zum Auslaß, wo die Zähne zusammenkommen, wenn sie sich verzahnen. Dadurch wird das Öl gepreßt und der Druck erhöht, während es zum Auslaß fließt. Dreht der Motor schneller, dreht auch die Ölpumpe schneller.

MIT HOHEM DRUCK HERAUSGEPRESSTES ÖL

ZAHNRAD

ÖLEINLASS

AUSLASS

EINLASS

SCHAUFEL

KAMMER

ROTOR

ROTATIONSPUMPE

Diese Pumpe enthält eine Kammer mit einem Rotor, der leicht exzentrisch gelagert ist. Der Rotor hat bewegliche Schieber, die in Nuten gleiten. Dreht der Rotor, so werden die gleitenden Schieber nach außen gegen die Wand der Kammer gedrückt. Auf diese Weise entstehen Kammern veränderlicher Größe.

In der Nähe des Einlasses dehnen sich die Kammern aus, um Flüssigkeit oder Gas anzusaugen. Mit der weiteren Drehung werden die Kammern kleiner. Der Inhalt der Kammer wird zusammengepreßt und verläßt die Pumpe unter hohem Druck. Zellenpumpen finden meistens in den Benzinzapfsäulen der Tankstellen Verwendung.

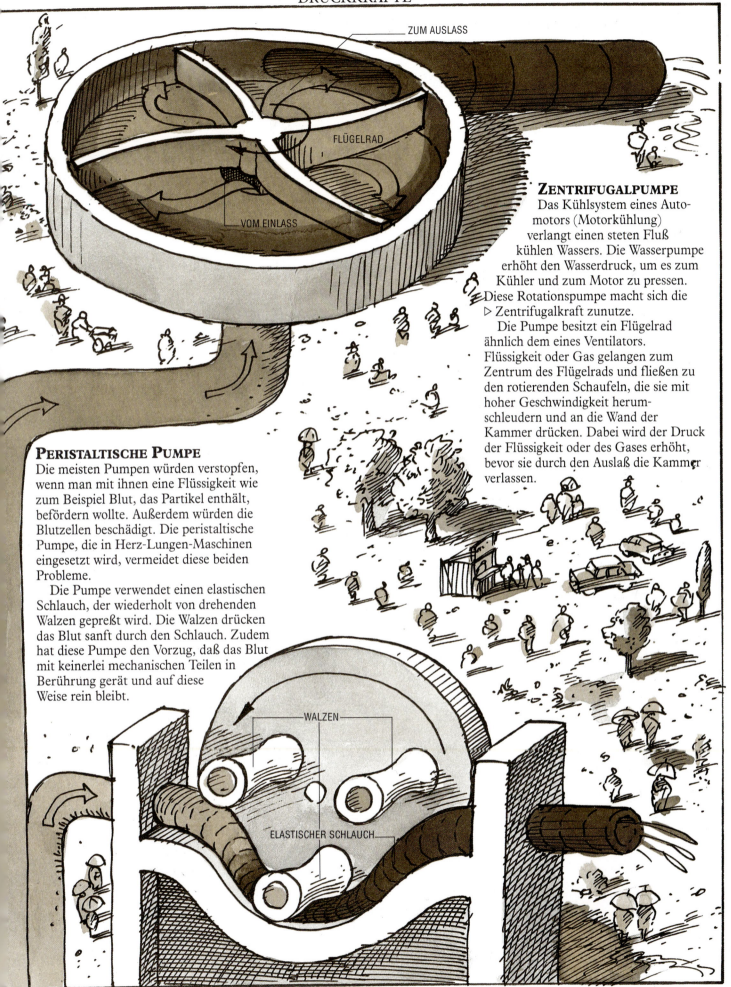

ZUM AUSLASS

FLÜGELRAD

VOM EINLASS

ZENTRIFUGALPUMPE

Das Kühlsystem eines Automotors (Motorkühlung) verlangt einen steten Fluß kühlen Wassers. Die Wasserpumpe erhöht den Wasserdruck, um es zum Kühler und zum Motor zu pressen. Diese Rotationspumpe macht sich die ▷ Zentrifugalkraft zunutze.

Die Pumpe besitzt ein Flügelrad ähnlich dem eines Ventilators. Flüssigkeit oder Gas gelangen zum Zentrum des Flügelrads und fließen zu den rotierenden Schaufeln, die sie mit hoher Geschwindigkeit herumschleudern und an die Wand der Kammer drücken. Dabei wird der Druck der Flüssigkeit oder des Gases erhöht, bevor sie durch den Auslaß die Kammer verlassen.

PERISTALTISCHE PUMPE

Die meisten Pumpen würden verstopfen, wenn man mit ihnen eine Flüssigkeit wie zum Beispiel Blut, das Partikel enthält, befördern wollte. Außerdem würden die Blutzellen beschädigt. Die peristaltische Pumpe, die in Herz-Lungen-Maschinen eingesetzt wird, vermeidet diese beiden Probleme.

Die Pumpe verwendet einen elastischen Schlauch, der wiederholt von drehenden Walzen gepreßt wird. Die Walzen drücken das Blut sanft durch den Schlauch. Zudem hat diese Pumpe den Vorzug, daß das Blut mit keinerlei mechanischen Teilen in Berührung gerät und auf diese Weise rein bleibt.

WALZEN

ELASTISCHER SCHLAUCH

DRUCKLUFTMASCHINEN

TRAGKRAFT
Das Gewicht, das Druckluft tragen kann, hängt von dem Druckunterschied zwischen Druckluft und Atmosphäre ab.

DOPPELTE FLÄCHE
Das Gewicht, das getragen werden kann, hängt auch noch von der Fläche ab. Wird die Fläche verdoppelt, kann auch das doppelte Gewicht getragen werden.

DOPPELTER DRUCK
Wird der Druck auf die ursprüngliche Fläche verdoppelt, kann auch das doppelte Gewicht getragen werden.

Luft besitzt erhebliche Kraft, wenn sie unter Druck gerät. Diese Druckluft kann zum Antrieb von Maschinen eingesetzt werden. Preßluft- oder mit Druckluft betriebene Maschinen machen sich die Kraft nutzbar, die Luftmoleküle beim Streichen über eine Oberfläche entwickeln. Die Druckluft übt einen größeren Druck auf eine Seite der Oberfläche aus als die Luft mit normalem Luftdruck auf die andere Oberflächenseite.

STEUERRUDER

GASTURBINENMOTOR

LUFTKISSENFAHRZEUG
Ein Luftkissenfahrzeug erzeugt durch Druckluft ein Luftpolster und schwebt darauf dicht über dem Erdboden oder Wasser. Dabei entsteht nur eine geringe Reibung. Das Luftkissenfahrzeug verwendet eine Luftschraube für die waagerechte Bewegung und ein Ruder zum Steuern. Entweder arbeiten diese in der Luft, wie bei einem Flugzeug, oder unter Wasser, wie bei einem Schiff. Gasturbinen- oder Kolbenmotoren treiben sowohl die Gebläseventilatoren an, die die Luft verdichten und sie in die aufblasbare Schürze pumpen, als auch die Luftschraube.

AUFGEBLASENE SCHÜRZE
Die Druckluft wird unter das Luftkissenfahrzeug gepumpt. Die Schürze fängt sie auf und wird zu einem Luftpolster mit hohem Druck.

LUFTSCHRAUBE

GEBLÄSEVENTILATOREN
Sie saugen Luft an, um soviel erhöhten Druck zu erzeugen, daß er das Luftkissenfahrzeug trägt.

NICHT AUFGEBLASENE SCHÜRZE

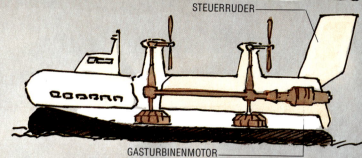

DER PRESSLUFTHAMMER

Die Kraft, die ein Luftkissenfahrzeug über das Wasser
erhebt, wird auch beim Straßenbau eingesetzt, wenn
auch in umgekehrter Richtung. Oftmals stammt der
ohrenbetäubende Lärm bei Straßenbauarbeiten von
einem Preßlufthammer, der mit Druckluft als Energiequelle arbeitet, wogegen ein Luftkissenfahrzeug seine
Energie nutzt, um selber Druckluft zu erzeugen.

Die Druckluft, mit der der Bohrer betrieben wird, wird
von einem Kompressor erzeugt. Diese Maschine benutzt
eine Pumpe, um die Luft über einen Schlauch zum Bohrer zu führen. Dort wird die Druckluft verwendet, um
eine Mechanik auszulösen, durch die kräftige wiederholte Stöße zum Werkzeug oder Meißel geleitet werden,
mit dem dann in die Straßenoberfläche gehämmert wird.

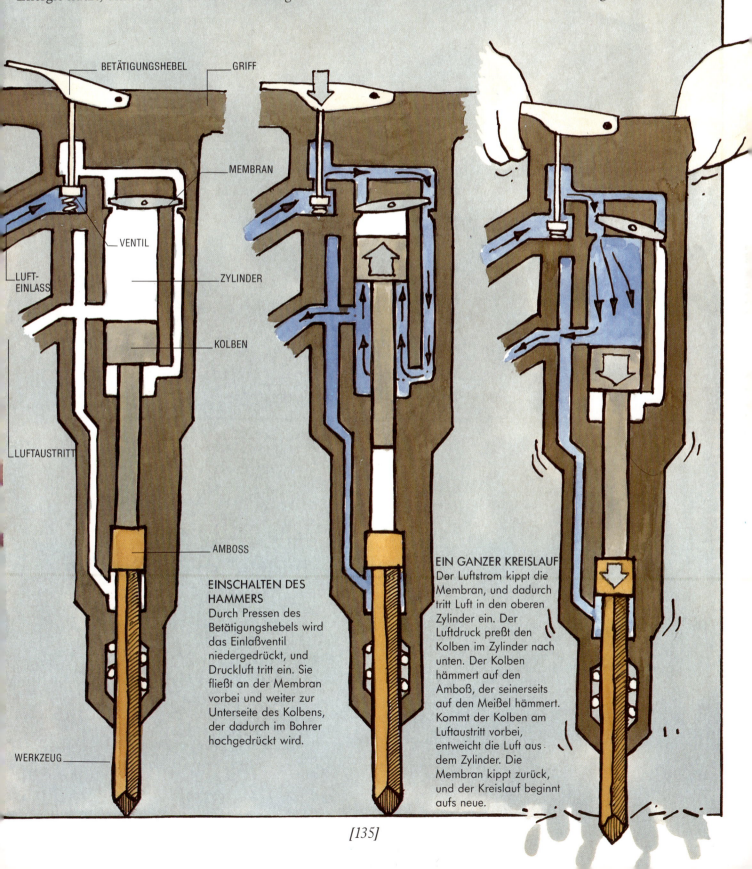

EINSCHALTEN DES HAMMERS
Durch Pressen des Betätigungshebels wird das Einlaßventil niedergedrückt, und Druckluft tritt ein. Sie fließt an der Membran vorbei und weiter zur Unterseite des Kolbens, der dadurch im Bohrer hochgedrückt wird.

EIN GANZER KREISLAUF
Der Luftstrom kippt die Membran, und dadurch tritt Luft in den oberen Zylinder ein. Der Luftdruck preßt den Kolben im Zylinder nach unten. Der Kolben hämmert auf den Amboß, der seinerseits auf den Meißel hämmert. Kommt der Kolben am Luftaustritt vorbei, entweicht die Luft aus dem Zylinder. Die Membran kippt zurück, und der Kreislauf beginnt aufs neue.

HYDRAULISCHE MASCHINEN

Eine hydraulische Maschine arbeitet mit Druck in einer Flüssigkeit: Zwei oder mehrere Zylinder sind durch Leitungen verbunden, die die hydraulische Flüssigkeit enthalten. In jedem Zylinder steckt ein Kolben. Um die Maschine zu bewegen, wird eine Kraft auf einen Zylinder ausgeübt, der als Hauptzylinder bekannt ist. Dadurch erhöht sich der Druck der Flüssigkeit im ganzen System gleichmäßig nach allen Richtungen, und die Kolben in den andern Zylindern — als Arbeitszylinder bekannt — setzen sich in Bewegung und führen eine nützliche Handlung aus. Die von jedem Arbeitszylinder erzeugte Kraft hängt von seinem Durchmesser ab.

Hydraulische Maschinen arbeiten nach demselben Prinzip wie Hebel und Zahnräder: Je größer der Arbeitszylinder, um so größer ist die Kraft, die er erzeugt, und um so kürzer die Strecke, die er bewältigt. Wie bei Hebeln und Zahnrädern ist die Umkehrung auch richtig: Ein kleiner Arbeitszylinder bewältigt eine lange Strecke mit verringerter Kraft.

HYDRAULISCHE BREMSEN

Im Auto wird die Bremse fast immer hydraulisch betätigt. Ausnahme: Die Handbremse, die über einen Seilzug funktioniert. Durch Niederdrücken des Bremspedals wird im Hauptbremszylinder ein Kolben bewegt; er erzeugt im gesamten Bremssystem einen Überdruck, der über die Bremsflüssigkeit in den Bremsleitungen den Radbremszylindern zugeführt wird. Deren Kolben werden auseinandergepreßt und drücken die Bremsbeläge an die Reibungsflächen. Durch die entstehende ▷ Reibung werden die Räder abgebremst.

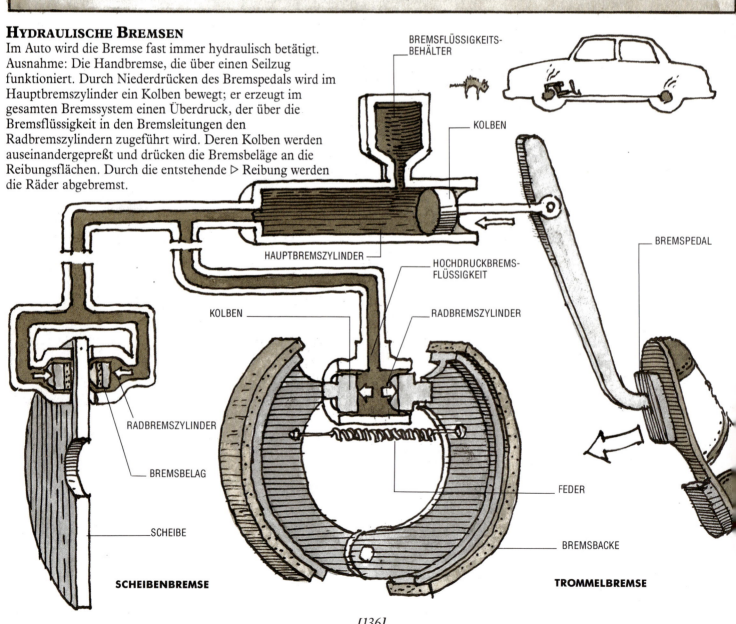

BREMSFLÜSSIGKEITS-BEHÄLTER

KOLBEN

HAUPTBREMSZYLINDER

HOCHDRUCKBREMS-FLÜSSIGKEIT

KOLBEN

RADBREMSZYLINDER

BREMSPEDAL

RADBREMSZYLINDER

BREMSBELAG

FEDER

SCHEIBE

BREMSBACKE

SCHEIBENBREMSE

TROMMELBREMSE

[136]

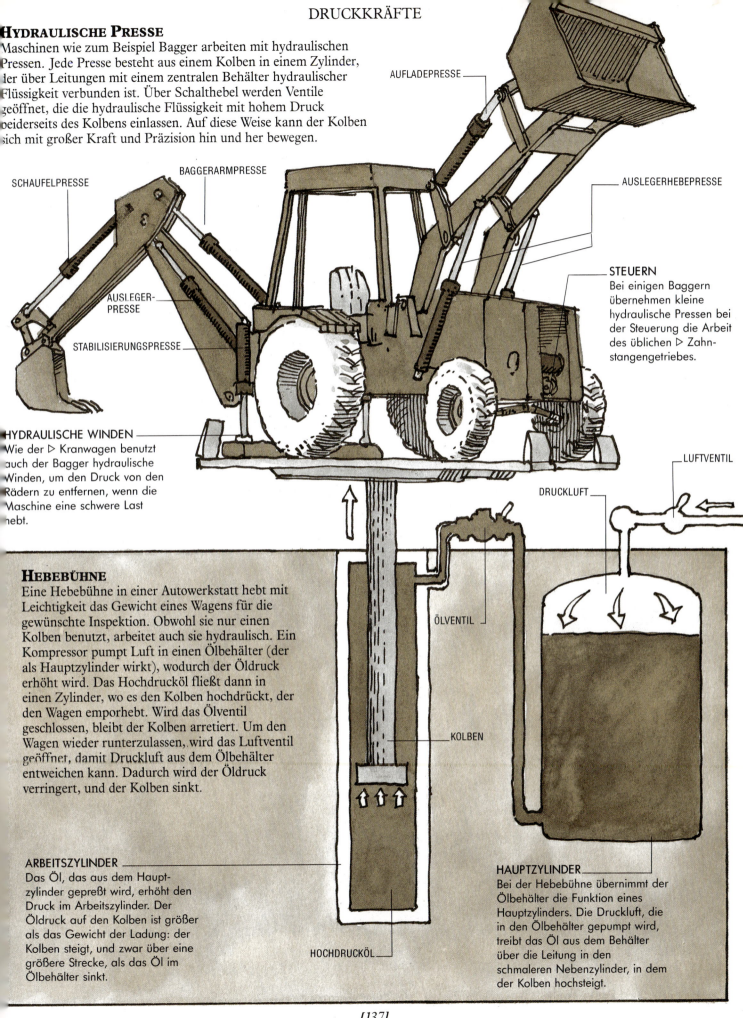

DRUCKKRÄFTE

HYDRAULISCHE PRESSE

Maschinen wie zum Beispiel Bagger arbeiten mit hydraulischen Pressen. Jede Presse besteht aus einem Kolben in einem Zylinder, der über Leitungen mit einem zentralen Behälter hydraulischer Flüssigkeit verbunden ist. Über Schalthebel werden Ventile geöffnet, die die hydraulische Flüssigkeit mit hohem Druck beiderseits des Kolbens einlassen. Auf diese Weise kann der Kolben sich mit großer Kraft und Präzision hin und her bewegen.

SCHAUFELPRESSE

BAGGERARMPRESSE

AUFLADEPRESSE

AUSLEGERHEBEPRESSE

AUSLEGER-PRESSE

STABILISIERUNGSPRESSE

STEUERN

Bei einigen Baggern übernehmen kleine hydraulische Pressen bei der Steuerung die Arbeit des üblichen ▷ Zahn-stangengetriebes.

HYDRAULISCHE WINDEN

Wie der ▷ Kranwagen benutzt auch der Bagger hydraulische Winden, um den Druck von den Rädern zu entfernen, wenn die Maschine eine schwere Last hebt.

LUFTVENTIL

DRUCKLUFT

HEBEBÜHNE

Eine Hebebühne in einer Autowerkstatt hebt mit Leichtigkeit das Gewicht eines Wagens für die gewünschte Inspektion. Obwohl sie nur einen Kolben benutzt, arbeitet auch sie hydraulisch. Ein Kompressor pumpt Luft in einen Ölbehälter (der als Hauptzylinder wirkt), wodurch der Öldruck erhöht wird. Das Hochdrucköl fließt dann in einen Zylinder, wo es den Kolben hochdrückt, der den Wagen emporhebt. Wird das Ölventil geschlossen, bleibt der Kolben arretiert. Um den Wagen wieder runterzulassen, wird das Luftventil geöffnet, damit Druckluft aus dem Ölbehälter entweichen kann. Dadurch wird der Öldruck verringert, und der Kolben sinkt.

ÖLVENTIL

KOLBEN

ARBEITSZYLINDER

Das Öl, das aus dem Haupt-zylinder gepreßt wird, erhöht den Druck im Arbeitszylinder. Der Öldruck auf den Kolben ist größer als das Gewicht der Ladung: der Kolben steigt, und zwar über eine größere Strecke, als das Öl im Ölbehälter sinkt.

HOCHDRUCKÖL

HAUPTZYLINDER

Bei der Hebebühne übernimmt der Ölbehälter die Funktion eines Hauptzylinders. Die Druckluft, die in den Ölbehälter gepumpt wird, treibt das Öl aus dem Behälter über die Leitung in den schmaleren Nebenzylinder, in dem der Kolben hochsteigt.

UNTERDRUCKMASCHINEN

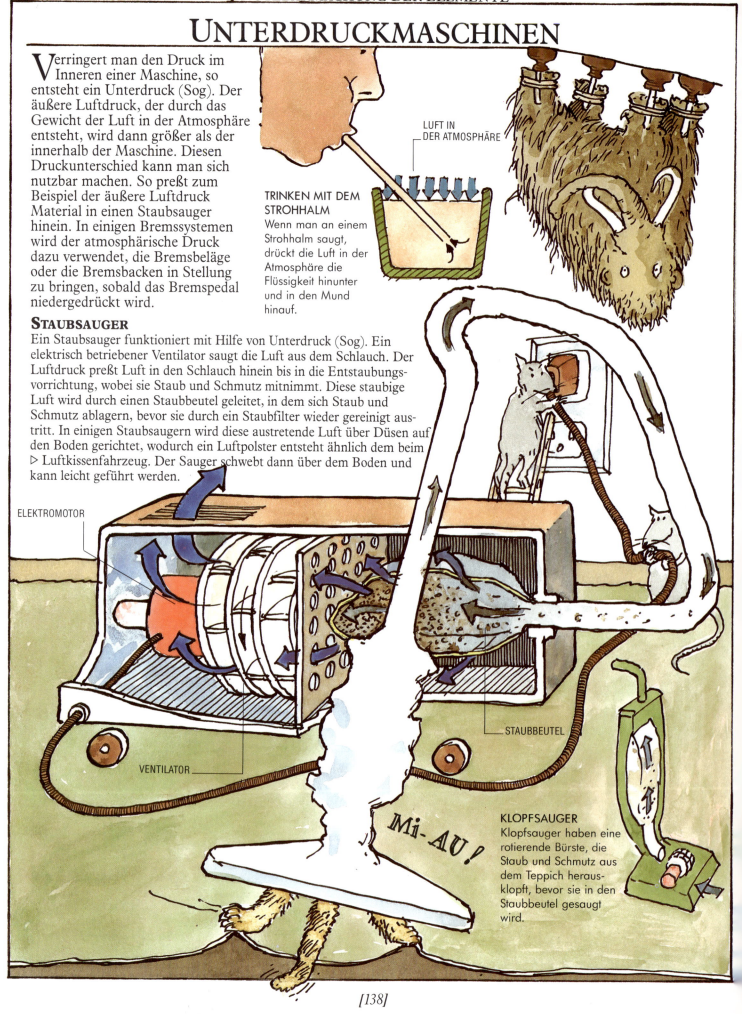

Verringert man den Druck im Inneren einer Maschine, so entsteht ein Unterdruck (Sog). Der äußere Luftdruck, der durch das Gewicht der Luft in der Atmosphäre entsteht, wird dann größer als der innerhalb der Maschine. Diesen Druckunterschied kann man sich nutzbar machen. So preßt zum Beispiel der äußere Luftdruck Material in einen Staubsauger hinein. In einigen Bremssystemen wird der atmosphärische Druck dazu verwendet, die Bremsbeläge oder die Bremsbacken in Stellung zu bringen, sobald das Bremspedal niedergedrückt wird.

STAUBSAUGER

Ein Staubsauger funktioniert mit Hilfe von Unterdruck (Sog). Ein elektrisch betriebener Ventilator saugt die Luft aus dem Schlauch. Der Luftdruck preßt Luft in den Schlauch hinein bis in die Entstaubungsvorrichtung, wobei sie Staub und Schmutz mitnimmt. Diese staubige Luft wird durch einen Staubbeutel geleitet, in dem sich Staub und Schmutz ablagern, bevor sie durch ein Staubfilter wieder gereinigt austritt. In einigen Staubsaugern wird diese austretende Luft über Düsen auf den Boden gerichtet, wodurch ein Luftpolster entsteht ähnlich dem beim ▷ Luftkissenfahrzeug. Der Sauger schwebt dann über dem Boden und kann leicht geführt werden.

TRINKEN MIT DEM STROHHALM
Wenn man an einem Strohhalm saugt, drückt die Luft in der Atmosphäre die Flüssigkeit hinunter und in den Mund hinauf.

LUFT IN DER ATMOSPHÄRE

ELEKTROMOTOR

VENTILATOR

STAUBBEUTEL

Mi-AU!

KLOPFSAUGER
Klopfsauger haben eine rotierende Bürste, die Staub und Schmutz aus dem Teppich herausklopft, bevor sie in den Staubbeutel gesaugt wird.

DAS TAUCHGERÄT

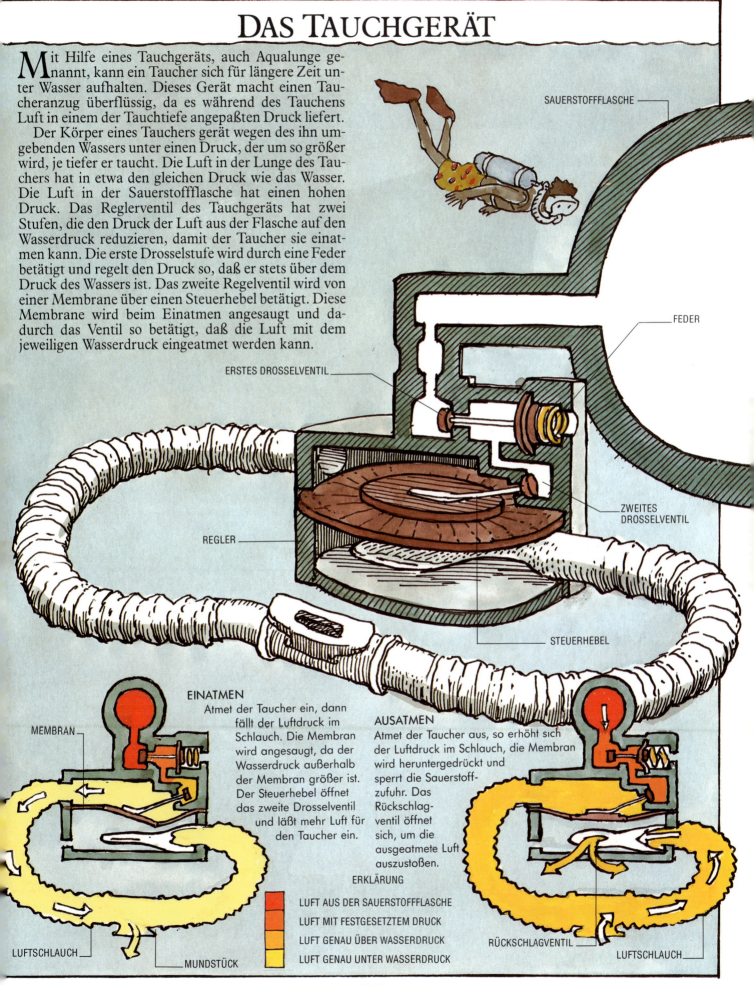

Mit Hilfe eines Tauchgeräts, auch Aqualunge genannt, kann ein Taucher sich für längere Zeit unter Wasser aufhalten. Dieses Gerät macht einen Taucheranzug überflüssig, da es während des Tauchens Luft in einem der Tauchtiefe angepaßten Druck liefert.

Der Körper eines Tauchers gerät wegen des ihn umgebenden Wassers unter einen Druck, der um so größer wird, je tiefer er taucht. Die Luft in der Lunge des Tauchers hat in etwa den gleichen Druck wie das Wasser. Die Luft in der Sauerstoffflasche hat einen hohen Druck. Das Reglerventil des Tauchgeräts hat zwei Stufen, die den Druck der Luft aus der Flasche auf den Wasserdruck reduzieren, damit der Taucher sie einatmen kann. Die erste Drosselstufe wird durch eine Feder betätigt und regelt den Druck so, daß er stets über dem Druck des Wassers ist. Das zweite Regelventil wird von einer Membrane über einen Steuerhebel betätigt. Diese Membrane wird beim Einatmen angesaugt und dadurch das Ventil so betätigt, daß die Luft mit dem jeweiligen Wasserdruck eingeatmet werden kann.

SAUERSTOFFFLASCHE

FEDER

ERSTES DROSSELVENTIL

ZWEITES DROSSELVENTIL

REGLER

STEUERHEBEL

MEMBRAN

EINATMEN
Atmet der Taucher ein, dann fällt der Luftdruck im Schlauch. Die Membran wird angesaugt, da der Wasserdruck außerhalb der Membran größer ist. Der Steuerhebel öffnet das zweite Drosselventil und läßt mehr Luft für den Taucher ein.

AUSATMEN
Atmet der Taucher aus, so erhöht sich der Luftdruck im Schlauch, die Membran wird heruntergedrückt und sperrt die Sauerstoffzufuhr. Das Rückschlagventil öffnet sich, um die ausgeatmete Luft auszustoßen.

ERKLÄRUNG

LUFT AUS DER SAUERSTOFFFLASCHE
LUFT MIT FESTGESETZTEM DRUCK
LUFT GENAU ÜBER WASSERDRUCK
LUFT GENAU UNTER WASSERDRUCK

RÜCKSCHLAGVENTIL

LUFTSCHLAUCH

LUFTSCHLAUCH

MUNDSTÜCK

DER TOILETTENSPÜLKASTEN

Hochhängende Spülkästen arbeiten gewöhnlich mit einem Saugheber, der das unmöglich scheinende Kunststück fertigbringt, Wasser bergauf fließen zu lassen. Zieht man an der Kette des Spülkastens, wird der Saugheber angehoben und gleichzeitig das Wasser über ihm. Das um das Rohrknie und das Spülrohr hinunterströmende Wasser erzeugt einen Unterdruck. Infolge des größeren äußeren Luftdrucks auf das Wasser im Spülkasten wird das restliche Wasser angesaugt, bis es zum Ansaugrand der Rohrglocke abgesunken ist. Tiefhängende Spülkästen arbeiten nach einem anderen Prinzip.

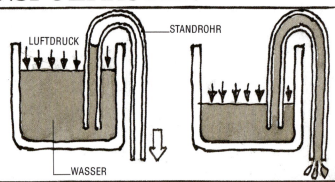

LUFTDRUCK — STANDROHR

WASSER

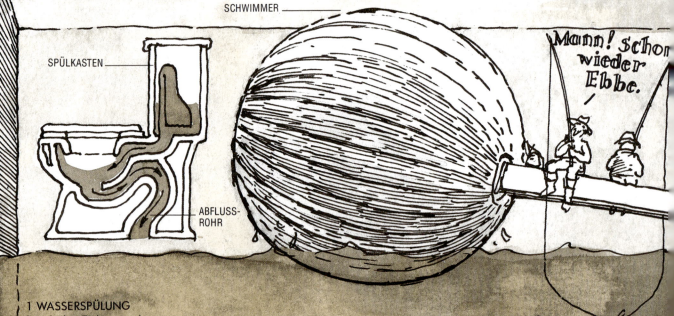

SCHWIMMER

SPÜLKASTEN

ABFLUSS-ROHR

Mann! Schon wieder Ebbe.

1 WASSERSPÜLUNG
Durch das Ziehen an der Kette drückt der Saugheber in der Glocke das Wasser das Standrohr hinauf. Das Wasser kommt am Rohrknie an und strömt infolge der Schwerkraft das Spülrohr hinunter. Das restliche Wasser im Spülkasten wird durch den entstehenden Unterdruck mit angesaugt.

2 ZULAUFVENTIL GEÖFFNET
Fällt der Wasserstand im Spülkasten unter die Höhe des Ansaugrands der Glocke, gelangt Luft ins Rohr und die Wassersäule reißt ab. Inzwischen ist der Schwimmer so tief gesunken, daß er das Zulaufventil weit öffnet und Wasser unter Druck zuläuft. Nun steigt der Schwimmer mit dem Wasserstand.

3 ZULAUFVENTIL GESCHLOSSEN
Mit dem Anstieg des Schwimmers schließt sich das Zulaufventil erst ein wenig, schließlich ganz. Obwohl sich jetzt viel Wasser im Spülkasten befindet, kann es so lange nicht abfließen, bis wieder die Kette gezogen und der Saugheber in der Glocke angehoben wird. Der Schwimmer und das Zulaufventil arbeiten Hand in Hand und bilden ein geschlossenes System.

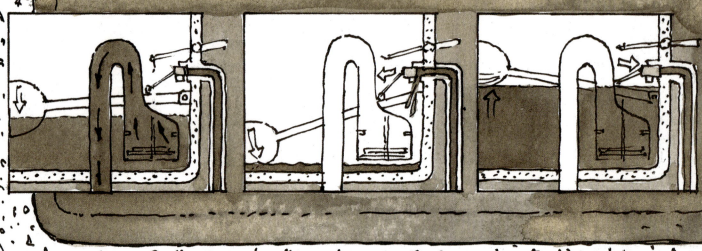

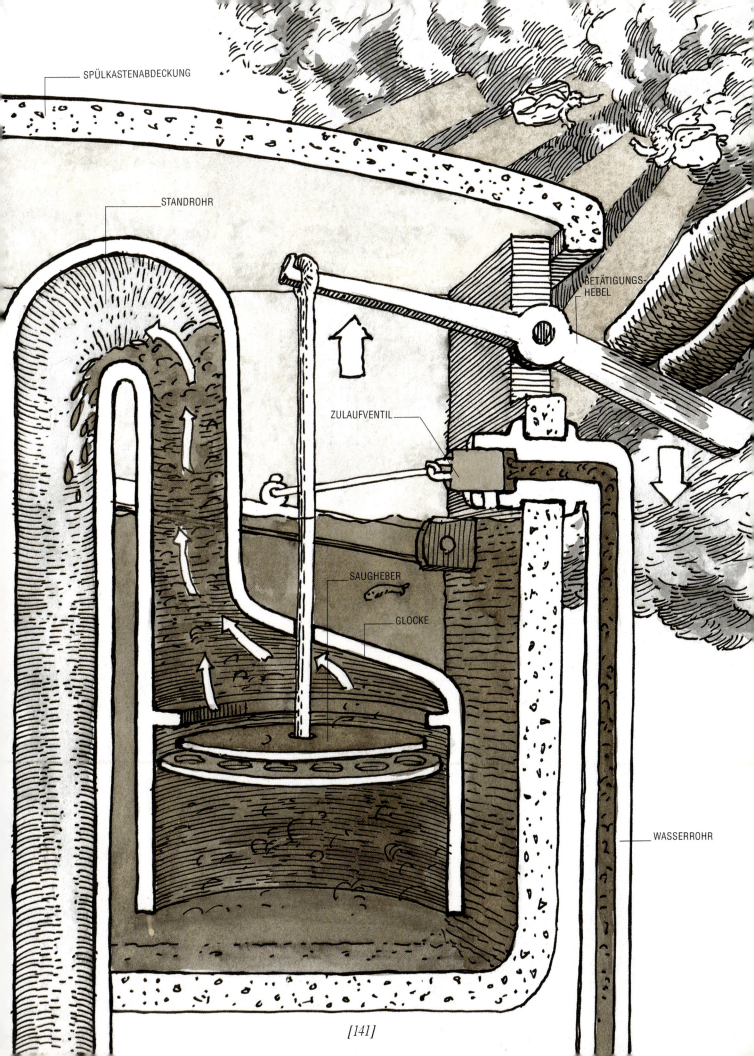

SPÜLKASTENABDECKUNG

STANDROHR

BETÄTIGUNGS-
HEBEL

ZULAUFVENTIL

SAUGHEBER

GLOCKE

WASSERROHR

[141]

DRUCKMESSER

Mechanische Druckmesser (Manometer) sprechen auf den Druck einer Flüssigkeit oder eines Gases an, indem diese Druckkraft auf einen Zeiger wirkt, der sich über ein Skalenblatt bewegt. Das einfachste ist das Rohrfedermanometer, das als Öldruckmesser im Auto und als Tiefenmesser beim Tauchen Verwendung findet. Es funktioniert wie die gerollten Papierschlangen, in die jeder bei Feten sicher schon mal geblasen hat.

SKALENBLATT

ZEIGER

ZAHNRAD

ROHRFEDER

ZUGSTANGE

FLÜSSIGKEIT ODER GAS UNTER DRUCK

ROHRFEDERMANOMETER

ANEROIDBAROMETER

Ein Barometer mißt den Luftdruck und zeigt seine Veränderungen an, wodurch man auf das kommende Wetter schließen kann. Das Aneroidbarometer ist am weitesten verbreitet.

Wichtigster Bestandteil dieses Barometers ist eine luftleere Metalldose mit elastischen Grundflächen. Fällt der Luftdruck, drückt eine Feder die Wände der Metalldose nach außen. Dadurch wird ein Hebel angehoben, der

wiederum die drehbare Verbindungsstange veranlaßt, die feine Kette zu lockern. Die Haarfeder rollt ab und bewegt den Zeiger so weit gegen den Uhrzeigersinn, bis die Kette wieder stramm sitzt. Steigt der Luftdruck wieder an, zieht die Metalldose sich zusammen; der Zeiger bewegt sich im Uhrzeigersinn und die Haarfeder wird aufgezogen.

ZEIGER

KETTE

HAARFEDER

FEDER

VERBINDUNGSSTANGE

HEBEL

METALLDOSE

WASSERZÄHLER

Flüssigkeiten oder Gase unter Druck strömen. Indem man die Durchflußgeschwindigkeit mit einem Zähler mißt, kann man die genaue Durchflußmenge ermitteln. Ein Wasserzähler funktioniert nach dem Arbeitsprinzip einer Zahnradpumpe — nur umgekehrt. Fließt das Wasser durch den Zähler, bewegt es die Blätter eines Flügelrads. Die Welle dieses Flügelrads treibt ein ▷ Schneckengetriebe an, das die Drehgeschwindigkeit des Flügelrads verringert. Weitere Zahnräder betreiben einen Zeiger und ein Zählwerk, das die Gesamtmenge an verbrauchtem Wasser aufzeichnet.

SKALENBLATT

ZEIGER

ZÄHLERGEHÄUSE

ZÄHLWERK
Das Zählwerk besteht aus einem Satz gezahnter Trommeln (mechanische Uhren). Indem sie die Zahl der Umdrehungen des Zeigers aufzeichnen, zeigen sie die Gesamtmenge an Wasser an, die durch den Zähler geströmt ist.

FLÜGELRAD
Wasser kann mit hoher Geschwindigkeit durch den Zähler strömen. Die Blätter des Flügelrads stehen in einem kleinen Winkel zum Wasserfluß, damit sie die Umdrehungsgeschwindigkeit des Flügelrads verringern.

FLÜGELRAD

ZAHNRÄDER

UNTERSETZUNGSGETRIEBE
Die Drehgeschwindigkeit der Flügelradwelle wird durch Zahnräder verringert (untersetzt): zuerst durch ein Schneckengetriebe, dann des weiteren noch durch ein Geradstirnradgetriebe.

SCHNECKENGETRIEBE

WASSERZUFLUSS

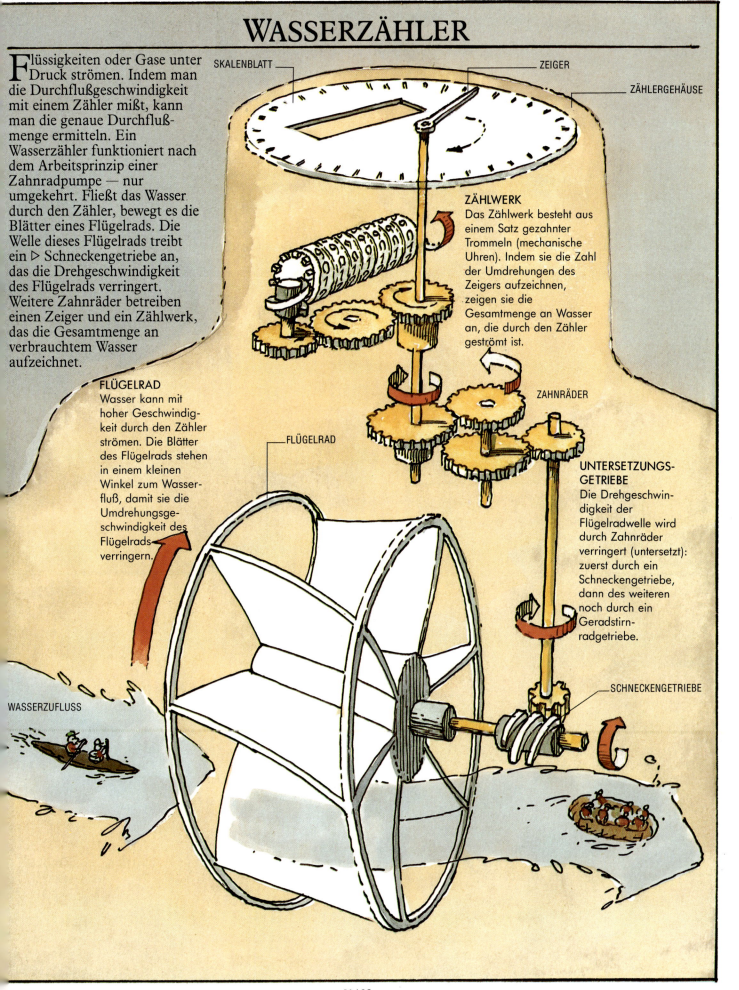

STRAHLEN UND SPRÜHNEBEL

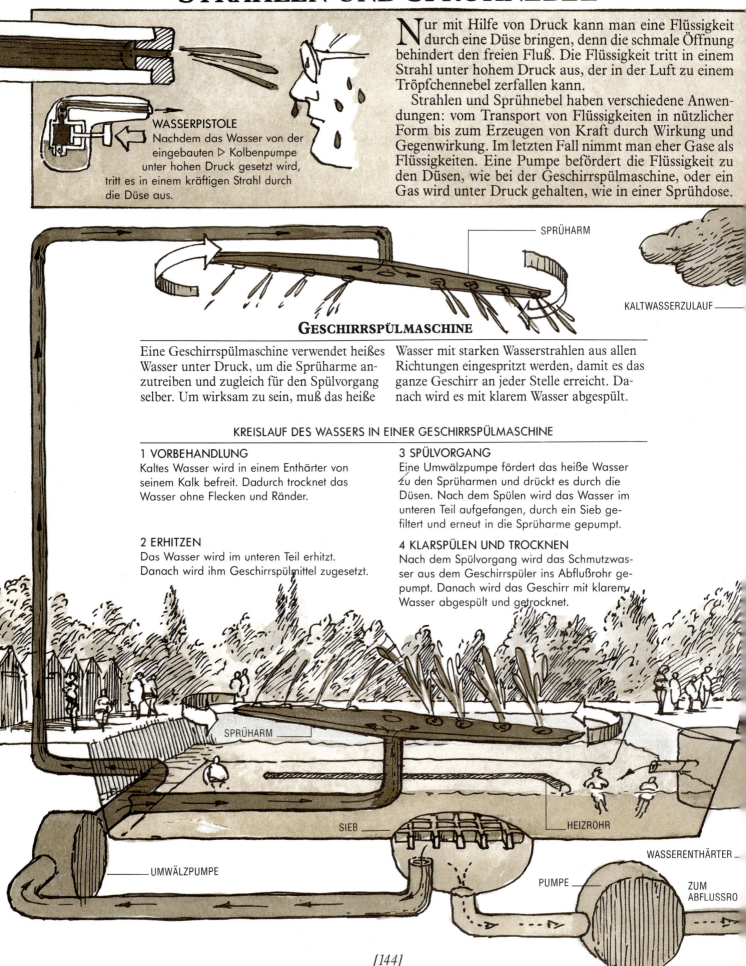

Nur mit Hilfe von Druck kann man eine Flüssigkeit durch eine Düse bringen, denn die schmale Öffnung behindert den freien Fluß. Die Flüssigkeit tritt in einem Strahl unter hohem Druck aus, der in der Luft zu einem Tröpfchennebel zerfallen kann.

Strahlen und Sprühnebel haben verschiedene Anwendungen: vom Transport von Flüssigkeiten in nützlicher Form bis zum Erzeugen von Kraft durch Wirkung und Gegenwirkung. Im letzten Fall nimmt man eher Gase als Flüssigkeiten. Eine Pumpe befördert die Flüssigkeit zu den Düsen, wie bei der Geschirrspülmaschine, oder ein Gas wird unter Druck gehalten, wie in einer Sprühdose.

WASSERPISTOLE
Nachdem das Wasser von der eingebauten ▷ Kolbenpumpe unter hohen Druck gesetzt wird, tritt es in einem kräftigen Strahl durch die Düse aus.

SPRÜHARM

KALTWASSERZULAUF

GESCHIRRSPÜLMASCHINE

Eine Geschirrspülmaschine verwendet heißes Wasser unter Druck, um die Sprüharme anzutreiben und zugleich für den Spülvorgang selber. Um wirksam zu sein, muß das heiße Wasser mit starken Wasserstrahlen aus allen Richtungen eingespritzt werden, damit es das ganze Geschirr an jeder Stelle erreicht. Danach wird es mit klarem Wasser abgespült.

KREISLAUF DES WASSERS IN EINER GESCHIRRSPÜLMASCHINE

1 VORBEHANDLUNG
Kaltes Wasser wird in einem Enthärter von seinem Kalk befreit. Dadurch trocknet das Wasser ohne Flecken und Ränder.

2 ERHITZEN
Das Wasser wird im unteren Teil erhitzt. Danach wird ihm Geschirrspülmittel zugesetzt.

3 SPÜLVORGANG
Eine Umwälzpumpe fördert das heiße Wasser zu den Sprüharmen und drückt es durch die Düsen. Nach dem Spülen wird das Wasser im unteren Teil aufgefangen, durch ein Sieb gefiltert und erneut in die Sprüharme gepumpt.

4 KLARSPÜLEN UND TROCKNEN
Nach dem Spülvorgang wird das Schmutzwasser aus dem Geschirrspüler ins Abflußrohr gepumpt. Danach wird das Geschirr mit klarem Wasser abgespült und getrocknet.

SPRÜHARM

HEIZROHR

SIEB

UMWÄLZPUMPE

WASSERENTHÄRTER

PUMPE

ZUM ABFLUSSRO

BEMANNTER FLUGKÖRPER

Wird ein Strahl oder ein Sprühnebel erzeugt, entsteht eine Kraft entgegengesetzt zur Fließrichtung der Flüssigkeit. Dies ist ein Beispiel von Wirkung und Gegenwirkung. Auf diese Weise drehen sich die Sprüharme in einer Geschirrspülmaschine. Dasselbe Prinzip nutzt man auch bei bemannten Flugkörpern. Im Weltraum bewegen sich Astronauten mit Hilfe dieses Fluggeräts, angetrieben durch den Gasstrom aus Stickstoff. Mit mehreren Düsen kann der Flugkörper in jede gewünschte Lage gesteuert werden.

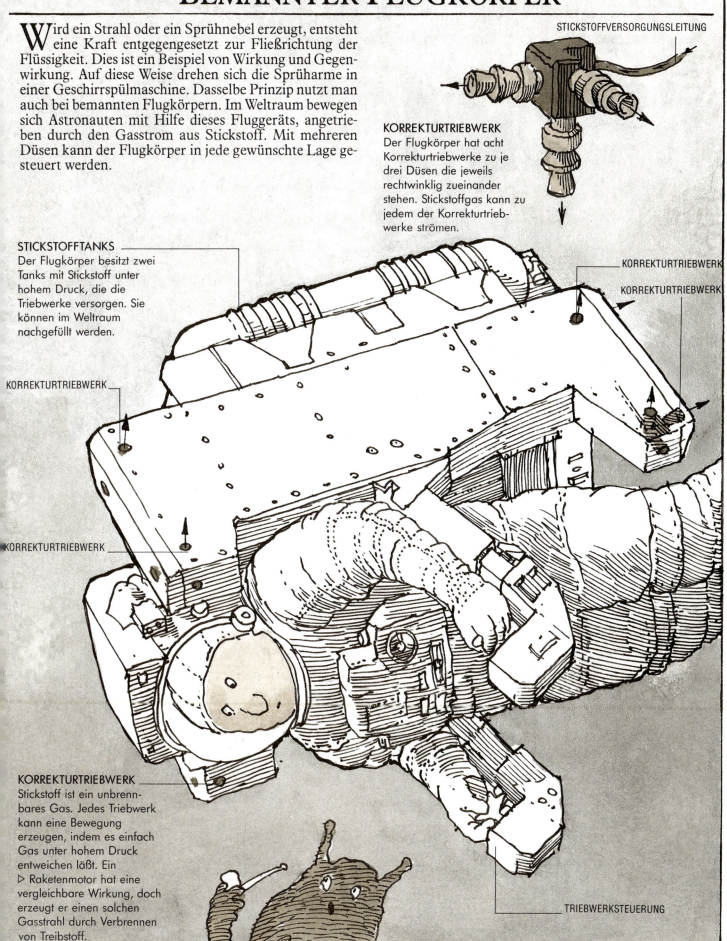

STICKSTOFFVERSORGUNGSLEITUNG

KORREKTURTRIEBWERK
Der Flugkörper hat acht Korrekturtriebwerke zu je drei Düsen die jeweils rechtwinklig zueinander stehen. Stickstoffgas kann zu jedem der Korrekturtriebwerke strömen.

STICKSTOFFTANKS
Der Flugkörper besitzt zwei Tanks mit Stickstoff unter hohem Druck, die die Triebwerke versorgen. Sie können im Weltraum nachgefüllt werden.

KORREKTURTRIEBWERK

KORREKTURTRIEBWERK

KORREKTURTRIEBWERK

KORREKTURTRIEBWERK

KORREKTURTRIEBWERK
Stickstoff ist ein unbrennbares Gas. Jedes Triebwerk kann eine Bewegung erzeugen, indem es einfach Gas unter hohem Druck entweichen läßt. Ein ▷ Raketenmotor hat eine vergleichbare Wirkung, doch erzeugt er einen solchen Gasstrahl durch Verbrennen von Treibstoff.

TRIEBWERKSTEUERUNG

DIE SPRÜHDOSE

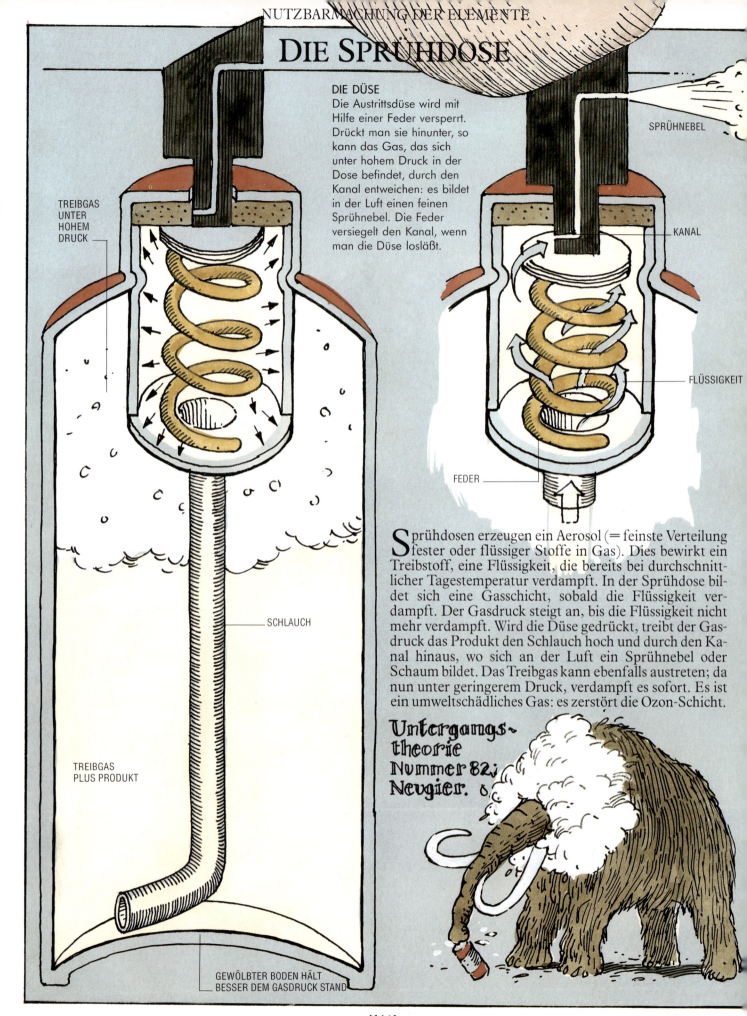

DIE DÜSE
Die Austrittsdüse wird mit Hilfe einer Feder versperrt. Drückt man sie hinunter, so kann das Gas, das sich unter hohem Druck in der Dose befindet, durch den Kanal entweichen: es bildet in der Luft einen feinen Sprühnebel. Die Feder versiegelt den Kanal, wenn man die Düse losläßt.

SPRÜHNEBEL

KANAL

FLÜSSIGKEIT

FEDER

TREIBGAS UNTER HOHEM DRUCK

SCHLAUCH

TREIBGAS PLUS PRODUKT

GEWÖLBTER BODEN HÄLT BESSER DEM GASDRUCK STAND

Sprühdosen erzeugen ein Aerosol (= feinste Verteilung fester oder flüssiger Stoffe in Gas). Dies bewirkt ein Treibstoff, eine Flüssigkeit, die bereits bei durchschnittlicher Tagestemperatur verdampft. In der Sprühdose bildet sich eine Gasschicht, sobald die Flüssigkeit verdampft. Der Gasdruck steigt an, bis die Flüssigkeit nicht mehr verdampft. Wird die Düse gedrückt, treibt der Gasdruck das Produkt den Schlauch hoch und durch den Kanal hinaus, wo sich an der Luft ein Sprühnebel oder Schaum bildet. Das Treibgas kann ebenfalls austreten; da nun unter geringerem Druck, verdampft es sofort. Es ist ein umweltschädliches Gas: es zerstört die Ozon-Schicht.

Untergangs-
theorie
Nummer 82:
Neugier.

DER HANDFEUERLÖSCHER

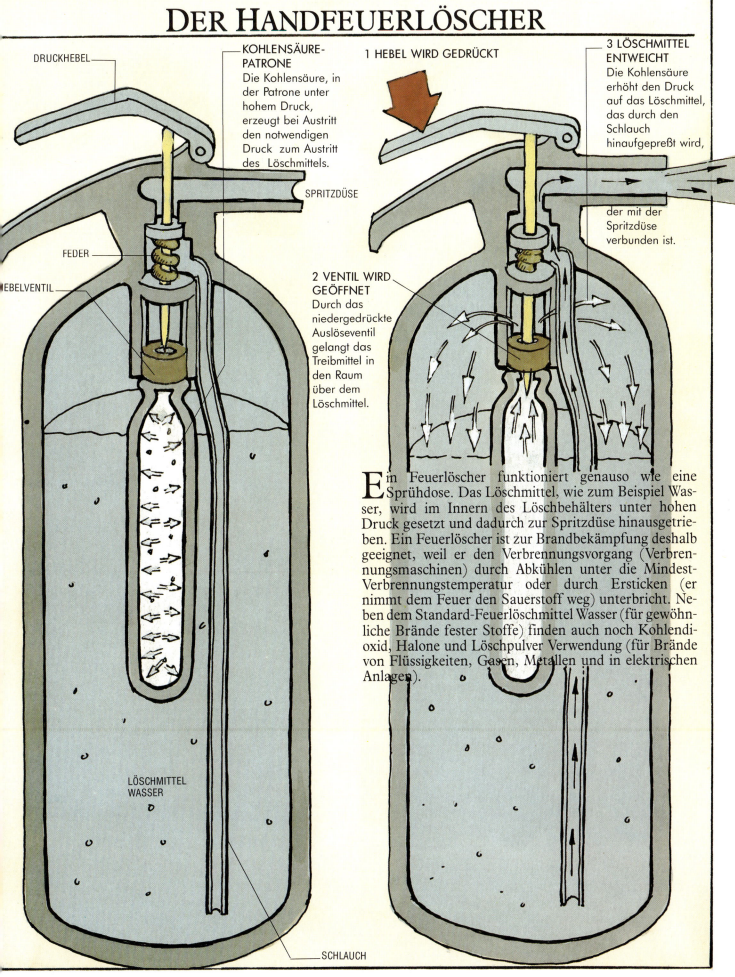

DRUCKHEBEL

KOHLENSÄURE-
PATRONE
Die Kohlensäure, in
der Patrone unter
hohem Druck,
erzeugt bei Austritt
den notwendigen
Druck zum Austritt
des Löschmittels.

1 HEBEL WIRD GEDRÜCKT

3 LÖSCHMITTEL
ENTWEICHT
Die Kohlensäure
erhöht den Druck
auf das Löschmittel,
das durch den
Schlauch
hinaufgepreßt wird,

SPRITZDÜSE

der mit der
Spritzdüse
verbunden ist.

FEDER

2 VENTIL WIRD
GEÖFFNET
Durch das
niedergedrückte
Auslöseventil
gelangt das
Treibmittel in
den Raum
über dem
Löschmittel.

EBELVENTIL

Ein Feuerlöscher funktioniert genauso wie eine
Sprühdose. Das Löschmittel, wie zum Beispiel Wasser, wird im Innern des Löschbehälters unter hohen
Druck gesetzt und dadurch zur Spritzdüse hinausgetrie-
ben. Ein Feuerlöscher ist zur Brandbekämpfung deshalb
geeignet, weil er den Verbrennungsvorgang (Verbrennungsmaschinen) durch Abkühlen unter die Mindest-
Verbrennungstemperatur oder durch Ersticken (er
nimmt dem Feuer den Sauerstoff weg) unterbricht. Neben dem Standard-Feuerlöschmittel Wasser (für gewöhnliche Brände fester Stoffe) finden auch noch Kohlendioxid, Halone und Löschpulver Verwendung (für Brände
von Flüssigkeiten, Gasen, Metallen und in elektrischen
Anlagen).

LÖSCHMITTEL
WASSER

SCHLAUCH

DER VERGASER

Der Vergaser stellt das für die Verbrennung im Benzinmotor notwendige Kraftstoff-Luft-Gemisch her: Durch eine verengte Stelle, den Lufttrichter, saugen die Zylinder Luft an. Dadurch muß sie schneller strömen, so daß dort der Druck geringer ist — genau wie bei einem Tragflügel. Es entsteht also an der Zerstäuberdüse ein Unterdruck, wodurch das Benzin aus dem Mischrohr herausgerissen und so fein zerstäubt wird, daß es anschließend teilweise verdampfen kann. Das so entstandene Gasgemisch aus Benzin und Luft gelangt über die Ansaugleitung in die Zylinder.

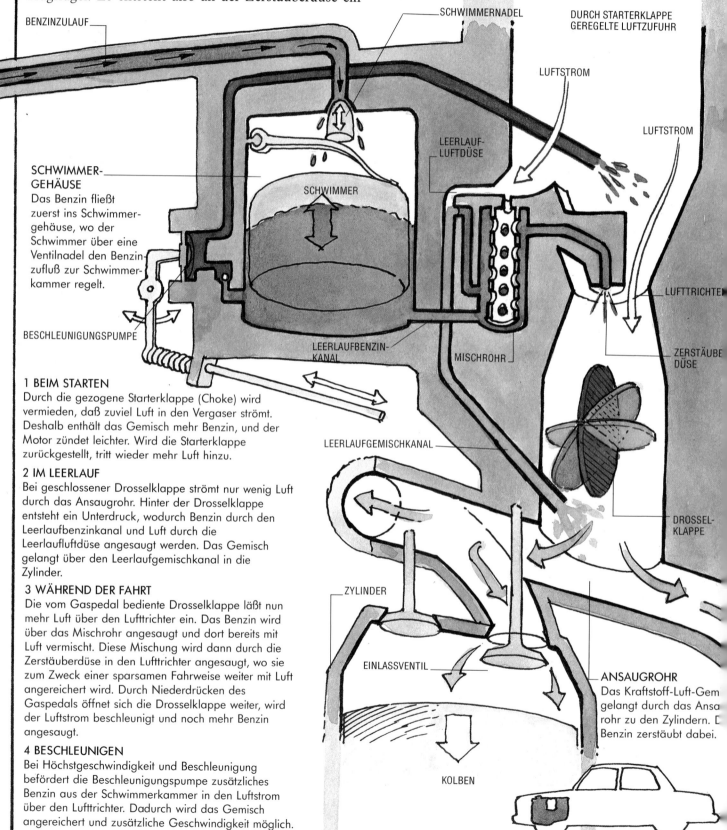

BENZINZULAUF

SCHWIMMERNADEL

DURCH STARTERKLAPPE GEREGELTE LUFTZUFUHR

LUFTSTROM

LUFTSTROM

SCHWIMMER-GEHÄUSE
Das Benzin fließt zuerst ins Schwimmergehäuse, wo der Schwimmer über eine Ventilnadel den Benzinzufluß zur Schwimmerkammer regelt.

LEERLAUF-LUFTDÜSE

SCHWIMMER

BESCHLEUNIGUNGSPUMPE

LEERLAUFBENZIN-KANAL

MISCHROHR

LUFTTRICHTER

ZERSTÄUBE DÜSE

1 BEIM STARTEN
Durch die gezogene Starterklappe (Choke) wird vermieden, daß zuviel Luft in den Vergaser strömt. Deshalb enthält das Gemisch mehr Benzin, und der Motor zündet leichter. Wird die Starterklappe zurückgestellt, tritt wieder mehr Luft hinzu.

2 IM LEERLAUF
Bei geschlossener Drosselklappe strömt nur wenig Luft durch das Ansaugrohr. Hinter der Drosselklappe entsteht ein Unterdruck, wodurch Benzin durch den Leerlaufbenzinkanal und Luft durch die Leerlaufluftdüse angesaugt werden. Das Gemisch gelangt über den Leerlaufgemischkanal in die Zylinder.

LEERLAUFGEMISCHKANAL

DROSSEL-KLAPPE

3 WÄHREND DER FAHRT
Die vom Gaspedal bediente Drosselklappe läßt nun mehr Luft über den Lufttrichter ein. Das Benzin wird über das Mischrohr angesaugt und dort bereits mit Luft vermischt. Diese Mischung wird dann durch die Zerstäuberdüse in den Lufttrichter angesaugt, wo sie zum Zweck einer sparsamen Fahrweise weiter mit Luft angereichert wird. Durch Niederdrücken des Gaspedals öffnet sich die Drosselklappe weiter, wird der Luftstrom beschleunigt und noch mehr Benzin angesaugt.

ZYLINDER

EINLASSVENTIL

ANSAUGROHR
Das Kraftstoff-Luft-Gem gelangt durch das Ansa rohr zu den Zylindern. D Benzin zerstäubt dabei.

4 BESCHLEUNIGEN
Bei Höchstgeschwindigkeit und Beschleunigung befördert die Beschleunigungspumpe zusätzliches Benzin aus der Schwimmerkammer in den Luftstrom über den Lufttrichter. Dadurch wird das Gemisch angereichert und zusätzliche Geschwindigkeit möglich.

KOLBEN

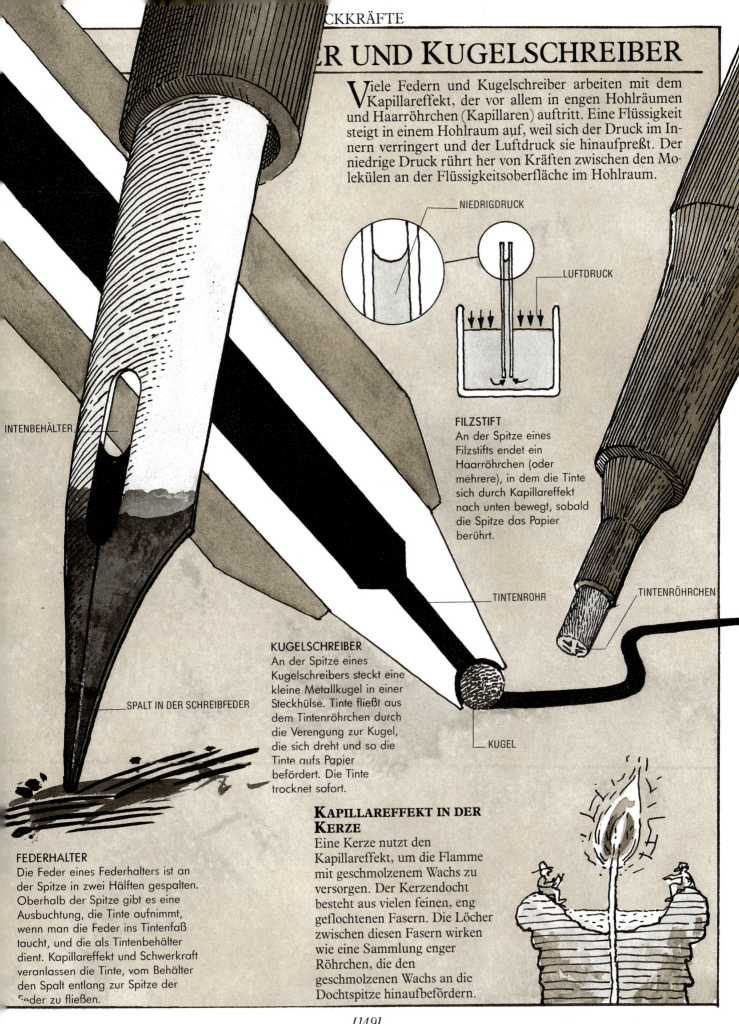

ER UND KUGELSCHREIBER

Viele Federn und Kugelschreiber arbeiten mit dem Kapillareffekt, der vor allem in engen Hohlräumen und Haarröhrchen (Kapillaren) auftritt. Eine Flüssigkeit steigt in einem Hohlraum auf, weil sich der Druck im Innern verringert und der Luftdruck sie hinaufpreßt. Der niedrige Druck rührt her von Kräften zwischen den Molekülen an der Flüssigkeitsoberfläche im Hohlraum.

NIEDRIGDRUCK

LUFTDRUCK

FILZSTIFT
An der Spitze eines Filzstifts endet ein Haarröhrchen (oder mehrere), in dem die Tinte sich durch Kapillareffekt nach unten bewegt, sobald die Spitze das Papier berührt.

TINTENRÖHRCHEN

TINTENROHR

INTENBEHÄLTER

KUGELSCHREIBER
An der Spitze eines Kugelschreibers steckt eine kleine Metallkugel in einer Steckhülse. Tinte fließt aus dem Tintenröhrchen durch die Verengung zur Kugel, die sich dreht und so die Tinte aufs Papier befördert. Die Tinte trocknet sofort.

SPALT IN DER SCHREIBFEDER

KUGEL

KAPILLAREFFEKT IN DER KERZE
Eine Kerze nutzt den Kapillareffekt, um die Flamme mit geschmolzenem Wachs zu versorgen. Der Kerzendocht besteht aus vielen feinen, eng geflochtenen Fasern. Die Löcher zwischen diesen Fasern wirken wie eine Sammlung enger Röhrchen, die den geschmolzenen Wachs an die Dochtspitze hinaufbefördern.

FEDERHALTER
Die Feder eines Federhalters ist an der Spitze in zwei Hälften gespalten. Oberhalb der Spitze gibt es eine Ausbuchtung, die Tinte aufnimmt, wenn man die Feder ins Tintenfaß taucht, und die als Tintenbehälter dient. Kapillareffekt und Schwerkraft veranlassen die Tinte, vom Behälter den Spalt entlang zur Spitze der Feder zu fließen.

WÄRME BEIM WICKEL

Bild 1

Bild 2

WIE MAN DIE WÄRME EINES MAMMUTS NUTZT

*E*s gibt zwei Dinge, die Mammuts über alles lieben (nach dem über alles geliebten Sumpfgras natürlich): Sie schlafen gern und verrichten ebenso gern sinnvolle Arbeiten.

Während meiner weiten Reisen habe ich mehrere Situationen erlebt, in denen beide Vorlieben zum Vorteil von Mensch und Tier zusammentrafen.

Bild 1 zeigt, daß die Wärme, die ein Mammut während seines Schlafs durch Sonneneinwirkung gespeichert oder durch Kauen von Sumpfgras erzeugt hat, zur Erwärmung des Wasservorrats in seinem Rüssel verwendet wird. Wird der Rüssel hochgehängt, steigt das wärmste Wasser nach oben, wo es sofort als Duschwasser zur Verfügung steht.

Bild 2 zeigt das Tier bei seiner Arbeit als Bettwärmer. Die während eines Tages gespeicherte oder erzeugte Wärme wird — in Erwartung seines menschlichen Benutzers — vom Mammut auf das Bett übertragen. Um das Tier zu wecken, steckt der Möchtegern-Benutzer entweder eine Maus unter die Bettdecke oder gibt piepsende Geräusche von sich. In beiden Fällen sucht das erschreckte Tier schnell das Weite.

DIE NATUR DER WÄRME

Das Mammut erhält Wärme von der Sonne in Form unsichtbarer Strahlen und erzeugt Wärme in seiner riesigen Masse durch den Verzehr von Sumpfgras und anderer Elefantennahrung. Die Wärme strömt durch seinen Körper und erwärmt die Haut. Das erwärmte Wasser steigt aus eigenem Antrieb den Rüssel hoch.

Wärme ist eine Energieform, die von der Bewegung der Moleküle herrührt. Moleküle befinden sich ständig in Bewegung, und je schneller sie es tun, um so wärmer wird ihr Besitzer. Wenn also Wärme von außen einwirkt,

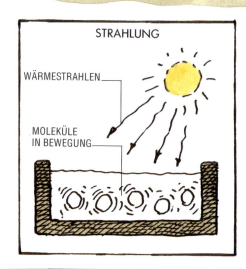

STRAHLUNG

WÄRMESTRAHLEN

MOLEKÜLE
IN BEWEGUNG

werden die Moleküle beschleunigt; entnimmt man Wärme, werden sie abgebremst. Wärme kann von einem Körper zum anderen auf drei Arten übertragen werden — durch Strahlung, Leitung oder Konvektion (Zusammenführung).

STRAHLUNG

Heiße Gegenstände strahlen Wärmestrahlen ab, die auf kältere Gegenstände treffen. Diese Art der Wärmeübertragung heißt Wärmestrahlung. Die Wärmestrahlen beschleunigen die Moleküle so, daß der Gegenstand sich erwärmt. Bewegen sich die Moleküle nun mit höherer Geschwindigkeit, treffen sie auf andere Moleküle und beschleunigen sie.

Bild 3

Bild 4

*B*ild 3 zeigt, wie ein heißes Mammut beim Kleiderplätten eingesetzt wird. Dazu kitzelt ein Arbeiter das Tier mit einer Feder hinterm Ohr. Sobald das Mammut sich auf dem Rücken wälzt, weil es annimmt, daß man ihm nun den Bauch kraulen werde, legt ein anderer Arbeiter die zu plättenden Kleidungsstücke geschwind auf den noch warmen Boden. Hört das Kitzeln auf, nimmt das Mammut wieder seine ursprüngliche Stellung ein. (Hört das Kitzeln auf, bevor die Kleidungsstücke vollständig ausgelegt sind, so habe ich beobachtet, kann das katastrophale Folgen haben.)

Bild 4 zeigt eine Weiterentwicklung des Prinzips der Kleiderpresse. In diesem Fall wird das Gewicht und die Wärme von einem oder mehreren Mammuts dazu benutzt, sogenannte „Big Mamms" zu backen und zu kochen. Diese waffeldünnen Mammburger erfreuen sich bei jungen Leuten größter Beliebtheit und werden mit zahlreichen verschiedenen Garnierungen angeboten.

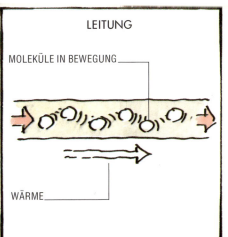

LEITUNG

MOLEKÜLE IN BEWEGUNG

WÄRME

LEITUNG

Die Moleküle in Festkörpern schwingen innerhalb fester Grenzen hin und her. In Festkörpern wird die Wärme übertragen, indem die Frequenz dieser Schwingungen erhöht wird.

KONVEKTION

Auch in Flüssigkeiten und Gasen ziehen die Moleküle umher. Beim Erwärmen, ziehen sie weiter. Eine erwärmte Flüssigkeit oder ein erwärmtes Gas dehnt sich aus und steigt, während eine gekühlte Flüssigkeit oder ein gekühltes Gas sich zusammenzieht und sinkt. Diese Bewegung, als Konvektion bekannt, überträgt die Wärme.

KONVEKTION

ERWÄRMTE FLÜSSIGKEIT DEHNT SICH AUS UND STEIGT

ABGEKÜHLTE FLÜSSIGKEIT ZIEHT SICH ZUSAMMEN UND SINKT

WÄRMEWELLEN

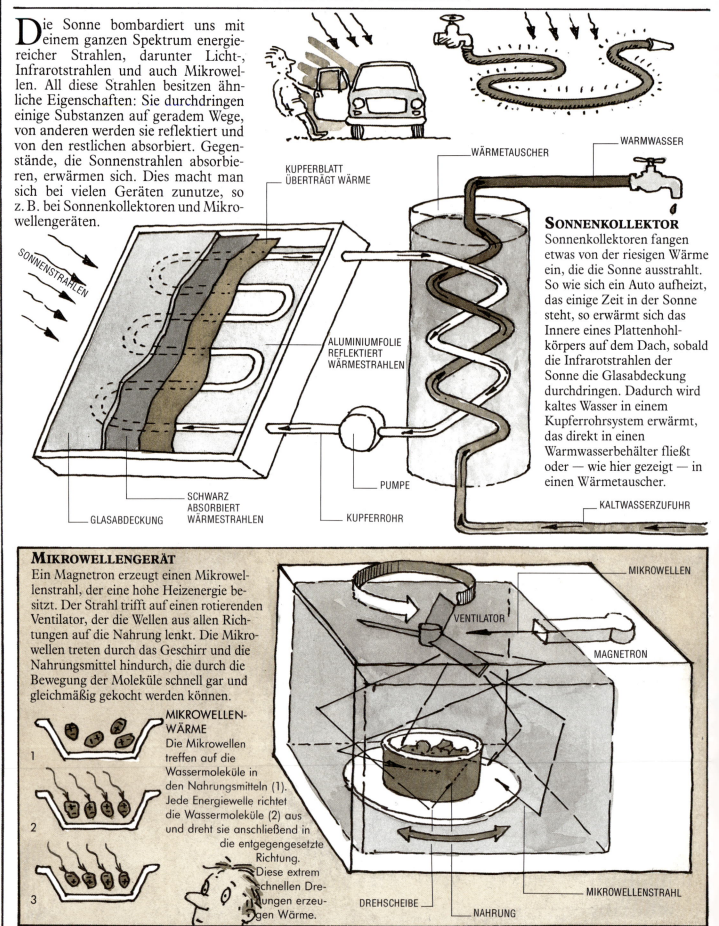

Die Sonne bombardiert uns mit einem ganzen Spektrum energiereicher Strahlen, darunter Licht-, Infrarotstrahlen und auch Mikrowellen. All diese Strahlen besitzen ähnliche Eigenschaften: Sie durchdringen einige Substanzen auf geradem Wege, von anderen werden sie reflektiert und von den restlichen absorbiert. Gegenstände, die Sonnenstrahlen absorbieren, erwärmen sich. Dies macht man sich bei vielen Geräten zunutze, so z. B. bei Sonnenkollektoren und Mikrowellengeräten.

KUPFERBLATT ÜBERTRÄGT WÄRME

WÄRMETAUSCHER

WARMWASSER

SONNENSTRAHLEN

ALUMINIUMFOLIE REFLEKTIERT WÄRMESTRAHLEN

SONNENKOLLEKTOR

Sonnenkollektoren fangen etwas von der riesigen Wärme ein, die die Sonne ausstrahlt. So wie sich ein Auto aufheizt, das einige Zeit in der Sonne steht, so erwärmt sich das Innere eines Plattenhohlkörpers auf dem Dach, sobald die Infrarotstrahlen der Sonne die Glasabdeckung durchdringen. Dadurch wird kaltes Wasser in einem Kupferrohrsystem erwärmt, das direkt in einen Warmwasserbehälter fließt oder — wie hier gezeigt — in einen Wärmetauscher.

SCHWARZ ABSORBIERT WÄRMESTRAHLEN

GLASABDECKUNG

PUMPE

KUPFERROHR

KALTWASSERZUFUHR

MIKROWELLENGERÄT

Ein Magnetron erzeugt einen Mikrowellenstrahl, der eine hohe Heizenergie besitzt. Der Strahl trifft auf einen rotierenden Ventilator, der die Wellen aus allen Richtungen auf die Nahrung lenkt. Die Mikrowellen treten durch das Geschirr und die Nahrungsmittel hindurch, die durch die Bewegung der Moleküle schnell gar und gleichmäßig gekocht werden können.

MIKROWELLEN

VENTILATOR

MAGNETRON

MIKROWELLEN-WÄRME

Die Mikrowellen treffen auf die Wassermoleküle in den Nahrungsmitteln (1). Jede Energiewelle richtet die Wassermoleküle (2) aus und dreht sie anschließend in die entgegengesetzte Richtung. Diese extrem schnellen Drehungen erzeugen Wärme.

1

2

3

DREHSCHEIBE

NAHRUNG

MIKROWELLENSTRAHL

DIE THERMOSFLASCHE

Eine Thermosflasche kann Getränke Stunden über Stunden kochendheiß oder eiskalt aufbewahren, indem die Wärmeübertragung aus der oder in die Flasche möglichst gering gehalten wird.

In der Flasche befindet sich ein doppelwandiges Gefäß aus Glas oder Stahl. Die Wände sind verspiegelt, damit die Wärmestrahlung (die sich wie Lichtstrahlen verhält) vermindert wird, so daß Strahlen weder hinein noch heraus können. Im Hohlraum zwischen beiden Wänden ist ein Vakuum, so daß Wärmetransport durch Konvektion unterbunden wird. Der Gefäßständer und der Pfropfen sind aus isolierendem Material, wie zum Beispiel Korken, das die Wärmeleitung verringert.

ENGSCHLIESSENDER PFROPFEN

VERSPIEGELTE WÄNDE

VAKUUM

KALTES ODER HEISSES GETRÄNK

STÄNDER

VERBRENNUNGSMASCHINEN

FEUER UND WASSER

Wasserstoff verbrennt in Sauerstoff, erzeugt dabei eine große Wärme, und es entsteht Wasser. Sowohl Wasserstoff- wie Sauerstoffmoleküle enthalten Atompaare. Bei ausreichend hoher Temperatur stößt jedes Sauerstoffmolekül heftig mit zwei Wasserstoffmolekülen zusammen. Durch den Zusammenstoß brechen die Moleküle auseinander, und aus den Atomen bilden sich zwei neue, schnelle Wassermoleküle.

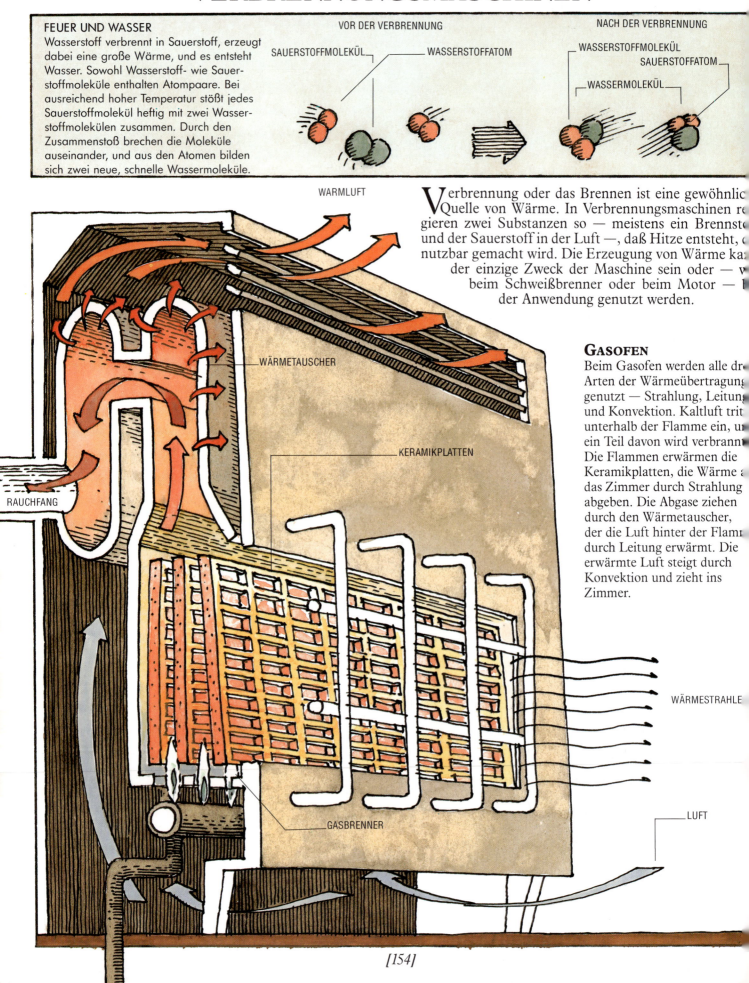

VOR DER VERBRENNUNG

SAUERSTOFFMOLEKÜL — WASSERSTOFFATOM

NACH DER VERBRENNUNG

WASSERSTOFFMOLEKÜL
SAUERSTOFFATOM
WASSERMOLEKÜL

WARMLUFT

WÄRMETAUSCHER

KERAMIKPLATTEN

RAUCHFANG

GASBRENNER

WÄRMESTRAHLE

LUFT

Verbrennung oder das Brennen ist eine gewöhnlic[he] Quelle von Wärme. In Verbrennungsmaschinen re[a]gieren zwei Substanzen so — meistens ein Brennsto[ff] und der Sauerstoff in der Luft —, daß Hitze entsteht, [die] nutzbar gemacht wird. Die Erzeugung von Wärme ka[nn] der einzige Zweck der Maschine sein oder — w[ie] beim Schweißbrenner oder beim Motor — [bei] der Anwendung genutzt werden.

GASOFEN

Beim Gasofen werden alle dr[ei] Arten der Wärmeübertragung genutzt — Strahlung, Leitun[g] und Konvektion. Kaltluft trit[t] unterhalb der Flamme ein, u[nd] ein Teil davon wird verbrann[t]. Die Flammen erwärmen die Keramikplatten, die Wärme a[n] das Zimmer durch Strahlung abgeben. Die Abgase ziehen durch den Wärmetauscher, der die Luft hinter der Flam[me] durch Leitung erwärmt. Die erwärmte Luft steigt durch Konvektion und zieht ins Zimmer.

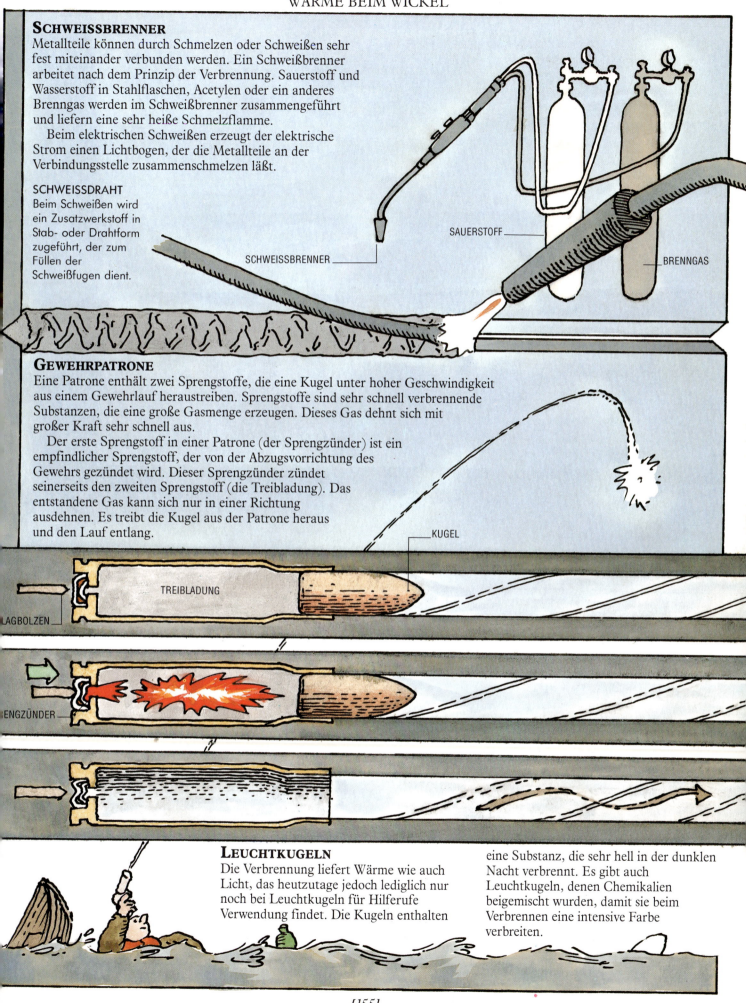

SCHWEISSBRENNER

Metallteile können durch Schmelzen oder Schweißen sehr fest miteinander verbunden werden. Ein Schweißbrenner arbeitet nach dem Prinzip der Verbrennung. Sauerstoff und Wasserstoff in Stahlflaschen, Acetylen oder ein anderes Brenngas werden im Schweißbrenner zusammengeführt und liefern eine sehr heiße Schmelzflamme.

Beim elektrischen Schweißen erzeugt der elektrische Strom einen Lichtbogen, der die Metallteile an der Verbindungsstelle zusammenschmelzen läßt.

SCHWEISSDRAHT

Beim Schweißen wird ein Zusatzwerkstoff in Stab- oder Drahtform zugeführt, der zum Füllen der Schweißfugen dient.

SAUERSTOFF

SCHWEISSBRENNER

BRENNGAS

GEWEHRPATRONE

Eine Patrone enthält zwei Sprengstoffe, die eine Kugel unter hoher Geschwindigkeit aus einem Gewehrlauf heraustreiben. Sprengstoffe sind sehr schnell verbrennende Substanzen, die eine große Gasmenge erzeugen. Dieses Gas dehnt sich mit großer Kraft sehr schnell aus.

Der erste Sprengstoff in einer Patrone (der Sprengzünder) ist ein empfindlicher Sprengstoff, der von der Abzugsvorrichtung des Gewehrs gezündet wird. Dieser Sprengzünder zündet seinerseits den zweiten Sprengstoff (die Treibladung). Das entstandene Gas kann sich nur in einer Richtung ausdehnen. Es treibt die Kugel aus der Patrone heraus und den Lauf entlang.

KUGEL

TREIBLADUNG

LAGBOLZEN

ENGZÜNDER

LEUCHTKUGELN

Die Verbrennung liefert Wärme wie auch Licht, das heutzutage jedoch lediglich nur noch bei Leuchtkugeln für Hilferufe Verwendung findet. Die Kugeln enthalten eine Substanz, die sehr hell in der dunklen Nacht verbrennt. Es gibt auch Leuchtkugeln, denen Chemikalien beigemischt wurden, damit sie beim Verbrennen eine intensive Farbe verbreiten.

HOCHOFEN UND BESSEMERBIRNE

Bei der Stahlproduktion wird die Verbrennung mehrfach eingesetzt. Stahl besteht hauptsächlich aus Eisen, dem ein geringer Anteil an Kohlenstoff beigemischt wird. Zu seiner Erzeugung benötigt man Eisenerz und Kohle in Form von Koks. Eisenerze bestehen aus einem Eisen- und Sauerstoffgemisch. Um den Sauerstoff vom Eisen zu trennen, wird das Erz mit Hilfe von Koks in einem Hochofen erhitzt. Der Sauerstoff im Eisenerz wird freigesetzt und vom Koks während der Verbrennung aufgenommen.

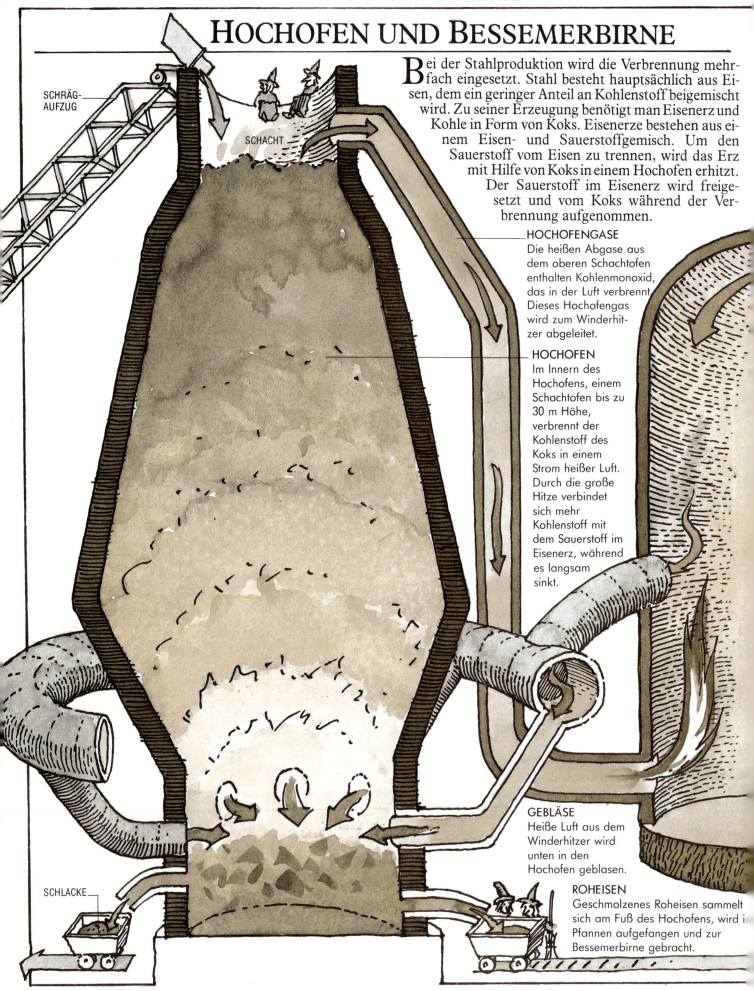

SCHRÄG-AUFZUG

SCHACHT

HOCHOFENGASE
Die heißen Abgase aus dem oberen Schachtofen enthalten Kohlenmonoxid, das in der Luft verbrennt. Dieses Hochofengas wird zum Winderhitzer abgeleitet.

HOCHOFEN
Im Innern des Hochofens, einem Schachtofen bis zu 30 m Höhe, verbrennt der Kohlenstoff des Koks in einem Strom heißer Luft. Durch die große Hitze verbindet sich mehr Kohlenstoff mit dem Sauerstoff im Eisenerz, während es langsam sinkt.

GEBLÄSE
Heiße Luft aus dem Winderhitzer wird unten in den Hochofen geblasen.

ROHEISEN
Geschmolzenes Roheisen sammelt sich am Fuß des Hochofens, wird in Pfannen aufgefangen und zur Bessemerbirne gebracht.

SCHLACKE

Im Hochofen verbindet sich das Eisen manchmal mit einem zu großen Anteil an Kohlenstoff. Dadurch wird die Qualität verringert. In der gewöhnlichen Bessemerbirne (Konverter) wird kalte Luft, die mit Sauerstoff angereichert wurde, in das geschmolzene Eisen geblasen. Der Sauerstoff verbrennt den überschüssigen Kohlenstoff, es bleibt guter Stahl übrig. Stahlschrott kann wiederverwendet und im Konverter eingeschmolzen werden.

Weitere Stahlkonverter sind der Siemens-Martin-Ofen, in dem die Flammen des Brennstoffs auf die Eisencharge gerichtet werden, um den Kohlenstoffüberschuß zu verbrennen, und elektrische Hochöfen, die mit einem starken Strom beschickt werden.

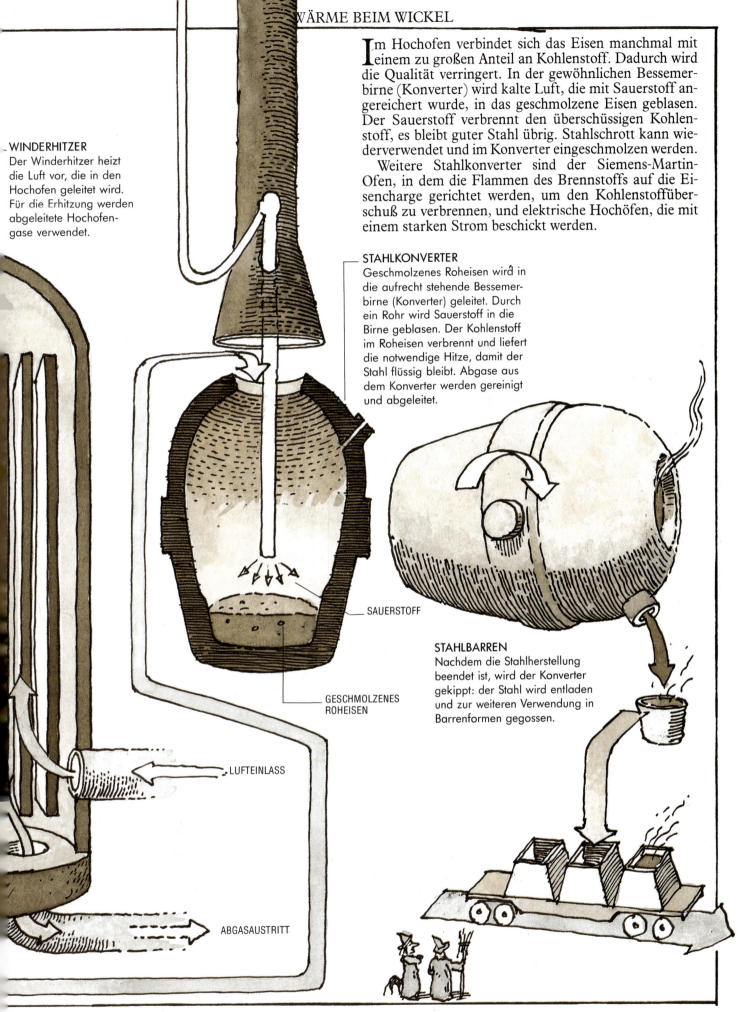

WINDERHITZER
Der Winderhitzer heizt die Luft vor, die in den Hochofen geleitet wird. Für die Erhitzung werden abgeleitete Hochofengase verwendet.

STAHLKONVERTER
Geschmolzenes Roheisen wird in die aufrecht stehende Bessemerbirne (Konverter) geleitet. Durch ein Rohr wird Sauerstoff in die Birne geblasen. Der Kohlenstoff im Roheisen verbrennt und liefert die notwendige Hitze, damit der Stahl flüssig bleibt. Abgase aus dem Konverter werden gereinigt und abgeleitet.

SAUERSTOFF

GESCHMOLZENES ROHEISEN

STAHLBARREN
Nachdem die Stahlherstellung beendet ist, wird der Konverter gekippt: der Stahl wird entladen und zur weiteren Verwendung in Barrenformen gegossen.

LUFTEINLASS

ABGASAUSTRITT

[157]

ELEKTRISCHE WÄRME

Keine Heizungsform ist so bequem wie die elektrische Heizung. Nur ein Schalterdruck, und schon ist sie vorhanden. Sie ist sauber, obwohl bei ihrer Erzeugung durch Verbrennung oder ▷ Kernspaltung meistens Abfälle anfallen.

Wie alle anderen Wärmequellen auch beschleunigt die Elektrizität die Bewegungen der Moleküle und verursacht dadurch einen Zuwachs an Energie, der als Wärme erscheint. Wenn ein elektrischer Strom durch einen Draht fließt, bewegen sich Milliarden kleinster Teilchen, die man Elektronen nennt, in den Metallatomen des Drahtes. Die Elektronen sind kleiner als die Atome und drängeln die Atome, wenn sie sich vorbeibewegen. Die Schwingungen der Metallatome werden größer, und der Draht wird wärmer.

Viele Maschinen enthalten elektrische Heizstäbe, die auf diese Weise funktionieren. Dann strahlt Wärme vom Heizelement ab wie in einem elektrischen Heizofen, oder das Heizelement ist in einen isolierten Behälter eingeschlossen wie in einen Boiler, in dem Wasser durch Leitung und Konvektion erhitzt wird.

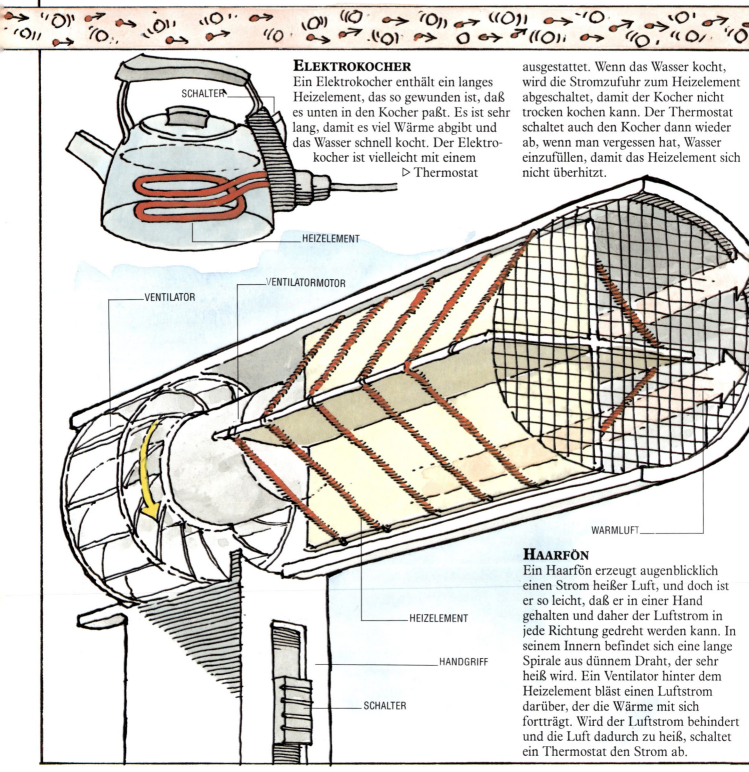

ELEKTROKOCHER

Ein Elektrokocher enthält ein langes Heizelement, das so gewunden ist, daß es unten in den Kocher paßt. Es ist sehr lang, damit es viel Wärme abgibt und das Wasser schnell kocht. Der Elektrokocher ist vielleicht mit einem ▷ Thermostat ausgestattet. Wenn das Wasser kocht, wird die Stromzufuhr zum Heizelement abgeschaltet, damit der Kocher nicht trocken kochen kann. Der Thermostat schaltet auch den Kocher dann wieder ab, wenn man vergessen hat, Wasser einzufüllen, damit das Heizelement sich nicht überhitzt.

SCHALTER

HEIZELEMENT

VENTILATORMOTOR

VENTILATOR

WARMLUFT

HEIZELEMENT

HANDGRIFF

SCHALTER

HAARFÖN

Ein Haarfön erzeugt augenblicklich einen Strom heißer Luft, und doch ist er so leicht, daß er in einer Hand gehalten und daher der Luftstrom in jede Richtung gedreht werden kann. In seinem Innern befindet sich eine lange Spirale aus dünnem Draht, der sehr heiß wird. Ein Ventilator hinter dem Heizelement bläst einen Luftstrom darüber, der die Wärme mit sich fortträgt. Wird der Luftstrom behindert und die Luft dadurch zu heiß, schaltet ein Thermostat den Strom ab.

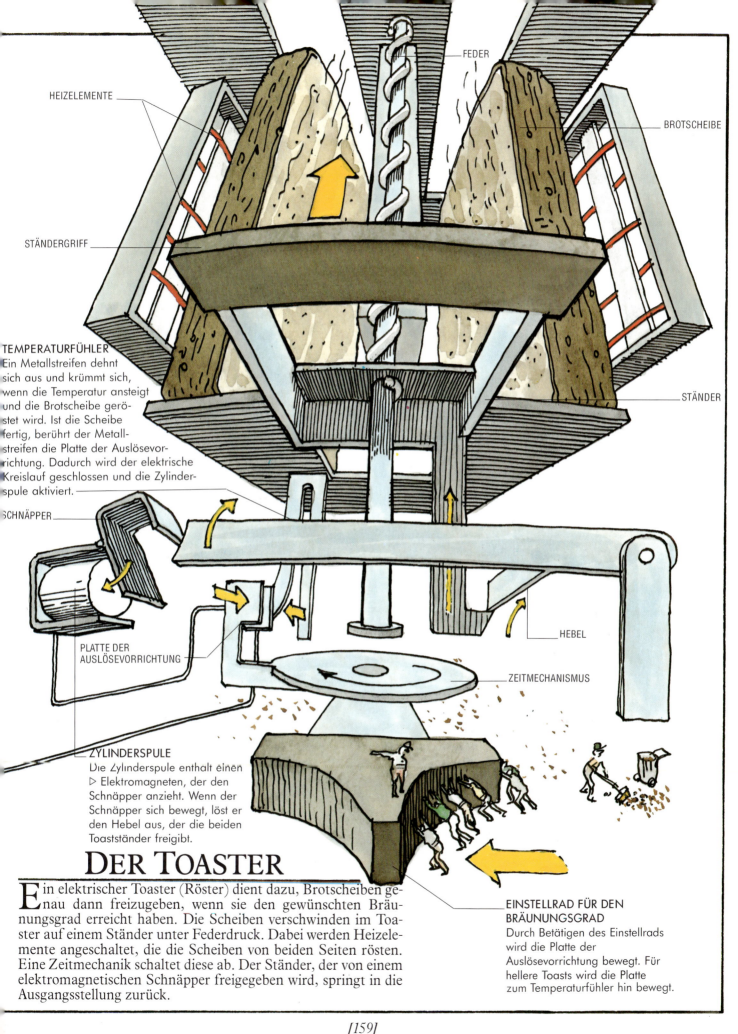

HEIZELEMENTE

FEDER

BROTSCHEIBE

STÄNDERGRIFF

STÄNDER

TEMPERATURFÜHLER
Ein Metallstreifen dehnt
sich aus und krümmt sich,
wenn die Temperatur ansteigt
und die Brotscheibe gerö-
stet wird. Ist die Scheibe
fertig, berührt der Metallstreifen die Platte der Auslösevorrichtung. Dadurch wird der elektrische
Kreislauf geschlossen und die Zylinderspule aktiviert.

SCHNÄPPER

PLATTE DER
AUSLÖSEVORRICHTUNG

HEBEL

ZEITMECHANISMUS

ZYLINDERSPULE
Die Zylinderspule enthält einen
▷ Elektromagneten, der den
Schnäpper anzieht. Wenn der
Schnäpper sich bewegt, löst er
den Hebel aus, der die beiden
Toastständer freigibt.

DER TOASTER

Ein elektrischer Toaster (Röster) dient dazu, Brotscheiben genau dann freizugeben, wenn sie den gewünschten Bräunungsgrad erreicht haben. Die Scheiben verschwinden im Toaster auf einem Ständer unter Federdruck. Dabei werden Heizelemente angeschaltet, die die Scheiben von beiden Seiten rösten.
Eine Zeitmechanik schaltet diese ab. Der Ständer, der von einem
elektromagnetischen Schnäpper freigegeben wird, springt in die
Ausgangsstellung zurück.

**EINSTELLRAD FÜR DEN
BRÄUNUNGSGRAD**
Durch Betätigen des Einstellrads
wird die Platte der
Auslösevorrichtung bewegt. Für
hellere Toasts wird die Platte
zum Temperaturfühler hin bewegt.

DER KÜHLSCHRANK

Der Kühlschrank ist eine Maschine, die die Aufgabe hat, ihrem Inhalt Wärme zu entziehen, um somit die im Innenraum herrschende Temperatur herabzusetzen. Diese Wärme wird nach außen abgegeben. Ein Kühlschrank funktioniert durch Verdampfen. Wenn eine Flüssigkeit verdampft, nimmt sie Wärme auf: Da Dampfmoleküle sich nämlich schneller bewegen als Flüssigkeitsmoleküle, brauchen sie viel mehr Energie, um vom flüssigen in den dampfförmigen Zustand zu gelangen. Diese aufgenommene Wärme können sie beim Übergang vom Dampf zur Flüssigkeit wieder abgeben.

KOMPRESSOR
Ein elektrischer Kühlschrank hat einen Kompressor, der ein Kältemittel (das bei niedriger Temperatur verdampft) durch eine Rohrschlange (Verdampfer) bewegt, wobei es verdampft. Der Kompressor saugt den Dampf an, der seine Wärme in einem Verflüssiger (Kondensator) nach außen abgibt. Durch erhöhten Kompressordruck und Wärmeabgabe wird das Kältemittel verflüssigt und zum Ausdehnungsventil gebracht.

VERDAMPFER
Das Kältemittel verläßt das Ausdehnungsventil bei niedrigem Druck, fließt in den Verdampfer, der sich im Kühlschrank befindet. Nun verdampft es unter Wärmeaufnahme in der Rohrschlange. Dadurch wird die Innentemperatur herabgesetzt.

AUSDEHNUNGSVENTIL

MOTORKÜHLUNG

KÜHLER
Die Außenluft bläst durch den Kühler und kühlt das heiße Wasser ab.

THERMOSTAT

Die meisten Automobile haben wassergekühlte Motoren. Eine Pumpe (Kreiselpumpe) bewegt Wasser durch Leitungen im Motor. Das heiße Wasser fließt durch den Thermostat zum Kühler, wo es seine Wärme an die Luft abgibt und abkühlt, bevor es wieder in den Kreislauf zurückkehrt. In manchen Autos fließt das Wasser auch durch das Wagenheizsystem.

VENTILATOR

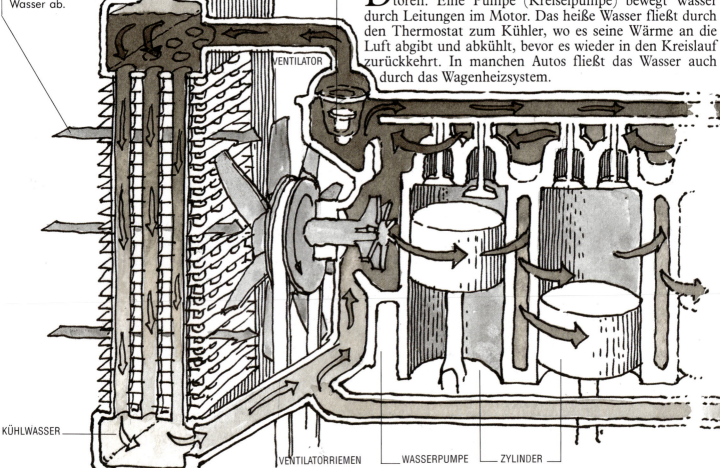

KÜHLWASSER

VENTILATORRIEMEN   WASSERPUMPE   ZYLINDER

WÄRME BEIM WICKEL

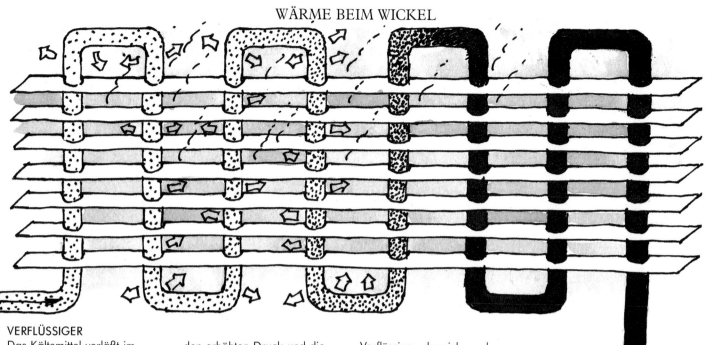

VERFLÜSSIGER

Das Kältemittel verläßt im dampfförmigen Zustand den Kompressor unter hohem Druck. Wenn es dann zum Verflüssiger gepumpt wird, geht es durch den erhöhten Druck und die Wärmeabgabe wieder in den flüssigen Zustand über. Bei diesem Vorgang gibt der Dampf Wärme ab und erwärmt den Verflüssiger, der sich an der Rückseite des Kühlschranks befindet. Die Wärme wird an die umgebende Luft abgegeben.

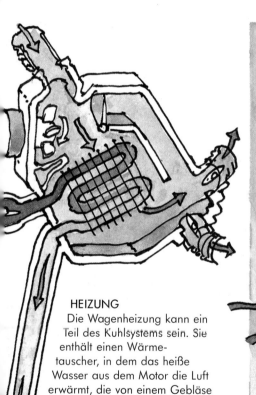

HEIZUNG

Die Wagenheizung kann ein Teil des Kuhlsystems sein. Sie enthält einen Wärmetauscher, in dem das heiße Wasser aus dem Motor die Luft erwärmt, die von einem Gebläse in den Wageninnenraum befördert wird.

KLIMAANLAGE

Diese Maschine funktioniert wie ein Kühlschrank. Ein Kompressor saugt ein Kältemittel von einem Verdampfer durch einen Verflüssiger und ein Ausdehnungsventil zurück in den Verdampfer. Der Verdampfer befindet sich über einem Ventilator, der die warme und feuchte Luft aus den Räumen ansaugt. Er entzieht der Luft die Wärme und kondensiert die Feuchtigkeit zu Tröpfchen. Die kühle, trockene Luft wird dann wieder in die Räume geleitet. Der Verflüssiger befindet sich außerhalb der Räume und wird mit einem anderen Ventilator abgekühlt.

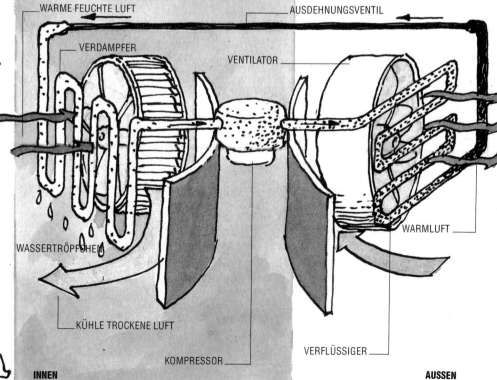

WARME FEUCHTE LUFT

AUSDEHNUNGSVENTIL

VERDAMPFER

VENTILATOR

WASSERTRÖPFCHEN

WARMLUFT

KÜHLE TROCKENE LUFT

VERFLÜSSIGER

KOMPRESSOR

INNEN

AUSSEN

DER THERMOSTAT

Thermostate sind Vorrichtungen, die Heizungs- und Kühlgeräte je nach Bedarf an- und ausschalten können, um eine gleichbleibende Temperatur aufrechtzuerhalten. Sie funktionieren durch Ausdehnen und Zusammenziehen. Wenn etwas sich erwärmt, so bewegen sich seine Moleküle weiter weg: der Gegenstand dehnt sich aus. Kühlt er dagegen ab, zieht eine Kraft die Moleküle wieder zusammen: Die Moleküle schließen die Reihen, und der Gegenstand zieht sich zusammen.

AUSDEHNEN   ZUSAMMENZIEHEN

BIMETALL-THERMOSTAT

Dieser einfache Thermostat hat einen Streifen aus Bimetall, das heißt aus zwei verschiedenen Metallen mit unterschiedlicher Ausdehnung (meistens Stahl und Messing). Bei Erhitzung dehnen sich die Streifen unterschiedlich stark aus; dadurch krümmt sich der Streifen. Diese Krümmung kann zur Steuerung elektrischer Kontakte genutzt werden.

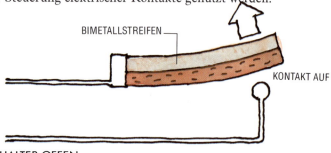

BIMETALLSTREIFEN

KONTAKT AUF

SCHALTER OFFEN
Der Bimetall-Streifen krümmt sich nach Erwärmung und öffnet dadurch den Kontakt. Der Stromfluß ist unterbrochen, und die Heizung schaltet sich von selber aus.

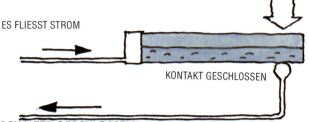

ES FLIESST STROM

KONTAKT GESCHLOSSEN

SCHALTER GESCHLOSSEN
Der Bimetall-Streifen geht in Ausgangsstellung zurück, wenn er abkühlt, und schließt den Kontakt. Der Strom fließt wieder, und die Heizung schaltet sich wieder von selber an.

STABTHERMOSTAT

Gasheizungen und Heizungen arbeiten oft mit einem Stabthermostat. Der Regler ist mit einem Stab aus Stahl in einem Messingrohr verbunden. Das Rohr dehnt sich stärker aus oder zieht sich mehr zusammen als der Stab und schließt oder öffnet dadurch ein Ventil im Gasstrom.

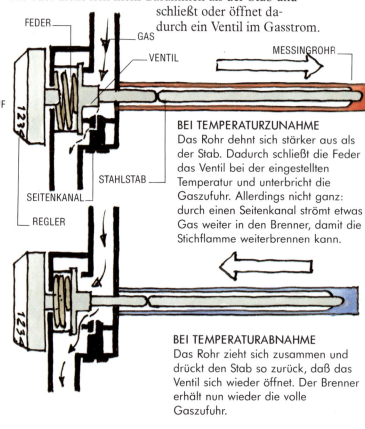

FEDER

GAS

VENTIL

MESSINGROHR

STAHLSTAB

SEITENKANAL

REGLER

BEI TEMPERATURZUNAHME
Das Rohr dehnt sich stärker aus als der Stab. Dadurch schließt die Feder das Ventil bei der eingestellten Temperatur und unterbricht die Gaszufuhr. Allerdings nicht ganz: durch einen Seitenkanal strömt etwas Gas weiter in den Brenner, damit die Stichflamme weiterbrennen kann.

BEI TEMPERATURABNAHME
Das Rohr zieht sich zusammen und drückt den Stab so zurück, daß das Ventil sich wieder öffnet. Der Brenner erhält nun wieder die volle Gaszufuhr.

AUTOTHERMOSTAT
Der Thermostat steuert bei der ▷ Motorkühlung eines Wagens den Zufluß von Kühlwasser zum Kühler. Die meisten Autothermostate enthalten Wachs, das schmilzt, wenn das Wasser warm wird. Das Wachs dehnt sich aus und öffnet ein Ventil. Eine Feder schließt das Ventil, wenn das Wasser abkühlt und das Wachs fest wird.

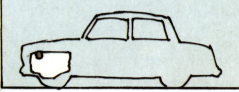

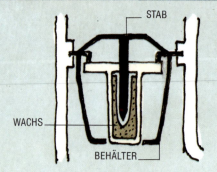

STAB

WACHS

BEHÄLTER

VENTIL ZU
Wenn der Motor kalt ist, sitzt der Stab im Wachs in einem Messingbehälter.

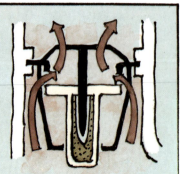

VENTIL AUF
Das Wachs schmilzt und dehnt sich aus, drückt dabei gegen den Stab und zwingt den Behälter nach unten.

THERM

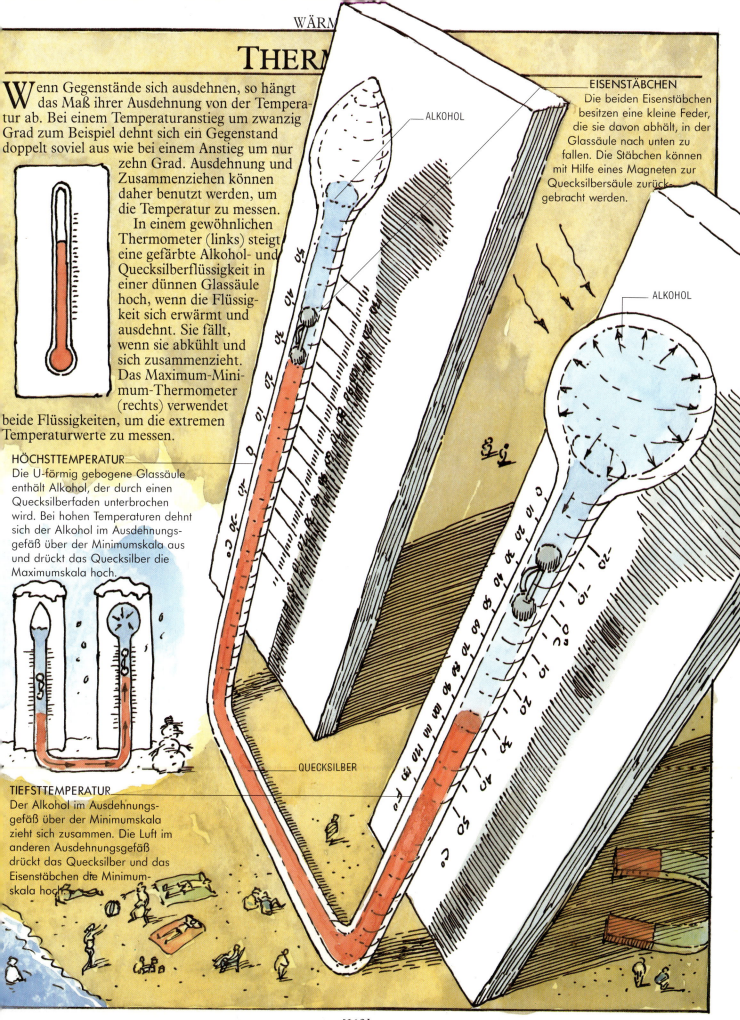

Wenn Gegenstände sich ausdehnen, so hängt das Maß ihrer Ausdehnung von der Temperatur ab. Bei einem Temperaturanstieg um zwanzig Grad zum Beispiel dehnt sich ein Gegenstand doppelt soviel aus wie bei einem Anstieg um nur zehn Grad. Ausdehnung und Zusammenziehen können daher benutzt werden, um die Temperatur zu messen.

In einem gewöhnlichen Thermometer (links) steigt eine gefärbte Alkohol- und Quecksilberflüssigkeit in einer dünnen Glassäule hoch, wenn die Flüssigkeit sich erwärmt und ausdehnt. Sie fällt, wenn sie abkühlt und sich zusammenzieht. Das Maximum-Minimum-Thermometer (rechts) verwendet beide Flüssigkeiten, um die extremen Temperaturwerte zu messen.

HÖCHSTTEMPERATUR

Die U-förmig gebogene Glassäule enthält Alkohol, der durch einen Quecksilberfaden unterbrochen wird. Bei hohen Temperaturen dehnt sich der Alkohol im Ausdehnungsgefäß über der Minimumskala aus und drückt das Quecksilber die Maximumskala hoch.

TIEFSTTEMPERATUR

Der Alkohol im Ausdehnungsgefäß über der Minimumskala zieht sich zusammen. Die Luft im anderen Ausdehnungsgefäß drückt das Quecksilber und das Eisenstäbchen die Minimumskala hoch.

ALKOHOL

EISENSTÄBCHEN

Die beiden Eisenstäbchen besitzen eine kleine Feder, die sie davon abhält, in der Glassäule nach unten zu fallen. Die Stäbchen können mit Hilfe eines Magneten zur Quecksilbersäule zurückgebracht werden.

ALKOHOL

QUECKSILBER

DER BENZINMOTOR

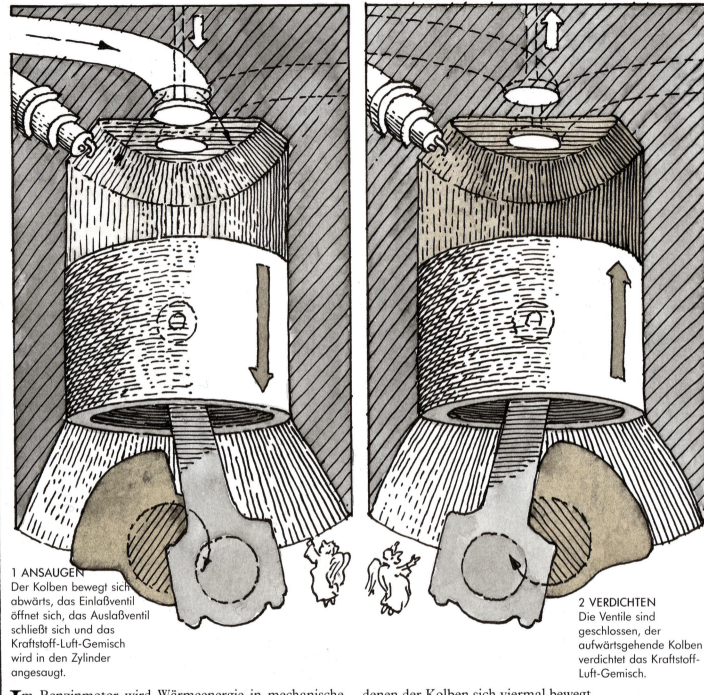

1 ANSAUGEN
Der Kolben bewegt sich abwärts, das Einlaßventil öffnet sich, das Auslaßventil schließt sich und das Kraftstoff-Luft-Gemisch wird in den Zylinder angesaugt.

2 VERDICHTEN
Die Ventile sind geschlossen, der aufwärtsgehende Kolben verdichtet das Kraftstoff-Luft-Gemisch.

Im Benzinmotor wird Wärmeenergie in mechanische Energie umgewandelt. Ein Benzinmotor wird oft auch interne Verbrennungsmaschine genannt, doch bedeutet dies nur, daß der Kraftstoff — wie auch beim Strahltriebwerk und beim Raketenmotor — im Innern der Maschine verbrannt wird.

Ein Benzinmotor arbeitet, indem er ein Kraftstoff-Luft-Gemisch in einem Zylinder verbrennt, in dem sich ein Kolben befindet. Durch die Wärme bei der Verbrennung dehnen sich die Gase aus und zwingen den Kolben abwärts, der eine Kurbelwelle bewegt, die mit den Rädern verbunden ist.

Die meisten Autos haben einen Viertaktmotor. Ein Takt ist dabei die auf- oder abwärts gerichtete Bewegung eines Kolbens im Zylinder. Im Viertaktmotor führt der Motor einen Zyklus von Tätigkeiten (siehe oben) aus, bei denen der Kolben sich viermal bewegt.

Viele leichtere Fahrzeuge, wie Motorräder, haben einen Zweitaktmotor. Dieser Motor ist einfacher konstruiert als ein Viertaktmotor, jedoch nicht so stark. Ein Zweitaktmotor hat keine Ventile. Statt dessen besitzt er drei Öffnungen (Schlitze) in der Zylinderwandung, die der Kolben bei seinem Hin- und Hergang öffnet oder schließt.

Der Dieselmotor ist ähnlich wie der Benzinmotor gebaut, doch wird er mit schwererem Kraftstoff betrieben. Das Einlaßventil saugt nur Luft an, und der Dieselkraftstoff wird am Ende des Verdichtungstaktes in den Zylinder gesprüht. Der Zylinder besitzt keine Zündkerze, doch wird die Luft im Zylinder so stark verdichtet, daß sie sich sehr erwärmt und der Kraftstoff sich sogleich entzündet, nachdem er eingesprüht worden ist.

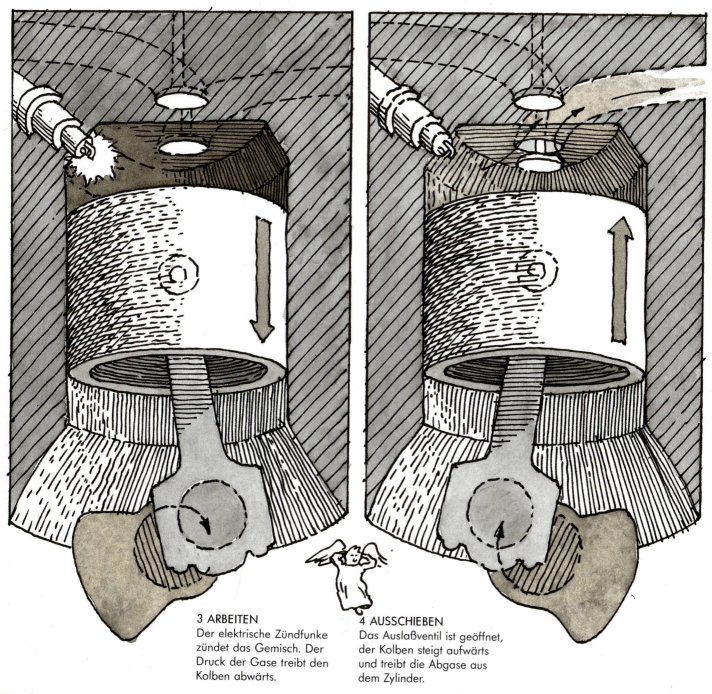

3 ARBEITEN
Der elektrische Zündfunke
zündet das Gemisch. Der
Druck der Gase treibt den
Kolben abwärts.

4 AUSSCHIEBEN
Das Auslaßventil ist geöffnet,
der Kolben steigt aufwärts
und treibt die Abgase aus
dem Zylinder.

AUSPUFF UND SCHALLDÄMPFER

Die Auspuffgase verlassen den Motor
bei hohem Druck und würden einen
unzulässigen Lärm verursachen, wenn
sie direkt entweichen würden. Deshalb
enthält der Auspufftopf einen
Schalldämpfer, der die Abgase durch
zahlreiche Löcher in Metallplatten oder
-rohre hindurchleitet. Dadurch wird der
Druck der Abgase so entspannt, daß sie
den Auspufftopf leise verlassen.

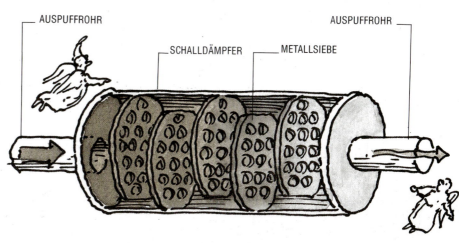

AUSPUFFROHR

SCHALLDÄMPFER METALLSIEBE

AUSPUFFROHR

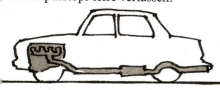

DAMPFKRAFT

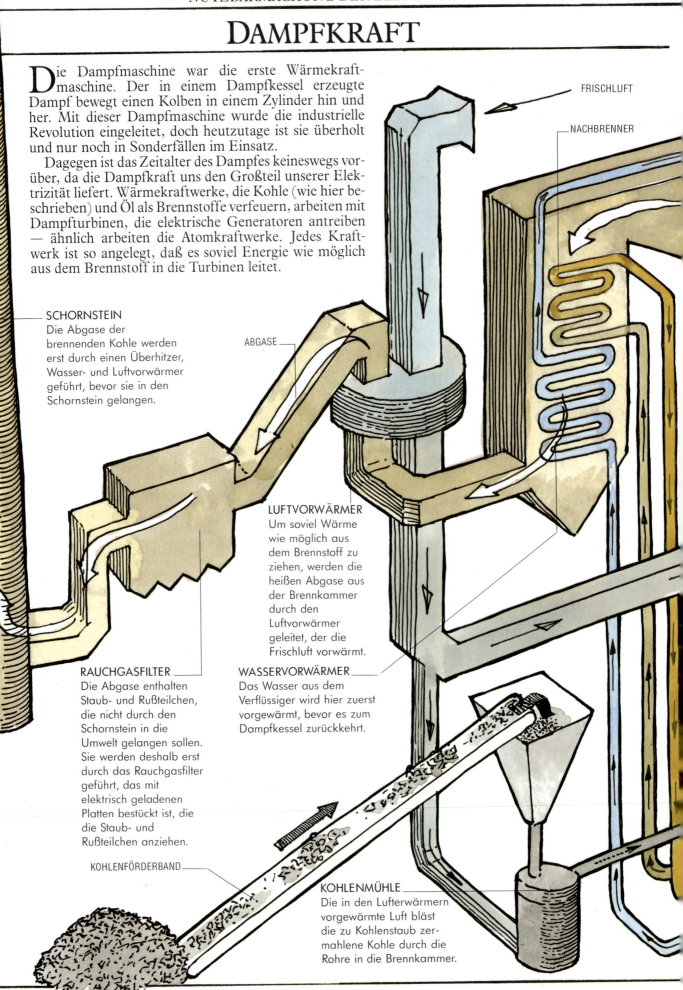

Die Dampfmaschine war die erste Wärmekraftmaschine. Der in einem Dampfkessel erzeugte Dampf bewegt einen Kolben in einem Zylinder hin und her. Mit dieser Dampfmaschine wurde die industrielle Revolution eingeleitet, doch heutzutage ist sie überholt und nur noch in Sonderfällen im Einsatz.

Dagegen ist das Zeitalter des Dampfes keineswegs vorüber, da die Dampfkraft uns den Großteil unserer Elektrizität liefert. Wärmekraftwerke, die Kohle (wie hier beschrieben) und Öl als Brennstoffe verfeuern, arbeiten mit Dampfturbinen, die elektrische Generatoren antreiben — ähnlich arbeiten die Atomkraftwerke. Jedes Kraftwerk ist so angelegt, daß es soviel Energie wie möglich aus dem Brennstoff in die Turbinen leitet.

FRISCHLUFT

NACHBRENNER

SCHORNSTEIN
Die Abgase der brennenden Kohle werden erst durch einen Überhitzer, Wasser- und Luftvorwärmer geführt, bevor sie in den Schornstein gelangen.

ABGASE

LUFTVORWÄRMER
Um soviel Wärme wie möglich aus dem Brennstoff zu ziehen, werden die heißen Abgase aus der Brennkammer durch den Luftvorwärmer geleitet, der die Frischluft vorwärmt.

RAUCHGASFILTER
Die Abgase enthalten Staub- und Rußteilchen, die nicht durch den Schornstein in die Umwelt gelangen sollen. Sie werden deshalb erst durch das Rauchgasfilter geführt, das mit elektrisch geladenen Platten bestückt ist, die die Staub- und Rußteilchen anziehen.

WASSERVORWÄRMER
Das Wasser aus dem Verflüssiger wird hier zuerst vorgewärmt, bevor es zum Dampfkessel zurückkehrt.

KOHLENFÖRDERBAND

KOHLENMÜHLE
Die in den Lufterwärmern vorgewärmte Luft bläst die zu Kohlenstaub zermahlene Kohle durch die Rohre in die Brennkammer.

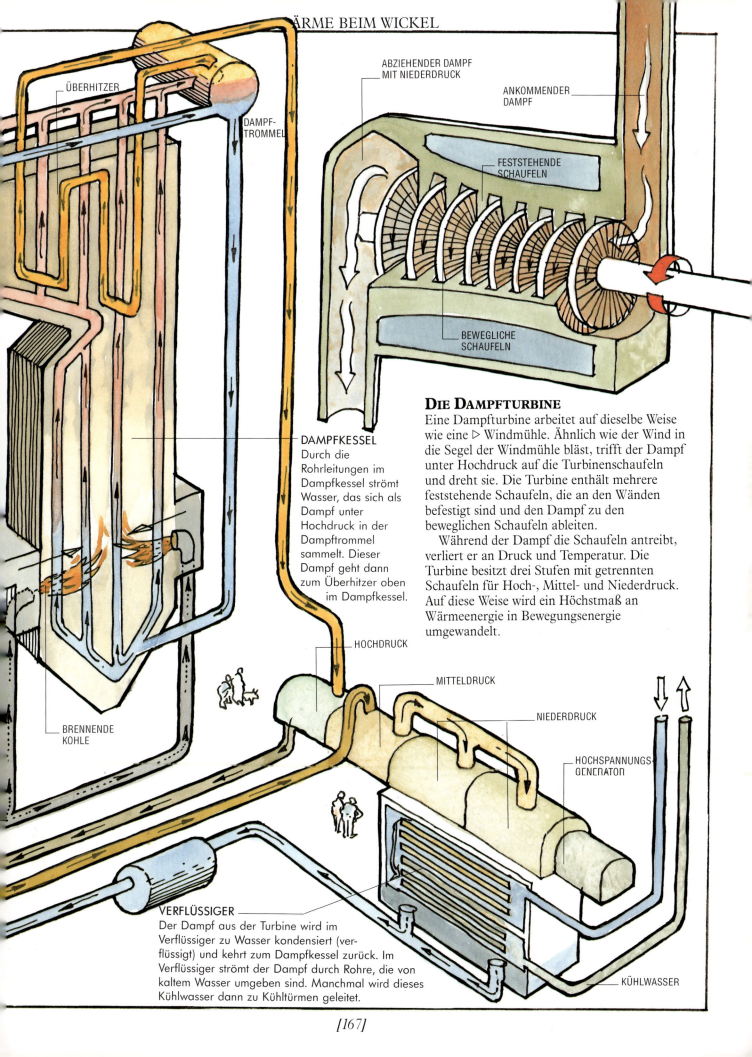

ÜBERHITZER

DAMPF-
TROMMEL

ABZIEHENDER DAMPF
MIT NIEDERDRUCK

ANKOMMENDER
DAMPF

FESTSTEHENDE
SCHAUFELN

BEWEGLICHE
SCHAUFELN

DIE DAMPFTURBINE

Eine Dampfturbine arbeitet auf dieselbe Weise
wie eine ▷ Windmühle. Ähnlich wie der Wind in
die Segel der Windmühle bläst, trifft der Dampf
unter Hochdruck auf die Turbinenschaufeln
und dreht sie. Die Turbine enthält mehrere
feststehende Schaufeln, die an den Wänden
befestigt sind und den Dampf zu den
beweglichen Schaufeln ableiten.

Während der Dampf die Schaufeln antreibt,
verliert er an Druck und Temperatur. Die
Turbine besitzt drei Stufen mit getrennten
Schaufeln für Hoch-, Mittel- und Niederdruck.
Auf diese Weise wird ein Höchstmaß an
Wärmeenergie in Bewegungsenergie
umgewandelt.

DAMPFKESSEL
Durch die
Rohrleitungen im
Dampfkessel strömt
Wasser, das sich als
Dampf unter
Hochdruck in der
Dampftrommel
sammelt. Dieser
Dampf geht dann
zum Überhitzer oben
im Dampfkessel.

HOCHDRUCK

MITTELDRUCK

NIEDERDRUCK

HOCHSPANNUNGS-
GENERATOR

BRENNENDE
KOHLE

VERFLÜSSIGER
Der Dampf aus der Turbine wird im
Verflüssiger zu Wasser kondensiert (ver-
flüssigt) und kehrt zum Dampfkessel zurück. Im
Verflüssiger strömt der Dampf durch Rohre, die von
kaltem Wasser umgeben sind. Manchmal wird dieses
Kühlwasser dann zu Kühltürmen geleitet.

KÜHLWASSER

DAS STRAHLTRIEBWERK

Ohne die Erfindung des Strahl- oder Düsentriebwerks hätten nur wenige Menschen die Gelegenheit zu fliegen gehabt. Da es leistungsfähiger und sparsamer ist als der Propellermotor, hat es den Massenflugverkehr erst ermöglicht.

Ein Strahltriebwerk entnimmt vorne Luft und stößt sie als heiße Gase durch Düsen mit erhöhter Geschwindigkeit nach hinten aus. Das Prinzip von Wirkung und Gegenwirkung (Passagierschiff) erzeugt einen Impuls, der das Flugzeug vorwärtstreibt, während der Abgasstrahl rückwärts ausstritt. Das Triebwerk arbeitet mit Wärme, die durch Verbrennen von Kerosin oder Paraffin erzeugt wird.

DER TURBOFAN

Für den Antrieb von Großraumflugzeugen werden sogenannte Fan-Triebwerke verwendet. Ein großes „Gebläse" (Fan) vor dem eigentlichen Triebwerk saugt die Luftmassen an. Ein Teil davon tritt in einen Verdichter mit feststehenden und beweglichen Schaufeln ein, wird auf Hochdruck gebracht und zu den Brennkammern weitergeleitet. Dort erwärmt das brennende Kerosin die Luft, die sich ausdehnt. Die heiße Luft unter Hochdruck drängt zur Schubdüse und wird vorher durch Turbinen geleitet, die den Verdichter und den Bläser antreiben.

Der restliche Teil der Luftmassen wird um den Verdichter, die Brennkammern und Turbinen herumgeführt, kühlt und dämpft das Triebwerk und vereinigt sich mit der heißen Luft. Diese Luftmassen bilden einen kräftigen Abgasstrahl, der das Flugzeug mit kräftigem Schub vorwärtstreibt.

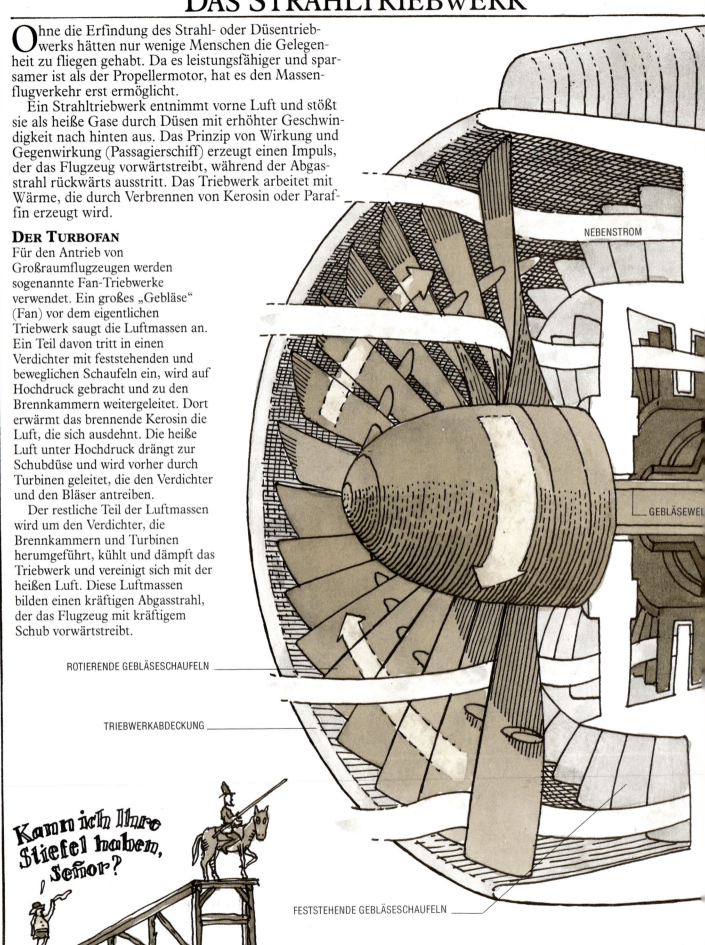

NEBENSTROM

GEBLÄSEWEL

ROTIERENDE GEBLÄSESCHAUFELN

TRIEBWERKABDECKUNG

Kann ich Ihre Stiefel haben, Señor?

FESTSTEHENDE GEBLÄSESCHAUFELN

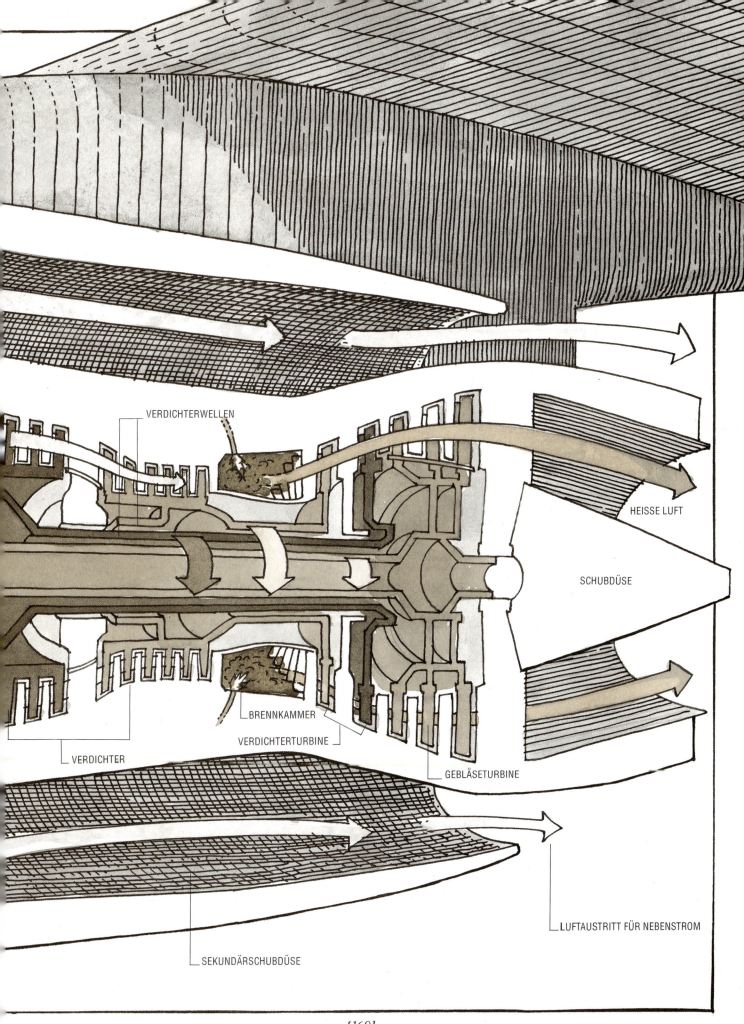

VERDICHTERWELLEN

HEISSE LUFT

SCHUBDÜSE

VERDICHTER

BRENNKAMMER

VERDICHTERTURBINE

GEBLÄSETURBINE

LUFTAUSTRITT FÜR NEBENSTROM

SEKUNDÄRSCHUBDÜSE

RAKETENMOTOREN

Die Rakete ist der einfachste und mächtigste Wärmemotor. Sie verbrennt Kraftstoff in einer Brennkammer mit offenem Ausgang. Die erzeugten heißen Gase dehnen sich stark aus und treten bei hoher Geschwindigkeit aus. Eine Rakete bewegt sich nach dem Prinzip von Wirkung und Gegenwirkung vorwärts, da die Gase mit gewaltiger Kraft gegen das Brennkammergehäuse drücken.

Raketentriebwerke können im Weltraum deshalb funktionieren, weil der Kraftstoff zur Verbrennung keinen Sauerstoff von außerhalb benötigt.

FESTSTOFFRAKETE

Viele Raumfahrzeuge werden mit Feststofftriebwerken gestartet, die nichts anderes sind als Raketengehäuse, die — genau wie eine Feuerwerksrakete — einen festen Treibstoff enthalten. Ein runder oder sternförmiger Kanal führt durch die Mitte des Treibstoffs, der an der Oberfläche dieses Kanals abbrennt. Dieser Kanal ist also zugleich die Brennkammer. Ist der Kanal sternförmig, so entwickelt das Feststofftriebwerk mehr Schub, da dann die Abbrandoberfläche und daher das Volumen der erzeugten Gase größer sind. Feststofftriebwerke können einen gewaltigen Schub entwickeln, jedoch nach der Zündung nicht mehr gestoppt werden. Sie fliegen so lange, bis der ganze Treibstoff verbrannt ist.

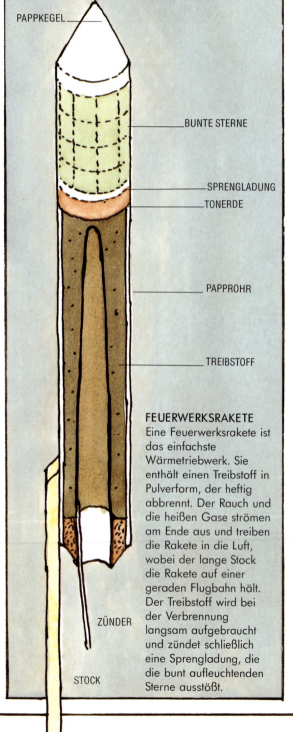

PAPPKEGEL

BUNTE STERNE

SPRENGLADUNG

TONERDE

PAPPROHR

TREIBSTOFF

ZÜNDER

STOCK

FEUERWERKSRAKETE

Eine Feuerwerksrakete ist das einfachste Wärmetriebwerk. Sie enthält einen Treibstoff in Pulverform, der heftig abbrennt. Der Rauch und die heißen Gase strömen am Ende aus und treiben die Rakete in die Luft, wobei der lange Stock die Rakete auf einer geraden Flugbahn hält. Der Treibstoff wird bei der Verbrennung langsam aufgebraucht und zündet schließlich eine Sprengladung, die die bunt aufleuchtenden Sterne ausstößt.

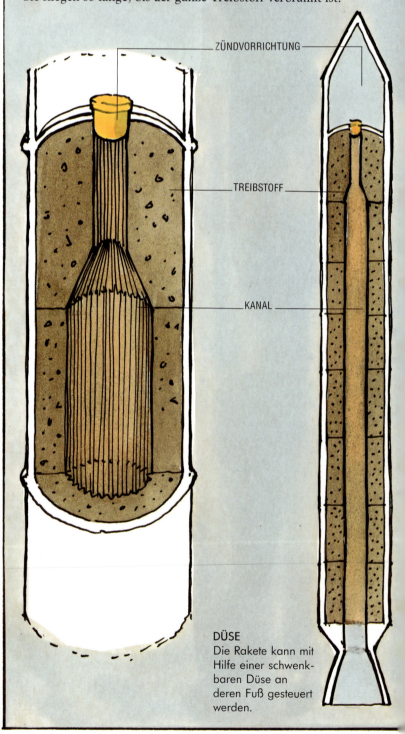

ZÜNDVORRICHTUNG

TREIBSTOFF

KANAL

DÜSE

Die Rakete kann mit Hilfe einer schwenkbaren Düse an deren Fuß gesteuert werden.

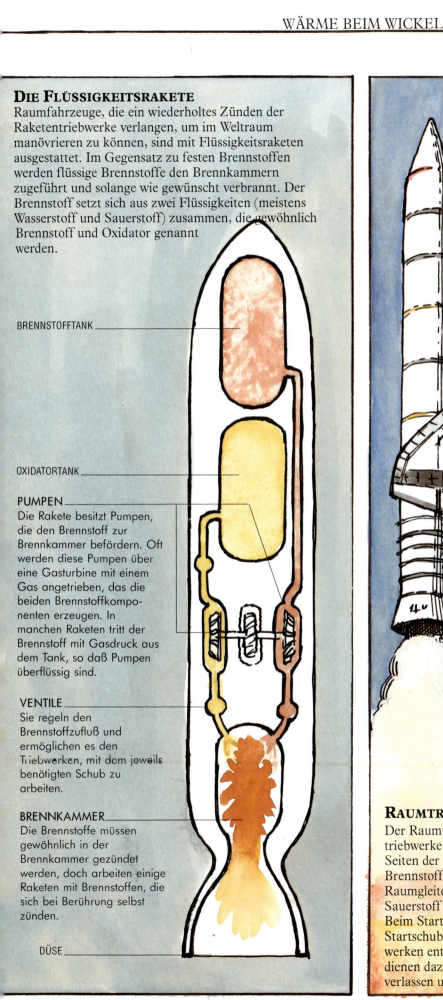

DIE FLÜSSIGKEITSRAKETE

Raumfahrzeuge, die ein wiederholtes Zünden der Raketentriebwerke verlangen, um im Weltraum manövrieren zu können, sind mit Flüssigkeitsraketen ausgestattet. Im Gegensatz zu festen Brennstoffen werden flüssige Brennstoffe den Brennkammern zugeführt und solange wie gewünscht verbrannt. Der Brennstoff setzt sich aus zwei Flüssigkeiten (meistens Wasserstoff und Sauerstoff) zusammen, die gewöhnlich Brennstoff und Oxidator genannt werden.

BRENNSTOFFTANK

OXIDATORTANK

PUMPEN
Die Rakete besitzt Pumpen, die den Brennstoff zur Brennkammer befördern. Oft werden diese Pumpen über eine Gasturbine mit einem Gas angetrieben, das die beiden Brennstoffkomponenten erzeugen. In manchen Raketen tritt der Brennstoff mit Gasdruck aus dem Tank, so daß Pumpen überflüssig sind.

VENTILE
Sie regeln den Brennstoffzufluß und ermöglichen es den Triebwerken, mit dem jeweils benötigten Schub zu arbeiten.

BRENNKAMMER
Die Brennstoffe müssen gewöhnlich in der Brennkammer gezündet werden, doch arbeiten einige Raketen mit Brennstoffen, die sich bei Berührung selbst zünden.

DÜSE

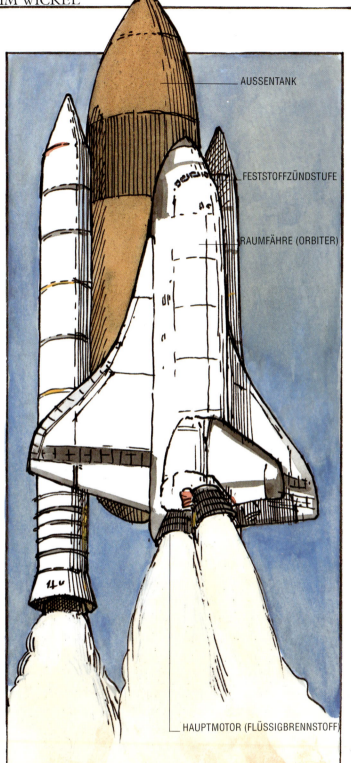

AUSSENTANK

FESTSTOFFZÜNDSTUFE

RAUMFÄHRE (ORBITER)

HAUPTMOTOR (FLÜSSIGBRENNSTOFF)

RAUMTRANSPORTER (SPACE SHUTTLE)

Der Raumtransporter besitzt fünf Hauptraketentriebwerke: Zwei riesige Feststofftriebwerke an den Seiten der Raumfähre und drei mit flüssigem Brennstoff betriebene Haupttriebwerke hinten am Raumgleiter. Der Außentank enthält Wasserstoff und Sauerstoff in flüssiger Form für die Haupttriebwerke. Beim Start entwickeln diese fünf Triebwerke einen Startschub, der dem von 135 Jumbo-jet-Strahltriebwerken entspricht. Kleinere Flüssigkeitsraketen dienen dazu, die Umlaufbahn zu erreichen oder zu verlassen und im Weltraum zu manövrieren.

KERNKRAFT

VOM GESCHENK, DAS IMMER WEITER SCHENKT

Auf einer meiner Reisen war ich eines Tages in einer Stadt eingeschneit, in der die Brennstoffvorräte ausgegangen waren. Als ich an einem bitterkalten Morgen aufwachte, erfuhr ich, daß aus dem Nichts ein riesiges Mammut aus Beton vor den Toren der Stadt aufgetaucht war. Die aufgeregten Einwohner bestaunten es, und mein fachlicher Rat war gefragt.

Am langen beweglichen Rüssel des Mammuts fand ich einen Zettel, auf dem geschrieben stand, daß dieses gigantische Gerät das Geschenk eines Freundes sei. Werde das Mammut richtig behandelt, so war weiter zu lesen, dann würde es soviel Wärme in Form von Dampf abgeben, wie die Stadt benötige. Dafür verlange die Maschine nur, daß sie mit reichlich Wasser und gelegentlich einem Kügelchen aus einem Beutel, der beigefügt war, versorgt würde. Zum Schluß war noch eine Mahnung auf den Zettel gekritzelt, die besagte, daß das ganze Abfallmaterial, das regelmäßig hinten aus dem komplizierten Apparat herausfiel, in schwere Behälter zu füllen und tief einzubuddeln sei. Der Zettel trug keinerlei Unterschrift.

KERNREAKTIONEN

Das mechanische Mammut kann mit so geringem Brennstoff deshalb so sagenhafte Mengen an Energie freisetzen, weil es ein Atomkraftwerk ist. Drinnen steckt ein Kernreaktor, der den Kernbrennstoff in Hitze umwandelt, jedoch ohne ihn zu verbrennen.

Das Brennen oder die Verbrennung ist eine chemische Reaktion. Die im Brennstoff und im Sauerstoff der Luft enthaltenen Elemente gruppieren sich während des Verbrennens neu. Diese neue Zusammensetzung der Elemente, bei der Asche, Rauch und Abgase anfallen, besitzt eine geringere Energie als der Originalbrennstoff und der Sauerstoff. Die übriggebliebene Energie erscheint als Wärme.

Eine Kernreaktion beutet die Elemente in einer vollkommen anderen Weise aus, um Wärme zu erzeugen.

Läuft eine Kernreaktion ab, so bleiben die Elemente im Brennstoff nicht dieselben. Statt dessen werden im Kernreaktor die Elemente im Brennstoff in andere Elemente umgewandelt. Die Abfallprodukte der Kernreaktion besitzen weniger Energie als der Brennstoff, und die verlorene Masse wird in Energieform abgegeben. Eine Kernreaktion erzeugt also tatsächlich Energie; sie wandelt aber keine Energieform in eine andere um. Mit einer kleinen Masse wird eine große Energiemenge erzeugt. Aus diesem Grund ist die Kernkraft so ergiebig.

Wir befolgten gewissenhaft die Anweisungen. Eine Menge Wasser wurde in die Kreatur aus Beton gepumpt, nachdem ein paar Kügelchen hineingekippt worden waren. Es dauerte nicht mal eine kleine Weile und schon stieß der Rüssel des Mammuts unter den lauten Jubelrufen der versammelten Bevölkerung kleine Dampfwölkchen aus. Schnell wurde ein Leitungssystem, das in jedes Haus der Stadt führte, an den Rüssel angeschlossen. Seitdem ist es in jedem Haus, in meinem inbegriffen, selbst an den kältesten Tagen warm und gemütlich. Die Abfälle entfernten wir von Zeit zu Zeit und versiegelten und vergruben sie genauso, wie es auf dem Zettel gestanden hatte.

Je länger jedoch der Winter andauerte, um so weniger hatten die Entsorgungsmannschaften Lust hinauszugehen, um die Abfälle zu vergraben, die schließlich sehr harmlos aussahen.

Glücklicherweise war ich in der Lage, ein höchst kluges System zu ersinnen, um das Problem des unansehnlichen Abfalls zu beseitigen. Und zwar ließ ich in die Stadtmauer ein großes Loch schlagen, durch das der Rüssel des Mammuts geschoben wurde. Da sich nun das Hinterteil des Mammuts außerhalb der Stadtmauer befand, brauchte man den Abfällen keine besondere Beachtung mehr zu schenken.

In der Stadt gab es noch einige, die das Mammut aus Beton weiterhin argwöhnisch betrachteten. Sie wunderten sich nicht nur darüber, wie es funktionierte, sondern fragten sich auch, woher es gekommen war; konnte es wirklich so nutzbringend sein, wie es schien? Doch indem ich ankündigte, ich würde die Maschine öffnen und Führungen durch den Mechanismus veranstalten, konnte ich diese Befürchtungen beschwichtigen.

Als jedoch der Frühling da war, schmolz der Schnee weg, und ich ging wieder einmal auf Reisen, bevor ich mein Versprechen einlösen konnte. Als ich fort fuhr, fiel mir nur auf, daß von den Bäumen in der Umgebung der Abfälle bereits das Laub fiel.

ÜBER DEN UMGANG MIT DER KERNKRAFT

Recht haben die Leute, daß sie das atomare Mammut mißtrauisch beäugen. Eine Kernreaktion kann nämlich, wenn sie unkontrolliert abläuft, eine enorme Explosion verursachen, da die gewaltige Energie fast unverzüglich freigesetzt wird. Das ist der Fall bei den Atombombenexplosionen. In Kernreaktoren läuft die Freisetzung der Kernenergie gesteuert ab. Jedoch wird bei der Reaktion und auch vom Atommüll eine gefährliche Strahlung freigesetzt, und deshalb müssen Reaktoren mit einer Betonhülle eingekleidet und die Abfälle aus Sicherheitsgründen weit von den Menschen entfernt aufbewahrt werden. Bei der Erzeugung von Strahlung handelt es sich ebenfalls um eine Kernreaktion, denn sie verändert die Elemente im Atommüll. Sie geht jedoch langsamer vonstatten als in einem Kernreaktor, weshalb der radioaktive Müll noch über viele Jahre hinaus eine gefährliche Strahlung abgibt.

Es ist schon merkwürdig, daß wir Menschen letzten Endes alle von der Kernenergie abhängen, da Wärme und Licht, die das Leben auf Erden ermöglichen, aus einer gigantischen Kernreaktion stammen, die in der Sonne stattfindet. Denn die Erzeugung von Energie in solch großem Maßstab ist nur durch Kernreaktionen möglich. In jeder Sekunde verliert die Sonne bei ihrem gewaltigen Ausstoß an Energie vier Millionen Tonnen ihrer Masse.

KERNSPALTUNG

Kernkraft hat ihren Namen daher, daß die Erzeugung der Energie im Atomkern stattfindet. Ein jedes Atom des Brennstoffs enthält in seinem Zentrum einen Kern, der sich selbst wiederum aus noch kleineren Teilen zusammensetzt, die Protonen und Neutronen heißen.

Die Art der Kernreaktion, die in einem Kernreaktor abläuft, nennt man Kernspaltung. Als Kernbrennstoff verwendet man Uran oder Plutonium, zwei sehr schwere Elemente, deren Kerne viele Protonen und Neutronen besitzen. Die Spaltung setzt ein, wenn ein sehr schnelles Neutron auf einen Kern trifft. Durch das Einfangen des Neutrons wird der Kern instabil und bricht in zwei kleinere Bruchstücke auseinander. Dabei werden erneut Neutronen freigesetzt, die wiederum andere Kerne spalten, und so weiter. Da bei jeder Spaltung mehr Neutronen entstehen als verbraucht werden, nimmt die Anzahl der Spaltungen sehr rasch zu: es kommt zu einer *Kettenreaktion*. Läuft sie unkontrolliert ab, wächst sie schnell an und erzeugt innerhalb von millionstel Sekunden eine enorme Temperatur von mehreren Mio.°C.

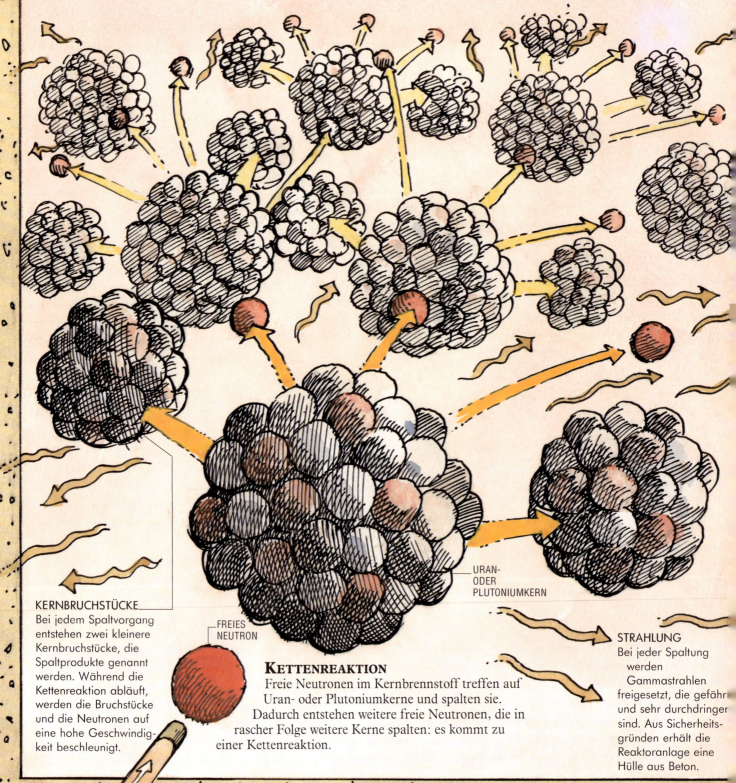

KERNBRUCHSTÜCKE
Bei jedem Spaltvorgang entstehen zwei kleinere Kernbruchstücke, die Spaltprodukte genannt werden. Während die Kettenreaktion abläuft, werden die Bruchstücke und die Neutronen auf eine hohe Geschwindigkeit beschleunigt.

FREIES NEUTRON

KETTENREAKTION
Freie Neutronen im Kernbrennstoff treffen auf Uran- oder Plutoniumkerne und spalten sie. Dadurch entstehen weitere freie Neutronen, die in rascher Folge weitere Kerne spalten: es kommt zu einer Kettenreaktion.

URAN- ODER PLUTONIUMKERN

STRAHLUNG
Bei jeder Spaltung werden Gammastrahlen freigesetzt, die gefährlich und sehr durchdringend sind. Aus Sicherheitsgründen erhält die Reaktoranlage eine Hülle aus Beton.

KERNFUSION

Kernkraft kann sowohl durch Spaltung als auch durch Fusion (Verschmelzung) entstehen. Bei dieser Kernreaktion verschmelzen die Kerne von zwei Brennstoffen, statt sich zu spalten. Im Gegensatz zur Kernspaltung geht die Fusion nur bei kleinen Atomen vor sich, deren Kerne wenig Protonen und Neutronen besitzen. Der gasförmige Brennstoff besteht aus schwerem Wasserstoff (Deuterium) und überschwerem (Tritium). Bei einem Fusionsprozeß treffen zwei Kerne so aufeinander, daß ihre Protonen und Neutronen zu einem neuen Kern verschmelzen. Ein freies Neutron bleibt übrig. Der neu entstandene Kern und die Neutronen bewegen sich mit einer solchen Geschwindigkeit, daß eine hohe Temperatur entsteht. Strahlung wird nicht freigesetzt, dennoch sind die Neutronen sehr gefährlich.

Damit die beiden Kerne verschmelzen, müssen sie mit unerhörter Wucht aufeinandertreffen. Das ist nur möglich, wenn das Gasgemisch auf extrem hohe Temperaturen von mehreren Millionen Grad erhitzt wird. Ein Fusionsprozeß läuft in der Sonne ab und liefert ihr die Energie, aber auch in der thermonuklearen Atombombe (Wasserstoffbombe).

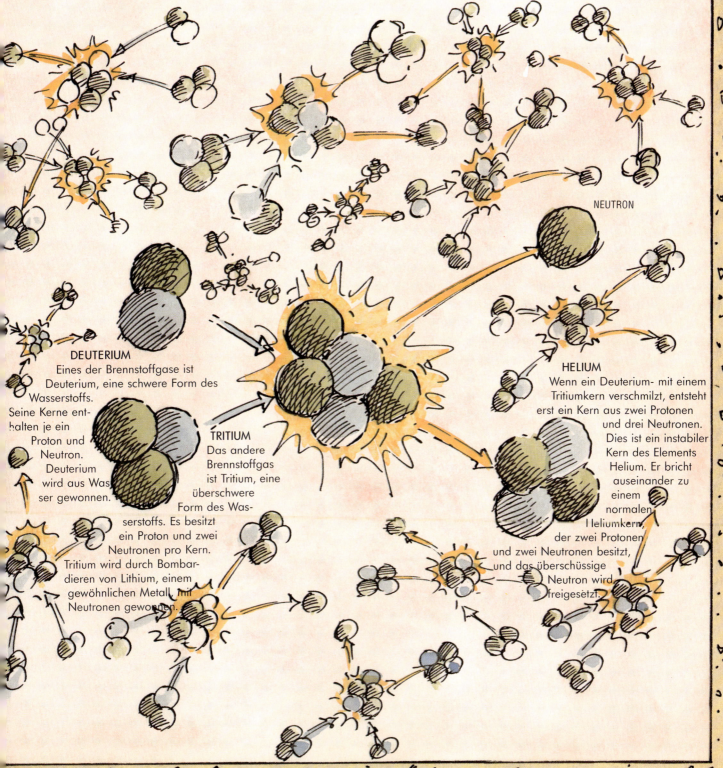

NEUTRON

DEUTERIUM
Eines der Brennstoffgase ist Deuterium, eine schwere Form des Wasserstoffs. Seine Kerne enthalten je ein Proton und Neutron. Deuterium wird aus Wasser gewonnen.

TRITIUM
Das andere Brennstoffgas ist Tritium, eine überschwere Form des Wasserstoffs. Es besitzt ein Proton und zwei Neutronen pro Kern. Tritium wird durch Bombardieren von Lithium, einem gewöhnlichen Metall, mit Neutronen gewonnen.

HELIUM
Wenn ein Deuterium- mit einem Tritiumkern verschmilzt, entsteht erst ein Kern aus zwei Protonen und drei Neutronen. Dies ist ein instabiler Kern des Elements Helium. Er bricht auseinander zu einem normalen Heliumkern, der zwei Protonen und zwei Neutronen besitzt, und das überschüssige Neutron wird freigesetzt.

ATOMWAFFEN

DIE ATOMBOMBE

Atomwaffen sind Kampfmittel, deren Energie aus der Kernspaltung oder -verschmelzung herrührt. In ihrer Wirkung sind sie die fürchterlichsten Waffen, die je erfunden wurden. Bei einer Explosion wirken der Lichtblitz durch Blendung, die Wärmestrahlung durch Verbrennung der ungeschützten Stellen der Haut und die Kernstrahlung auf die Menschen verheerend.

Die Atombombe ist ein Sprengkörper mit Kernmaterial zur Kernspaltung (nuklearer Sprengkörper). Sie besteht aus einer mit Uran oder Plutonium gefüllten hohlen Kugel. Da das Kernmaterial in der Bombe sich nicht selbst zünden kann, muß eine Neutronenquelle von der Zündkapsel in das Zentrum der Kugel geschossen werden. Sprengstoff zertrümmert die Hülle um die Neutronenquelle. Die Neutronen können nicht entweichen, spalten das Kernmaterial und verursachen in millionstel Sekunden eine Kettenreaktion.

ZÜNDKAPSEL

NEUTRONENQUELLE

URAN- ODER PLUTONIUMKUGEL

SPRENGSTOFF

HÜLLE

WASSERSTOFFBOMBE

Die Wasserstoff- oder H-Bombe ist ein Sprengkörper, in dem die Energie durch Verschmelzen (Fusion) leichter Atomkerne entsteht (thermonuklearer Sprengkörper). Deuterium und Tritium, zwei verschiedene Wasserstofformen, treffen unter Hochdruck und bei hoher Temperatur aufeinander, um zu verschmelzen. Zur Erzielung der erforderlichen hohen Temperatur und des Drucks wird ein nuklearer Sprengkörper als Zünder benutzt. Um die Explosion auszulösen, zertrümmert ein Sprengstoff das Kernmaterial um die Neutronenquelle.

Einige thermonukleare Sprengkörper enthalten noch eine Uranummantelung, die eine Druckwelle erzeugt, die Megatonnen (Millionen Tonnen) von TNT entspricht. Die Neutronenbombe dagegen ist ein thermonuklearer Sprengkörper, der nur geringe Hitze und eine geringe Druckwelle, dafür aber eine durchdringende Neutronenstrahlung erzeugt. Sie wirkt deshalb gegen Lebewesen, ohne Bauwerke und Waffen zu zerstören.

ATOMBOMBENTEST

Der Niederschlag (fallout) nach einer Atombomben- explosion ist so stark radioaktiv, daß die Waffen in Kammern getestet werden müssen, die man in entlegenen und wenig bevölkerten Gegenden eigens zu diesem Zweck tief in die Erde bohrt. Auf diese Weise wird die Atmosphäre nicht durch den radioaktiven Niederschlag verseucht.

SPRENGSTOFF

HÜLLE

NEUTRONENQUELLE

KERNBRENNSTOF

URANUMMANTELUNG

URAN- ODER PLUTONIUMZÜNDER

RADIOAKTIVER NIEDERSCHLAG

Ein künftiger Atomkrieg würde nicht nur Länder und Städte in Schutt und Asche legen, sondern wegen des radioaktiven Niederschlags auch die ganze Atmosphäre verseuchen. Die einzige Rettungsmöglichkeit bestünde darin, tiefe unterirdische Bunker aufzusuchen, in denen man vor dem radioaktiven Niederschlag sicher wäre. Doch müßte man in einem solchen atombombensicheren Bunker so lange leben, bis die radioaktive Strahlung auf ein annehmbares Maß zurückgegangen ist. Das kann viele Jahre dauern. Selbst dann wäre das Leben auf der Erde wegen dramatischer Veränderungen des Klimas, der Lebensmittelknappheit und der Bedrohung durch Krankheiten eine grausige Angelegenheit und kaum noch möglich.

Zum Geburtstag viel Glück, Zum Geburtstag viel Glück...

KERNREAKTOR

Das Herz eines Kernkraftwerks ist der Kernreaktor. Hier wird enorme Wärme durch Spaltung des Uranbrennstoffs gewonnen. Vom Reaktor wird die Wärme zu einem Dampfgenerator geleitet, in dem Wasser in Dampf umgewandelt wird. Ansonsten funktioniert ein Atomkraftwerk auf dieselbe Weise wie ein, mit Kohle oder Öl betriebenes Kraftwerk: nämlich mit ▷ Dampfkraft.

In allen Atomreaktoren strömt Flüssigkeit oder Gas durch den Kern des Reaktors, um die dort durch Kernspaltung erzeugte Wärme aufzunehmen und ihn abzukühlen. Der wichtigste thermische Reaktortyp, der in Atomkraftwerken eingebaut wird, der Druckwasserreaktor, verwendet Wasser als Kühlmittel.

BRENNSTÄBE
Als Brennstoff wird Urandioxid in Tablettenform in gasdicht geschlossene, über drei Meter lange Metallrohre geladen und in den Reaktorkern eingeführt.

REGELSTÄBE
Für kurzfristige Regelvorgänge sind gleichmäßig über den Reaktorkern verteilte Regelstäbe vorgesehen, die in den Kern eingefahren werden. Sie enthalten eine Substanz, die Neutronen absorbiert. Durch Aus- oder Einfahren ist es möglich, eine kontrollierte Spaltung durchzuführen

REAKTORKERN (CORE)
Ein Druckbehälter aus Stahl umgibt den Kern des Druckwasserreaktors mit den Brenn- und Regelstäben. Natürlich vorkommende Neutronen starten eine Kettenreaktion im Brennelement, und schnelle Neutronen

entstehen durch Spaltung. Das Kühlmittel (Druckwasser) strömt durch den Kern und bremst die Neutronen ab. Die langsamen Neutronen verursachen weitere Spaltungen und halten die Kettenreaktion in Gang. Die durch Spaltung erzeugte Wärme geht ans Kühlmittel über.

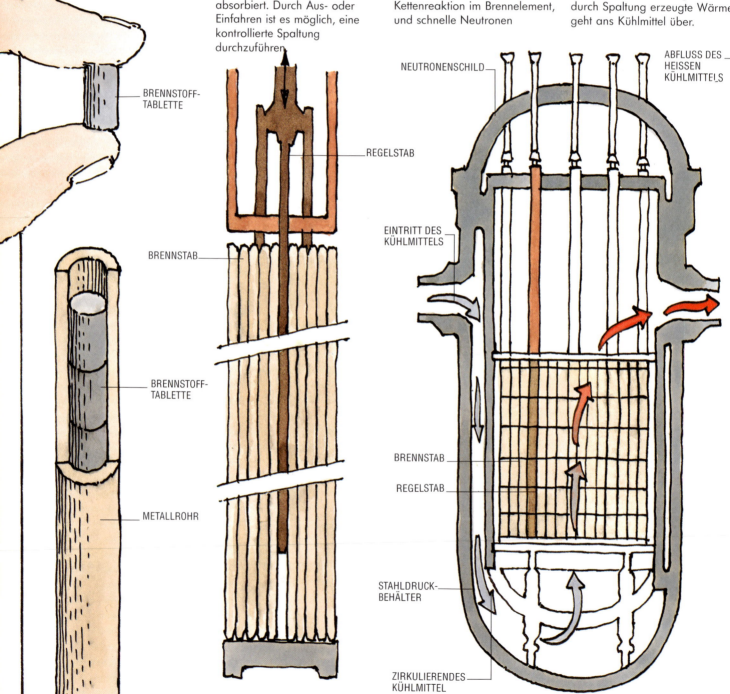

BRENNSTOFF-TABLETTE

BRENNSTAB

BRENNSTOFF-TABLETTE

METALLROHR

REGELSTAB

NEUTRONENSCHILD

ABFLUSS DES HEISSEN KÜHLMITTELS

EINTRITT DES KÜHLMITTELS

BRENNSTAB

REGELSTAB

STAHLDRUCK-BEHÄLTER

ZIRKULIERENDES KÜHLMITTEL

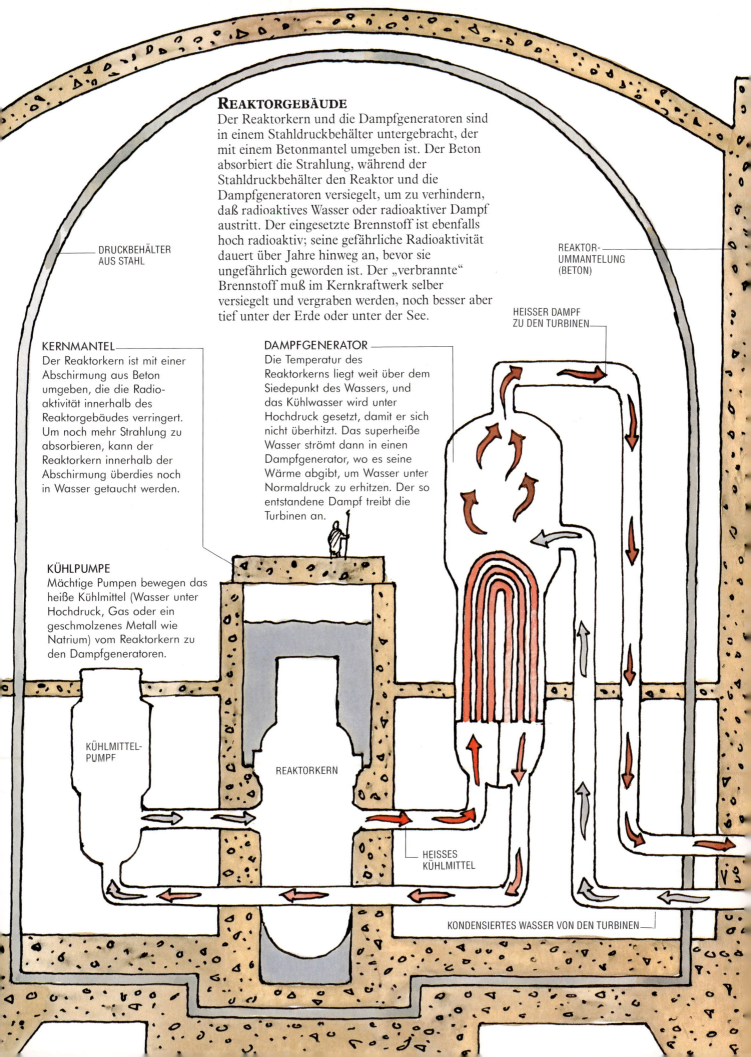

REAKTORGEBÄUDE

Der Reaktorkern und die Dampfgeneratoren sind in einem Stahldruckbehälter untergebracht, der mit einem Betonmantel umgeben ist. Der Beton absorbiert die Strahlung, während der Stahldruckbehälter den Reaktor und die Dampfgeneratoren versiegelt, um zu verhindern, daß radioaktives Wasser oder radioaktiver Dampf austritt. Der eingesetzte Brennstoff ist ebenfalls hoch radioaktiv; seine gefährliche Radioaktivität dauert über Jahre hinweg an, bevor sie ungefährlich geworden ist. Der „verbrannte" Brennstoff muß im Kernkraftwerk selber versiegelt und vergraben werden, noch besser aber tief unter der Erde oder unter der See.

DRUCKBEHÄLTER
AUS STAHL

REAKTOR-
UMMANTELUNG
(BETON)

HEISSER DAMPF
ZU DEN TURBINEN

KERNMANTEL

Der Reaktorkern ist mit einer Abschirmung aus Beton umgeben, die die Radioaktivität innerhalb des Reaktorgebäudes verringert. Um noch mehr Strahlung zu absorbieren, kann der Reaktorkern innerhalb der Abschirmung überdies noch in Wasser getaucht werden.

DAMPFGENERATOR

Die Temperatur des Reaktorkerns liegt weit über dem Siedepunkt des Wassers, und das Kühlwasser wird unter Hochdruck gesetzt, damit er sich nicht überhitzt. Das superheiße Wasser strömt dann in einen Dampfgenerator, wo es seine Wärme abgibt, um Wasser unter Normaldruck zu erhitzen. Der so entstandene Dampf treibt die Turbinen an.

KÜHLPUMPE

Mächtige Pumpen bewegen das heiße Kühlmittel (Wasser unter Hochdruck, Gas oder ein geschmolzenes Metall wie Natrium) vom Reaktorkern zu den Dampfgeneratoren.

KÜHLMITTEL-
PUMPF

REAKTORKERN

HEISSES
KÜHLMITTEL

KONDENSIERTES WASSER VON DEN TURBINEN

KERNFUSION

Die Kernfusion oder -verschmelzung könnte uns mit fast unbegrenzter Energie versorgen. Die für die Kernverschmelzung benötigten Brennstoffe kann man aus gewöhnlichen Substanzen gewinnen. Deuterium ist schwerer und Tritium ist überschwerer Wasserstoff, die man beide aus Wasser gewinnen kann. Alles was man sonst noch braucht, ist eine Maschine, die beide unter kontrollierten Bedingungen zum Verschmelzen bringt.

Praktisch ist diese Verschmelzung jedoch nur sehr schwer zu erzielen. Die beiden Gase müssen auf eine Temperatur von mehreren Millionen °C erhitzt und für einige Sekunden zusammengeführt werden. Kein normaler Behälter hält diesen Temperaturen stand, und verschiedene Systeme mit magnetischen Feldern oder Laser befinden sich derzeit im Versuchsstadium.

Die ersten Fortschritte wurden bereits erzielt: In begrenztem Umfang gelang bereits die Verschmelzung, jedoch liegt die erzeugte Energiemenge weit unter der zugeführten Energiemenge. Wissenschaftler erhoffen sich von der Kernverschmelzung solche Fortschritte, daß sie zu Anfang des nächsten Jahrhunderts Wirklichkeit werden kann. Wenn diese optimistische Voraussage sich erfüllen würde, besäßen wir eine Energiequelle, die nicht nur sehr mächtig wäre, sondern die darüber hinaus Brennstoffe verwendet, die reichlich vorhanden sind. Obwohl es unwahrscheinlich ist, daß ein Kernfusionsreaktor explodiert und dabei Radioaktivität freisetzt, so würde er doch radioaktiven Müll in Form ausrangierter Reaktorelemente erzeugen.

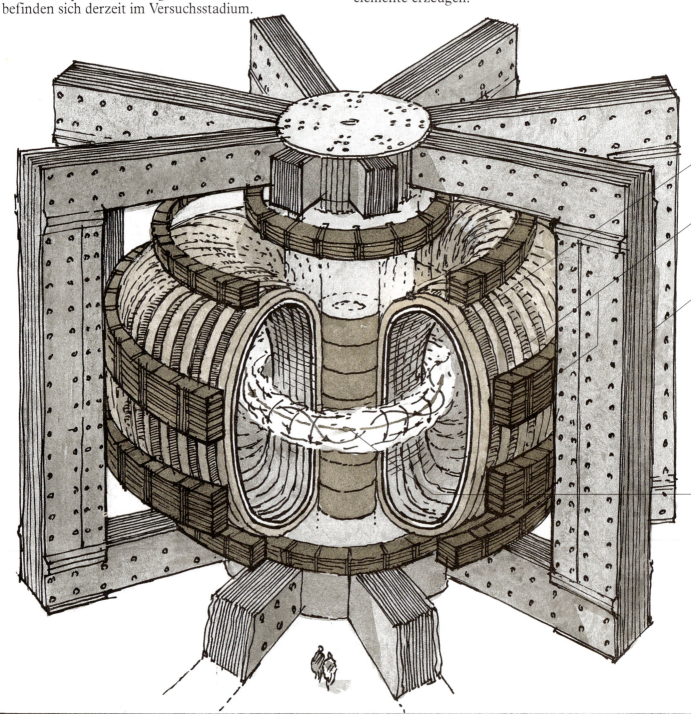

DER TOMAKAK

Die meisten Kernfusionsreaktoren verwenden eine Maschine namens *Tomakak*, die ursprünglich in Rußland entwickelt wurde. Ihr Herzstück ist eine vakuumdichte, metallene Ringröhre (Torus), die die Gase enthält, die verschmolzen werden sollen. Ein großer, elektrischer Transformator und eine Drahtspule umgeben den Torus. Der Transformator erzeugt in den Gasen einen elektrischen Strom, der sie so erhitzt, daß sie eine elektrisch geladene Mischung, das Plasma, erzeugen. Zugleich wirken starke Magnetfelder, vom Strom und Drahtspiralen erzeugt, auf die heißen Gase.

Das Magnetfeld zwingt die Gase in die Mitte des Torus, so daß sie die Wände nicht berühren. Unter diesen Umständen erreichen sie solch hohe Temperaturen, daß sie zu verschmelzen beginnen. Diese Temperatur kann noch weiter erhöht werden durch Bombardierung der Gase mit starken Radiowellen und durch Einspritzen von Partikelstrahlen in den Torus.

TORUS
Die Brennstoffgase werden in den vakuumdichten Torus eingespritzt.

MAGNETISCHE FELDSPULE
Diese Spule ist um den Torus gewickelt, und durch sie geht ein starker elektrischer Strom hindurch. Im Torus entsteht ein Magnetfeld.

TRANSFORMATOR
Der elektrische Strom, den man der Transformatorspule im Zentrum der Maschine zuführt, wird durch die Transformatorspule noch erhöht, damit im Plasma ein starker Strom fließen kann. Dieser Strom erhitzt das Plasma und erzeugt ein zweites Magnetfeld um das Plasma herum. Die beiden Magnetfelder ziehen sich gegenseitig so an, daß das Plasma gezwungen wird, sich auf kreisförmigen Bahnen im Torus zu bewegen.

PLASMA
Die in den Torus eingespritzten Brennstoffgase werden auf solch hohe Temperaturen gebracht, daß sie zu einem Plasma werden, zu einem superheißen Gas, das magnetisierbar ist. Das Magnetfeld preßt das Plasma in einen engen Ring in der Mitte des Torus. Durch die extrem hohe Temperatur und den Druck kommt es zur Verschmelzung.

FUSIONSREAKTOR

So könnte ein Fusionsreaktor funktionieren: Deuterium und Tritium werden in den Torus eingeführt, wo sie verschmelzen. Bei der Verschmelzung entsteht nicht-radioaktives Helium, das aus dem Torus austritt, und Neutronen hoher Energie. Der Torus ist von einer Metallschicht aus Lithium umgeben Die Neutronen dringen durch die Schicht hindurch und wandeln dabei etwas Lithium in Tritium um, das aus der Schicht aus- und in den Torus eintritt. Zugleich erwärmen sie die Schicht. Diese Wärme wird von einem Wärmetauscher abgeleitet und gelangt in einen Dampfkessel zur Stromerzeugung. Die Neutronen niedrigerer Energie werden von der Reaktorabschirmung absorbiert, wenn sie aus der Metalldecke austreten.

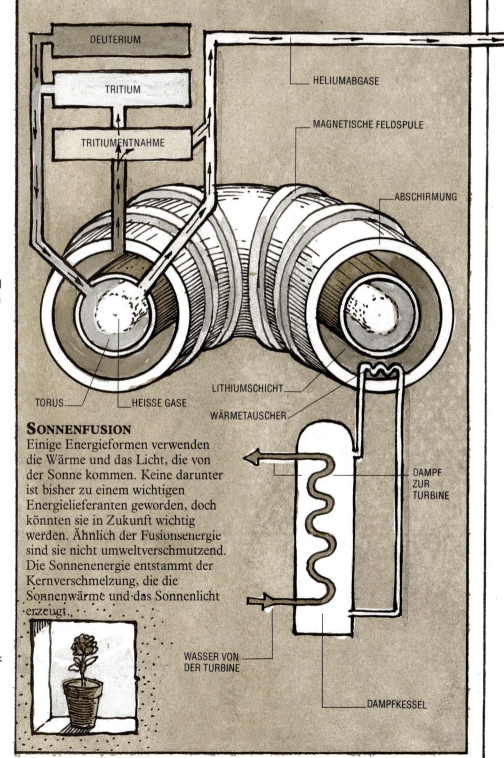

DEUTERIUM

TRITIUM

TRITIUMENTNAHME

HELIUMABGASE

MAGNETISCHE FELDSPULE

ABSCHIRMUNG

TORUS

HEISSE GASE

LITHIUMSCHICHT

WÄRMETAUSCHER

DAMPF ZUR TURBINE

WASSER VON DER TURBINE

DAMPFKESSEL

SONNENFUSION

Einige Energieformen verwenden die Wärme und das Licht, die von der Sonne kommen. Keine darunter ist bisher zu einem wichtigen Energielieferanten geworden, doch könnten sie in Zukunft wichtig werden. Ähnlich der Fusionsenergie sind sie nicht umweltverschmutzend. Die Sonnenenergie entstammt der Kernverschmelzung, die die Sonnenwärme und das Sonnenlicht erzeugt.

DIE ERSTE
TONBILDSCHAU —
ATLANTIS

TEIL 3

WIRKUNG DER WELLEN

INHALT

Hier folget nun

DES GROSSEN WERKS

DRITTHER THEIL

in welchem gebothen werden die

GEHEIMNISSE

DES LICHTS & DES SCHALLS

einschließlich der MAMMUT-VERSTÄRKUNG,

STOSSZAHNBESCHNEIDUNG & KOPFSTEIN-HOCKEYSPIELE

unnachgiebig ausgekundschaftet

——— mit Hilfe des ———

GROSSEN WOLLENEN MAMMUTS

welches notwendigerweise frei ist von

GESUNDEM MENSCHENVERSTAND.

So wie anläßlich meiner Experimente

beobachtet und aufgezeichnet

zur Bildung künftiger Generationen

und zum allgemeinen Nutzen der ganzen

MENSCHHEIT!

EINLEITUNG

In jedem Augenblick unseres Lebens werden wir mit Wellen bombardiert. Schmerzvoll ist dies jedoch nicht, da das meiste dieser Energie an uns vorbei oder auch — in einigen Fällen — durch uns hindurchgeht, ohne daß dies eine schädliche Wirkung auf uns hätte. Viele dieser Wellen stoßen zwar mit uns zusammen, ohne daß wir von ihrer Existenz erfahren, jedoch nicht alle bleiben unbemerkt. Mit Hilfe unserer Sinne können wir einen kleinen, jedoch wichtigen Teil dieses Sperrfeuers wahrnehmen. Wärmeenergie fühlen wir mit der Haut, Lichtenergie sehen wir mit den Augen, und mit den Ohren stellen wir Schallenergie fest. Doch anhand der in diesem Abschnitt von MACAULAY'S MAMMUT-BUCH DER TECHNIK beschriebenen Maschinen und Geräte können wir weit mehr als das tun: Wir können uns über unvorstellbar weite Entfernungen hinweg miteinander in Verbindung setzen, versteckte Welten — sowohl die mikroskopische als auch die astronomische — vor unser Auge bringen sowie Schall und Bilder rekonstruieren, die sonst in der Vergangenheit versinken würden.

ERWEITERUNG DER SINNE

Maschinen, die mit Wellen arbeiten, verwenden Wellenenergie, um die Reichweite unserer Ohren und Augen zu vergrößern. Tele- und Mikroskope rüsten die Linsen unserer Augen auf, um die in den Lichtstrahlen vorhandene außergewöhnliche Vielzahl der Details zu offenbaren, die unsere Augen ohne diese Hilfe auf keinen Fall sehen könnten. In der Drucktechnik und in der Fotografie werden Wörter und Bilder in allen Farben auf Papier gebannt, während in Hologrammen das Licht eines Lasers den Zusammenprall der Lichtwellen ausnutzt, um räumliche Abbildungen von Gegenständen anzufertigen, die so verblüffend real sind, daß man glaubt, man könnte seine Hände um sie herumlegen. Mit den Methoden zur Aufnahme von Schall und bewegten Bildern kann man Schall- und Lichtwellen reproduzieren, um den Eindruck einer mächtigen Illusion zu erzeugen.

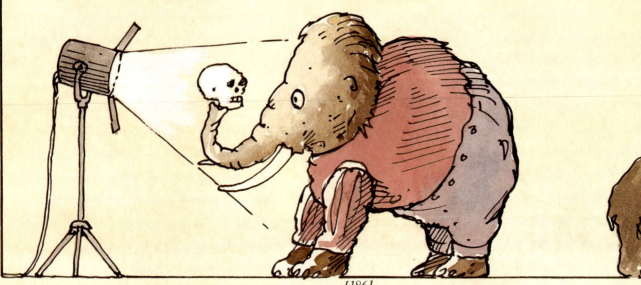

Was die meisten dieser Maschinen leisten, ist ziemlich einfach zu beschreiben, denn viele von ihnen, zum Beispiel der Fotoapparat, Plattenspieler, Videorecorder und das Telefon, sind in fast jedem Haushalt vorhanden. Schon schwieriger ist es zu verstehen, auf welche Weise sie mit Wellenenergie arbeiten.

ENERGIE IN BEWEGUNG

Wenn eine Nähmaschine oder ein Benzinmotor in Betrieb ist, ist es einfach zu sehen, woher die Energie stammt und wohin sie geleitet wird. Bei Maschinen, die mit Wellen arbeiten, verhält es sich anders. Energiewellen kann man nicht in die Hände nehmen, um sie zu untersuchen, und zusätzlich erschwert wird der Umgang mit ihnen dadurch, daß für sie eine Reihe anderer Gesetze gilt als für die festen Körper.

Obwohl Energiewellen in manchen Fällen durch Materie hindurchgeführt werden, so besteht ihre Haupteigenschaft darin, daß lediglich ihre Energie sich bewegt. Wirft man zum Beispiel einen Stein in einen Teich, so breiten sich die kleinen Wasserwellen ringförmig von dem Punkt aus, an dem der Stein ins Wasser eingetreten ist. Aber diese Miniaturwellen bestehen nicht etwa aus Wasser, das sich zum Rand hin ausbreitet. Vielmehr steigt und fällt das Wasser an der Oberfläche des Teichs, und nur die Energie breitet sich aus. Die in den Maschinen eingesetzten Wellen arbeiten auf dieselbe Weise.

Jede vorüberfließende Welle besteht aus einem regelmäßigen Ansteigen und Abfallen der Energie. Die Entfernung zwischen zwei aufeinanderfolgenden Energieanstiegen wird als *Wellenlänge* und ihre Häufigkeit innerhalb einer bestimmten Zeit als *Frequenz* dieser Welle definiert. Für unsere Anschauung von den Wellen sind beide Begriffe wichtig.

WELLEN IN KÖRPERN

Die auf den folgenden Seiten vorgestellten Maschinen benutzen zwei verschiedene Arten von Wellen. Von diesen beiden sind die Schallwellen leichter zu verstehen, da sie aus Schwingungen in der Materie bestehen. Sie können sich nur durch die Materie fortbewegen — durch Luft, Wasser, Glas, Stahl, Ziegelstein und Mörtel; können diese in Schwingung versetzt werden, so fährt der Schall durch sie hindurch.

Eine einzelne Schallwelle ist eine Kette schwingender Moleküle — jene winzigen Teilchen in der Luft, im Wasser oder in der festen Materie. Wenn ein Lautsprecher schwingt, so schwingen auch die Moleküle in der ihn umgebenden Luft mit. Wie das Wasser im Teich, so bewegen sich die Moleküle selber nicht in Schallrichtung fort. Sie geben lediglich die Energie weiter. Bereiche hohen und tiefen Drucks bewegen sich durch die Luft und haben ihren Ursprung an der Quelle. Der Schall ist nur unsere Wahrnehmung dieser Schwingungen. Wenn ein Körper schneller als etwa zwanzigmal in der Sekunde schwingt, können wir ihn hören — es ist der tiefste Ton, den ein menschliches Ohr wahrzunehmen vermag. Mit zunehmender Schwingungszahl nimmt die Tonhöhe zu. Bei 20 000 Schwingungen pro Sekunde ist der Ton für uns Menschen so hoch, daß wir ihn nicht mehr hören können, nicht aber für Maschinen wie den Ultraschall-Abtaster, der den Hochtonschall auf dieselbe Weise einsetzt wie die Fledermäuse beim Fliegen, die sich aus Schall und seinem Echo ein Bild schaffen.

WELLEN IM RAUM

Die andere Art von Wellen schließt die Licht- und Radiowellen ein, die tatsächlich nur Variationen ein und desselben Themas sind, obwohl sie sehr verschieden zu sein scheinen. Die Licht- und Radiowellen sind beide Mitglieder einer Wellenfamilie, die man die elektromagnetischen Wellen nennt. Diese mobilen Energieformen werden häufig Strahlen statt Wellen genannt — Wärmestrahlen gehören ebenfalls zur selben Familie. Diese Wellen unterscheiden sich nur in ihrer Frequenz.

Elektromagnetische Wellen — Licht, Wärmestrahlen und Funkwellen — bestehen nicht aus schwingenden Molekülen, sondern vielmehr aus schwingenden elektrischen und magnetischen Feldern. Da diese Felder im leeren Raum bestehen können, sind elektromagnetische Wellen in der Lage, sich durch das Nichts fortzubewegen.

Wie die Schallwellen, so besitzt jede Welle ihre eigene Frequenz. Beim Licht nehmen wir die verschiedenen Frequenzen als verschie-

dene Farben wahr, ähnlich wie hohe und tiefe Schallfrequenzen zu Hoch- und Baßtönen führen. Die Ähnlichkeit ist damit jedoch zu Ende. Elektromagnetische Wellen breiten sich mit Lichtgeschwindigkeit aus, wogegen Schallwellen sich mit einem Millionstel dieser Geschwindigkeit dahinschleppen.

ÜBERMITTLUNG MIT HILFE VON WELLEN

Während Wellen und Strahlen sich zu uns hin und durch uns hindurch bewegen, führen sie nicht nur Energie, sondern auch Nachrichten mit sich. Wellen, die konstant sind, wie die im Lichtstrahl einer Taschenlampe, können keine Informationen übermitteln. Doch wird dieser Strahl unterbrochen oder seine Helligkeit verändert, so kann dies sehr wohl eine Botschaft bedeuten. Auf diese Weise wirkt jede wellenartige Übertragung. Energiemuster stammen aus Energiequellen, die hoch oder tief, laut oder leise, hell oder dunkel, von der einen oder der anderen Farbe sind. So liefern die Schall- und Lichtwellen uns die Musik, Stimmen, Wörter auf einem Blatt Papier sowie den Gesichtsausdruck. Indem eine Wellenart in eine andere umgewandelt wird, auch indem ihre Energie gespeichert wird, können Wellen dazu gebracht werden, Töne und Bilder rund um die Welt und darüber hinaus zu transportieren — auch durch die Zeiten hindurch. Die Maschinen und Geräte auf den folgenden Seiten zeigen eine breite Palette der Nachrichtenübermittlung durch den Einsatz von Wellen — vom Telefongespräch mit dem Nachbarn von nebenan bis hin zu den schwachen Funksignalen einer Raumsonde, die in die entfernteste Ecke des Sonnensystems unterwegs ist.

LICHT UND BILDER

ÜBER DAS SEHEN VON GEGENSTÄNDEN

Mein Leben als Erfinder war nicht frei von Rückschlägen. Der vielleicht ärgste aber war mein Mißerfolg im Zusammenhang mit der Herstellung athletischer Geräte. Nachdem ich einen zusammenklappbaren Speer aus Gummi und einen sagenhaften Diskus aus Kristall erfunden hatte, vertraute ich einem Lehrling deren Fertigung an. Sein anfänglicher Enthusiasmus wich jedoch wunderlichen Wahnvorstellungen, in denen stets mächtige Mammuts auftauchten.

LICHTSTRAHLEN

Alle Lichtquellen erzeugen Strahlen, die sich in sämtliche Richtungen ausbreiten. Treffen diese Strahlen auf Gegenstände, prallen sie gewöhnlich von ihnen ab. Treten Lichtstrahlen ins Auge ein, so sehen wir entweder die Lichtquelle oder den Gegenstand, der die Strahlen zu uns ablenkt. Der Einfallwinkel, unter dem die Strahlen auf das Auge treffen, geben dem Gegenstand seine sichtbare Größe.

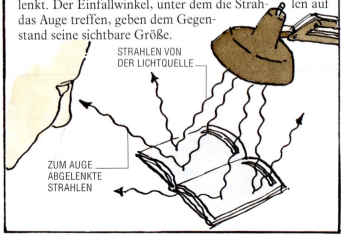

STRAHLEN VON DER LICHTQUELLE

ZUM AUGE ABGELENKTE STRAHLEN

SEHKRAFT

Die Linse des Auges sammelt die Lichtstrahlen, die von einem Gegenstand kommen. Sie wirft ein Abbild des Gegenstands auf die lichtempfindliche Netzhaut des Auges, das dann in Nervenimpulse umgewandelt wird, die zum Gehirn gelangen. Das Bild auf der Netzhaut steht kopf, das Gehirn jedoch deutet es als aufrecht stehend.

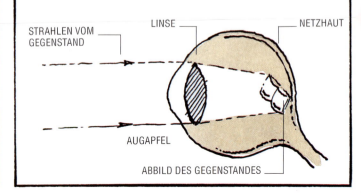

STRAHLEN VOM GEGENSTAND

LINSE

NETZHAUT

AUGAPFEL

ABBILD DES GEGENSTANDES

Da ich annahm, daß mein Lehrling lediglich überarbeitet war, führte ich Feierschichten ein und sorgte für eine bessere Belüftung der Werkstatt. Sein Befinden verschlechterte sich jedoch von Tag zu Tag, und eines Tages stellte er mich in einem Labor und behauptete, daß Miniatur-Mammuts das Grundstück überschwemmt hätten. Er beharrte auf seiner Darstellung, eine Prozession dieser Biester sei über die Wand gelaufen und habe eine Rauchfahne hinter sich hergezogen.

Eine Stunde später erreichte mich die Nachricht, daß die Werkstatt samt Inhalt auf mysteriöse Weise bis auf den Grund abgebrannt sei. Ich dachte mir, mein verängstigter Lehrling müsse wohl über eine brennende Kerze gestolpert sein, als er floh, und obwohl ich über den Verlust meiner Werkstatt sehr betrübt war, beschloß ich, das Unglück mit Geduld zu ertragen und es den bösen Geistern zuzuschreiben.

ABBILDUNG

Wenn Lichtstrahlen in durchsichtiges Material eintreten, werden sie gebeugt, wenn sie hinaustreten, werden sie gebrochen. Sieht man durch eine Linse hindurch, so erscheint ein naher Gegenstand viel größer, da die Strahlen dann in einem viel größeren Winkel ins Auge treten. Deshalb wird das Mammutauge durch den Kristalldiskus vergrößert. Linsen können Bilder auf eine Fläche werfen. Strahlenkegel von jedem Punkt des Gegenstandes aus werden durch die Linse gebeugt, bevor sie auf eine Fläche treffen. Diese Kegel gehen über Kreuz und stellen das Abbild der Mammuts auf den Kopf, während die Sonnenstrahlen an einem heißen Punkt auf der Wand gebündelt werden.

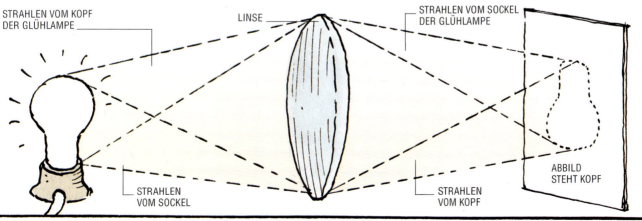

STRAHLEN VOM KOPF DER GLÜHLAMPE

LINSE

STRAHLEN VOM SOCKEL DER GLÜHLAMPE

STRAHLEN VOM SOCKEL

STRAHLEN VOM KOPF

ABBILD STEHT KOPF

BELEUCHTUNG

Es gibt zwei Hauptmethoden, um künstliches Licht zu erzeugen. Die erste: man erhitzt etwas so lange, bis es glüht. Die Flamme einer Kerze oder Öllampe enthält Kohlepartikel, die durch die Verbrennung von Wachs oder Öl weißglühend werden. In einer Glühlampe wird der Draht so erhitzt, daß er glüht. Die zweite: man schickt einen elektrischen Strom durch Gas oder Dampf, bis daß Gas oder Dampf glühen. Beide Methoden bewirken, daß die Elektronen, die geladenen winzigen Teilchen in den Atomen, Energie in Form von Lichtstrahlen abgeben.

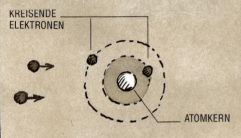 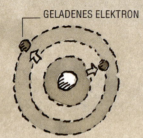 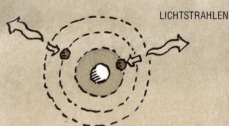

STABILES ATOM
Im Atom umkreisen Elektronen den Kern in konzentrischen Kreisen.

ELEKTRONEN ZIEHEN FORT
Wärme oder Elektrizität liefern genügend Energie, damit die Elektronen auf höhere Umlaufbahnen „springen" können.

ELEKTRONEN FALLEN ZURÜCK
Fallen die Elektronen auf die alte Umlaufbahn zurück, geben sie ihre überschüssige Energie in Form von Lichtstrahlen ab.

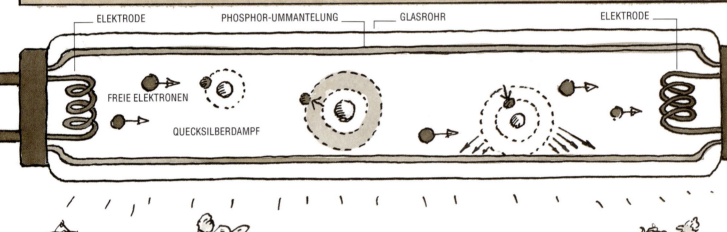

LEUCHTSTOFFLAMPE
Eine Leuchtstofflampe besteht aus einer Glasröhre, die weißes Licht abstrahlt, wenn ein elektrischer Strom durch sie hindurchgeht. Zu beiden Seiten der Röhre befinden sich Elektroden, die vom Strom erwärmt werden und freie Elektronen abgeben. Die Atome des Quecksilberdampfes in der Röhre werden von den Elektronen getroffen und geben dadurch Strahlen ultravioletten Lichts ab. Diese unsichtbaren Strahlen wiederum treffen auf die Phosphorbeschichtung im Innern der Glasröhre. Die Strahlen regen die Elektronen in den Phosphor-Atomen an, und die Atome senden weißes Licht aus.

STRASSENLAMPE
Die Farbe elektrisch betriebener Straßenlampen wird vom Gas in der Glasröhre bestimmt. Natriumlampen enthalten Natriumdämpfe, die hell orangefarben erglühen, sobald Strom durch sie hindurchgeführt wird. Neonzeichen verwenden eine Reihe verschiedener Gase; Neon selbst glüht rot.

ELEKTRONENBLITZ
Der Elektronenblitz eines Fotoapparates ähnelt der Leuchtstofflampe. Ein Kondensator in der Kamera baut eine hohe elektrische Ladung auf, die sich entlädt, wenn der Auslöser gedrückt wird. Diese Ladung erzeugt einen zwar sehr kurzen, dafür jedoch sehr hellen Lichtblitz in der Blitzlampe.

DIE GLÜHLAMPE

Eine elektrische Glühlampe enthält einen bis zu rund einem Meter langen Leuchtdraht aus Wolfram, der spiralenförmig gewickelt und gewendelt ist. Strömt Elektrizität durch diesen Draht, so erwärmt sich die Spirale, erreicht eine Temperatur von etwa 2500 °C und wird weißglühend heiß. Wolfram hat von allen Metallen den höchsten Schmelzpunkt, den geringsten Dampfdruck und schmilzt bei Erwärmung nicht weg. Es macht die höch-

ste bei Glühlampen erreichbare Lichtausbeute möglich.

Der Glaskolben ist mit einem neutralen Edelgas wie etwa Argon gefüllt, damit der Metalldraht sich nicht mit Sauerstoff verbinden und verbrennen kann. Die Gasfüllung, die sich gewöhnlich unter geringem Druck befindet, ermöglicht höhere Glühtemperaturen und mithin höhere Lichtausbeuten, weil sie die Wolframverdampfung abbremst.

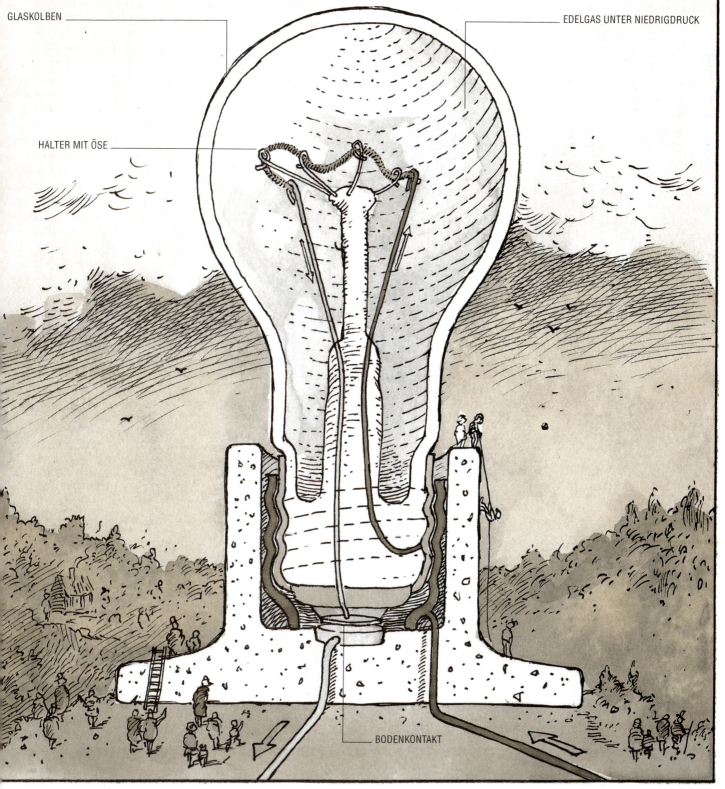

GLASKOLBEN

EDELGAS UNTER NIEDRIGDRUCK

HALTER MIT ÖSE

BODENKONTAKT

ADDITIVE FARBMISCHUNG

Viele der farbigen Bilder, die wir sehen, sind nicht so, wie wir sie sehen. Statt aus allen Farben zu bestehen, die wir wahrnehmen, setzen sie sich jedoch nur aus einer Mischung der drei Grundfarben zusammen. Bilder, die wie ▷ Farbfernsehbilder Lichtquellen sind, kombinieren Farben durch „additive" Mischung, das heißt durch Übereinanderlegung der Farben. So auch erzeugt die Bühnenbeleuchtung ein breites Farbenspektrum, indem sie durch additive Farbmischung die drei Grundfarben in unterschiedlicher Helligkeit mischt.

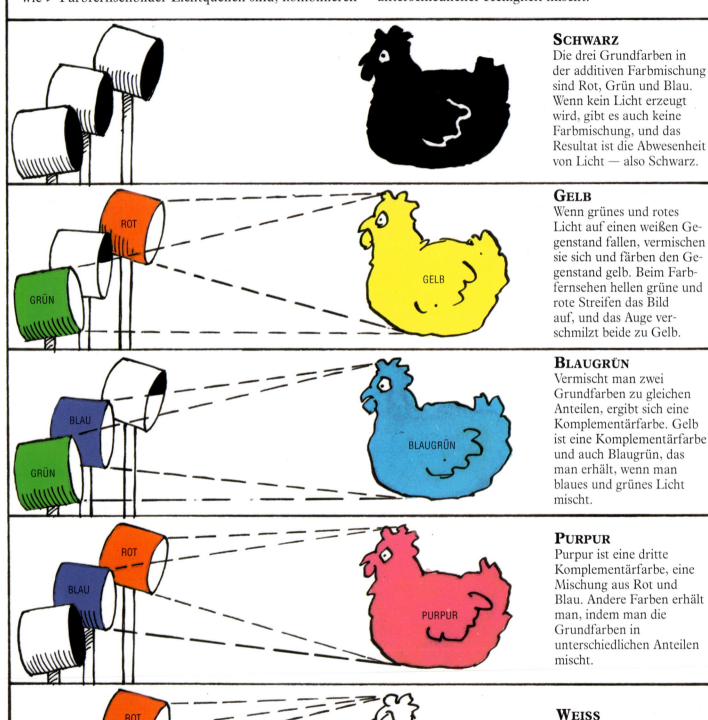

SCHWARZ
Die drei Grundfarben in der additiven Farbmischung sind Rot, Grün und Blau. Wenn kein Licht erzeugt wird, gibt es auch keine Farbmischung, und das Resultat ist die Abwesenheit von Licht — also Schwarz.

GELB
Wenn grünes und rotes Licht auf einen weißen Gegenstand fallen, vermischen sie sich und färben den Gegenstand gelb. Beim Farbfernsehen hellen grüne und rote Streifen das Bild auf, und das Auge verschmilzt beide zu Gelb.

BLAUGRÜN
Vermischt man zwei Grundfarben zu gleichen Anteilen, ergibt sich eine Komplementärfarbe. Gelb ist eine Komplementärfarbe und auch Blaugrün, das man erhält, wenn man blaues und grünes Licht mischt.

PURPUR
Purpur ist eine dritte Komplementärfarbe, eine Mischung aus Rot und Blau. Andere Farben erhält man, indem man die Grundfarben in unterschiedlichen Anteilen mischt.

WEISS
Weiß erhält man, indem man alle drei Grundfarben mischt. Weißes Licht erhält man durch Mischung aus rotem, grünem und blauem Licht zu gleichen Anteilen.

SUBTRAKTIVE FARBMISCHUNG

Die Farbigkeit von Bildern, die man durch Mischen von ▷ Drucker- und Malerfarben erhält, entsteht durch die „subtraktive" Farbmischung, das heißt den Farbeindruck durch Mischen der Farben. Dies verleiht der additiven Farbmischung verschiedene Farben, da die Bilder selber keine Lichtquellen sind. Die Bilder strahlen einige der Grundfarben im weißen Licht, das sie beleuchtet, zurück, und absorbieren (saugen auf) oder subtrahieren die anderen Grundfarben. Was wir sehen, sind die zurückgestrahlten Grundfarben insgesamt.

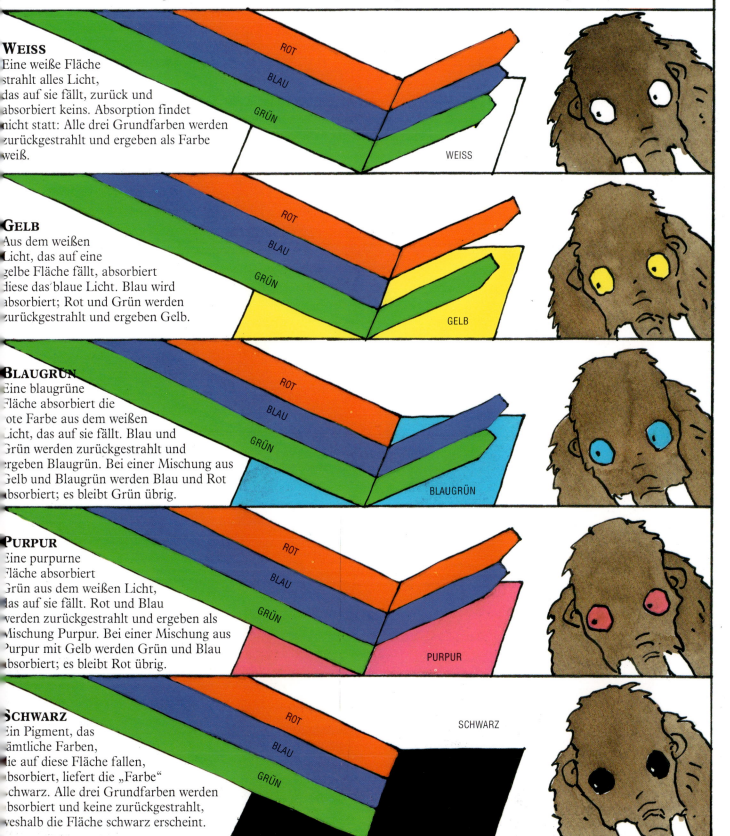

WEISS
Eine weiße Fläche strahlt alles Licht, das auf sie fällt, zurück und absorbiert keins. Absorption findet nicht statt: Alle drei Grundfarben werden zurückgestrahlt und ergeben als Farbe weiß.

GELB
Aus dem weißen Licht, das auf eine gelbe Fläche fällt, absorbiert diese das blaue Licht. Blau wird absorbiert; Rot und Grün werden zurückgestrahlt und ergeben Gelb.

BLAUGRÜN
Eine blaugrüne Fläche absorbiert die rote Farbe aus dem weißen Licht, das auf sie fällt. Blau und Grün werden zurückgestrahlt und ergeben Blaugrün. Bei einer Mischung aus Gelb und Blaugrün werden Blau und Rot absorbiert; es bleibt Grün übrig.

PURPUR
Eine purpurne Fläche absorbiert Grün aus dem weißen Licht, das auf sie fällt. Rot und Blau werden zurückgestrahlt und ergeben als Mischung Purpur. Bei einer Mischung aus Purpur mit Gelb werden Grün und Blau absorbiert; es bleibt Rot übrig.

SCHWARZ
Ein Pigment, das sämtliche Farben, die auf diese Fläche fallen, absorbiert, liefert die „Farbe" schwarz. Alle drei Grundfarben werden absorbiert und keine zurückgestrahlt, weshalb die Fläche schwarz erscheint.

SPIEGEL

Die Lichtstrahlen, die auf einen ebenen oder Plan-Spiegel auftreffen, werden im selben Winkel, in dem sie auf ihn einfallen, zurückgestrahlt. Diese Strahlen treten ins Auge ein, als kämen sie direkt von einem Gegenstand hinter dem Spiegel. Aus diesem Grunde sehen wir ein Bild des Gegenstands im Spiegel. Dieses Bild ist „virtuell", das heißt scheinbar: Es kann nicht auf einem Bildschirm aufgefangen werden und ist außerdem „spicgelverkehrt". Bilder, die von zwei Spiegeln zurückgeworfen werden — wie im Fall des Periskops —, sind nicht spiegelverkehrt, da der zweite Spiegel das Spiegelbild wieder spiegelverkehrt zurückwirft und somit in ein seitenrichtiges korrigiert.

BILD

KONVEXER SPIEGEL

PERISKOP

Mit einem Periskop, einem Sehrohr, kann man um die Ecke sehen. Es hat einen Spiegel zum Einfangen der Lichtstrahlen, die vom Gegenstand ausgehen, und wirft diese auf einen anderen Spiegel, der die Strahlen direkt zum Auge befördert.

GEGENSTAND

AUTORÜCKSPIEGEL

Ein Autorückspiegel besteht aus einem *konvexen* (nach außen gewölbten) Spiegel. Er wirft die Lichtstrahlen von einem Bild so zurück, daß sie divergieren (auseinanderstreben). Die Augen sehen ein verkleinertes Bild; der Spiegel hat dadurch ein weites Gesichtsfeld.

KONKAVER SPIEGEL

GLÜHBIRNE

PARALLELSTRAHLEN
IM LICHTSTRAHL

AUTOSCHEINWERFER

In Scheinwerfern und Taschenlampen befindet sich ein *konkaver* (nach innen gewölbter) Spiegel hinter der Glühbirne. Die Lichtstrahlen werden von der gewölbten Oberfläche so zurückgeworfen, daß sie einander parallel verlaufen und einen schmalen, hellen Lichtstrahl bilden.

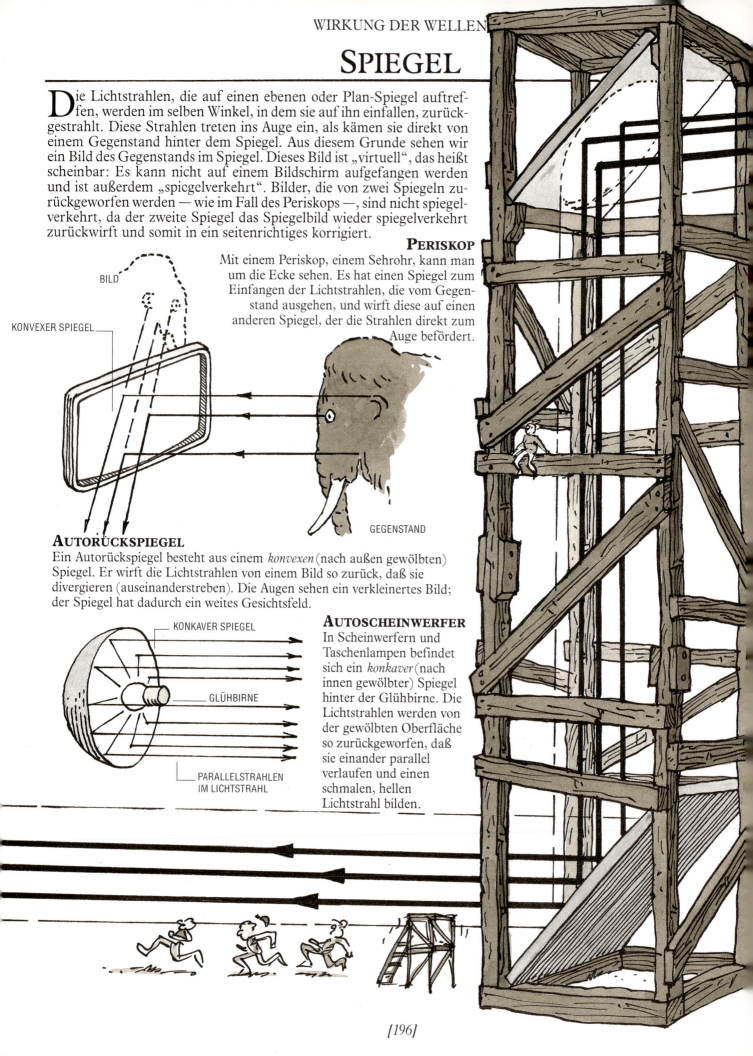

DAS ENDOSKOP

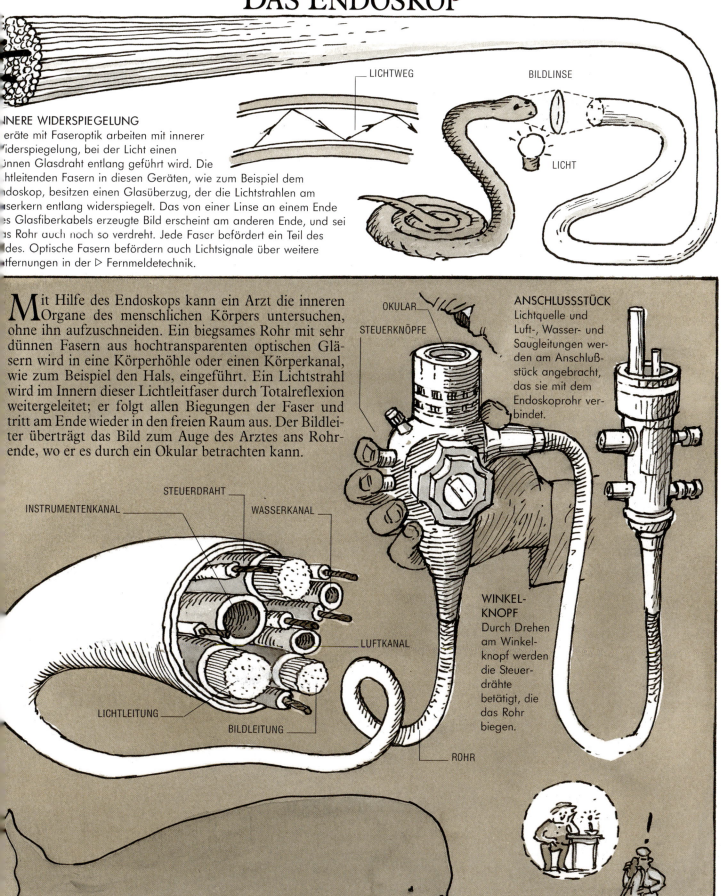

INNERE WIDERSPIEGELUNG

Geräte mit Faseroptik arbeiten mit innerer Widerspiegelung, bei der Licht einen dünnen Glasdraht entlang geführt wird. Die lichtleitenden Fasern in diesen Geräten, wie zum Beispiel dem Endoskop, besitzen einen Glasüberzug, der die Lichtstrahlen am Faserkern entlang widerspiegelt. Das von einer Linse an einem Ende des Glasfiberkabels erzeugte Bild erscheint am anderen Ende, und sei das Rohr auch noch so verdreht. Jede Faser befördert ein Teil des Bildes. Optische Fasern befördern auch Lichtsignale über weitere Entfernungen in der ▷ Fernmeldetechnik.

LICHTWEG

BILDLINSE

LICHT

Mit Hilfe des Endoskops kann ein Arzt die inneren Organe des menschlichen Körpers untersuchen, ohne ihn aufzuschneiden. Ein biegsames Rohr mit sehr dünnen Fasern aus hochtransparenten optischen Gläsern wird in eine Körperhöhle oder einen Körperkanal, wie zum Beispiel den Hals, eingeführt. Ein Lichtstrahl wird im Innern dieser Lichtleitfaser durch Totalreflexion weitergeleitet; er folgt allen Biegungen der Faser und tritt am Ende wieder in den freien Raum aus. Der Bildleiter überträgt das Bild zum Auge des Arztes ans Rohrende, wo er es durch ein Okular betrachten kann.

OKULAR

STEUERKNÖPFE

ANSCHLUSSSTÜCK
Lichtquelle und Luft-, Wasser- und Saugleitungen werden am Anschlußstück angebracht, das sie mit dem Endoskoprohr verbindet.

INSTRUMENTENKANAL

STEUERDRAHT

WASSERKANAL

LUFTKANAL

LICHTLEITUNG

BILDLEITUNG

WINKEL-KNOPF
Durch Drehen am Winkelknopf werden die Steuerdrähte betätigt, die das Rohr biegen.

ROHR

LINSEN

In Geräten, die das Licht nutzen, sind Linsen von großer Wichtigkeit. Optische Geräte wie Fotoapparate, Projektoren, Mikroskope und Teleskope erzeugen Bilder mit Hilfe von Linsen, während manche Menschen die Welt durch Linsen betrachten, die ihre fehlerhafte Sicht korrigieren. Linsen funktionieren durch Brechung, das heißt durch Richtungsänderung, wenn Lichtstrahlen aus einem durchsichtigen Material in ein anderes übertreten. Die beiden bei Linsen beteiligten Materialien sind Glas und Luft. Die Linsen im Brillenglas und in den Haftschalen gleichen die Linse im Auge aus, die sonst nicht in der Lage wäre, die Lichtstrahlen in einem für eine scharfe Sicht erforderlichen Winkel zu brechen.

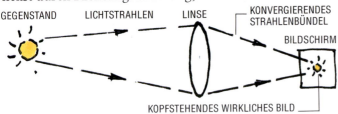

KONVEXE LINSEN

Eine konvexe Linse ist in der Mitte dicker als am Rand. Die Lichtstrahlen eines Gegenstands gehen durch sie hindurch und konvergieren, um ein „wirkliches" Abbild zu formen, eines, das man auf einem Bildschirm sehen kann.

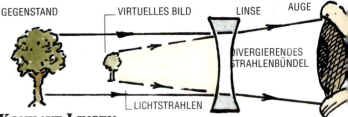

KONKAVE LINSEN

Eine konkave Linse ist am Rand dicker als in der Mitte. Durch sie streben die Lichtstrahlen auseinander und treffen auf das Auge, das ein kleineres „virtuelles" Abbild des Gegenstands wahrnimmt.

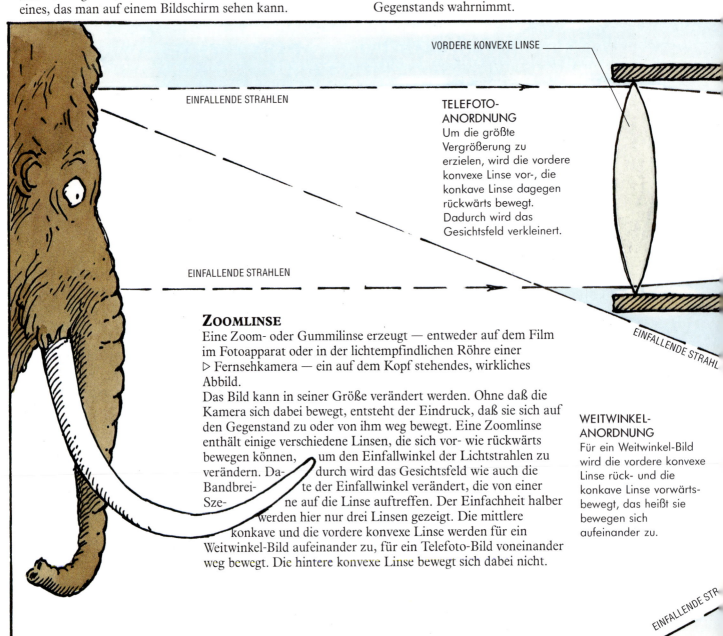

TELEFOTO-ANORDNUNG
Um die größte Vergrößerung zu erzielen, wird die vordere konvexe Linse vor-, die konkave Linse dagegen rückwärts bewegt. Dadurch wird das Gesichtsfeld verkleinert.

ZOOMLINSE

Eine Zoom- oder Gummilinse erzeugt — entweder auf dem Film im Fotoapparat oder in der lichtempfindlichen Röhre einer ▷ Fernsehkamera — ein auf dem Kopf stehendes, wirkliches Abbild.

Das Bild kann in seiner Größe verändert werden. Ohne daß die Kamera sich dabei bewegt, entsteht der Eindruck, daß sie sich auf den Gegenstand zu oder von ihm weg bewegt. Eine Zoomlinse enthält einige verschiedene Linsen, die sich vor- wie rückwärts bewegen können, um den Einfallwinkel der Lichtstrahlen zu verändern. Dadurch wird das Gesichtsfeld wie auch die Bandbreite der Einfallwinkel verändert, die von einer Szene auf die Linse auftreffen. Der Einfachheit halber werden hier nur drei Linsen gezeigt. Die mittlere konkave und die vordere konvexe Linse werden für ein Weitwinkel-Bild aufeinander zu, für ein Telefoto-Bild voneinander weg bewegt. Die hintere konvexe Linse bewegt sich dabei nicht.

WEITWINKEL-ANORDNUNG
Für ein Weitwinkel-Bild wird die vordere konvexe Linse rück- und die konkave Linse vorwärts-bewegt, das heißt sie bewegen sich aufeinander zu.

DIE LUPE

Eine Lupe besteht aus einer großen konvexen Sammellinse. Wird sie nahe an einem kleinen Gegenstand gehalten, so kann durch die Linse ein vergrößertes virtuelles Bild gesehen werden. Die Linse konvergiert die Lichtstrahlen vom Gegenstand, wenn sie ins Auge einfallen. Der Teil des menschlichen Gehirns, der mit dem Sehen befaßt ist, geht stets davon aus, daß Lichtstrahlen auf geradem Wege auf das Auge treffen. Aus diesem Grunde nimmt das Auge den Gegenstand größer wahr, als er in Wirklichkeit ist.

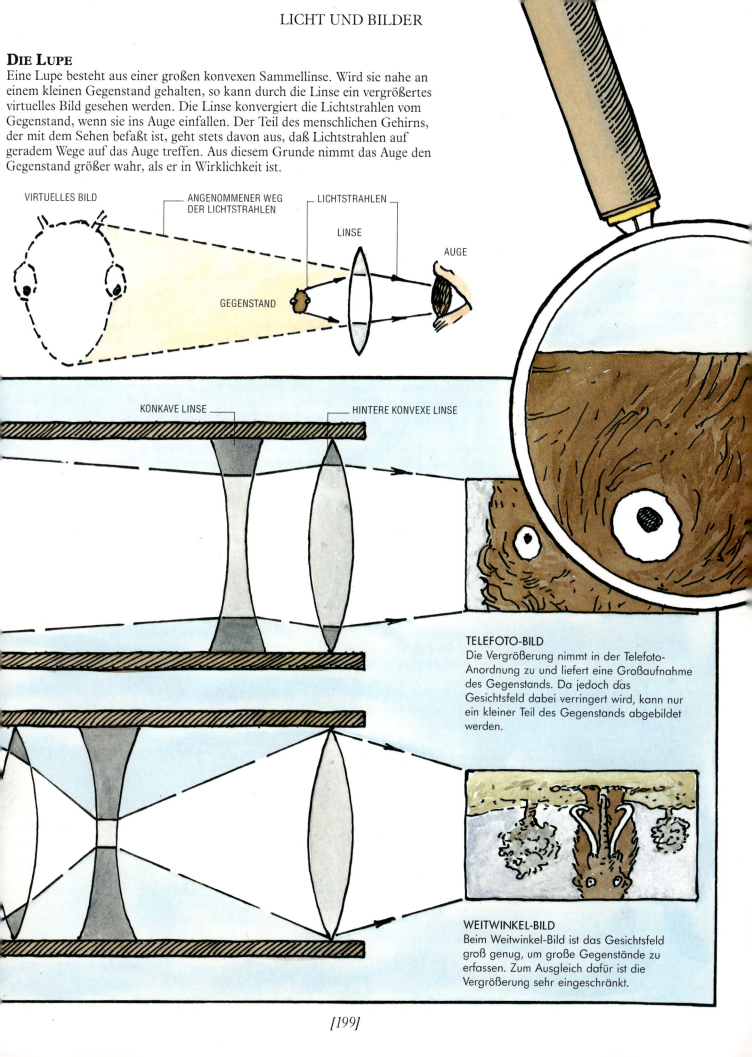

VIRTUELLES BILD

ANGENOMMENER WEG DER LICHTSTRAHLEN

LICHTSTRAHLEN

LINSE

AUGE

GEGENSTAND

KONKAVE LINSE

HINTERE KONVEXE LINSE

TELEFOTO-BILD
Die Vergrößerung nimmt in der Telefoto-Anordnung zu und liefert eine Großaufnahme des Gegenstands. Da jedoch das Gesichtsfeld dabei verringert wird, kann nur ein kleiner Teil des Gegenstands abgebildet werden.

WEITWINKEL-BILD
Beim Weitwinkel-Bild ist das Gesichtsfeld groß genug, um große Gegenstände zu erfassen. Zum Ausgleich dafür ist die Vergrößerung sehr eingeschränkt.

DAS TELESKOP

Durch ein Teleskop kann man einen entfernten Gegenstand in Großaufnahme sehen. Beim Sternenteleskop, durch das man einen Planeten oder die Milchstraße in großer Entfernung sieht, ist der Gegenstand wirklich äußerst weit weg. Die meisten Teleskope funktionieren auf dieselbe grundlegende Weise: sie erzeugen ein wirkliches Bild des Gegenstands im Teleskoprohr. Im Okular kann man dieses Bild so wie durch eine ▷ Lupe betrachten. Der Betrachter sieht tatsächlich ein sehr nahes, wirkliches Bild, und deshalb erscheint es vergrößert. Der Vergrößerungsgrad hängt hauptsächlich von der Stärke der Okularlinse ab.

REFRAKTORTELESKOP

In einem Linsenfernrohr (Refraktor) formt die dem Gegenstand zugewandte Objektivlinse das reelle Bild, das man durch das dem Auge zugewandte Okular sieht. Das kopfstehende Bild stört bei der Himmelsbeobachtung nicht. Für die Beobachtung von Erdzielen besitzt das „terrestrische Fernrohr" eine weitere Sammellinse zwischen Objektiv und Okular, die das Bild umkehrt und dem Okular ein aufrechtstehendes Bild liefert.

SPIEGELTELESKOP

Im Spiegelteleskop bildet ein großer konkaver Spiegel das reelle Bild, das durch eine Okularlinse betrachtet werden kann. Gewöhnlich strahlt ein Fangspiegel die Strahlen des Hauptspiegels zurück, so daß das reelle Bild sich unterhalb oder seitlich des Spiegels formt, was ein bequemeres Betrachten ermöglicht.

Spiegelteleskope sind in der Astronomie wichtig, da der Durchmesser des Hauptspiegels bis zu sechs Metern betragen kann. Dadurch kann eine große Lichtmenge aufgefangen und lichtschwache Gegenstände sichtbar gemacht werden. Das Einfangen des Lichts von einem Gegenstand ist oftmals wichtiger als die Vergrößerung, da entfernte Sterne auch nicht größer erscheinen, wenn sie vergrößert werden.

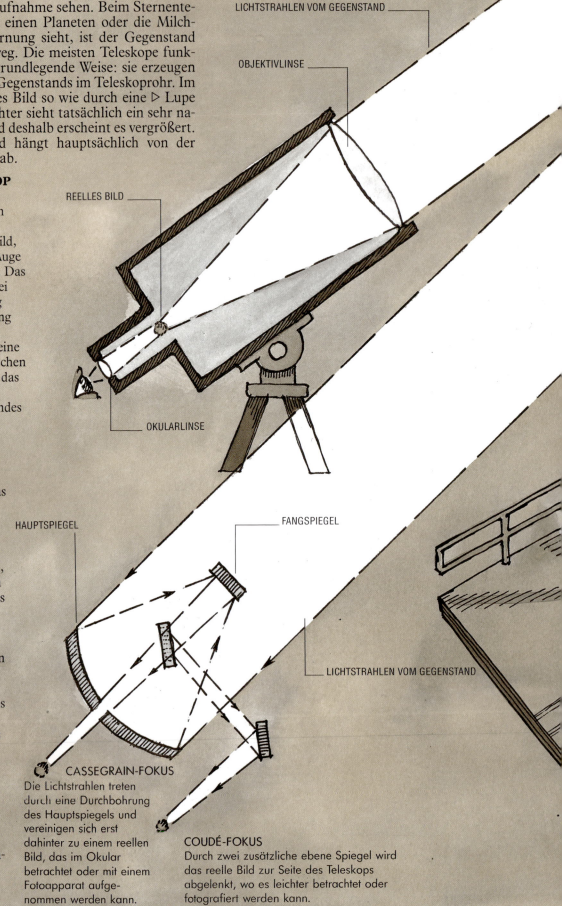

LICHTSTRAHLEN VOM GEGENSTAND

OBJEKTIVLINSE

REELLES BILD

OKULARLINSE

HAUPTSPIEGEL

FANGSPIEGEL

LICHTSTRAHLEN VOM GEGENSTAND

CASSEGRAIN-FOKUS
Die Lichtstrahlen treten durch eine Durchbohrung des Hauptspiegels und vereinigen sich erst dahinter zu einem reellen Bild, das im Okular betrachtet oder mit einem Fotoapparat aufgenommen werden kann.

COUDÉ-FOKUS
Durch zwei zusätzliche ebene Spiegel wird das reelle Bild zur Seite des Teleskops abgelenkt, wo es leichter betrachtet oder fotografiert werden kann.

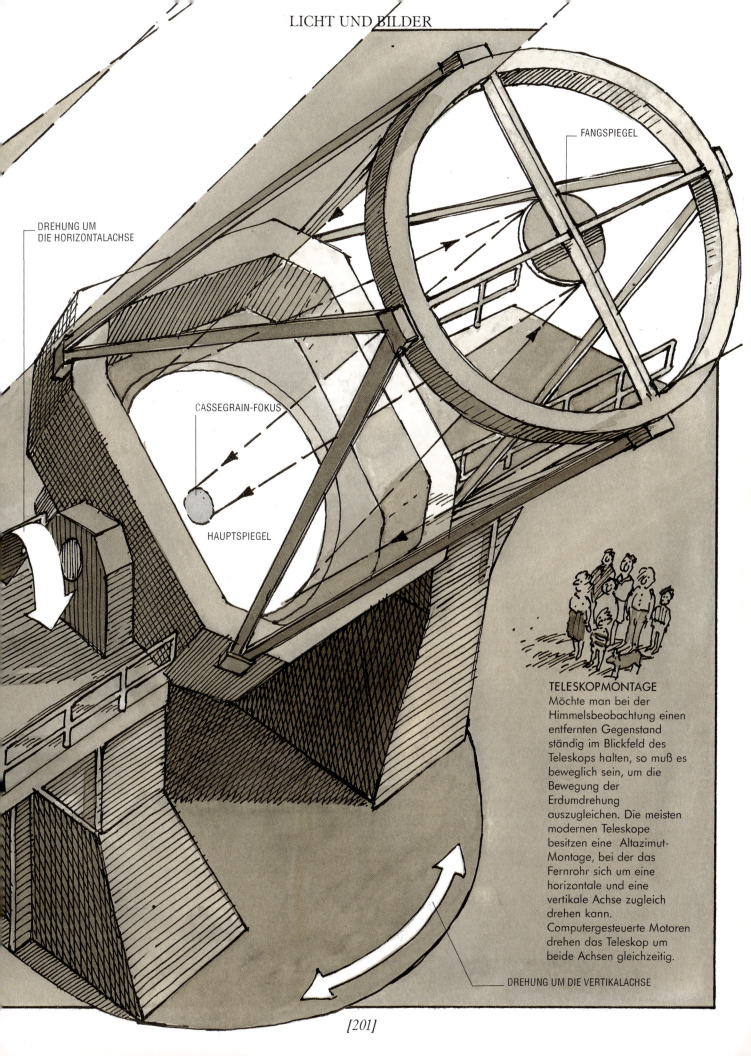

DREHUNG UM
DIE HORIZONTALACHSE

FANGSPIEGEL

CASSEGRAIN-FOKUS

HAUPTSPIEGEL

TELESKOPMONTAGE
Möchte man bei der
Himmelsbeobachtung einen
entfernten Gegenstand
ständig im Blickfeld des
Teleskops halten, so muß es
beweglich sein, um die
Bewegung der
Erdumdrehung
auszugleichen. Die meisten
modernen Teleskope
besitzen eine Altazimut-
Montage, bei der das
Fernrohr sich um eine
horizontale und eine
vertikale Achse zugleich
drehen kann.
Computergesteuerte Motoren
drehen das Teleskop um
beide Achsen gleichzeitig.

DREHUNG UM DIE VERTIKALACHSE

DAS PRISMENFERNGLAS

Ein Feldstecher besteht eigentlich aus zwei kleinen Refraktorteleskopen, die gemeinsam eine plastische oder dreidimensionale Sicht erzeugen. Jedes Auge sieht eine getrennte Großaufnahme, doch das Gehirn kombiniert sie zu einem Bild mit räumlicher Tiefe.

Im Gegensatz zum Teleskop enthält ein Prismenfernglas jedoch zwischen Objektiv und Okular je ein Prismenpaar, das den Strahlengang intern so ablenkt, daß ein aufrechtstehendes, seitenrichtiges Bild entsteht. Diese Prismenanordnung bringt gegenüber dem terrestrischen Fernrohr durch den dreifach nebeneinandergelegten Strahlengang eine wesentlich verkürzte Baulänge. Der gegenüber dem Augenabstand vergrößerte Objektivabstand ist für das räumliche Sehen von Vorteil.

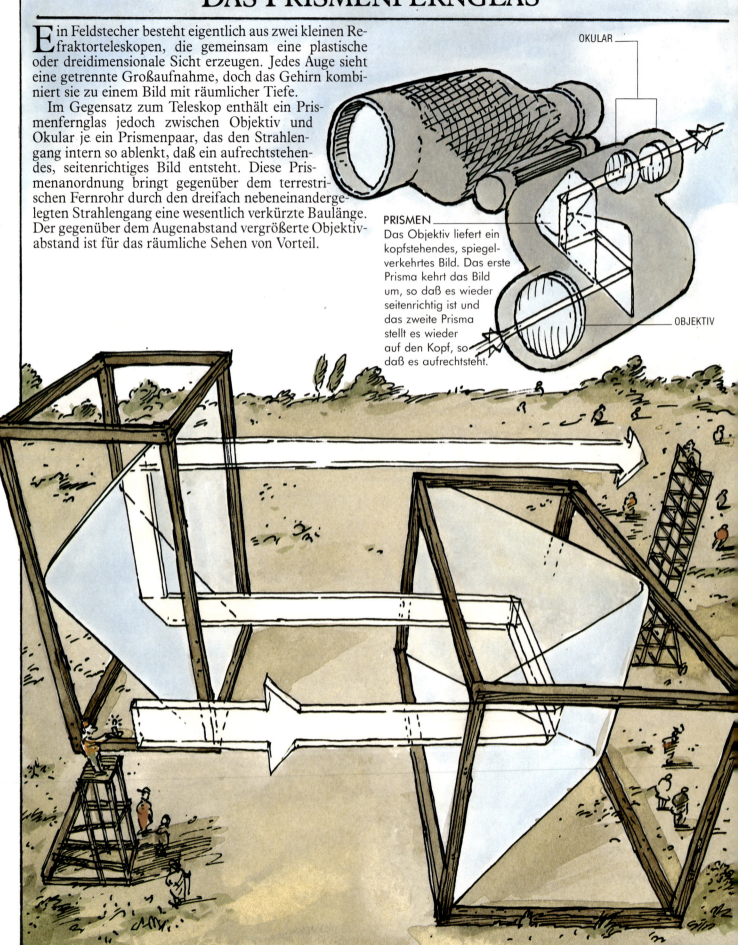

OKULAR

PRISMEN
Das Objektiv liefert ein kopfstehendes, spiegelverkehrtes Bild. Das erste Prisma kehrt das Bild um, so daß es wieder seitenrichtig ist und das zweite Prisma stellt es wieder auf den Kopf, so daß es aufrechtsteht.

OBJEKTIV

DAS MIKROSKOP

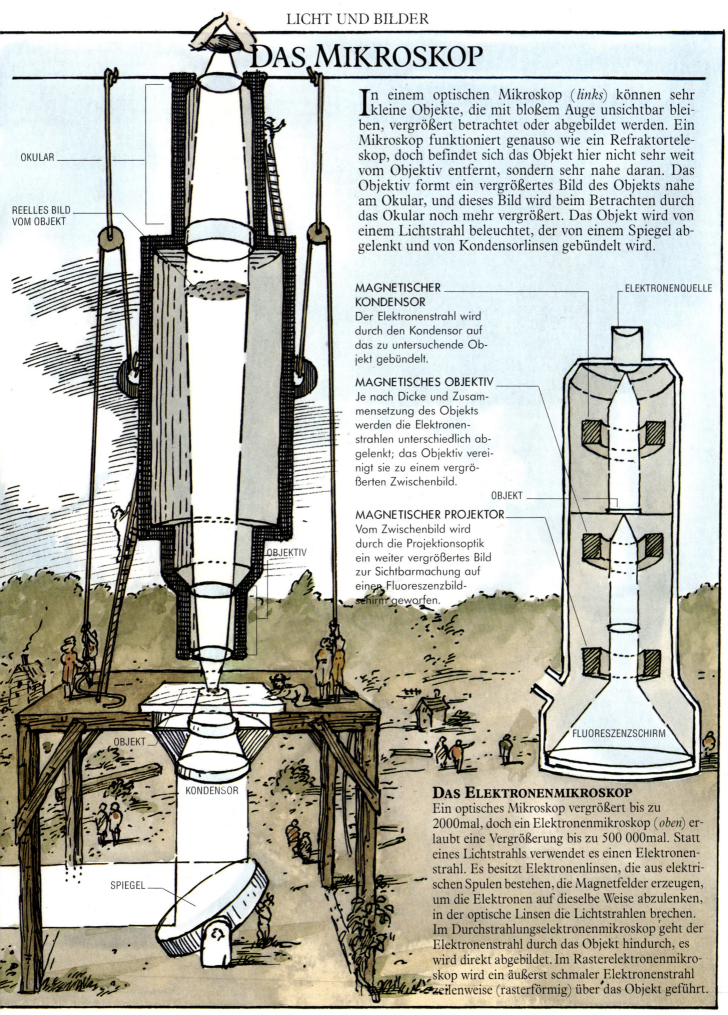

In einem optischen Mikroskop (*links*) können sehr kleine Objekte, die mit bloßem Auge unsichtbar bleiben, vergrößert betrachtet oder abgebildet werden. Ein Mikroskop funktioniert genauso wie ein Refraktorteleskop, doch befindet sich das Objekt hier nicht sehr weit vom Objektiv entfernt, sondern sehr nahe daran. Das Objektiv formt ein vergrößertes Bild des Objekts nahe am Okular, und dieses Bild wird beim Betrachten durch das Okular noch mehr vergrößert. Das Objekt wird von einem Lichtstrahl beleuchtet, der von einem Spiegel abgelenkt und von Kondensorlinsen gebündelt wird.

OKULAR

REELLES BILD VOM OBJEKT

OBJEKTIV

OBJEKT

KONDENSOR

SPIEGEL

MAGNETISCHER KONDENSOR
Der Elektronenstrahl wird durch den Kondensor auf das zu untersuchende Objekt gebündelt.

MAGNETISCHES OBJEKTIV
Je nach Dicke und Zusammensetzung des Objekts werden die Elektronenstrahlen unterschiedlich abgelenkt; das Objektiv vereinigt sie zu einem vergrößerten Zwischenbild.

MAGNETISCHER PROJEKTOR
Vom Zwischenbild wird durch die Projektionsoptik ein weiter vergrößertes Bild zur Sichtbarmachung auf einen Fluoreszenzbildschirm geworfen.

ELEKTRONENQUELLE

OBJEKT

FLUORESZENZSCHIRM

DAS ELEKTRONENMIKROSKOP
Ein optisches Mikroskop vergrößert bis zu 2000mal, doch ein Elektronenmikroskop (*oben*) erlaubt eine Vergrößerung bis zu 500 000mal. Statt eines Lichtstrahls verwendet es einen Elektronenstrahl. Es besitzt Elektronenlinsen, die aus elektrischen Spulen bestehen, die Magnetfelder erzeugen, um die Elektronen auf dieselbe Weise abzulenken, in der optische Linsen die Lichtstrahlen brechen. Im Durchstrahlungselektronenmikroskop geht der Elektronenstrahl durch das Objekt hindurch, es wird direkt abgebildet. Im Rasterelektronenmikroskop wird ein äußerst schmaler Elektronenstrahl zeilenweise (rasterförmig) über das Objekt geführt.

POLARISIERTES LICHT

Lichtstrahlen sind ▷ elektromagnetische Wellen: Ihre Energie besteht aus schwingenden elektromagnetischen Wellen. Beim natürlichen Licht schwingen diese Wellen in Ebenen, die in willkürlichen Winkeln zueinander stehen. Beim polarisierten Licht schwingen alle Strahlen in derselben Ebene. Polarisationsfilter findet man unter anderem in Sonnenbrillen mit Blendschutz und in Flüssigkristallbildschirmen.

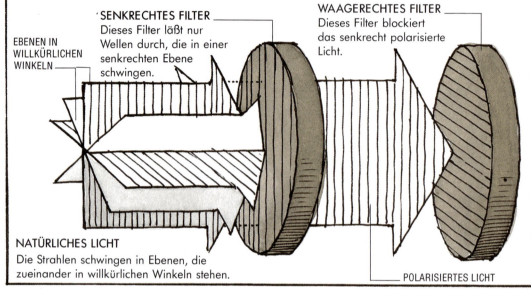

EBENEN IN WILLKÜRLICHEN WINKELN

SENKRECHTES FILTER
Dieses Filter läßt nur Wellen durch, die in einer senkrechten Ebene schwingen.

WAAGERECHTES FILTER
Dieses Filter blockiert das senkrecht polarisierte Licht.

NATÜRLICHES LICHT
Die Strahlen schwingen in Ebenen, die zueinander in willkürlichen Winkeln stehen.

POLARISIERTES LICHT

POLARISATIONS-FILTER

Ein Polarisationsfilter hält alle Strahlen zurück, die nicht in einer bestimmten Ebene schwingen. Wenn polarisiertes Licht auf ein Filter trifft, dessen Ebene rechtwinklig zur Ebene der Wellen steht, so dringt kein Licht durch.

Sonnenbrillen mit Blendschutz arbeiten auf diese Weise. Das von funkelnden Flächen zurückgestrahlte Licht wird teilweise polarisiert, und die Brillengläser sind Polarisationsfilter, die die Blendwirkung verringern.

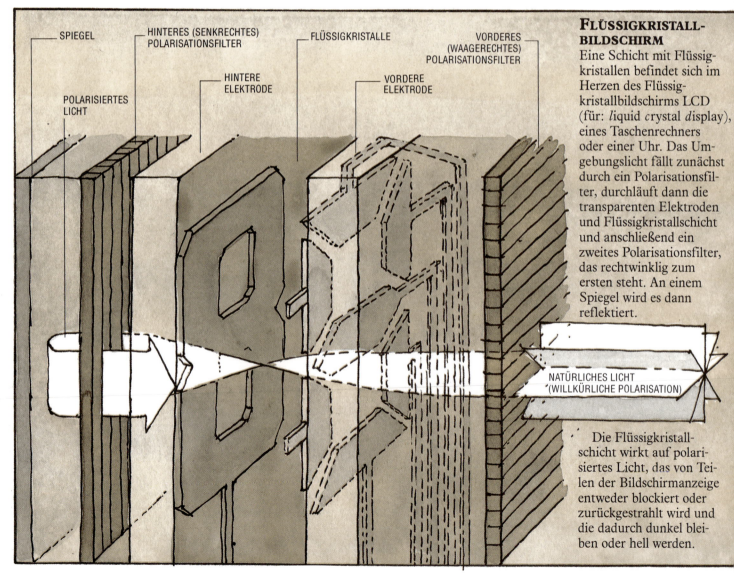

SPIEGEL

HINTERES (SENKRECHTES) POLARISATIONSFILTER

FLÜSSIGKRISTALLE

VORDERES (WAAGERECHTES) POLARISATIONSFILTER

HINTERE ELEKTRODE

VORDERE ELEKTRODE

POLARISIERTES LICHT

NATÜRLICHES LICHT (WILLKÜRLICHE POLARISATION)

FLÜSSIGKRISTALL-BILDSCHIRM

Eine Schicht mit Flüssigkristallen befindet sich im Herzen des Flüssigkristallbildschirms LCD (für: *l*iquid *c*rystal *d*isplay), eines Taschenrechners oder einer Uhr. Das Umgebungslicht fällt zunächst durch ein Polarisationsfilter, durchläuft dann die transparenten Elektroden und Flüssigkristallschicht und anschließend ein zweites Polarisationsfilter, das rechtwinklig zum ersten steht. An einem Spiegel wird es dann reflektiert.

Die Flüssigkristallschicht wirkt auf polarisiertes Licht, das von Teilen der Bildschirmanzeige entweder blockiert oder zurückgestrahlt wird und die dadurch dunkel bleiben oder hell werden.

FLÜSSIGKRISTALLE

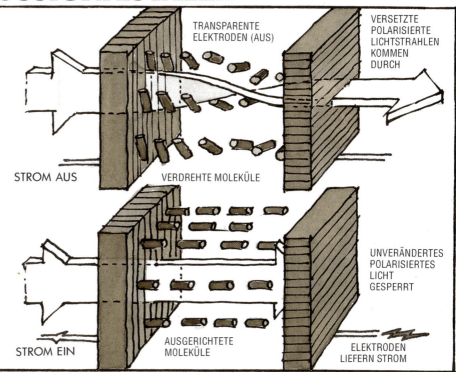

Flüssigkristalle bestehen aus einem flüssigen Material mit Molekülen, die in einem bei Kristallen ähnlichen Muster aufgebaut sind. Die Moleküle sind normalerweise verdrillt, und wenn polarisiertes Licht durch die Flüssigkristalle läuft, verdreht sich ihre Schwingungsebene um einen rechten Winkel.

Ein schwacher elektrischer Strom ändert in Flüssigkristallen das Muster der Moleküle. Sie werden dann so ausgerichtet, daß sie auf das polarisierte Licht nicht mehr einwirken. Die Flüssigkristalle sind zwischen zwei transparente Elektroden eingezwängt, die die Lichtstrahlen durchlassen und den Strom liefern.

Indem man Flüssigkristalle in getrennte Segmente aufteilt, kann man auf dem Flüssigkristallbildschirm Ziffern und Buchstaben darstellen. Der Bildschirm wird mit Hilfe von ▷ Mikrochips gesteuert.

TRANSPARENTE ELEKTRODEN (AUS)

VERSETZTE POLARISIERTE LICHTSTRAHLEN KOMMEN DURCH

STROM AUS

VERDREHTE MOLEKÜLE

UNVERÄNDERTES POLARISIERTES LICHT GESPERRT

STROM EIN

AUSGERICHTETE MOLEKÜLE

ELEKTRODEN LIEFERN STROM

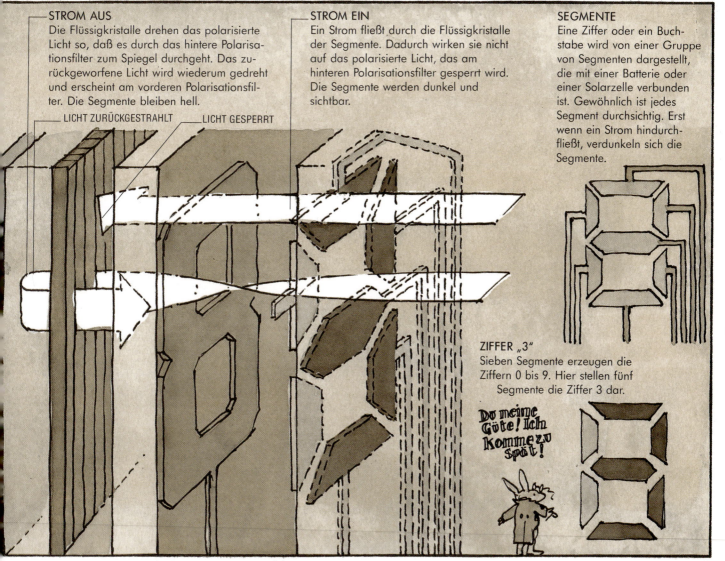

STROM AUS
Die Flüssigkristalle drehen das polarisierte Licht so, daß es durch das hintere Polarisationsfilter zum Spiegel durchgeht. Das zurückgeworfene Licht wird wiederum gedreht und erscheint am vorderen Polarisationsfilter. Die Segmente bleiben hell.

LICHT ZURÜCKGESTRAHLT   LICHT GESPERRT

STROM EIN
Ein Strom fließt durch die Flüssigkristalle der Segmente. Dadurch wirken sie nicht auf das polarisierte Licht, das am hinteren Polarisationsfilter gesperrt wird. Die Segmente werden dunkel und sichtbar.

SEGMENTE
Eine Ziffer oder ein Buchstabe wird von einer Gruppe von Segmenten dargestellt, die mit einer Batterie oder einer Solarzelle verbunden ist. Gewöhnlich ist jedes Segment durchsichtig. Erst wenn ein Strom hindurchfließt, verdunkeln sich die Segmente.

ZIFFER „3"
Sieben Segmente erzeugen die Ziffern 0 bis 9. Hier stellen fünf Segmente die Ziffer 3 dar.

Du meine Güte! Ich komme zu spät!

LASER

Ein Laser erzeugt einen gebündelten Strahl sehr hellen Lichts, entweder als kurze Lichtimpulse oder als ununterbrochenen Strahl. Laser ist die Abkürzung für *light amplification by stimulated emission of radiation* (= Lichtverstärkung durch angeregte Strahlungsemission). Im Gegensatz zu natürlichem Licht ist Laserlicht *kohärent*, das heißt, die Strahlung ist in derselben Phase, von derselben Wellenlänge und erzeugt einen Strahl hoher Energie.

Ein Laserstrahl kann aus sichtbarem Licht oder aus unsichtbaren Infrarot-Strahlen bestehen. Ersterer wird bei digitalen Tonaufnahmen, in der Glasfaser-Fernmeldetechnik wie auch bei der Landvermessung und in Entfernungsmessern eingesetzt und liefert Ergebnisse sehr hoher Güte und Genauigkeit. Die intensive Hitze eines mächtigen Infrarot-Laserstrahls reicht aus, um Metall zu schneiden.

1 ANREGUNG DER ATOME

In einem Laser wird die Energie in einem laserfähigen Medium (Festkörper, Flüssigkeit oder Gas) gespeichert. Die Energie regt die Atome im Medium an und hebt sie auf einen höheren Energiezustand an. Auf solche Weise angeregte Atome senden spontan einen Lichtstrahl aus. In einem Gaslaser, wie hier gezeigt, werden die Gasatome von den Elektronen in einem elektrischen Strom angeregt.

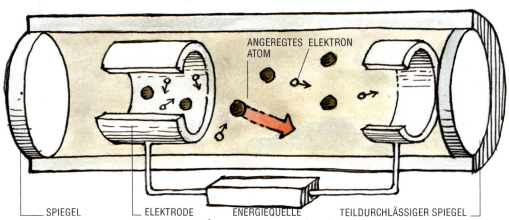

ANGEREGTES ELEKTRON
ATOM

SPIEGEL   ELEKTRODE   ENERGIEQUELLE   TEILDURCHLÄSSIGER SPIEGEL

2 LICHT WIRD AUFGEBAUT

Der Lichtstrahl des angeregten Atoms trifft auf ein anderes angeregtes Atom und veranlaßt es, ebenfalls einen Lichtstrahl auszusenden, und immer so weiter: der Vorgang der Lichterzeugung wächst an. Die Spiegel zu beiden Seiten der Glasröhre werfen die Lichtstrahlen zurück, so daß immer mehr angeregte Atome Licht aussenden.

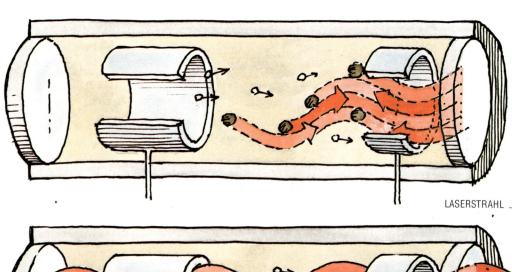

LASERSTRAHL

3 DER LASER FEUERT

Der Lichtstrahl, den jedes angeregte Atom abgibt, schwingt im Gleichklang mit dem Lichtstrahl, der das Atom getroffen hat. Alle Strahlen schwingen nun im Gleichklang, und der Strahl wird hell genug, um den teildurchlässigen Spiegel zu durchdringen und den Laser zu verlassen. Auf diese Weise wird die Energie als Laserlicht freigesetzt.

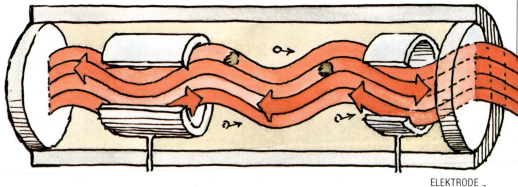

ELEKTRODE

DER GASLASER

Da die Gasatome Energie von Elektronen aufnehmen, die sich im Gas bewegen, und diese Energie als Licht abstrahlen, wird in einem Gaslaser ein ununterbrochener Laserstrahl erzeugt.

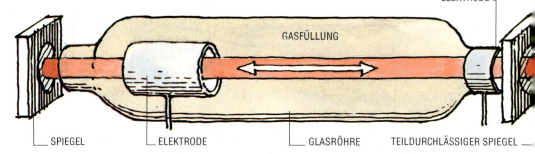

GASFÜLLUNG

SPIEGEL   ELEKTRODE   GLASRÖHRE   TEILDURCHLÄSSIGER SPIEGEL

DIE HOLOGRAPHIE

Eine sehr wichtige Anwendung des Laserlichts ist die Holographie, ein Verfahren zur dreidimensionalen und reellen räumlichen Abbildung von Objekten. Zur Holographie benötigt man kohärentes Licht einer einzigen genauen Wellenlänge, das nur ein Laser erzeugt.

In der Holographie wird der scharf begrenzte Laserstrahl in zwei Lichtstrahlen aufgefächert: der Objektstrahl beleuchtet das Objekt, die Referenzstrahlen werden zu einer fotografischen Platte nahe am Objekt abgezweigt. Nach der Entwicklung zeigen Platte oder Film ein Hologramm, das eine dreidimensionale Abbildung des Objekts zeigt.

SO STELLT MAN EIN HOLOGRAMM HER

Die fotografische Platte oder der Film wird mit Laserlicht von den Objekt- und den Referenzstrahlen belichtet. Der hier gezeigte Aufbau ergibt ein Reflexionshologramm, das eine Betrachtung bei natürlichem inkohärentem Licht zuläßt. Für ein Transmissionshologramm, das mit einem Laser betrachtet wird, müssen die beiden Strahlen auf derselben Seite der Platte oder des Films auftreffen.

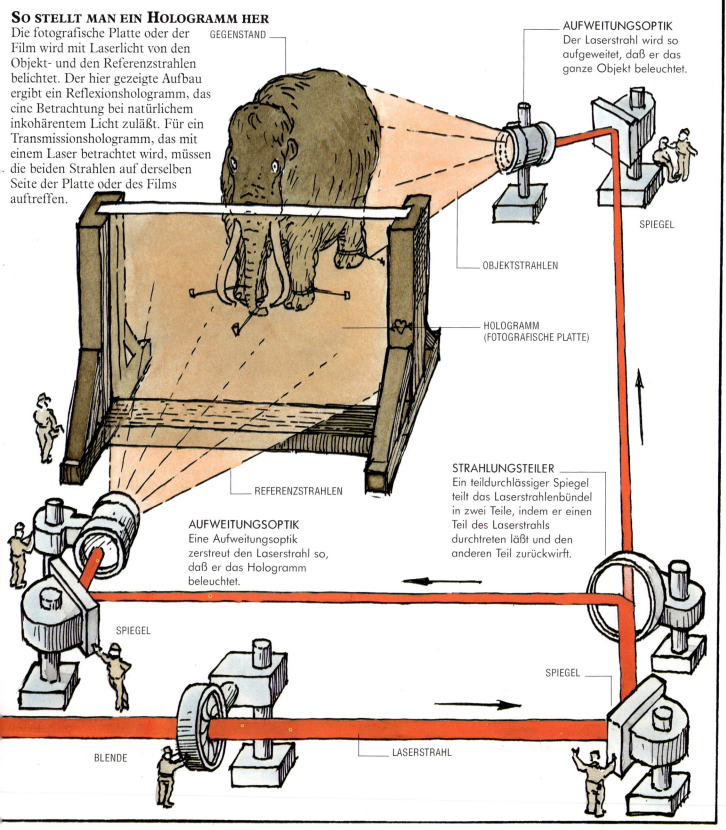

GEGENSTAND

AUFWEITUNGSOPTIK
Der Laserstrahl wird so aufgeweitet, daß er das ganze Objekt beleuchtet.

SPIEGEL

OBJEKTSTRAHLEN

HOLOGRAMM
(FOTOGRAFISCHE PLATTE)

REFERENZSTRAHLEN

STRAHLUNGSTEILER
Ein teildurchlässiger Spiegel teilt das Laserstrahlenbündel in zwei Teile, indem er einen Teil des Laserstrahls durchtreten läßt und den anderen Teil zurückwirft.

AUFWEITUNGSOPTIK
Eine Aufweitungsoptik zerstreut den Laserstrahl so, daß er das Hologramm beleuchtet.

SPIEGEL

SPIEGEL

BLENDE

LASERSTRAHL

DAS HOLOGRAMM

Ein Reflexionshologramm wird mit Hilfe einer fotografischen Platte oder eines Films hergestellt. Auf der Platte oder dem Film trifft das vom Objekt zurückgeworfene Licht auf Licht, das direkt vom Laser kommt. Die beiden Strahlen — ein Strahl von jedem Punkt auf der Oberfläche des Objekts und einer von den Referenzstrahlen — überlagern sich (interferieren). Ein Strahlenpaar gibt Licht, wenn die Überlagerung (Interferenz) „verstärkend" ist, oder hebt sich gegenseitig auf, wenn sie „auslöschend" ist. Über das ganze Hologramm baut sich ein Interferenzmuster auf, das aus zusammentreffenden Strahlenpaaren besteht. Dieses Muster hängt von der Energiehöhe der Strahlen ab, die vom Objekt kommen und sich mit der Helligkeit seiner Oberfläche verändern.

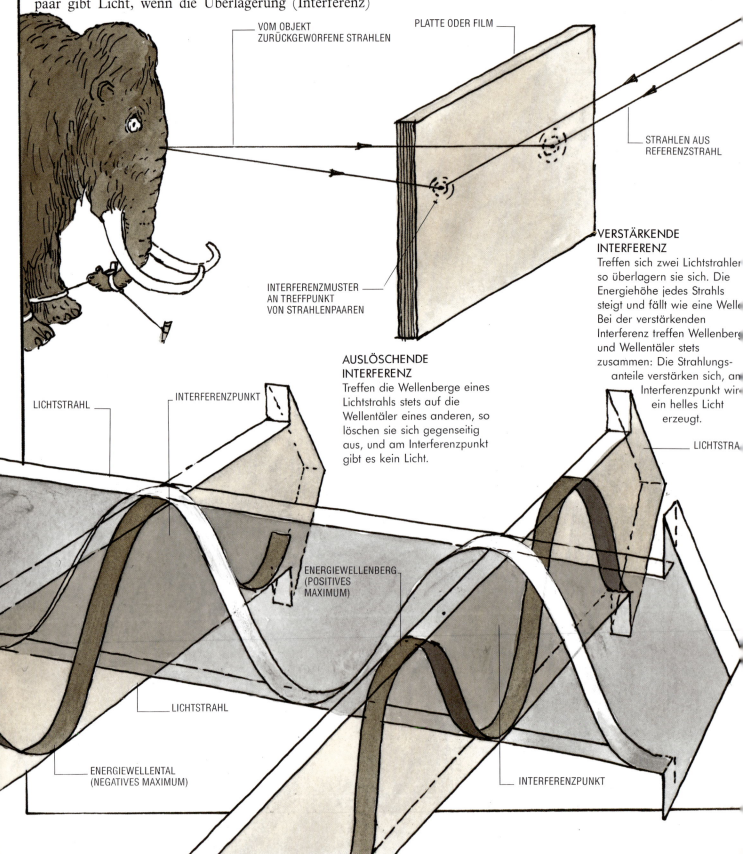

VOM OBJEKT ZURÜCKGEWORFENE STRAHLEN

PLATTE ODER FILM

STRAHLEN AUS REFERENZSTRAHL

INTERFERENZMUSTER AN TREFFPUNKT VON STRAHLENPAAREN

VERSTÄRKENDE INTERFERENZ

Treffen sich zwei Lichtstrahlen so überlagern sie sich. Die Energiehöhe jedes Strahls steigt und fällt wie eine Welle. Bei der verstärkenden Interferenz treffen Wellenberge und Wellentäler stets zusammen: Die Strahlungsanteile verstärken sich, am Interferenzpunkt wird ein helles Licht erzeugt.

AUSLÖSCHENDE INTERFERENZ

Treffen die Wellenberge eines Lichtstrahls stets auf die Wellentäler eines anderen, so löschen sie sich gegenseitig aus, und am Interferenzpunkt gibt es kein Licht.

LICHTSTRAHL

INTERFERENZPUNKT

LICHTSTRA[HL]

ENERGIEWELLENBERG (POSITIVES MAXIMUM)

LICHTSTRAHL

ENERGIEWELLENTAL (NEGATIVES MAXIMUM)

INTERFERENZPUNKT

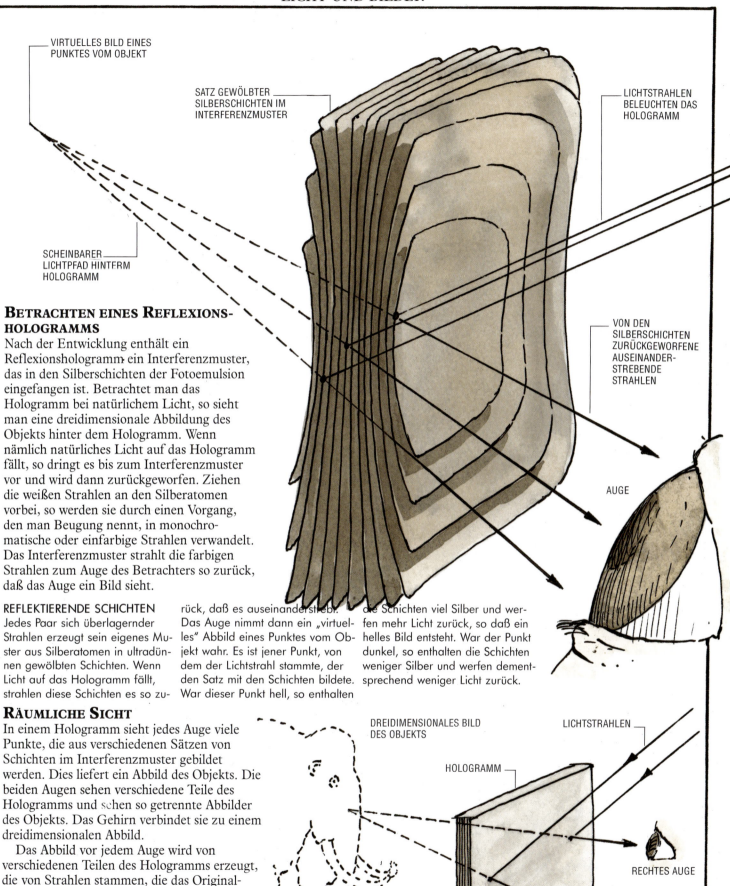

VIRTUELLES BILD EINES
PUNKTES VOM OBJEKT

SATZ GEWÖLBTER
SILBERSCHICHTEN IM
INTERFERENZMUSTER

LICHTSTRAHLEN
BELEUCHTEN DAS
HOLOGRAMM

SCHEINBARER
LICHTPFAD HINTERM
HOLOGRAMM

VON DEN
SILBERSCHICHTEN
ZURÜCKGEWORFENE
AUSEINANDER-
STREBENDE
STRAHLEN

AUGE

BETRACHTEN EINES REFLEXIONS-HOLOGRAMMS

Nach der Entwicklung enthält ein Reflexionshologramm ein Interferenzmuster, das in den Silberschichten der Fotoemulsion eingefangen ist. Betrachtet man das Hologramm bei natürlichem Licht, so sieht man eine dreidimensionale Abbildung des Objekts hinter dem Hologramm. Wenn nämlich natürliches Licht auf das Hologramm fällt, so dringt es bis zum Interferenzmuster vor und wird dann zurückgeworfen. Ziehen die weißen Strahlen an den Silberatomen vorbei, so werden sie durch einen Vorgang, den man Beugung nennt, in monochromatische oder einfarbige Strahlen verwandelt. Das Interferenzmuster strahlt die farbigen Strahlen zum Auge des Betrachters so zurück, daß das Auge ein Bild sieht.

REFLEKTIERENDE SCHICHTEN

Jedes Paar sich überlagernder Strahlen erzeugt sein eigenes Muster aus Silberatomen in ultradünnen gewölbten Schichten. Wenn Licht auf das Hologramm fällt, strahlen diese Schichten es so zurück, daß es auseinanderstrebt. Das Auge nimmt dann ein „virtuelles" Abbild eines Punktes vom Objekt wahr. Es ist jener Punkt, von dem der Lichtstrahl stammte, der den Satz mit den Schichten bildete. War dieser Punkt hell, so enthalten die Schichten viel Silber und werfen mehr Licht zurück, so daß ein helles Bild entsteht. War der Punkt dunkel, so enthalten die Schichten weniger Silber und werfen dementsprechend weniger Licht zurück.

RÄUMLICHE SICHT

In einem Hologramm sieht jedes Auge viele Punkte, die aus verschiedenen Sätzen von Schichten im Interferenzmuster gebildet werden. Dies liefert ein Abbild des Objekts. Die beiden Augen sehen verschiedene Teile des Hologramms und sehen so getrennte Abbilder des Objekts. Das Gehirn verbindet sie zu einem dreidimensionalen Abbild.

Das Abbild vor jedem Auge wird von verschiedenen Teilen des Hologramms erzeugt, die von Strahlen stammen, die das Originalobjekt in verschiedenen Winkeln verließen. Jede Seite des Hologramms wird von Strahlen gebildet, die von dieser Seite des Objekts stammen. Bewegt man seinen Kopf, so kommt deshalb eine andere Sicht ins Blickfeld und die Sicht auf das Abbild verändert sich.

DREIDIMENSIONALES BILD
DES OBJEKTS

LICHTSTRAHLEN

HOLOGRAMM

RECHTES AUGE

LINKES AUGE

FOTOGRAFIE

ÜBER MAMMUT-FOTOS

Als ich eines Tages Golf spielte, fiel mir auf, daß der Rasen im Wartefeld für Schlägerträger bedeutend niedriger und weniger grün war als der Rasen in der Sonne. Ich spielte weiter, doch in Gedanken war ich anderswo. Wenn das Bild eines Mammuts zufällig auf dem Rasen abgebildet worden war, so grübelte ich, konnten dann nicht Bilder von anderen Gegenständen mit Absicht abgebildet werden?

Nachdem ich vom Golfspielen in meine Werkstatt zurückgekehrt war, bat ich meine Nachbarn, mir bei einem ersten Experiment zu helfen. Ich forderte die ganze Familie auf, sich in einer Reihe auf dem Gras vor der Werkstatt zum Schlafen hinzulegen. Sie sträubten sich erst. Dann bot ich ihnen ein Honorar an, und bald darauf hörte man sie schnarchen.

IN SILBER GEFASST

Um Bilder ständig aufzubewahren, wird in der Schwarzweiß-Fotografie Silber statt Rasen verwendet. Dazu werden kleinste Silberbromid-Kristalle auf eine Emulsionsschicht aus Gelatine aufgetragen, mit der ein transparenter Plastikfilm als Träger beschichtet wird. Das Objektiv eines Fotoapparats bildet ein Szenenbild auf dem Film ab. Diese Belichtung, und sei es auch nur für den Bruchteil einer Sekunde, reicht aus, um eine chemische Veränderung der Kristalle auszulösen. Dabei werden die Silberbromid-Kriställchen aktiviert und später dann durch einen Entwickler zu schwarzem Silbermetall reduziert. Es entsteht ein Negativ der Szene.

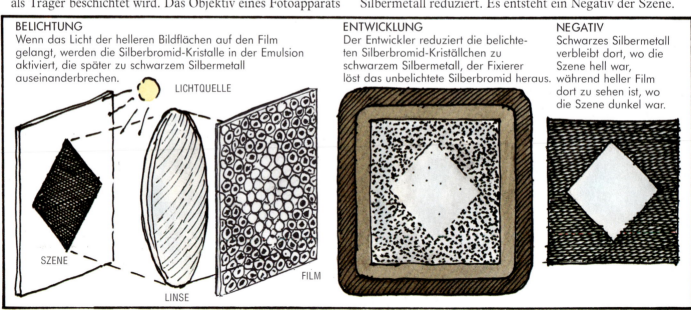

BELICHTUNG
Wenn das Licht der helleren Bildflächen auf den Film gelangt, werden die Silberbromid-Kristalle in der Emulsion aktiviert, die später zu schwarzem Silbermetall auseinanderbrechen.

LICHTQUELLE

SZENE

LINSE

FILM

ENTWICKLUNG
Der Entwickler reduziert die belichteten Silberbromid-Kriställchen zu schwarzem Silbermetall, der Fixierer löst das unbelichtete Silberbromid heraus.

NEGATIV
Schwarzes Silbermetall verbleibt dort, wo die Szene hell war, während heller Film dort zu sehen ist, wo die Szene dunkel war.

Bild 1

Bild 2

Bild 3

*I*ch bat sie, in den folgenden fünf Tagen wiederzukommen und sich genau auf dieselbe Stelle hinzulegen. Am Ende einer Woche besaß ich ein perfektes Bild meiner Nachbarn. Das Verfahren fand großen Anklang, und kurze Zeit später schon konnte man ganze Schulklassen bewegungslos auf dem Rasen vor meiner Werkstatt betrachten.

Es tauchten jedoch Hindernisse auf, mit denen ich nicht gerechnet hatte. Die Bilder verlangten ständiges Stutzen, nachdem die Modelle die Szene verlassen hatten. Zudem waren sie nur sehr schwer vorzuzeigen, und das Rahmen war mit unerschwinglichen Unkosten verbunden. Hätte ich es geschafft, die Leute schrumpfen zu lassen, bevor sie abgelichtet wurden, so wäre meiner Erfindung — davon bin ich voll und ganz überzeugt — eine verheißungsvolle Zukunft beschieden gewesen.

FOTOABZÜGE

Ein Abzug wird auf Fotopapier gemacht, das ebenso eine lichtempfindliche Emulsion wie die auf dem Film trägt. Das Negativ wird dazu verwendet, das Fotopapier zu belichten, häufig mit Hilfe eines Vergrößerungsapparats, der ein vergrößertes Bild auf das Fotopapier wirft. Das Papier wird dann entwickelt, um ein Bild aus schwarzen Silberkristallen zu erzeugen. Die hellen Flächen des Negativs erscheinen auf dem Abzug dunkel und umgekehrt — genauso wie in der abgelichteten Szene; es entsteht ein Schwarzweißbild. Mit einem anderen Verfahren kann ein Positiv-Abzug direkt auf Film oder Fotopapier gemacht werden, ohne daß man ein Negativ anfertigt.

BELICHTUNG
Das Bild des Negativs im Vergrößerer wird auf das Fotopapier projiziert. Durch das Bewegen der Linse kann das Bild vergrößert werden.

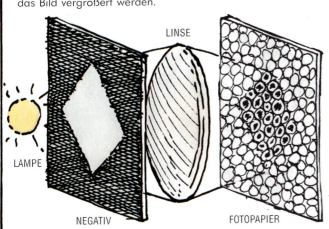

LINSE

LAMPE

NEGATIV

FOTOPAPIER

ENTWICKLUNG
Das Fotopapier wird entwickelt und bei Rotlicht fixiert, auf das die Emulsion nicht reagiert.

POSITIV
Helle Flächen auf dem Negativ werden im Entwicklerbad zu schwarzem Silber auf dem Abzug reduziert,

dunkle Flächen erscheinen weiß.

DIE EINÄUGIGE SPIEGELREFLEXKAMERA

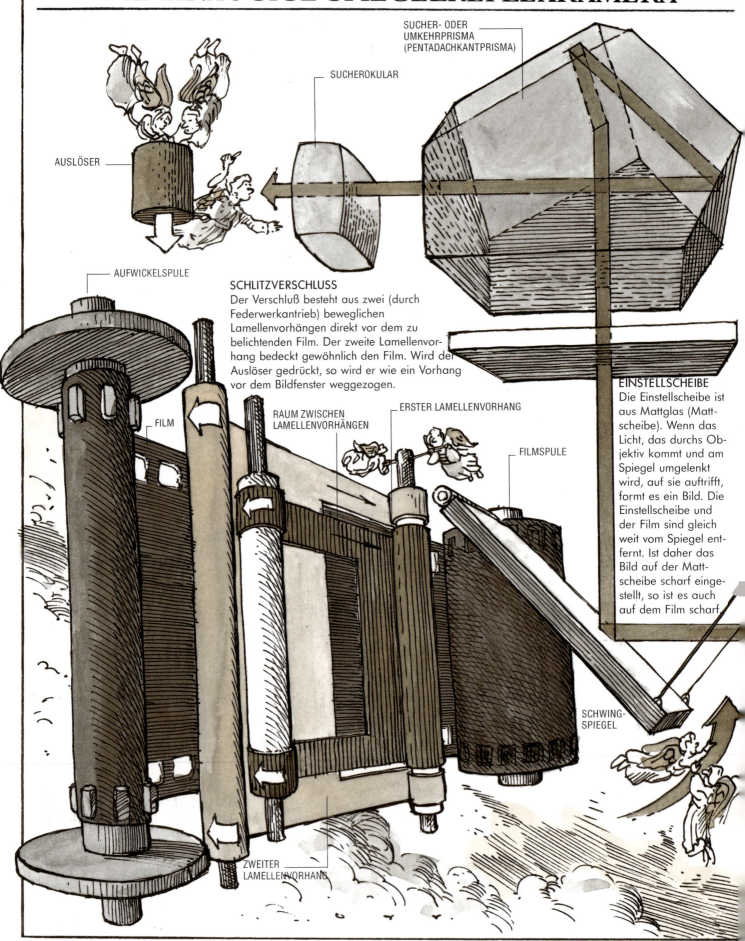

SUCHER- ODER
UMKEHRPRISMA
(PENTADACHKANTPRISMA)

SUCHEROKULAR

AUSLÖSER

AUFWICKELSPULE

FILM

SCHLITZVERSCHLUSS
Der Verschluß besteht aus zwei (durch
Federwerkantrieb) beweglichen
Lamellenvorhängen direkt vor dem zu
belichtenden Film. Der zweite Lamellenvor-
hang bedeckt gewöhnlich den Film. Wird der
Auslöser gedrückt, so wird er wie ein Vorhang
vor dem Bildfenster weggezogen.

RAUM ZWISCHEN
LAMELLENVORHÄNGEN

ERSTER LAMELLENVORHANG

FILMSPULE

EINSTELLSCHEIBE
Die Einstellscheibe ist
aus Mattglas (Matt-
scheibe). Wenn das
Licht, das durchs Ob-
jektiv kommt und am
Spiegel umgelenkt
wird, auf sie auftrifft,
formt es ein Bild. Die
Einstellscheibe und
der Film sind gleich
weit vom Spiegel ent-
fernt. Ist daher das
Bild auf der Matt-
scheibe scharf einge-
stellt, so ist es auch
auf dem Film scharf.

SCHWING-
SPIEGEL

ZWEITER
LAMELLENVORHANG

Manche Fotoapparate besitzen zwei verschiedene Objektive: eins zur Bildbeobachtung und ein anderes für den Lichttransport zum Film. Bei einem solchen Apparat können Schärfe und Belichtung nicht über das Auge eingestellt, sondern müssen gemessen werden. Die einäugige Spiegelreflexkamera heißt so, weil sie nur ein Objektiv sowohl für die Bildbeobachtung wie für die Aufnahme besitzt. Ein Schwingspiegel, der in einem Winkel von 45° vor dem Film arretiert ist, lenkt den Lichtstrahl vom Objektiv zur Einstellscheibe über sich. Das Bild baut sich auf der Mattscheibe auf, und das Licht wird von dort durch das Umkehrprisma zum Sucherokular gelenkt. Durch die verschiedenen Spiegelungen ist das Bild im Sucherokular aufrecht und seitenrichtig. Wird der Auslöser gedrückt, schwingt der Spiegel hoch und der Lichtstrahl belichtet unbehindert den Film.

SUCHEROKULAR EINSTELLSCHEIBE OBJEKTIV
SUCHERPRISMA
SPIEGEL
FILM

IRISBLENDE
Sie begrenzt die Menge der Lichtstrahlen, die durch das Objektiv ihren Weg in die Kamera finden. Die Blende befindet sich in der Mitte des Objektivs und setzt sich aus drehbaren Metallamellen zusammen, die sich so bewegen, daß sie das Loch in der Mitte öffnen oder schließen. Je stärker die Ausblendung (je höher die Blendenzahl f), desto schärfer, aber auch desto lichtschwächer ist das Bild.

OBJEKTIV
Ein Objektiv hoher Qualität besteht aus einer Kombination von Linsen, die so zusammenwirken, daß sie ein scharfes Bild auf den Film bannen. Das Gesichtsfeld hängt von der Brennweite des Objektivs ab, das heißt der Entfernung des Objektivs zum Film, wenn ein Gegenstand im Unendlichen sich im Brennpunkt befindet. Die Objektivfläche ist häufig entspiegelt, um unnötige Reflexe zu vermeiden.

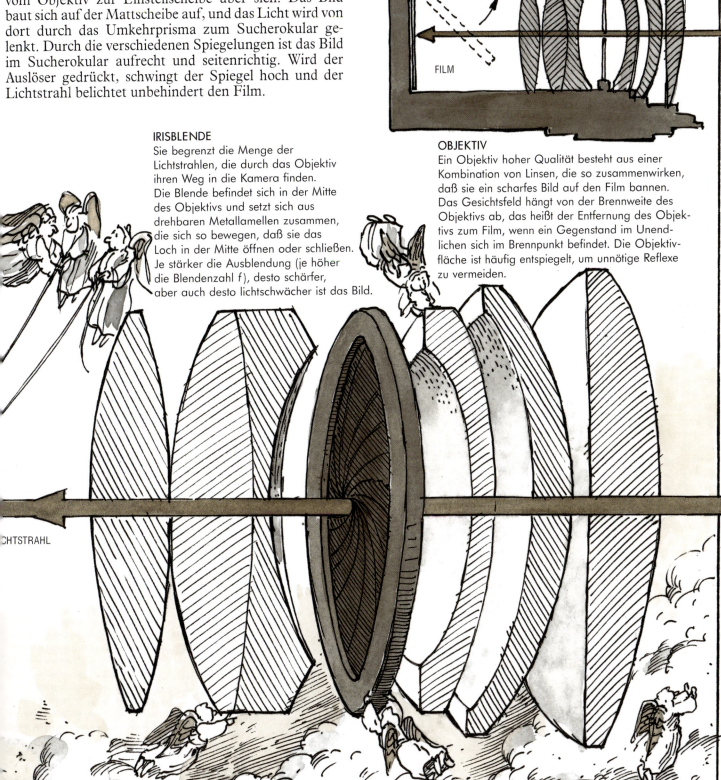

LICHTSTRAHL

FARBFOTOGRAFIE

So vielfarbig auch immer ein Farbfoto oder Dia erscheinen mag, beide setzen sich stets nur au den drei Farbschichten der ▷ Grundfarben zusammen. Betrachtet man ein Farbfoto, so durchläuft das Licht die drei Schichten nacheinander und die Farbigkeit ergibt sich durch sub traktive Farbmischung. Entwickelt man einen Papierfilm, so erhält man ein Farbnegativ, wäh rend bei einem Diafilm durch ein besonderes Verfahren (Umkehrverfahren) ein positives Farb bild (*siehe unten*) auf dem Film erscheint.

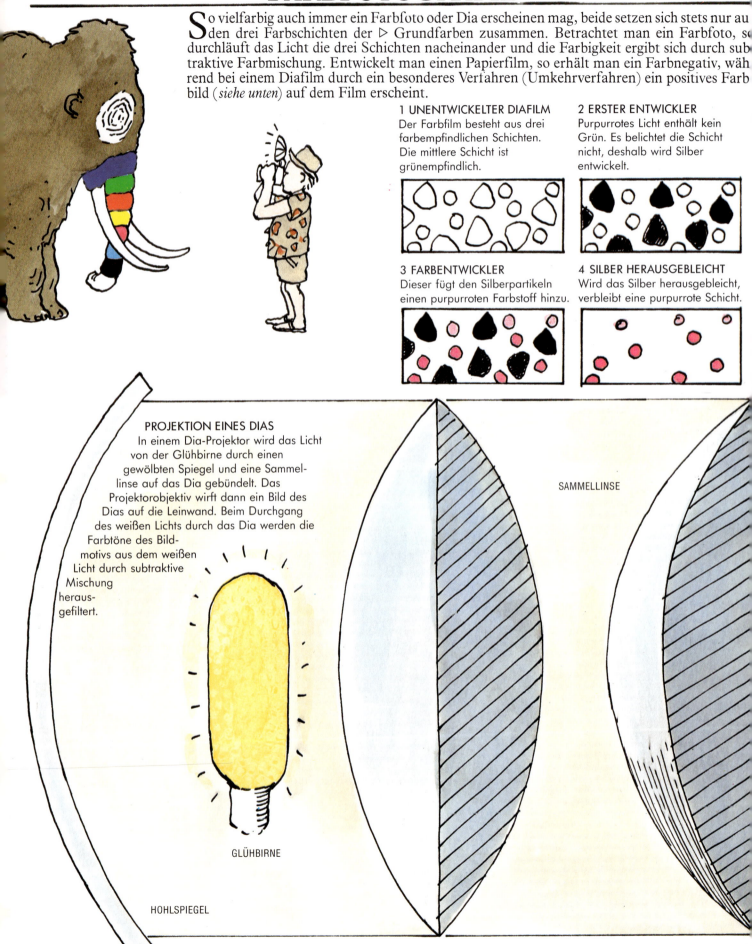

1 UNENTWICKELTER DIAFILM
Der Farbfilm besteht aus drei farbempfindlichen Schichten. Die mittlere Schicht ist grünempfindlich.

2 ERSTER ENTWICKLER
Purpurrotes Licht enthält kein Grün. Es belichtet die Schicht nicht, deshalb wird Silber entwickelt.

3 FARBENTWICKLER
Dieser fügt den Silberpartikeln einen purpurroten Farbstoff hinzu.

4 SILBER HERAUSGEBLEICHT
Wird das Silber herausgebleicht, verbleibt eine purpurrote Schicht.

PROJEKTION EINES DIAS
In einem Dia-Projektor wird das Licht von der Glühbirne durch einen gewölbten Spiegel und eine Sammellinse auf das Dia gebündelt. Das Projektorobjektiv wirft dann ein Bild des Dias auf die Leinwand. Beim Durchgang des weißen Lichts durch das Dia werden die Farbtöne des Bildmotivs aus dem weißen Licht durch subtraktive Mischung herausgefiltert.

SAMMELLINSE

GLÜHBIRNE

HOHLSPIEGEL

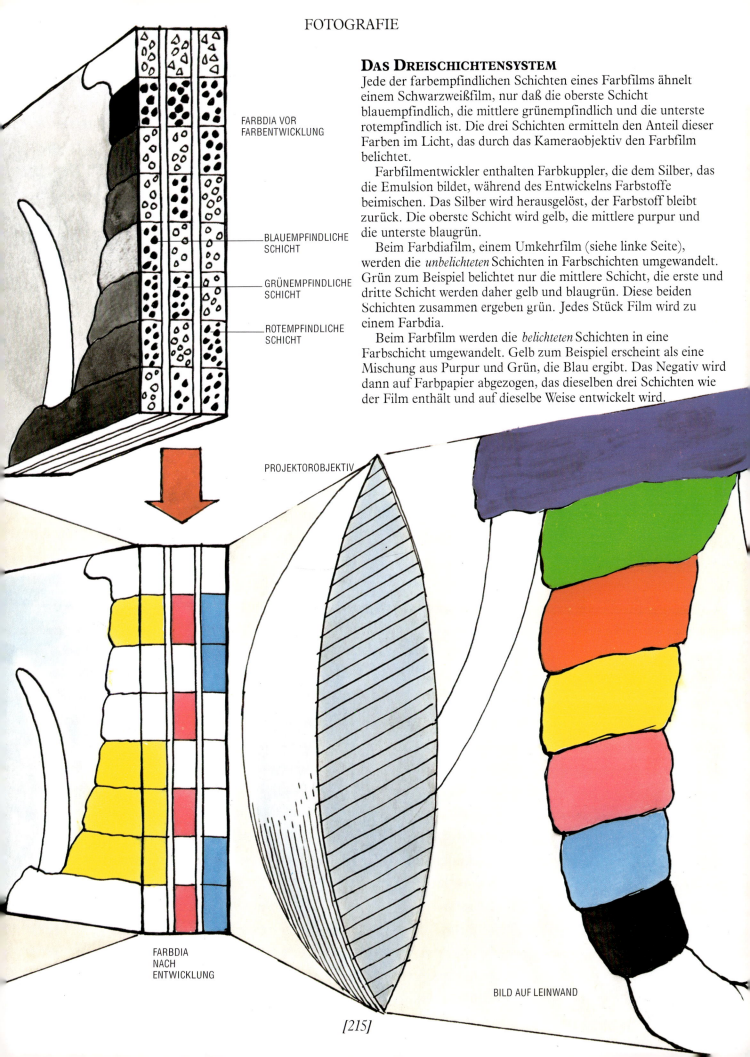

FARBDIA VOR
FARBENTWICKLUNG

BLAUEMPFINDLICHE
SCHICHT

GRÜNEMPFINDLICHE
SCHICHT

ROTEMPFINDLICHE
SCHICHT

DAS DREISCHICHTENSYSTEM

Jede der farbempfindlichen Schichten eines Farbfilms ähnelt einem Schwarzweißfilm, nur daß die oberste Schicht blauempfindlich, die mittlere grünempfindlich und die unterste rotempfindlich ist. Die drei Schichten ermitteln den Anteil dieser Farben im Licht, das durch das Kameraobjektiv den Farbfilm belichtet.

Farbfilmentwickler enthalten Farbkuppler, die dem Silber, das die Emulsion bildet, während des Entwickelns Farbstoffe beimischen. Das Silber wird herausgelöst, der Farbstoff bleibt zurück. Die oberste Schicht wird gelb, die mittlere purpur und die unterste blaugrün.

Beim Farbdiafilm, einem Umkehrfilm (siehe linke Seite), werden die *unbelichteten* Schichten in Farbschichten umgewandelt. Grün zum Beispiel belichtet nur die mittlere Schicht, die erste und dritte Schicht werden daher gelb und blaugrün. Diese beiden Schichten zusammen ergeben grün. Jedes Stück Film wird zu einem Farbdia.

Beim Farbfilm werden die *belichteten* Schichten in eine Farbschicht umgewandelt. Gelb zum Beispiel erscheint als eine Mischung aus Purpur und Grün, die Blau ergibt. Das Negativ wird dann auf Farbpapier abgezogen, das dieselben drei Schichten wie der Film enthält und auf dieselbe Weise entwickelt wird.

PROJEKTOROBJEKTIV

FARBDIA
NACH
ENTWICKLUNG

BILD AUF LEINWAND

[215]

SOFORTBILDFOTOGRAFIE

Unmittelbar nach einer Aufnahme gibt eine Sofortbildkamera ein Plastikbild frei. Nach nur einer Minute beginnt das Bild Konturen anzunehmen, und wenig später hält man ein Farbfoto in Händen. Die Sofortbildfotografie arbeitet im wesentlichen nach demselben Verfahren wie der Umkehrfilm im Fall eines Farbdias. Der Film enthält drei für die Farben Blau, Grün und Rot

lichtempfindliche Silberhalogenidschichten, die nach der Entwicklung Schichten mit gelben, purpurnen und blaugrünen Farbstoffen ergeben. Er enthält auch die Entwicklungschemikalien. Bei der Entwicklung eines Sofortbildes verlassen die drei Farbstoffe ihre Schicht, durchdringen die Filmschichten und sammeln sich in der Schicht unter der Oberfläche zu einem Farbbild.

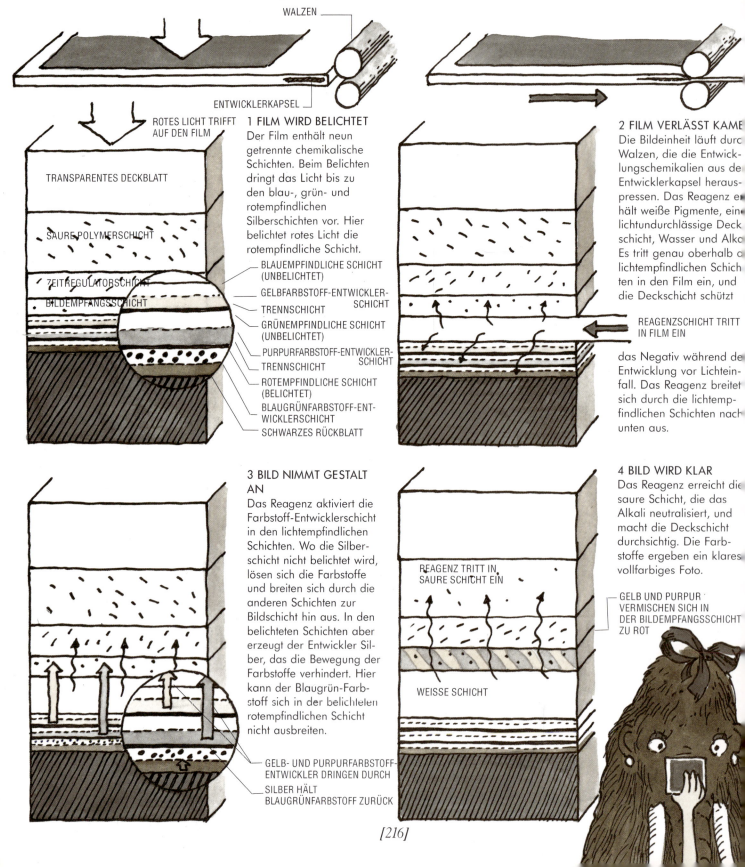

WALZEN

ENTWICKLERKAPSEL

ROTES LICHT TRIFFT AUF DEN FILM

TRANSPARENTES DECKBLATT

SAURE POLYMERSCHICHT

ZEITREGULATORSCHICHT

BILDEMPFANGSSCHICHT

1 FILM WIRD BELICHTET
Der Film enthält neun getrennte chemische Schichten. Beim Belichten dringt das Licht bis zu den blau-, grün- und rotempfindlichen Silberschichten vor. Hier belichtet rotes Licht die rotempfindliche Schicht.

BLAUEMPFINDLICHE SCHICHT (UNBELICHTET)

GELBFARBSTOFF-ENTWICKLERSCHICHT

TRENNSCHICHT

GRÜNEMPFINDLICHE SCHICHT (UNBELICHTET)

PURPURFARBSTOFF-ENTWICKLERSCHICHT

TRENNSCHICHT

ROTEMPFINDLICHE SCHICHT (BELICHTET)

BLAUGRÜNFARBSTOFF-ENTWICKLERSCHICHT

SCHWARZES RÜCKBLATT

2 FILM VERLÄSST KAME
Die Bildeinheit läuft durch Walzen, die die Entwicklungschemikalien aus der Entwicklerkapsel herauspressen. Das Reagenz enthält weiße Pigmente, eine lichtundurchlässige Deckschicht, Wasser und Alko. Es tritt genau oberhalb der lichtempfindlichen Schichten in den Film ein, und die Deckschicht schützt

REAGENZSCHICHT TRITT IN FILM EIN

das Negativ während der Entwicklung vor Lichteinfall. Das Reagenz breitet sich durch die lichtempfindlichen Schichten nach unten aus.

3 BILD NIMMT GESTALT AN
Das Reagenz aktiviert die Farbstoff-Entwicklerschicht in den lichtempfindlichen Schichten. Wo die Silberschicht nicht belichtet wird, lösen sich die Farbstoffe und breiten sich durch die anderen Schichten zur Bildschicht hin aus. In den belichteten Schichten aber erzeugt der Entwickler Silber, das die Bewegung der Farbstoffe verhindert. Hier kann der Blaugrün-Farbstoff sich in der belichteten rotempfindlichen Schicht nicht ausbreiten.

GELB- UND PURPURFARBSTOFF-ENTWICKLER DRINGEN DURCH

SILBER HÄLT BLAUGRÜNFARBSTOFF ZURÜCK

REAGENZ TRITT IN SAURE SCHICHT EIN

WEISSE SCHICHT

4 BILD WIRD KLAR
Das Reagenz erreicht die saure Schicht, die das Alkali neutralisiert, und macht die Deckschicht durchsichtig. Die Farbstoffe ergeben ein klares vollfarbiges Foto.

GELB UND PURPUR VERMISCHEN SICH IN DER BILDEMPFANGSSCHICHT ZU ROT

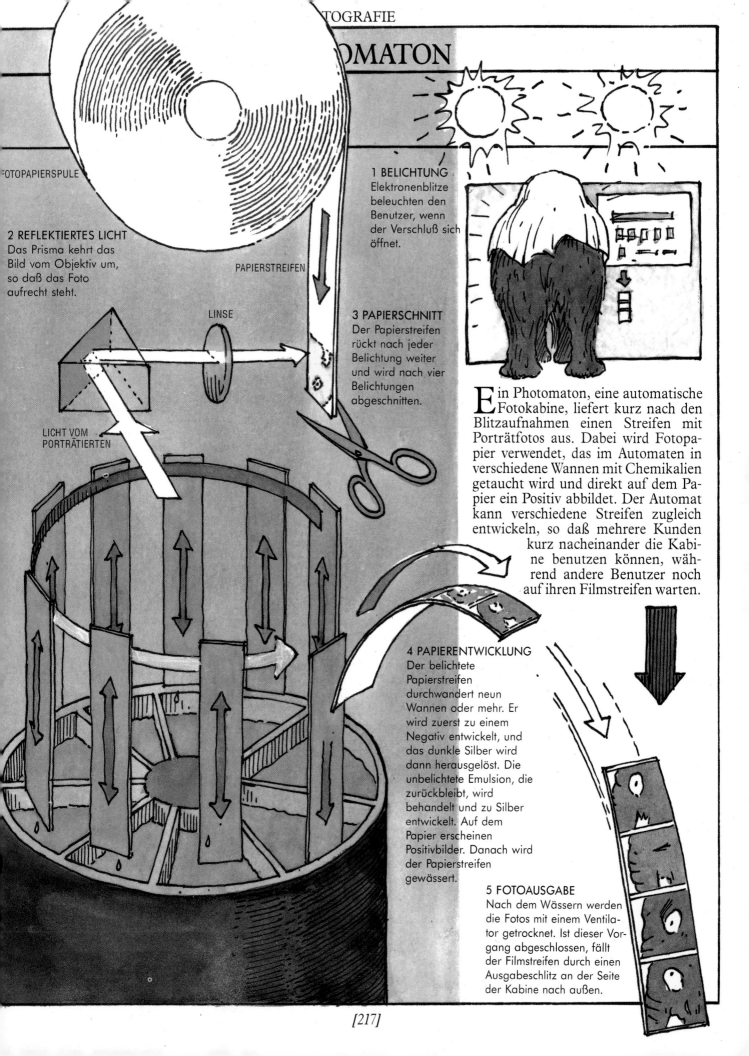

...OMATON

FOTOPAPIERSPULE

2 REFLEKTIERTES LICHT
Das Prisma kehrt das
Bild vom Objektiv um,
so daß das Foto
aufrecht steht.

PAPIERSTREIFEN

LINSE

**LICHT VOM
PORTRÄTIERTEN**

1 BELICHTUNG
Elektronenblitze
beleuchten den
Benutzer, wenn
der Verschluß sich
öffnet.

3 PAPIERSCHNITT
Der Papierstreifen
rückt nach jeder
Belichtung weiter
und wird nach vier
Belichtungen
abgeschnitten.

Ein Photomaton, eine automatische
Fotokabine, liefert kurz nach den
Blitzaufnahmen einen Streifen mit
Porträtfotos aus. Dabei wird Fotopapier verwendet, das im Automaten in
verschiedene Wannen mit Chemikalien
getaucht wird und direkt auf dem Papier ein Positiv abbildet. Der Automat
kann verschiedene Streifen zugleich
entwickeln, so daß mehrere Kunden
kurz nacheinander die Kabine benutzen können, wäh-
rend andere Benutzer noch
auf ihren Filmstreifen warten.

4 PAPIERENTWICKLUNG
Der belichtete
Papierstreifen
durchwandert neun
Wannen oder mehr. Er
wird zuerst zu einem
Negativ entwickelt, und
das dunkle Silber wird
dann herausgelöst. Die
unbelichtete Emulsion, die
zurückbleibt, wird
behandelt und zu Silber
entwickelt. Auf dem
Papier erscheinen
Positivbilder. Danach wird
der Papierstreifen
gewässert.

5 FOTOAUSGABE
Nach dem Wässern werden
die Fotos mit einem Ventilator getrocknet. Ist dieser Vorgang abgeschlossen, fällt
der Filmstreifen durch einen
Ausgabeschlitz an der Seite
der Kabine nach außen.

DIE FILMKAMERA

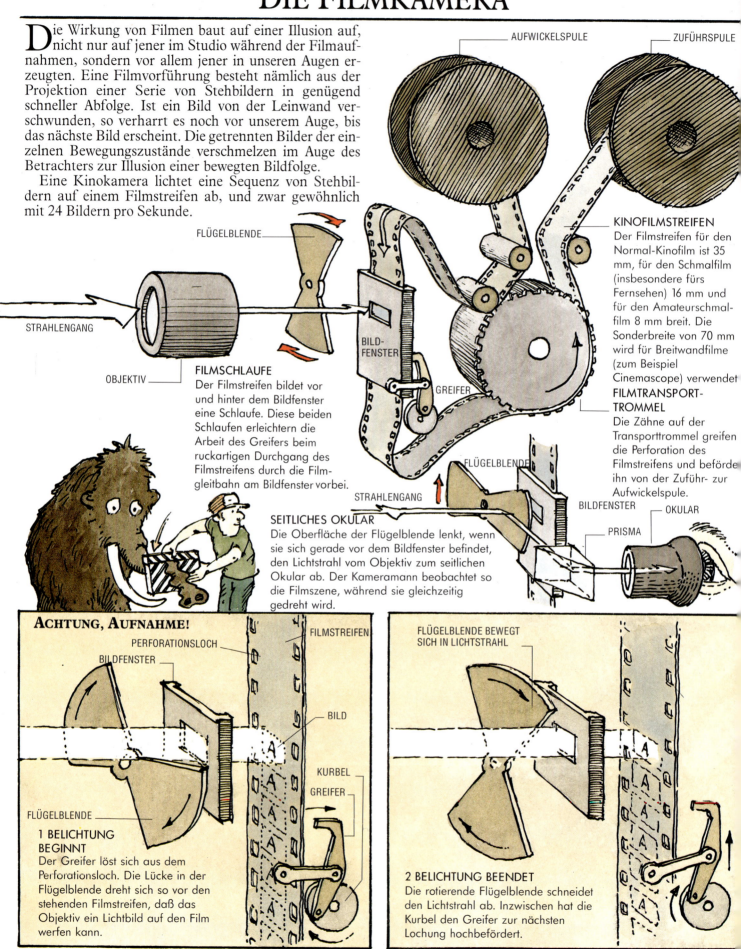

Die Wirkung von Filmen baut auf einer Illusion auf, nicht nur auf jener im Studio während der Filmaufnahmen, sondern vor allem jener in unseren Augen erzeugten. Eine Filmvorführung besteht nämlich aus der Projektion einer Serie von Stehbildern in genügend schneller Abfolge. Ist ein Bild von der Leinwand verschwunden, so verharrt es noch vor unserem Auge, bis das nächste Bild erscheint. Die getrennten Bilder der einzelnen Bewegungszustände verschmelzen im Auge des Betrachters zur Illusion einer bewegten Bildfolge.

Eine Kinokamera lichtet eine Sequenz von Stehbildern auf einem Filmstreifen ab, und zwar gewöhnlich mit 24 Bildern pro Sekunde.

AUFWICKELSPULE

ZUFÜHRSPULE

FLÜGELBLENDE

STRAHLENGANG

OBJEKTIV

BILDFENSTER

GREIFER

KINOFILMSTREIFEN
Der Filmstreifen für den Normal-Kinofilm ist 35 mm, für den Schmalfilm (insbesondere fürs Fernsehen) 16 mm und für den Amateurschmalfilm 8 mm breit. Die Sonderbreite von 70 mm wird für Breitwandfilme (zum Beispiel Cinemascope) verwendet

FILMSCHLAUFE
Der Filmstreifen bildet vor und hinter dem Bildfenster eine Schlaufe. Diese beiden Schlaufen erleichtern die Arbeit des Greifers beim ruckartigen Durchgang des Filmstreifens durch die Filmgleitbahn am Bildfenster vorbei.

FILMTRANSPORT-TROMMEL
Die Zähne auf der Transporttrommel greifen die Perforation des Filmstreifens und befördern ihn von der Zuführ- zur Aufwickelspule.

FLÜGELBLENDE

BILDFENSTER

OKULAR

PRISMA

STRAHLENGANG

SEITLICHES OKULAR
Die Oberfläche der Flügelblende lenkt, wenn sie sich gerade vor dem Bildfenster befindet, den Lichtstrahl vom Objektiv zum seitlichen Okular ab. Der Kameramann beobachtet so die Filmszene, während sie gleichzeitig gedreht wird.

ACHTUNG, AUFNAHME!

PERFORATIONSLOCH

FILMSTREIFEN

BILDFENSTER

BILD

KURBEL

GREIFER

FLÜGELBLENDE

1 BELICHTUNG BEGINNT
Der Greifer löst sich aus dem Perforationsloch. Die Lücke in der Flügelblende dreht sich so vor den stehenden Filmstreifen, daß das Objektiv ein Lichtbild auf den Film werfen kann.

FLÜGELBLENDE BEWEGT SICH IN LICHTSTRAHL

2 BELICHTUNG BEENDET
Die rotierende Flügelblende schneidet den Lichtstrahl ab. Inzwischen hat die Kurbel den Greifer zur nächsten Lochung hochbefördert.

DER FILMPR...KT...

Ein Filmprojektor funktioniert wie eine Filmkamera, nur in umgekehrter Richtung. Ein Greifer bewegt en Filmstreifen ruckartig durch die Filmgleitbahn. Daurch wird für den Bruchteil einer Sekunde ein Stehbild uf die Leinwand projiziert. Eine rotierende Sektorenende (oder Flügelblende) läßt das Lichtbündel erst zur einwand durch und schneidet es dann ab, so daß das ild auf der Leinwand verschwindet, während der ilm weitertransportiert wird. Da jedes Bild von n flimmerfreies Bild mit 2 × 24 Bildwechseln ro Sekunde.

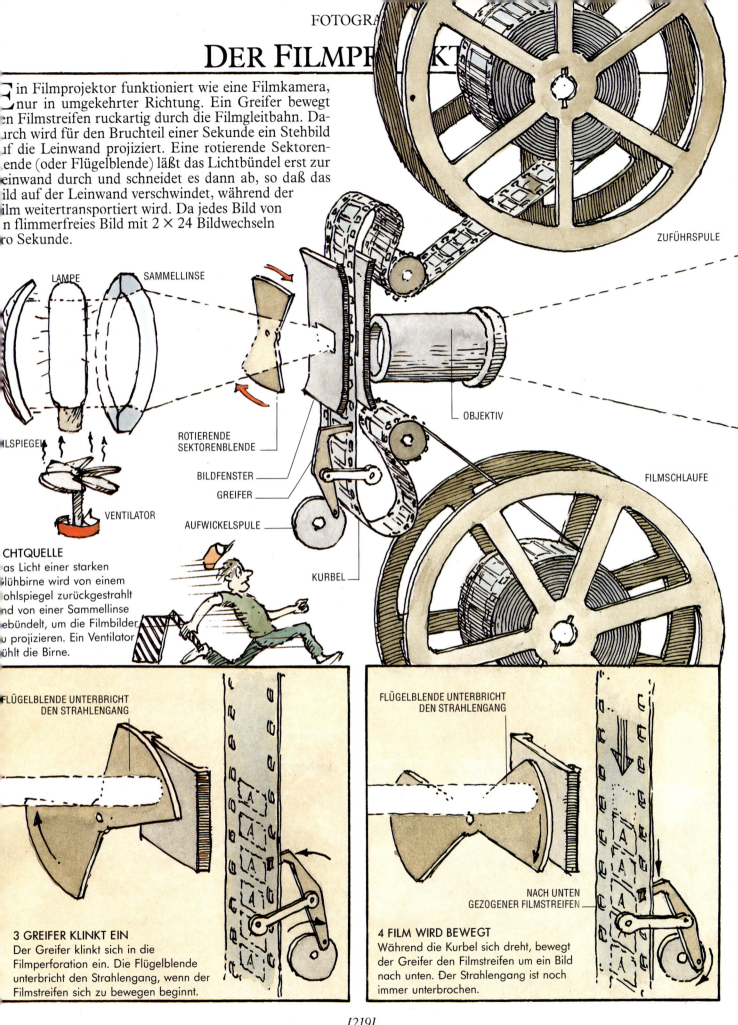

ZUFÜHRSPULE

LAMPE   SAMMELLINSE

ILSPIEGE

VENTILATOR

ROTIERENDE SEKTORENBLENDE

BILDFENSTER

GREIFER

AUFWICKELSPULE

OBJEKTIV

FILMSCHLAUFE

KURBEL

CHTQUELLE
as Licht einer starken lühbirne wird von einem ohlspiegel zurückgestrahlt nd von einer Sammellinse ebündelt, um die Filmbilder u projizieren. Ein Ventilator ühlt die Birne.

FLÜGELBLENDE UNTERBRICHT DEN STRAHLENGANG

FLÜGELBLENDE UNTERBRICHT DEN STRAHLENGANG

NACH UNTEN GEZOGENER FILMSTREIFEN

3 GREIFER KLINKT EIN
Der Greifer klinkt sich in die Filmperforation ein. Die Flügelblende unterbricht den Strahlengang, wenn der Filmstreifen sich zu bewegen beginnt.

4 FILM WIRD BEWEGT
Während die Kurbel sich dreht, bewegt der Greifer den Filmstreifen um ein Bild nach unten. Der Strahlengang ist noch immer unterbrochen.

DRUCKTECHNIK

MODERNE DRUCKTECHNIKEN

Die Mammut-Münzanstalt funktioniert nach einem Verfahren, das als Hoch- oder Buchdruck bekannt ist, das älteste der drei heute bekannten Druckverfahren. Die beiden anderen sind der Tief- und der Flachdruck (Lithographie). Der Einfachheit halber zeigen wir hier flache Druckplatten. In modernen Druckmaschinen sind die Druckplatten um rotierende Formzylinder herumgelegt und befestigt, um große Papiermengen bedrucken zu können, doch das Prinzip bleibt dasselbe.

HOCHDRUCK (z. B. BUCHDRUCK)

1 Die Buchstaben auf der Druckplatte sind erhaben.

2 Die Druckfarbe haftet auf den Buchstaben.

3 Das Papier wird gegen die Platte gedrückt.

4 Die Druckfarbe wird auf das Papier übertragen.

TIEFDRUCK (z. B. RADIERUNG)

1 Die Buchstaben auf der Druckplatte liegen vertieft.

2 Die Druckfarbe füllt die Vertiefungen aus.

3 Das Papier wird gegen die Platte gedrückt.

4 Die Druckfarbe wird auf das Papier übertragen.

ÜBER DIE MAMMUT-MÜNZANSTALT

Nachdem die ungewöhnlich gut gelungenen falschen Findlinge in Umlauf gekommen waren, traten höchste Stellen auf mich zu und baten mich, ein Zahlungsmittel für sie zu entwickeln, das sicherer und — falls möglich — tragbarer wäre. Das Resultat meiner Reflektionen war meine mobile Mammut-Münzanstalt.

Blätter qualifizierter Qualität und geeigneter Größe wurden Stück für Stück mit Hilfe eines Rüsselsaugers sorgfältig in der Mitte einer Matte abgelegt. Ein breites Kissen, das einen Pflanzenfarbstoff eigenen Gebräus enthielt, wurde von einem Spritzenmeister ständig benetzt. Nachdem ein Stempel auf das Kissen gepreßt worden war, fertigte der Münz-Meister mit eben jenem Stempel einen Abdruck auf dem zuvor zentrierten Blatt an. Vor dem Verschiffen zu einer der Mammut-Banken wurde jedes Blatt dann gründlich getrocknet, geprüft und gezählt.

Obwohl die Münzanstalt technisch makellos arbeitete, hatte sie doch mit beträchtlichen Personalschwierigkeiten zu kämpfen. Der schwungvolle Schwund der Blätter, den ich anfangs dem klammheimlichen Klau zugeschrieben hatte, konnte später auf den für Mammuts leckeren Geschmack des neuen Zahlungsmittels zurückgeführt werden.

Das hier vorgestellte Verfahren zeigt den einfarbigen Druck. Beim Farbdruck werden nacheinander verschiedene Druckfarben von verschiedenen Druckzylindern aufgetragen. Mit drei Druckfarben und Schwarz läßt sich durch ▷ subtraktive Farbmischung ein Tonreichtum erzielen, der dem der Farbfotografie sehr nahe kommt.

FLACHDRUCK (z. B. LITHOGRAPHIE)

1 Ein Bild des Buchstabens wird auf die Druckplatte projiziert.

2 Die Platte wird so behandelt, daß sich der Buchstabe wasserabstoßend verhält.

3 Die Platte wird angefeuchtet, der Buchstabe nimmt kein Wasser an.

4 Druckfarbe wird aufgetragen: der Buchstabe nimmt sie an, während die angefeuchtete Fläche sie abstößt.

5 Das Papier wird gegen die Druckplatte gedrückt.

6 Die Druckfarbe wird vom Buchstaben auf das Papier übertragen.

MIT STEINEN DRUCKEN

Im Flachdruck fanden zuerst Platten aus Stein als Druckplatten Verwendung. Das Wort „Lithographie" heißt wörtlich „auf Steinen schreiben". Heutzutage zeichnet ein Künstler mit Fettkreide oder -tusche, die die fette Druckfarbe annehmen, auf einen Stein, mit dem dann das Papier bedruckt wird. Das moderne Tiefdruckverfahren arbeitet mit lichtempfindlichen Platten, auf die Text und Bild auf fotografischem Wege übertragen werden. Beim Offsetdruck wird die Druckfarbe zuerst auf einen Gummituchzylinder, dann auf das Papier gedruckt.

PAPIERHERSTELLUNG

Ohne Papier kein Druck. Ein Bogen Papier ist ein flaches Vlies (Netz) aus ineinandergreifenden Pflanzenfasern, hauptsächlich aus Holz und Baumwolle. Zur Papierherstellung werden die Pflanzen in ihre Fasern zerlegt, die dann ausgerichtet und mit zusätzlichen Materialien, wie Leimen, Pigmenten und mineralischen Füllstoffen, versetzt werden.

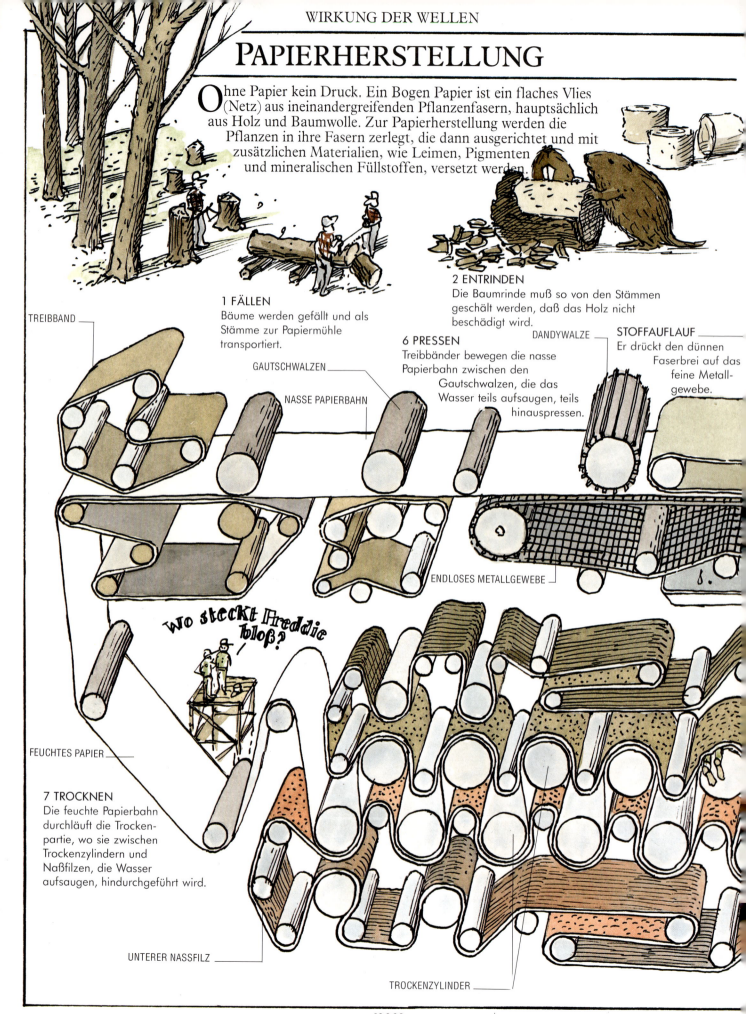

2 ENTRINDEN
Die Baumrinde muß so von den Stämmen geschält werden, daß das Holz nicht beschädigt wird.

1 FÄLLEN
Bäume werden gefällt und als Stämme zur Papiermühle transportiert.

TREIBBAND

6 PRESSEN
Treibbänder bewegen die nasse Papierbahn zwischen den Gautschwalzen, die das Wasser teils aufsaugen, teils hinauspressen.

DANDYWALZE

STOFFAUFLAUF
Er drückt den dünnen Faserbrei auf das feine Metallgewebe.

GAUTSCHWALZEN

NASSE PAPIERBAHN

ENDLOSES METALLGEWEBE

Wo steckt Freddie bloß?

FEUCHTES PAPIER

7 TROCKNEN
Die feuchte Papierbahn durchläuft die Trockenpartie, wo sie zwischen Trockenzylindern und Naßfilzen, die Wasser aufsaugen, hindurchgeführt wird.

UNTERER NASSFILZ

TROCKENZYLINDER

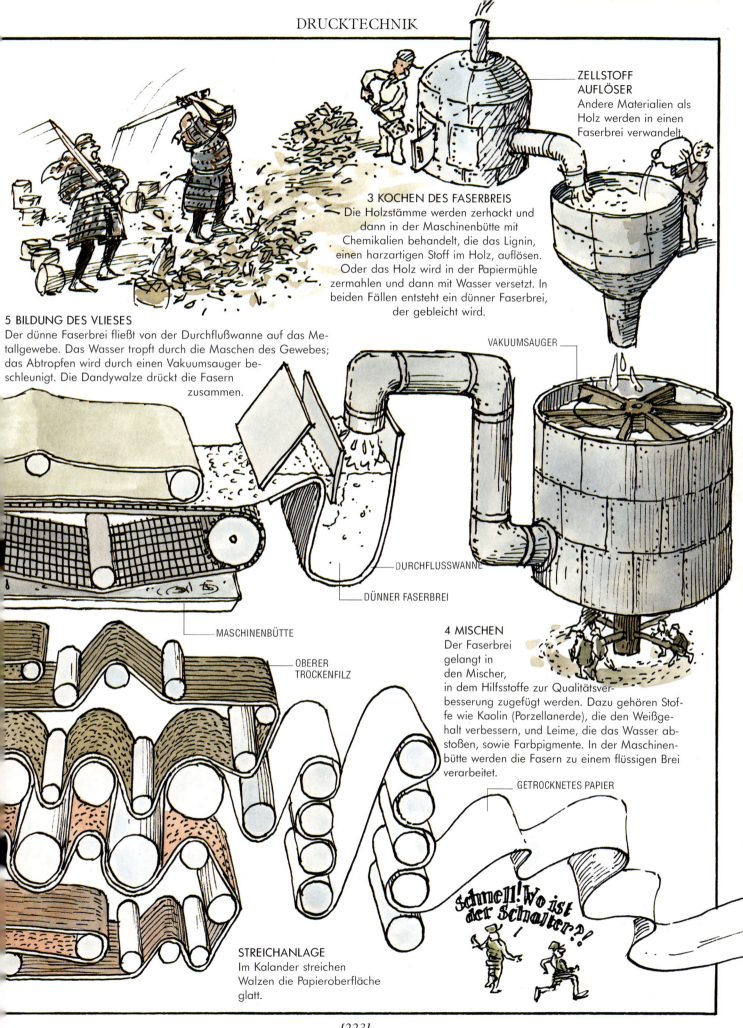

ZELLSTOFF AUFLÖSER
Andere Materialien als Holz werden in einen Faserbrei verwandelt.

3 KOCHEN DES FASERBREIS
Die Holzstämme werden zerhackt und dann in der Maschinenbütte mit Chemikalien behandelt, die das Lignin, einen harzartigen Stoff im Holz, auflösen. Oder das Holz wird in der Papiermühle zermahlen und dann mit Wasser versetzt. In beiden Fällen entsteht ein dünner Faserbrei, der gebleicht wird.

5 BILDUNG DES VLIESES
Der dünne Faserbrei fließt von der Durchflußwanne auf das Metallgewebe. Das Wasser tropft durch die Maschen des Gewebes; das Abtropfen wird durch einen Vakuumsauger beschleunigt. Die Dandywalze drückt die Fasern zusammen.

VAKUUMSAUGER

DURCHFLUSSWANNE

DÜNNER FASERBREI

MASCHINENBÜTTE

OBERER TROCKENFILZ

4 MISCHEN
Der Faserbrei gelangt in den Mischer, in dem Hilfsstoffe zur Qualitätsverbesserung zugefügt werden. Dazu gehören Stoffe wie Kaolin (Porzellanerde), die den Weißgehalt verbessern, und Leime, die das Wasser abstoßen, sowie Farbpigmente. In der Maschinenbütte werden die Fasern zu einem flüssigen Brei verarbeitet.

GETROCKNETES PAPIER

STREICHANLAGE
Im Kalander streichen Walzen die Papieroberfläche glatt.

[223]

DRUCKPLATTE

Wird ein Buch wie dieses hier gedruckt, so werden sämtliche Farben mit nur vier Druckfarben erzeugt. Es sind die drei subtraktiven Komplementärfarben (Gelb, Purpur und Blaugrün) und Schwarz. Jede Druckfarbe muß getrennt mit eigener Druckplatte aufgedruckt werden, die mit Hilfe von zwei Verfahren hergestellt wird: mit Farbauszügen und Satzherstellung. Durch Ausfiltern werden die drei subtraktiven Komplementärfarben sowie Schwarz aus den farbigen Bildvorlagen herausgetrennt, während durch das Setzen, die Erstellung des Schriftsatzes, der Text druckfertig gemacht wird.

FARBSCANNING

Ein Farbscanner (Abtaster) zerlegt jede farbige Druckvorlage in vier getrennte Farbbilder, sogenannte Farbauszüge, die zusammengenommen wiederum ein farbiges Bild ergeben. Bei jedem Farbauszug wird das Bild in viele getrennte Punkte zerlegt. Der Computer im Scanner bestimmt die Größe der Punkte: große Punkte dort, wo die Druckfarbe stark aufgetragen werden soll, und kleine Punkte in den anderen Teilen des Farbauszugs. Dadurch kann eine Druckplatte jede Farbe in beliebiger Intensität aufdrucken.

SCHRIFTSATZ

Der Text eines Buches wird mit Hilfe einer Laser-Setzmaschine abgesetzt. Der Erfasser gibt den Text zugleich mit den Steuerbefehlen ein, die Schriftart und -grad bestimmen. Die Tastatur des Texterfassers ist mit einem Computer (Rechner) verbunden, dessen Gedächtnis eine Auswahl verschiedener Schriftarten in unterschiedlichen Schriftgraden enthält. Der Computer sendet dann Signale zur Setzmaschine, in der ein Laserstrahl die Linien des Textes auf Film oder Papier bannt.

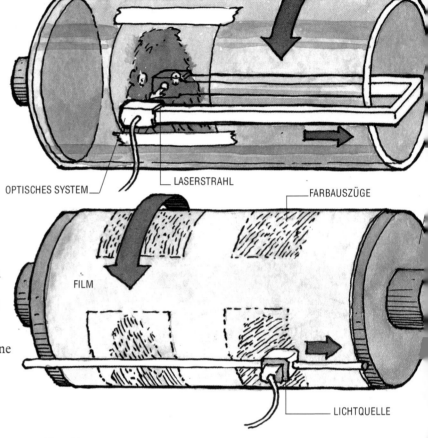

OPTISCHES SYSTEM — LASERSTRAHL

FARBAUSZÜGE

FILM

LICHTQUELLE

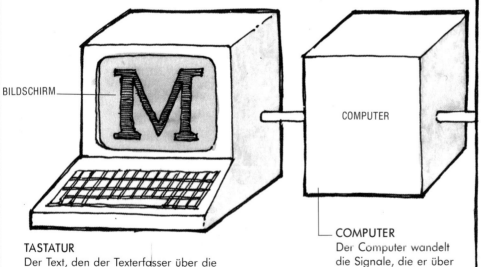

BILDSCHIRM

COMPUTER

TROMMEL

LASERSTRAHL

FILM ODER PAPIER

TASTATUR
Der Text, den der Texterfasser über die schreibmaschinenähnliche Tastatur eingibt, erscheint auf dem Bildschirm. Neuerdings kann eine Diskette aus dem Wortprozessor des Autors zwecks Satzerfassung direkt in die Setzmaschine eingelegt werden.

COMPUTER
Der Computer wandelt die Signale, die er über die Tastatureingabe erhält, in solche um, die den Laser steuern.

LASER-SETZMASCHINE
Fotopapier oder Papier dreht auf einer Trommel, während ein Laserstrahl, der von einem rotierenden Spiegel abgestrahlt wird, sich über das Papier bewegt. Der Computer schaltet den Strahl so ein und aus, daß jeder Buchstabe aus einer Anzahl enger senkrechter Striche zusammengesetzt wird.

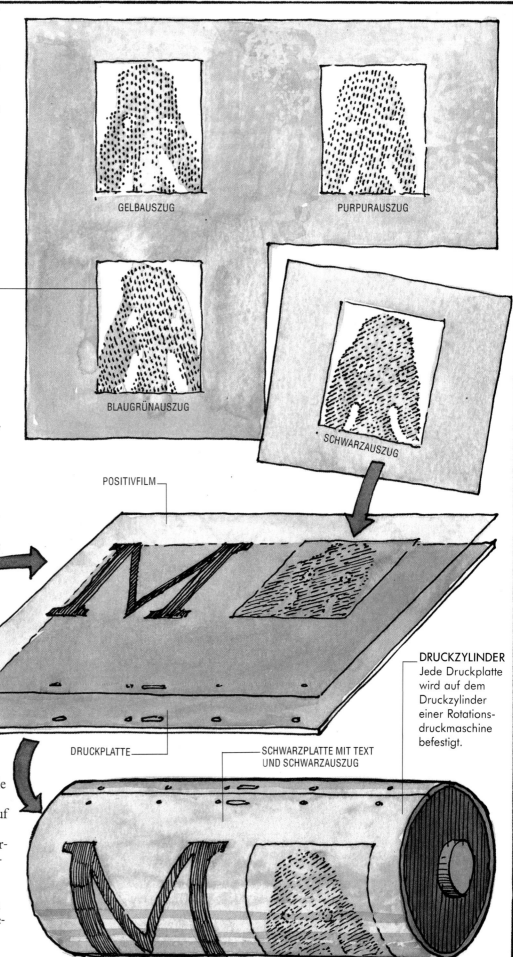

SCANNERTROMMEL
Die farbige Bildvorlage wird auf die Scannertrommel gespannt und gedreht. Dabei tastet das optische System langsam die Vorlage ab, zerlegt deren Farben und Helligkeit, indem es sie in eine große Anzahl sehr kleiner Flächen aufteilt. Diese Lichtsignale werden dem Computer („Farbrechner") des Scanners zugeführt, der sie speichert.

AUFZEICHNUNGSTROMMEL
Signale des Computers steuern die Aufzeichnungstrommel. Der Film wird um die rotierende Trommel gelegt. Der vom Computer gesteuerte Laserstrahl bewegt sich über den Film, um vier Auszüge anzufertigen, die aus Linien mit Punkten bestehen.

FERTIGE FARBAUSZÜGE
Die Gelb-, Purpur- und Blaugrünauszüge sind Schwarzweißbilder, die aus den entsprechenden Farbmengen der Originalvorlage stammen. Der Schwarzauszug ist ein gewöhnliches Schwarzweißbild der Vorlage. Die Linien aus Punkten werden unter unterschiedlichem Rasterwinkel abgetastet, damit das Raster im gedruckten Bild nicht als störendes Muster (Moiré) zu erkennen ist.

DRUCKPLATTENHERSTELLUNG
Die Druckplatten werden aus Negativ- oder Positivfilmen hergestellt, die den Text oder die Farbauszüge tragen. Der Schwarzauszug wie

der Text können beide auf den (hier gezeigten) Schwarzfilm oder auch getrennt voneinander aufgezeichnet werden. Die Druckplatte ist mit einer lichtempfindlichen Substanz beschichtet. Sie wird durch den Film belichtet und entwickelt, so daß Text und Bild in der Beschichtung abgebildet werden. Anschließend wird sie mit Chemikalien behandelt, die in Teile der Beschichtung eindringen, um die Buchstaben- und Bildpunkte auf der Platte zu erzeugen. Hoch-, Tief- und Flachdruck verlangen eine je unterschiedliche Behandlungsweise der Platten. Von den drei anderen Farbauszügen werden auf dieselbe Weise Druckplatten hergestellt. Auf einer einzelnen Druckplatte können mehrere Seiten belichtet werden.

GELBAUSZUG

PURPURAUSZUG

BLAUGRÜNAUSZUG

SCHWARZAUSZUG

POSITIVFILM

DRUCKPLATTE

SCHWARZPLATTE MIT TEXT UND SCHWARZAUSZUG

DRUCKZYLINDER
Jede Druckplatte wird auf dem Druckzylinder einer Rotationsdruckmaschine befestigt.

DIE DRUCKMASCHINE

Eine Druckmaschine dient zur Herstellung von Druckerzeugnissen, indem Papier gegen eine farbtragende Druckplatte gepreßt wird. In Rotationsmaschinen werden die Druckplatten auf Druckzylindern befestigt. Von Rollen wird das Papier den rotierenden Zylindern zugeführt, von denen es während des Durchlaufens bedruckt wird. Druckmaschinen für den Vierfarbdruck sind mit vier oder mehr Druckzylindern ausgerüstet, so daß die Farbauszüge sofort nacheinander aufgedruckt werden können. Schnelltrocknende Druckfarben verhindern ein Verschmieren der Farben.

BOGEN-DRUCKMASCHINE (OFFSET)

Dieses Buch ist, wie viele andere Bücher und Zeitschriften auch, im Offsetdruck gedruckt worden, einem Druckverfahren, bei dem Schnelligkeit mit Qualität einhergeht. Wegen ihrer hohen Qualität werden für den Druck von Büchern hauptsächlich Bogen-Druckmaschinen eingesetzt. Papierbogen werden der Druckmaschine zugeführt und durch Druckeinheiten geschleust, die Gelb, Purpur, Blaugrün und Schwarz aufdrucken. Die drei Farben ergeben ein Farbbild, während die Schwarzplatte dem Farbbild Tiefe und Kontur verleiht und den schwarzen Text druckt. Die Bogen werden erst einseitig bedruckt, dann in die Maschine zurückgeführt und schließlich auf der Rückseite bedruckt.

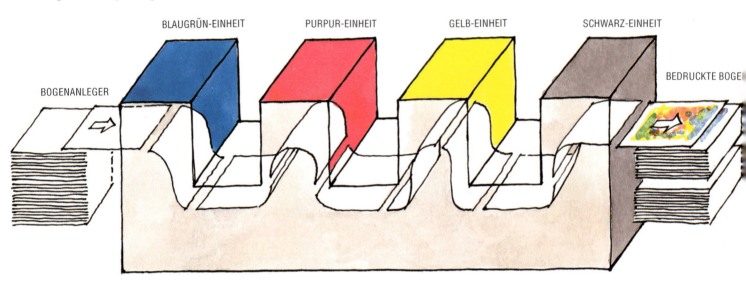

BLAUGRÜN-EINHEIT   PURPUR-EINHEIT   GELB-EINHEIT   SCHWARZ-EINHEIT

BOGENANLEGER

BEDRUCKTE BOGE

ROTATIONSMASCHINE (OFFSET)

Rotationsmaschinen erreichen sowohl eine hohe Druckgeschwindigkeit als auch eine gute Qualität und werden oft für den Zeitungs- und Zeitschriftendruck verwendet. Die Papierbahn kommt von großen Papierrollen und wird mit vier oder mehr Farben bedruckt. Gewöhnlich enthält jede Druckfarbeneinheit jeweils zwei Druckzylinder, so daß Vor- und Rückseite der Papierbahn gleichzeitig bedruckt werden können. Nachdem sie bedruckt ist, wird die Papierbahn zu Falz- und Schneidemaschinen geführt.

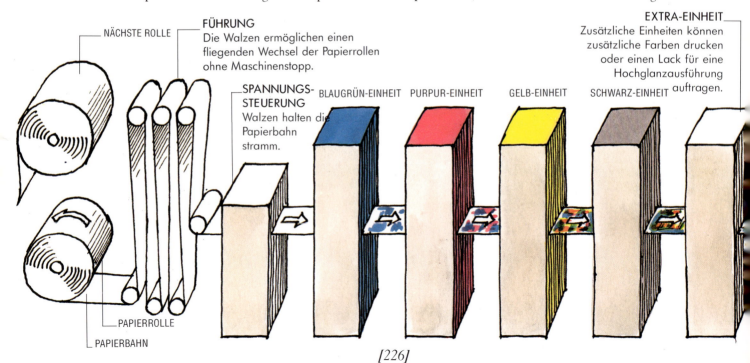

NÄCHSTE ROLLE

FÜHRUNG
Die Walzen ermöglichen einen fliegenden Wechsel der Papierrollen ohne Maschinenstopp.

SPANNUNGS-STEUERUNG
Walzen halten die Papierbahn stramm.

EXTRA-EINHEIT
Zusätzliche Einheiten können zusätzliche Farben drucken oder einen Lack für eine Hochglanzausführung auftragen.

BLAUGRÜN-EINHEIT   PURPUR-EINHEIT   GELB-EINHEIT   SCHWARZ-EINHEIT

PAPIERROLLE

PAPIERBAHN

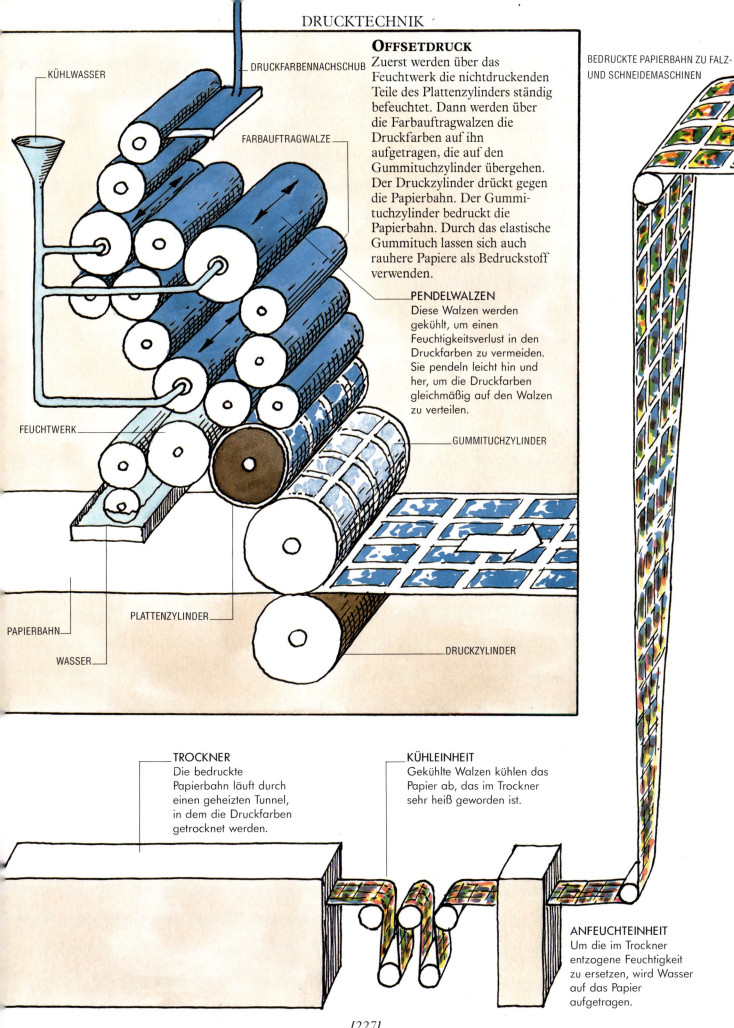

KÜHLWASSER

DRUCKFARBENNACHSCHUB

FARBAUFTRAGWALZE

FEUCHTWERK

PAPIERBAHN

WASSER

PLATTENZYLINDER

DRUCKZYLINDER

OFFSETDRUCK

Zuerst werden über das Feuchtwerk die nichtdruckenden Teile des Plattenzylinders ständig befeuchtet. Dann werden über die Farbauftragwalzen die Druckfarben auf ihn aufgetragen, die auf den Gummituchzylinder übergehen. Der Druckzylinder drückt gegen die Papierbahn. Der Gummituchzylinder bedruckt die Papierbahn. Durch das elastische Gummituch lassen sich auch rauhere Papiere als Bedruckstoff verwenden.

PENDELWALZEN

Diese Walzen werden gekühlt, um einen Feuchtigkeitsverlust in den Druckfarben zu vermeiden. Sie pendeln leicht hin und her, um die Druckfarben gleichmäßig auf den Walzen zu verteilen.

GUMMITUCHZYLINDER

BEDRUCKTE PAPIERBAHN ZU FALZ- UND SCHNEIDEMASCHINEN

TROCKNER

Die bedruckte Papierbahn läuft durch einen geheizten Tunnel, in dem die Druckfarben getrocknet werden.

KÜHLEINHEIT

Gekühlte Walzen kühlen das Papier ab, das im Trockner sehr heiß geworden ist.

ANFEUCHTEINHEIT

Um die im Trockner entzogene Feuchtigkeit zu ersetzen, wird Wasser auf das Papier aufgetragen.

BUCHBINDEREI

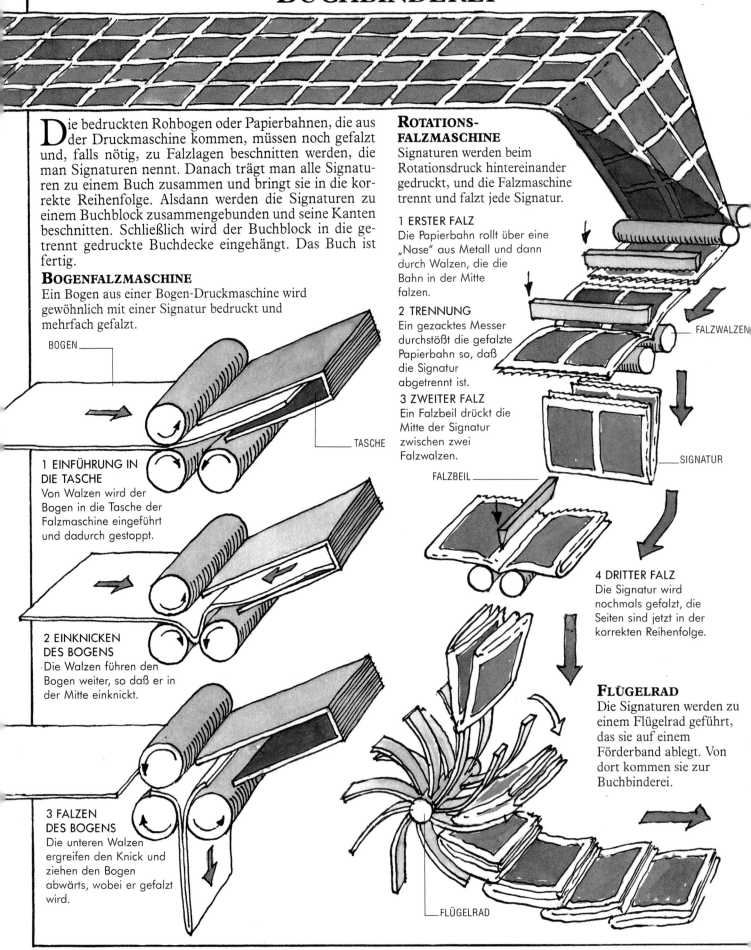

Die bedruckten Rohbogen oder Papierbahnen, die aus der Druckmaschine kommen, müssen noch gefalzt und, falls nötig, zu Falzlagen beschnitten werden, die man Signaturen nennt. Danach trägt man alle Signaturen zu einem Buch zusammen und bringt sie in die korrekte Reihenfolge. Alsdann werden die Signaturen zu einem Buchblock zusammengebunden und seine Kanten beschnitten. Schließlich wird der Buchblock in die getrennt gedruckte Buchdecke eingehängt. Das Buch ist fertig.

BOGENFALZMASCHINE

Ein Bogen aus einer Bogen-Druckmaschine wird gewöhnlich mit einer Signatur bedruckt und mehrfach gefalzt.

BOGEN

TASCHE

1 EINFÜHRUNG IN DIE TASCHE
Von Walzen wird der Bogen in die Tasche der Falzmaschine eingeführt und dadurch gestoppt.

2 EINKNICKEN DES BOGENS
Die Walzen führen den Bogen weiter, so daß er in der Mitte einknickt.

3 FALZEN DES BOGENS
Die unteren Walzen ergreifen den Knick und ziehen den Bogen abwärts, wobei er gefalzt wird.

ROTATIONS-FALZMASCHINE

Signaturen werden beim Rotationsdruck hintereinander gedruckt, und die Falzmaschine trennt und falzt jede Signatur.

1 ERSTER FALZ
Die Papierbahn rollt über eine „Nase" aus Metall und dann durch Walzen, die die Bahn in der Mitte falzen.

2 TRENNUNG
Ein gezacktes Messer durchstößt die gefalzte Papierbahn so, daß die Signatur abgetrennt ist.

3 ZWEITER FALZ
Ein Falzbeil drückt die Mitte der Signatur zwischen zwei Falzwalzen.

FALZWALZEN

SIGNATUR

FALZBEIL

4 DRITTER FALZ
Die Signatur wird nochmals gefalzt, die Seiten sind jetzt in der korrekten Reihenfolge.

FLÜGELRAD

Die Signaturen werden zu einem Flügelrad geführt, das sie auf einem Förderband ablegt. Von dort kommen sie zur Buchbinderei.

FLÜGELRAD

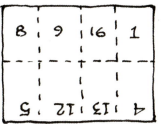

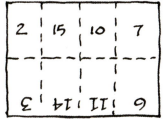

VORDERSEITE   RÜCKSEITE

SIGNATUREN

Die Seiten einer Signatur werden in einer ganz besonderen Reihenfolge auf Bogen oder die Papierbahn gedruckt. Und zwar so, daß alle Seiten einer Signatur sich nach dem Falzvorgang in der korrekten Reihenfolge befinden. Signaturen können unterschiedliche Seitenzahlen aufnehmen. Die meisten Bücher haben Signaturen mit 16, 24 oder 32 Seiten.

ERSTER FALZ   ZWEITER FALZ

DRITTER FALZ

16-SEITEN-SIGNATUR

Papierbogen oder -bahnen sind vier Seiten breit und alle Signaturen zwei Seiten tief. Jede Signatur wird dreimal in der Mitte gefalzt.

HANDBUCHBINDEREI

1 Die Signaturen werden in der korrekten Reihenfolge zusammengetragen.

2 Die Rücken der Signaturen werden mit einem Faden zusammengeheftet.

3 Der Buchblock wird zusätzlich am Rücken verleimt und danach noch beschnitten.

4 Ein Kapitalband wird auf dem Buchrücken aufgebracht und hinterklebt.

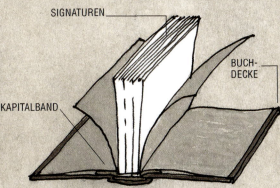

SIGNATUREN

BUCH-
DECKE

KAPITALBAND

5 Die Buchdecke wird an das Kapitalband geleimt.

DAS FERTIG GEBUNDENE BUCH

Die Buchbindemaschine führt dieselben Arbeiten wie der Buchbinder aus, nur wird hier manchmal geleimt, ohne daß vorher geheftet wurde.

SCHALL UND MUSIK

WIE MAN EIN MAMMUT SPIELT

*O*bwohl ich nicht behaupte, daß ich von „moderner" Musik etwas verstünde, war ich lange Zeit an der Entwicklung des Mammuts zu einem neuen Musikinstrument beteiligt. Bei meinen frühesten Versuchen erzeugte ein Trio mutiger Musiker die köstlichste Kollektion von Tönen mit einem einzelnen, genau gestimmten und fest verankerten Vieh. Wenn man die Stoßzähne mit Holzschlegeln bespielte, so ertönte ein weiches, wohlklingendes Glockenspiel. Wenn man den großen Bauch mit lederbeschlagenen Schlegeln schlug, summte ein sonorer Sound. Wenn man den an einem biegsamen Baumstamm befestigten Schwanz zupfte, schwang er sanft und sang.

Spannte oder lockerte der Musiker den Schwanz, indem er den Baumstamm bog, so konnte er viele verschiedene Noten hervorzaubern. Doch ein Ton sondergleichen war der von dem Tier spontan selber gestaltete. Als das Mammut sich in den Geist der Musik hineingefunden hatte, gab es aus seinem riesigen Rüssel taktmäßig Trompetenstöße von sich. Und das Trio verwandelte sich in ein Quartett, in dem Mensch und Natur in unvergeßlicher Harmonie zusammenklangen.

SO ENTSTEHEN TÖNE

Jede Schallquelle erzeugt Töne, indem sie etwas zum Schwingen bringt. Bewegt sich ein schwingender Gegenstand hin und her, so verursacht er Schallwellen in der Luft. Diese Wellen bestehen aus alternierenden Teilen hohen und niedrigen Drucks, bekannt als Verdichtung und Verdünnung. Bewegt sich die Oberfläche eines Gegenstands in der Luft, so erzeugt sie eine Verdichtung. Bewegt sie sich zurück, so erzeugt sie eine Verdünnung. Jede Verdichtung und jede Verdünnung bildet eine Schallwelle, und die Wellen breiten sich mit hoher Geschwindigkeit in sämtliche Richtungen aus. Je stärker die Schwingungen, um so größer der Druckunterschied zwischen jeder Verdichtung und Verdünnung und um so lauter ist der Ton.

Schwingungen, die Töne verursachen, können auf viele verschiedene Weisen erzeugt werden. Die einfachste ist die durch Schlagen eines Gegenstands: die Energie des Schlags schwingt im Gegenstand, und diese Schwingungen werden an die Luft übertragen. Eine gespannte Saite (oder einen Schwanz) bringt man durch Zupfen zum Schwingen, während die in einem begrenzten Raum (einem Rüssel zum Beispiel) unter Druck freigesetzte Luft auch Schwingungen freisetzt.

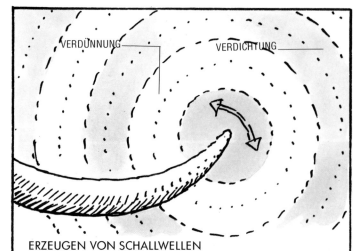

VERDÜNNUNG VERDICHTUNG

ERZEUGEN VON SCHALLWELLEN

Schlägt man auf einen Stoßzahn, so schwingt er, und diese Schwingungen werden an die Luft abgegeben. Um eine hörbare Schallwelle abzugeben, müssen die Schwingungen mindestens 20 Verdichtungen und 20 Verdünnungen pro Sekunde aufweisen.

*E*xperimente in jüngerer Zeit haben sich auf das Mammut als Orchesterinstrument konzentriert. Das vielleicht bekannteste Vorhaben war mein Arrangement für Mammuts, die wie die Orgelpfeifen angeordnet waren. Obwohl die Instrumente häufig während der Proben unruhig wurden, wuchsen die zwölf Musiker — je vier Zahntrommler, Bauchschläger und Schwanzzupfer — zu wahren Meistern ihres Fachs heran. Die Aufführungen waren nicht nur ein Ohren-, sondern auch ein Augenschmaus.

*D*ie Popularität der mächtigen Mammut-Musik erreichte ihren Gipfel mit der Gründung des Mammut-Festspiel-chors. Wenn ich ihn auch weder gesehen noch gehört habe, so bin ich doch davon überzeugt, daß seine Wirkung, besonders aus nächster Nähe, geradezu grandios gewesen sein muß.

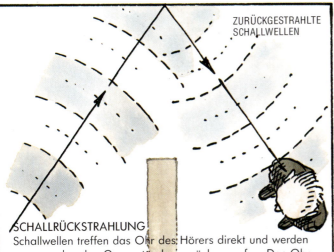

ZURÜCKGESTRAHLTE SCHALLWELLEN

SCHALLRÜCKSTRAHLUNG
Schallwellen treffen das Ohr des Hörers direkt und werden von umgebenden Gegenständen zurückgeworfen. Das Ohr hört eine Mischung aus direkten Tönen und dem Echo. Befinden sich die zurückstrahlenden Gegenstände weit genug entfernt, so braucht der zurückgestrahlte Ton länger, um das Ohr zu erreichen, und getrennte Echos werden gehört.

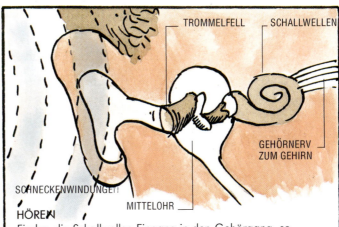

TROMMELFELL SCHALLWELLEN

GEHÖRNERV ZUM GEHIRN

SCHNECKENWINDUNGEN

MITTELOHR

HÖREN
Finden die Schallwellen Eingang in den Gehörgang, so versetzen die Druckunterschiede zwischen aufeinander-folgenden Verdichtungen und Verdünnungen das Trommelfell in Schwingung. Diese Schwingungen gehen auf die Schneckenwindungen im Mittelohr über, wo sie in elektrische Signale umgewandelt werden. Diese Signale gelangen über den Gehörnerv zum Gehirn, und der Ton wird gehört.

HOLZBLASINSTRUMENTE

Holzblasinstrumente sind nicht notwendigerweise aus Holz. Viele darunter, wie das Saxophon, sind aus Metall, doch um einen Ton zu erzeugen, sind sie auf Luft angewiesen. Hauptsächlich bestehen sie aus einem Rohr, das mit einer Reihe von Löchern versehen ist. An einer Seite des Rohrs wird, entweder durch ein Loch oder an

einem Rohrblatt vorbei, Luft eingeblasen. Dieser Blasstrom versetzt die im Rohr eingeschlossene Luftsäule in Schwingung und erzeugt einen Ton. Die Tonhöhe hängt von der Länge der Luftsäule ab — je kürzer die Luftsäule, um so höher der Ton — und davon, welche Löcher bedeckt sind. Bläst man stärker, wird der Ton lauter.

LUFTEINLASS — SCHWINGENDE LUFT — GRIFFLÖCHER

ALLE GRIFFLÖCHER GESCHLOSSEN
Schließt man alle sieben Grifflöcher einer einfachen Flöte, so schwingt die ganze Luftsäule mit, wodurch sich ein eingestrichenes C ergibt.

DIE DREI ERSTEN GRIFFLÖCHER GESCHLOSSEN
Die mitschwingende Luftsäule wird auf zwei Drittel des Rohrs verkürzt, wodurch sich der höhere Ton G ergibt.

DIE ERSTEN FÜNF GRIFFLÖCHER GESCHLOSSEN
Die mitschwingende Luftsäule wird auf vier Fünftel des Rohrs verlängert, wodurch sich der Ton E ergibt.

KLAPPEN UND KRÜMMUNG
Um tiefe Töne zu erzeugen, müssen Holzblasinstrumente ziemlich lang sein. Das Rohr ist deshalb umgebogen, damit der Musiker es noch halten kann, wie zum Beispiel dieses Altsaxophon. Die Finger bedienen Klappen, die die Löcher am ganzen Rohr öffnen und schließen.

LIPPENPFEIFER
Flöte und Blockflöte werden vom Spieler über eine scharfe Kante im Mundloch geblasen. Die eingeschlossene Luftsäule im Rohr wird dadurch unmittelbar zum Schwingen gebracht.

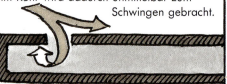

EINFACHES ROHRBLATT ALS MUNDSTÜCK
Das Mundstück von Klarinette und Saxophon enthält ein Rohrblatt, das beim Blasen mitschwingt und die Luftsäule zum Schwingen bringt.

DOPPELTES ROHRBLATT ALS MUNDSTÜCK
Oboe, Englischhorn und Fagott besitzen ein doppeltes Rohrblatt, das beim Blasen mitschwingt und die Luftsäule zum Schwingen bringt.

GRIFFLÖCHER
Bei einem kurzen und einfachen Blasinstrument wie der Blockflöte können die Finger sämtliche Grifflöcher unmittelbar erreichen.

KISSEN
Einige Holzblasinstrumente haben Grifflöcher, die breiter als die Finger sind. Deshalb benötigen sie Kissen, um die Grifflöcher zu schließen.

KLAPPEN
Grifflöcher, die sich außerhalb der Fingerreichweite befinden, werden durch Drücken von gefederten Klappen mit Kissen geschlossen.

BLECHBLASINSTRUMENTE

Blechblasinstrumente sind wirklich meist aus Blech und bestehen aus einem langen Rohr, das gewöhnlich gekrümmt ist und keine Grifflöcher besitzt. Der Spieler bläst in ein Mundstück am Ende des Rohrs, die Schwingungen der Lippen versetzen die Luftsäule im ganzen Rohr in Schwingung. Die verändernde Kraft der Lippen teilt die schwingende Luftsäule in zwei Hälften, zwei Drittel, und so weiter. Dies ergibt eine ansteigende Tonreihe, die Harmonik genannt wird. Durch Verlängerung des Rohrs erzielt man andere Noten, die nicht in dieser harmonischen Reihe enthalten sind.

GERINGER LIPPENDRUCK
Bei geringem Lippendruck schwingt die Luftsäule in zwei Hälften, und jede Hälfte erzeugt das eingestrichene C. Das Rohr eines Blechblasinstruments muß deshalb doppelt so lang sein wie ein Holzblasinstrument, das denselben Ton erzeugt.

ERHÖHTER LIPPENDRUCK
Wird der Lippendruck erhöht, so schwingt die Luftsäule in drei Dritteln. Jeder schwingende Abschnitt beträgt zwei Drittel der Länge der vorherigen Abschnitte, wodurch die Tonhöhe auf G angehoben wird.

VERLÄNGERTES ROHR
Um ein E zu spielen, das nicht in der harmonischen Reihe enthalten ist, muß der Spieler die Luftsäule in drei Vierteln schwingen und das Rohr verlängern. Jeder schwingende Abschnitt nimmt vier Fünftel der Länge des gestrichenen C ein.

DIE POSAUNE

Die Posaune besitzt ein Rohrstück, das Posaunenzug aus, um die schwingende LuftsäuReihe enthalten sind.

nenzug heißt und ein- und ausgezogen werden kann. Der Spieler fährt le zu verlängern und Töne zu erzeugen, die nicht in der harmonischen

MUNDSTÜCK

POSAUNENZUG

DIE TROMPETE

Eine Trompete besitzt drei Gleitventile, die niedergedrückt werden, um Rohrverlängerungen zu öffnen und Töne zu produzieren, die nicht in der harmonischen Reihe enthalten sind. Bis zu sechs verschiedene Noten kann man mit den verschiedenen Kombinationen der drei Gleitventile spielen.

SO WIRKEN DIE VENTILE
Bei Instrumenten wie der Trompete und der Tuba ist jedem Ventil eine Rohrbogenverlängerung zugeordnet. Normalerweise drückt die Feder gegen das Gleitventil: das Ventil ist zu und der Bogen abgeschlossen. Wird das Gleitventil niedergedrückt, wird die Luftsäule durch den Bogen abgeleitet.

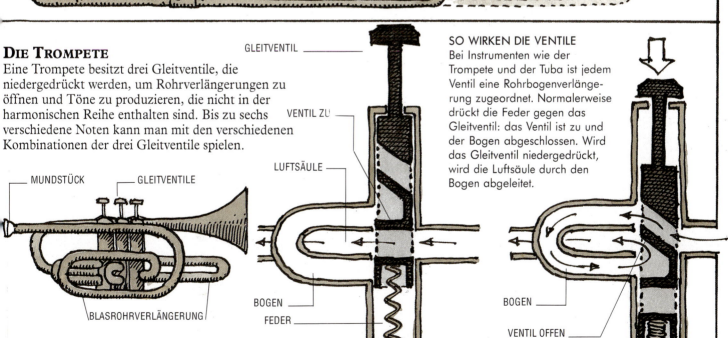

GLEITVENTIL

VENTIL ZU

LUFTSÄULE

MUNDSTÜCK   GLEITVENTILE

BLASROHRVERLÄNGERUNG

BOGEN

FEDER

BOGEN

VENTIL OFFEN

[233]

STREICH- UND SCHLAGINSTRUMENTE

Unter den Musikinstrumenten bilden die Saiteninstrumente eine große Gruppe, zu der die Familie der Geigen und die Gitarre, aber auch Harfe, Zither und Klavier gehören. All diese Instrumente erzeugen Töne, indem sie eine gespannte Saite zum Schwingen bringen. Diese Saite kann wie bei der Geige gestrichen, wie bei der Gitarre, Harfe und Zither gezupft oder wie beim ▷ Klavier mit einem Hammer geschlagen werden. Die erzeugte Tonhöhe hängt von drei Elementen ab — von der Länge, dem Gewicht und der Spannung der Saite. Eine kürzere, leichtere oder straffere Saite liefert einen höheren Ton.

Bei vielen Saiteninstrumenten produzieren die Saiten selber kaum einen Ton. Ihre Schwingungen werden auf den Instrumentenkörper übertragen, der mitschwingt, um den gehörten Ton durch Resonanz zu verstärken.

SAITE   GRIFFBRETT

STIMMWIRBEL

Schlaginstrumente werden zur Tonerzeugung gewöhnlich mit Stöcken oder Schlegeln geschlagen. Häufig schwingt das ganze Instrument und erzeugt einen Knall oder ein Krachen, wie zum Beispiel Kastagnetten und Becken. Deren Tonhöhe kann man nicht variieren, sondern nur die Lautstärke. Trommeln sind mit Fellen bespannt, die beim Schwingen einen hohen Ton abgeben. So wie eine strammere Saite führt auch ein strammer gespanntes Fell zu einem höheren Ton, kleinere Trommeln haben höhere Töne.

Gestimmte Schlaginstrumente, wie das Vibraphon, haben eine Reihe von Metallplatten, die einen bestimmten Ton ergeben. Die Tonhöhe hängt von der Größe der Platte ab: eine kleinere Platte liefert einen höheren Ton.

DIE KESSELPAUKE

Kesselpauken erzeugen Töne mit bestimmter Tonhöhe, die verändert werden kann. Mit Hilfe der Stimmschrauben kann man den Paukenring nach unten ziehen, das Fell spannen und den Ton erhöhen oder das Fell lockern und die Tonhöhe absenken.

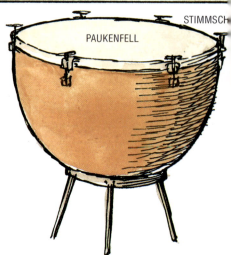

STIMMSCH

PAUKENFELL

DIE GEIGE

Die Geige und ihre Verwandten gehören zu den ausdrucksstärksten Saiteninstrumenten. Die Geige ist mit vier Saiten unterschiedlichen Gewichts bespannt. Sie werden um Wirbel herumgeführt, mit deren Hilfe man die benötigte Spannung einstellen kann. Werden sie gezupft oder gestrichen, so kann man vier „offene" Töne hören. Der Spieler greift mit den Fingern der linken Hand die Saiten ab, um andere Töne zu erzeugen, indem er eine oder mehrere Saiten gegen das Griffbrett drückt und den schwingenden Abschnitt verkürzt, den Ton der Saite also erhöht.

Decke und Boden der Geige sind durch die Zargen miteinander verbunden, die die Schwingungen auf den Boden übertragen. Der ganze Resonanzkörper schwingt, und der Ton dringt durch die *f*-förmigen Schallöcher in die Decke nach außen.

AUKENFELL

ENRING

STIMMSCHRAUBE

PAUKENKESSEL

STAB

RESONATOREN
Die Luftsäule in den Röhren unter den Stäben, die Resonatoren heißen, verstärken die Töne.

RESONATOR

DAS VIBRAPHON

Das Vibraphon und verwandte Instrumente wie Xylophon und Marimba haben eine Reihe mit Stäben, die wie eine Klaviatur angeordnet ist. Jeder Stab gibt einen besonderen Ton von sich, wenn er mit einem Klöppel geschlagen wird; die längeren Stäbe geben tiefere Töne von sich.

MIKROF

E in Mikrofon ist eine Art elektrisches Ohr in dem Sinn, daß es ebenfalls Schallwellen in elektrische Signale umwandelt. Die Spannung des Mikrofonsignals ändert sich mit dem Druck der Schallwelle — mit anderen Worten: mit dem Schallvolumen. Die Frequenz, mit der seine Spannung schwankt, hängt von dem anderen wichtigen Merkmal der Schallwelle ab, nämlich von der Frequenz oder Tonhöhe.

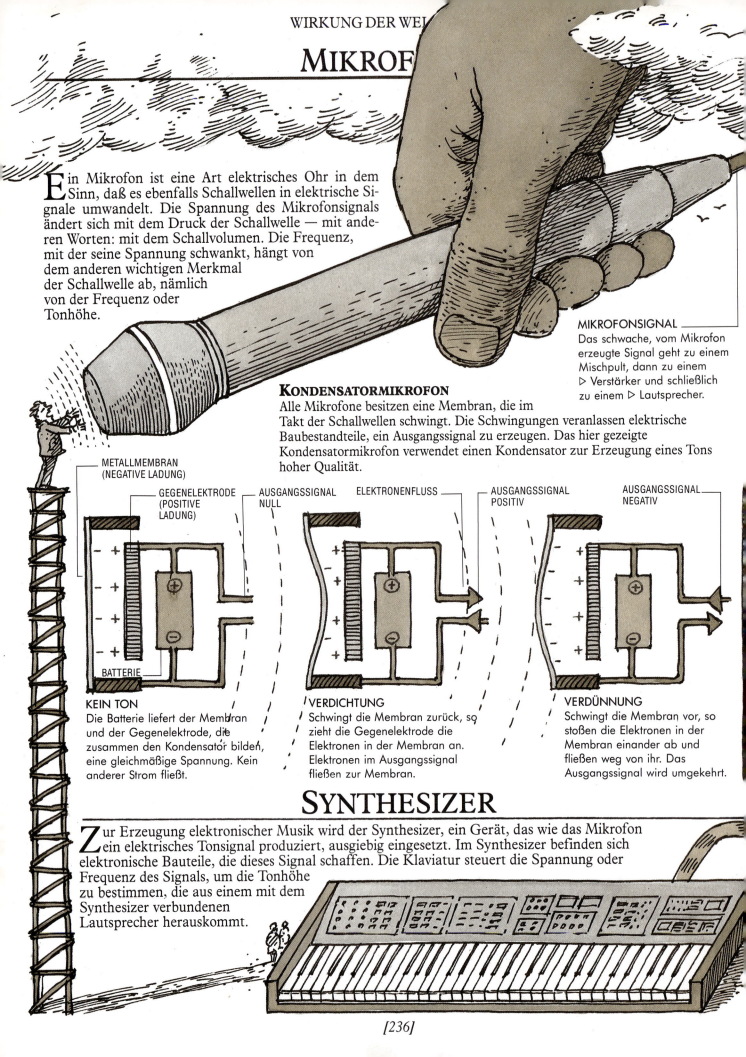

MIKROFONSIGNAL
Das schwache, vom Mikrofon erzeugte Signal geht zu einem Mischpult, dann zu einem ▷ Verstärker und schließlich zu einem ▷ Lautsprecher.

KONDENSATORMIKROFON
Alle Mikrofone besitzen eine Membran, die im Takt der Schallwellen schwingt. Die Schwingungen veranlassen elektrische Baubestandteile, ein Ausgangssignal zu erzeugen. Das hier gezeigte Kondensatormikrofon verwendet einen Kondensator zur Erzeugung eines Tons hoher Qualität.

METALLMEMBRAN
(NEGATIVE LADUNG)

GEGENELEKTRODE
(POSITIVE
LADUNG)

AUSGANGSSIGNAL
NULL

ELEKTRONENFLUSS

AUSGANGSSIGNAL
POSITIV

AUSGANGSSIGNAL
NEGATIV

BATTERIE

KEIN TON
Die Batterie liefert der Membran und der Gegenelektrode, die zusammen den Kondensator bilden, eine gleichmäßige Spannung. Kein anderer Strom fließt.

VERDICHTUNG
Schwingt die Membran zurück, so zieht die Gegenelektrode die Elektronen in der Membran an. Elektronen im Ausgangssignal fließen zur Membran.

VERDÜNNUNG
Schwingt die Membran vor, so stoßen die Elektronen in der Membran einander ab und fließen weg von ihr. Das Ausgangssignal wird umgekehrt.

SYNTHESIZER

Z ur Erzeugung elektronischer Musik wird der Synthesizer, ein Gerät, das wie das Mikrofon ein elektrisches Tonsignal produziert, ausgiebig eingesetzt. Im Synthesizer befinden sich elektronische Bauteile, die dieses Signal schaffen. Die Klaviatur steuert die Spannung oder Frequenz des Signals, um die Tonhöhe zu bestimmen, die aus einem mit dem Synthesizer verbundenen Lautsprecher herauskommt.

TRISCHE GITARRE

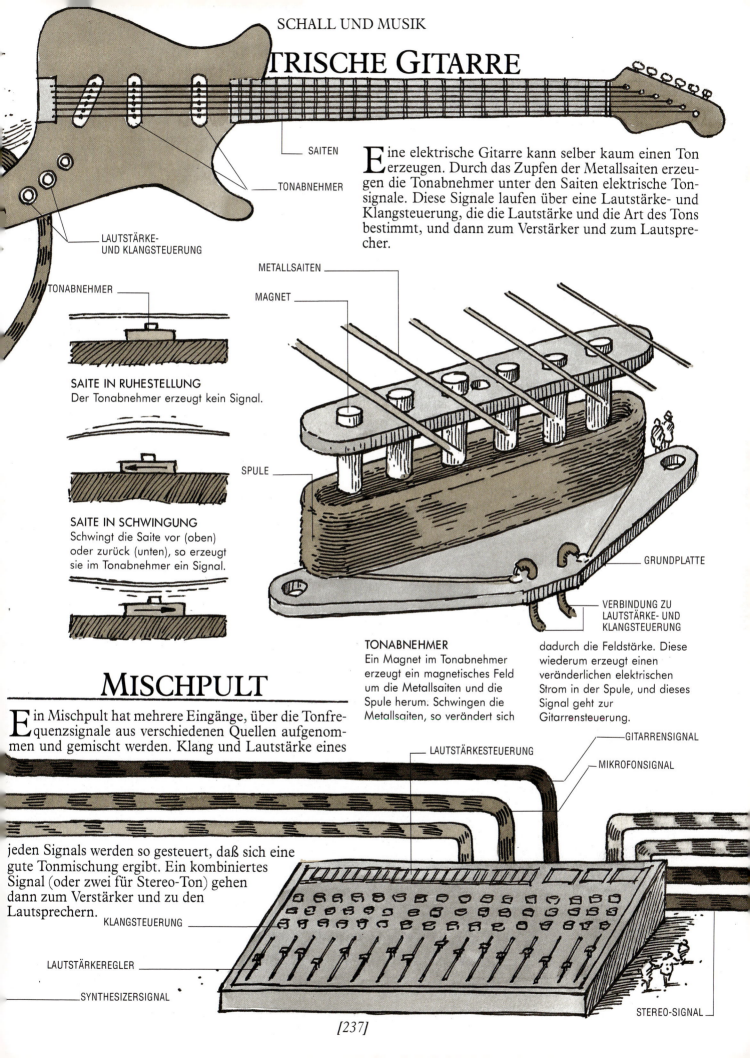

SAITEN

TONABNEHMER

LAUTSTÄRKE-
UND KLANGSTEUERUNG

Eine elektrische Gitarre kann selber kaum einen Ton erzeugen. Durch das Zupfen der Metallsaiten erzeugen die Tonabnehmer unter den Saiten elektrische Tonsignale. Diese Signale laufen über eine Lautstärke- und Klangsteuerung, die die Lautstärke und die Art des Tons bestimmt, und dann zum Verstärker und zum Lautsprecher.

TONABNEHMER

METALLSAITEN

MAGNET

SAITE IN RUHESTELLUNG
Der Tonabnehmer erzeugt kein Signal.

SPULE

SAITE IN SCHWINGUNG
Schwingt die Saite vor (oben) oder zurück (unten), so erzeugt sie im Tonabnehmer ein Signal.

GRUNDPLATTE

VERBINDUNG ZU
LAUTSTÄRKE- UND
KLANGSTEUERUNG

TONABNEHMER
Ein Magnet im Tonabnehmer erzeugt ein magnetisches Feld um die Metallsaiten und die Spule herum. Schwingen die Metallsaiten, so verändert sich

dadurch die Feldstärke. Diese wiederum erzeugt einen veränderlichen elektrischen Strom in der Spule, und dieses Signal geht zur Gitarrensteuerung.

MISCHPULT

Ein Mischpult hat mehrere Eingänge, über die Tonfrequenzsignale aus verschiedenen Quellen aufgenommen und gemischt werden. Klang und Lautstärke eines

jeden Signals werden so gesteuert, daß sich eine gute Tonmischung ergibt. Ein kombiniertes Signal (oder zwei für Stereo-Ton) gehen dann zum Verstärker und zu den Lautsprechern.

LAUTSTÄRKESTEUERUNG

GITARRENSIGNAL

MIKROFONSIGNAL

KLANGSTEUERUNG

LAUTSTÄRKEREGLER

SYNTHESIZERSIGNAL

STEREO-SIGNAL

VERSTÄRKER

Ein Verstärker erhöht die Spannung eines schwachen Signals, das aus einem Mikrofon, Mischpult, elektrischen Instrument, Radioempfänger oder Tonbandwiedergabekopf stammt, und macht es stark genug, um einen Lautsprecher oder einen Kopfhörer damit zu betreiben. Dazu benutzt er das schwache Signal, um den Fluß eines viel stärkeren Stroms zu steuern, der gewöhnlich aus einer Batterie oder der Stromversorgung stammt. Die Hauptbauelemente, die diesen Stromfluß steuern, sind gewöhnlich Transistoren. Auf diesen beiden Seiten wird das Prinzip der Verstärkung anhand eines elementaren Ein-Transistor-Verstärkers vorgeführt.

VERDÜNNUNG DER SCHALLWELLEN

Ein Transistor besteht aus einem kleinen Sandwich aus zwei Halbleiterarten, die so heißen, weil ihre Leitfähigkeit sich ändert, wenn der Transistor arbeitet. Die beiden n-Typ-(negativ)-Leitungen besitzen einige freie Elektronen, während die p-Typ-(positiv)-Leitung „Löcher" hat, in die die Elektronen hineinpassen. Die drei Leitungen sind auch als Emitter, Basis und Kollektor bekannt. Schwingt die Mikrofonmembran vor, füllen Elektronen aus dem schwachen Tonsignal die Löcher des p-Typ-Halbleiters. Dadurch werden die Elektronen aus der Stromquelle gestoppt.

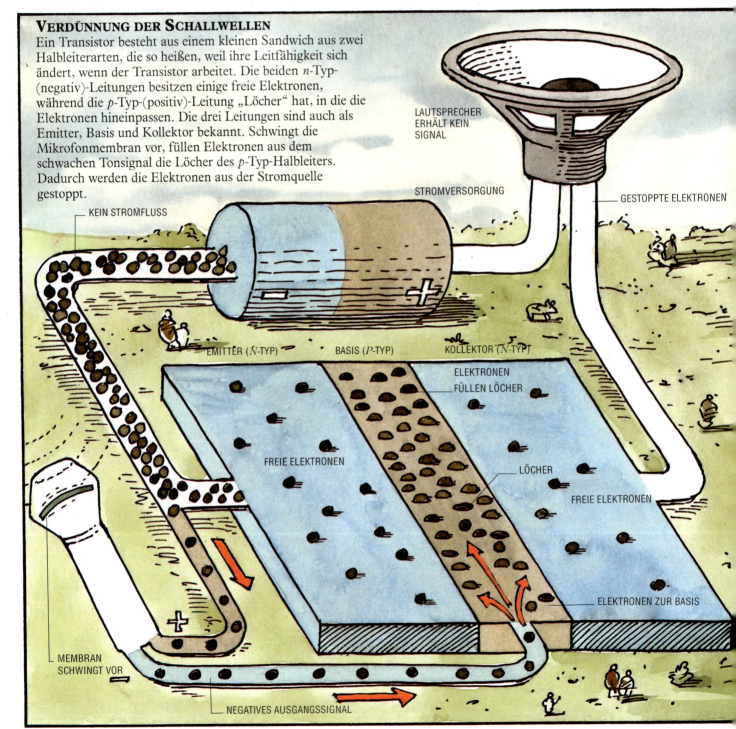

KEIN STROMFLUSS

LAUTSPRECHER ERHÄLT KEIN SIGNAL

STROMVERSORGUNG

GESTOPPTE ELEKTRONEN

EMITTER (N-TYP)

BASIS (P-TYP)

KOLLEKTOR (N-TYP)

ELEKTRONEN FÜLLEN LÖCHER

FREIE ELEKTRONEN

LÖCHER

FREIE ELEKTRONEN

ELEKTRONEN ZUR BASIS

MEMBRAN SCHWINGT VOR

NEGATIVES AUSGANGSSIGNAL

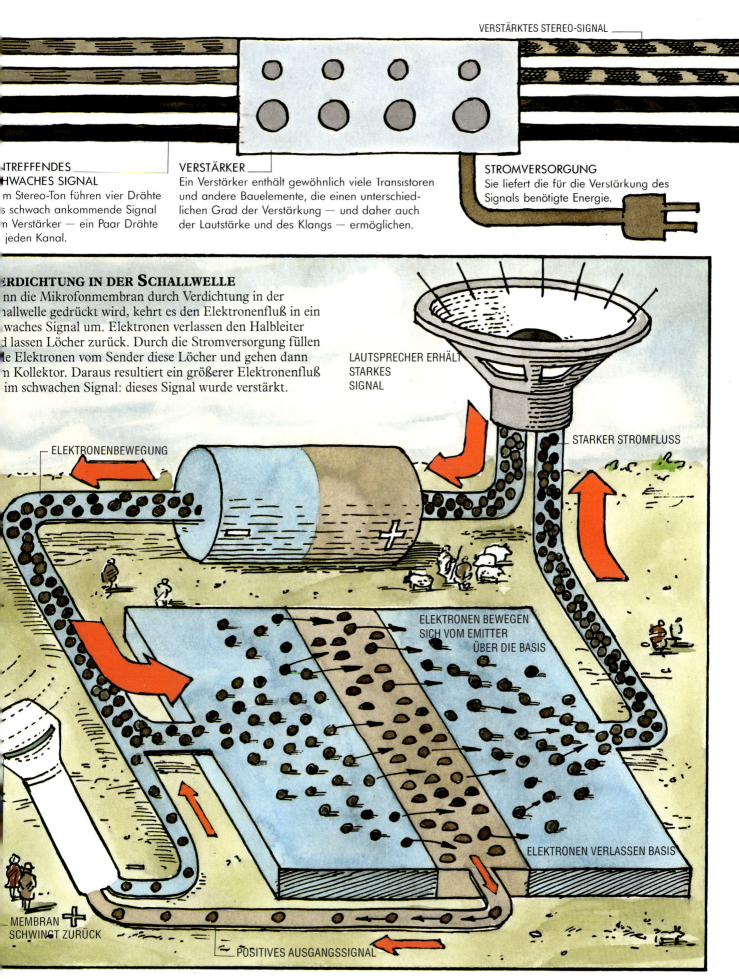

VERSTÄRKTES STEREO-SIGNAL

NTREFFENDES
HWACHES SIGNAL
m Stereo-Ton führen vier Drähte
s schwach ankommende Signal
n Verstärker — ein Paar Drähte
jeden Kanal.

VERSTÄRKER
Ein Verstärker enthält gewöhnlich viele Transistoren
und andere Bauelemente, die einen unterschiedlichen Grad der Verstärkung — und daher auch
der Lautstärke und des Klangs — ermöglichen.

STROMVERSORGUNG
Sie liefert die für die Verstärkung des
Signals benötigte Energie.

ERDICHTUNG IN DER SCHALLWELLE
nn die Mikrofonmembran durch Verdichtung in der
hallwelle gedrückt wird, kehrt es den Elektronenfluß in ein
waches Signal um. Elektronen verlassen den Halbleiter
d lassen Löcher zurück. Durch die Stromversorgung füllen
e Elektronen vom Sender diese Löcher und gehen dann
n Kollektor. Daraus resultiert ein größerer Elektronenfluß
im schwachen Signal: dieses Signal wurde verstärkt.

LAUTSPRECHER ERHÄLT
STARKES
SIGNAL

STARKER STROMFLUSS

ELEKTRONENBEWEGUNG

ELEKTRONEN BEWEGEN
SICH VOM EMITTER
ÜBER DIE BASIS

ELEKTRONEN VERLASSEN BASIS

MEMBRAN
SCHWINGT ZURÜCK

POSITIVES AUSGANGSSIGNAL

[239]

LAUTSPRECHER

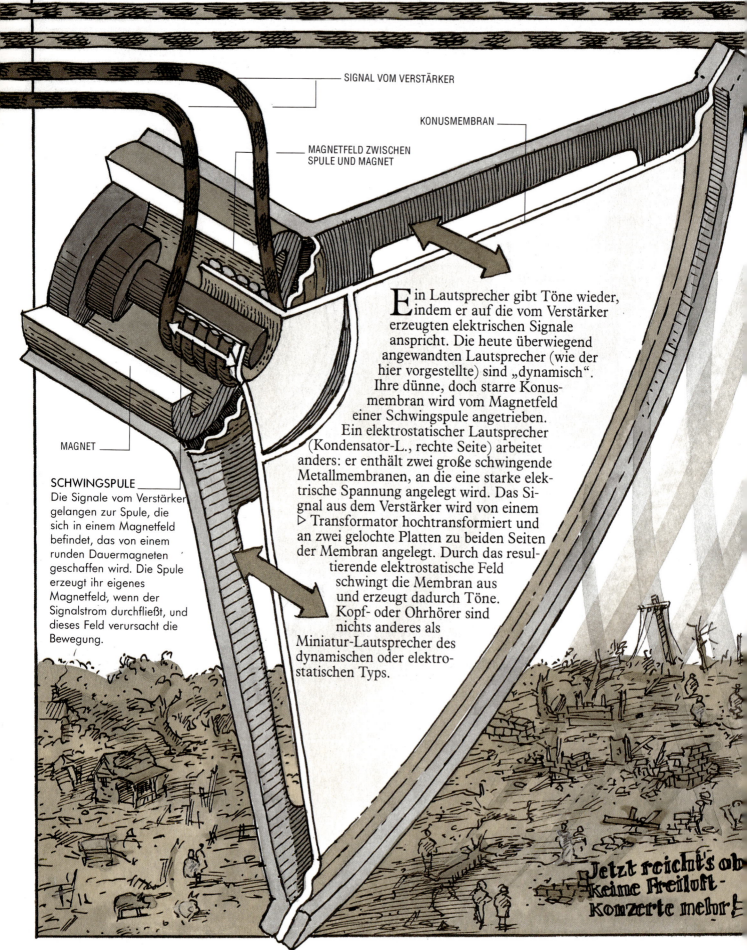

SIGNAL VOM VERSTÄRKER

KONUSMEMBRAN

MAGNETFELD ZWISCHEN
SPULE UND MAGNET

MAGNET

SCHWINGSPULE
Die Signale vom Verstärker
gelangen zur Spule, die
sich in einem Magnetfeld
befindet, das von einem
runden Dauermagneten
geschaffen wird. Die Spule
erzeugt ihr eigenes
Magnetfeld, wenn der
Signalstrom durchfließt, und
dieses Feld verursacht die
Bewegung.

Ein Lautsprecher gibt Töne wieder,
indem er auf die vom Verstärker
erzeugten elektrischen Signale
anspricht. Die heute überwiegend
angewandten Lautsprecher (wie der
hier vorgestellte) sind „dynamisch".
Ihre dünne, doch starre Konusmembran wird vom Magnetfeld
einer Schwingspule angetrieben.
Ein elektrostatischer Lautsprecher
(Kondensator-L., rechte Seite) arbeitet
anders: er enthält zwei große schwingende
Metallmembranen, an die eine starke elektrische Spannung angelegt wird. Das Signal aus dem Verstärker wird von einem
▷ Transformator hochtransformiert und
an zwei gelochte Platten zu beiden Seiten
der Membran angelegt. Durch das resultierende elektrostatische Feld
schwingt die Membran aus
und erzeugt dadurch Töne.
Kopf- oder Ohrhörer sind
nichts anderes als
Miniatur-Lautsprecher des
dynamischen oder elektro-
statischen Typs.

Jetzt reicht's ob
keine Freiluft-
Konzerte mehr!

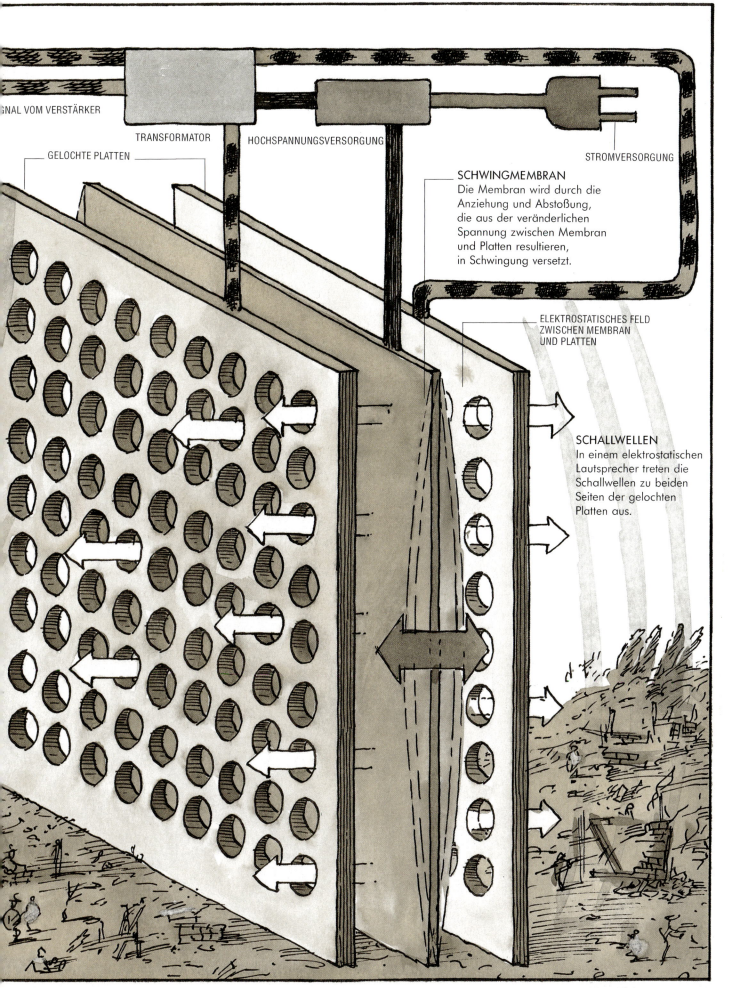

GNAL VOM VERSTÄRKER

TRANSFORMATOR

HOCHSPANNUNGSVERSORGUNG

STROMVERSORGUNG

GELOCHTE PLATTEN

SCHWINGMEMBRAN
Die Membran wird durch die
Anziehung und Abstoßung,
die aus der veränderlichen
Spannung zwischen Membran
und Platten resultieren,
in Schwingung versetzt.

ELEKTROSTATISCHES FELD
ZWISCHEN MEMBRAN
UND PLATTEN

SCHALLWELLEN
In einem elektrostatischen
Lautsprecher treten die
Schallwellen zu beiden
Seiten der gelochten
Platten aus.

SCHALLAUFZEICHNUNG

Es gibt zwei grundlegende Verfahren zur Aufzeichnung von Stimmen und Musik — die analoge und die digitale Schallaufzeichnung. Beim analogen Verfahren ändert sich das aufzeichnende Medium ständig, um ein Muster zu schaffen, das dem eintreffenden Signal analog ist. Beim digitalen Verfahren wird das Signal elektronisch abgetastet und als Reihenfolge getrennter „digitalisierter" Maße aufgezeichnet. Beide Verfahren bewahren

zwar gleichermaßen die sich ändernde Spannung, die das Mikrofon erzeugt, doch die digitale Aufzeichnung ist die genauere. Zudem tritt bei der Schallaufzeichnung ein gewisser Anteil elektrischer Geräusche oder Rauschen während der Aufzeichnung auf. Die digitale Schallaufzeichnung ist diesen Geräuschen gegenüber unempfindlich, wogegen das analoge Verfahren auf ein Rauschunterdrückungssystem angewiesen ist.

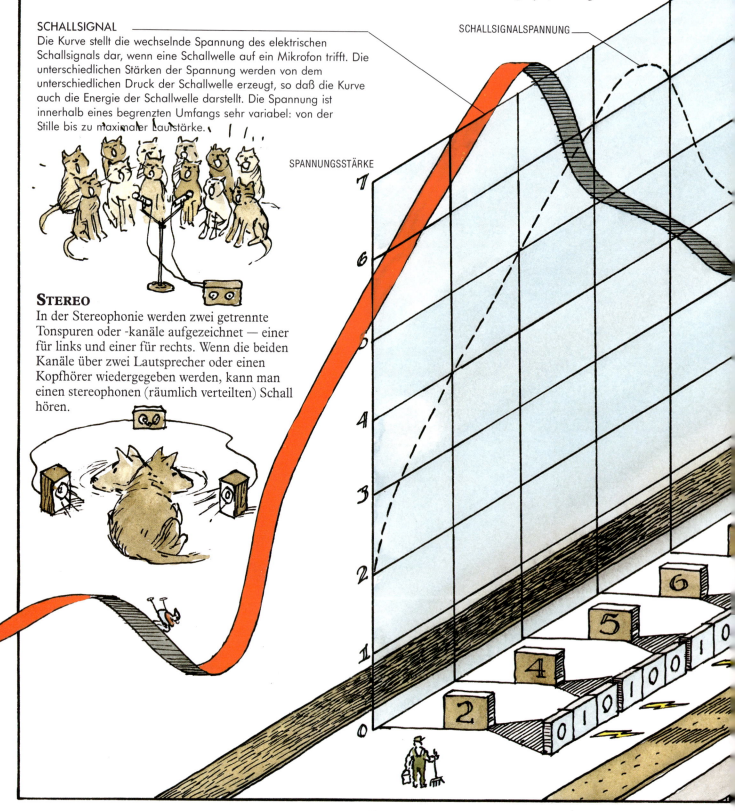

SCHALLSIGNAL

Die Kurve stellt die wechselnde Spannung des elektrischen Schallsignals dar, wenn eine Schallwelle auf ein Mikrofon trifft. Die unterschiedlichen Stärken der Spannung werden von dem unterschiedlichen Druck der Schallwelle erzeugt, so daß die Kurve auch die Energie der Schallwelle darstellt. Die Spannung ist innerhalb eines begrenzten Umfangs sehr variabel: von der Stille bis zu maximaler Lautstärke.

STEREO

In der Stereophonie werden zwei getrennte Tonspuren oder -kanäle aufgezeichnet — einer für links und einer für rechts. Wenn die beiden Kanäle über zwei Lautsprecher oder einen Kopfhörer wiedergegeben werden, kann man einen stereophonen (räumlich verteilten) Schall hören.

SPANNUNGSSTÄRKE

SCHALLSIGNALSPANNUNG

ANALOGE SCHALLAUFZEICHNUNG

Bei einer analogen Schallaufzeichnung wird die wechselnde Spannung des elektrischen Signals aus dem Mikrofon in eine andere Größe umgewandelt, die sich um denselben Wert ändert. Bei einer Bandaufnahme geht das Signal über einen Aufnahmekopf, der die Partikel in einem laufenden Band magnetisiert. In einem Analogband entspricht der Grad der Magnetisierung des Bands dem Spannungswert im Signal.

ANALOGBAND

Ein Analogband speichert das Schallsignal als ununterbrochenen Magnetstrom. Der Magnetismus kann in begrenztem Umfang jeden Wert annehmen und ändert sich im selben Ausmaß wie die Spannung des Schallsignals.

SPANNUNGS-MESSEINHEIT

DIGITALBAND

Das Schallsignal wird als genaue Reihenfolge von Flächen mit hohem und niedrigem Magnetismus gespeichert. Diese stellen die Ziffern 1 und 0 des binären Codes dar.

COMPACT DISC SPUR

In diesem digitalen Verfahren wird die Ziffer 0 im binären Code zu einem Loch in der Platten-oberfläche. Die ungelochten Flächen der Platte stellen die Ziffer 1 dar.

BINÄRER CODE

DIGITALE SCHALLAUFZEICHNUNG

Eine digitale Schallaufzeichnung besteht aus schnellen Messungen der Schallwelle in Form des Ein-Aus-binären Codes (hier dargestellt durch die Ziffern 1 und 0). Das elektrische Signal aus dem Mikrofon wird mehr als 40 000mal pro Sekunde abgetastet. Die Voltzahl jeder Spannungsmeßeinheit wird in den ▷ binären Code übertragen, der aus Ein-Aus-elektrischen Impulsen besteht. Hier werden der Einfachheit halber 3-bit-(drei Ziffern)-Codes gezeigt, wobei 5 Volt zu 101 (Ein-Aus-Ein) wird. In der Praxis werden 16-bit-Codes verwendet, um mehr als 65 000 Spannungsstärken unterscheiden zu können und daher extrem genaue Abtastungen liefern. Die sich daraus ergebenden Ein-Aus-Signale werden dann auf einem Digitalband als Hoch-Tief-Reihenfolge des Magnetismus aufgezeichnet. Bei einer CD-Platte, einer Compact Disc, wird dieser Code in eine Reihenfolge von mikroskopisch kleinen, einzelnen Signalelementen („Pits") gebracht, die dann von einem Laserstrahl „gelesen" werden können.

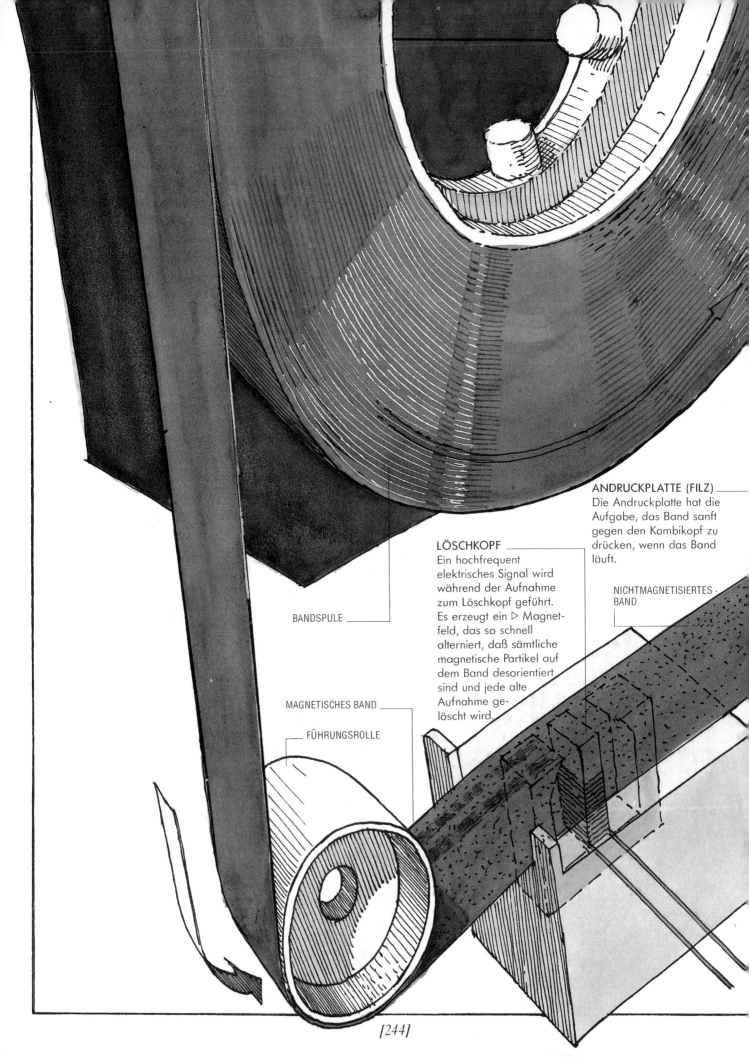

ANDRUCKPLATTE (FILZ)
Die Andruckplatte hat die
Aufgabe, das Band sanft
gegen den Kombikopf zu
drücken, wenn das Band
läuft.

LÖSCHKOPF
Ein hochfrequent
elektrisches Signal wird
während der Aufnahme
zum Löschkopf geführt.
Es erzeugt ein ▷ Magnet-
feld, das so schnell
alterniert, daß sämtliche
magnetische Partikel auf
dem Band desorientiert
sind und jede alte
Aufnahme ge-
löscht wird.

NICHTMAGNETISIERTES
BAND

BANDSPULE

MAGNETISCHES BAND

FÜHRUNGSROLLE

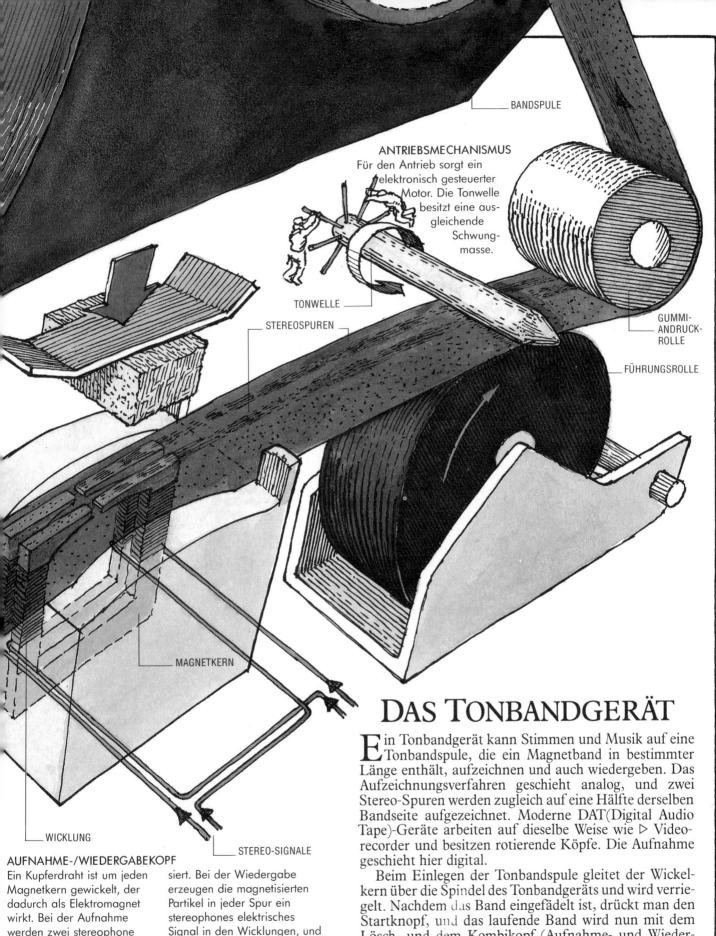

BANDSPULE

ANTRIEBSMECHANISMUS
Für den Antrieb sorgt ein
elektronisch gesteuerter
Motor. Die Tonwelle
besitzt eine aus-
gleichende
Schwung-
masse.

TONWELLE

STEREOSPUREN

GUMMI-
ANDRUCK-
ROLLE

FÜHRUNGSROLLE

MAGNETKERN

WICKLUNG

STEREO-SIGNALE

DAS TONBANDGERÄT

Ein Tonbandgerät kann Stimmen und Musik auf eine Tonbandspule, die ein Magnetband in bestimmter Länge enthält, aufzeichnen und auch wiedergeben. Das Aufzeichnungsverfahren geschieht analog, und zwei Stereo-Spuren werden zugleich auf eine Hälfte derselben Bandseite aufgezeichnet. Moderne DAT(Digital Audio Tape)-Geräte arbeiten auf dieselbe Weise wie ▷ Videorecorder und besitzen rotierende Köpfe. Die Aufnahme geschieht hier digital.

Beim Einlegen der Tonbandspule gleitet der Wickelkern über die Spindel des Tonbandgeräts und wird verriegelt. Nachdem das Band eingefädelt ist, drückt man den Startknopf, und das laufende Band wird nun mit dem Lösch- und dem Kombikopf (Aufnahme- und Wiedergabekopf) in Berührung gebracht. Während das Band läuft, zeichnet der Kombikopf den Schall auf oder gibt ihn wieder. Bei der Aufnahme löscht der Löschkopf automatisch jede bereits bestehende Aufzeichnung.

AUFNAHME-/WIEDERGABEKOPF

Ein Kupferdraht ist um jeden Magnetkern gewickelt, der dadurch als Elektromagnet wirkt. Bei der Aufnahme werden zwei stereophone elektrische Signale verstärkt und zu den beiden Wicklungen im Kopf geführt. Sie erzeugen ein Magnetfeld, das die Partikel im Tonband magneti-

siert. Bei der Wiedergabe erzeugen die magnetisierten Partikel in jeder Spur ein stereophones elektrisches Signal in den Wicklungen, und diese gehen zu einem Verstärker und einem Lautsprecherpaar oder Kopfhörern, die den Ton wiedergeben.

PLATTENSPIELER

Ein Plattenspieler bewegt Schallplatten, die auf jeder Seite eine Rille in Spiralform besitzen, mit 33⅓ oder 45 Umdrehungen pro Minute. Das Aufnahmesystem ist analog, die Anzahl und die Tiefe der Umrißlinien in der Rillenwand entsprechen Frequenz und Lautstärke des aufgezeichneten Schalls.

Die Schallplatte liegt auf einem rotierenden Plattenteller, und der Tonarm des Plattenspielers besitzt ein Tonabnehmersystem mit einem Abtaststift, der beim Abfahren der Rille in Schwingung versetzt wird. Durch die Schwingungen des Abtaststifts wird im Tonabnehmersystem ein stereophones elektrisches Signal erzeugt. Dieses Signal geht an einen Verstärker und danach an ein Lautsprecherpaar, das den aufgezeichneten Schall wiedergibt.

STIFT

PLATTENTELLER

TREIBRIEMEN
Viele Plattenteller werden mit einem Riemen angetrieben, der um eine von einem Elektromotor gedrehte Spindel läuft. Dieses System soll verhindern, daß Motorschwingungen sich auf die Platte übertragen.

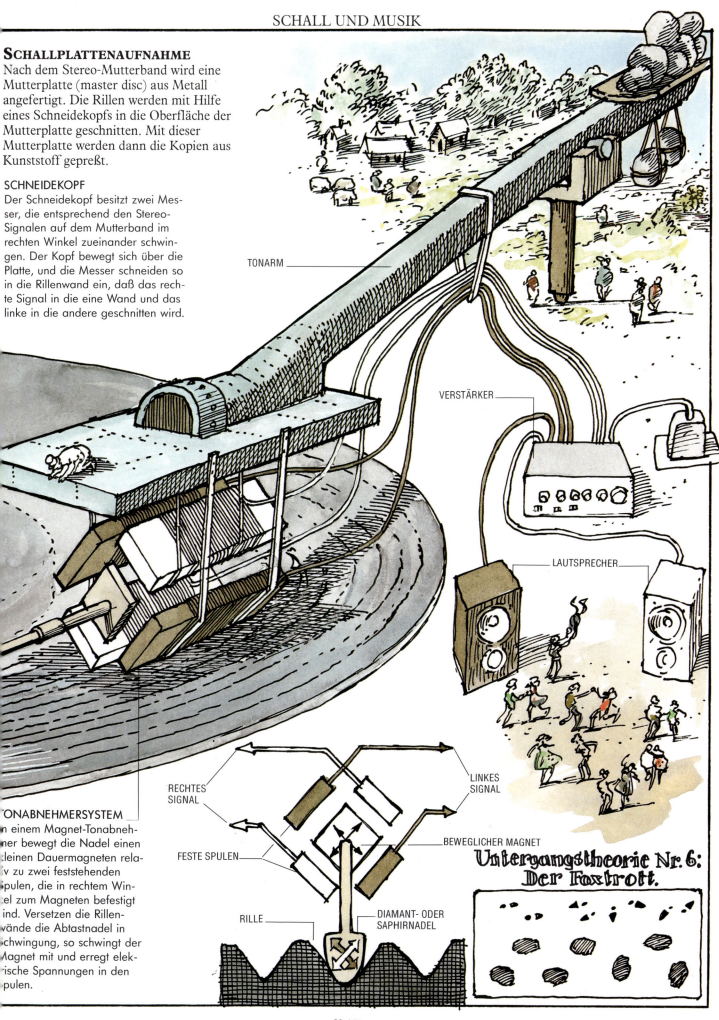

SCHALLPLATTENAUFNAHME

Nach dem Stereo-Mutterband wird eine Mutterplatte (master disc) aus Metall angefertigt. Die Rillen werden mit Hilfe eines Schneidekopfs in die Oberfläche der Mutterplatte geschnitten. Mit dieser Mutterplatte werden dann die Kopien aus Kunststoff gepreßt.

SCHNEIDEKOPF

Der Schneidekopf besitzt zwei Messer, die entsprechend den Stereo-Signalen auf dem Mutterband im rechten Winkel zueinander schwingen. Der Kopf bewegt sich über die Platte, und die Messer schneiden so in die Rillenwand ein, daß das rechte Signal in die eine Wand und das linke in die andere geschnitten wird.

TONARM

VERSTÄRKER

LAUTSPRECHER

TONABNEHMERSYSTEM

In einem Magnet-Tonabnehmer bewegt die Nadel einen kleinen Dauermagneten relativ zu zwei feststehenden Spulen, die in rechtem Winkel zum Magneten befestigt sind. Versetzen die Rillenwände die Abtastnadel in Schwingung, so schwingt der Magnet mit und erregt elektrische Spannungen in den Spulen.

RECHTES SIGNAL

LINKES SIGNAL

FESTE SPULEN

BEWEGLICHER MAGNET

RILLE

DIAMANT- ODER SAPHIRNADEL

Untergangstheorie Nr. 6: Der Foxtrott.

CD-PLAYER

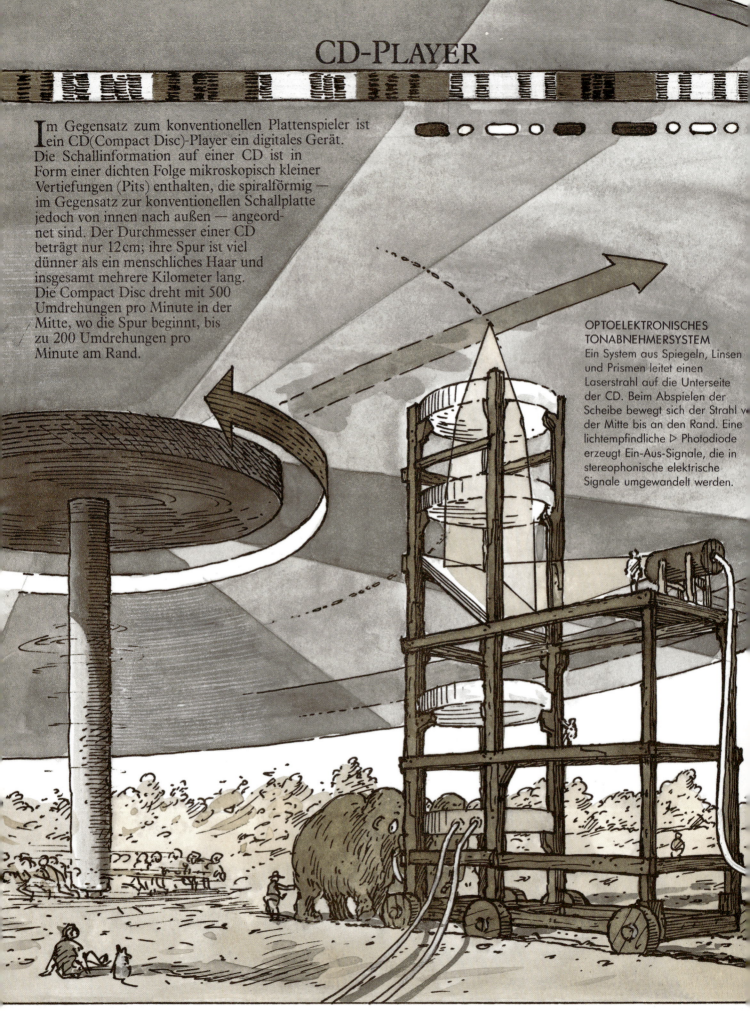

Im Gegensatz zum konventionellen Plattenspieler ist ein CD(Compact Disc)-Player ein digitales Gerät. Die Schallinformation auf einer CD ist in Form einer dichten Folge mikroskopisch kleiner Vertiefungen (Pits) enthalten, die spiralförmig — im Gegensatz zur konventionellen Schallplatte jedoch von innen nach außen — angeordnet sind. Der Durchmesser einer CD beträgt nur 12 cm; ihre Spur ist viel dünner als ein menschliches Haar und insgesamt mehrere Kilometer lang. Die Compact Disc dreht mit 500 Umdrehungen pro Minute in der Mitte, wo die Spur beginnt, bis zu 200 Umdrehungen pro Minute am Rand.

OPTOELEKTRONISCHES TONABNEHMERSYSTEM
Ein System aus Spiegeln, Linsen und Prismen leitet einen Laserstrahl auf die Unterseite der CD. Beim Abspielen der Scheibe bewegt sich der Strahl von der Mitte bis an den Rand. Eine lichtempfindliche ▷ Photodiode erzeugt Ein-Aus-Signale, die in stereophonische elektrische Signale umgewandelt werden.

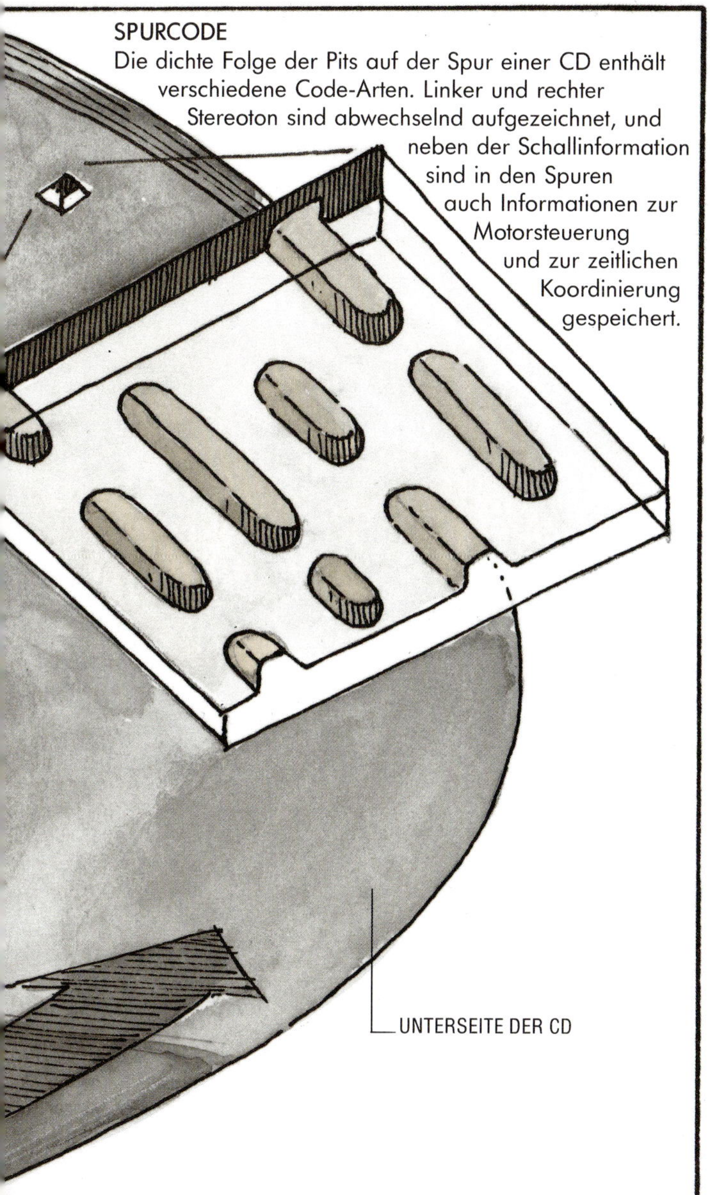

SPURCODE

Die dichte Folge der Pits auf der Spur einer CD enthält verschiedene Code-Arten. Linker und rechter Stereoton sind abwechselnd aufgezeichnet, und neben der Schallinformation sind in den Spuren auch Informationen zur Motorsteuerung und zur zeitlichen Koordinierung gespeichert.

UNTERSEITE DER CD

LESEN DER NULL (AUS)

Der Laserstrahl trifft auf ein Pit und wird nicht zurückgestrahlt, so daß die Photodiode kein Signal erzeugt.

LESEN DER EINS (EIN)

Die Spuroberfläche strahlt den Lichtstrahl zur Photodiode zurück, die ein elektrisches Signal erzeugt.

OBJEKTIVLINSE
SIGNALEBENE
PIT
TRANSPARENTER KUNSTSTOFF-SCHUTZÜBERZUG
LASER
TEILDURCHLÄSSIGER SPIEGEL
PHOTODIODE

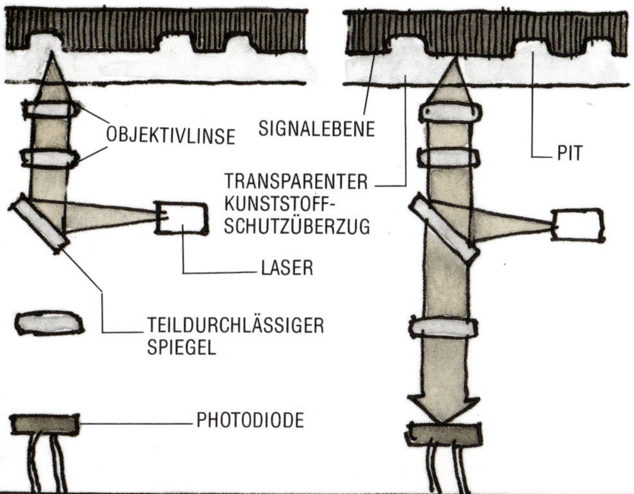

FILMTON

Der Filmton wird häufig noch mit einem analogen Verfahren aufgezeichnet, das wie die CD Licht verwendet. Das elektrische Signal des Mikrofons geht zu einem Aufzeichnungsgerät, das mit einem Lichtstrahl eine Spur am Rand des Filmstreifens aufzeichnet. Die Stärke oder Breite des Lichtstrahls wechselt je nach der Signalspannung. Bei der Projektion wirft eine Lampe einen Lichtstrahl durch die Tonspur auf eine ▷ Photodiode, die ein wechselndes elektrisches Signal erzeugt.

FILM
PROJEKTIONSOBJEKTI
TONSPUR
TONLAMPE
PHOTODIODE
TONROLLE
VERSTÄRKER
LAUTSPRECHER

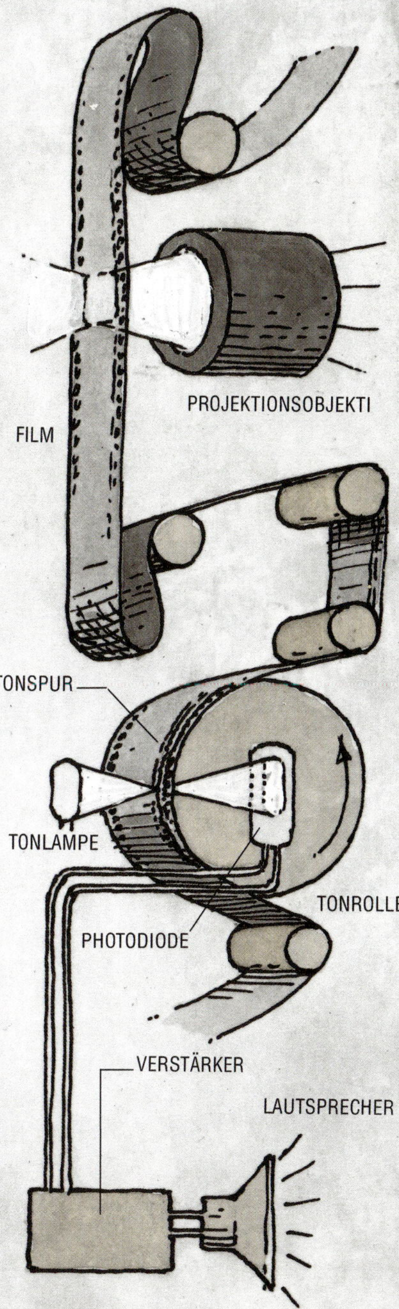

TELEKOMMUNIKATION

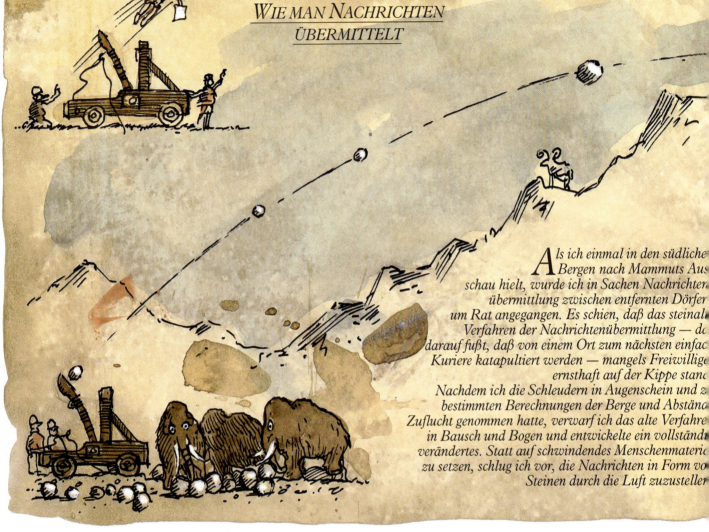

WIE MAN NACHRICHTEN ÜBERMITTELT

*Als ich einmal in den südliche
Bergen nach Mammuts Aus
schau hielt, wurde ich in Sachen Nachrichten
übermittlung zwischen entfernten Dörfer
um Rat angegangen. Es schien, daß das steinal
Verfahren der Nachrichtenübermittlung — de
darauf fußt, daß von einem Ort zum nächsten einfac
Kuriere katapultiert werden — mangels Freiwillige
ernsthaft auf der Kippe stand
Nachdem ich die Schleudern in Augenschein und z
bestimmten Berechnungen der Berge und Abständ
Zuflucht genommen hatte, verwarf ich das alte Verfahre
in Bausch und Bogen und entwickelte ein vollständ
verändertes. Statt auf schwindendes Menschenmaterie
zu setzen, schlug ich vor, die Nachrichten in Form vo
Steinen durch die Luft zuzusteller*

SOFORTSCHALL UND SOFORTBILD

Die Telekommunikation umfaßt die Übermittlung von
Nachrichten über die natürliche Hör- oder Sichtweite hinaus.
Um Meldungen ohne Verzug über große Entfernungen zu
befördern, ist man auf ein schnelles Signal angewiesen. Das
oben geschilderte Verfahren zur Nachrichtenübermittlung
katapultiert Steine als Signalträger. Die Steine werden in
einer Abfolge in die Luft geschleudert, die eine verschlüsselte
Botschaft übermittelt, und wenn sie landen, wird die Abfolge
entschlüsselt und die Botschaft gelesen.

Moderne Telekommunikation verwendet Elektrizität,
Licht und Funkwellen als Signalträger. Sie haben den großen
Vorteil, daß sie sich fast sogleich fortbewegen. Die einfachste
Methode, ihnen eine Botschaft zu übertragen, besteht darin,
sie zu unterbrechen; der Morsecode, der mit Kombinationen
von kurzen und langen Signalen Buchstaben, Ziffern und
Satz- und Sonderzeichen darstellt, arbeitet auf diese Weise.
Bei fortgeschritteneren Methoden der Telekommunikation
wird der Signalträger „moduliert", indem er mit einem von
einem Schall oder Bild erzeugten Signal verbunden wird. Das
modulierte Signal wird an einen Empfänger gesandt. Ein
Umwandler im Empfänger holt das Signal aus dem
Signalträger heraus und gibt Schall oder Bild wieder.

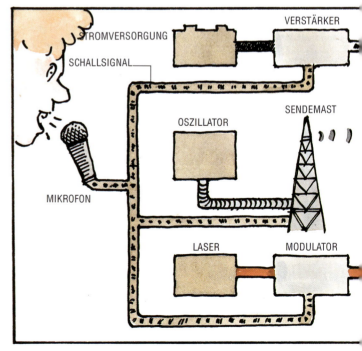

STROMVERSORGUNG

VERSTÄRKER

SCHALLSIGNAL

OSZILLATOR

SENDEMAST

MIKROFON

LASER

MODULATOR

*M*ein Verfahren funktionierte wie folgt. Steine unterschiedlicher Größe wurden in ausgeklügelten Kombinationen katapultiert, wobei jede Kombination einen Buchstaben des Alphabets bedeutet. Die unterschiedlichen Steinkombinationen wurden bei ihrer Ankunft beobachtet und von einem dollen Dolmetscher in Buchstaben zurückverwandelt. Aus Sicherheitsgründen wurde in eines jeden Dorfes Mitte ein großer Metalltrichter aufgestellt, der als Empfänger für die eingehenden Nachrichten diente.

Der technische Teil des Verfahrens funktionierte famos. Doch ich hatte nicht damit gerechnet, daß die beschränkten Dorfbewohner so haarsträubend blöd buchstabierten. Unbeabsichtigte Mißverständnisse führten dazu, daß sie sich gegenseitig Beschimpfungen ins Gesicht schleuderten und schließlich jegliche Form des Nachrichtenverkehrs unterblieb.

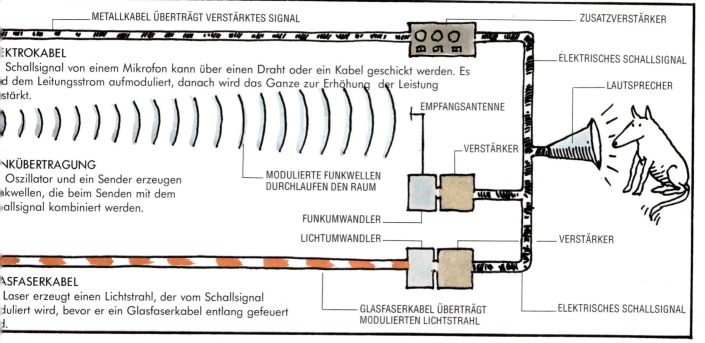

METALLKABEL ÜBERTRÄGT VERSTÄRKTES SIGNAL

ZUSATZVERSTÄRKER

EKTROKABEL

Schallsignal von einem Mikrofon kann über einen Draht oder ein Kabel geschickt werden. Es d dem Leitungsstrom aufmoduliert, danach wird das Ganze zur Erhöhung der Leistung stärkt.

ELEKTRISCHES SCHALLSIGNAL

LAUTSPRECHER

EMPFANGSANTENNE

NKÜBERTRAGUNG

Oszillator und ein Sender erzeugen kwellen, die beim Senden mit dem allsignal kombiniert werden.

MODULIERTE FUNKWELLEN DURCHLAUFEN DEN RAUM

VERSTÄRKER

FUNKUMWANDLER

LICHTUMWANDLER

VERSTÄRKER

ASFASERKABEL

Laser erzeugt einen Lichtstrahl, der vom Schallsignal duliert wird, bevor er ein Glasfaserkabel entlang gefeuert d.

GLASFASERKABEL ÜBERTRÄGT MODULIERTEN LICHTSTRAHL

ELEKTRISCHES SCHALLSIGNAL

DER FERNSPRECHER

Die Mundmuschel eines Telefonhörers enthält ein Mikrofon und die Hörmuschel einen kleinen Lautsprecher. Die sich im Rhythmus der Schallschwingungen bewegenden Kohlekörnchen im Mikrofon setzen dem Stromfluß einen variablen Widerstand entgegen. Die Schwankungen des Stromverlaufs entsprechen genau den Schalldruckschwankungen. Wählt man eine Nummer, so werden zwei Apparate über ein Fernsprechnetz miteinander verbunden. Im Telefonhörer nehmen sie die Form elektrischer Signale in Kupferspulen an. Im Fernsprechnetz kann man sie in Lichtsignale umwandeln, die in Glasfaserkabel eingespeist werden, oder in Funksignale, die über Funk- oder Mikrowellenverbindungen übertragen werden. Moderne Fernsprechsysteme wandeln Sprache in digitale Signale um, die durch Multiplex-Systeme (Mehrfachschaltung) verarbeitet werden, so daß mehr als ein Gespräch über eine Leitung übertragen werden kann.

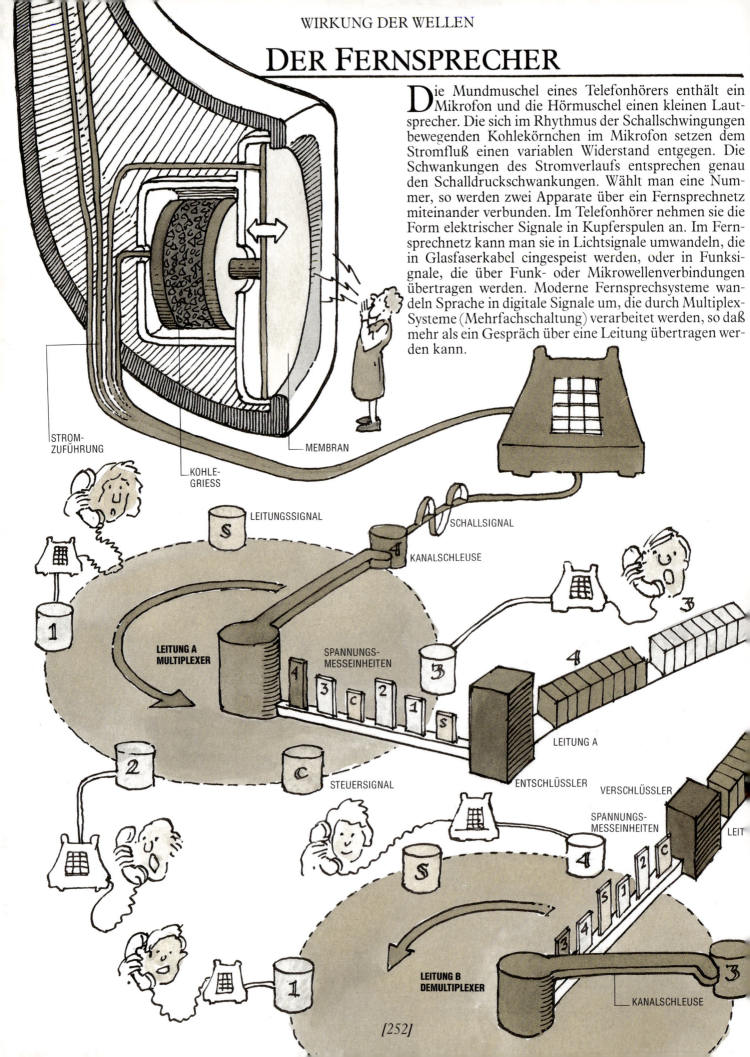

STROM-
ZUFÜHRUNG

MEMBRAN

KOHLE-
GRIESS

LEITUNGSSIGNAL

SCHALLSIGNAL

KANALSCHLEUSE

LEITUNG A
MULTIPLEXER

SPANNUNGS-
MESSEINHEITEN

LEITUNG A

ENTSCHLÜSSLER

STEUERSIGNAL

VERSCHLÜSSLER

SPANNUNGS-
MESSEINHEITEN

LEIT

LEITUNG B
DEMULTIPLEXER

KANALSCHLEUSE

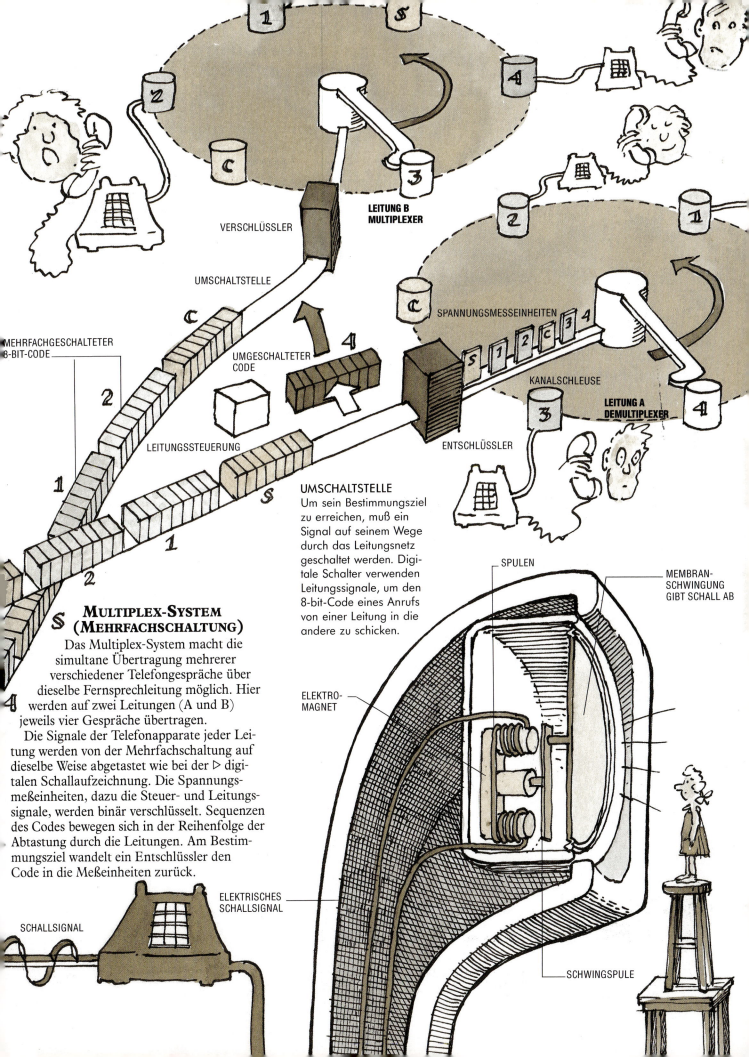

LEITUNG B
MULTIPLEXER

VERSCHLÜSSLER

UMSCHALTSTELLE

SPANNUNGSMESSEINHEITEN

KANALSCHLEUSE

LEITUNG A
DEMULTIPLEXER

C

MEHRFACHGESCHALTETER
8-BIT-CODE

UMGESCHALTETER
CODE

4

2

LEITUNGSSTEUERUNG

ENTSCHLÜSSLER

1

S

UMSCHALTSTELLE
Um sein Bestimmungsziel
zu erreichen, muß ein
Signal auf seinem Wege
durch das Leitungsnetz
geschaltet werden. Digi-
tale Schalter verwenden
Leitungssignale, um den
8-bit-Code eines Anrufs
von einer Leitung in die
andere zu schicken.

MULTIPLEX-SYSTEM
(MEHRFACHSCHALTUNG)

Das Multiplex-System macht die
simultane Übertragung mehrerer
verschiedener Telefongespräche über
dieselbe Fernsprechleitung möglich. Hier
werden auf zwei Leitungen (A und B)
jeweils vier Gespräche übertragen.

Die Signale der Telefonapparate jeder Leitung werden von der Mehrfachschaltung auf
dieselbe Weise abgetastet wie bei der ▷ digitalen Schallaufzeichnung. Die Spannungs-
meßeinheiten, dazu die Steuer- und Leitungssignale, werden binär verschlüsselt. Sequenzen
des Codes bewegen sich in der Reihenfolge der
Abtastung durch die Leitungen. Am Bestimmungsziel wandelt ein Entschlüssler den
Code in die Meßeinheiten zurück.

SPULEN

MEMBRAN-
SCHWINGUNG
GIBT SCHALL AB

ELEKTRO-
MAGNET

ELEKTRISCHES
SCHALLSIGNAL

SCHALLSIGNAL

SCHWINGSPULE

RUNDFUNKSENDER

Funkwellen werden durch Einspeisen eines elektrischen Signals in einen Sendemast oder in die Antenne eines Senders erzeugt. Das Signal bringt die Elektronen in den Metallatomen des Mastes oder der Antenne dazu, ihre Energiehöhe zu verändern und Funkwellen auszusenden. Sie tun dies auf dieselbe Weise, in der Elektronen in Atomen Lichtstrahlen aussenden. Rundfunksender, vom Walkie-talkie bis zu den riesigen Sendemasten, strahlen modulierte Funkwellen aus. Das heißt, daß das originale Schallsignal auf eine Funkwelle überlagert wird, so daß die Funkwelle den Schall „trägt".

Wie alle Wellen besitzen Funkwellen eine spezielle Frequenz oder Wellenlänge. Die Frequenz ist die Maßeinheit für die Zahl der übertragenen Schwingungen pro Sekunde und wird in Hertz gemessen. Die Wellenlänge ist die Maßeinheit für die Länge jeder vollständigen Schwingung und wird in Metern gemessen. Frequenz und Wellenlänge sind direkt miteinander verbunden: eine Funkwelle mit hoher Frequenz hat eine kurze Wellenlänge, und eine mit einer niedrigen Frequenz hat eine lange Wellenlänge.

Sonnig und mild...

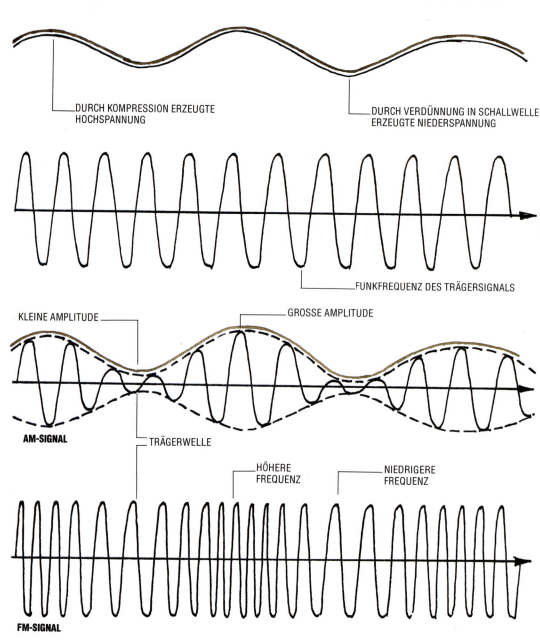

MIKROFON

ELEKTRISCHES SIGNAL

SCHALLSIGNAL
Ein Mikrofon reagiert auf Schallwellen, indem es ein elektrisches Signal erzeugt, dessen Spannung sich mit derselben Frequenz ändert. Die Kurve stellt die Spannungsänderung des Signals dar.

DURCH KOMPRESSION ERZEUGTE HOCHSPANNUNG

DURCH VERDÜNNUNG IN SCHALLWELLE ERZEUGTE NIEDERSPANNUNG

TRÄGERSIGNAL
Die Funkwelle, die das Schallsignal trägt, heißt Trägerwelle. Produziert wird sie von einem hochfrequenten (hf) Trägersignal, einem elektrischen Signal, das durch ein Oszillator genanntes Bauelement erzeugt wird. Die Frequenz des hf-Trägers ist konstant und sehr viel größer, als der Frequenzbereich des übertragenen Schalls.

FUNKFREQUENZ DES TRÄGERSIGNALS

KLEINE AMPLITUDE

GROSSE AMPLITUDE

MODULIERTES SIGNAL
Das Schallsignal vom Mikrofon und das hf-Trägersignal aus dem Oszillator werden verstärkt und dann im Modulator des Senders überlagert. Dies geschieht entweder durch Amplituden-Modulation (AM) oder durch Frequenz-Modulation (FM). Bei AM werden die Schwingungen so moduliert, daß die Amplitude (Energiepegel) der Trägerschwingungen sich mit derselben Frequenz ändert wie die wechselnde Spannung im Schallsignal. Bei FM werden die Schwingungen so moduliert, daß die Frequenz der Trägerwelle sich mit dem Spannungspegel des Schallsignals ändert.

AM-SIGNAL

TRÄGERWELLE

HÖHERE FREQUENZ

NIEDRIGERE FREQUENZ

FM-SIGNAL

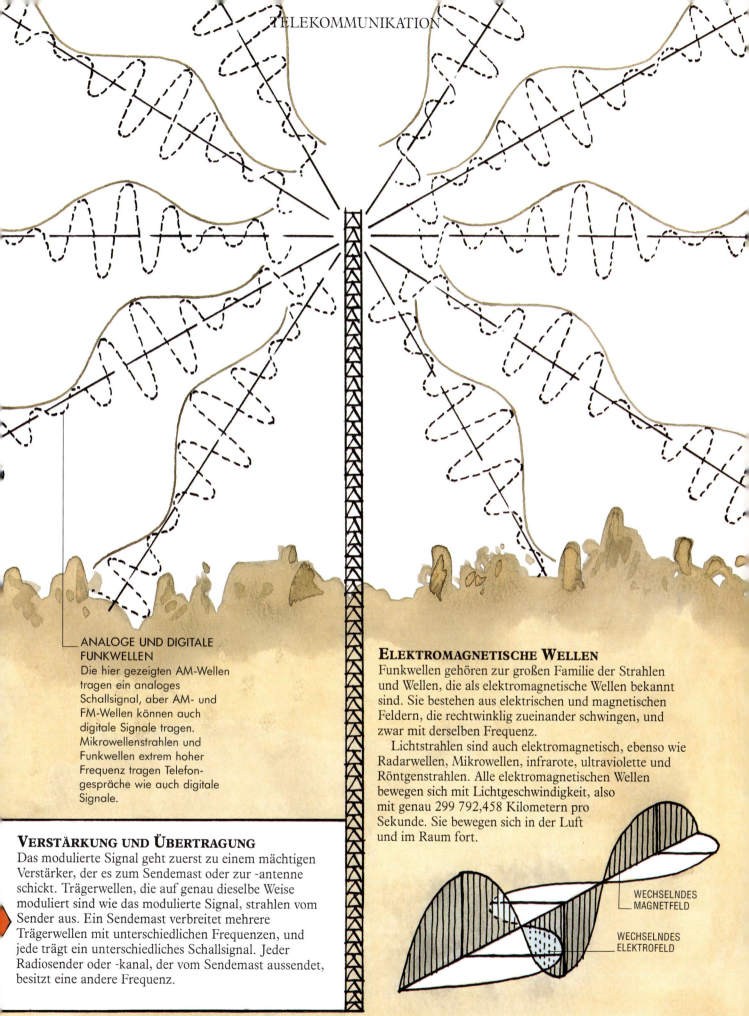

ANALOGE UND DIGITALE FUNKWELLEN

Die hier gezeigten AM-Wellen tragen ein analoges Schallsignal, aber AM- und FM-Wellen können auch digitale Signale tragen. Mikrowellenstrahlen und Funkwellen extrem hoher Frequenz tragen Telefongespräche wie auch digitale Signale.

VERSTÄRKUNG UND ÜBERTRAGUNG

Das modulierte Signal geht zuerst zu einem mächtigen Verstärker, der es zum Sendemast oder zur -antenne schickt. Trägerwellen, die auf genau dieselbe Weise moduliert sind wie das modulierte Signal, strahlen vom Sender aus. Ein Sendemast verbreitet mehrere Trägerwellen mit unterschiedlichen Frequenzen, und jede trägt ein unterschiedliches Schallsignal. Jeder Radiosender oder -kanal, der vom Sendemast aussendet, besitzt eine andere Frequenz.

ELEKTROMAGNETISCHE WELLEN

Funkwellen gehören zur großen Familie der Strahlen und Wellen, die als elektromagnetische Wellen bekannt sind. Sie bestehen aus elektrischen und magnetischen Feldern, die rechtwinklig zueinander schwingen, und zwar mit derselben Frequenz.

Lichtstrahlen sind auch elektromagnetisch, ebenso wie Radarwellen, Mikrowellen, infrarote, ultraviolette und Röntgenstrahlen. Alle elektromagnetischen Wellen bewegen sich mit Lichtgeschwindigkeit, also mit genau 299 792,458 Kilometern pro Sekunde. Sie bewegen sich in der Luft und im Raum fort.

WECHSELNDES MAGNETFELD

WECHSELNDES ELEKTROFELD

RUNDFUNKEMPFÄNGER

Ein Rundfunkempfänger (Radio) ist eigentlich ein umgekehrter Sender. Funkwellen treffen auf die mit dem Empfänger verbundene Antenne. Sie wirken auf die Metallatome, die ein schwaches elektrisches Trägersignal in der Antenne erzeugen. Der Empfänger wählt dann das Trägersignal des gewünschten Senders oder Kanals aus. Er holt das Schallsignal aus dem Trägersignal heraus, und dieses Signal geht zum Verstärker und danach zu den Lautsprechern, die den ursprünglichen Schall wiedergeben.

KURZWELLE (AM)
26-6,1 MHz (11-49 m)

UKW (FM)
87,5-104 MHz (2,9-3,4 m)

MITTELWELLE (AM)
525-1 605 kHz (187-570 m)

LANGWELLE (AM)
150-500 kHz (600-2 000 m)

WELLENBEREICHE

Funkwellen werden in mehreren Wellenbereichen ausgestrahlt, die allgemein oft Langwelle, Mittelwelle, Kurzwelle und UKW (ultrakurze Wellen) heißen. Jeder Bereich umfaßt eine Bandbreite von Wellenlängen oder Radiofrequenzen, und jeder Radiosender oder Kanal hat seine eigene besondere Frequenz oder Wellenlänge in einem Wellenbereich.

Sender werden auf einer Frequenzeinstellskala entweder in Metern (m) angezeigt, die die Wellenlänge der Trägerwelle angeben, oder in Hertz (Hz), die seine Frequenz angeben. Radiofrequenzen sind so hoch, daß 1 000 Hertz als Kilohertz (kHz) oder 1 Million Hertz als Megahertz (MHz) angezeigt werden. Lang-, Mittel- und Kurzwellen senden mit AM; UKW mit FM.

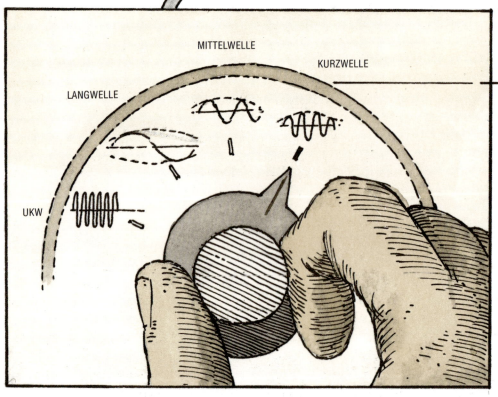

MITTELWELLE

KURZWELLE

LANGWELLE

UKW

SCHALLWIEDERGABE

Das vom Steuergerät ausgewählte Trägersignal wird mit dem ursprünglichen Schallsignal moduliert. Der Umwandler im Empfänger entfernt die Trägerfrequenz, um das Schallsignal herauszufiltern. Dieses Signal wird dann verstärkt und geht zum Lautsprecher im Empfänger. Bei einer Stereo-Sendung werden die linken und rechten Signale gemeinsam und auf einer Trägerwelle gesendet. Ein Stereo-Empfänger hat einen Entschlüßler (Decoder), der sie in zwei Schallsignale trennt, während ein gewöhnlicher (Mono-)Empfänger das gemeinsame Signal wiedergibt.

STEUERGERÄT (TUNER)

Das Steuergerät sucht einen bestimmten Sender oder Kanal aus, indem es alle anderen Frequenzen entfernt. Das gewünschte Trägersignal geht durch das Steuergerät und dann zum Umwandler.

FUNKSIGNALE

UKW UND MITTELWELLEN

UKW-Wellen (*unten*) bewältigen nur kurze Strecken und prallen von der Erde und großen Gegenständen ab.

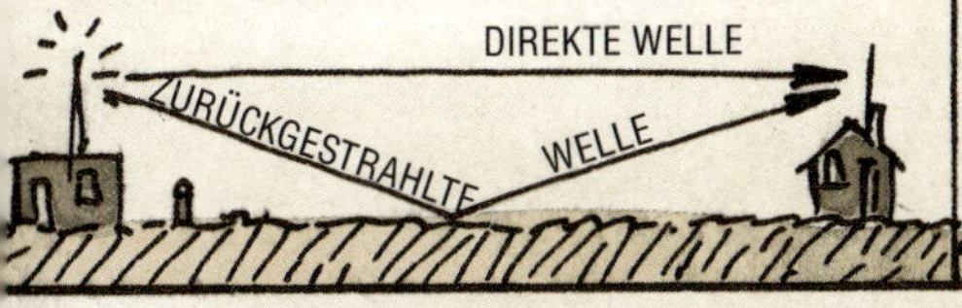

DIREKTE WELLE

ZURÜCKGESTRAHLTE WELLE

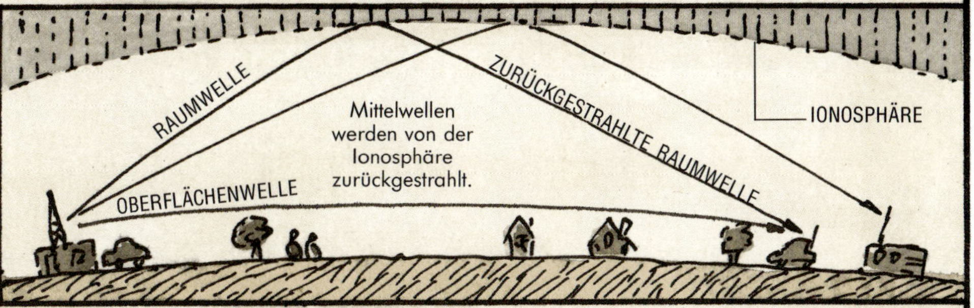

RAUMWELLE

ZURÜCKGESTRAHLTE RAUMWELLE

IONOSPHÄRE

Mittelwellen werden von der Ionosphäre zurückgestrahlt.

OBERFLÄCHENWELLE

LANGWELLEN

Eine Oberflächenwelle biegt sich rund um den Erdball und reicht Tausende von Kilometern weit.

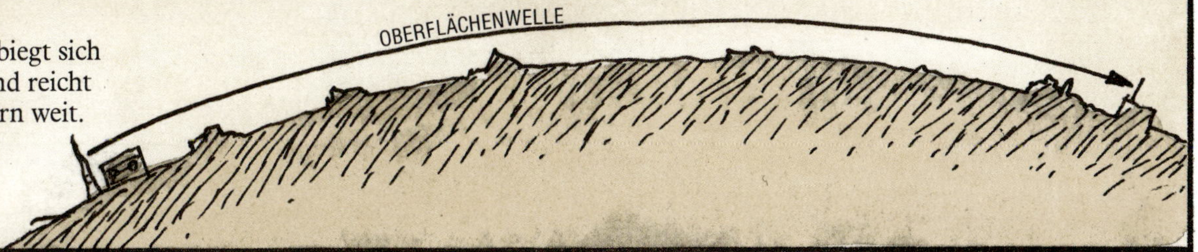

OBERFLÄCHENWELLE

KURZWELLEN

Vielfache Reflexionen einer Raumwelle zwischen Ionosphäre und der Erdoberfläche machen eine weltumspannende Kommunikation mit Kurzwellen möglich.

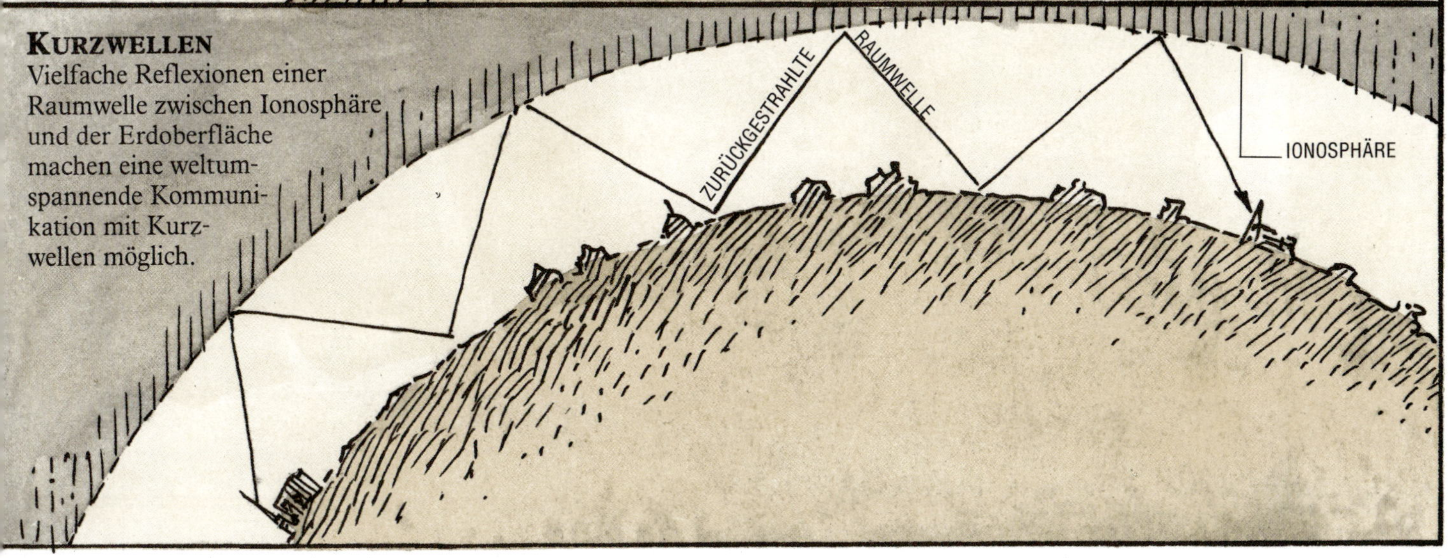

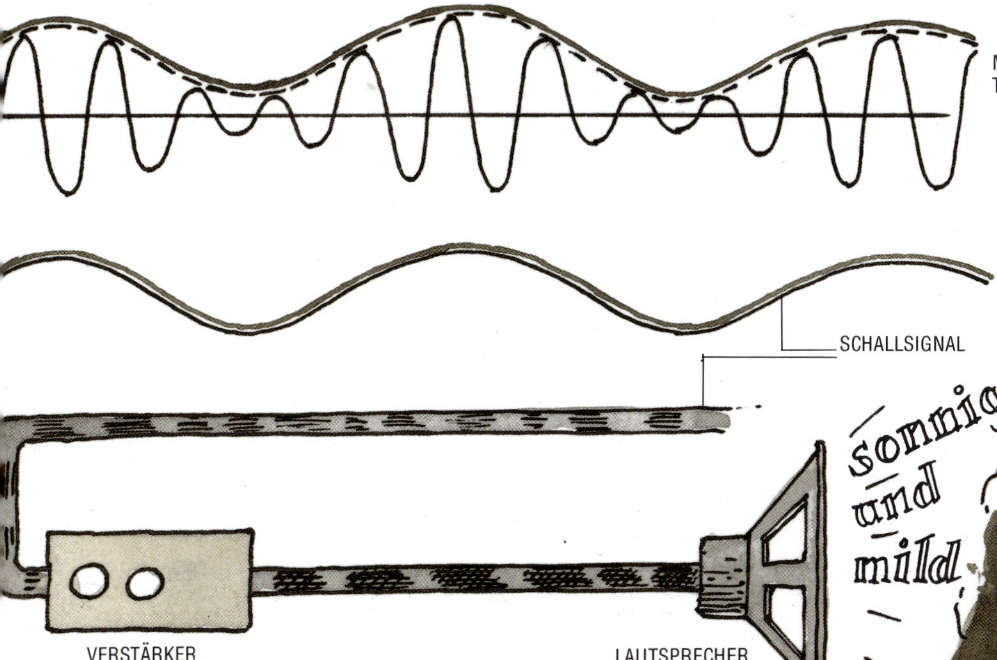

ZURÜCKGESTRAHLTE RAUMWELLE

IONOSPHÄRE

MODULIERTES TRÄGERSIGNAL

SCHALLSIGNAL

VERSTÄRKER

LAUTSPRECHER GIBT SCHALL WIEDER

sonnig und mild

FERNSEHKAMERA

Das Fernsehen überträgt eine Sequenz von 25 Einzel-bildern pro Sekunde, und im Auge des Betrachters verschmilzt diese Bildsequenz, wie beim Film, zu einem bewegten Bild. Eine Farbfernsehkamera erzeugt von dem Einzelbild drei Farbbilder in den Primärfarben Rot, Grün und Blau. Eine Aufnahmeröhre wandelt das Licht aus einem optischen Bild in ein elektrisches Signal um. Die Röhre tastet das Bild ab, teilt es in 625 waagerechte Zeilen auf und gibt ein elektrisches Signal aus, dessen Ladung sich entsprechend der Helligkeit des Bildes in je-der Zeile ändert. Die Signale aus den drei Farbröhren werden dann zu einem elektrischen Videosignal zusam-mengetragen, das über Funk oder Kabel ins Wohnzim-mer des Fernsehzuschauers übertragen wird.

STUDIOKAMERA
Spiegel hinter dem Objektiv zerlegen das einfallende Farbbild in drei Bilder: in ein rotes, grünes und blaues. Handliche Fernseh- oder Videokameras enthalten eine einzige Farbröhre, die das Bild ohne die Hilfe von Spiegeln zerlegt.

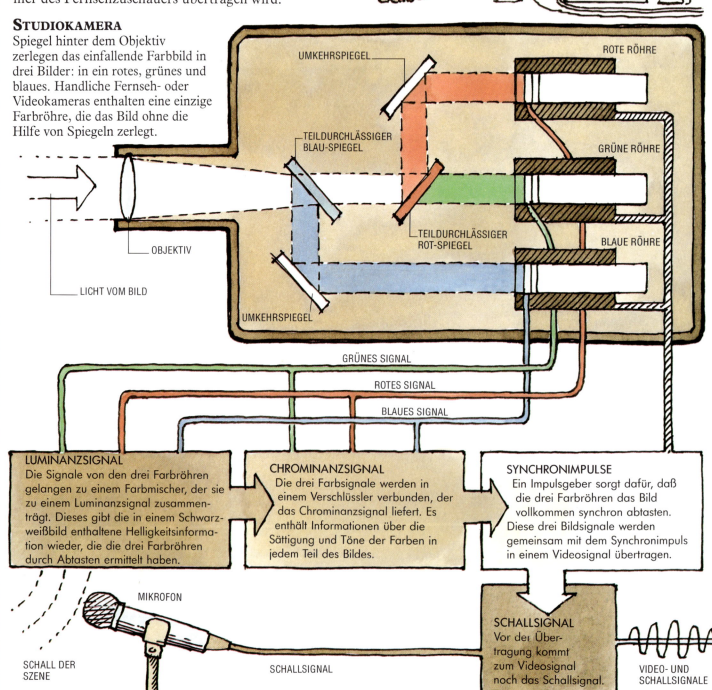

UMKEHRSPIEGEL

ROTE RÖHRE

TEILDURCHLÄSSIGER
BLAU-SPIEGEL

GRÜNE RÖHRE

TEILDURCHLÄSSIGER
ROT-SPIEGEL

BLAUE RÖHRE

OBJEKTIV

LICHT VOM BILD

UMKEHRSPIEGEL

GRÜNES SIGNAL

ROTES SIGNAL

BLAUES SIGNAL

LUMINANZSIGNAL
Die Signale von den drei Farbröhren gelangen zu einem Farbmischer, der sie zu einem Luminanzsignal zusammen-trägt. Dieses gibt die in einem Schwarz-weißbild enthaltene Helligkeitsinforma-tion wieder, die die drei Farbröhren durch Abtasten ermittelt haben.

CHROMINANZSIGNAL
Die drei Farbsignale werden in einem Verschlüssler verbunden, der das Chrominanzsignal liefert. Es enthält Informationen über die Sättigung und Töne der Farben in jedem Teil des Bildes.

SYNCHRONIMPULSE
Ein Impulsgeber sorgt dafür, daß die drei Farbröhren das Bild vollkommen synchron abtasten. Diese drei Bildsignale werden gemeinsam mit dem Synchronimpuls in einem Videosignal übertragen.

MIKROFON

SCHALLSIGNAL
Vor der Über-tragung kommt zum Videosignal noch das Schallsignal.

SCHALL DER
SZENE

SCHALLSIGNAL

VIDEO- UND
SCHALLSIGNALE

VIDICON-RÖHRE

Das Vidicon ist eine Aufnahmeröhre, mit der man optische Bilder in elektrische Signale umwandeln kann. Das durch das Objektiv einfallende Licht trifft auf eine beschichtete Speicherscheibe. Ein Elektronenstrahl überstreicht sie zeilenweise und lädt sie dabei elektrisch auf. Das so entstehende Ladungsbild ist ein scharfes Abbild des Lichtbilds.

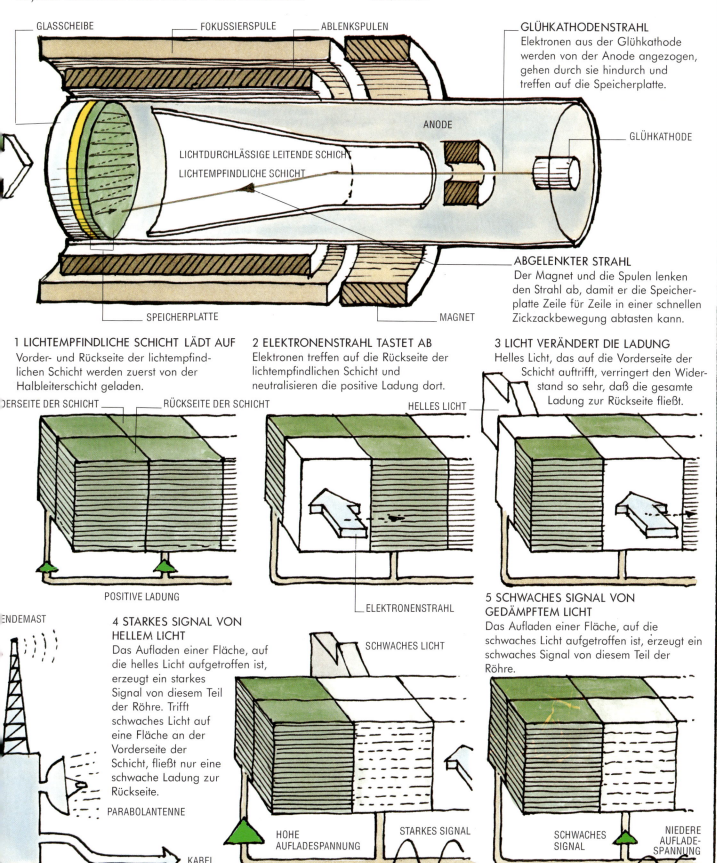

GLASSCHEIBE

FOKUSSIERSPULE

ABLENKSPULEN

GLÜHKATHODENSTRAHL
Elektronen aus der Glühkathode werden von der Anode angezogen, gehen durch sie hindurch und treffen auf die Speicherplatte.

ANODE

GLÜHKATHODE

LICHTDURCHLÄSSIGE LEITENDE SCHICHT

LICHTEMPFINDLICHE SCHICHT

ABGELENKTER STRAHL
Der Magnet und die Spulen lenken den Strahl ab, damit er die Speicherplatte Zeile für Zeile in einer schnellen Zickzackbewegung abtasten kann.

SPEICHERPLATTE

MAGNET

1 LICHTEMPFINDLICHE SCHICHT LÄDT AUF
Vorder- und Rückseite der lichtempfindlichen Schicht werden zuerst von der Halbleiterschicht geladen.

VORDERSEITE DER SCHICHT

RÜCKSEITE DER SCHICHT

POSITIVE LADUNG

2 ELEKTRONENSTRAHL TASTET AB
Elektronen treffen auf die Rückseite der lichtempfindlichen Schicht und neutralisieren die positive Ladung dort.

ELEKTRONENSTRAHL

3 LICHT VERÄNDERT DIE LADUNG
Helles Licht, das auf die Vorderseite der Schicht auftrifft, verringert den Widerstand so sehr, daß die gesamte Ladung zur Rückseite fließt.

HELLES LICHT

4 STARKES SIGNAL VON HELLEM LICHT
Das Aufladen einer Fläche, auf die helles Licht aufgetroffen ist, erzeugt ein starkes Signal von diesem Teil der Röhre. Trifft schwaches Licht auf eine Fläche an der Vorderseite der Schicht, fließt nur eine schwache Ladung zur Rückseite.

SENDEMAST

PARABOLANTENNE

KABEL

SCHWACHES LICHT

HOHE AUFLADESPANNUNG

STARKES SIGNAL

5 SCHWACHES SIGNAL VON GEDÄMPFTEM LICHT
Das Aufladen einer Fläche, auf die schwaches Licht aufgetroffen ist, erzeugt ein schwaches Signal von diesem Teil der Röhre.

SCHWACHES SIGNAL

NIEDERE AUFLADESPANNUNG

VIDEORECORDER

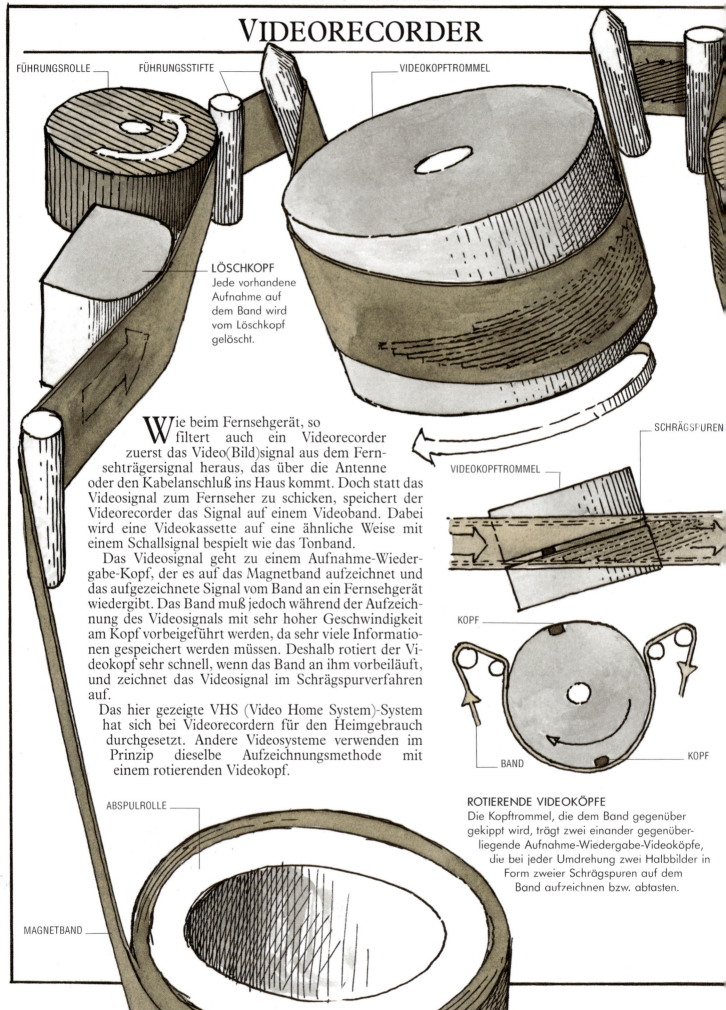

FÜHRUNGSROLLE

FÜHRUNGSSTIFTE

VIDEOKOPFTROMMEL

LÖSCHKOPF
Jede vorhandene
Aufnahme auf
dem Band wird
vom Löschkopf
gelöscht.

SCHRÄGSPUREN

VIDEOKOPFTROMMEL

KOPF

KOPF

BAND

Wie beim Fernsehgerät, so filtert auch ein Videorecorder zuerst das Video(Bild)signal aus dem Fernsehträgersignal heraus, das über die Antenne oder den Kabelanschluß ins Haus kommt. Doch statt das Videosignal zum Fernseher zu schicken, speichert der Videorecorder das Signal auf einem Videoband. Dabei wird eine Videokassette auf eine ähnliche Weise mit einem Schallsignal bespielt wie das Tonband.

Das Videosignal geht zu einem Aufnahme-Wiedergabe-Kopf, der es auf das Magnetband aufzeichnet und das aufgezeichnete Signal vom Band an ein Fernsehgerät wiedergibt. Das Band muß jedoch während der Aufzeichnung des Videosignals mit sehr hoher Geschwindigkeit am Kopf vorbeigeführt werden, da sehr viele Informationen gespeichert werden müssen. Deshalb rotiert der Videokopf sehr schnell, wenn das Band an ihm vorbeiläuft, und zeichnet das Videosignal im Schrägspurverfahren auf.

Das hier gezeigte VHS (Video Home System)-System hat sich bei Videorecordern für den Heimgebrauch durchgesetzt. Andere Videosysteme verwenden im Prinzip dieselbe Aufzeichnungsmethode mit einem rotierenden Videokopf.

ABSPULROLLE

MAGNETBAND

ROTIERENDE VIDEOKÖPFE
Die Kopftrommel, die dem Band gegenüber gekippt wird, trägt zwei einander gegenüberliegende Aufnahme-Wiedergabe-Videoköpfe, die bei jeder Umdrehung zwei Halbbilder in Form zweier Schrägspuren auf dem Band aufzeichnen bzw. abtasten.

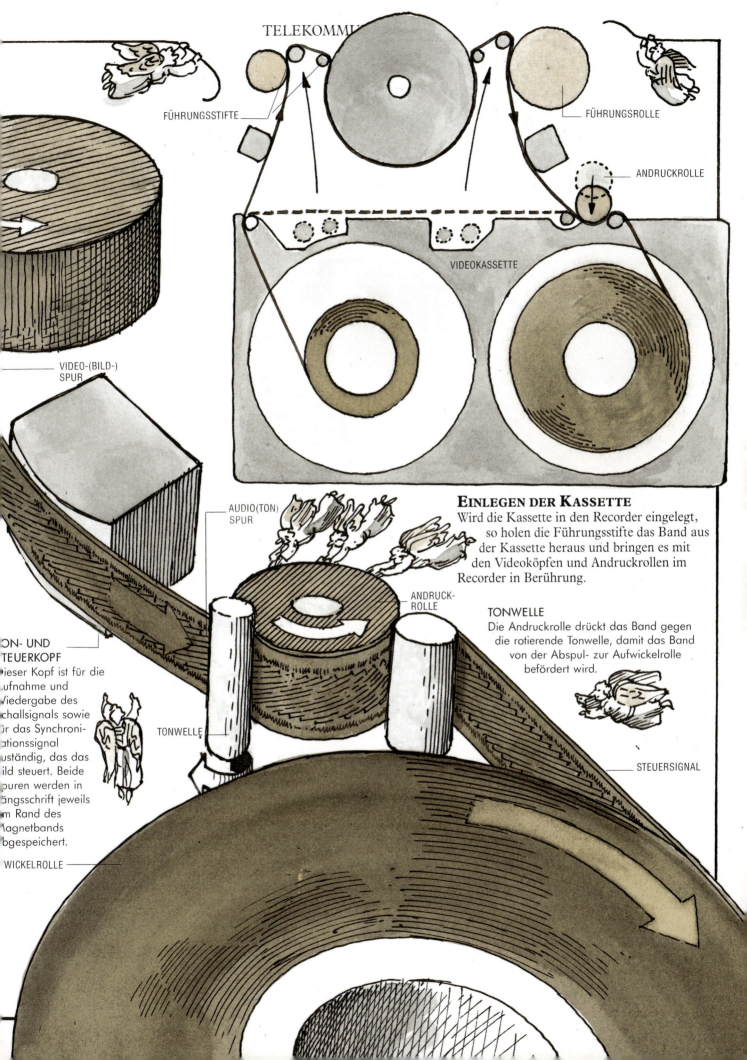

TELEKOMMU

FÜHRUNGSSTIFTE

FÜHRUNGSROLLE

ANDRUCKROLLE

VIDEOKASSETTE

VIDEO-(BILD-)
SPUR

AUDIO(TON)
SPUR

ANDRUCK-
ROLLE

EINLEGEN DER KASSETTE

Wird die Kassette in den Recorder eingelegt,
so holen die Führungsstifte das Band aus
der Kassette heraus und bringen es mit
den Videoköpfen und Andruckrollen im
Recorder in Berührung.

TONWELLE

Die Andruckrolle drückt das Band gegen
die rotierende Tonwelle, damit das Band
von der Abspul- zur Aufwickelrolle
befördert wird.

ON- UND
TEUERKOPF
ieser Kopf ist für die
ufnahme und
Viedergabe des
challsignals sowie
ür das Synchroni-
ationssignal
uständig, das das
ild steuert. Beide
puren werden in
ängsschrift jeweils
m Rand des
Magnetbands
bgespeichert.

TONWELLE

STEUERSIGNAL

WICKELROLLE

FERNSEHEMPFÄNGER

Ein Fernsehgerät empfängt vom Fernsehsender oder Videorecorder ein Videosignal heraus. Es funktioniert wie eine Fernsehkamera, nur umgekehrt, um eine Abfolge von Stehbildern auf einem Bildschirm abzubilden. Dies geschieht durch Abtasten auf dieselbe Weise, in der eine Kameraröhre ein Bild in waagerechten Zeilen auf dem Bildschirm aufbaut. Beim Farbbild enthält jede Zeile eine Reihe von roten, grünen und blauen Streifen. Bei normaler Sehentfernung zum Fernseher können Zeilen und Streifen nicht ausgemacht werden. Die Augen lassen sie ineinander aufgehen und sehen ein scharfes Farbbild.

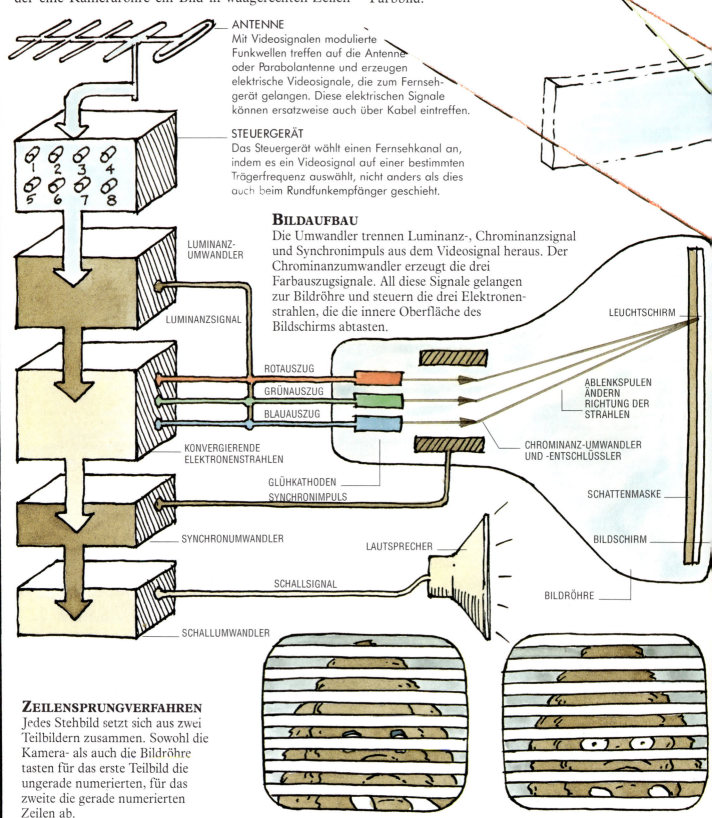

ANTENNE
Mit Videosignalen modulierte Funkwellen treffen auf die Antenne oder Parabolantenne und erzeugen elektrische Videosignale, die zum Fernsehgerät gelangen. Diese elektrischen Signale können ersatzweise auch über Kabel eintreffen.

STEUERGERÄT
Das Steuergerät wählt einen Fernsehkanal an, indem es ein Videosignal auf einer bestimmten Trägerfrequenz auswählt, nicht anders als dies auch beim Rundfunkempfänger geschieht.

BILDAUFBAU
Die Umwandler trennen Luminanz-, Chrominanzsignal und Synchronimpuls aus dem Videosignal heraus. Der Chrominanzumwandler erzeugt die drei Farbauszugsignale. All diese Signale gelangen zur Bildröhre und steuern die drei Elektronenstrahlen, die die innere Oberfläche des Bildschirms abtasten.

LUMINANZ-UMWANDLER

LUMINANZSIGNAL

ROTAUSZUG

GRÜNAUSZUG

BLAUAUSZUG

KONVERGIERENDE ELEKTRONENSTRAHLEN

GLÜHKATHODEN
SYNCHRONIMPULS

SYNCHRONUMWANDLER

LAUTSPRECHER

SCHALLSIGNAL

SCHALLUMWANDLER

LEUCHTSCHIRM

ABLENKSPULEN ÄNDERN RICHTUNG DER STRAHLEN

CHROMINANZ-UMWANDLER UND -ENTSCHLÜSSLER

SCHATTENMASKE

BILDSCHIRM

BILDRÖHRE

ZEILENSPRUNGVERFAHREN
Jedes Stehbild setzt sich aus zwei Teilbildern zusammen. Sowohl die Kamera- als auch die Bildröhre tasten für das erste Teilbild die ungerade numerierten, für das zweite die gerade numerierten Zeilen ab.

ERSTES ABTASTEN

ZWEITES ABTASTEN

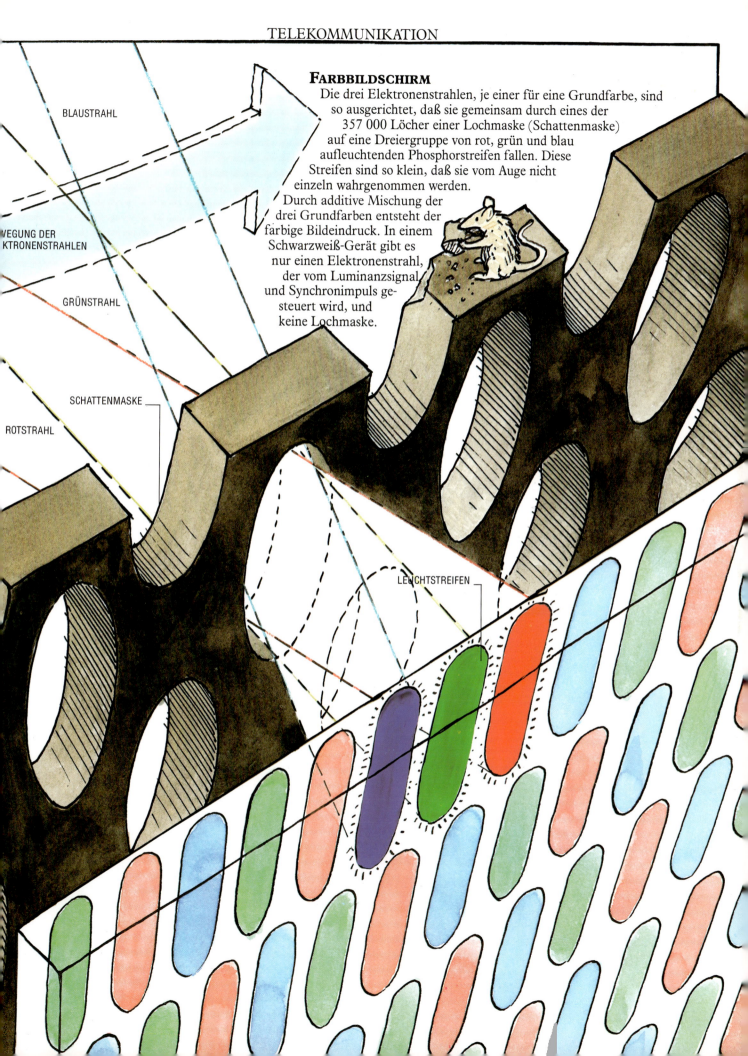

BLAUSTRAHL

WEGUNG DER
KTRONENSTRAHLEN

GRÜNSTRAHL

SCHATTENMASKE

ROTSTRAHL

LEUCHTSTREIFEN

FARBBILDSCHIRM

Die drei Elektronenstrahlen, je einer für eine Grundfarbe, sind so ausgerichtet, daß sie gemeinsam durch eines der 357 000 Löcher einer Lochmaske (Schattenmaske) auf eine Dreiergruppe von rot, grün und blau aufleuchtenden Phosphorstreifen fallen. Diese Streifen sind so klein, daß sie vom Auge nicht einzeln wahrgenommen werden. Durch additive Mischung der drei Grundfarben entsteht der farbige Bildeindruck. In einem Schwarzweiß-Gerät gibt es nur einen Elektronenstrahl, der vom Luminanzsignal und Synchronimpuls gesteuert wird, und keine Lochmaske.

SATELLITEN

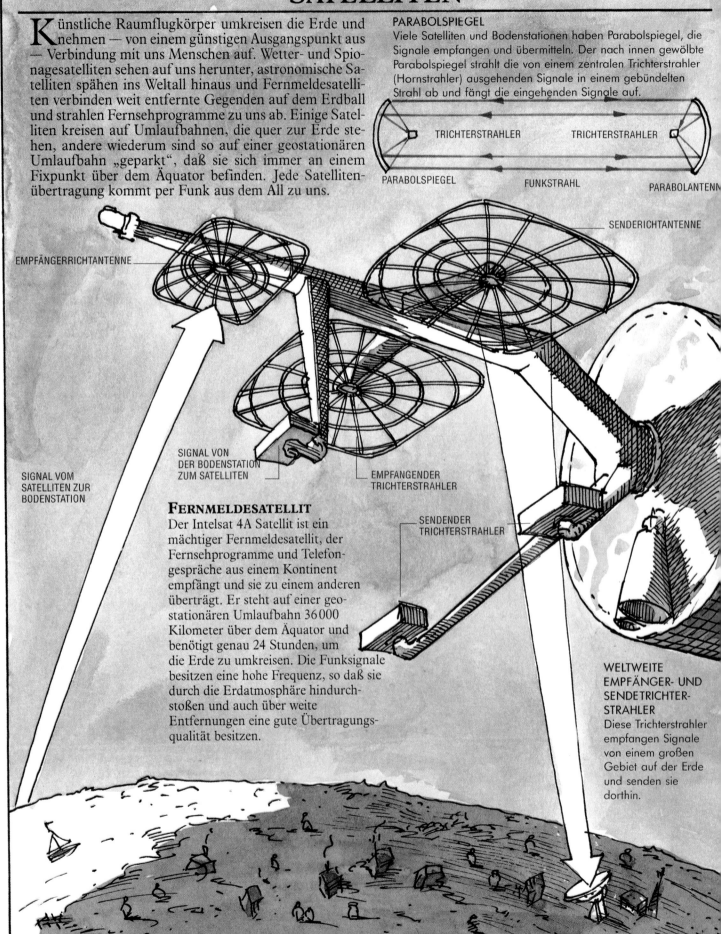

Künstliche Raumflugkörper umkreisen die Erde und nehmen — von einem günstigen Ausgangspunkt aus — Verbindung mit uns Menschen auf. Wetter- und Spionagesatelliten sehen auf uns herunter, astronomische Satelliten spähen ins Weltall hinaus und Fernmeldesatelliten verbinden weit entfernte Gegenden auf dem Erdball und strahlen Fernsehprogramme zu uns ab. Einige Satelliten kreisen auf Umlaufbahnen, die quer zur Erde stehen, andere wiederum sind so auf einer geostationären Umlaufbahn „geparkt", daß sie sich immer an einem Fixpunkt über dem Äquator befinden. Jede Satellitenübertragung kommt per Funk aus dem All zu uns.

PARABOLSPIEGEL
Viele Satelliten und Bodenstationen haben Parabolspiegel, die Signale empfangen und übermitteln. Der nach innen gewölbte Parabolspiegel strahlt die von einem zentralen Trichterstrahler (Hornstrahler) ausgehenden Signale in einem gebündelten Strahl ab und fängt die eingehenden Signale auf.

TRICHTERSTRAHLER   TRICHTERSTRAHLER

PARABOLSPIEGEL   FUNKSTRAHL   PARABOLANTENN

SENDERICHTANTENNE

EMPFÄNGERRICHTANTENNE

SIGNAL VON
DER BODENSTATION
ZUM SATELLITEN

SIGNAL VOM
SATELLITEN ZUR
BODENSTATION

EMPFANGENDER
TRICHTERSTRAHLER

SENDENDER
TRICHTERSTRAHLER

FERNMELDESATELLIT
Der Intelsat 4A Satellit ist ein mächtiger Fernmeldesatellit, der Fernsehprogramme und Telefongespräche aus einem Kontinent empfängt und sie zu einem anderen überträgt. Er steht auf einer geostationären Umlaufbahn 36 000 Kilometer über dem Äquator und benötigt genau 24 Stunden, um die Erde zu umkreisen. Die Funksignale besitzen eine hohe Frequenz, so daß sie durch die Erdatmosphäre hindurchstoßen und auch über weite Entfernungen eine gute Übertragungsqualität besitzen.

WELTWEITE EMPFÄNGER- UND SENDETRICHTERSTRAHLER
Diese Trichterstrahler empfangen Signale von einem großen Gebiet auf der Erde und senden sie dorthin.

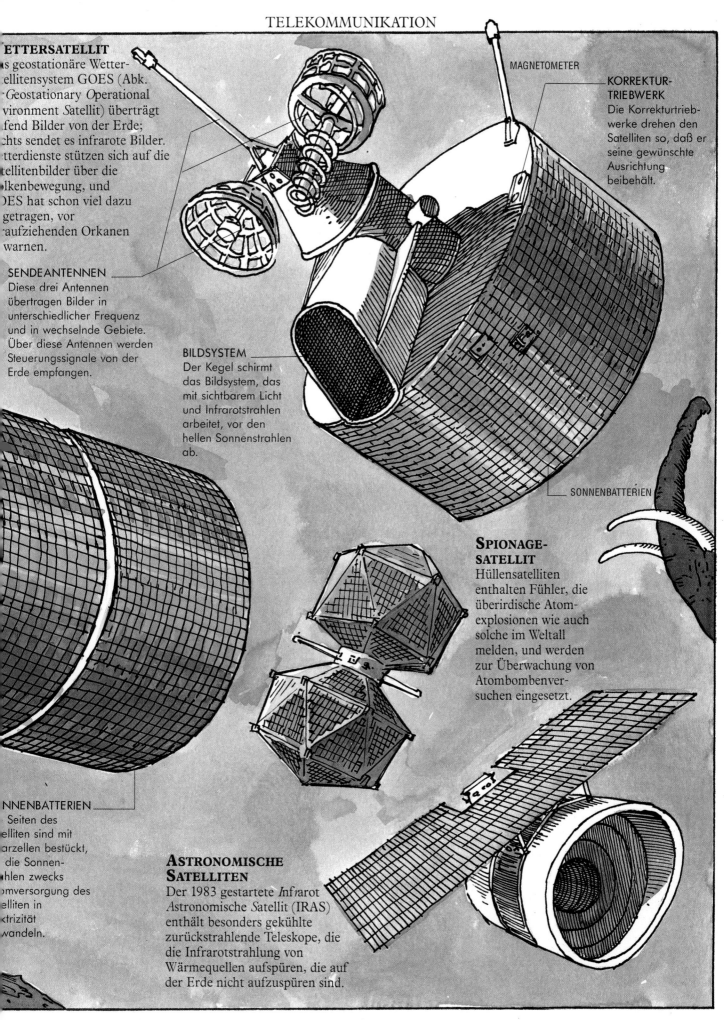

WETTERSATELLIT
Das geostationäre Wetter-
satellitensystem GOES (Abk.
für *Geostationary Operational
Environment Satellit*) überträgt
laufend Bilder von der Erde;
nachts sendet es infrarote Bilder.
Wetterdienste stützen sich auf die
Satellitenbilder über die
Wolkenbewegung, und
GOES hat schon viel dazu
beigetragen, vor
heraufziehenden Orkanen
zu warnen.

SENDEANTENNEN
Diese drei Antennen
übertragen Bilder in
unterschiedlicher Frequenz
und in wechselnde Gebiete.
Über diese Antennen werden
Steuerungssignale von der
Erde empfangen.

BILDSYSTEM
Der Kegel schirmt
das Bildsystem, das
mit sichtbarem Licht
und Infrarotstrahlen
arbeitet, vor den
hellen Sonnenstrahlen
ab.

MAGNETOMETER

**KORREKTUR-
TRIEBWERK**
Die Korrekturtrieb-
werke drehen den
Satelliten so, daß er
seine gewünschte
Ausrichtung
beibehält.

SONNENBATTERIEN

SONNENBATTERIEN
Die Seiten des
Satelliten sind mit
Solarzellen bestückt,
die die Sonnen-
strahlen zwecks
Stromversorgung des
Satelliten in
Elektrizität
verwandeln.

**SPIONAGE-
SATELLIT**
Hüllensatelliten
enthalten Fühler, die
überirdische Atom-
explosionen wie auch
solche im Weltall
melden, und werden
zur Überwachung von
Atombombenver-
suchen eingesetzt.

**ASTRONOMISCHE
SATELLITEN**
Der 1983 gestartete *Infrarot
Astronomische Satellit* (IRAS)
enthält besonders gekühlte
zurückstrahlende Teleskope, die
die Infrarotstrahlung von
Wärmequellen aufspüren, die auf
der Erde nicht aufzuspüren sind.

RADIOTELESKOP

Viele Objekte im Weltraum senden Funkwellen aus, und ein Radioteleskop dient zu deren Empfang. Ein großer gewölbter Metallspiegel fängt die Funkwellen auf und strahlt sie zu einem Brennpunkt über der Spiegelmitte ab, genauso wie der Hohlspiegel eines ▷ Teleskops die Lichtwellen aus dem All sammelt. Am Brennpunkt fängt eine Antenne die Funkwellen ein und wandelt sie in ein schwaches Elektrosignal um, das zu einem Computer gelangt. Radioteleskope können intensitätsschwache Strahlen empfangen und auch mit Raumschiffen Verbindung aufnehmen.

Beim Aufspüren der Radiofrequenzstrahlung von Galaxien und anderen Objekten im Weltraum haben Radioteleskope die Existenz vieler bis dahin unbekannter Körper entdeckt. Es ist möglich, sichtbare Bilder von Radioquellen zu erzeugen, indem man mit einem Einzelteleskop oder mit mehreren Teleskopen die Radioquelle abtastet. Dies ergibt eine Reihenfolge von Signalen aus unterschiedlichen Gebieten der Quelle, die ein Computer zu einem Bild verarbeiten kann. Unterschiede in der Frequenz des Signals geben Aufschluß über die Zusammenstellung und Bewegung der Radioquelle.

PARABOLSPIEGEL

EINTREFFENDE FUNKWELLEN

ANTENNE

SENKRECHTE SCHWENKACHSE

WAAGERECHTE SCHWENKACHSE

SCHWENKBARE TELESKOPE

Bei den meisten Radioteleskopen kann der Parabolspiegel so gekippt und gedreht werden, daß er sich auf jeden beliebigen Punkt am Himmel ausrichten läßt. Schwenkbare Teleskope dürfen keinen Spiegel haben, dessen Durchmesser größer als 100 Meter ist. Das Auflösungsvermögen eines Radioteleskops — die Anzahl an Details, die es aufspüren kann — hängt von seiner Größe ab; ein großes, schwenkbares Teleskop besitzt dasselbe Auflösungsvermögen wie das menschliche Auge. Um das Auflösungsvermögen zu erhöhen, nutzen Radioastronome Paare oder Anordnungen von einander weit entfernt liegenden Teleskopen und tragen ihre Signale zusammen. Erzielt wird dabei eine Auflösung, die einem Teleskop entspricht, dessen Durchmesser dem Ausmaß der Entfernungen innerhalb der Anordnung entspricht.

WELTRAUMTELESKOP

Das Weltraumteleskop von Hubble ist ein teils optisches Teleskop und teils ein Satellit. Es muß von einer Raumfähre aus in Umlauf gebracht werden und wird die Astronomie revolutionieren, da es außerhalb der Erdatmosphäre in Betrieb geht, die jede Beobachtung von der Erde aus behindert. Das Raumteleskop umkreist die Erde und beobachtet im völlig klaren Weltraum entfernte Sterne und Galaxien. Es späht siebenmal tiefer in den Weltraum hinein, als es von der Erde aus möglich ist, und kann sehr schwache Objekte aufspüren. Das Teleskop ist in der Lage, weit in die Zeit „zurückzusehen", indem es alte Lichtwellen der entferntesten Galaxien beobachtet. Darunter befinden sich womöglich Lichtwellen, die beim Urknall, bei dem die Welt entstand und der rund 18—20 Milliarden Jahre zurückliegt, erzeugt wurden.

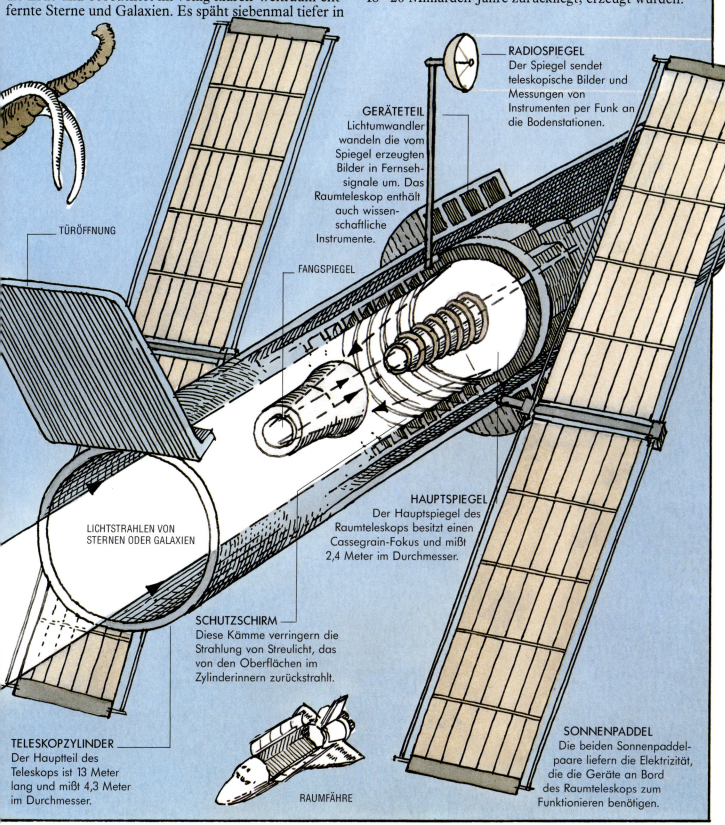

RADIOSPIEGEL
Der Spiegel sendet teleskopische Bilder und Messungen von Instrumenten per Funk an die Bodenstationen.

GERÄTETEIL
Lichtumwandler wandeln die vom Spiegel erzeugten Bilder in Fernsehsignale um. Das Raumteleskop enthält auch wissenschaftliche Instrumente.

TÜRÖFFNUNG

FANGSPIEGEL

LICHTSTRAHLEN VON STERNEN ODER GALAXIEN

HAUPTSPIEGEL
Der Hauptspiegel des Raumteleskops besitzt einen Cassegrain-Fokus und mißt 2,4 Meter im Durchmesser.

SCHUTZSCHIRM
Diese Kämme verringern die Strahlung von Streulicht, das von den Oberflächen im Zylinderinnern zurückstrahlt.

TELESKOPZYLINDER
Der Hauptteil des Teleskops ist 13 Meter lang und mißt 4,3 Meter im Durchmesser.

RAUMFÄHRE

SONNENPADDEL
Die beiden Sonnenpaddelpaare liefern die Elektrizität, die die Geräte an Bord des Raumteleskops zum Funktionieren benötigen.

RAUMSONDEN

Die äußerste Grenze der Funkverbindungen wird mit den Raumsonden erreicht, die uns detaillierte Bilder und Informationen von fast jedem Planeten im Sonnensystem gesendet haben. Diese Sonden haben auch viele der Monde inspiziert, die ferne Welten umkreisen, und eine ist bis ins Herz des Halleyschen Kometen geflogen.

Funkwellen, die mit Lichtgeschwindigkeit reisen, haben deren Entdeckungen zur Erde gebracht. Ihre Geschwindigkeit ist so enorm, daß ihre Signale aus den entferntesten Welten uns in nur wenigen Stunden erreichen. Diese Signale umfassen geologische und atmosphärische Daten, und Videosignale, die auf der Erde entschlüsselt werden können und Fernsehbilder ergeben. Die Signale sind jedoch sehr schwach, und mehrere Bodenstationen müssen ihre großen Spiegel auf eine Raumsonde richten, um sie aufzufangen. Die Stationen strahlen auch mächtige Steuerbefehle zur Raumsonde zurück. Computer können Fehler verbessern und Geräusche von den Signalen entfernen, um die Bilder zu verstärken, die uns sensationelle Bilder mit einigen der atemberaubendsten Ansichten des Weltalls liefern.

VIKING

Die beiden Viking-Raumsonden waren die erfolgreichsten Raumsonden, die jemals auf einem Planeten gelandet sind. Sie wurden im Jahr 1975 gestartet und umkreisten zuerst den Planeten Mars, um geeignete Landeplätze auszusuchen, und setzten dann fast ein Jahr nach dem Start auf der Oberfläche des „roten Planeten" weich auf. Beide Sonden fanden eine rostfarbene Wüste vor, die mit Steinen übersät war. Sie fuhren eine Schaufel aus, die Bodenproben vom Mars entnahm, die in der Sonde analysiert wurden.

Diese Proben wurden auf Zeichen eines organischen Lebens hin untersucht, doch ergaben sich keinerlei sichere Anzeichen für ein biologisches Leben auf Mars.

Andere Instrumente untersuchten die Luft und maßen die atmosphärischen Bedingungen auf Mars. Alle Informationen und Bilder wurden über die Radiospiegel zur Erde gefunkt. Einige gelangten auf direktem Weg zur Erde, andere wurden mit Hilfe der Orbiter der Raumsonde übertragen, die Mars umkreisten.

MAGNETOMETER-ARM

RADIOSPIEGEL

SEISMOMETER

ANTENNE

KAMERA

WETTERFÜHLER

KRAFTSTOFFTANK

BODENSCHAUFEL

BODENTESTVORRICHTUNG

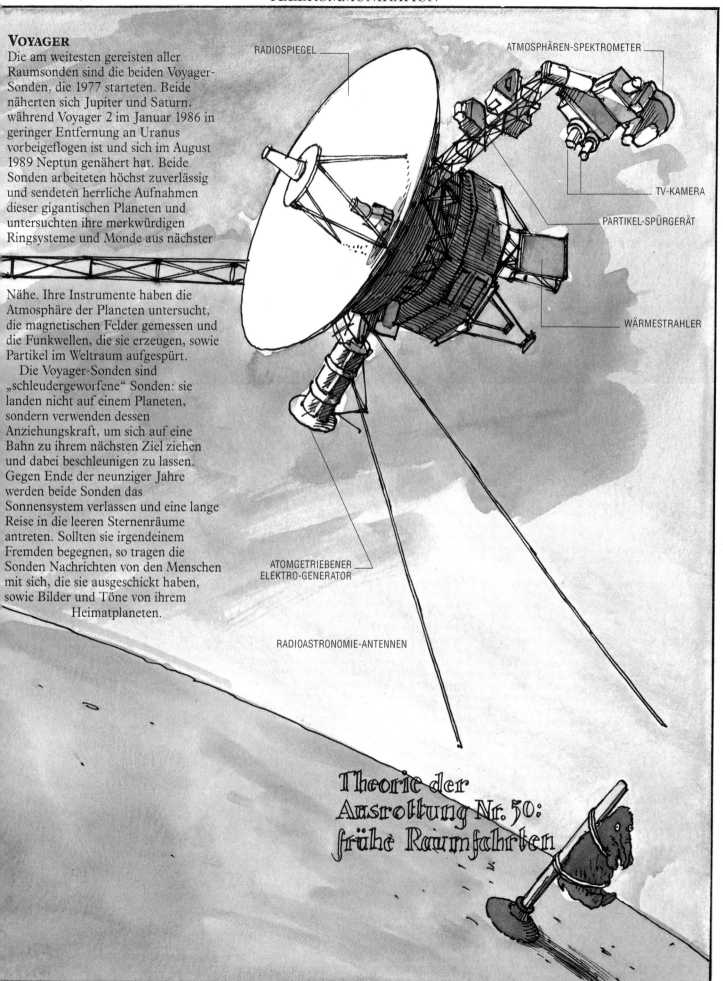

VOYAGER

Die am weitesten gereisten aller Raumsonden sind die beiden Voyager-Sonden, die 1977 starteten. Beide näherten sich Jupiter und Saturn, während Voyager 2 im Januar 1986 in geringer Entfernung an Uranus vorbeigeflogen ist und sich im August 1989 Neptun genähert hat. Beide Sonden arbeiteten höchst zuverlässig und sendeten herrliche Aufnahmen dieser gigantischen Planeten und untersuchten ihre merkwürdigen Ringsysteme und Monde aus nächster Nähe. Ihre Instrumente haben die Atmosphäre der Planeten untersucht, die magnetischen Felder gemessen und die Funkwellen, die sie erzeugen, sowie Partikel im Weltraum aufgespürt.

Die Voyager-Sonden sind „schleudergeworfene" Sonden: sie landen nicht auf einem Planeten, sondern verwenden dessen Anziehungskraft, um sich auf eine Bahn zu ihrem nächsten Ziel ziehen und dabei beschleunigen zu lassen. Gegen Ende der neunziger Jahre werden beide Sonden das Sonnensystem verlassen und eine lange Reise in die leeren Sternenräume antreten. Sollten sie irgendeinem Fremden begegnen, so tragen die Sonden Nachrichten von den Menschen mit sich, die sie ausgeschickt haben, sowie Bilder und Töne von ihrem Heimatplaneten.

RADIOSPIEGEL

ATMOSPHÄREN-SPEKTROMETER

TV-KAMERA

PARTIKEL-SPÜRGERÄT

WÄRMESTRAHLER

ATOMGETRIEBENER ELEKTRO-GENERATOR

RADIOASTRONOMIE-ANTENNEN

Theorie der Ausrottung Nr. 50: frühe Raumfahrten

DIE
ENTDECKUNG DES
MAGNETISCHEN
NORDPOLS

ELEKTRIZITÄT & AUTOMATISIERUNG

Inhalt

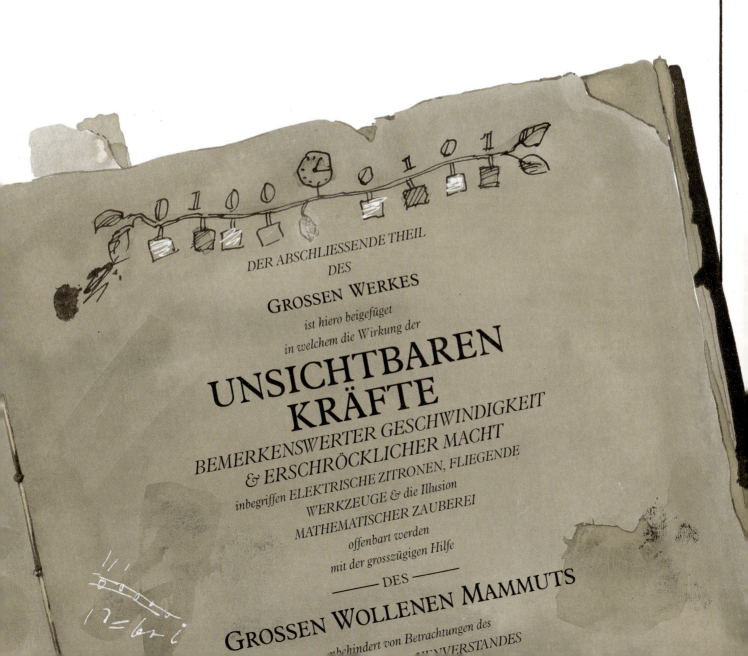

DER ABSCHLIESSENDE THEIL

DES

GROSSEN WERKES

ist hiero beigefüget

in welchem die Wirkung der

UNSICHTBAREN KRÄFTE

BEMERKENSWERTER GESCHWINDIGKEIT
& ERSCHRÖCKLICHER MACHT

inbegriffen ELEKTRISCHE ZITRONEN, FLIEGENDE
WERKZEUGE *& die Illusion*
MATHEMATISCHER ZAUBEREI

offenbart werden

mit der grosszügigen Hilfe

—— DES ——

GROSSEN WOLLENEN MAMMUTS

unbehindert von Betrachtungen des

...ENVERSTANDES

EINLEITUNG

DIE KRAFT HINTER DER ELEKTRIZITÄT stammt von den kleinsten Dingen, die die Wissenschaft kennt. Es sind die Elektronen, kleinste Teilchen in den Atomen, von denen jedes eine winzige elektrische Ladung trägt. Könnte man eine Million dieser Teilchen aufreihen, so wären sie kaum größer als der Kopf einer Stecknadel. Wenn ein elektrischer Strom durch einen Draht fließt, drängen diese Teilchen in unvorstellbar großer Zahl durch das Metall. In einem Strom von 1 Ampere, der ausreicht, um die Glühlampe einer Taschenlampe zum Leuchten zu bringen, durchlaufen 6 Millionen Millionen Millionen Elektronen jeden Punkt innerhalb einer Sekunde. Ein einzelnes Elektron bewegt sich relativ langsam, doch die Bewegung selbst wird mit Lichtgeschwindigkeit von einem Elektron zum andern übertragen.

Gehörte das 19. Jahrhundert den mechanischen Maschinen, so gehört das 20. den elektrisch betriebenen. Dies heißt aber nicht, daß die Zeit der mechanischen Maschinen abgelaufen wäre. Maschinen, die sich bewegen, werden immer zum Arbeiten eingesetzt werden, doch mehr und mehr werden sie von denkenden Maschinen gesteuert, die elektrisch betrieben werden.

EINSATZ DER ELEKTRONEN

Die Maschinen in diesem letzten Teil von MACAULAY'S MAMMUT-BUCH DER TECHNIK setzen die Elektrizität auf unterschiedlichste Weisen ein. In vielen elektrischen Maschinen sind bewegliche Elektronen und Magnetfelder eng miteinander verbunden. Sobald Elektronen beginnen, sich in einem Draht zu bewegen, erzeugen sie ein magnetisches Feld um sich herum. Warum sie dies tun, ist nicht so einfach zu erklären, aber die Tatsache, daß sie es tun, wird durch alle Maschinen bestätigt, die Elektromotoren verwenden, weil sie alle den Magnetismus benutzen. Dies tun ebenfalls die Elektrogeneratoren, die uns an erster Stelle mit Strom versorgen.

Elektronen erzeugen auch elektrische Felder, die dieselben Anziehungs- und Abstoßungseigenschaften besitzen wie Magnetfelder. Manche Maschinen auf den folgenden Seiten, wie der Fotokopierer

und der Luftionisator, funktionieren durch Verlagerung von Elektronen, so daß elektrische Anziehung und Abstoßung wirksam werden.

Weitere Maschinen, wie Rechner und Computer, nutzen Elektronen als Mittel der Informationsübertragung. Trotz aller Unterschiede sind die Gesetze, die den Stromfluß in diesen Maschinen bestimmen, stets dieselben. Für ihre Bewegung benötigen die Elektronen immer Energie. Sie bewegen sich stets in einer bestimmten Richtung (paradoxerweise von Negativ nach Positiv) und mit einer bestimmten Geschwindigkeit. Zudem erzeugen sie während ihrer Bewegung stets besondere Wirkungen. Eine dieser Wirkungen — das ist in Teil 2 dargestellt worden — ist die Wärme; Magnetismus ist eine andere.

ELEKTRIZITÄT UND BEWEGUNG

Zur Elektrizität als Energiequelle gibt es keine Alternative. Sie ist sauber, kann sofort an- und ausgeschaltet und leicht dorthin befördert werden, wo sie gebraucht wird.

Elektrische Maschinen, die Bewegungen erzeugen, sind außerordentlich verschieden. Auf den ersten Blick gibt es wenig Gemeinsamkeiten, zum Beispiel zwischen einer Quartz-Armbanduhr und einer Elektrolokomotive. Beide jedoch setzen die motorische Kraft ein, die von den magnetischen Wirkungen eines elektrischen Stroms erzeugt wird — wenn auch der Zug hunderttausendmal mehr Strom verbraucht als eine Armbanduhr.

Wie alle elektrischen Maschinen verbrauchen auch jene, die zur Erzeugung von Bewegungen Elektrizität aufnehmen, nur soviel an Energie, wie sie benötigen. Ein Elektromotor nimmt nur eine bestimmte Strommenge auf.

Dies bedeutet, daß eine Energiequelle viele Maschinen mit Strom versorgen kann, wobei jede Maschine nur den Strom abnimmt, den sie benötigt, und kein bißchen mehr.

ELEKTRIZITÄT FÜR SIGNALE

So wie die Energie in den Wellen Informationen befördern kann, so kann auch die Energie in Form der Elektrizität dies tun. Ähnlich den Licht- und Funkwellen kann auch die Elektrizität sich fast unmittelbar fortbewegen, so daß die Botschaft ihr Bestimmungsziel mit nur wenig oder gar keiner Verzögerung erreicht.

Maschinen wie Rechner und Computer, die die Elektrizität einsetzen, um Informationen zu übertragen, sind als elektronische Maschinen bekannt. Das heißt, daß sie mit Hilfe der Steuerung von Elektronenbewegungen funktionieren. Da Elektronen winzig sind, ist es möglich, die Bauelemente, die sie steuern, sehr klein zu halten. Die Bauelemente eines Computers können deshalb stark miniaturisiert und zu komplizierten Schaltkreisen zusammengebaut werden, die dem Computer seine außerordentlich vielfältigen Fähigkeiten verleihen. Auf einem einzigen Mikrochip kann der Stadtplan jeder Großstadt gespeichert werden — etwas, das so groß ist, daß man sich darin verlaufen kann. Und dies auf einem Gegenstand, der so klein ist, daß man ihn nur zu leicht verlieren kann!

MASCHINEN, DIE SICH SELBST STEUERN

Die überragende Bedeutung der elektrischen Signale liegt in der Steuerung von Maschinen — nicht allein dadurch, daß sie sie ein- und ausschalten, sondern indem sie ihnen Informationen und Befehle zukommen lassen, die ihre Arbeitsweise bestimmen.

Sensoren und Detektoren (Meßfühler) sind oft die Quelle dieser Steuersignale. Sie sind in der Lage, physische Gegenstände wie Metall oder Rauch wahrzunehmen, und können auch Quantitäten, wie etwa Geschwindigkeiten, messen. Elektrische Maschinen können, wenn man sie mit mächtigen Computern zusammenschaltet, zur Steuerung mechanischer Maschinen eingesetzt werden, und Informationen schneller, zuverlässiger und sorgfältiger verarbeiten, als Menschen dazu in der Lage sind.

Anhand einer Flugreise läßt sich zum Beispiel aufzeigen, wie viele Aufgaben Maschinen den Menschen bereits aus der Hand genommen haben. Bevor man noch ein Flugzeug betritt, hat ein Computer den Platz reserviert und vielleicht sogar den Flugschein gedruckt, während Scanner (Abtaster) das Gepäck kontrollieren. Obwohl ein Flugzeug an sich keine elektrische Maschine ist — auch ein Papierflieger kann fliegen —, so könnte es doch ohne Zufuhr von Elektrizität, mit deren Hilfe die Turbinen gestartet und die Bordinstrumente betrieben werden, nicht einmal abheben. In der Luft fliegt man als Passagier ruhig und sicher, weil elektrisch betriebene Radarwellen die Fluglotsen in die Lage versetzen, den Piloten zu führen. Und ans

Ziel gelangt man hauptsächlich deswegen, weil der Autopilot, die automatische Steuerung, das Flugzeug auf Kurs gehalten hat. Die Besatzung ist an computergesteuerten Flugsimulatoren ausgebildet worden, an denen sie gelernt hat, mit alltäglichen Situationen und Notfällen fertig zu werden. Sogar die Annehmlichkeiten des täglichen Lebens — Frischluft, Beleuchtung, Musik und Filme — gibt es ohne Elektrizität nicht.

Immer mehr Aspekte in unserem Lebensalltag beruhen irgendwie darauf, daß Milliarden von Elektronen durch zahllose Schalter in Maschinen fließen, die beinahe denken können. Ähnlich wie im letzten Jahrhundert, als die Entwicklung der mechanischen Maschinen keine Grenzen kannte, scheinen heutzutage der Entwicklung elektronischer Maschinen keine Grenzen gesetzt zu sein. Durch den Computer und den Roboter, die auf den letzten Seiten dieses Buches erforscht werden, bewegt sich die Menschheit auf die allerletzte Maschine hin — auf jene, die alles tut, was die Menschen von ihr verlangen.

ELEKTRIZITÄT

ÜBER DIE MAMMUT-ANZIEHUNG

*E*ines Tages stieß ich zufällig auf ein Mammut, dessen Haare hübsch gekämmt wurden. Bald war der Frisör soweit, daß er dem Besitzer seine Kreation zurückgeben konnte. Kaum hatte sich jedoch die perfekt gekämmte Kreatur auf die Straße gewagt, als ein Sammelsurium aus Abfällen, herrenloser Wäsche und streunenden Katzen sich in die Luft erhob und sich auf dem frisch gekämmten Haar des verblüfften Tiers rundherum in Sicherheit brachte. Es ist allgemein bekannt, daß ein gut geschniegeltes Individuum äußerst attraktiv ist, doch nie zuvor habe ich diese Tatsache so anschaulich illustriert gesehen.

STATISCHE ELEKTRIZITÄT

Alle Gegenstände bestehen aus Atomen, und in den Atomen gibt es noch kleinere Teilchen, die Elektronen heißen. Jedes Elektron trägt eine elektrische Ladung, die negativ und die hauptsächlichste Ursache für die Elektrizität ist.

Statische Elektrizität heißt so, weil daran Elektronen beteiligt sind, die eher von einem Ort zum nächsten bewegt werden, als daß sie in einem Strom fließen. In einem Körper, der nicht elektrostatisch geladen ist, besitzen sämtliche Atome ihre normale Anzahl Elektronen. Wenn nun einige der Elektronen — durch kräftiges Reiben oder Bürsten zum Beispiel — auf einen anderen Körper übertragen werden, so wird dieser andere Körper negativ geladen, während der Körper, der Elektronen abgibt, sich positiv auflädt. Um jeden Körper herum entsteht ein elektrisches Feld.

Ungleiche Ladungen ziehen sich stets an, gleiche Ladungen stoßen sich stets ab. Das ist der Grund dafür, daß das Mammut nach dem Kämmen mit Müll behängt ist wie ein Weihnachtsbaum mit Lametta, und daß ein Kamm, den man über ein Stück Stoff reibt, Papierfetzen anzieht. Durch Reiben oder Kämmen erzeugt man eine Ladung und deshalb ein elektrisches Feld. Dieses Feld wirkt auf Gegenstände in der Umgebung, erzeugt eine ungleiche Ladung in ihnen, und ungleiche Ladungen ziehen sich an.

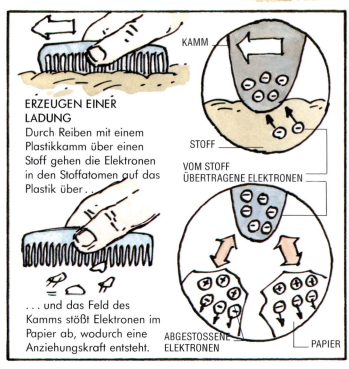

ERZEUGEN EINER LADUNG
Durch Reiben mit einem Plastikkamm über einen Stoff gehen die Elektronen in den Stoffatomen auf das Plastik über . . .

. . . und das Feld des Kamms stößt Elektronen im Papier ab, wodurch eine Anziehungskraft entsteht.

KAMM

STOFF

VOM STOFF ÜBERTRAGENE ELEKTRONEN

ABGESTOSSENE ELEKTRONEN

PAPIER

ÜBER MAMMUT-ZITRONEN

Zur Erntezeit besichtigte ich einen Obstgarten, der seiner ungewöhnlich großen Zitronen wegen geradezu gerühmt wurde. Mit beträchtlicher Bewunderung beobachtete ich, wie Mannschaften, bestehend aus einem Mammut und einem Mann, peinlich genau die Reihen abgrasten, um die reifen Früchte zu ernten. Besonders erkleckliche Exemplare aber wurden von Mammut und Mann zugleich mit Lanzen harpuniert. Die Mammuts waren mit altmodischen, schweren Kupferlanzen ausgerüstet, und ihre Reiter mit solchen aus Zink — eine leichtgewichtige Ausführung meines ersten Entwurfs. Während meines Besuchs beklagten sich die Reiter darüber, daß sie kräftige Schläge erlitten, die sie irgendwie mit ihren neuen Lanzen in Verbindung brachten. Ich konnte jedoch keinen Zusammenhang erkennen, mußte aber zugeben, daß die Luft irgendwie elektrisch aufgeladen war.

STROMLEITUNG

Eine Stromleitung wird von Elektronen erzeugt, die sich bewegen. Im Gegensatz zur statischen Elektrizität kann es eine Stromleitung nur in einem Leiter geben — das ist ein Material, wie zum Beispiel die Metalle, in dem frei bewegliche Elektronen die Stromleitung bewirken.

Damit Elektronen sich bewegen, ist eine Energiequelle vonnöten. Diese Energie kann in Form von Licht, Wärme oder Druck zugeführt werden, oder sie kann aus einer chemischen Reaktion stammen. Chemische Energie ist die Energiequelle in einem batteriebetriebenen Stromkreislauf. Mammut und Reiter leiden unter elektrischen Stromschlägen, weil sie ungewollt einen solchen Kreislauf bilden. Zitronen enthalten Säure, die mit dem Zink und Kupfer der Lanzen reagiert. Atome in der Säure übernehmen Elektronen aus den Kupferatomen und übertragen sie auf die Zinkatome. Die Elektronen fließen nun zwischen den beiden durch die Zitronensäure verbundenen Materialien zu den beiden Lanzen aus Metall. Die Lanze aus Zink, die negativ geladene Elektronen abgibt, ist der negative Pol der Zitronenbatterie. Die Lanze aus Kupfer, die Elektronen aufnimmt, ist der positive Pol. Wenn auch gewöhnliche Zitronen nicht genügend Elektronen für einen starken Strom liefern können, so erbringen die Riesenzitronen genug, um einen kleinen Stromschlag zu erzeugen.

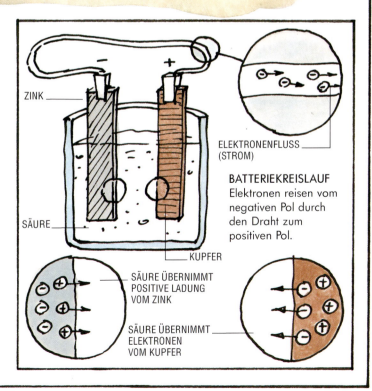

ZINK

ELEKTRONENFLUSS (STROM)

SÄURE

BATTERIEKREISLAUF
Elektronen reisen vom negativen Pol durch den Draht zum positiven Pol.

KUPFER

SÄURE ÜBERNIMMT POSITIVE LADUNG VOM ZINK

SÄURE ÜBERNIMMT ELEKTRONEN VOM KUPFER

DOKUMENT

SPIEGEL

OBJEKTIV

TONERBÜRSTEN TRAGEN TONER AUF
KOPIERTROMMEL AUF

STREIFEN VOM DOKUMENT

KOPIERTROMMEL

TROMMELLADER

REINIGER

ERSTE LÖSCHLAMPE
Diese Lampe entfernt
die Ladung von der
Kopiertrommel.

LADUNGSAUFSPRÜHER
Dieser Ladungsaufsprüher trägt eine
negative Ladung auf das Kopier-
papier auf, damit es die
Tonerteilchen anzieht.

ZWEITE LÖSCHLAMPE
Diese Lampe entfernt die
Ladung von der Kopier-
trommel, nachdem
der Toner auf das
Papier gelangt
ist.

[280]

DAS KOPIERGERÄT

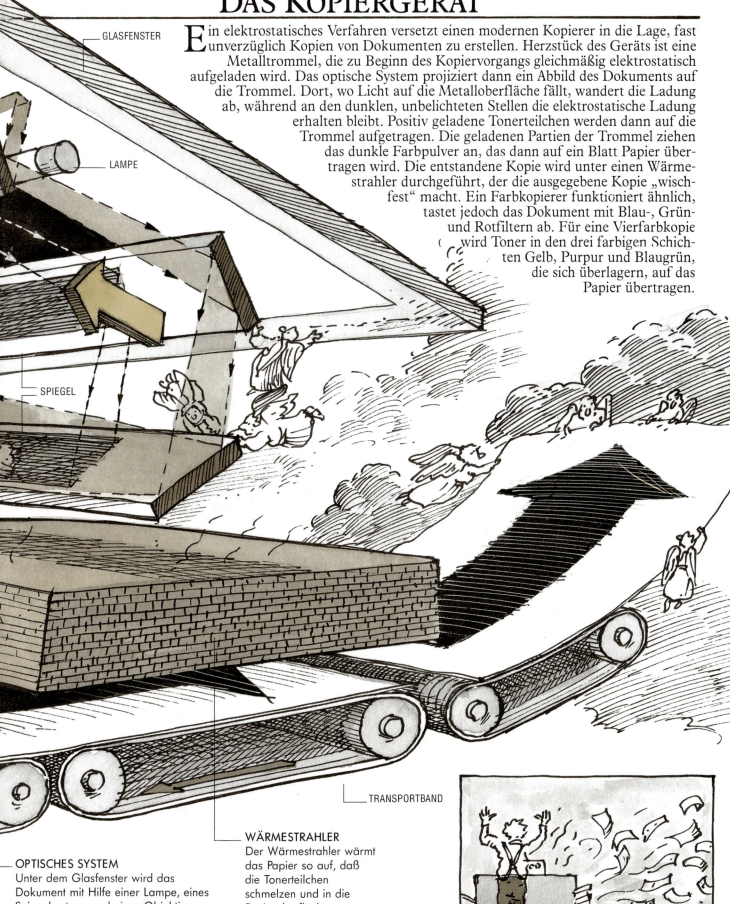

E in elektrostatisches Verfahren versetzt einen modernen Kopierer in die Lage, fast unverzüglich Kopien von Dokumenten zu erstellen. Herzstück des Geräts ist eine Metalltrommel, die zu Beginn des Kopiervorgangs gleichmäßig elektrostatisch aufgeladen wird. Das optische System projiziert dann ein Abbild des Dokuments auf die Trommel. Dort, wo Licht auf die Metalloberfläche fällt, wandert die Ladung ab, während an den dunklen, unbelichteten Stellen die elektrostatische Ladung erhalten bleibt. Positiv geladene Tonerteilchen werden dann auf die Trommel aufgetragen. Die geladenen Partien der Trommel ziehen das dunkle Farbpulver an, das dann auf ein Blatt Papier übertragen wird. Die entstandene Kopie wird unter einen Wärmestrahler durchgeführt, der die ausgegebene Kopie „wischfest" macht. Ein Farbkopierer funktioniert ähnlich, tastet jedoch das Dokument mit Blau-, Grün- und Rotfiltern ab. Für eine Vierfarbkopie wird Toner in den drei farbigen Schichten Gelb, Purpur und Blaugrün, die sich überlagern, auf das Papier übertragen.

GLASFENSTER

LAMPE

SPIEGEL

TRANSPORTBAND

WÄRMESTRAHLER
Der Wärmestrahler wärmt das Papier so auf, daß die Tonerteilchen schmelzen und in die Papieroberfläche eingebrannt werden.

OPTISCHES SYSTEM
Unter dem Glasfenster wird das Dokument mit Hilfe einer Lampe, eines Spiegelsystems und eines Objektivs Streifen für Streifen abgetastet und auf die rotierende Trommel projiziert. Geeignete optische Systeme vergrößern oder verkleinern eventuell dieses Bild.

LUFTREINIGER

Der wirksamste Luftreinigertyp verwendet einen elektrostatischen Ausfällapparat, um sehr kleine Teilchen, wie Zigarettenrauch und Pollen, aus der Luft im Raum herauszufiltern. Der Ausfällapparat gibt eine positive Ladung an die Teilchen in der Luft ab und fängt sie anschließend in einem negativ geladenen Gitter ein. Eventuell enthält der Luftreiniger noch Filter, um Staub und Gerüche zu entfernen, und einen Ionisator, der negative Ionen an die gereinigte Luft abgibt.

VORFILTER
Ein Netzwerk im Vorfilter entfernt größere Staub- und Schmutzteilchen aus der angesaugten Luft.

ELEKTROSTATISCHER AUSFÄLLAPPARAT
An die beiden Gitter werden ungleiche Hochspannungsladungen angelegt. Das erste Gitter verleiht den in der Luft verbliebenen Teilchen eine positive Ladung, und das negativ geladene Gitter zieht sie an.

SCHMUTZIGE LUFT

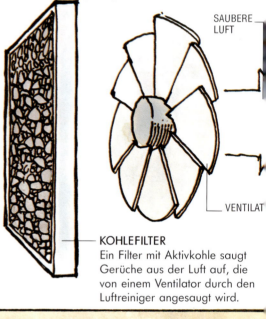

SAUBERE LUFT

VENTILAT

KOHLEFILTER
Ein Filter mit Aktivkohle saugt Gerüche aus der Luft auf, die von einem Ventilator durch den Luftreiniger angesaugt wird.

BLITZABLEITER

LADUNG BAUT SICH AUF
Ein Gewitter erzeugt Felder mit stark negativer elektrischer Ladung im Wolkensockel. Diese Ladungen führen zur Bildung stark positiver Ladungen in der Erde.

NEGATIVE LADUNG IM WOLKENSOCKEL

POSITIVE LADUNG IN DER ERDE

BLITZSCHLAG
Das sehr starke elektrische Feld erzeugt in der Luft Ionen und freie Elektronen. Die Luft kann daher Elektrizität leiten, und ein Blitz fährt durch sie hindurch.

IONISATOR

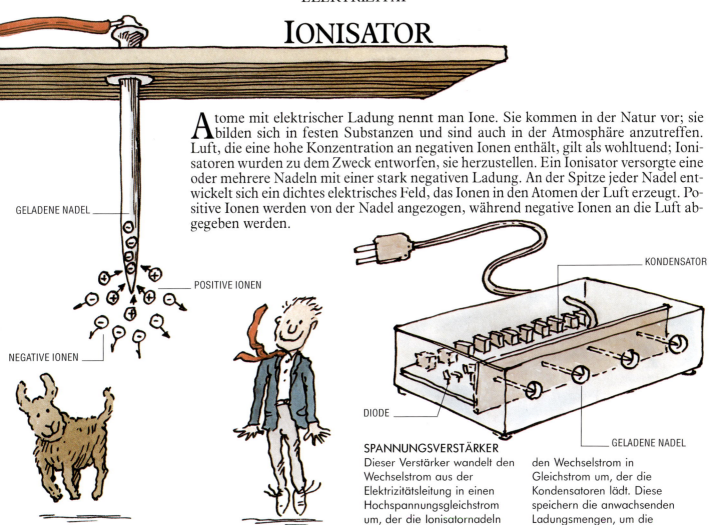

Atome mit elektrischer Ladung nennt man Ione. Sie kommen in der Natur vor; sie bilden sich in festen Substanzen und sind auch in der Atmosphäre anzutreffen. Luft, die eine hohe Konzentration an negativen Ionen enthält, gilt als wohltuend; Ionisatoren wurden zu dem Zweck entworfen, sie herzustellen. Ein Ionisator versorgte eine oder mehrere Nadeln mit einer stark negativen Ladung. An der Spitze jeder Nadel entwickelt sich ein dichtes elektrisches Feld, das Ionen in den Atomen der Luft erzeugt. Positive Ionen werden von der Nadel angezogen, während negative Ionen an die Luft abgegeben werden.

GELADENE NADEL

POSITIVE IONEN

NEGATIVE IONEN

KONDENSATOR

DIODE

GELADENE NADEL

SPANNUNGSVERSTÄRKER
Dieser Verstärker wandelt den Wechselstrom aus der Elektrizitätsleitung in einen Hochspannungsgleichstrom um, der die Ionisatornadeln auflädt: die Dioden wandeln den Wechselstrom in Gleichstrom um, der die Kondensatoren lädt. Diese speichern die anwachsenden Ladungsmengen, um die Spannung zu erhöhen.

VERRINGERN DER LADUNG
Ein Blitzableiter schützt vor Blitzeinschlag. Starke positive Ladungen an der Spitze des Blitzableiters erzeugen positive Ionen, die aufwärts fliegen, um die negative Ladung in der Gewitterwolke zu verringern, während überschüssige negative Ladung nach unten angezogen wird.

BLITZABLEITER

ELEKTRONEN TRETEN IN DIE ERDE EIN

ABLEITEN DER LADUNG IN DIE ERDE
Wenn ein Blitz einschlägt, so ist er bestrebt, dem Ionenweg zu folgen und trifft daher den Blitzableiter. Der mächtige Strom wird vom Blitzableiter aufgefangen und über eine Kabelleitung in die Erde abgeleitet, ohne daß am Haus ein Schaden entsteht.

ANTISTATIKPISTOLE

PIEZOELEKTRIZITÄT

Beansprucht man bestimmte Kristalle und keramische Materialien auf Druck, so können sie sich elektrisch positiv und negativ aufladen. Diese Erscheinung nennt man Piezoelektrizität. Sie wird in verschiedenen elektrischen Geräten eingesetzt, darunter in der Antistatikpistole und der Quarzuhr.

In vielen Substanzen sind die Atome in Form von Ionen vorhanden, die von ihrer elektrischen Ladung sehr eng zu-sammengehalten werden. Quarz zum Beispiel besitzt positive Siliziumionen und negative Sauerstoffionen. Beansprucht man einen Quarzkristall auf Druck, so bewegen sich seine negativen Ionen auf die eine, seine positiven auf die andere Kristallseite. Die gegenüberliegenden Seiten entwickeln negative und positive Ladungen. Das Umgekehrte kann auch eintreten: Legt man ein elektrisches Signal an einen Kristall an, so schwingt er mit präziser, natürlicher Frequenz.

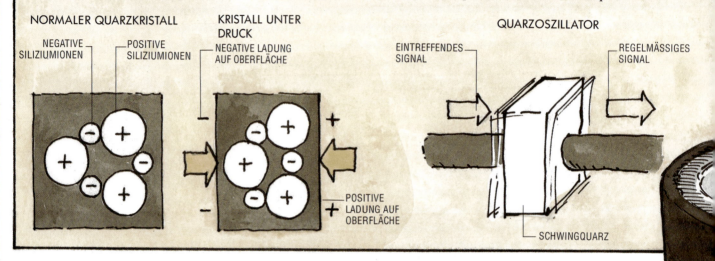

NORMALER QUARZKRISTALL

NEGATIVE SILIZIUMIONEN
POSITIVE SILIZIUMIONEN

KRISTALL UNTER DRUCK
NEGATIVE LADUNG AUF OBERFLÄCHE

POSITIVE LADUNG AUF OBERFLÄCHE

QUARZOSZILLATOR

EINTREFFENDES SIGNAL
REGELMÄSSIGES SIGNAL

SCHWINGQUARZ

Berührt man eine Schall-platte aus Kunststoff, so baut sich auf der Oberfläche eine negative elektrostatische Ladung auf. Diese Ladung zieht Staubteilchen an, die sich in den Plattenrillen ablagern und sie verkleben.

Indem diese Ladung mit einer Antistatikpistole neutralisiert wird, kann die Platte staubfrei gehalten werden. Beim Ziehen des Abzugs versprüht eine Nadel einen Strom positiver Ionen. Diese werden von einer positiven Hochspannung erzeugt und von piezoelektrischen Keramikelementen, die mit dem Abzug verbunden sind, zur Nadel geführt.

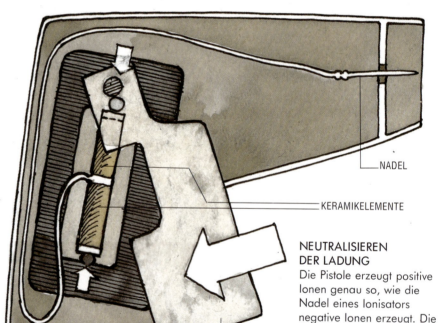

NADEL

KERAMIKELEMENTE

NEUTRALISIEREN DER LADUNG

Die Pistole erzeugt positive Ionen genau so, wie die Nadel eines Ionisators negative Ionen erzeugt. Die Ionen werden von der negativen Ladung auf der Platte angezogen, die dadurch neutralisiert wird.

ABZUG

Wir sind doch gar nicht geladen!

DIE QUARZUHR

Die Piezoelektrizität liefert eine einfache Methode für eine genaue Zeitmessung. Viele Uhren enthalten einen Quarzkristall-Oszillator, der die Zeiger oder die Leuchtanzeige steuert. Energie von einer kleinen Batterie bringt den Kristall zum Schwingen, der dann mit sehr genauem Takt oder genauer Frequenz Impulse abgibt. Ein Mikrochip verringert diesen Takt zu einem Impuls pro Sekunde, und dieses Signal steuert den Motor, der die Uhrenzeiger bewegt oder die Leuchtanzeige in Betrieb setzt.

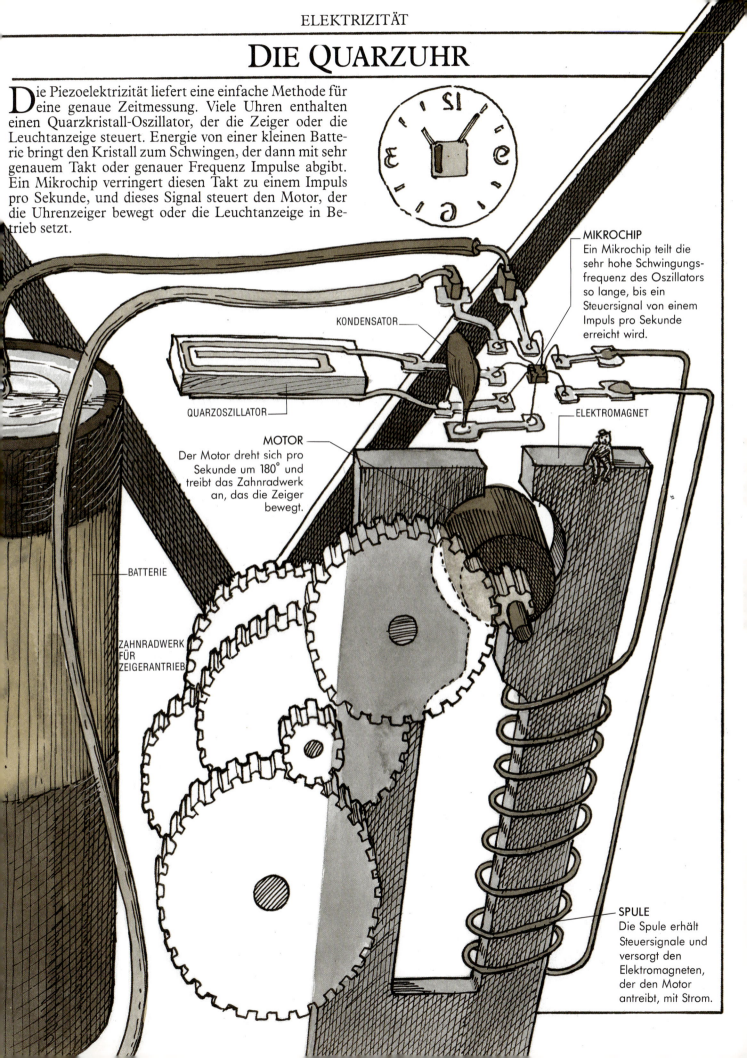

MIKROCHIP
Ein Mikrochip teilt die sehr hohe Schwingungsfrequenz des Oszillators so lange, bis ein Steuersignal von einem Impuls pro Sekunde erreicht wird.

KONDENSATOR

QUARZOSZILLATOR

ELEKTROMAGNET

MOTOR
Der Motor dreht sich pro Sekunde um 180° und treibt das Zahnradwerk an, das die Zeiger bewegt.

BATTERIE

ZAHNRADWERK FÜR ZEIGERANTRIEB

SPULE
Die Spule erhält Steuersignale und versorgt den Elektromagneten, der den Motor antreibt, mit Strom.

DER STROMKARREN

Weil die Elektrizität unsichtbar bleibt, während sie fließt, ist sie einfacher zu begreifen, wenn man sie mit etwas anderem vergleicht. Die Maschine auf dieser Seite ist das wasserbetriebene Gegenstück zum elektrischen Stromkreis. Statt der Elektronen im Stromkreis zirkuliert hier Wasser und liefert die Antriebsenergie. Jeder Teil des Karrens hat ein Gegenstück in dem einfachen Stromkreis auf der gegenüberliegenden Seite.

SCHLEUSENTOR
Durch Öffnen des Schleusentors erhöht man den Wasserdurchfluß, so daß mehr Wasser auf das Wasserrad fällt und die Maschine beschleunigt wird. Dies ist das Gegenstück zum Widerstand der Glühlampe im Stromkreis. Setzt man eine größere Lampe ein, so besitzt sie weniger Widerstand, und mehr Strom fließt hindurch.

WASSERKANAL
Die Wassermenge, die durch den Kanal fließt, entspricht dem Strom. Sie ändert sich mit der Höhe des Wasserhebers (der Spannung) und der Stellung des Schleusentors (des Widerstands).

WASSERHEBER
Der Wasserheber, der dem Wasser die Kraft gibt, zur Wanne am Sockel des Karrens zurückzufließen, ist das Gegenstück zur Batterie. Dabei entspricht die Kurbel dem negativen Pol, der Elektronen mit so ausreichender Stärke ausschickt, daß sie den ganzen Kreis durchlaufen und die Birne zum Leuchten bringen können. Die Höhe des Wasserhebers entspricht der Spannung.

WANNE
Das Wasser fließt in die Wanne zurück und hat dort seine gesamte Energie verloren. Dies entspricht dem positiven Pol der Batterie: die Elektronen kehren zu ihrer Quelle zurück, nachdem sie den Stromkreis einmal durchlaufen haben.

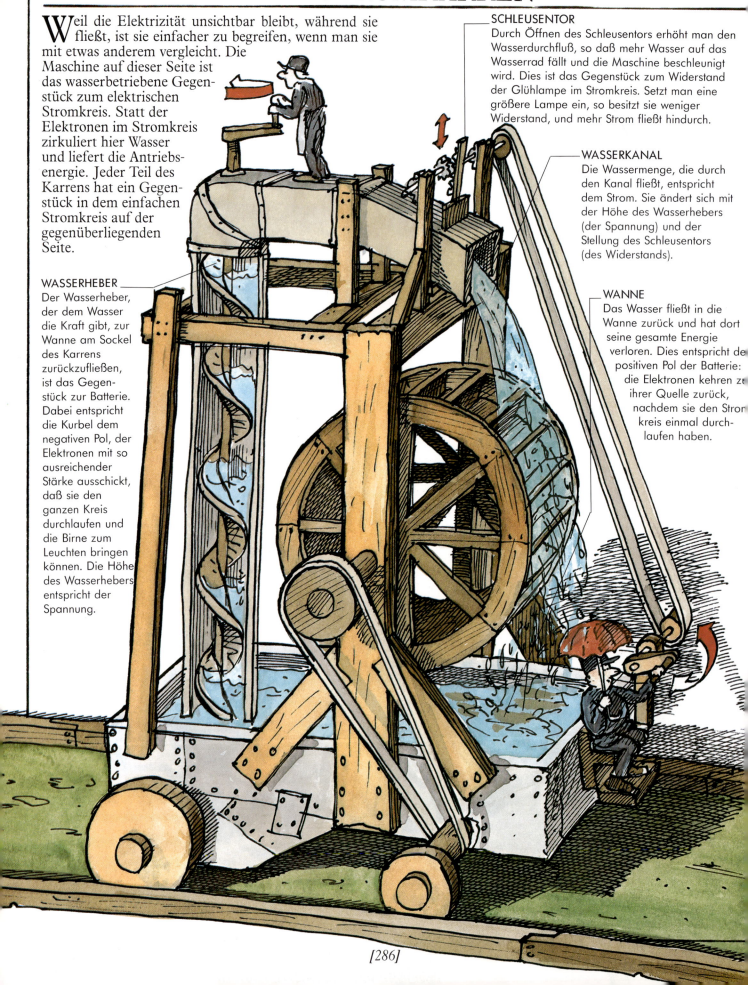

DER STROMKREIS

Alle Geräte und Maschinen, die mit elektrischem Strom betrieben werden, enthalten einen Stromkreis. Eine Elektrizitätsquelle, gewöhnlich eine Batterie oder ein Generator, treibt Elektronen durch einen Draht zu jenem Teil der Maschine, der die Energie liefert oder freisetzt. Die Elektronen kehren dann durch einen Draht zur Quelle zurück und vollenden den Stromkreislauf. Die Quelle erzeugt eine bestimmte Voltzahl — eine Maßeinheit für die elektrische Kraft, die die Elektronen auf den Rundkurs schickt. Der Strom — die Elektrizitätsmenge, bei — wird in Ampere gemessen. Der Arbeitsteil des Stromkreises besitzt einen Widerstand, der in Ohm gemessen wird.

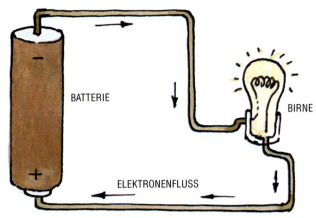

BATTERIE

BIRNE

ELEKTRONENFLUSS

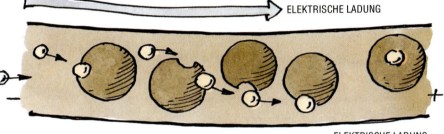

EINBAHNSTROM

FREIE ELEKTRONEN GEHEN VON EINEM ATOM ZUM NÄCHSTEN

METALLATOM

ELEKTRONEN VON DER QUELLE

ELEKTRISCHE LADUNG

GLEICHSTROM

Der elektrische Strom, der von einer Batterie oder Solarzelle zeitlich konstant kommt, ist Gleichstrom. Die Elektronen fließen vom negativen Pol der Quelle zum positiven Pol in eine Richtung. Obwohl einzelne Elektronen sich sehr langsam bewegen, bewegt sich die elektrische Ladung sehr viel schneller. Der Grund: Ankommende Elektronen stoßen mit freien Elektronen in den Metallatomen zusammen, wodurch ein Atom freigesetzt wird und mit dem nächsten zusammenstößt. Wie bei rangierenden Güterwagen setzt sich die Verschiebung in den Elektronen sehr schnell in dem Draht fort, weshalb die elektrische Ladung sich sehr schnell bewegt.

ELEKTRISCHE LADUNG

ZWEIBAHNSTROM

ELEKTRISCHE LADUNG

WECHSELSTROM

Das Stromnetz liefert gewöhnlich keinen Gleich-, sondern Wechselstrom. Hierbei bewegen sich die Elektronen 50mal pro Sekunde hin und her, so daß die Pole der Stromversorgung wiederholt vom Positiven zum Negativen wechseln, und umgekehrt. Dies hat keinen Einfluß auf eine Glühlampe, die aufleuchtet, wenn der Strom in beide Richtungen fließt.

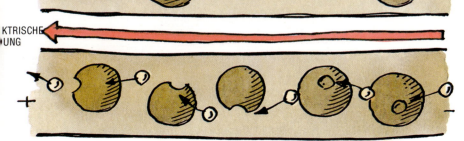

ELEKTRISCHE LADUNG

BATTERIEN

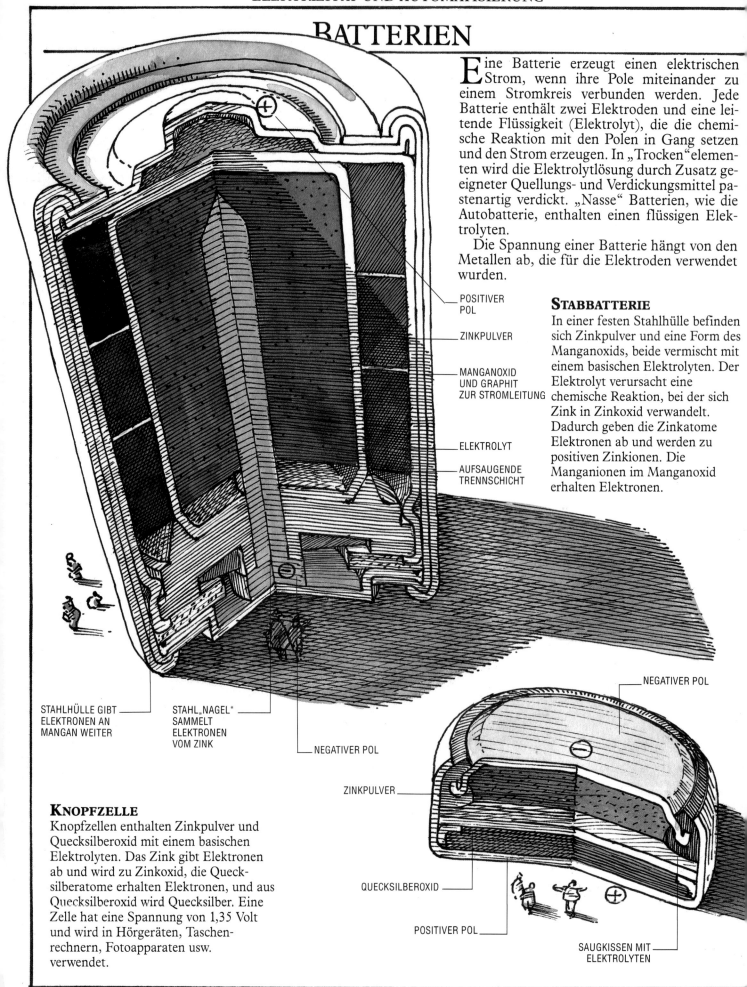

Eine Batterie erzeugt einen elektrischen Strom, wenn ihre Pole miteinander zu einem Stromkreis verbunden werden. Jede Batterie enthält zwei Elektroden und eine leitende Flüssigkeit (Elektrolyt), die die chemische Reaktion mit den Polen in Gang setzen und den Strom erzeugen. In „Trocken"elementen wird die Elektrolytlösung durch Zusatz geeigneter Quellungs- und Verdickungsmittel pastenartig verdickt. „Nasse" Batterien, wie die Autobatterie, enthalten einen flüssigen Elektrolyten.

Die Spannung einer Batterie hängt von den Metallen ab, die für die Elektroden verwendet wurden.

STABBATTERIE

In einer festen Stahlhülle befinden sich Zinkpulver und eine Form des Manganoxids, beide vermischt mit einem basischen Elektrolyten. Der Elektrolyt verursacht eine chemische Reaktion, bei der sich Zink in Zinkoxid verwandelt. Dadurch geben die Zinkatome Elektronen ab und werden zu positiven Zinkionen. Die Manganionen im Manganoxid erhalten Elektronen.

POSITIVER POL

ZINKPULVER

MANGANOXID UND GRAPHIT ZUR STROMLEITUNG

ELEKTROLYT

AUFSAUGENDE TRENNSCHICHT

STAHLHÜLLE GIBT ELEKTRONEN AN MANGAN WEITER

STAHL „NAGEL" SAMMELT ELEKTRONEN VOM ZINK

NEGATIVER POL

NEGATIVER POL

ZINKPULVER

QUECKSILBEROXID

POSITIVER POL

SAUGKISSEN MIT ELEKTROLYTEN

KNOPFZELLE

Knopfzellen enthalten Zinkpulver und Quecksilberoxid mit einem basischen Elektrolyten. Das Zink gibt Elektronen ab und wird zu Zinkoxid, die Quecksilberatome erhalten Elektronen, und aus Quecksilberoxid wird Quecksilber. Eine Zelle hat eine Spannung von 1,35 Volt und wird in Hörgeräten, Taschenrechnern, Fotoapparaten usw. verwendet.

AUTOBATTERIE

Braucht man höhere Spannungen, als eine normale Trocken-batterie liefern kann, so schaltet man mehrere Zellen in Reihe hintereinander: man erhält eine Batterie. Eine Autobatterie versorgt den Anlasser mit dem starken Strom, den er braucht, um den Motor zu starten. Läuft der Motor, so dreht sich ein Stromgenerator (Lichtmaschine) mit, der Strom an die Batterie abgibt, um sie wieder aufzuladen.

Eine Autobatterie enthält Bleioxid- und Bleiplatten, die in verdünnte Schwefelsäure (Elektrolyt) getaucht sind. Erzeugt die Batterie Strom, so bildet sich an beiden Platten Bleisulfat, das beim Ladevorgang wieder zurückgewandelt wird.

ELEKTRONENFLUSS WÄHREND ENTLADUNG

ELEKTRONENFLUSS WÄHREND AUFLADUNG

SCHWEFELSÄURE

BLEIOXID

BLEIMETALL

BLEISULFAT

BLEISULFAT

SCHWEFELSÄURE

TRENNWAND

NEGATIVER POL

ZELLE 1   ZELLE 2   ZELLE 3   ZELLE 4   ZELLE 5   ZELLE 6

AUTOTEMPERATURMESSER

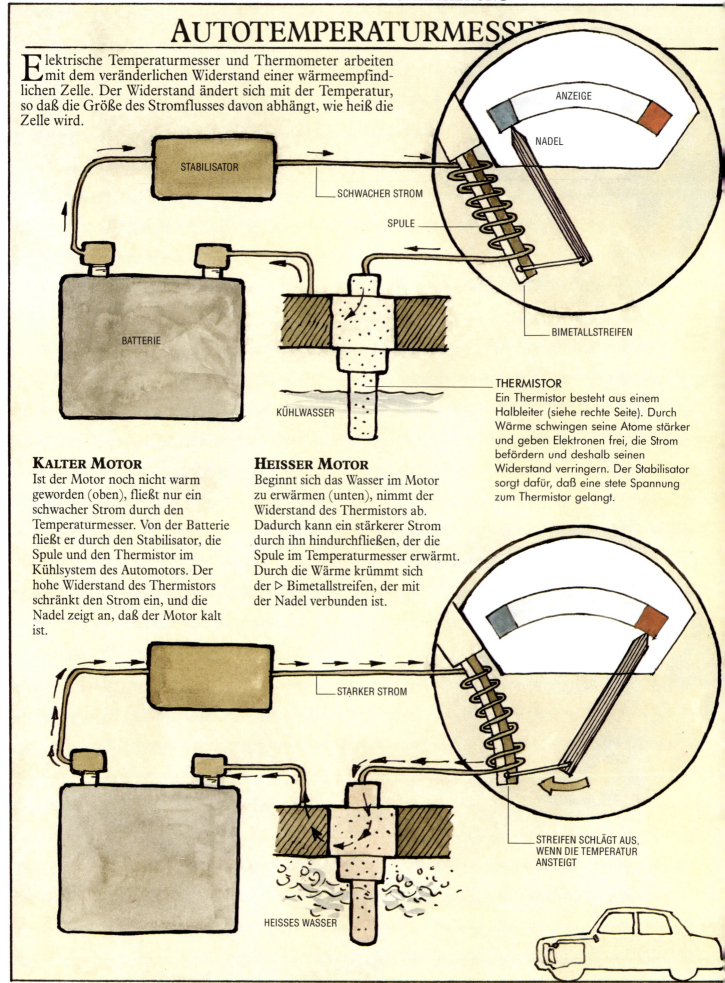

Elektrische Temperaturmesser und Thermometer arbeiten mit dem veränderlichen Widerstand einer wärmeempfindlichen Zelle. Der Widerstand ändert sich mit der Temperatur, so daß die Größe des Stromflusses davon abhängt, wie heiß die Zelle wird.

STABILISATOR

SCHWACHER STROM

ANZEIGE

NADEL

SPULE

BATTERIE

BIMETALLSTREIFEN

KÜHLWASSER

THERMISTOR
Ein Thermistor besteht aus einem Halbleiter (siehe rechte Seite). Durch Wärme schwingen seine Atome stärker und geben Elektronen frei, die Strom befördern und deshalb seinen Widerstand verringern. Der Stabilisator sorgt dafür, daß eine stete Spannung zum Thermistor gelangt.

KALTER MOTOR

Ist der Motor noch nicht warm geworden (oben), fließt nur ein schwacher Strom durch den Temperaturmesser. Von der Batterie fließt er durch den Stabilisator, die Spule und den Thermistor im Kühlsystem des Automotors. Der hohe Widerstand des Thermistors schränkt den Strom ein, und die Nadel zeigt an, daß der Motor kalt ist.

HEISSER MOTOR

Beginnt sich das Wasser im Motor zu erwärmen (unten), nimmt der Widerstand des Thermistors ab. Dadurch kann ein stärkerer Strom durch ihn hindurchfließen, der die Spule im Temperaturmesser erwärmt. Durch die Wärme krümmt sich der ▷ Bimetallstreifen, der mit der Nadel verbunden ist.

STARKER STROM

STREIFEN SCHLÄGT AUS, WENN DIE TEMPERATUR ANSTEIGT

HEISSES WASSER

SOLARZELLEN

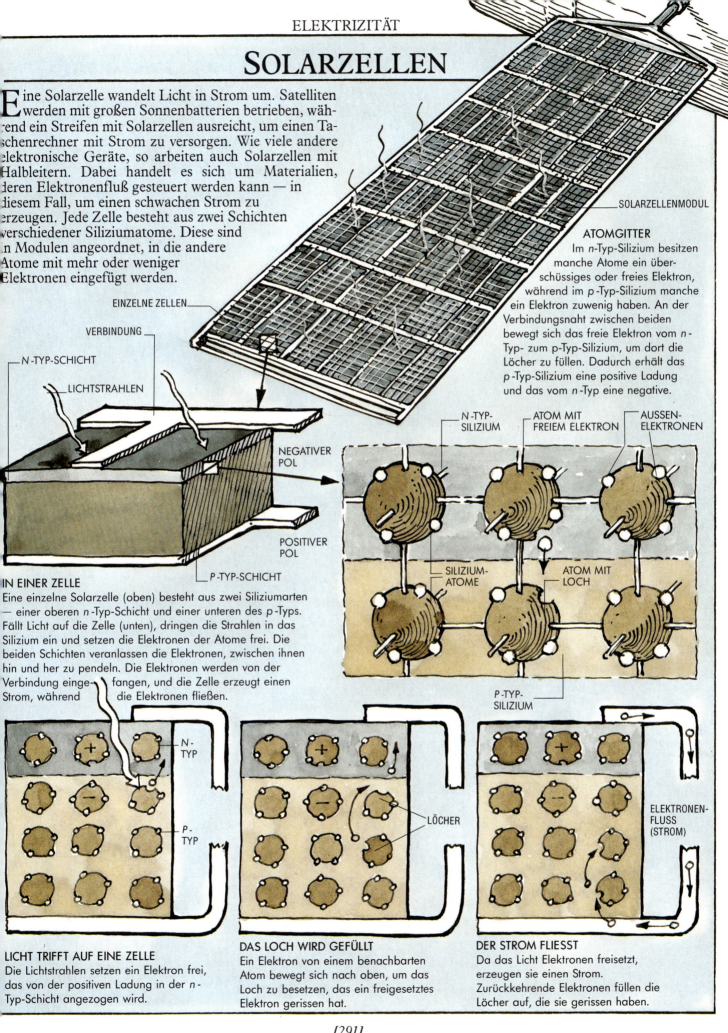

Eine Solarzelle wandelt Licht in Strom um. Satelliten werden mit großen Sonnenbatterien betrieben, während ein Streifen mit Solarzellen ausreicht, um einen Taschenrechner mit Strom zu versorgen. Wie viele andere elektronische Geräte, so arbeiten auch Solarzellen mit Halbleitern. Dabei handelt es sich um Materialien, deren Elektronenfluß gesteuert werden kann — in diesem Fall, um einen schwachen Strom zu erzeugen. Jede Zelle besteht aus zwei Schichten verschiedener Siliziumatome. Diese sind in Modulen angeordnet, in die andere Atome mit mehr oder weniger Elektronen eingefügt werden.

SOLARZELLENMODUL

EINZELNE ZELLEN

VERBINDUNG

N-TYP-SCHICHT

LICHTSTRAHLEN

ATOMGITTER
Im n-Typ-Silizium besitzen manche Atome ein überschüssiges oder freies Elektron, während im p-Typ-Silizium manche ein Elektron zuwenig haben. An der Verbindungsnaht zwischen beiden bewegt sich das freie Elektron vom n-Typ- zum p-Typ-Silizium, um dort die Löcher zu füllen. Dadurch erhält das p-Typ-Silizium eine positive Ladung und das vom n-Typ eine negative.

NEGATIVER POL

POSITIVER POL

P-TYP-SCHICHT

N-TYP-SILIZIUM

ATOM MIT FREIEM ELEKTRON

AUSSEN-ELEKTRONEN

SILIZIUM-ATOME

ATOM MIT LOCH

P-TYP-SILIZIUM

IN EINER ZELLE
Eine einzelne Solarzelle (oben) besteht aus zwei Siliziumarten — einer oberen n-Typ-Schicht und einer unteren des p-Typs. Fällt Licht auf die Zelle (unten), dringen die Strahlen in das Silizium ein und setzen die Elektronen der Atome frei. Die beiden Schichten veranlassen die Elektronen, zwischen ihnen hin und her zu pendeln. Die Elektronen werden von der Verbindung eingefangen, und die Zelle erzeugt einen Strom, während die Elektronen fließen.

N-TYP

P-TYP

LÖCHER

ELEKTRONEN-FLUSS (STROM)

LICHT TRIFFT AUF EINE ZELLE
Die Lichtstrahlen setzen ein Elektron frei, das von der positiven Ladung in der n-Typ-Schicht angezogen wird.

DAS LOCH WIRD GEFÜLLT
Ein Elektron von einem benachbarten Atom bewegt sich nach oben, um das Loch zu besetzen, das ein freigesetztes Elektron gerissen hat.

DER STROM FLIESST
Da das Licht Elektronen freisetzt, erzeugen sie einen Strom. Zurückkehrende Elektronen füllen die Löcher auf, die sie gerissen haben.

DIE FERNBEDIENUNG

DIODE

Eine Diode ist ein ungesteuertes elektrisches Ventil. Sie läßt den Strom nur in einer Richtung durch und sperrt ihn in der anderen. Eine Diode besteht aus einer *p-n-*Halbleiter-Verbindung. Wenn ein positiver Pol mit der *p*-Schicht verbunden wird (rechts außen), zieht die positive Ladung am Pol Elektronen an, und ein Strom fließt. Kehrt man die Schaltung um (rechts), so läßt die negative Ladung der *p*-Typ-Schicht keinen Elektronenfluß durch. Ein schwacher Strom fließt, wenn wenige durch Atomschwingungen freigesetzte Elektronen die Verbindung durchkreuzen.

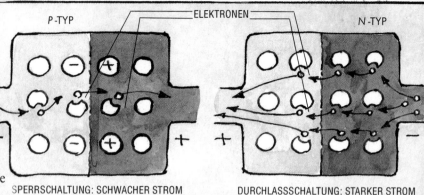

P-TYP   ELEKTRONEN   N-TYP

SPERRSCHALTUNG: SCHWACHER STROM   DURCHLASSSCHALTUNG: STARKER STROM

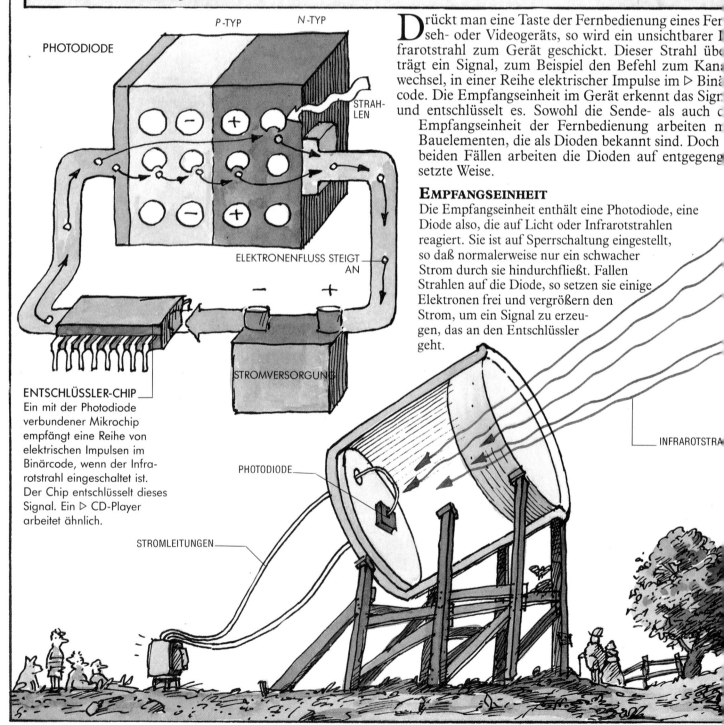

PHOTODIODE

P-TYP   N-TYP

STRAHLEN

ELEKTRONENFLUSS STEIGT AN

STROMVERSORGUNG

ENTSCHLÜSSLER-CHIP
Ein mit der Photodiode verbundener Mikrochip empfängt eine Reihe von elektrischen Impulsen im Binärcode, wenn der Infrarotstrahl eingeschaltet ist. Der Chip entschlüsselt dieses Signal. Ein ▷ CD-Player arbeitet ähnlich.

PHOTODIODE

STROMLEITUNGEN

INFRAROTSTRA

Drückt man eine Taste der Fernbedienung eines Fernseh- oder Videogeräts, so wird ein unsichtbarer Infrarotstrahl zum Gerät geschickt. Dieser Strahl überträgt ein Signal, zum Beispiel den Befehl zum Kanalwechsel, in einer Reihe elektrischer Impulse im ▷ Binärcode. Die Empfangseinheit im Gerät erkennt das Signal und entschlüsselt es. Sowohl die Sende- als auch die Empfangseinheit der Fernbedienung arbeiten mit Bauelementen, die als Dioden bekannt sind. Doch in beiden Fällen arbeiten die Dioden auf entgegengesetzte Weise.

EMPFANGSEINHEIT

Die Empfangseinheit enthält eine Photodiode, eine Diode also, die auf Licht oder Infrarotstrahlen reagiert. Sie ist auf Sperrschaltung eingestellt, so daß normalerweise nur ein schwacher Strom durch sie hindurchfließt. Fallen Strahlen auf die Diode, so setzen sie einige Elektronen frei und vergrößern den Strom, um ein Signal zu erzeugen, das an den Entschlüssler geht.

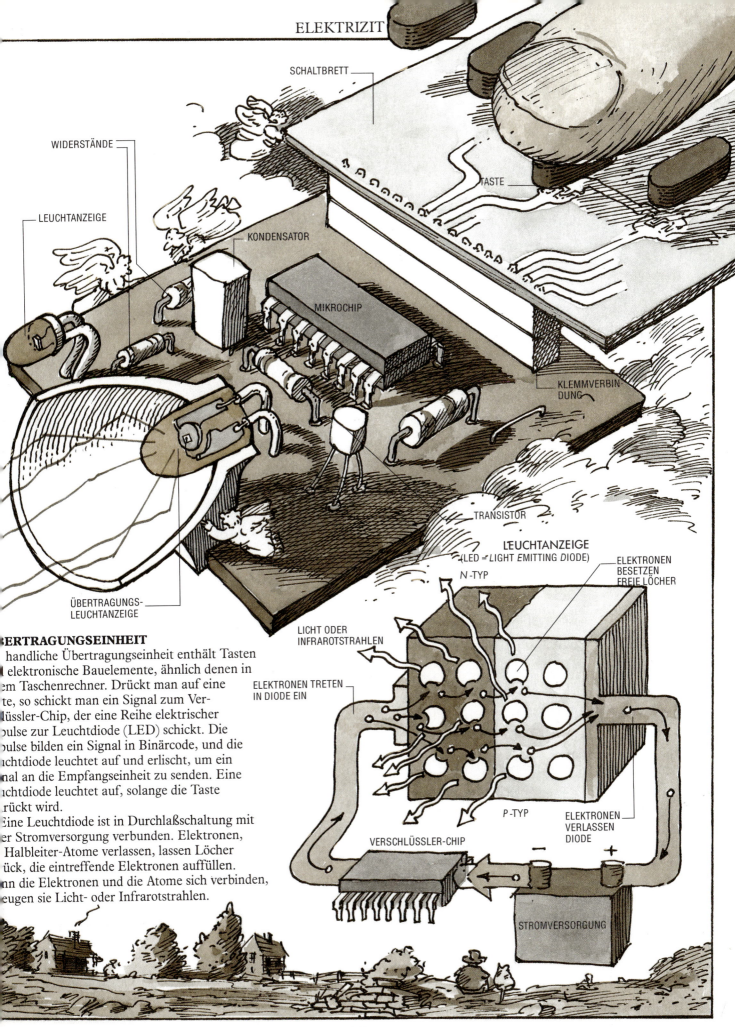

SCHALTBRETT

WIDERSTÄNDE

LEUCHTANZEIGE

TASTE

KONDENSATOR

MIKROCHIP

KLEMMVERBIN-
DUNG

ÜBERTRAGUNGS-
LEUCHTANZEIGE

TRANSISTOR

LEUCHTANZEIGE
(LED = LIGHT EMITTING DIODE)

ELEKTRONEN
BESETZEN
FREIE LÖCHER

N -TYP

LICHT ODER
INFRAROTSTRAHLEN

ELEKTRONEN TRETEN
IN DIODE EIN

P -TYP

ELEKTRONEN
VERLASSEN
DIODE

VERSCHLÜSSLER-CHIP

STROMVERSORGUNG

ÜBERTRAGUNGSEINHEIT

handliche Übertragungseinheit enthält Tasten
elektronische Bauelemente, ähnlich denen in
m Taschenrechner. Drückt man auf eine
te, so schickt man ein Signal zum Ver-
lüssler-Chip, der eine Reihe elektrischer
ulse zur Leuchtdiode (LED) schickt. Die
ulse bilden ein Signal in Binärcode, und die
chtdiode leuchtet auf und erlischt, um ein
nal an die Empfangseinheit zu senden. Eine
chtdiode leuchtet auf, solange die Taste
rückt wird.

Eine Leuchtdiode ist in Durchlaßschaltung mit
r Stromversorgung verbunden. Elektronen,
Halbleiter-Atome verlassen, lassen Löcher
ück, die eintreffende Elektronen auffüllen.
nn die Elektronen und die Atome sich verbinden,
eugen sie Licht- oder Infrarotstrahlen.

MAGNETISMUS

WIE MAN EIN MAMMUT BESCHLÄGT

*A*rbeitsmammuts tragen ihre Schuhe so schnell auf, so daß ich irre daran interessiert war, einem Schmied bei der Arbeit zuzusehen, als er gerade ein Tier, das sich freiwillig zur Verfügung gestellt hatte, mit neuem, verbessertem Schuhwerk beschlug. Der Versuch zeitigte ein erbärmliches Ergebnis. Der Verschleiß von Schuhwerk wurde zwar auf null verringert, jedoch nur, weil eine merkwürdige und mächtige Anziehung zwischen den gegen-überliegenden Schuhen jegliche Bewegung des Benutzers unterband.

WO NORD UND SÜD SICH TREFFEN

Ein Magnet ist anscheinend ein gewöhnliches Metall- oder Keramikstück, das von einem unsichtbaren Kraftfeld umgeben ist, das auf jedes darin befindliche magneti-sche Material einwirkt. Jeder Magnet besitzt zwei Pole. Treffen sich zwei Magnete, so zieht ein Nord-Pol stets einen Süd-Pol an, während gleiche Pole sich abstoßen. Stabmagneten sind die ein-fachsten Dauermagneten. Hufeisenmagneten, die eine dermaßen unglückliche Wir-kung haben, wenn man damit Mammuts beschlägt, sind nichts anderes als lange Stab-magneten, die so gebogen sind, daß ihre Pole sich nahe beieinander befinden.

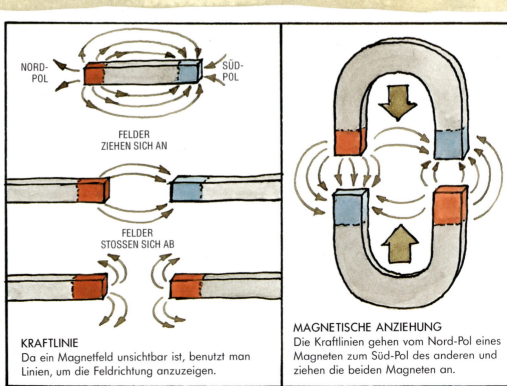

NORD-POL

SÜD-POL

FELDER ZIEHEN SICH AN

FELDER STOSSEN SICH AB

KRAFTLINIE
Da ein Magnetfeld unsichtbar ist, benutzt man Linien, um die Feldrichtung anzuzeigen.

MAGNETISCHE ANZIEHUNG
Die Kraftlinien gehen vom Nord-Pol eines Magneten zum Süd-Pol des anderen und ziehen die beiden Magneten an.

ÜBER DEN MAMMUT-KLEIDERTROCKNER

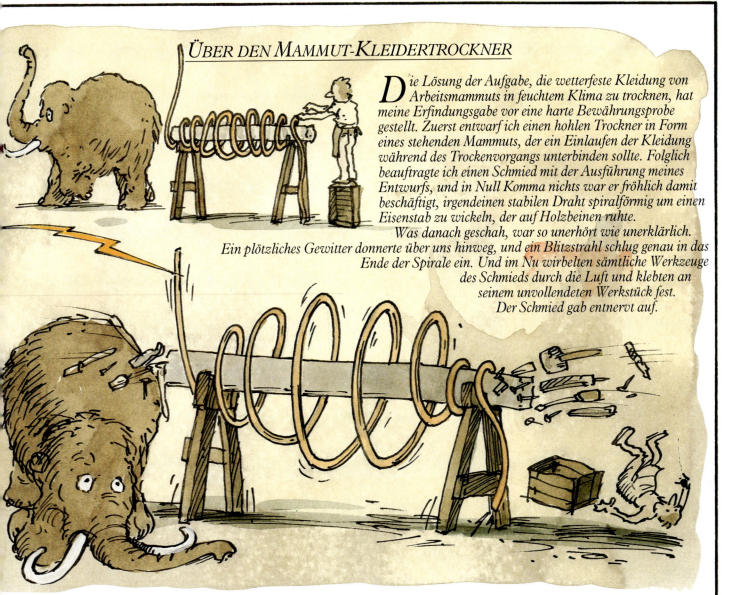

Die Lösung der Aufgabe, die wetterfeste Kleidung von Arbeitsmammuts in feuchtem Klima zu trocknen, hat meine Erfindungsgabe vor eine harte Bewährungsprobe gestellt. Zuerst entwarf ich einen hohlen Trockner in Form eines stehenden Mammuts, der ein Einlaufen der Kleidung während des Trockenvorgangs unterbinden sollte. Folglich beauftragte ich einen Schmied mit der Ausführung meines Entwurfs, und in Null Komma nichts war er fröhlich damit beschäftigt, irgendeinen stabilen Draht spiralförmig um einen Eisenstab zu wickeln, der auf Holzbeinen ruhte.

Was danach geschah, war so unerhört wie unerklärlich. Ein plötzliches Gewitter donnerte über uns hinweg, und ein Blitzstrahl schlug genau in das Ende der Spirale ein. Und im Nu wirbelten sämtliche Werkzeuge des Schmieds durch die Luft und klebten an seinem unvollendeten Werkstück fest.
Der Schmied gab entnervt auf.

ELEKTROMAGNETEN

Fließt ein elektrischer Strom durch einen Draht, so erzeugt er ein Magnetfeld. Dieses von einem einzelnen Draht erzeugte Feld ist nicht sehr stark; um es zu verstärken, wird er daher in einer Spirale gewunden. Dadurch wird das Magnetfeld konzentriert, besonders wenn man einen Eisenstab in die Mitte des Feldes bringt. Elektromagneten können sehr stark sein — das erfuhr der Schmied am eigenen Leibe. Ein plötzlicher Stromstoß verwandelte seinen Kleidertrockner in einen starken Elektromagneten, der alle in der Umgebung befindlichen Gegenstände aus Eisen zu seinen Polen anzog.

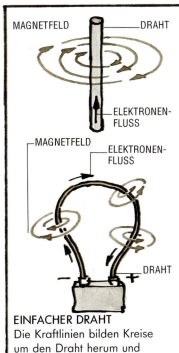

MAGNETFELD — DRAHT

ELEKTRONEN-FLUSS

MAGNETFELD

ELEKTRONEN-FLUSS

DRAHT

EINFACHER DRAHT
Die Kraftlinien bilden Kreise um den Draht herum und rechtwinklig dazu.

SPULE
Die Kraftlinien aller Schleifen in einer Spule addieren sich zu einem mächtigen Magnetfeld, das ähnlich stark ist wie das Feld um einen Stabmagneten. Die Pole des Magneten befinden sich zu beiden Seiten der Spule.

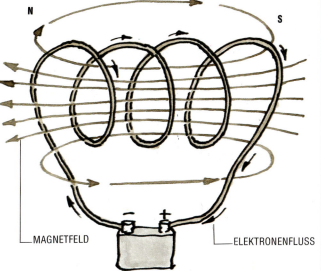

N   S

MAGNETFELD   ELEKTRONENFLUSS

MAGNETE IM EINSATZ

MAGNETKOMPASS

Unsere Erde hat ihr eigenes natürliches Magnetfeld. Eine Kompaßnadel stellt sich in Nord-Süd-Richtung, da sie sich an Kraftlinien ausrichtet, die in Richtung des irdischen Magnetfelds verlaufen. Die erdmagnetischen Pole weichen übrigens von den geographischen Polen ab.

MAGNETISCHE INDUKTION

Mit einem Magneten kann man übrigens ein Stück Stahl oder Eisen aufheben, da das Magnetfeld in das Metall übergeht. Dadurch wird es kurzfristig zum Magneten, und die beiden Magnete ziehen sich an.

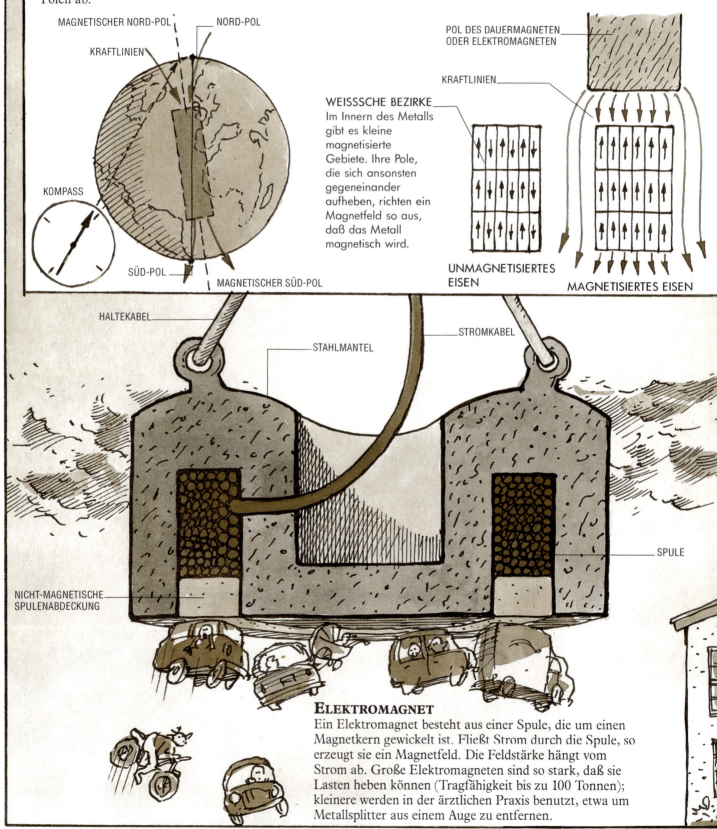

MAGNETISCHER NORD-POL

NORD-POL

KRAFTLINIEN

KOMPASS

SÜD-POL

MAGNETISCHER SÜD-POL

POL DES DAUERMAGNETEN ODER ELEKTROMAGNETEN

KRAFTLINIEN

WEISSSCHE BEZIRKE
Im Innern des Metalls gibt es kleine magnetisierte Gebiete. Ihre Pole, die sich ansonsten gegeneinander aufheben, richten ein Magnetfeld so aus, daß das Metall magnetisch wird.

UNMAGNETISIERTES EISEN

MAGNETISIERTES EISEN

HALTEKABEL

STAHLMANTEL

STROMKABEL

SPULE

NICHT-MAGNETISCHE SPULENABDECKUNG

ELEKTROMAGNET

Ein Elektromagnet besteht aus einer Spule, die um einen Magnetkern gewickelt ist. Fließt Strom durch die Spule, so erzeugt sie ein Magnetfeld. Die Feldstärke hängt vom Strom ab. Große Elektromagneten sind so stark, daß sie Lasten heben können (Tragfähigkeit bis zu 100 Tonnen); kleinere werden in der ärztlichen Praxis benutzt, etwa um Metallsplitter aus einem Auge zu entfernen.

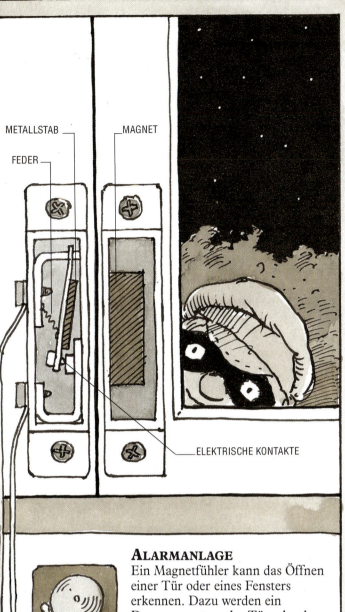

METALLSTAB

MAGNET

FEDER

ELEKTRISCHE KONTAKTE

ALARMANLAGE
Ein Magnetfühler kann das Öffnen einer Tür oder eines Fensters erkennen. Dazu werden ein Dauermagnet an der Tür oder dem Fenster und ein besonderer Schalter am Rahmen befestigt. Solange Tür oder Fenster geschlossen sind, zieht das Magnetfeld den Metallstab an und hält den Schalter in Stellung.

ALARMKLINGEL
Wird Tür oder Fenster geöffnet, bewegt sich der Magnet weg und zieht den Metallstab nicht mehr an. Die Feder zieht den Stab zurück und unterbricht die Kontakte. Der Stromkreis wird unterbrochen und löst den Alarm aus.

MAGNETISCHE MASCHINEN
Sehr viele Maschinen enthalten Elektromagneten. Viele verwenden sie in ihren Elektromotoren, um Energie zu erzeugen. Elektromagneten werden auch verwendet, um in Tonbandgeräten, Videorecordern und Computer-Laufwerken Signale zu speichern, um in Klingeln, Summern, Lautsprechern und Telefonen Töne zu erzeugen und um in Fernsehkameras und Fernsehgeräten Elektronenstrahlen abzulenken.

DIE ELEKTRISCHE KLINGEL

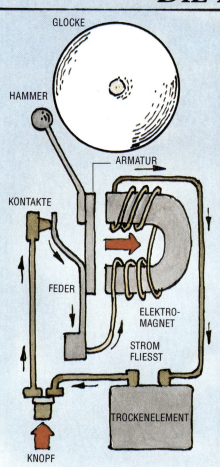

GLOCKE

HAMMER

ARMATUR

KONTAKTE

FEDER

ELEKTRO-
MAGNET

STROM
FLIESST

TROCKENELEMENT

KNOPF

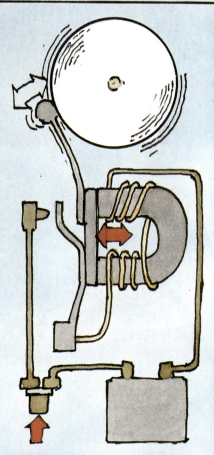

Die elektrische Klingel ist eines der alltäglichsten Beispiele für den Einsatz des Elektromagnetismus. Der Klingelknopf an der Tür ist ein elektrischer Schalter, der Strom von einer Energiequelle (etwa von einem Trockenelement) zum Auslösemechanismus befördert. Dadurch bewegt sich ein Hämmerchen mehrere Male hin und her und schlägt dabei gegen eine Metallglocke. Ein Elektromagnet und eine Feder ziehen abwechselnd den Hammer an.

KLINGELKNOPF GEDRÜCKT

Wird der Klingelknopf gedrückt, ist der Kontakt geschlossen. Der Strom fließt durch die Kontakte und erzeugt im Elektromagneten ein Magnetfeld. Dieses Feld zieht die Armatur aus Eisen an, die sich gegen die Feder zum Elektromagneten hin bewegt: der Hammer schlägt gegen die Glocke.

KLINGEL LÄUTET

Schlägt der Hammer gegen die Glocke, so werden die Kontakte geöffnet. Der Strom fließt nun nicht mehr durch den Elektromagneten, der daher seine Anziehungskraft verliert. Die Feder drückt die Armatur zurück, und der Hammer löst sich von der Glocke. Die Kontakte schließen sich wieder, und der Zyklus wiederholt sich so lange, wie der Klingelknopf gedrückt bleibt.

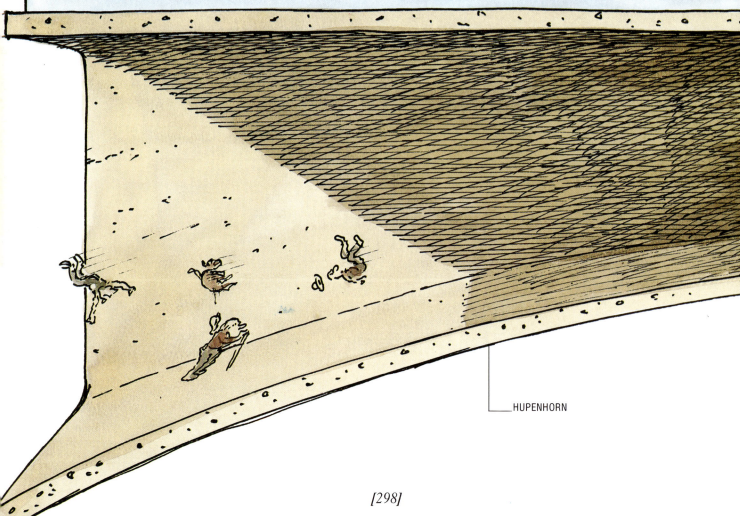

HUPENHORN

DIE ELEKTRISCHE AUTOHUPE

SPULE MIT
ELEKTROMAGNET

BEWEGLICHER
STAB

KONTAKTE

ZULEITUNG VON
DER BATTERIE

MEMBRAN

Die Hupe eines Motorfahrzeugs ist ein weiteres Beispiel für den Einsatz der Anziehungskraft beim Erzeugen eines Tons durch einfache Schwingungen. Der
Mechanismus einer Hupe ähnelt dem einer elektrischen
Klingel: eine Reihe von Kontakten öffnet und schließt
sich wiederholt, um den Stromfluß zu einem Elektromagneten zu unterbrechen. Hier bewegt sich eine Eisen-
stange in einer Spule eines Elektromagneten auf und ab,
wenn das Magnetfeld ein- und ausgeschaltet wird. Die

Stange ist an einer Membran befestigt, die schnell
schwingt und dadurch einen lauten Ton von sich gibt.

Die Hupe hat meistens ein glockenförmiges Horn, das
an der Membran befestigt ist. Es hallt wider, verleiht der
Hupe einen durch-
dringenden Ton
und wirft das
Geräusch nach
vorne.

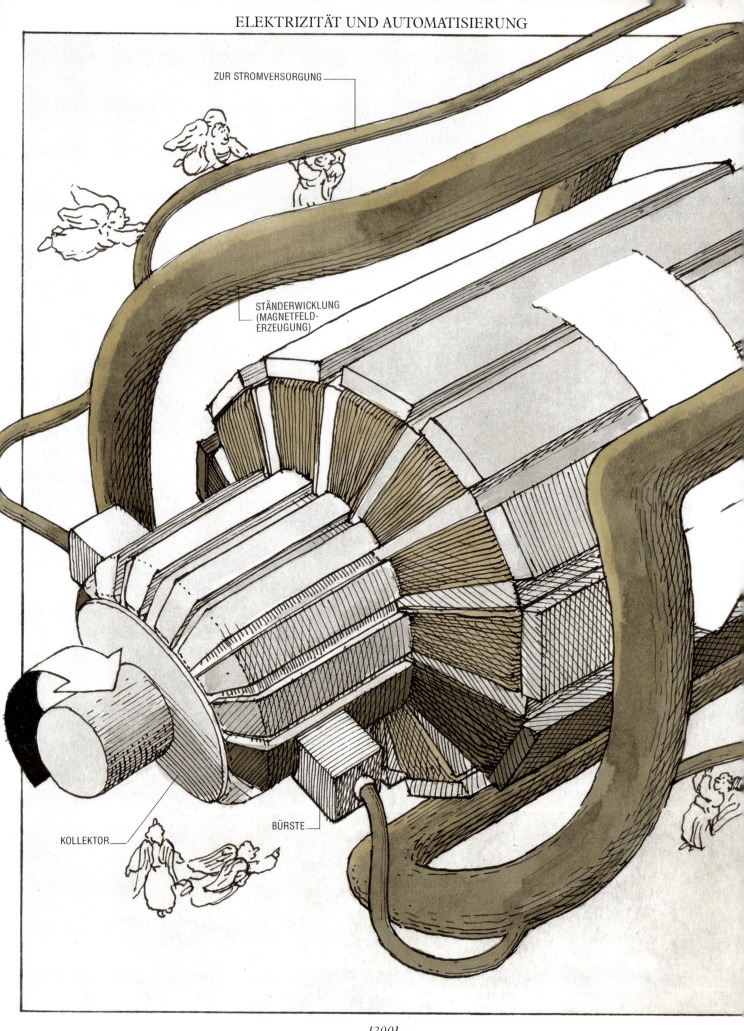

ZUR STROMVERSORGUNG

STÄNDERWICKLUNG
(MAGNETFELD-
ERZEUGUNG)

KOLLEKTOR

BÜRSTE

DER ELEKTROMOTOR

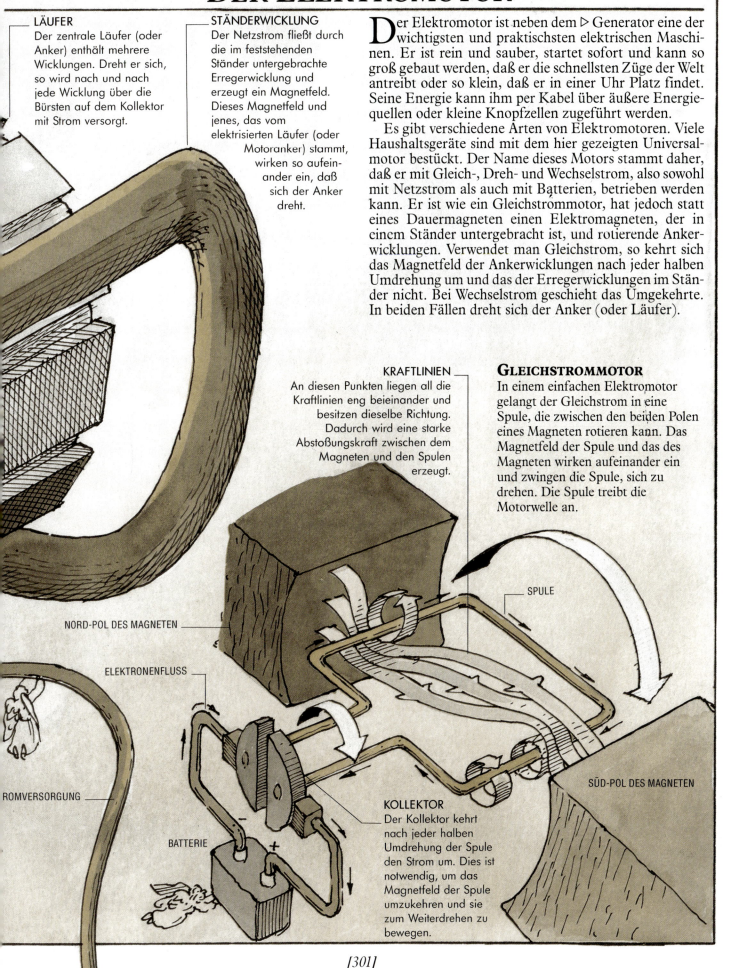

LÄUFER
Der zentrale Läufer (oder Anker) enthält mehrere Wicklungen. Dreht er sich, so wird nach und nach jede Wicklung über die Bürsten auf dem Kollektor mit Strom versorgt.

STÄNDERWICKLUNG
Der Netzstrom fließt durch die im feststehenden Ständer untergebrachte Erregerwicklung und erzeugt ein Magnetfeld. Dieses Magnetfeld und jenes, das vom elektrisierten Läufer (oder Motoranker) stammt, wirken so aufeinander ein, daß sich der Anker dreht.

Der Elektromotor ist neben dem ▷ Generator eine der wichtigsten und praktischsten elektrischen Maschinen. Er ist rein und sauber, startet sofort und kann so groß gebaut werden, daß er die schnellsten Züge der Welt antreibt oder so klein, daß er in einer Uhr Platz findet. Seine Energie kann ihm per Kabel über äußere Energiequellen oder kleine Knopfzellen zugeführt werden.

Es gibt verschiedene Arten von Elektromotoren. Viele Haushaltsgeräte sind mit dem hier gezeigten Universalmotor bestückt. Der Name dieses Motors stammt daher, daß er mit Gleich-, Dreh- und Wechselstrom, also sowohl mit Netzstrom als auch mit Batterien, betrieben werden kann. Er ist wie ein Gleichstrommotor, hat jedoch statt eines Dauermagneten einen Elektromagneten, der in einem Ständer untergebracht ist, und rotierende Ankerwicklungen. Verwendet man Gleichstrom, so kehrt sich das Magnetfeld der Ankerwicklungen nach jeder halben Umdrehung um und das der Erregerwicklungen im Ständer nicht. Bei Wechselstrom geschieht das Umgekehrte. In beiden Fällen dreht sich der Anker (oder Läufer).

KRAFTLINIEN
An diesen Punkten liegen all die Kraftlinien eng beieinander und besitzen dieselbe Richtung. Dadurch wird eine starke Abstoßungskraft zwischen dem Magneten und den Spulen erzeugt.

GLEICHSTROMMOTOR
In einem einfachen Elektromotor gelangt der Gleichstrom in eine Spule, die zwischen den beiden Polen eines Magneten rotieren kann. Das Magnetfeld der Spule und das des Magneten wirken aufeinander ein und zwingen die Spule, sich zu drehen. Die Spule treibt die Motorwelle an.

NORD-POL DES MAGNETEN

SPULE

ELEKTRONENFLUSS

ROMVERSORGUNG

SÜD-POL DES MAGNETEN

BATTERIE

KOLLEKTOR
Der Kollektor kehrt nach jeder halben Umdrehung der Spule den Strom um. Dies ist notwendig, um das Magnetfeld der Spule umzukehren und sie zum Weiterdrehen zu bewegen.

MAGNETSCHWEBEBAHN

Eine Magnetschwebebahn hat keine Räder, sondern benutzt Magnetfelder, um sich selbst über einer Schiene zu erheben. Von jeglicher Reibung mit der Schiene befreit, kann der Zug darüber hinwegschweben. Der hier gezeigte Zug funktioniert nach dem Prinzip des elektromagnetischen Schwebens: am Fahrzeug sind Elektromagneten befestigt, die unterhalb der Führungsschiene verlaufen und es durch Anziehung anheben.

FÜHRUNGSSCHIENE   LINEARMOTOR

ELEKTROMAGNET   REAKTIONSSCHIENE

MOTORSPULEN

REAKTIONSSCHIENE

S   N   S   N

N   S   N   S

LINEARINDUKTIONSMOTOR

Ein Induktionsmotor genannter Elektromotor treibt die Magnetschwebebahn an. Spulen am Zug erzeugen ein Magnetfeld, dessen Pole sich am Zug entlang ändern. Das Feld induziert elektrische Ströme in der Reaktionsschiene, die ihrerseits ein eigenes Magnetfeld erzeugt. Die beiden Felder wirken so aufeinander ein, daß das sich verschiebende Feld den schwebenden Zug die Schiene entlang zieht.

Das Diskettenlaufwerk eines Computers „schreibt" ode speichert Programme und Dateien mit Hilfe des Elektro magnetismus. Die Schreib-Lese-Köpfe wandeln elektrisch Codesignale des Computers in einen magnetischen Code um der auf der Oberfläche einer Diskette abgespeichert wird; da Laufwerk kehrt den Vorgang beim „Lesen" der Diskette dan um.

Ein Diskettenlaufwerk enthält zwei Elektromotoren – einen Diskettenmotor, der die Diskette mit hoher Geschwin digkeit dreht und einen Motor, der den Kopf über die Diskett

SEKTOREN MIT
MAGNETISCHEN CODESIGNALEN

FLOPPY DISK
Eine biegsame Diskette wird ins Laufwerk eingelegt. Sie ist drehbar in eine Hülle eingelegt, in der eine Öffnung ausgeschnitten ist. Im Laufwerk kann der Schreib-Lese-Kopf durch radiales Hin- und Herfahren jede Stelle erreichen.

INDEXLOCH
Einige Disketten haben ein Indexloch, durch das ein Licht auf einen Umwandler strahlt, mit dessen Hilfe das Laufwerk den gewünschten Sektor auffindet.

HÜLLE

EINSPANNLOCH

ÖFFNUNG FÜR
SCHREIB-LESE-KOPF   LAUFWERK

SCHRITTMOTOR

Der Schrittmotor eines Laufwerks enthält einen Läufer, der ein zylindrischer Dauermagnet mit mehreren Polen ist. Die Läuferpole befinden sich am Außenrand. Er dreht sich in zwei Reihen mit Ständerspulen, deren jede eine Serie von Metallzähnen besitzt. Sendet man einen elektrischen Strom zu einer Spule (rechts), so magnetisieren sich ihre Zähne abwechselnd mit Nord- und Süd-Polen. Kehrt man den Strom um (rechts außen), so wird auch die Reihenfolge der Pole umgekehrt. Die beiden Serien mit Zähnen auf dem oberen und dem unteren Ständer sind versetzt angeordnet, und der Läufer bewegt sich so, daß jeder Pol an einem Paar sich überlappender Zähne mit ungleichnamigem Pol ausgerichtet wird. Signale von der Laufwerk-Steuereinheit a den Ständerspulen ändern die Pole der Zähne so, daß der Läufer sich drehen muß, um ihnen zu folgen.

DISKETTENLAUFWERK

hin und her bewegt. Das Laufwerk muß mit großer Präzision arbeiten, da ein kleiner Irrtum in der Stellung des Kopfes das Programm oder die Dateien beschädigen und den Computer blockieren könnte. Der Kopf wird deshalb von einem Schrittmotor bewegt, der — statt ständig zu rotieren — einem Steuersignal gehorcht, das ihn um eine genau angegebene Strecke dreht.

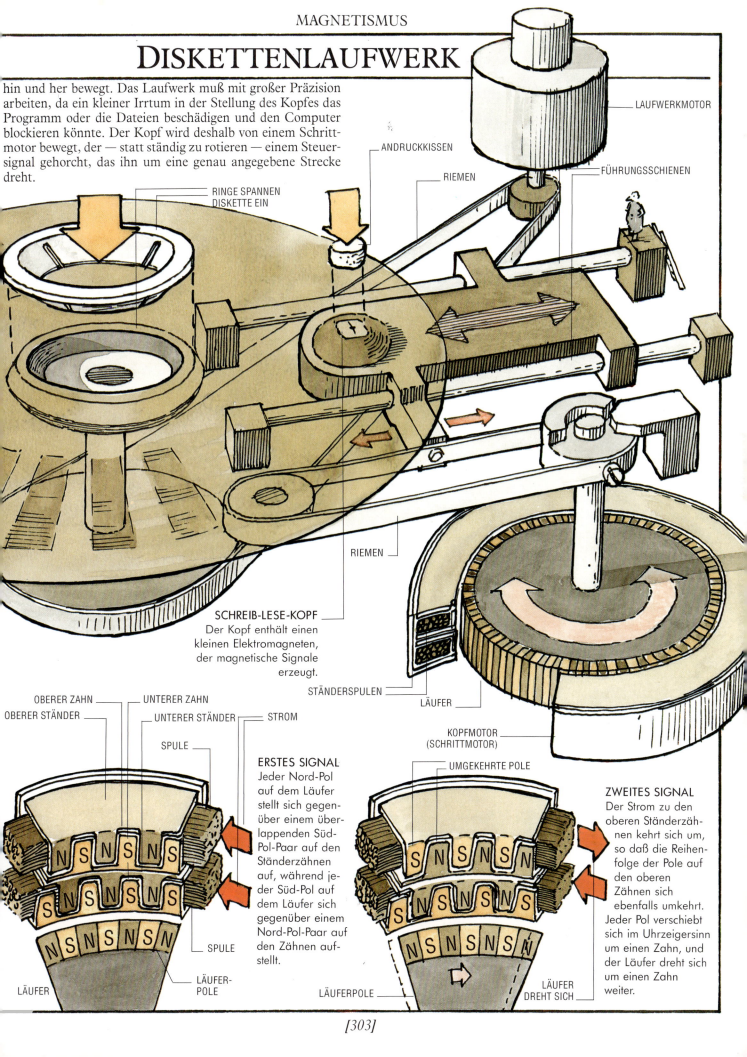

LAUFWERKMOTOR

ANDRUCKKISSEN

RIEMEN

FÜHRUNGSSCHIENEN

RINGE SPANNEN
DISKETTE EIN

RIEMEN

SCHREIB-LESE-KOPF
Der Kopf enthält einen kleinen Elektromagneten, der magnetische Signale erzeugt.

STÄNDERSPULEN

LÄUFER

KOPFMOTOR
(SCHRITTMOTOR)

OBERER ZAHN

UNTERER ZAHN

OBERER STÄNDER

UNTERER STÄNDER

STROM

SPULE

ERSTES SIGNAL
Jeder Nord-Pol auf dem Läufer stellt sich gegenüber einem überlappenden Süd-Pol-Paar auf den Ständerzähnen auf, während jeder Süd-Pol auf dem Läufer sich gegenüber einem Nord-Pol-Paar auf den Zähnen aufstellt.

UMGEKEHRTE POLE

ZWEITES SIGNAL
Der Strom zu den oberen Ständerzähnen kehrt sich um, so daß die Reihenfolge der Pole auf den oberen Zähnen sich ebenfalls umkehrt. Jeder Pol verschiebt sich im Uhrzeigersinn um einen Zahn, und der Läufer dreht sich um einen Zahn weiter.

SPULE

LÄUFER-POLE

LÄUFER

LÄUFERPOLE

LÄUFER DREHT SICH

DER GENERATOR

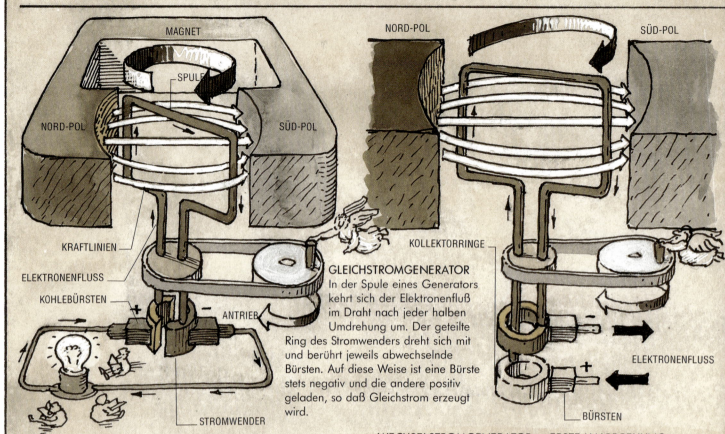

GLEICHSTROMGENERATOR
In der Spule eines Generators kehrt sich der Elektronenfluß im Draht nach jeder halben Umdrehung um. Der geteilte Ring des Stromwenders dreht sich mit und berührt jeweils abwechselnde Bürsten. Auf diese Weise ist eine Bürste stets negativ und die andere positiv geladen, so daß Gleichstrom erzeugt wird.

Labels: MAGNET, SPULE, NORD-POL, SÜD-POL, NORD-POL, SÜD-POL, KRAFTLINIEN, ELEKTRONENFLUSS, KOHLEBÜRSTEN, ANTRIEB, STROMWENDER, KOLLEKTORRINGE, ELEKTRONENFLUSS, BÜRSTEN

E in Generator wird mit elektrischer Induktion betrieben — er benutzt also den Magnetismus zur Stromerzeugung. Die Energiequelle dreht eine Spule zwischen den Polen eines Magneten oder Elektromagneten. Wenn sie durch die Kraftlinien schneidet, fließt ein elektrischer Strom durch die Spule.

WECHSELSTROMGENERATOR — ERSTE HALBDREHUNG
Ein Wechselstromgenerator enthält zwei Kollektorringe, die mit dem Spulenende verbunden sind. Wird der Strom in der Spule umgekehrt, so entsteht in den Bürsten ein Wechselstrom. Wenn ein Teil der Spule die Kraftlinien nahe am Nord-Pol des Magneten durchschneidet, bewegen sich die Elektronen im Draht nach oben und erzeugen am unteren Kollektorring eine positive Ladung.

ENERGIEVERSORGUNG

D ie großen Generatoren in den Elektrizitätswerken werden von ▷ Dampf- oder ▷ Wasserturbinen angetrieben. Die Elektrizität wird uns über ein Netzwerk von Überlandleitungen bis ins Haus geliefert. Zu Beginn geht der Strom mit sehr hoher Spannung auf die Reise, da zuviel Energie verlorenginge, wenn die Spannung niedriger wäre. Transformatoren wandeln die Spannung auf verschiedene Stufen für Industrie- und Hausgebrauch herunter.

HOCHSPANNUNGS-LEITUNG
Strom mit sehr hoher Spannung ist in der Lage, über erhebliche Entfernungen durch die Luft zu sausen. Aus Sicherheitsgründen sind die Leitungen mit langen Abspannisolatoren an hohen Masten aufgehängt.

GENERATOR
Der Generator erzeugt einen Starkstrom von mehreren tausend Volt.

HOCHSPANNUNGS-TRANSFORMATOR
Dieser Transformator wandelt die Spannung auf mehrere hunderttausend Volt hoch.

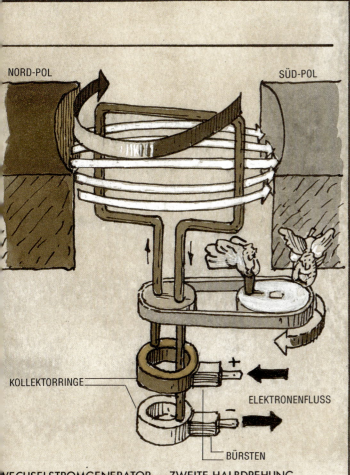

NORD-POL

SÜD-POL

KOLLEKTORRINGE

BÜRSTEN

ELEKTRONENFLUSS

WECHSELSTROMGENERATOR — ZWEITE HALBDREHUNG
Derselbe Teil der Spule hat sich nun gedreht, um die Kraftlinien nahe am Süd-Pol des Magneten zu durchschneiden. Elektronen fließen nun im Draht nach unten und erzeugen am unteren Kollektorring eine negative Ladung; sie kehren den Stromfluß um. Die Frequenz der Stromumkehrung, die ein Wechselstromgenerator erzeugt, hängt von der Drehgeschwindigkeit der Spule ab.

TRANSFORMATOR

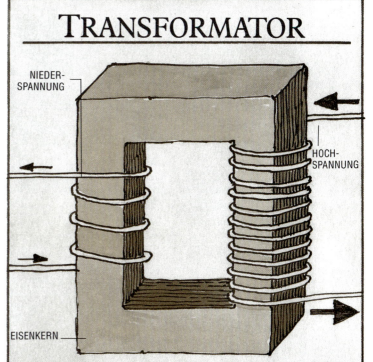

NIEDER-SPANNUNG

HOCH-SPANNUNG

EISENKERN

Ein Transformator (Umspanner) ändert die Spannung eines Wechselstroms. Der Eingangsstrom geht zu einer Primärwicklung, die um einen Eisenkern gewunden ist. Der ausgehende Strom stammt von einer Sekundärwicklung, die ebenfalls um den Eisenkern gewunden ist. Der eingehende Wechselstrom erzeugt ein Magnetfeld, das sich ständig ein und ausschaltet. Der Eisenkern überträgt dieses Feld zur zweiten Wicklung, wo er einen ausgehenden Strom induziert (bewirkt). Die beiden Spannungen verhalten sich zueinander wie die beiden Windungszahlen; der hier gezeigte Transformator wandelt die Spannung um den Faktor drei hoch oder herunter.

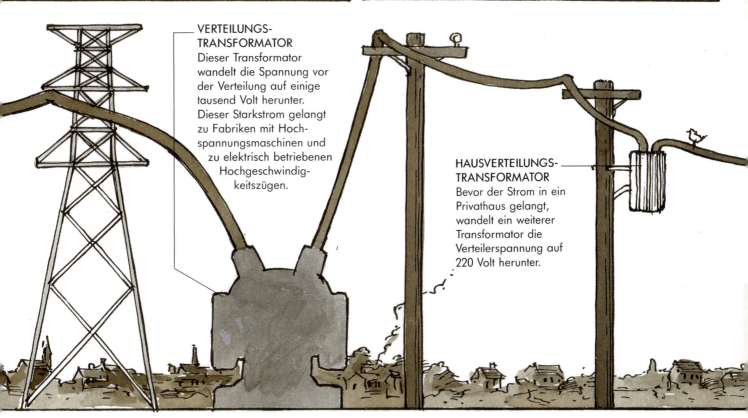

VERTEILUNGS-TRANSFORMATOR
Dieser Transformator wandelt die Spannung vor der Verteilung auf einige tausend Volt herunter. Dieser Starkstrom gelangt zu Fabriken mit Hochspannungsmaschinen und zu elektrisch betriebenen Hochgeschwindigkeitszügen.

HAUSVERTEILUNGS-TRANSFORMATOR
Bevor der Strom in ein Privathaus gelangt, wandelt ein weiterer Transformator die Verteilerspannung auf 220 Volt herunter.

DER DOPPELSCH

Ist die Stromzuleitung im Haushalt angekommen, wird sie in einem Stromzähler gemessen und zu den Lichtschaltern und Steckdosen verzweigt. Der Doppelschalter ist ein gewöhnlicher Bestandteil des häuslichen Stromkreislaufs. Dabei werden zwei Schalter so miteinander verbunden, daß das Licht ein- oder ausgeschaltet wird, wenn man irgendeinen der beiden Schalter betätigt. Jeder Schalter hat zwei doppelte Kontaktstücke, die über zwei Drähte miteinander verbunden sind. Durch Betätigen eines Kippschalters wird eines der Kontaktstücke geöffnet, während das andere geschlossen wird. Um das Licht einzuschalten, müssen die Kontakte am Ende der beiden Drähte geschlossen sein.

Viele Geräte besitzen einen dritten Draht, der mit ihrem Gehäuse und über das Leitungsnetz mit der Erde verbunden ist (Erdung). Ist das Gerät defekt und ein Elektrokabel berührt das Gehäuse, wird der Strom sofort in die Erde abgeleitet.

OFFENE KONTAKTE

GESCHLOSSENE KONTAKTE

STROMZÄHLER UND SICHERHEITSSYSTEM
Der Strom fließt durch einen Stromzähler, der wie ein Elektromotor arbeitet und ein Zählwerk antreibt. Danach durchläuft er einen Sicherungskasten oder Unterbrecher. Steigt der Strom in irgendeinem Teil des Stromkreislaufs bedrohlich an, so schmilzt eine Sicherung durch, und der Stromkreis wird unterbrochen. Ein Unterbrecher sperrt die Stromversorgung durch einen elektromagnetischen Schalter, der bei hohem Strom betätigt wird.

OFFENE KONTAKTE

GESCHLOSSENE KONTAKTE

STECKBUCHSEN

ERDUNGSBUCHSE

ERDUNGSDRAHT

MOTORZÜNDUNG

Mit Hilfe des Elektromagnetismus kann ein Motor gestartet werden und auch weiterdrehen, indem er den Zündfunken erzeugt, der das Luft-Kraftstoff-Gemisch zündet. Durch Drehen des Zündschlüssels bezieht der Anlasser zum Starten Gleichstrom aus der Batterie. Um das starke Magnetfeld zu erzeugen, das der Anlasser benötigt, ist ein so mächtiger Strom vonnöten, daß er nicht durch den Zündschalter laufen darf. Deshalb schickt eine Zylinderspule, von der Niedrigspannung im Zündschalter in Betrieb gesetzt, einen hohen Strom zum Anlasser.

Bei dem hier gezeigten elektromagnetischen Zündungssystem öffnet und schließt der Unterbrecher im Zündverteiler den Strom mit Niedrigspannung zur Induktionsspule. Das Magnetfeld um die Primärwicklung bricht zusammen und induziert eine hohe Spannung in der Sekundärwicklung. Der Verteiler gibt den Strom an die Zündkerzen weiter.

STROM ZUR INDUKTIONSSPULE

NIEDERSPANNUNG ZUR ZYLINDERSPULE

ZÜNDUNGSSCHALTER
Der Schlüssel hat zwei Schaltstellungen. Zuerst wird die Zylinderspule in Betrieb gesetzt, und dann gelangt der Strom zur Induktionsspule.

ZYLINDERSPULE
Die Niederspannung aus dem Zündschalter fließt durch eine Spule und erzeugt ein Magnetfeld. Dieses bewegt die Tauchspule, dadurch schließen sich die Kontakte, und eine Hochspannung gelangt zum Anlasser. Eine Feder drückt die Tauchspule zurück, sobald der Zündschlüssel losgelassen und der Stromkreis unterbrochen wird.

KONTAKTE

SPULE

TAUCHSPULE

SCHWUNGRAD

HOCHSPANNUNG ZUM ANLASSER

ANLASSER
Ein sehr starker Strom fließt durch den Anlasser, um die mächtige Kraft zu erzeugen, die zum Drehen des ▷ Schwungrads benötigt wird.

BATTERIE
Ein Pol der Batterie ist mit der Karosserie verbunden, die als Umkehrpfad für die Stromkreise im elektrischen System des Autos dient.

ERDUNG (MIT DER KAROSSERIE VERBUNDEN)

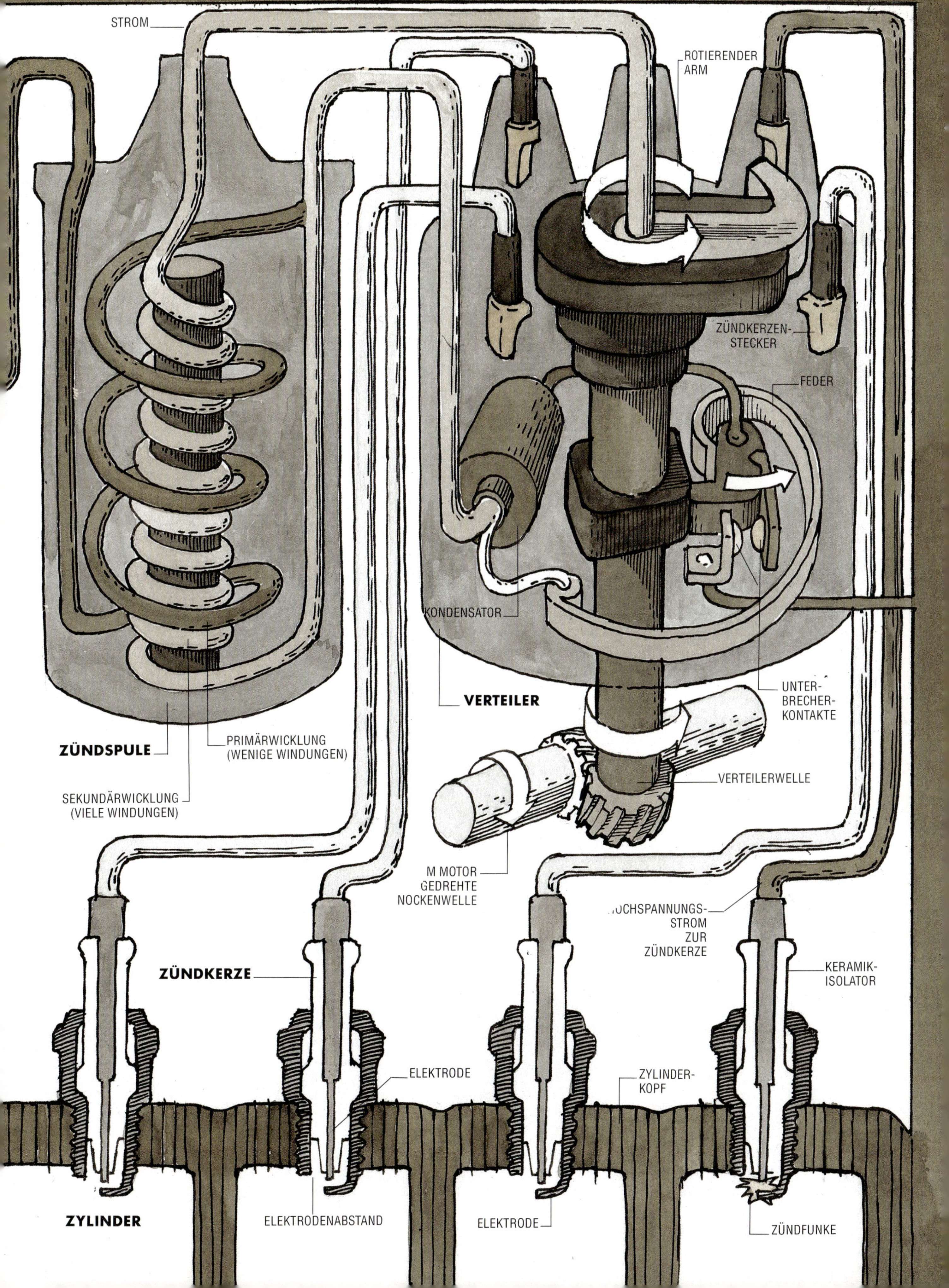

STROM

ROTIERENDER
ARM

ZÜNDKERZEN-
STECKER

FEDER

ZÜNDKERZEN-
STECKER

KONDENSATOR

VERTEILER

UNTER-
BRECHER-
KONTAKTE

ZÜNDSPULE

PRIMÄRWICKLUNG
(WENIGE WINDUNGEN)

SEKUNDÄRWICKLUNG
(VIELE WINDUNGEN)

VERTEILERWELLE

M MOTOR
GEDREHTE
NOCKENWELLE

HOCHSPANNUNGS-
STROM
ZUR
ZÜNDKERZE

ZÜNDKERZE

KERAMIK-
ISOLATOR

ELEKTRODE

ZYLINDER-
KOPF

ZYLINDER

ELEKTRODENABSTAND

ELEKTRODE

ZÜNDFUNKE

SENSOREN UND DETEKTOREN

ÜBER DIE EMPFINDLICHKEIT VON MAMMUTS

*W*as Gefühl und Körper anbelangt, so sind Mammuts hochempfindliche Geschöpfe. Ihre körperliche Empfindlichkeit kann auf vielfältige Weise genutzt werden, immer unter der Voraussetzung, daß es stets gelingt, ihre gefühlsmäßige Empfindlichkeit im Zaum zu halten. Eine Auswahl solcher Anwendungen ist hier aufgezeichnet. Im 1. Bild wird der Rüssel eines ratzenden Mammuts zwecks Abschreckung von Einbrechern als druckbetriebene Alarmanlage eingesetzt.

*I*m 2. Bild ist der Rüssel eines anderen ratzenden Mammuts als Rauchmelder an der Decke aufgehängt. Büsche und Pflanzengrün tarnen die Körperfülle der Kreatur und liefern ihr hin und wieder einen Imbiß.

Bild 1

Bild 2

Bild 3

Bild 4

Bild 5

*I*m 3., 4. und 5. Bild versieht ein eigens dazu ausgebildetes und geübtes Mammut als Metalldetektor seinen Dienst. Nach der Überprüfung ist offensichtlich, wo im Gepäckstück sich die sperrigen Gegenstände befinden. Und viele davon sind aus Metall, da kann man Gift drauf nehmen!

Das 6. und 7. Bild zeigt den Mammutrüssel bei seinem Einsatz als mobiles und hochempfindliches Alkoholtestgerät.

Bild 6

Bild 7

Das 8. Bild illustriert meinen vollautomatischen Skilift. Da das Mammut ständig Wasser trankt, erhöht sich sein Gewicht, bis es das der bemannten Kabine übersteigt und diese hochzieht.

Das 9. Bild stellt die eigens dafür entworfene Quetsche dar, die das Wasser so aus dem Wesen herauswringt, daß die Kabine wieder sinkt.

Bild 8

Bild 9

ENTDECKEN UND MESSEN

Sensoren und Detektoren (Meßfühler) sind Geräte, die man zum Nachweis von irgend etwas einsetzt und oft auch, um dies zu messen. Alarmsysteme melden sofort jedes Anzeichen eines unerwünschten Vorkommnisses, wie zum Beispiel die verräterischen Schritte eines Einbrechers oder die Rauchteilchen in der Luft. Andere Sensoren und Detektoren verwenden durchdringende Strahlen oder Magnetfelder, um Gegenstände zu orten und aufzudecken, die nicht zu sehen sind. Meßinstrumente, vom Seismographen bis zum Verkehrsradar, sind Sensoren und Detektoren, die auf etwas Bestimmtes reagieren und dann dessen Quantität aufzeichnen.

Sensoren und Detektoren sind auch sehr wichtig als wesentliche Bauelemente automatischer Maschinen. Viele Maschinen, zum Beispiel der Autopilot eines Flugzeugs, nutzen die Rückkopplung. Das heißt: Sensoren messen die Maschinenleistung und leiten diese Informationen zurück, um den Leistungsausstoß zu steuern. Dies wiederum wirkt sich auf die Leistung aus, die von Sensoren gemessen wird . . . und endlos so weiter. Da automatische Maschinen ihre eigene Leistung abfragen, verbleiben sie in gewissen Grenzen. Der mammutbetriebene Skilift ist eine einfache automatische Maschine.

DER SEISMOGRAPH

Seismographen orten den Ursprung von Erdbeben und messen deren Stärke. Erdbeben erzeugen Bodenwellen, die sich durch die Erde fortsetzen und den Boden zum Schwingen bringen, wenn sie an die Oberfläche treten. Ein Seismograph reagiert sehr empfindlich auf diese Schwingungen und verwendet eine schwere Masse mit einer hohen ▷ Trägheit, um deren Bewegungen nachzuweisen. Die Masse selbst bewegt sich nicht, sondern die Detektoren bewegen sich im Verhältnis zur Masse. Der einfache Seismograph hier funktioniert mechanisch; moderne arbeiten mit elektromagnetischen Detektoren.

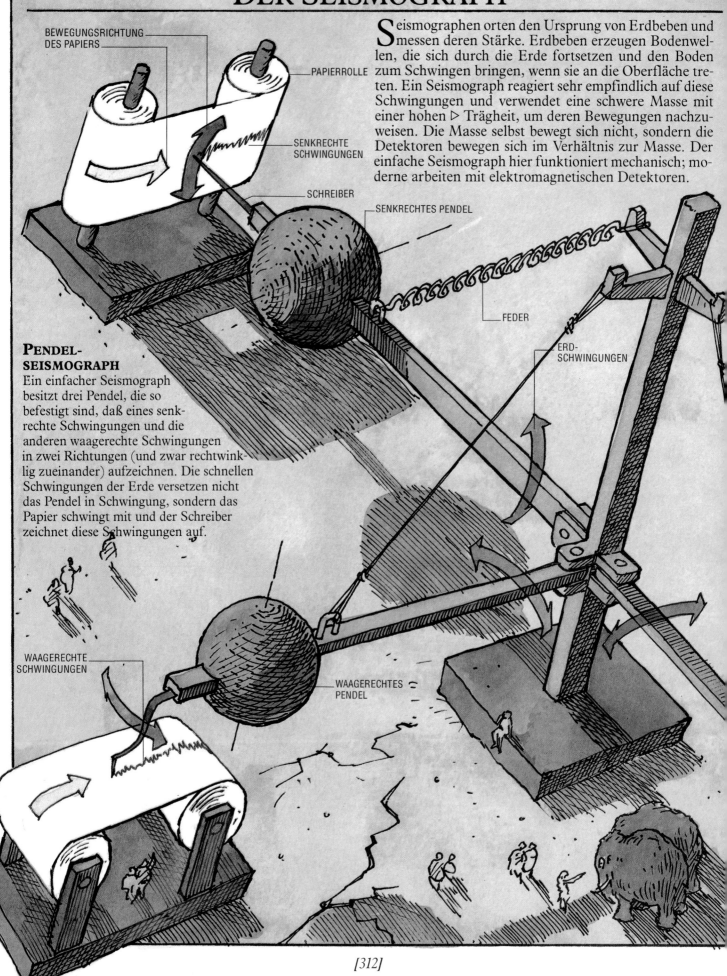

BEWEGUNGSRICHTUNG DES PAPIERS

PAPIERROLLE

SENKRECHTE SCHWINGUNGEN

SCHREIBER

SENKRECHTES PENDEL

FEDER

ERD-SCHWINGUNGEN

PENDEL-SEISMOGRAPH

Ein einfacher Seismograph besitzt drei Pendel, die so befestigt sind, daß eines senkrechte Schwingungen und die anderen waagerechte Schwingungen in zwei Richtungen (und zwar rechtwinklig zueinander) aufzeichnen. Die schnellen Schwingungen der Erde versetzen nicht das Pendel in Schwingung, sondern das Papier schwingt mit und der Schreiber zeichnet diese Schwingungen auf.

WAAGERECHTE SCHWINGUNGEN

WAAGERECHTES PENDEL

AUTOPILOT

ERDBEBENWELLEN

hrere Schwingungsarten breiten sich
der Erde aus. Sie bewegen sich in der
dkruste oder in tieferen Regionen,
s auf ihre Fortbewegung einwirkt.
rch Vergleich ihrer Eingangszeiten
nn ihr Zentrum bestimmt werden.

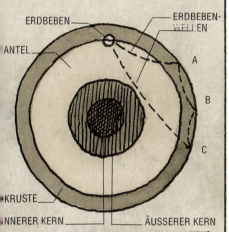

ZENTRUM A Auf die Primärwellen (P)
folgen Sekundär- (S) und Langwellen (L).

ZENTRUM B Die Schwingungen
breiten sich mehr aus, wenn die
Aufzeichnungskurve länger wird.

ZENTRUM C Zwei Wellenberge
kommen, eine Welle nach der
anderen.

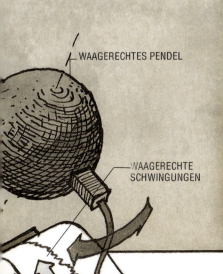

WAAGERECHTES PENDEL

WAAGERECHTE
SCHWINGUNGEN

Die automatische Flugzeugsteuerung (Autopilot) hält ein Flugzeug
auf Kurs, wenn es vom Kurs abweichen will. Beschleunigungsmesser, die auf eine von ▷ Kreiselkompassen stabilisierte Wasserwaage montiert sind, spüren jede Kraft auf, die Kurs oder Höhe des Flugzeugs beeinflußt. Sie werden durch die Trägheit betrieben. Die abgefederte Armatur
in jedem Beschleunigungsmesser neigt dazu, in Ruhe zu verharren, wenn
die Spulen darunter sich bewegen, und die relative Bewegung induziert in
den äußeren Spulen ein elektrisches Signal. Das kombinierte Signal der
Beschleunigungsmesser gelangt zu den Steuerungsinstrumenten des
Flugzeugs, die darauf reagieren, indem sie es wieder auf Kurs bringen.

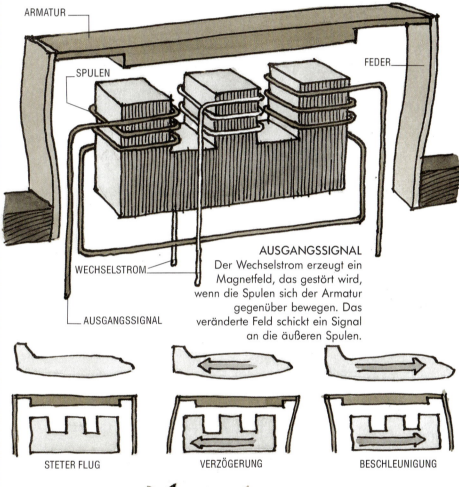

ARMATUR

SPULEN

FEDER

WECHSELSTROM

AUSGANGSSIGNAL

AUSGANGSSIGNAL
Der Wechselstrom erzeugt ein
Magnetfeld, das gestört wird,
wenn die Spulen sich der Armatur
gegenüber bewegen. Das
veränderte Feld schickt ein Signal
an die äußeren Spulen.

STETER FLUG   VERZÖGERUNG   BESCHLEUNIGUNG

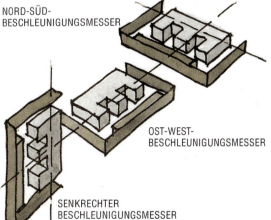

NORD-SÜD-
BESCHLEUNIGUNGSMESSER

OST-WEST-
BESCHLEUNIGUNGSMESSER

SENKRECHTER
BESCHLEUNIGUNGSMESSER

TRÄGHEITSFÜHRUNG
Systeme mit Trägheitsführung
enthalten drei Beschleunigungsmesser, die auf einer
festen Ebene montiert sind.
Sie spüren senkrechte und
waagerechte Kräfte in Nord-
Süd- und Ost-West-Richtung
auf. Auf diese Weise können
sie alle Bewegungen des
Flugzeugs aufspüren. Ihre
Signale gelangen in einen
Computer, der die aktuelle
Flughöhe, die geographische
Breite und Länge der Position
ausrechnet, um das Flugzeug
auf Kurs zu halten.

ALKOHOLTESTGERÄT

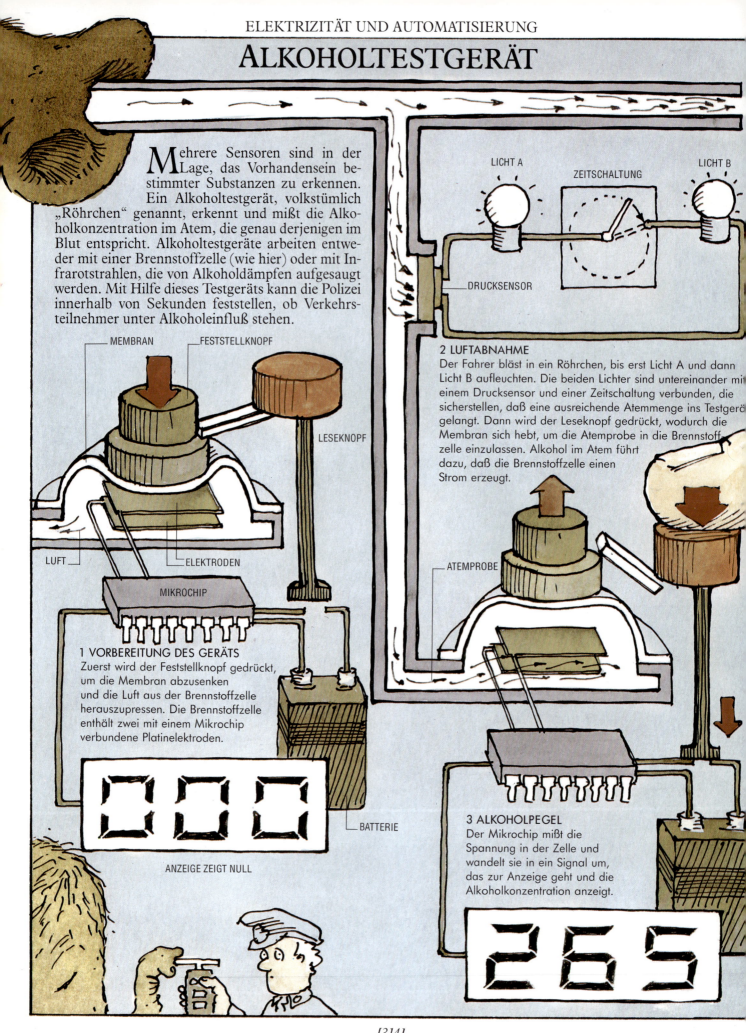

Mehrere Sensoren sind in der Lage, das Vorhandensein bestimmter Substanzen zu erkennen. Ein Alkoholtestgerät, volkstümlich „Röhrchen" genannt, erkennt und mißt die Alkoholkonzentration im Atem, die genau derjenigen im Blut entspricht. Alkoholtestgeräte arbeiten entweder mit einer Brennstoffzelle (wie hier) oder mit Infrarotstrahlen, die von Alkoholdämpfen aufgesaugt werden. Mit Hilfe dieses Testgeräts kann die Polizei innerhalb von Sekunden feststellen, ob Verkehrsteilnehmer unter Alkoholeinfluß stehen.

MEMBRAN

FESTSTELLKNOPF

LESEKNOPF

LUFT

ELEKTRODEN

MIKROCHIP

1 VORBEREITUNG DES GERÄTS

Zuerst wird der Feststellknopf gedrückt, um die Membran abzusenken und die Luft aus der Brennstoffzelle herauszupressen. Die Brennstoffzelle enthält zwei mit einem Mikrochip verbundene Platinelektroden.

BATTERIE

ANZEIGE ZEIGT NULL

LICHT A

ZEITSCHALTUNG

LICHT B

DRUCKSENSOR

2 LUFTABNAHME

Der Fahrer bläst in ein Röhrchen, bis erst Licht A und dann Licht B aufleuchten. Die beiden Lichter sind untereinander mit einem Drucksensor und einer Zeitschaltung verbunden, die sicherstellen, daß eine ausreichende Atemmenge ins Testgerät gelangt. Dann wird der Leseknopf gedrückt, wodurch die Membran sich hebt, um die Atemprobe in die Brennstoffzelle einzulassen. Alkohol im Atem führt dazu, daß die Brennstoffzelle einen Strom erzeugt.

ATEMPROBE

3 ALKOHOLPEGEL

Der Mikrochip mißt die Spannung in der Zelle und wandelt sie in ein Signal um, das zur Anzeige geht und die Alkoholkonzentration anzeigt.

265

RAUCHMELDER

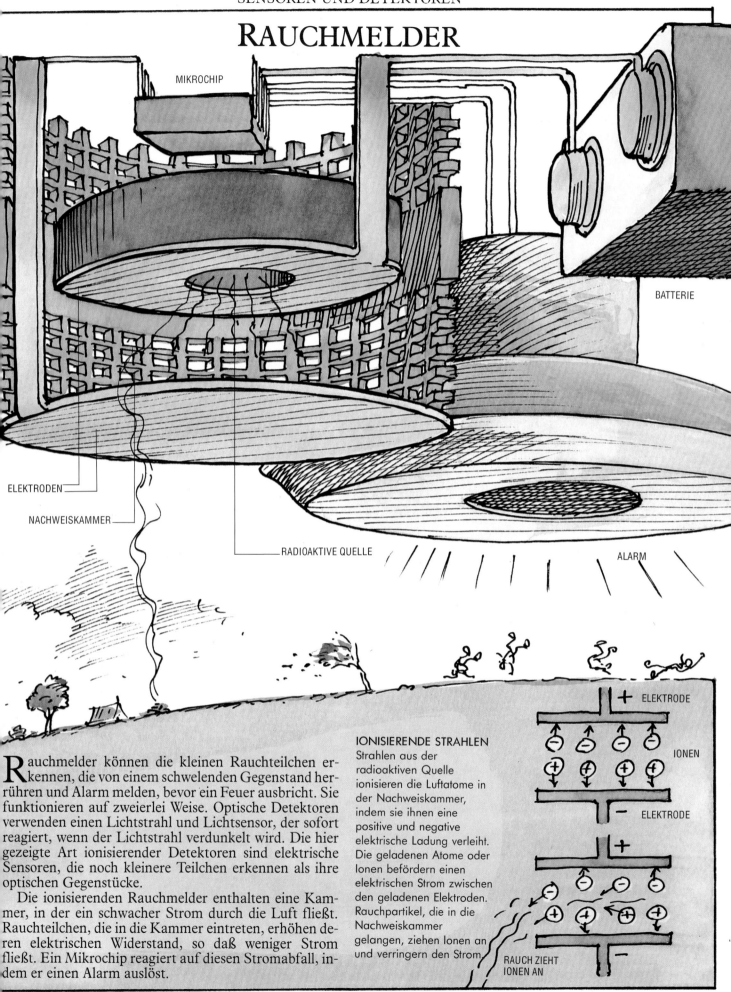

MIKROCHIP

BATTERIE

ELEKTRODEN

NACHWEISKAMMER

RADIOAKTIVE QUELLE

ALARM

IONISIERENDE STRAHLEN
Strahlen aus der radioaktiven Quelle ionisieren die Luftatome in der Nachweiskammer, indem sie ihnen eine positive und negative elektrische Ladung verleiht. Die geladenen Atome oder Ionen befördern einen elektrischen Strom zwischen den geladenen Elektroden. Rauchpartikel, die in die Nachweiskammer gelangen, ziehen Ionen an und verringern den Strom.

ELEKTRODE

IONEN

ELEKTRODE

RAUCH ZIEHT IONEN AN

Rauchmelder können die kleinen Rauchteilchen erkennen, die von einem schwelenden Gegenstand herrühren und Alarm melden, bevor ein Feuer ausbricht. Sie funktionieren auf zweierlei Weise. Optische Detektoren verwenden einen Lichtstrahl und Lichtsensor, der sofort reagiert, wenn der Lichtstrahl verdunkelt wird. Die hier gezeigte Art ionisierender Detektoren sind elektrische Sensoren, die noch kleinere Teilchen erkennen als ihre optischen Gegenstücke.

Die ionisierenden Rauchmelder enthalten eine Kammer, in der ein schwacher Strom durch die Luft fließt. Rauchteilchen, die in die Kammer eintreten, erhöhen deren elektrischen Widerstand, so daß weniger Strom fließt. Ein Mikrochip reagiert auf diesen Stromabfall, indem er einen Alarm auslöst.

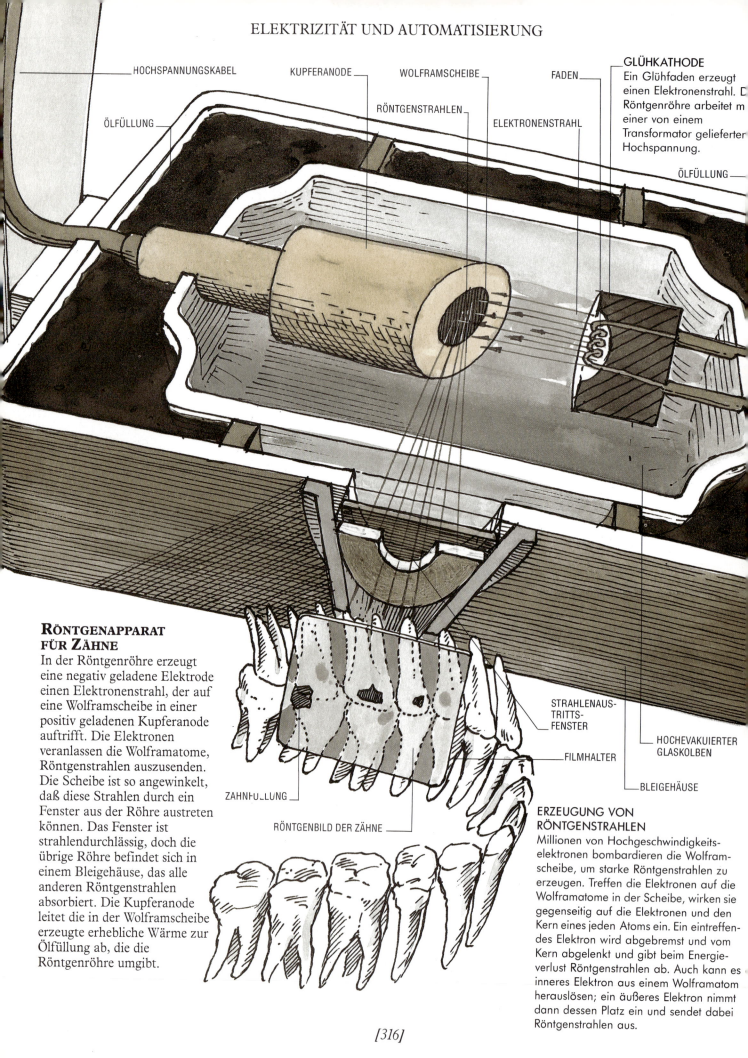

HOCHSPANNUNGSKABEL

ÖLFÜLLUNG

KUPFERANODE

WOLFRAMSCHEIBE

RÖNTGENSTRAHLEN

ELEKTRONENSTRAHL

FADEN

GLÜHKATHODE
Ein Glühfaden erzeugt einen Elektronenstrahl. D Röntgenröhre arbeitet m einer von einem Transformator gelieferter Hochspannung.

ÖLFÜLLUNG

RÖNTGENAPPARAT FÜR ZÄHNE

In der Röntgenröhre erzeugt eine negativ geladene Elektrode einen Elektronenstrahl, der auf eine Wolframscheibe in einer positiv geladenen Kupferanode auftrifft. Die Elektronen veranlassen die Wolframatome, Röntgenstrahlen auszusenden. Die Scheibe ist so angewinkelt, daß diese Strahlen durch ein Fenster aus der Röhre austreten können. Das Fenster ist strahlendurchlässig, doch die übrige Röhre befindet sich in einem Bleigehäuse, das alle anderen Röntgenstrahlen absorbiert. Die Kupferanode leitet die in der Wolframscheibe erzeugte erhebliche Wärme zur Ölfüllung ab, die die Röntgenröhre umgibt.

ZAHNFÜLLUNG

RÖNTGENBILD DER ZÄHNE

STRAHLENAUS-TRITTS-FENSTER

FILMHALTER

HOCHEVAKUIERTER GLASKOLBEN

BLEIGEHÄUSE

ERZEUGUNG VON RÖNTGENSTRAHLEN

Millionen von Hochgeschwindigkeits-elektronen bombardieren die Wolfram-scheibe, um starke Röntgenstrahlen zu erzeugen. Treffen die Elektronen auf die Wolframatome in der Scheibe, wirken sie gegenseitig auf die Elektronen und den Kern eines jeden Atoms ein. Ein eintreffendes Elektron wird abgebremst und vom Kern abgelenkt und gibt beim Energie-verlust Röntgenstrahlen ab. Auch kann es inneres Elektron aus einem Wolframatom herauslösen; ein äußeres Elektron nimmt dann dessen Platz ein und sendet dabei Röntgenstrahlen aus.

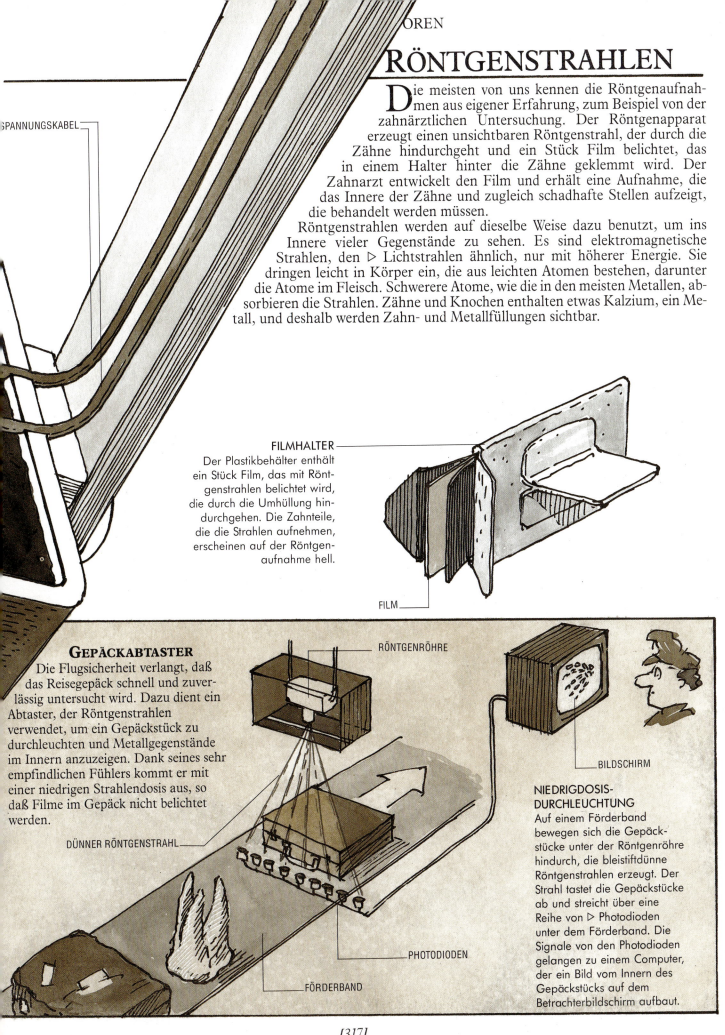

RÖNTGENSTRAHLEN

Die meisten von uns kennen die Röntgenaufnahmen aus eigener Erfahrung, zum Beispiel von der zahnärztlichen Untersuchung. Der Röntgenapparat erzeugt einen unsichtbaren Röntgenstrahl, der durch die Zähne hindurchgeht und ein Stück Film belichtet, das in einem Halter hinter die Zähne geklemmt wird. Der Zahnarzt entwickelt den Film und erhält eine Aufnahme, die das Innere der Zähne und zugleich schadhafte Stellen aufzeigt, die behandelt werden müssen.

Röntgenstrahlen werden auf dieselbe Weise dazu benutzt, um ins Innere vieler Gegenstände zu sehen. Es sind elektromagnetische Strahlen, den ▷ Lichtstrahlen ähnlich, nur mit höherer Energie. Sie dringen leicht in Körper ein, die aus leichten Atomen bestehen, darunter die Atome im Fleisch. Schwerere Atome, wie die in den meisten Metallen, absorbieren die Strahlen. Zähne und Knochen enthalten etwas Kalzium, ein Metall, und deshalb werden Zahn- und Metallfüllungen sichtbar.

HOCHSPANNUNGSKABEL

FILMHALTER
Der Plastikbehälter enthält ein Stück Film, das mit Röntgenstrahlen belichtet wird, die durch die Umhüllung hindurchgehen. Die Zahnteile, die die Strahlen aufnehmen, erscheinen auf der Röntgenaufnahme hell.

FILM

GEPÄCKABTASTER
Die Flugsicherheit verlangt, daß das Reisegepäck schnell und zuverlässig untersucht wird. Dazu dient ein Abtaster, der Röntgenstrahlen verwendet, um ein Gepäckstück zu durchleuchten und Metallgegenstände im Innern anzuzeigen. Dank seines sehr empfindlichen Fühlers kommt er mit einer niedrigen Strahlendosis aus, so daß Filme im Gepäck nicht belichtet werden.

DÜNNER RÖNTGENSTRAHL

RÖNTGENRÖHRE

BILDSCHIRM

NIEDRIGDOSIS-DURCHLEUCHTUNG
Auf einem Förderband bewegen sich die Gepäckstücke unter der Röntgenröhre hindurch, die bleistiftdünne Röntgenstrahlen erzeugt. Der Strahl tastet die Gepäckstücke ab und streicht über eine Reihe von ▷ Photodioden unter dem Förderband. Die Signale von den Photodioden gelangen zu einem Computer, der ein Bild vom Innern des Gepäckstücks auf dem Betrachterbildschirm aufbaut.

PHOTODIODEN

FÖRDERBAND

DAS SONARGERÄT

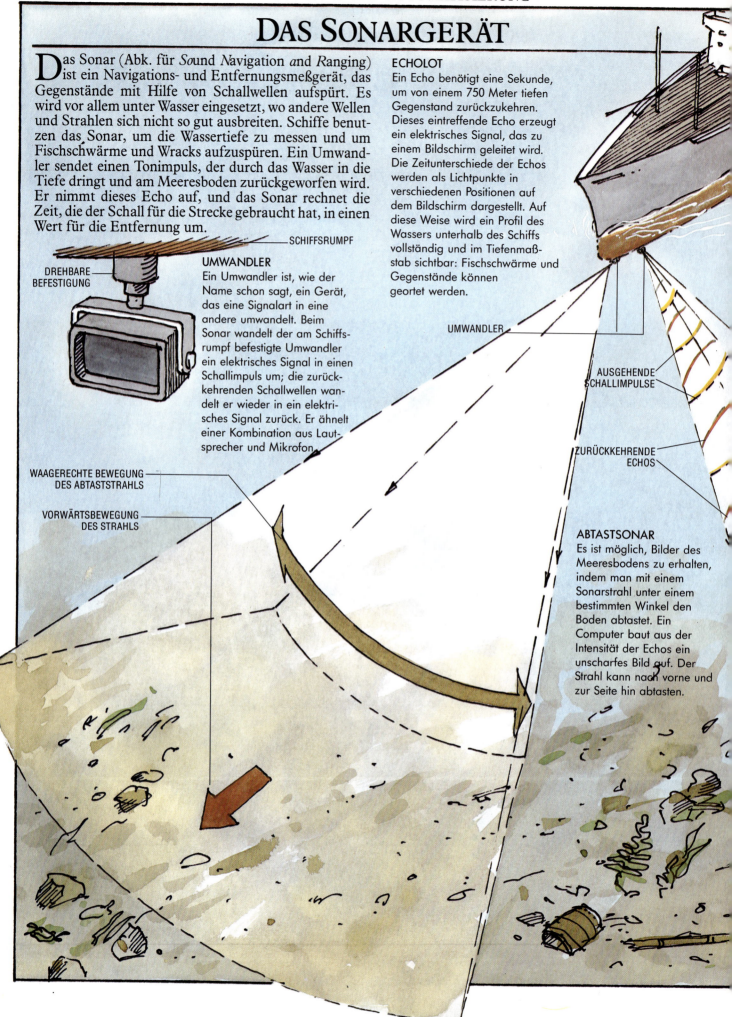

Das Sonar (Abk. für *So*und *Na*vigation *and* *R*anging) ist ein Navigations- und Entfernungsmeßgerät, das Gegenstände mit Hilfe von Schallwellen aufspürt. Es wird vor allem unter Wasser eingesetzt, wo andere Wellen und Strahlen sich nicht so gut ausbreiten. Schiffe benutzen das Sonar, um die Wassertiefe zu messen und um Fischschwärme und Wracks aufzuspüren. Ein Umwandler sendet einen Tonimpuls, der durch das Wasser in die Tiefe dringt und am Meeresboden zurückgeworfen wird. Er nimmt dieses Echo auf, und das Sonar rechnet die Zeit, die der Schall für die Strecke gebraucht hat, in einen Wert für die Entfernung um.

SCHIFFSRUMPF

DREHBARE BEFESTIGUNG

UMWANDLER

Ein Umwandler ist, wie der Name schon sagt, ein Gerät, das eine Signalart in eine andere umwandelt. Beim Sonar wandelt der am Schiffsrumpf befestigte Umwandler ein elektrisches Signal in einen Schallimpuls um; die zurückkehrenden Schallwellen wandelt er wieder in ein elektrisches Signal zurück. Er ähnelt einer Kombination aus Lautsprecher und Mikrofon.

ECHOLOT

Ein Echo benötigt eine Sekunde, um von einem 750 Meter tiefen Gegenstand zurückzukehren. Dieses eintreffende Echo erzeugt ein elektrisches Signal, das zu einem Bildschirm geleitet wird. Die Zeitunterschiede der Echos werden als Lichtpunkte in verschiedenen Positionen auf dem Bildschirm dargestellt. Auf diese Weise wird ein Profil des Wassers unterhalb des Schiffs vollständig und im Tiefenmaßstab sichtbar: Fischschwärme und Gegenstände können geortet werden.

UMWANDLER

AUSGEHENDE SCHALLIMPULSE

ZURÜCKKEHRENDE ECHOS

WAAGERECHTE BEWEGUNG DES ABTASTSTRAHLS

VORWÄRTSBEWEGUNG DES STRAHLS

ABTASTSONAR

Es ist möglich, Bilder des Meeresbodens zu erhalten, indem man mit einem Sonarstrahl unter einem bestimmten Winkel den Boden abtastet. Ein Computer baut aus der Intensität der Echos ein unscharfes Bild auf. Der Strahl kann nach vorne und zur Seite hin abtasten.

ULTRASCHALLGERÄT

Eine der wichtigsten Anwendungen des Sonar-Prinzips ist das Ultraschallgerät. Dieses Gerät kann das Bild eines ungeborenen Babys im Mutterleib liefern. Die Schallimpulse einer Sonde tasten das Körperinnere ab. Die inneren Organe, auch die des Babys, werfen ein Echo zurück. Ein Computer verwendet dieses Echo, um ein Querschnittsbild des Babys aufzubauen.

Der Abtaster erzeugt Ultraschallimpulse, das heißt Schallwellen mit Frequenzen, die oberhalb der menschlichen Hörgrenze liegen. Der Ultraschall wird vielfach angewendet, unter anderem zur Messung von Schallgeschwindigkeiten, zur Nachrichtenübermittlung unter Wasser, zur Echolotung, zur Werkstoffprüfung und -bearbeitung und zur medizinischen Diagnostik.

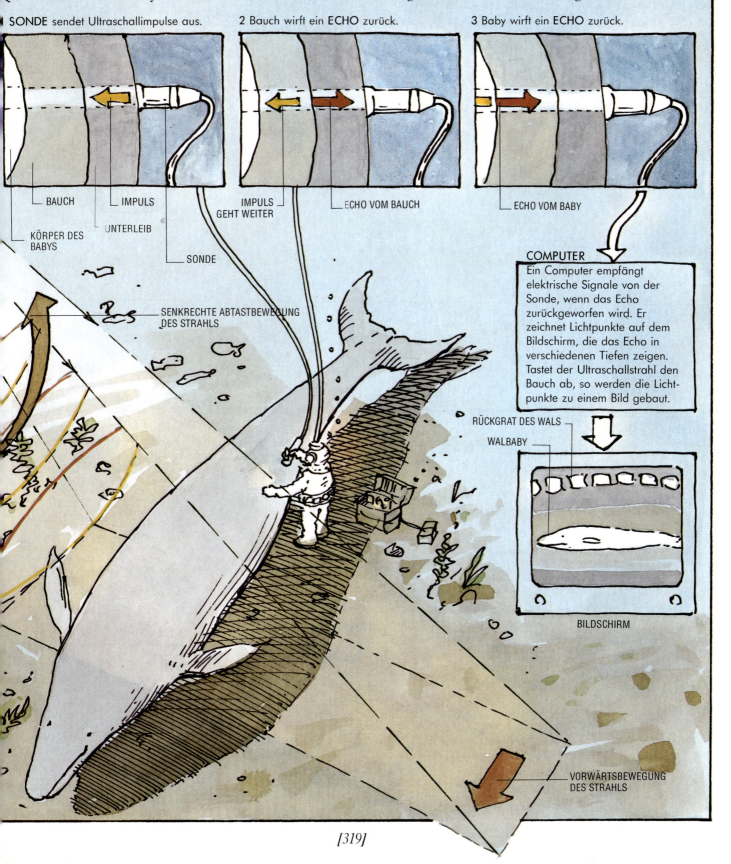

SONDE sendet Ultraschallimpulse aus.

2 Bauch wirft ein ECHO zurück.

3 Baby wirft ein ECHO zurück.

BAUCH

IMPULS

KÖRPER DES BABYS

UNTERLEIB

SONDE

IMPULS GEHT WEITER

ECHO VOM BAUCH

ECHO VOM BABY

SENKRECHTE ABTASTBEWEGUNG DES STRAHLS

COMPUTER

Ein Computer empfängt elektrische Signale von der Sonde, wenn das Echo zurückgeworfen wird. Er zeichnet Lichtpunkte auf dem Bildschirm, die das Echo in verschiedenen Tiefen zeigen. Tastet der Ultraschallstrahl den Bauch ab, so werden die Lichtpunkte zu einem Bild gebaut.

RÜCKGRAT DES WALS

WALBABY

BILDSCHIRM

VORWÄRTSBEWEGUNG DES STRAHLS

RADAR

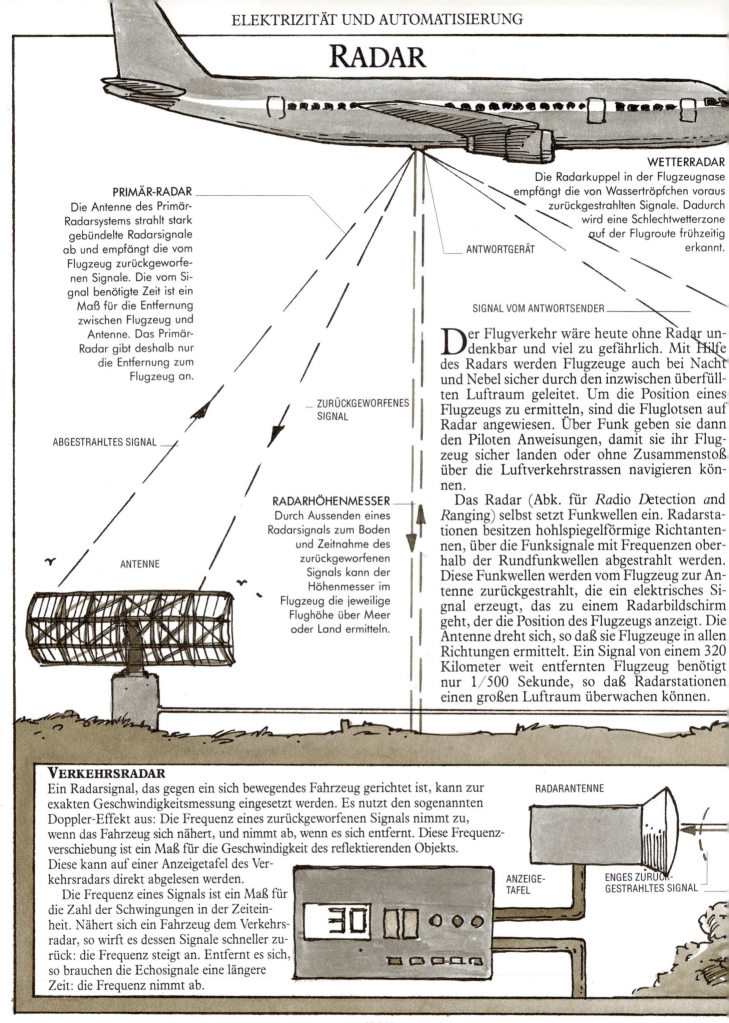

WETTERRADAR
Die Radarkuppel in der Flugzeugnase empfängt die von Wassertröpfchen voraus zurückgestrahlten Signale. Dadurch wird eine Schlechtwetterzone auf der Flugroute frühzeitig erkannt.

ANTWORTGERÄT

PRIMÄR-RADAR
Die Antenne des Primär-Radarsystems strahlt stark gebündelte Radarsignale ab und empfängt die vom Flugzeug zurückgeworfenen Signale. Die vom Signal benötigte Zeit ist ein Maß für die Entfernung zwischen Flugzeug und Antenne. Das Primär-Radar gibt deshalb nur die Entfernung zum Flugzeug an.

SIGNAL VOM ANTWORTSENDER

ZURÜCKGEWORFENES SIGNAL

ABGESTRAHLTES SIGNAL

RADARHÖHENMESSER
Durch Aussenden eines Radarsignals zum Boden und Zeitnahme des zurückgeworfenen Signals kann der Höhenmesser im Flugzeug die jeweilige Flughöhe über Meer oder Land ermitteln.

ANTENNE

Der Flugverkehr wäre heute ohne Radar undenkbar und viel zu gefährlich. Mit Hilfe des Radars werden Flugzeuge auch bei Nacht und Nebel sicher durch den inzwischen überfüllten Luftraum geleitet. Um die Position eines Flugzeugs zu ermitteln, sind die Fluglotsen auf Radar angewiesen. Über Funk geben sie dann den Piloten Anweisungen, damit sie ihr Flugzeug sicher landen oder ohne Zusammenstoß über die Luftverkehrsstrassen navigieren können.

Das Radar (Abk. für *R*adio *D*etection *and R*anging) selbst setzt Funkwellen ein. Radarstationen besitzen hohlspiegelförmige Richtantennen, über die Funksignale mit Frequenzen oberhalb der Rundfunkwellen abgestrahlt werden. Diese Funkwellen werden vom Flugzeug zur Antenne zurückgestrahlt, die ein elektrisches Signal erzeugt, das zu einem Radarbildschirm geht, der die Position des Flugzeugs anzeigt. Die Antenne dreht sich, so daß sie Flugzeuge in allen Richtungen ermittelt. Ein Signal von einem 320 Kilometer weit entfernten Flugzeug benötigt nur 1/500 Sekunde, so daß Radarstationen einen großen Luftraum überwachen können.

VERKEHRSRADAR

Ein Radarsignal, das gegen ein sich bewegendes Fahrzeug gerichtet ist, kann zur exakten Geschwindigkeitsmessung eingesetzt werden. Es nutzt den sogenannten Doppler-Effekt aus: Die Frequenz eines zurückgeworfenen Signals nimmt zu, wenn das Fahrzeug sich nähert, und nimmt ab, wenn es sich entfernt. Diese Frequenzverschiebung ist ein Maß für die Geschwindigkeit des reflektierenden Objekts. Diese kann auf einer Anzeigetafel des Verkehrsradars direkt abgelesen werden.

Die Frequenz eines Signals ist ein Maß für die Zahl der Schwingungen in der Zeiteinheit. Nähert sich ein Fahrzeug dem Verkehrsradar, so wirft es dessen Signale schneller zurück: die Frequenz steigt an. Entfernt es sich, so brauchen die Echosignale eine längere Zeit: die Frequenz nimmt ab.

RADARANTENNE

ANZEIGE-TAFEL

ENGES ZURÜCK-GESTRAHLTES SIGNAL

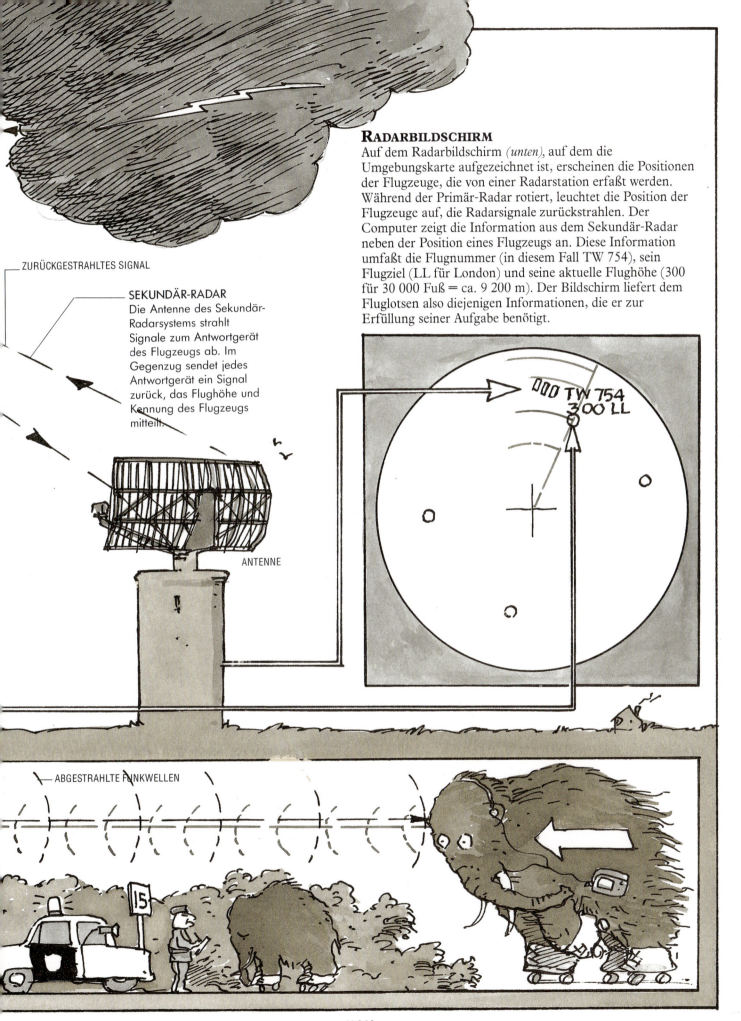

ZURÜCKGESTRAHLTES SIGNAL

SEKUNDÄR-RADAR

Die Antenne des Sekundär-Radarsystems strahlt Signale zum Antwortgerät des Flugzeugs ab. Im Gegenzug sendet jedes Antwortgerät ein Signal zurück, das Flughöhe und Kennung des Flugzeugs mitteilt.

ANTENNE

RADARBILDSCHIRM

Auf dem Radarbildschirm *(unten)*, auf dem die Umgebungskarte aufgezeichnet ist, erscheinen die Positionen der Flugzeuge, die von einer Radarstation erfaßt werden. Während der Primär-Radar rotiert, leuchtet die Position der Flugzeuge auf, die Radarsignale zurückstrahlen. Der Computer zeigt die Information aus dem Sekundär-Radar neben der Position eines Flugzeugs an. Diese Information umfaßt die Flugnummer (in diesem Fall TW 754), sein Flugziel (LL für London) und seine aktuelle Flughöhe (300 für 30 000 Fuß = ca. 9 200 m). Der Bildschirm liefert dem Fluglotsen also diejenigen Informationen, die er zur Erfüllung seiner Aufgabe benötigt.

TW 754
300 LL

ABGESTRAHLTE FUNKWELLEN

[321]

DER METALLDETEKTOR

Die Technik, die uns in die Lage versetzt, einen vergrabenen Schatz zu finden, prüft auch die Münzen in einem Münzautomaten, tastet die Menschen auf Flughäfen berührungslos ab und steuert Ampelanlagen. All diese Geräte sind ursprünglich Metalldetektoren und arbeiten mit Hilfe der elektromagnetischen Induktion.

Wenn ein Metallstück durch ein Magnetfeld hindurchgeht oder umgekehrt, erzeugt das Feld Wirbelströme, die im Metall kreisen. Die Wirbelströme erzeugen wiederum ihr eigenes Magnetfeld, und Metalldetektoren sind in der Lage, dieses Feld aufzudecken.

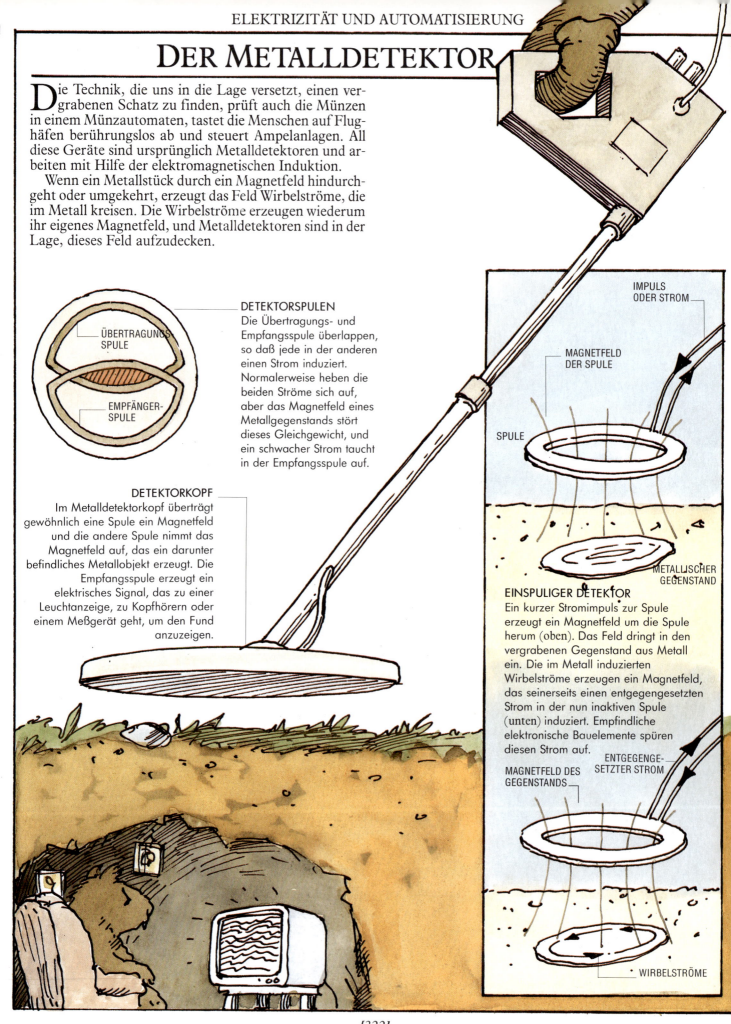

ÜBERTRAGUNGS-SPULE

EMPFÄNGER-SPULE

DETEKTORSPULEN
Die Übertragungs- und Empfangsspule überlappen, so daß jede in der anderen einen Strom induziert. Normalerweise heben die beiden Ströme sich auf, aber das Magnetfeld eines Metallgegenstands stört dieses Gleichgewicht, und ein schwacher Strom taucht in der Empfangsspule auf.

DETEKTORKOPF
Im Metalldetektorkopf überträgt gewöhnlich eine Spule ein Magnetfeld und die andere Spule nimmt das Magnetfeld auf, das ein darunter befindliches Metallobjekt erzeugt. Die Empfangsspule erzeugt ein elektrisches Signal, das zu einer Leuchtanzeige, zu Kopfhörern oder einem Meßgerät geht, um den Fund anzuzeigen.

IMPULS ODER STROM

MAGNETFELD DER SPULE

SPULE

METALLISCHER GEGENSTAND

EINSPULIGER DETEKTOR
Ein kurzer Stromimpuls zur Spule erzeugt ein Magnetfeld um die Spule herum (oben). Das Feld dringt in den vergrabenen Gegenstand aus Metall ein. Die im Metall induzierten Wirbelströme erzeugen ein Magnetfeld, das seinerseits einen entgegengesetzten Strom in der nun inaktiven Spule (unten) induziert. Empfindliche elektronische Bauelemente spüren diesen Strom auf.

MAGNETFELD DES GEGENSTANDS

ENTGEGENGE-SETZTER STROM

WIRBELSTRÖME

MÜNZPRÜFGERÄT

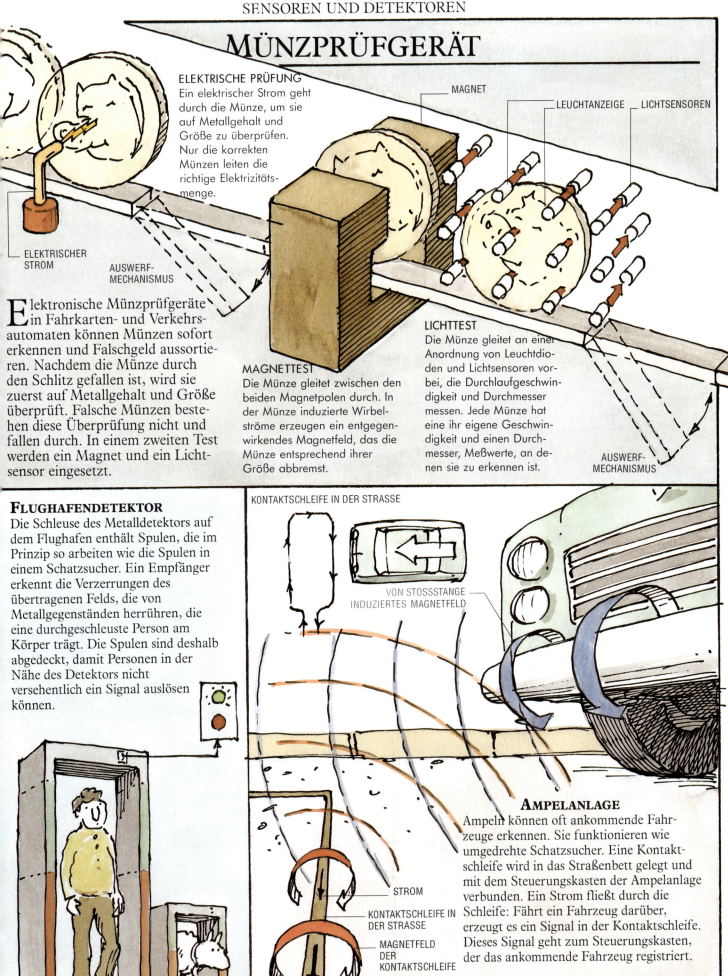

ELEKTRISCHE PRÜFUNG
Ein elektrischer Strom geht durch die Münze, um sie auf Metallgehalt und Größe zu überprüfen. Nur die korrekten Münzen leiten die richtige Elektrizitätsmenge.

MAGNET

LEUCHTANZEIGE

LICHTSENSOREN

ELEKTRISCHER STROM

AUSWERF-MECHANISMUS

Elektronische Münzprüfgeräte in Fahrkarten- und Verkehrsautomaten können Münzen sofort erkennen und Falschgeld aussortieren. Nachdem die Münze durch den Schlitz gefallen ist, wird sie zuerst auf Metallgehalt und Größe überprüft. Falsche Münzen bestehen diese Überprüfung nicht und fallen durch. In einem zweiten Test werden ein Magnet und ein Lichtsensor eingesetzt.

MAGNETTEST
Die Münze gleitet zwischen den beiden Magnetpolen durch. In der Münze induzierte Wirbelströme erzeugen ein entgegenwirkendes Magnetfeld, das die Münze entsprechend ihrer Größe abbremst.

LICHTTEST
Die Münze gleitet an einer Anordnung von Leuchtdioden und Lichtsensoren vorbei, die Durchlaufgeschwindigkeit und Durchmesser messen. Jede Münze hat eine ihr eigene Geschwindigkeit und einen Durchmesser, Meßwerte, an denen sie zu erkennen ist.

AUSWERF-MECHANISMUS

FLUGHAFENDETEKTOR
Die Schleuse des Metalldetektors auf dem Flughafen enthält Spulen, die im Prinzip so arbeiten wie die Spulen in einem Schatzsucher. Ein Empfänger erkennt die Verzerrungen des übertragenen Felds, die von Metallgegenständen herrühren, die eine durchgeschleuste Person am Körper trägt. Die Spulen sind deshalb abgedeckt, damit Personen in der Nähe des Detektors nicht versehentlich ein Signal auslösen können.

KONTAKTSCHLEIFE IN DER STRASSE

VON STOSSSTANGE INDUZIERTES MAGNETFELD

STROM

KONTAKTSCHLEIFE IN DER STRASSE

MAGNETFELD DER KONTAKTSCHLEIFE

AMPELANLAGE
Ampeln können oft ankommende Fahrzeuge erkennen. Sie funktionieren wie umgedrehte Schatzsucher. Eine Kontaktschleife wird in das Straßenbett gelegt und mit dem Steuerungskasten der Ampelanlage verbunden. Ein Strom fließt durch die Schleife: Fährt ein Fahrzeug darüber, erzeugt es ein Signal in der Kontaktschleife. Dieses Signal geht zum Steuerungskasten, der das ankommende Fahrzeug registriert.

DAS NMR-SPEKTROSKOP

Ein Arzt kann sich heutzutage jeden Körperteil mit Hilfe des NMR-Spektroskops genau ansehen (NMR = Abk. für *Nuclear Magnetic Resonance*, „Kernmagn. Resonanz"). Es erzeugt Querschnittsbilder vom Menschen, die Gewebestrukturen und jedes gewünschte innere Organ erkennen lassen. Ein Patient im NMR-Spektroskop wird zuerst mit starken Magnetfeldern, dann mit Radiowellenimpulsen bombardiert. Die Atomkerne im Körper erzeugen magnetische Signale, die von Detektoren aufgenommen werden, und ein Computer baut aus diesen Signalen ein Bild auf. Im Gegensatz zum Computertomographen, der den Körper mit Röntgenstrahlen abtastet, ist eine Untersuchung mit dem NMR-Spektroskop für den Patienten wesentlich risikoärmer.

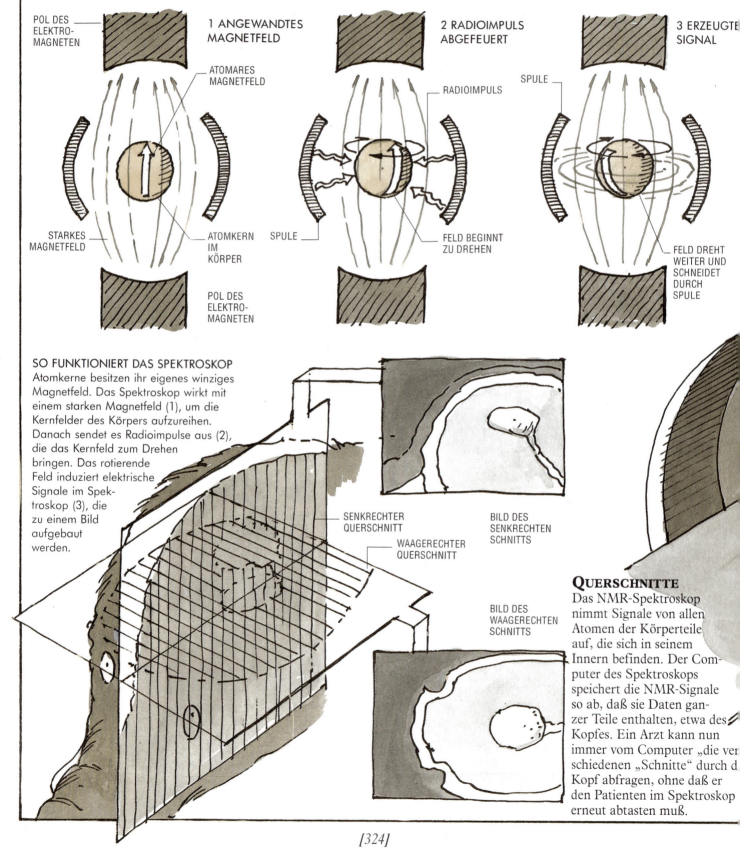

POL DES ELEKTRO- MAGNETEN

1 ANGEWANDTES MAGNETFELD

ATOMARES MAGNETFELD

STARKES MAGNETFELD

ATOMKERN IM KÖRPER

POL DES ELEKTRO- MAGNETEN

2 RADIOIMPULS ABGEFEUERT

RADIOIMPULS

SPULE

FELD BEGINNT ZU DREHEN

3 ERZEUGTE SIGNAL

SPULE

FELD DREHT WEITER UND SCHNEIDET DURCH SPULE

SO FUNKTIONIERT DAS SPEKTROSKOP

Atomkerne besitzen ihr eigenes winziges Magnetfeld. Das Spektroskop wirkt mit einem starken Magnetfeld (1), um die Kernfelder des Körpers aufzureihen. Danach sendet es Radioimpulse aus (2), die das Kernfeld zum Drehen bringen. Das rotierende Feld induziert elektrische Signale im Spektroskop (3), die zu einem Bild aufgebaut werden.

SENKRECHTER QUERSCHNITT

WAAGERECHTER QUERSCHNITT

BILD DES SENKRECHTEN SCHNITTS

BILD DES WAAGERECHTEN SCHNITTS

QUERSCHNITTE

Das NMR-Spektroskop nimmt Signale von allen Atomen der Körperteile auf, die sich in seinem Innern befinden. Der Computer des Spektroskops speichert die NMR-Signale so ab, daß sie Daten ganzer Teile enthalten, etwa des Kopfes. Ein Arzt kann nun immer vom Computer „die verschiedenen „Schnitte" durch d Kopf abfragen, ohne daß er den Patienten im Spektroskop erneut abtasten muß.

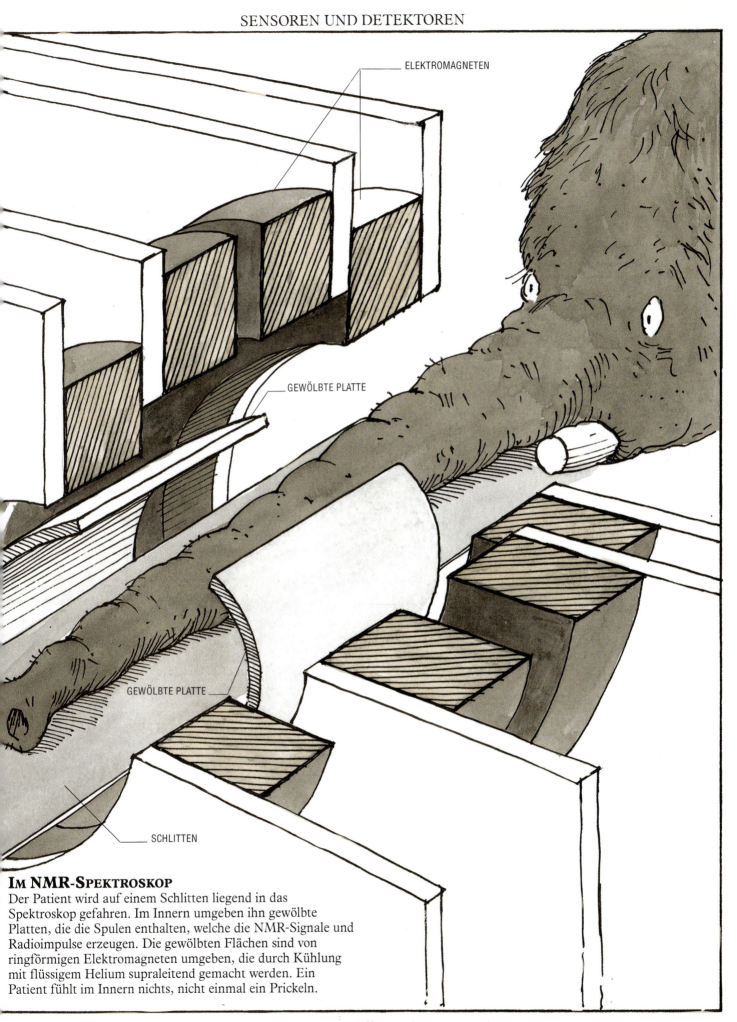

ELEKTROMAGNETEN

GEWÖLBTE PLATTE

GEWÖLBTE PLATTE

SCHLITTEN

Im NMR-Spektroskop

Der Patient wird auf einem Schlitten liegend in das Spektroskop gefahren. Im Innern umgeben ihn gewölbte Platten, die die Spulen enthalten, welche die NMR-Signale und Radioimpulse erzeugen. Die gewölbten Flächen sind von ringförmigen Elektromagneten umgeben, die durch Kühlung mit flüssigem Helium supraleitend gemacht werden. Ein Patient fühlt im Innern nichts, nicht einmal ein Prickeln.

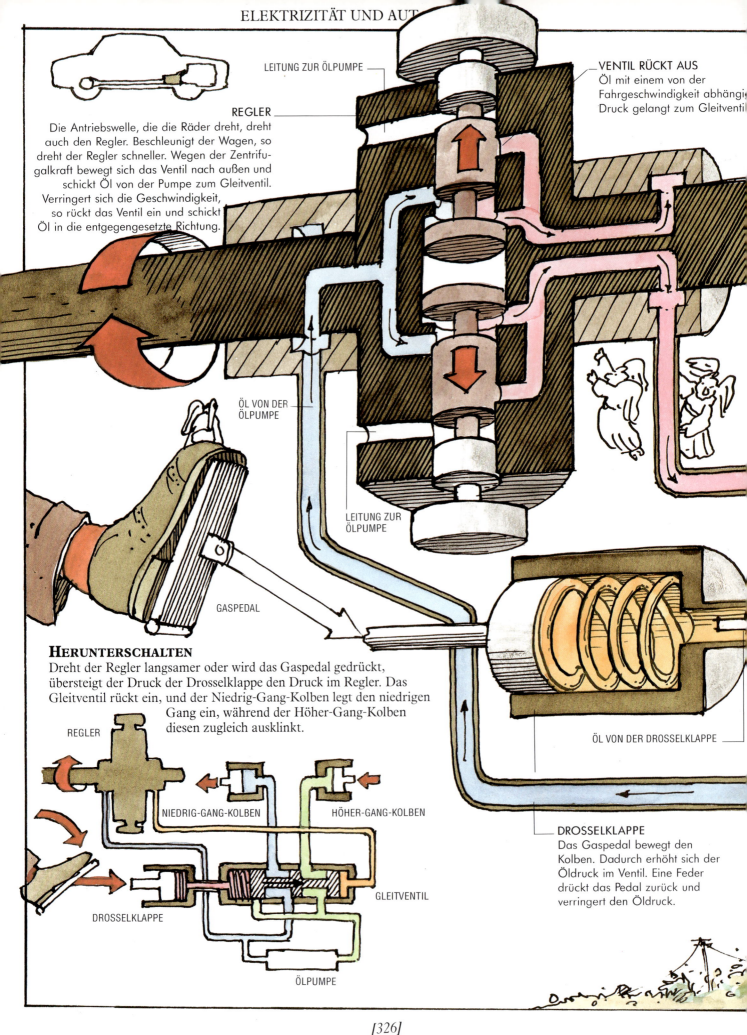

LEITUNG ZUR ÖLPUMPE

REGLER

VENTIL RÜCKT AUS
Öl mit einem von der
Fahrgeschwindigkeit abhängi
Druck gelangt zum Gleitventi

Die Antriebswelle, die die Räder dreht, dreht
auch den Regler. Beschleunigt der Wagen, so
dreht der Regler schneller. Wegen der Zentrifugalkraft bewegt sich das Ventil nach außen und
schickt Öl von der Pumpe zum Gleitventil.
Verringert sich die Geschwindigkeit,
so rückt das Ventil ein und schickt
Öl in die entgegengesetzte Richtung.

ÖL VON DER
ÖLPUMPE

LEITUNG ZUR
ÖLPUMPE

GASPEDAL

HERUNTERSCHALTEN

Dreht der Regler langsamer oder wird das Gaspedal gedrückt,
übersteigt der Druck der Drosselklappe den Druck im Regler. Das
Gleitventil rückt ein, und der Niedrig-Gang-Kolben legt den niedrigen
Gang ein, während der Höher-Gang-Kolben
diesen zugleich ausklinkt.

ÖL VON DER DROSSELKLAPPE

REGLER

NIEDRIG-GANG-KOLBEN

HÖHER-GANG-KOLBEN

DROSSELKLAPPE
Das Gaspedal bewegt den
Kolben. Dadurch erhöht sich der
Öldruck im Ventil. Eine Feder
drückt das Pedal zurück und
verringert den Öldruck.

GLEITVENTIL

DROSSELKLAPPE

ÖLPUMPE

DAS AUTOMATISCHE GETRIEBE

Das automatische Getriebe erleichtert das Autofahren, da es keinen Schalthebel und kein Kupplungspedal mehr zu bedienen gibt. Der Mechanismus reagiert auf die Fahrgeschwindigkeit und legt automatisch einen höheren oder tieferen Gang ein, wenn die Geschwindigkeit zu- oder abnimmt. Es kann auch die Stellung des Gaspedals erkennen.

Das Steuersystem arbeitet mit Öldruck. Jeder Gangwechsel wird von einem Wechselventil gesteuert. Ein mit den Rädern verbundener Regler und eine vom Pedal gesteuerte Drosselklappe befördern das Öl in unterschiedlichem Druck zum Gleitventil. Das Ventil bewegt sich entsprechend und leitet den Ölstrom zum Gangwechselmechanismus im Getriebe.

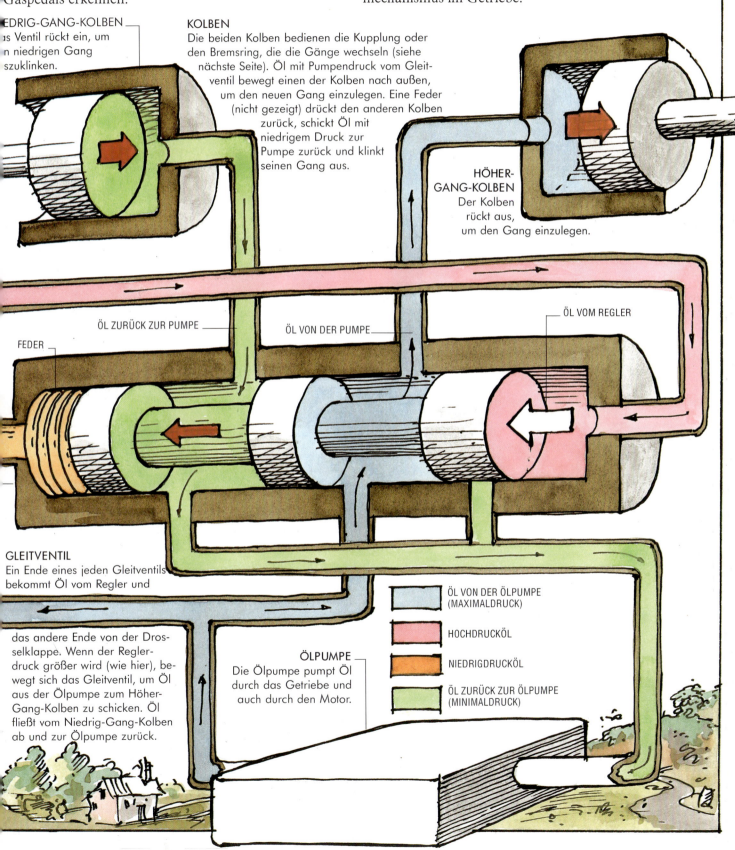

EDRIG-GANG-KOLBEN
as Ventil rückt ein, um
n niedrigen Gang
szuklinken.

KOLBEN
Die beiden Kolben bedienen die Kupplung oder den Bremsring, die die Gänge wechseln (siehe nächste Seite). Öl mit Pumpendruck vom Gleitventil bewegt einen der Kolben nach außen, um den neuen Gang einzulegen. Eine Feder (nicht gezeigt) drückt den anderen Kolben zurück, schickt Öl mit niedrigem Druck zur Pumpe zurück und klinkt seinen Gang aus.

HÖHER-GANG-KOLBEN
Der Kolben rückt aus, um den Gang einzulegen.

ÖL ZURÜCK ZUR PUMPE

ÖL VON DER PUMPE

ÖL VOM REGLER

FEDER

GLEITVENTIL
Ein Ende eines jeden Gleitventils bekommt Öl vom Regler und das andere Ende von der Drosselklappe. Wenn der Reglerdruck größer wird (wie hier), bewegt sich das Gleitventil, um Öl aus der Ölpumpe zum Höher-Gang-Kolben zu schicken. Öl fließt vom Niedrig-Gang-Kolben ab und zur Ölpumpe zurück.

ÖLPUMPE
Die Ölpumpe pumpt Öl durch das Getriebe und auch durch den Motor.

ÖL VON DER ÖLPUMPE (MAXIMALDRUCK)

HOCHDRUCKÖL

NIEDRIGDRUCKÖL

ÖL ZURÜCK ZUR ÖLPUMPE (MINIMALDRUCK)

DAS AUTOMATISCHE GETRIEBE

Ein automatisches Getriebe besteht aus zwei Teilen: dem Drehmomentumwandler und dem automatischen Getriebegehäuse. Der Umwandler überträgt die Kraft vom Schwungrad des Motors auf das Getriebegehäuse. So allmählich und fließend, daß Starten und Gangwechsel nicht ruckartig geschehen, sondern ähnlich wie beim Kuppeln in einem mechanischen Getriebe.

Das automatische Getriebe enthält zwei Sonnen- oder Umlaufgetriebe, in denen Getrieberäder mit unterschiedlichen Geschwindigkeiten drehen. Überall, ausgenommen im höchsten Gang, wird die Drehzahl des Schwungrads so untersetzt, daß es langsamer, dafür aber mit mehr Kraft dreht. Der Rückwärtsgang kehrt die Drehrichtung der Räder um.

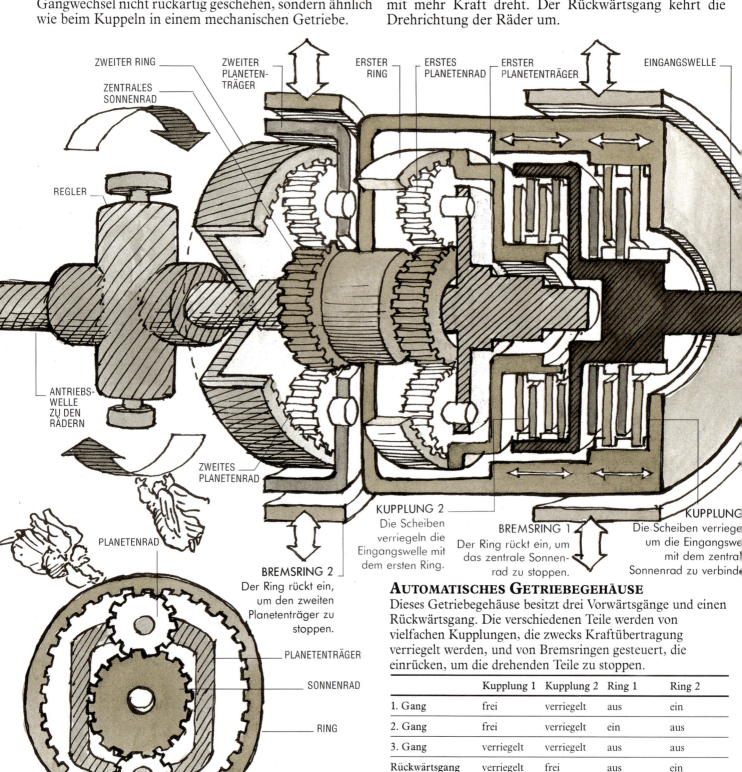

ZWEITER RING

ZENTRALES SONNENRAD

ZWEITER PLANETENTRÄGER

ERSTER RING

ERSTES PLANETENRAD

ERSTER PLANETENTRÄGER

EINGANGSWELLE

REGLER

ANTRIEBSWELLE ZU DEN RÄDERN

ZWEITES PLANETENRAD

PLANETENRAD

PLANETENRAD

PLANETENTRÄGER

SONNENRAD

RING

BREMSRING 2
Der Ring rückt ein, um den zweiten Planetenträger zu stoppen.

KUPPLUNG 2
Die Scheiben verriegeln die Eingangswelle mit dem ersten Ring.

BREMSRING 1
Der Ring rückt ein, um das zentrale Sonnenrad zu stoppen.

KUPPLUNG
Die Scheiben verriege um die Eingangswe mit dem zentral Sonnenrad zu verbinde

SONNEN- ODER UMLAUFGETRIEBE
Jedes Teil rotiert entweder oder wird so blockiert, daß die anderen Teile darum rotieren.

AUTOMATISCHES GETRIEBEGEHÄUSE

Dieses Getriebegehäuse besitzt drei Vorwärtsgänge und einen Rückwärtsgang. Die verschiedenen Teile werden von vielfachen Kupplungen, die zwecks Kraftübertragung verriegelt werden, und von Bremsringen gesteuert, die einrücken, um die drehenden Teile zu stoppen.

	Kupplung 1	Kupplung 2	Ring 1	Ring 2
1. Gang	frei	verriegelt	aus	ein
2. Gang	frei	verriegelt	ein	aus
3. Gang	verriegelt	verriegelt	aus	aus
Rückwärtsgang	verriegelt	frei	aus	ein

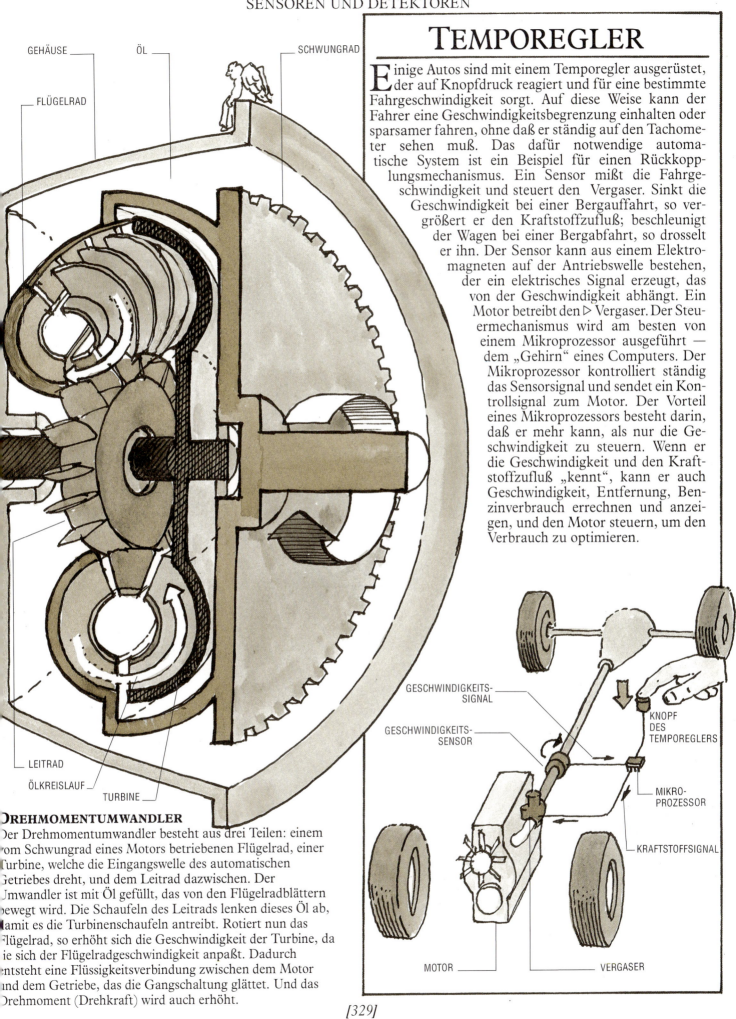

GEHÄUSE ÖL SCHWUNGRAD

FLÜGELRAD

TEMPOREGLER

Einige Autos sind mit einem Temporegler ausgerüstet, der auf Knopfdruck reagiert und für eine bestimmte Fahrgeschwindigkeit sorgt. Auf diese Weise kann der Fahrer eine Geschwindigkeitsbegrenzung einhalten oder sparsamer fahren, ohne daß er ständig auf den Tachometer sehen muß. Das dafür notwendige automatische System ist ein Beispiel für einen Rückkopplungsmechanismus. Ein Sensor mißt die Fahrgeschwindigkeit und steuert den Vergaser. Sinkt die Geschwindigkeit bei einer Bergauffahrt, so vergrößert er den Kraftstoffzufluß; beschleunigt der Wagen bei einer Bergabfahrt, so drosselt er ihn. Der Sensor kann aus einem Elektromagneten auf der Antriebswelle bestehen, der ein elektrisches Signal erzeugt, das von der Geschwindigkeit abhängt. Ein Motor betreibt den ▷ Vergaser. Der Steuermechanismus wird am besten von einem Mikroprozessor ausgeführt — dem „Gehirn" eines Computers. Der Mikroprozessor kontrolliert ständig das Sensorsignal und sendet ein Kontrollsignal zum Motor. Der Vorteil eines Mikroprozessors besteht darin, daß er mehr kann, als nur die Geschwindigkeit zu steuern. Wenn er die Geschwindigkeit und den Kraftstoffzufluß „kennt", kann er auch Geschwindigkeit, Entfernung, Benzinverbrauch errechnen und anzeigen, und den Motor steuern, um den Verbrauch zu optimieren.

GESCHWINDIGKEITS-SIGNAL

GESCHWINDIGKEITS-SENSOR

KNOPF DES TEMPOREGLERS

MIKRO-PROZESSOR

KRAFTSTOFFSIGNAL

LEITRAD

ÖLKREISLAUF TURBINE

DREHMOMENTUMWANDLER

Der Drehmomentumwandler besteht aus drei Teilen: einem vom Schwungrad eines Motors betriebenen Flügelrad, einer Turbine, welche die Eingangswelle des automatischen Getriebes dreht, und dem Leitrad dazwischen. Der Umwandler ist mit Öl gefüllt, das von den Flügelradblättern bewegt wird. Die Schaufeln des Leitrads lenken dieses Öl ab, damit es die Turbinenschaufeln antreibt. Rotiert nun das Flügelrad, so erhöht sich die Geschwindigkeit der Turbine, da sie sich der Flügelradgeschwindigkeit anpaßt. Dadurch entsteht eine Flüssigkeitsverbindung zwischen dem Motor und dem Getriebe, das die Gangschaltung glättet. Und das Drehmoment (Drehkraft) wird auch erhöht.

MOTOR VERGASER

COMPUTER

ÜBER DAS MAMMUT-GEDÄCHTNIS

Als ich zum erstenmal Chip, das Mammut, entdeckte, war es gerade damit beschäftigt, seine grenzenlose Geschicklichkeit als Holzfäller in den Großen Nördlichen Wäldern unter Beweis zu stellen. Chips Besitzer tippte ihm einfach so viele Male auf die Stoßzähne, wie er Bäume haben wollte, danach zog er ihn genauso oft am Schwanz. Hatte er zehnmal am Schwanz gezogen, so hörte Chip nicht vorher zu arbeiten auf, als bis daß zehn Baumstämme zusammengetragen waren.

Ich schlug seinem Besitzer vor, daß es zu jedermanns Vorteil wäre, würde man Chips geniales Gedächtnis auf andere Ziele richten. Ich machte ihm das Angebot, selbst mit Chip zu üben. Indem ich zwei Zahlen eintippte — auf jeden Stoßzahn eine — und dann am Schwanz zog, wollte ich Chip das kleine Einmaleins eintrichtern. Tag und Nacht arbeiteten wir zusammen, fast ein ganzes Jahr lang. Chips Ausbildung war beinahe beendet, als plötzlich seine Dienste dringendst angefordert wurden.

MASCHINEN MIT GEDÄCHTNIS

Computer und Rechner sind revolutionäre Entwicklungen in der Geschichte der Technik. Sie unterscheiden sich grundlegend von anderen Maschinen, da sie ein Gedächtnis besitzen. Dieses Gedächtnis speichert Anweisungen und Informationen und wird dadurch zu einem Speicher.

In einem Rechner stellen die verschiedenen Methoden der Arithmetik die Anweisungen dar. Diese können ständig von den Maschinen behalten und weder geändert noch ergänzt werden. Die Information besteht aus den eingegebenen Zahlen.

Ein Rechner bedarf einer Eingabe, um die Zahlen zu erhalten, einer Zentraleinheit, um die Rechnung auszuführen, und einer Ausgabeeinheit, um das Resultat anzuzeigen. Indem das Mammut sein vielgerühmtes Gedächtnis benutzt, wird es zu einem Rechner. Durch Antippen der Stoßzähne erfolgte die Zahleneingabe, während das Schwanzziehen das Zusammenzählen auslöste. Die Ausgabe erfolgte in Form der Baumstammsammlung. Ein Rechner benötigt seine Speichereinheit auch, um arithmetische Anweisungen für die Zentraleinheit zu speichern, und um vorübergehende Resultate während der Rechenarbeit aufzubewahren. Das bemerkenswerte Gehirn des Mammuts enthält sowohl Speicher wie Zentraleinheit.

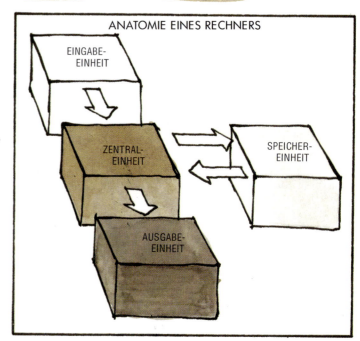

ANATOMIE EINES RECHNERS

EINGABE-EINHEIT

ZENTRAL-EINHEIT

SPEICHER-EINHEIT

AUSGABE-EINHEIT

Wir gelangten zu einem örtlichen Restaurant, in dem es eine kleine Auseinandersetzung über eine offenstehende Rechnung gegeben hatte. Es schien, daß der Ober an einem Tisch sieben Menüs zum Festpreis aufgetragen, die Rechnung aber unkorrekt ausgestellt hatte. Hier bot sich nun endlich **die** Gelegenheit, auf die ich während der ausführlichen Ausbildungszeit so sehnlich gewartet hatte.

Die Gäste blickten skeptisch drein, als ich einen von ihnen bat, den Festpreis auf einem der Stoßzähne Chips einzutippen; der Restaurantbesitzer tippte die Anzahl der Menüs auf den anderen und zog dann am Schwanz. Chip stand einige Augenblicke lang da, als wäre er verdattert, doch dann machte er sich ohne Zögern zu einem nahegelegenen Wald auf.

Wie ich mir gedacht hatte, lieferte das Tier die exakte Antwort, doch zu meinem erheblichen Entsetzen tat es dies in Baumstämmen. Dabei machte es das Restaurant und die drei Nebengebäude dem Erdboden gleich. Nach beträchtlichen Beratungen zog ich widerstrebend mit ihm ab, weil ich bei seinem Umgang mit größeren Zahlen weitaus Schlimmeres befürchtete.

PROGRAMMPOTENZ

Ein Computer enthält dieselben vier grundlegenden Elemente wie ein Rechner. Er unterscheidet sich darin, daß seinem Speicher eine unterschiedliche Reihe von Anweisungen, Computerprogramme genannt, für verschiedene Aufgaben eingegeben werden kann. Ein Programm kann aus einem Computer zum Beispiel ein Spielgerät, einen Textverarbeiter, einen Maler oder Musiker machen. Es weist die Zentraleinheit an, wie die vielen Aufgaben zu erledigen sind, und speichert Spielresultate, Wörter, Bilder oder Musik ab.

Computerprogramme bestehen aus langen Anweisungsfolgen, die jede für sich genommen sehr einfach sind. Während seiner Ausbildung erhielt das Mammut Anweisungen wie diese. Ihm wurde beigebracht zu multiplizieren, was es — übrigens genau wie der Computer — erledigte, indem es dieselbe Antwort mit sich selbst zusammenzählte, und das eine bestimmte Anzahl von Malen. Es hat auch gelernt, wie man zwei verschiedene Arten von Tippen auf die Stoßzähne unterscheidet, und wie diese Information zu benutzen ist. Das Programm des Mammuts verlangt etwas Geduld beim Warten auf die Ergebnisse. Für Computer dagegen ist die Erledigung von Millionen von Anweisungen nur eine Sache von Sekunden.

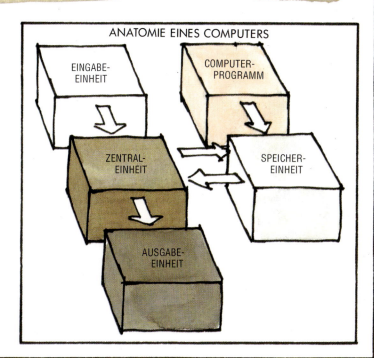

ANATOMIE EINES COMPUTERS

EINGABE-EINHEIT

COMPUTER-PROGRAMM

ZENTRAL-EINHEIT

SPEICHER-EINHEIT

AUSGABE-EINHEIT

BINÄRCODE

Ein Computer scheint mit Dingen zu arbeiten, mit denen wir vertraut sind — mit Wörtern, die sich aus Buchstaben oder mit Bildern, die sich aus Formen in verschiedenen Farben zusammensetzen. Doch ein Computer wandelt all diese Dinge in Reihenfolgen von Codezahlen um, denn er kann nur Zahlen verarbeiten. Jedoch arbeitet er nicht — wie wir — mit Dezimalzahlen, sondern mit Binärzahlen. In Rechnern und Computern rasen Codesignale für Dezimalzahlen, Buchstaben, Bildschirmpositionen und so weiter zwischen den verschiedenen Bauelementen hin und her. Diese Signale bestehen aus Ziffern im Binärcode.

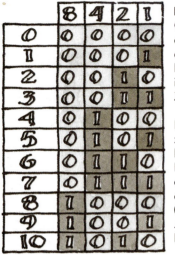

BINÄRDARSTELLUNG

Computer und Rechner verwenden die Binärdarstellung, weil sie das einfachste Zahlensystem ist. Es gibt hier nur zwei Ziffern — 0 und 1 —, im Unterschied zu den zehn Ziffern (0 bis 9) im Dezimalsystem.

Die Codetabelle links zeigt eine Binärdarstellung der Dezimalzahlen. Liest man von rechts nach links, so zeigen die Eins und die Null in jeder Spalte an, ob die Zahl die Ziffern 1, 2, 4, 8 usw. enthält oder nicht. 0101 etwa entspricht: $0 \times 8 + 1 \times 4 + 0 \times 2 + 1 \times 1 = 5$. Jede Binärziffer (0 oder 1) heißt Bit (Abk. für binary digit).

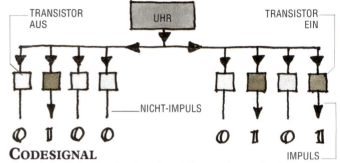

CODESIGNAL

Ein Binärcodesignal (oben) ist nichts anderes als eine Reihenfolge elektrischer Impulse durch Drähte. Ein Gerät, das Uhr heißt, sendet regelmäßige Impulse aus, und Bauelemente wie Transistoren schalten ein und aus, um diese Impulse durchzulassen oder zu blockieren. Eins (1) stellt einen Impuls dar, Null (0) einen Nicht-Impuls.

SO ADDIERT MAN

Wenn Computer und Rechner arbeiten, erledigen sie Rechnungen in binärer Arithmetik mit Lichtgeschwindigkeit. Addierer genannte Bauelemente führen die Rechnungen aus, die alle auf eine Reihenfolge von Additionen zurückgeführt werden. Die Subtraktion etwa wird in Schritte zergliedert, die das Addieren und Umkehren (Wechsel jeder 1 in 0 und umgekehrt) von Ziffern beinhalten.

BINÄRE ARITHMETIK

Es gibt nur vier Grundregeln:

A 0 + 0 = 0 und behalte 0
B 0 + 1 = 1 und behalte 0
C 1 + 0 = 1 und behalte 0
D 1 + 1 = 0 und behalte 1

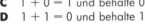

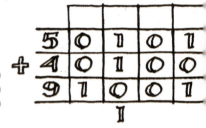

LOGISCHE GATTER (GATES)

Computer und Rechner enthalten Bauelemente, die logische Gatter genannt und die zur Ausführung der Rechenoperationen untereinander verbunden werden. Drei Hauptarten werden hier vorgestellt, jede innerhalb des Symbols, das in Computerschaltkreisen verwendet wird.

Die Gatter bestehen aus ▷ Transistoren, die ein Eingangssignal verarbeiten und es in ein Ausgangssignal umwandeln. Ein Impuls (1), der ins Transistorinnere gelangt, schaltet ihn aus, so daß der Impuls der Uhr blockiert wird und ein 0 liefert.

NICHT-GATTER

Dieses Gatter wandelt eine 1 in einem Signal in eine 0 (links) und eine 0 in eine 1 (rechts) um.

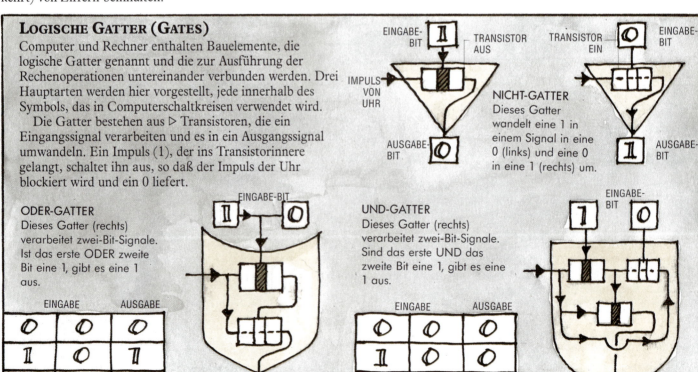

ODER-GATTER

Dieses Gatter (rechts) verarbeitet zwei-Bit-Signale. Ist das erste ODER zweite Bit eine 1, gibt es eine 1 aus.

EINGABE		AUSGABE
0	0	0
1	0	1
0	1	1
1	1	1

UND-GATTER

Dieses Gatter (rechts) verarbeitet zwei-Bit-Signale. Sind das erste UND das zweite Bit eine 1, gibt es eine 1 aus.

EINGABE		AUSGABE
0	0	0
1	0	0
0	1	0
1	1	1

DER HALBADDIERER

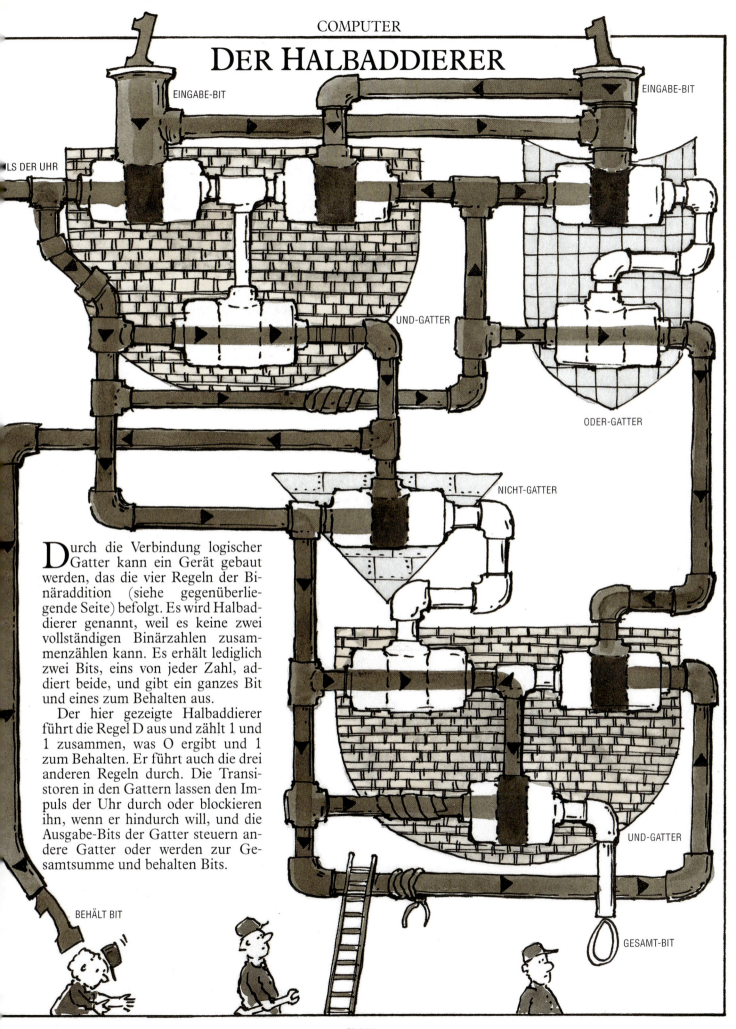

EINGABE-BIT

EINGABE-BIT

LS DER UHR

UND-GATTER

ODER-GATTER

NICHT-GATTER

UND-GATTER

Durch die Verbindung logischer Gatter kann ein Gerät gebaut werden, das die vier Regeln der Binäraddition (siehe gegenüberliegende Seite) befolgt. Es wird Halbaddierer genannt, weil es keine zwei vollständigen Binärzahlen zusammenzählen kann. Es erhält lediglich zwei Bits, eins von jeder Zahl, addiert beide, und gibt ein ganzes Bit und eines zum Behalten aus.

Der hier gezeigte Halbaddierer führt die Regel D aus und zählt 1 und 1 zusammen, was O ergibt und 1 zum Behalten. Er führt auch die drei anderen Regeln durch. Die Transistoren in den Gattern lassen den Impuls der Uhr durch oder blockieren ihn, wenn er hindurch will, und die Ausgabe-Bits der Gatter steuern andere Gatter oder werden zur Gesamtsumme und behalten Bits.

BEHÄLT BIT

GESAMT-BIT

DER VOLLADDIERER

Eine Anordnung hintereinander geschalteter Halbaddierer, Volladdierer genannt, kann zwei vollständige Binärzahlen zusammenzählen. Ein Volladdierer besteht aus einer ersten Stufe mit einem Halbaddierer, der
das erste Bit einer jeden Zahl addiert. Danach folgen Stufen, die jeweils aus einem Paar Halbaddierern bestehen
und die nachfolgenden Bits addieren. Diese Stufen sind
über ODER-Gatter miteinander verbunden, die sich um
die Bits zum Behalten kümmern.

Der hier gezeigte Volladdierer zählt 4 und 5 zusammen, was nach Adam Riese 9 ergibt. Er hat vier Stufen,
da 9 eine vier-Bit-Zahl ist. In einem Computer besitzt ein
Volladdierer weitere Stufen, um 8-Bit- oder 16-Bit-
Zahlen zusammenzählen zu können. Kann ein Computer in einem Arbeitsvorgang längere Zahlen verarbeiten,
so ist er schneller und leistungsfähiger. Aus diesem
Grund ist ein 32-Bit-Computer einem 16-Bit-Computer,
dieser wiederum einem 8-Bit-Computer überlegen.

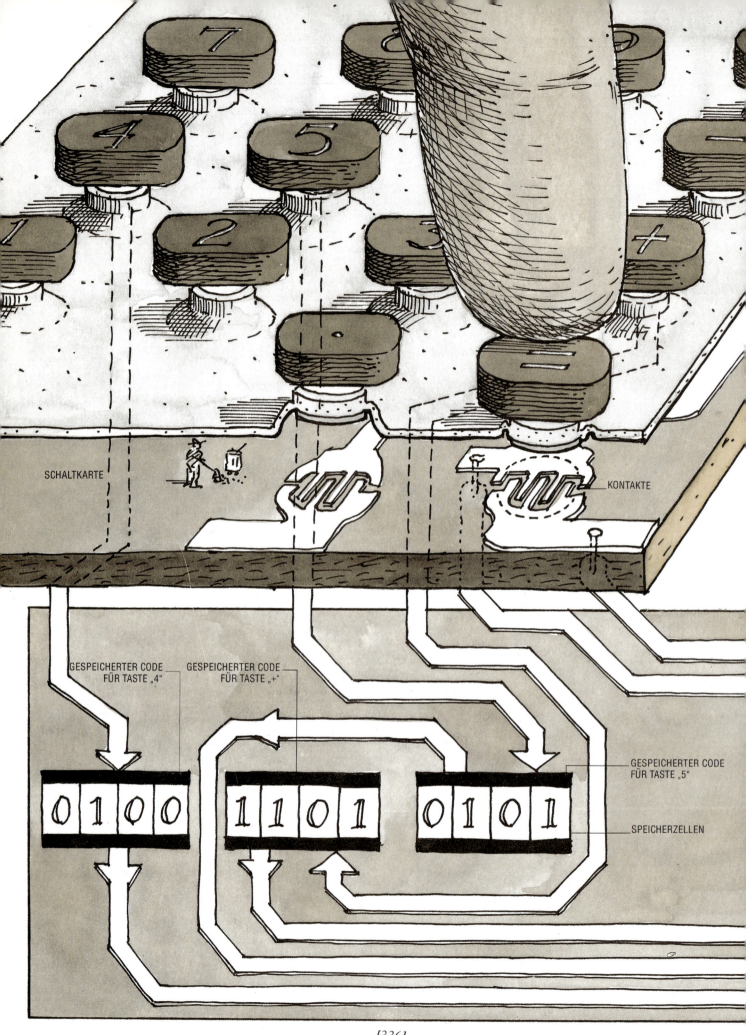

SCHALTKARTE

KONTAKTE

GESPEICHERTER CODE
FÜR TASTE „4"

GESPEICHERTER CODE
FÜR TASTE „+"

GESPEICHERTER CODE
FÜR TASTE „5"

SPEICHERZELLEN

0 1 0 0   1 1 0 1   0 1 0 1

DER TASCHENRECHNER

Ein elektronischer Taschenrechner erledigt Rechenvorgänge praktisch sofort. Er besitzt eine kleine Tastatur mit Tasten für Ziffern sowie Rechenvorgänge und eine Anzeige, auf der das Ergebnis zu sehen ist. Das Gerät wird über eine Knopfzelle oder einen Streifen mit Solarzellen gespeist. Im Innern befindet sich ein Mikrochip, der die Speicher- und Zentraleinheiten enthält und der auch die Eingabeeinheit (hier die Tastatur) und die Ausgabeeinheit (hier die Anzeige) steuert.

ANZEIGE

Die Anzeige arbeitet mit ▷ Flüssigkristallen. Hier empfangen die sieben Segmente der Anzeige den Code 1101111, und der elektrische Impuls eines jeden 1-Bits verdunkelt ein Segment. Das Muster erzeugt die Ziffer 9.

TASTATUR

Unter den Tasten befindet sich eine Schaltkarte, die eine Serie von Kontakten für jede Taste enthält. Durch Drücken einer Taste schließen sich die Kontakte und wird ein Signal über ein Leitungspaar auf der Schaltkarte zur Zentraleinheit gesendet, die den Binärcode für diese Taste im Speicher aufhebt. Die Zentraleinheit sendet auch ein Signal zur Anzeige. Jede Taste ist über ein anderes Leitungspaar mit der Zentraleinheit verbunden, die wiederholt die Leitungen abfragt, um herauszufinden, ob ein Leitungspaar durch eine Taste verbunden ist.

SPEICHEREINHEIT

Speicherzellen in der ▷ Zentraleinheit enthalten den Binärcode der gedrückten Tasten. Hier sammelt der Speicher 0100 für die Taste 4 und 0101 für die Taste 5 ein. Die Zahlencodes, wie auch der Vorgangscode für die Taste „+", befinden sich in vorläufigen Zellen, bis die Zentraleinheit sie abruft. Jedoch hat ein Taschenrechner oft eine getrennte Speicherserie, um eine Zahl zu speichern, die in verschiedenen Rechenvorgängen verwendet wird. Diese Zahl kann vom Speicher durch Tastendruck wiederholt abgefragt werden.

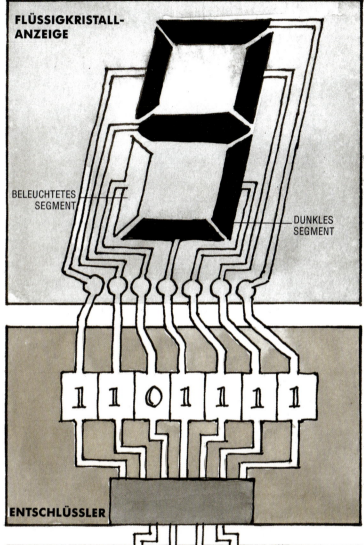

FLÜSSIGKRISTALL-ANZEIGE

BELEUCHTETES SEGMENT

DUNKLES SEGMENT

1 1 0 1 1 1 1

ENTSCHLÜSSLER

1 0 0 1 BINÄRES RESULTAT

ZENTRALEINHEIT

Wenn die Taste „=" gedrückt wird, sendet sie das Signal zur Zentraleinheit. Dadurch wird der Vorgangscode (Addition) und die beiden Ziffern aus der Speichereinheit zusammen- und der entsprechende Rechenvorgang ausgeführt. Ein Volladdierer erledigt die Addition, und das Resultat (1001) geht zum Entschlüssler im Mikrochip des Taschenrechners.

Der Entschlüssler (oben) enthält eine Serie von logischen Gattern, die die Bits aus dem Ergebnis in eine Folge aus einem sieben-Bit Binärcode umwandeln. Diese sind die Codes für die Dezimalzahlen im Ergebnis. Hier wird 1001 in den sieben-Bit-Code 1101111 umgewandelt. Dieser Code wird dann zur Flüssigkristallanzeige geschickt.

DER MIKROCOMPUTER

Computer gibt es in vielerlei Formen: vom hier gezeigten Mikrocomputer bis zu solch unterschiedlichen Maschinen wie Geldautomaten, Robotern, Flugsimulatoren und Supermarktkassen. Alle enthalten jedoch wie ein Rechner auch die vier grundlegenden Einheiten — nur die Wirkungen der Ein- und Ausgabe sind sehr verschieden.

Ein gewöhnlicher Mikrocomputer bietet viele Einsatzmöglichkeiten, da eine große Anzahl von Einheiten an seine Ein- und Ausgabeschnittstellen angeschlossen werden kann. Die Tastatur ist die Haupteingabeeinheit. Sie funktioniert im wesentlichen wie die Tastatur eines Taschenrechners, mit dem Unterschied, daß Kombinationen von zwei oder drei Tasten gedrückt werden können. Ebenso können einzelne Programme den Tasten andere Funktionen als nur die Buchstaben- und Zahleneingabe zuweisen. Eine ▷ Maus ist eine andere Eingabeeinheit. Das Gehäuse beherbergt auch den Mikroprozessor, Speicherchips und auch ein Diskettenlaufwerk (oder mehrere). Ein Monitor (Bildschirm) und ein ▷ Drucker sind die wichtigsten Ausgabeeinheiten.

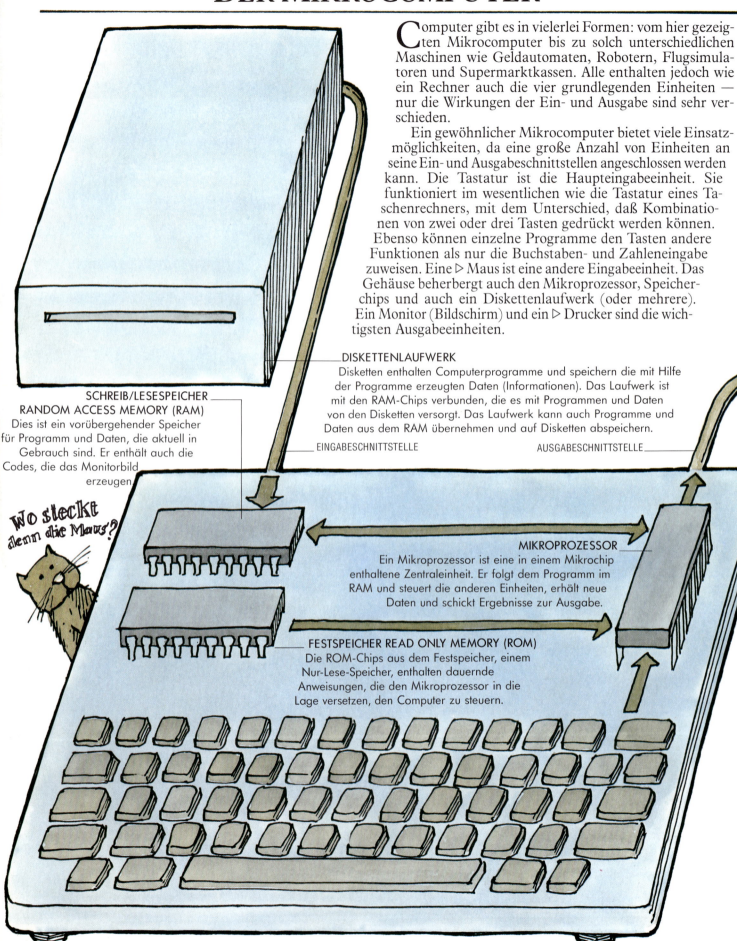

DISKETTENLAUFWERK
Disketten enthalten Computerprogramme und speichern die mit Hilfe der Programme erzeugten Daten (Informationen). Das Laufwerk ist mit den RAM-Chips verbunden, die es mit Programmen und Daten von den Disketten versorgt. Das Laufwerk kann auch Programme und Daten aus dem RAM übernehmen und auf Disketten abspeichern.

SCHREIB/LESESPEICHER
RANDOM ACCESS MEMORY (RAM)
Dies ist ein vorübergehender Speicher für Programm und Daten, die aktuell in Gebrauch sind. Er enthält auch die Codes, die das Monitorbild erzeugen.

EINGABESCHNITTSTELLE

AUSGABESCHNITTSTELLE

Wo steckt denn die Maus?

MIKROPROZESSOR
Ein Mikroprozessor ist eine in einem Mikrochip enthaltene Zentraleinheit. Er folgt dem Programm im RAM und steuert die anderen Einheiten, erhält neue Daten und schickt Ergebnisse zur Ausgabe.

FESTSPEICHER READ ONLY MEMORY (ROM)
Die ROM-Chips aus dem Festspeicher, einem Nur-Lese-Speicher, enthalten dauernde Anweisungen, die den Mikroprozessor in die Lage versetzen, den Computer zu steuern.

MAMMUT-JAGD

Der Computer spielt hier ein Spielprogramm, das *Mammut-Jagd* heißt und sich auf der Diskette im Laufwerk befindet. Durch Drücken einer Taste auf der Tastatur bewegt sich der Cowboy nach links oder rechts und wirft sein Lasso. Mammuts und Elche gehen am oberen Rand des Bildschirms vorbei, und es geht darum, möglichst viele Mammuts einzufangen. Der Rekord steht zur Zeit auf 12 Mammuts in nur 59 Sekunden.

MIT ZIFFERN MALEN

Der Bildschirm eines Computers funktioniert genauso wie ein ▷ Fernsehgerät. Das Bild besteht aus einem Raster schmaler Farbstreifen, die Pixel (Rasterpunkt) genannt werden. Jeder Pixel hat senkrechte und waagerechte Positionscodes und einen Farbcode. Der Mikroprozessor erzeugt das Bild als Serie von Codes, indem jeder Pixel in einer bestimmten Farbe aufleuchtet. Die Vergrößerung (rechts) zeigt die Pixels auf dem gerasterten Bildschirm zugleich mit ihren Positions- und Farbcodes.

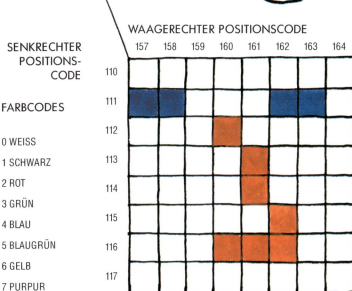

SENKRECHTER POSITIONS-CODE

FARBCODES

0 WEISS

1 SCHWARZ

2 ROT

3 GRÜN

4 BLAU

5 BLAUGRÜN

6 GELB

7 PURPUR

COMPUTERSPEICHER

Obwohl Computer „denken", indem sie Ein-Aus-Impulse aus elektrischem Strom verwenden, sind sie darauf angewiesen, die Impulse in ein anderes System mit Ein-Aus-Code umzuwandeln, damit sie sie speichern oder „erinnern" können. Computerspeicher erledigen dies auf verschiedene Weisen. Auf kleine Speicherbereiche der Disketten, flexiblen Scheiben mit aufgetragener magnetisierbarer Schicht, werden magnetische Signale gespeichert, deren Magnetrichtung nach Norden oder Süden ausgerichtet ist. Aus ▷ Mikrochips bestehende Speicher arbeiten mit elektrostatischen Ein-Aus-Ladungen oder Ein- und Ausschalten innerhalb des Chips. Optische Speicher verwenden Ein-Aus-Strahlen, wobei CD-Platten immense Informationsmengen speichern.

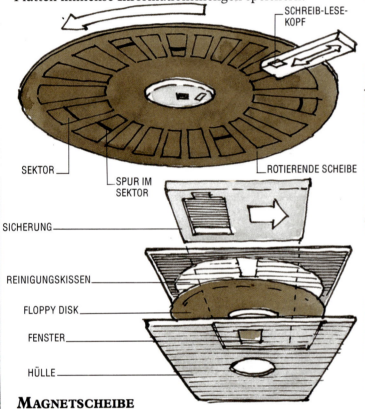

SCHREIB-LESE-KOPF

SEKTOR
SPUR IM SEKTOR
ROTIERENDE SCHEIBE

SICHERUNG
REINIGUNGSKISSEN
FLOPPY DISK
FENSTER
HÜLLE

MAGNETSCHEIBE

Eine Floppy Disk *(oben)* ist eine flexible Magnetscheibe. Sie wird in ein Laufwerk eingelegt, um Programme und Daten zu speichern oder wiederaufzufinden. Ein Festplatten-laufwerk *(unten)* enthält mehrere harte Magnetscheiben, die dauerhaft verschlossen befestigt und vor Staub geschützt sind. Festplatten haben eine viel größere Speicherkapazität, die in Kilobytes (kB) oder Megabytes (MB) gemessen wird; ein einziges Byte entspricht 8 Bits im Binärcode.

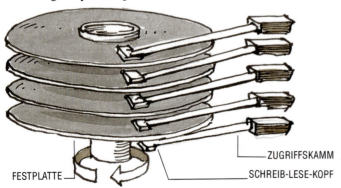

FESTPLATTE
ZUGRIFFSKAMM
SCHREIB-LESE-KOPF

MAGNETISIERTE STREIFEN
DISKETTE
MAGNETISIERBARE SCHICHT
KERN
SPULE
STROMFLUSS

EIN BIT GESPEICHERT
Der Schreib-Lese-Kopf enthält eine um einen Eisenkern gewickelte Spule. Ein einziges Bit wird in zwei Impulse umgewandelt. Die Impulse gehen durch die Spule hindurch, welche die Oberfläche der Diskette magnetisiert. Jeder Impuls wird als Magnetstreifen gespeichert.

ERSTES BIT
ZWEITES BIT

ZWEI BITS GESPEICHERT
Wird ein Bit gespeichert, wandelt der erste Streifen immer die Richtung der Magnetisierung des vorherigen Streifens um, um ein neues Bit anzuzeigen. Der zweite Streifen hat dieselbe Richtung, wenn das Bit eine 0 ist, und die umgekehrte Richtung, wenn es eine 1 ist.

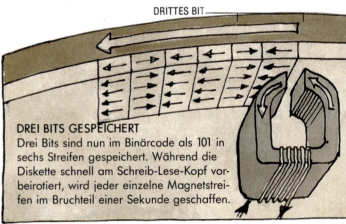

DRITTES BIT

DREI BITS GESPEICHERT
Drei Bits sind nun im Binärcode als 101 in sechs Streifen gespeichert. Während die Diskette schnell am Schreib-Lese-Kopf vorbeirotiert, wird jeder einzelne Magnetstreifen im Bruchteil einer Sekunde geschaffen.

VIERTES BIT

VIER BITS GESPEICHERT
Vier Bits — 1011 — sind nun auf Diskette geschrieben. Um sie zu lesen, wird die Diskette am Kopf vorbeigedreht. Dadurch wird in der Spule ein elektrisches Signal induziert.

SCHREIB/LESESPEICHER (RAM)

Obwohl RAM-Chips äußerst klein sind, so enthalten sie doch mehrere tausend Streifenspeicher (Zellen). Jede Zelle speichert ein Bit im Binärcode, und die Zellen sind zu Gruppen von acht zusammengefaßt, so daß jede Gruppe ein Byte speichert. Jedes Byte wird an einer bestimmten Speicherstelle abgelegt, die mit einer „Adresse" versehen wird. Die in RAM-Chips gespeicherten Daten gehen bei Stromausfall verloren.

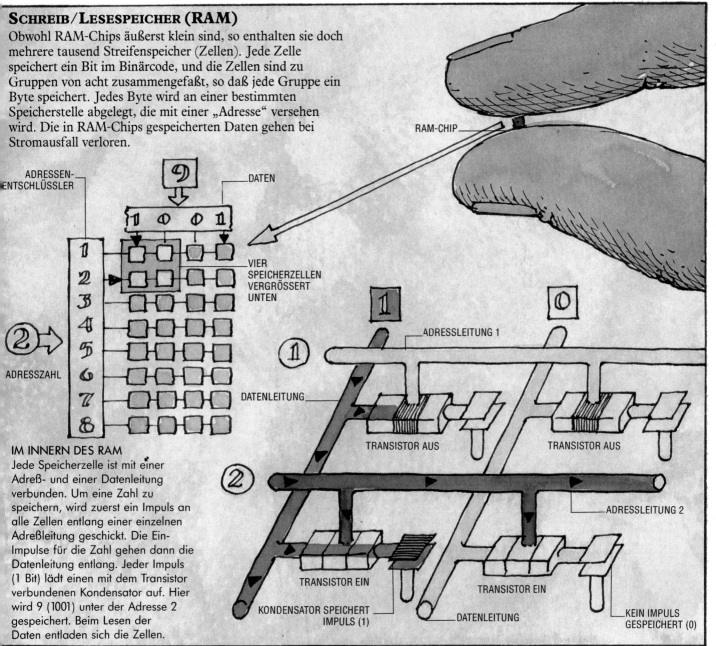

RAM-CHIP

ADRESSEN-ENTSCHLÜSSLER

DATEN

VIER SPEICHERZELLEN VERGRÖSSERT UNTEN

ADRESSZAHL

ADRESSLEITUNG 1

DATENLEITUNG

TRANSISTOR AUS

TRANSISTOR AUS

ADRESSLEITUNG 2

IM INNERN DES RAM

Jede Speicherzelle ist mit einer Adreß- und einer Datenleitung verbunden. Um eine Zahl zu speichern, wird zuerst ein Impuls an alle Zellen entlang einer einzelnen Adreßleitung geschickt. Die Ein-Impulse für die Zahl gehen dann die Datenleitung entlang. Jeder Impuls (1 Bit) lädt einen mit dem Transistor verbundenen Kondensator auf. Hier wird 9 (1001) unter der Adresse 2 gespeichert. Beim Lesen der Daten entladen sich die Zellen.

TRANSISTOR EIN

TRANSISTOR EIN

KONDENSATOR SPEICHERT IMPULS (1)

DATENLEITUNG

KEIN IMPULS GESPEICHERT (0)

FESTSPEICHER (ROM)

Ein ROM-Chip ist ein dauerhafter Speicher, der Daten auch dann noch speichert, wenn der Strom abgeschaltet ist. Wie ein RAM-Chip enthält er ein Gitter aus Zellen, die mit Adreß- und Datenleitungen verbunden sind. Doch dort, wo beide Leitungen sich treffen, ist der ROM-Chip anders. In einer Zelle, die 1 Bit speichert, sind die beiden Leitungen durch eine ▷ Diode verbunden. In einer Zelle, die 0 Bit speichert, wird diese Verbindung nicht hergestellt. Soll der Speicher gelesen werden, so schickt er einen Impuls zur Adreßleitung zurück.

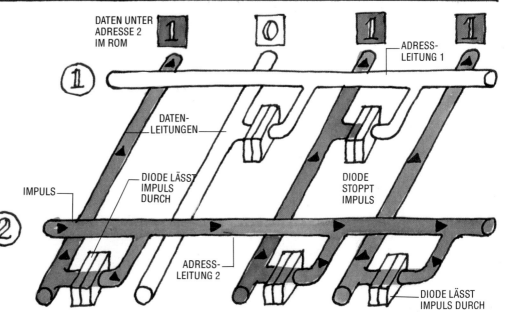

DATEN UNTER ADRESSE 2 IM ROM

ADRESS-LEITUNG 1

DATEN-LEITUNGEN

IMPULS

DIODE LÄSST IMPULS DURCH

DIODE STOPPT IMPULS

ADRESS-LEITUNG 2

DIODE LÄSST IMPULS DURCH

MIKROCHIPS

Ein Mikrochip oder integrierter Halbleiterschaltkreis enthält mehrere tausend elektronischer Bauelemente, die in eine dünne Siliziumschicht mit einer Fläche von weniger als 1 cm² untergebracht sind. Diese Bauelemente sind untereinander zu Geräten wie logischen Gattern und Speicherzellen verbunden.

Diese miniaturisierten Elemente in einem Chip werden nicht einzeln hergestellt und zusammengesetzt, sondern in Materialschichten in komplizierten Miniaturmustern aufgebaut. Diese werden mit Hilfe der Maskentechnik durch Verkleinerung großer Muster auf fotolithographischem Wege hergestellt. Auf diesen beiden Seiten wird die Herstellung eines Transistorbauteils in einem Chip illustriert.

SILIZIUMZYLINDER

CHIPSCHEIBEN

Ein Mikrochip besteht zumeist aus p-Typ-Silizium. Zuerst wird ein Siliziumzylinder angefertigt und dann in hauchdünne Halbleiterscheiben (Wafers) von etwa 0,25 mm Dicke geschnitten. Jede Scheibe wird dann so bearbeitet, daß man mehrere hundert Mikrochips daraus machen kann. Die Scheiben werden alsdann getestet und in einzelne Chips zerlegt. Diese werden unter dem Mikroskop auf ihre Qualität hin geprüft.

SO STELLT MAN EINEN TRANSISTOR HER

1 ERSTE MASKIERUNG

Die Siliziumgrundlage wird zuerst mit Siliziumdioxid überzogen, das elektrisch nicht leitend ist, dann mit einem lichtempfindlichen Lack (Fotolack). Nach Belichtung mit ultraviolettem Licht durch eine Fotoschablone (Maske) hindurch härtet der Fotolack. Die unbelichteten Stellen bleiben weich.

2 ERSTE ÄTZUNG

Der unbelichtet gebliebene und darum nicht härtende Lack wird herausgelöst, die frei werdenden Siliziumdioxid-Stellen werden weggeätzt, anschließend wird auch der gehärtete Lack beseitigt, so daß ein Grat aus Siliziumdioxid übrigbleibt.

3 ZWEITE MASKIERUNG

Polysilizium-Schichten, die elektrisch geladen sind, und Fotolack werden aufgetragen. Danach wird eine zweite Maskierung durchgeführt.

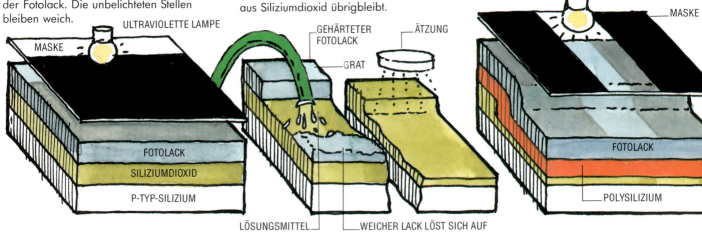

ULTRAVIOLETTE LAMPE — MASKE — FOTOLACK — SILIZIUMDIOXID — P-TYP-SILIZIUM — LÖSUNGSMITTEL — GEHÄRTETER FOTOLACK — GRAT — ÄTZUNG — WEICHER LACK LÖST SICH AUF — MASKE — FOTOLACK — POLYSILIZIUM

4 ZWEITE ÄTZUNG

Der unbelichtete Fotolack wird herausgelöst, und die Ätzung entfernt das Polysilizium und Siliziumdioxid darunter. Zwei Streifen des p-Typ-Siliziums kommen zum Vorschein.

5 DOTIERUNG

Der harte Fotolack wird entfernt. Die Schichten werden einem Vorgang unterzogen, der Dotierung heißt. Dadurch werden die beiden, gerade freigelegten Streifen aus p-Typ-Silizium zu n-Typ-Silizium.

6 DRITTE MASKIERUNG UND ÄTZUNG

Schichten aus Siliziumdioxid und Fotolack werden hinzugefügt. Die Maskierung und Ätzung schaffen Löcher in dem dotierten Silizium und mittleren Streifen aus Polysilizium.

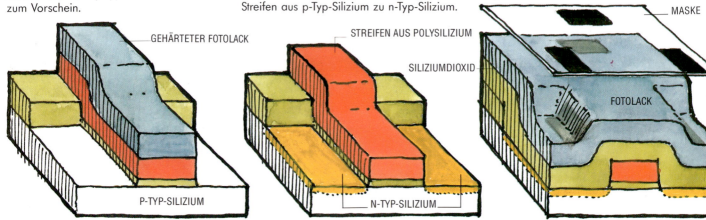

GEHÄRTETER FOTOLACK — P-TYP-SILIZIUM — STREIFEN AUS POLYSILIZIUM — SILIZIUMDIOXID — N-TYP-SILIZIUM — MASKE — FOTOLACK

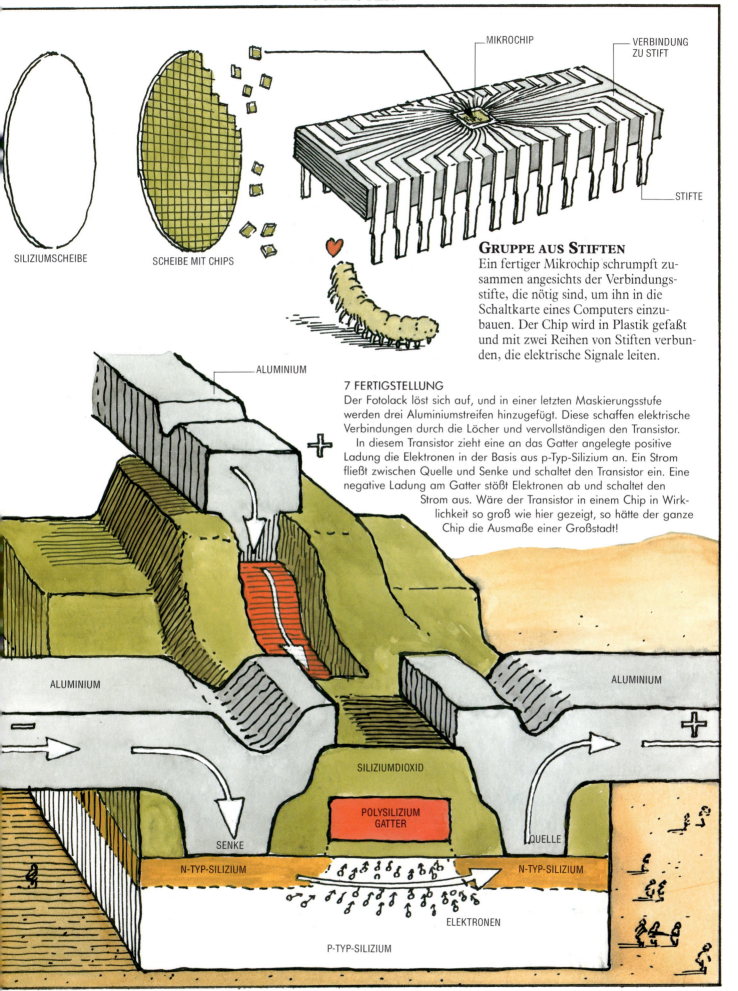

SILIZIUMSCHEIBE

SCHEIBE MIT CHIPS

MIKROCHIP

VERBINDUNG
ZU STIFT

STIFTE

GRUPPE AUS STIFTEN

Ein fertiger Mikrochip schrumpft zusammen angesichts der Verbindungsstifte, die nötig sind, um ihn in die Schaltkarte eines Computers einzubauen. Der Chip wird in Plastik gefaßt und mit zwei Reihen von Stiften verbunden, die elektrische Signale leiten.

7 FERTIGSTELLUNG

Der Fotolack löst sich auf, und in einer letzten Maskierungsstufe werden drei Aluminiumstreifen hinzugefügt. Diese schaffen elektrische Verbindungen durch die Löcher und vervollständigen den Transistor.

In diesem Transistor zieht eine an das Gatter angelegte positive Ladung die Elektronen in der Basis aus p-Typ-Silizium an. Ein Strom fließt zwischen Quelle und Senke und schaltet den Transistor ein. Eine negative Ladung am Gatter stößt Elektronen ab und schaltet den Strom aus. Wäre der Transistor in einem Chip in Wirklichkeit so groß wie hier gezeigt, so hätte der ganze Chip die Ausmaße einer Großstadt!

ALUMINIUM

ALUMINIUM

ALUMINIUM

SILIZIUMDIOXID

POLYSILIZIUM GATTER

SENKE

QUELLE

N-TYP-SILIZIUM

N-TYP-SILIZIUM

ELEKTRONEN

P-TYP-SILIZIUM

MIKROPROZESSOR

Die Zentraleinheit (engl. *Central Processing Unit* = CPU) ist das Gehirn eines Computers. Beim Mikrocomputer heißt dieser Chip Mikroprozessor. Über sogenannte Busse, Datenleitungen, bestehend aus Gruppen von Drähten, durch die Signale im Binärcode fließen, ist er mit den anderen Einheiten verbunden. Im Mikroprozessor gibt es Bauelemente, die arithmetische und logische Arbeitsvorgänge ausführen und den Computer steuern. Hier führt der Mikroprozessor vier Vorgänge aus, welche die Zeit in der *Mammut-Jagd* stoppen. Dafür benötigt er nur den Bruchteil einer Sekunde.

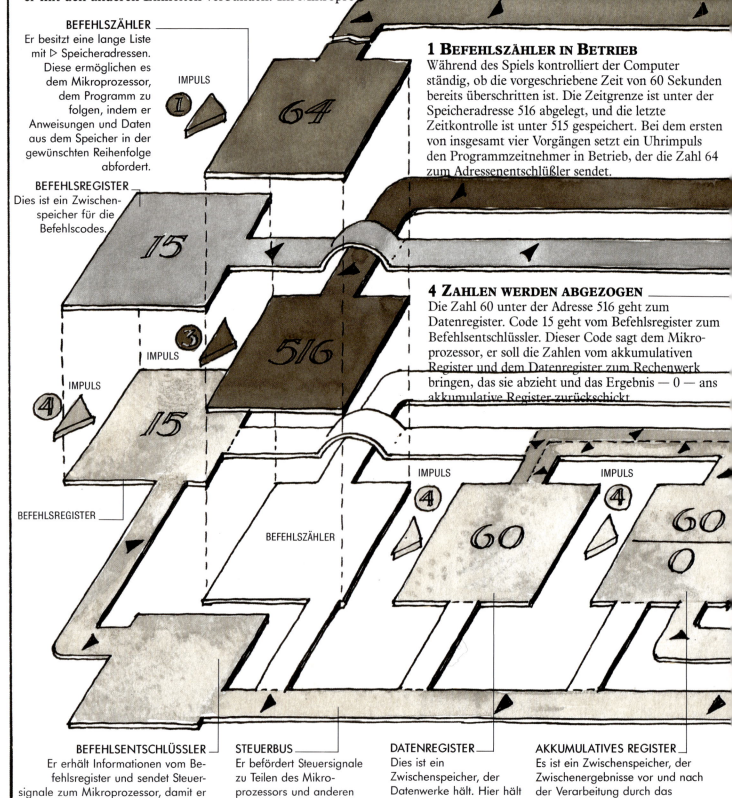

BEFEHLSZÄHLER
Er besitzt eine lange Liste mit ▷ Speicheradressen. Diese ermöglichen es dem Mikroprozessor, dem Programm zu folgen, indem er Anweisungen und Daten aus dem Speicher in der gewünschten Reihenfolge abfordert.

BEFEHLSREGISTER
Dies ist ein Zwischenspeicher für die Befehlscodes.

IMPULS

BEFEHLSREGISTER

IMPULS

BEFEHLSZÄHLER

1 BEFEHLSZÄHLER IN BETRIEB
Während des Spiels kontrolliert der Computer ständig, ob die vorgeschriebene Zeit von 60 Sekunden bereits überschritten ist. Die Zeitgrenze ist unter der Speicheradresse 516 abgelegt, und die letzte Zeitkontrolle ist unter 515 gespeichert. Bei dem ersten von insgesamt vier Vorgängen setzt ein Uhrimpuls den Programmzeitnehmer in Betrieb, der die Zahl 64 zum Adressenentschlüßler sendet.

4 ZAHLEN WERDEN ABGEZOGEN
Die Zahl 60 unter der Adresse 516 geht zum Datenregister. Code 15 geht vom Befehlsregister zum Befehlsentschlüssler. Dieser Code sagt dem Mikroprozessor, er soll die Zahlen vom akkumulativen Register und dem Datenregister zum Rechenwerk bringen, das sie abzieht und das Ergebnis — 0 — ans akkumulative Register zurückschickt.

IMPULS

IMPULS

BEFEHLSENTSCHLÜSSLER
Er erhält Informationen vom Befehlsregister und sendet Steuersignale zum Mikroprozessor, damit er die gewünschten Befehle ausführt — in diesem Fall eine Subtraktion.

STEUERBUS
Er befördert Steuersignale zu Teilen des Mikroprozessors und anderen Computereinheiten.

DATENREGISTER
Dies ist ein Zwischenspeicher, der Datenwerke hält. Hier hält er die Zeitgrenze 60.

AKKUMULATIVES REGISTER
Es ist ein Zwischenspeicher, der Zwischenergebnisse vor und nach der Verarbeitung durch das Rechenwerk hält: hier zuerst 60 (die gespielte Zeit) und dann 0.

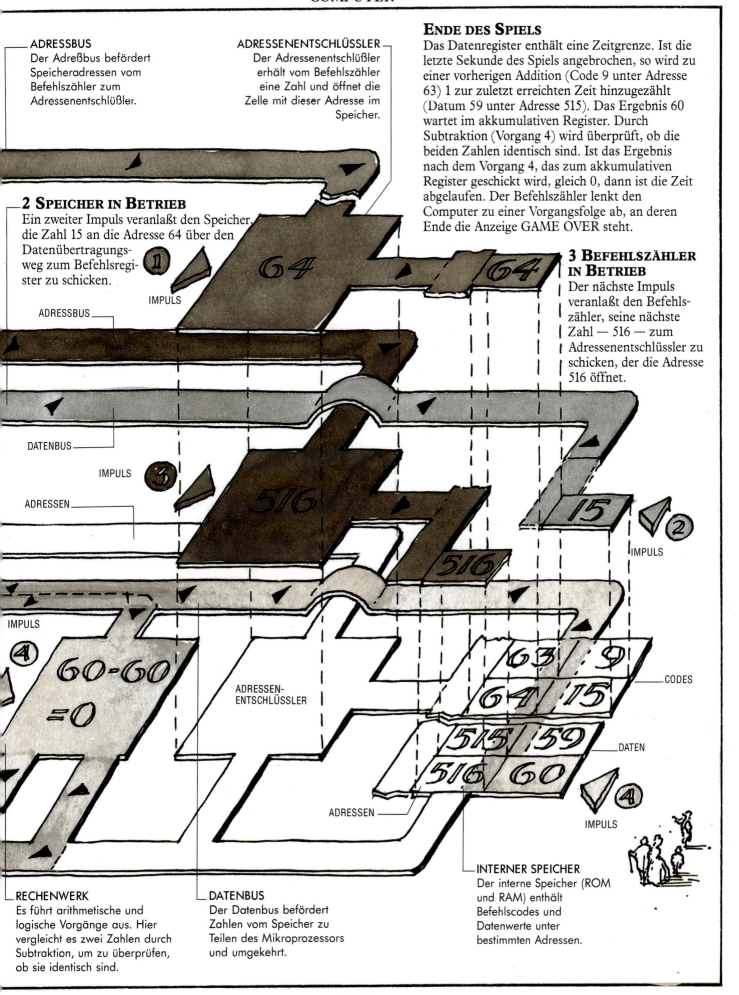

ADRESSBUS
Der Adreßbus befördert Speicheradressen vom Befehlszähler zum Adressenentschlüßler.

ADRESSENENTSCHLÜSSLER
Der Adressenentschlüßler erhält vom Befehlszähler eine Zahl und öffnet die Zelle mit dieser Adresse im Speicher.

ENDE DES SPIELS
Das Datenregister enthält eine Zeitgrenze. Ist die letzte Sekunde des Spiels angebrochen, so wird zu einer vorherigen Addition (Code 9 unter Adresse 63) 1 zur zuletzt erreichten Zeit hinzugezählt (Datum 59 unter Adresse 515). Das Ergebnis 60 wartet im akkumulativen Register. Durch Subtraktion (Vorgang 4) wird überprüft, ob die beiden Zahlen identisch sind. Ist das Ergebnis nach dem Vorgang 4, das zum akkumulativen Register geschickt wird, gleich 0, dann ist die Zeit abgelaufen. Der Befehlszähler lenkt den Computer zu einer Vorgangsfolge ab, an deren Ende die Anzeige GAME OVER steht.

2 SPEICHER IN BETRIEB
Ein zweiter Impuls veranlaßt den Speicher, die Zahl 15 an die Adresse 64 über den Datenübertragungsweg zum Befehlsregister zu schicken.

IMPULS

ADRESSBUS

DATENBUS

IMPULS

ADRESSEN

IMPULS

3 BEFEHLSZÄHLER IN BETRIEB
Der nächste Impuls veranlaßt den Befehlszähler, seine nächste Zahl — 516 — zum Adressenentschlüssler zu schicken, der die Adresse 516 öffnet.

IMPULS

IMPULS

ADRESSEN-ENTSCHLÜSSLER

CODES

| 63 | 9 |
| 64 | 15 |

DATEN

| 515 | 59 |
| 516 | 60 |

ADRESSEN

IMPULS

RECHENWERK
Es führt arithmetische und logische Vorgänge aus. Hier vergleicht es zwei Zahlen durch Subtraktion, um zu überprüfen, ob sie identisch sind.

DATENBUS
Der Datenbus befördert Zahlen vom Speicher zu Teilen des Mikroprozessors und umgekehrt.

INTERNER SPEICHER
Der interne Speicher (ROM und RAM) enthält Befehlscodes und Datenwerte unter bestimmten Adressen.

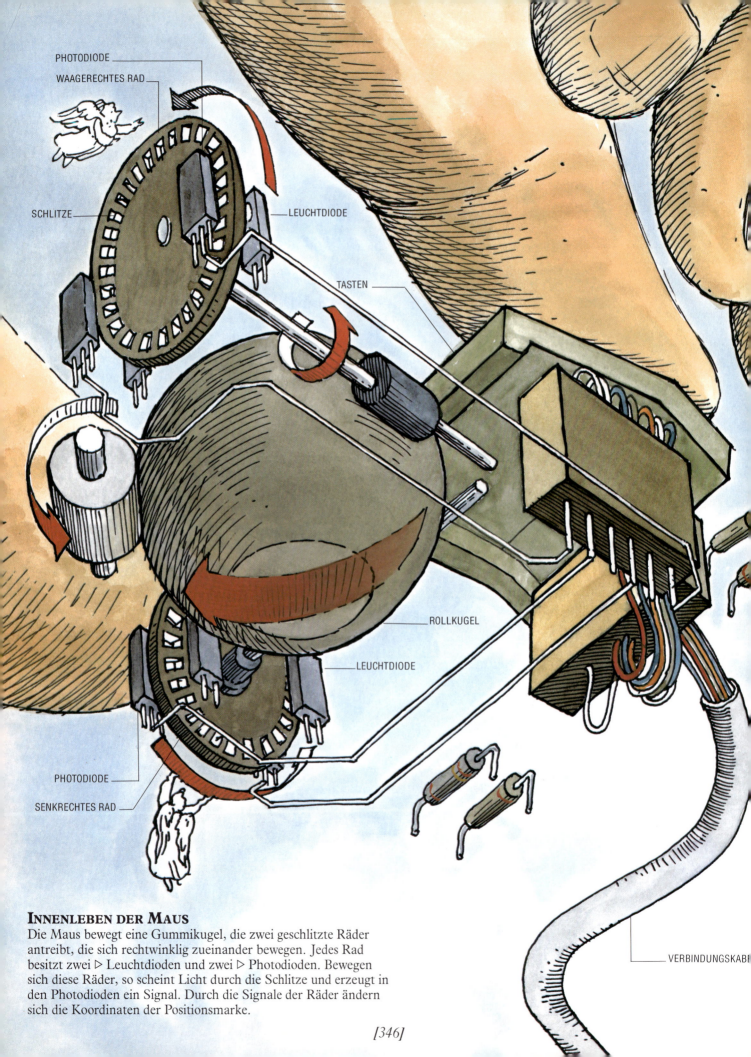

PHOTODIODE

WAAGERECHTES RAD

SCHLITZE

LEUCHTDIODE

TASTEN

ROLLKUGEL

LEUCHTDIODE

PHOTODIODE

SENKRECHTES RAD

VERBINDUNGSKABEL

INNENLEBEN DER MAUS

Die Maus bewegt eine Gummikugel, die zwei geschlitzte Räder
antreibt, die sich rechtwinklig zueinander bewegen. Jedes Rad
besitzt zwei ▷ Leuchtdioden und zwei ▷ Photodioden. Bewegen
sich diese Räder, so scheint Licht durch die Schlitze und erzeugt in
den Photodioden ein Signal. Durch die Signale der Räder ändern
sich die Koordinaten der Positionsmarke.

DIE MAUS

Ein kompliziertes Computerprogramm ist über eine Tastatur nur schwerfällig und langsam zu steuern. Das Auftauchen der Maus und der symbolischen Darstellung erleichtert den Umgang mit dem Computer erheblich und verleiht den Programmen größere Flexibilität. Die Maus ist ein Steuergerät, das über den Schreibtisch bewegt wird. Während der Bewegung informieren elektrische Impulse den Computer über die genaue Positionsänderung. Er reagiert darauf, indem er die Positionsmarke (Cursor) in dieselbe Richtung wie die Maus über den Bildschirm bewegt. Dem Computer können über die Maus Befehle erteilt werden, indem die Positionsmarke auf ein Symbol zeigt und durch „Anklicken" einer Maustaste der vom Symbol dargestellte Befehl ausgeführt wird.

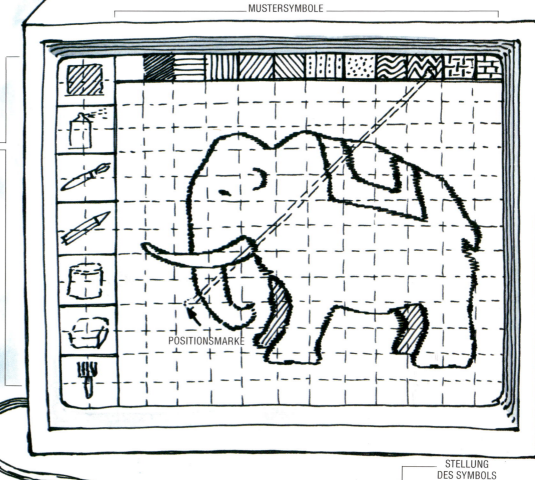

MUSTERSYMBOLE

GESTALTUNGS-
SYMBOLE

POSITIONSMARKE

MALPROGRAMM
Hierbei zeigt der Bildschirm je eine Reihe mit Muster- und mit Gestaltungssymbolen. Durch Anklicken der Maustaste über zwei Symbolen und dann über einer Fläche der Zeichnung führt der Computer diese in der gewünschten Musterung und Gestaltung aus.

SENKRECHTE BEWEGUNG
ÄNDERT SENKRECHTE
KOORDINATE DER MARKE

WAAGERECHTE BEWEGUNG
ÄNDERT WAAGERECHTE
KOORDINATE DER MARKE

TASTE

MAUS

STELLUNG
DES SYMBOLS

BEWEGUNG
DER MAUS

BEWEGUNG DER MAUS
Wird die Maus bewegt, so ändern sich die waagerechte und senkrechte Koordinate der Positionsmarke. Diese geben dessen Position auf dem Bildschirm an. Indem der Computer die kontrolliert, weiß er, wo die Positionsmarke sich befindet und kann verschiedene Symbole und Flächen auf dem Bildschirm identifizieren.

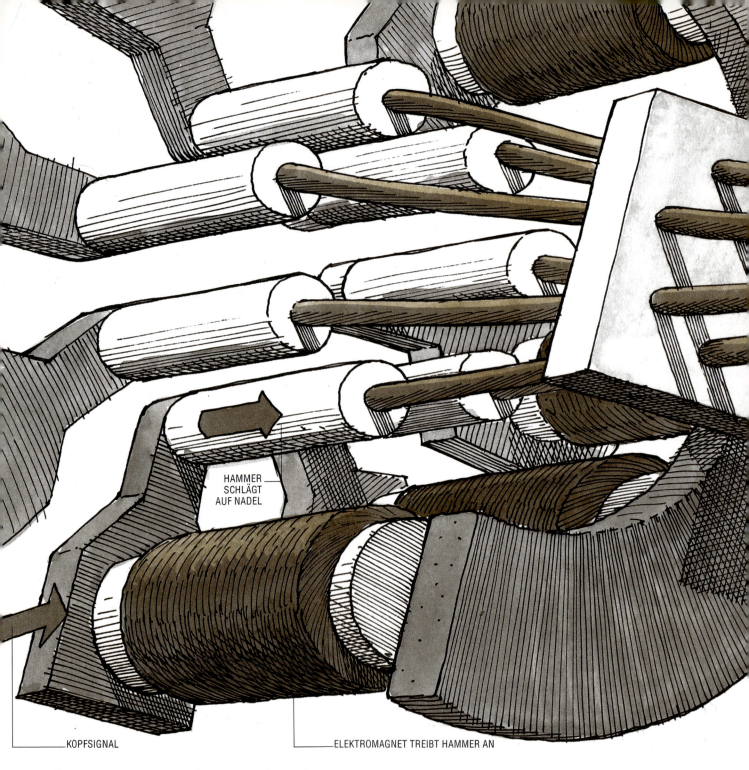

KOPFSIGNAL

HAMMER SCHLÄGT AUF NADEL

ELEKTROMAGNET TREIBT HAMMER AN

Obwohl ein Computer in der Lage ist, wahre Berge an Informationen in Speichergeräten zu speichern, so besteht doch eine seiner wichtigsten Aufgaben darin, Wörter zu drucken und Ergebnisse auf Papier auszugeben.

An einen Computer können mehrere Druckertypen angeschlossen werden. Ein Punktmatrix-Drucker *(oben)* erzeugt Muster aus eng beieinanderliegenden Punkten, die Buchstaben, Zahlen und Interpunktionszeichen ergeben. Ein Typenraddrucker enthält ein Rad mit Typenhebeln ähnlich wie in einer ▷ Schreibmaschine und liefert ein ebenso sauberes Schriftbild. Im Gegensatz zu Typenraddruckern können Punktmatrix- oder Nadeldrucker *kursiv* und andere SCHRIFTARTEN drucken, indem sie einfach ein verschiedenes Nadelmuster erzeugen. Laserdrucker verbinden diese Flexibilität mit einer extrem hohen Druckqualität.

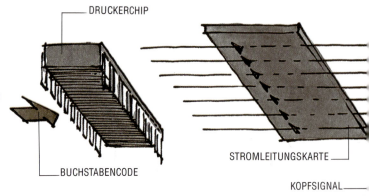

DRUCKERCHIP

BUCHSTABENCODE

STROMLEITUNGSKARTE

KOPFSIGNAL

DER COMPUTERDRUCK

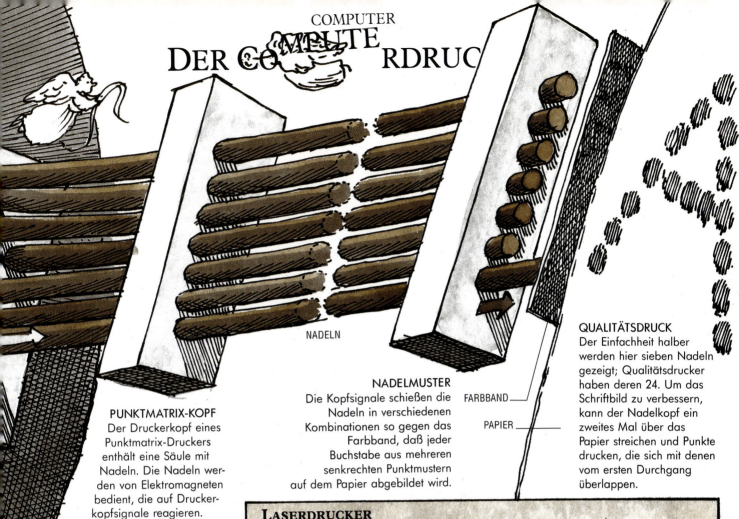

NADELN

PUNKTMATRIX-KOPF
Der Druckerkopf eines Punktmatrix-Druckers enthält eine Säule mit Nadeln. Die Nadeln werden von Elektromagneten bedient, die auf Druckerkopfsignale reagieren. Diese sind Binärsignale, welche die Elektromagneten ein- oder ausschalten.

NADELMUSTER
Die Kopfsignale schießen die Nadeln in verschiedenen Kombinationen so gegen das Farbband, daß jeder Buchstabe aus mehreren senkrechten Punktmustern auf dem Papier abgebildet wird.

FARBBAND

PAPIER

QUALITÄTSDRUCK
Der Einfachheit halber werden hier sieben Nadeln gezeigt; Qualitätsdrucker haben deren 24. Um das Schriftbild zu verbessern, kann der Nadelkopf ein zweites Mal über das Papier streichen und Punkte drucken, die sich mit denen vom ersten Durchgang überlappen.

DRUCKERSTEUERUNG
Alle Buchstaben, Zahlen und andere Zeichen besitzen Standardcodes, die der Computer an den Drucker schickt. Ein Chip im Drucker (unten) wandelt diese Codes in Signale um, die den Druckerkopf antreiben, während er sich über das Papier bewegt und die Buchstaben ausdruckt. Die Stromleitungskarte verstärkt das Chipsignal. ▷ Schrittmotoren bringen den Kopf und das Papier in die richtige Position.

DRUCKERKOPF

LASERDRUCKER
Genau wie ein Punktmatrix-Drucker baut ein Laserdrucker Buchstaben aus Punkten auf; dabei sind seine Punkte so klein, daß der Druck sehr sauber wird. Ein Laser feuert einen Lichtstrahl auf einen rotierenden Spiegel. Ein weiterer Spiegel und Linsen bündeln den sich bewegenden Strahl und belichten damit die Oberfläche einer Trommel wie die eines ▷ Fotokopierers. Signale vom Computer schalten den Strahl beim Abtasten der Drehtrommel ein und aus und bauen ein elektrisches Bild auf. Das Bild wird dann wie in einem Fotokopierer auf Papier übertragen.

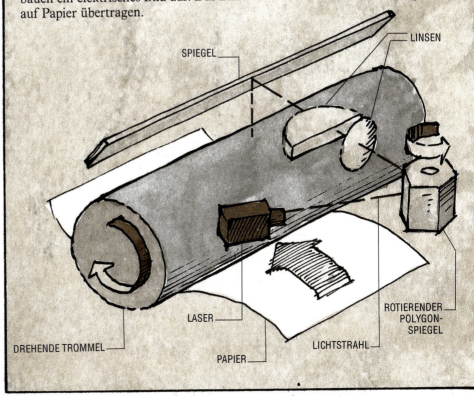

SPIEGEL

LINSEN

LASER

DREHENDE TROMMEL

PAPIER

LICHTSTRAHL

ROTIERENDER POLYGON-SPIEGEL

SCANNER-KASSE

STRICHCODE

Ein Strichcode ist nichts anderes als eine Serie aus
▷ Binärzahlen. Er besteht aus schwarzen Strichen und
weißen Zwischenräumen; ein breiter Strich oder Raum
ist eine 1 und ein dünner Strich oder Raum eine 0. Die
Binärzahlen stehen für Dezimalzahlen oder Buchstaben.

Es gibt mehrere unterschiedliche Arten von Strich-
codes. In jedem werden Zahlen, Buchstaben oder
Zeichen von einer bestimmten Strichzahl dargestellt.
Der unten gezeigte Strichcode benutzt fünf Elemente
(drei Streifen und zwei Räume) nur für Zahlen.

START   1   5   0   STOP

START- UND STOPCODES

Dieser Code steht vor
dem ersten Buchstaben
oder der ersten Zahl
oder dahinter. Da das
Strichcode-Lesegerät
diesen Start- und
Stopcode identifiziert,
kann es den ganzen
Strichcode vorwärts wie
rückwärts lesen.

FÜNF-ELEMENTE-CODE

In diesem Strichcode
aus fünf Elementen
steht der Binärcode
00110 für die Dezimalzahl 0.

0 0 1 1 0

Die Scanner-Kasse etwa eines Supermarkts ist eine
ausgeklügelte Eingabeeinheit des Supermarkt-
Computers. Jede Ware ist mit einem Strichcode („Balken") versehen, der die Artikelnummer enthält. An der
Kasse werden die Waren über ein „Fenster" geführt. Ein
unsichtbarer Infrarot-Laserstrahl erfaßt den Strichcode
und liest ihn im rechten Winkel. Die Nummer geht an
einen Computer, der ohne sichtbare Verzögerung den
Preis der Ware anzeigt. Der Computer führt auch die
Rechnung aus.

Kassencomputer beschleunigen den Abrechnungsvor-
gang an der Kasse und bieten auch handfeste betriebs-
wirtschaftliche Vorteile. Der Computer erfaßt den Um-
satz und die Waren- und Lagerbestände. Gehen die Vor-
räte einer Ware zur Neige, kann der Computer selbständig nachbestellen. Weiter zeigt er einem Ladeninhaber
an, welche Produkte sich gut verkaufen und welche überhaupt nicht.

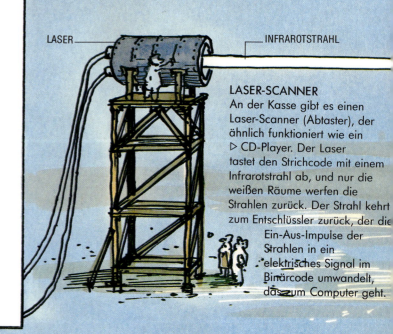

LASER — INFRAROTSTRAHL

LASER-SCANNER

An der Kasse gibt es einen
Laser-Scanner (Abtaster), der
ähnlich funktioniert wie ein
▷ CD-Player. Der Laser
tastet den Strichcode mit einem
Infrarotstrahl ab, und nur die
weißen Räume werfen die
Strahlen zurück. Der Strahl kehrt
zum Entschlüssler zurück, der die
Ein-Aus-Impulse der
Strahlen in ein
elektrisches Signal im
Binärcode umwandelt,
das zum Computer geht.

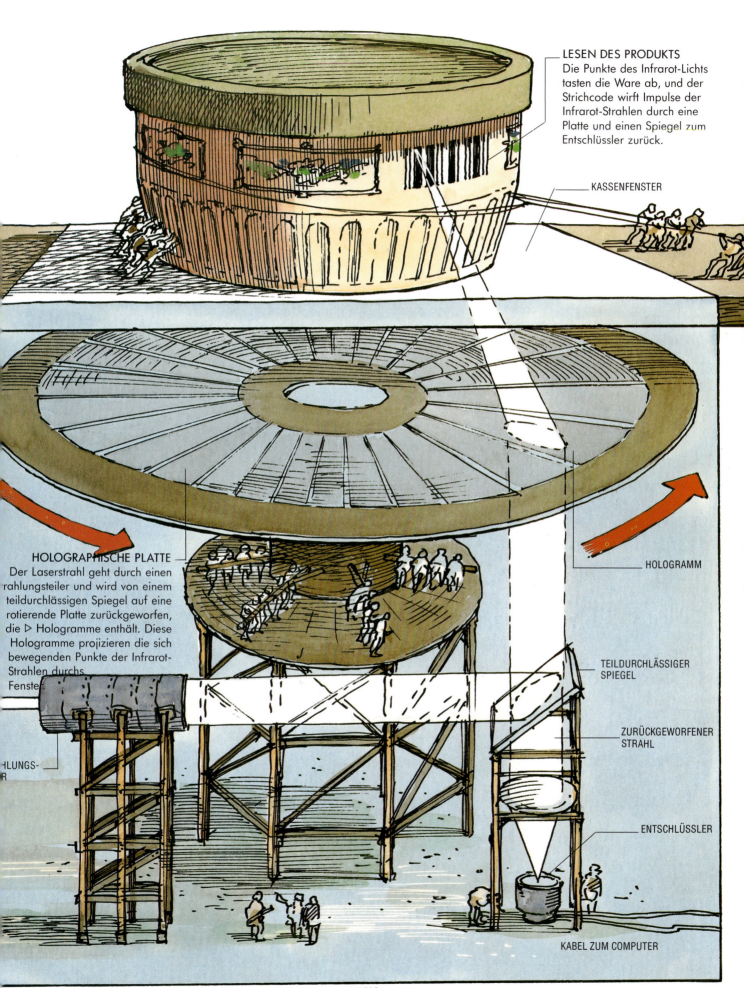

LESEN DES PRODUKTS
Die Punkte des Infrarot-Lichts tasten die Ware ab, und der Strichcode wirft Impulse der Infrarot-Strahlen durch eine Platte und einen Spiegel zum Entschlüssler zurück.

KASSENFENSTER

HOLOGRAMM

HOLOGRAPHISCHE PLATTE
Der Laserstrahl geht durch einen rahlungsteiler und wird von einem teildurchlässigen Spiegel auf eine rotierende Platte zurückgeworfen, die ▷ Hologramme enthält. Diese Hologramme projizieren die sich bewegenden Punkte der Infrarot-Strahlen durchs Fenster

TEILDURCHLÄSSIGER SPIEGEL

ZURÜCKGEWORFENER STRAHL

HLUNGS-
R

ENTSCHLÜSSLER

KABEL ZUM COMPUTER

DIE CHIPKARTE

Eine Chipkarte (in den USA „Smart Card") ist eine „intelligente" Scheckkarte. Sie enthält einen fingernagelgroßen Mikrochip, der die Karte in einen Miniaturcomputer verwandelt. Mit dieser Karte ist mehr möglich, als nur Geld von einem Geldautomaten abzuheben. Sie dient zum bargeldlosen elektronischen Bezahlen von Waren und Dienstleistungen. Der Kartenspeicher kann auch noch persönliche Daten des Kartenhalters (Unterschrift, Foto, Blutgruppe, usw.) aufnehmen, die dann über ein entsprechendes Lesegerät gelesen werden können.

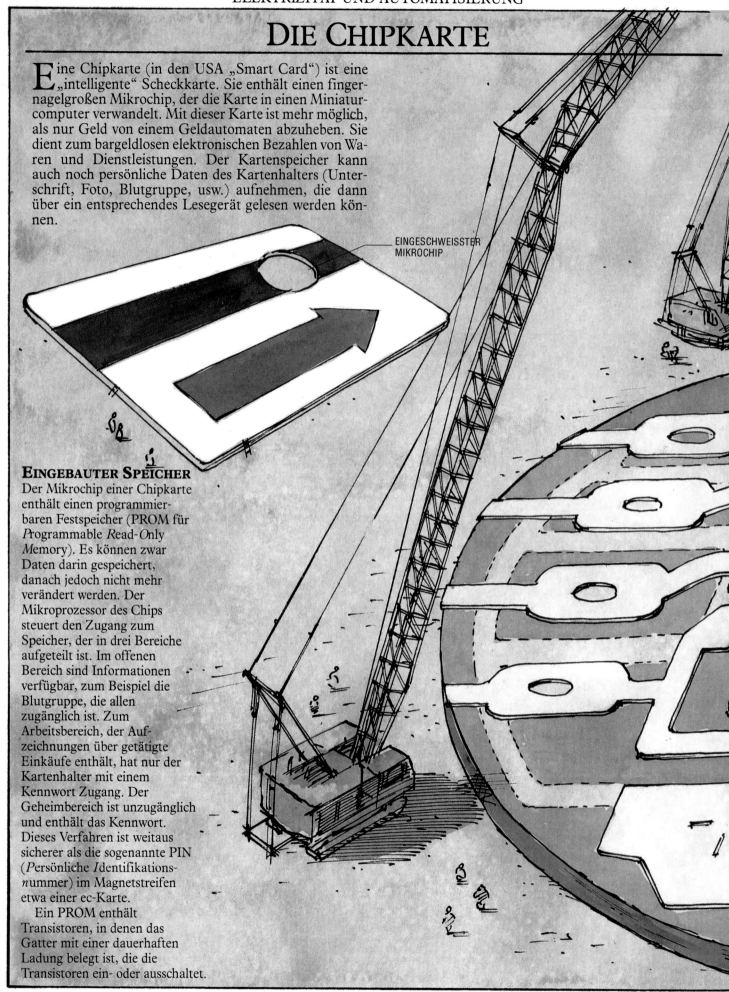

EINGESCHWEISSTER
MIKROCHIP

EINGEBAUTER SPEICHER
Der Mikrochip einer Chipkarte enthält einen programmierbaren Festspeicher (PROM für *P*rogrammable *R*ead-*O*nly *M*emory). Es können zwar Daten darin gespeichert, danach jedoch nicht mehr verändert werden. Der Mikroprozessor des Chips steuert den Zugang zum Speicher, der in drei Bereiche aufgeteilt ist. Im offenen Bereich sind Informationen verfügbar, zum Beispiel die Blutgruppe, die allen zugänglich ist. Zum Arbeitsbereich, der Aufzeichnungen über getätigte Einkäufe enthält, hat nur der Kartenhalter mit einem Kennwort Zugang. Der Geheimbereich ist unzugänglich und enthält das Kennwort. Dieses Verfahren ist weitaus sicherer als die sogenannte PIN (*P*ersönliche *I*dentifikations*n*ummer) im Magnetstreifen etwa einer ec-Karte.

Ein PROM enthält Transistoren, in denen das Gatter mit einer dauerhaften Ladung belegt ist, die die Transistoren ein- oder ausschaltet.

MIKROCHIP
Der Mikrochip in einer
Chipkarte enthält einen
Mikroprozessor, der die
Vorgänge steuert und einen
PROM, der Informationen
speichert. Kontakte in der
Karte verbinden den
Mikroprozessor mit
Maschinen, die Daten zur
Karte übertragen und einen
Teil der auf ihr gespeicherten
Informationen anzeigen.

ÜBERGANGSSTELLE

DER FLUGSIMULATOR

Eine der wertvollsten — und möglicherweise lebensrettenden — Anwendungen des Computers ist sein Einsatz als Flugsimulator. Ein Pilot in der Ausbildung kann das Verhalten einer Maschine unter normalen Flugbedingungen wie auch in Notfällen üben, ohne vom Boden abzuheben. Der Flugsimulator ist nicht nur billiger in der Benutzung als ein Düsenflugzeug, sondern darüber hinaus vollkommen sicher. Im Simulator sitzt die Mannschaft in einem Nachbau der Pilotenkanzel eines bestimmten Flugzeugtyps. Durch die Fenster sieht sie einen wirklichen Flugplatz und andere vom Computer erzeugte, bewegte Bilder, die gewöhnlich beim Start, während des Flugs und beim Landen zu sehen sind. Hebewinden unter dem Flugsimulator bewegen die Pilotenkanzel so, daß eine natürliche Flugbewegung vorgetäuscht wird.

Ein leistungsfähiger Computer ist mit der Steuerung in der Pilotenkanzel verbunden. Bedient der Pilot die Steuerinstrumente, so steuert der Computer entsprechend das Sichtbild, die Instrumentenanzeigen, die Warntöne und die Pilotenkanzel genauso, als hätte die Mannschaft tatsächlich abgehoben.

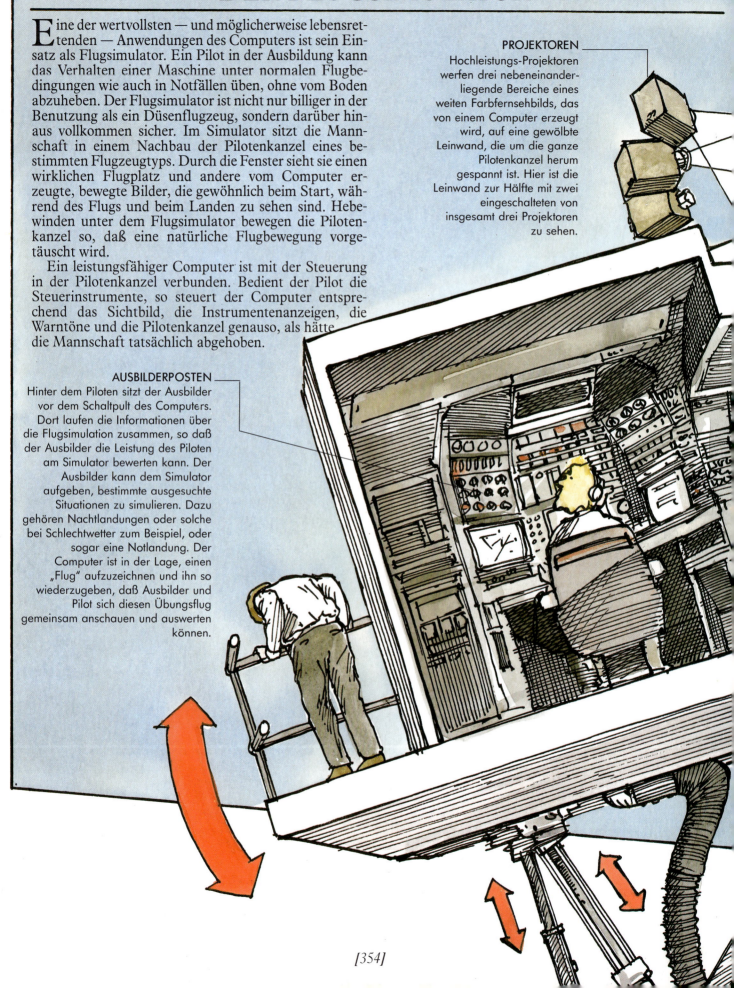

PROJEKTOREN

Hochleistungs-Projektoren werfen drei nebeneinanderliegende Bereiche eines weiten Farbfernsehbilds, das von einem Computer erzeugt wird, auf eine gewölbte Leinwand, die um die ganze Pilotenkanzel herum gespannt ist. Hier ist die Leinwand zur Hälfte mit zwei eingeschalteten von insgesamt drei Projektoren zu sehen.

AUSBILDERPOSTEN

Hinter dem Piloten sitzt der Ausbilder vor dem Schaltpult des Computers. Dort laufen die Informationen über die Flugsimulation zusammen, so daß der Ausbilder die Leistung des Piloten am Simulator bewerten kann. Der Ausbilder kann dem Simulator aufgeben, bestimmte ausgesuchte Situationen zu simulieren. Dazu gehören Nachtlandungen oder solche bei Schlechtwetter zum Beispiel, oder sogar eine Notlandung. Der Computer ist in der Lage, einen „Flug" aufzuzeichnen und ihn so wiederzugeben, daß Ausbilder und Pilot sich diesen Übungsflug gemeinsam anschauen und auswerten können.

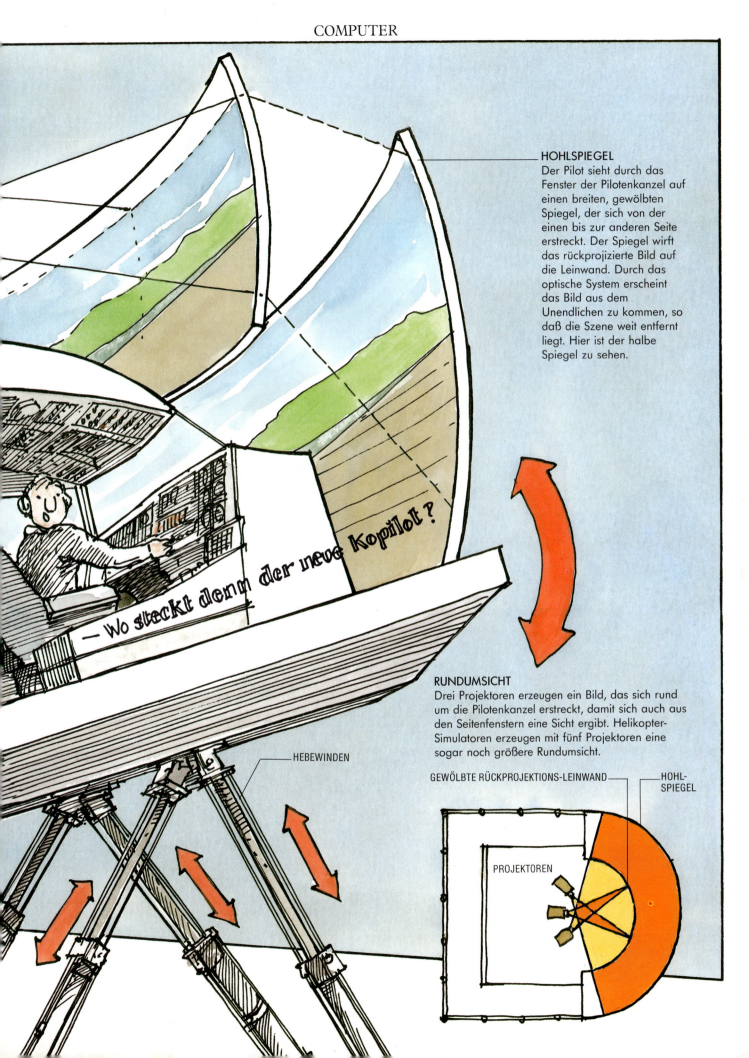

HOHLSPIEGEL

Der Pilot sieht durch das Fenster der Pilotenkanzel auf einen breiten, gewölbten Spiegel, der sich von der einen bis zur anderen Seite erstreckt. Der Spiegel wirft das rückprojizierte Bild auf die Leinwand. Durch das optische System erscheint das Bild aus dem Unendlichen zu kommen, so daß die Szene weit entfernt liegt. Hier ist der halbe Spiegel zu sehen.

— Wo steckt denn der neue Kopilot?

RUNDUMSICHT

Drei Projektoren erzeugen ein Bild, das sich rund um die Pilotenkanzel erstreckt, damit sich auch aus den Seitenfenstern eine Sicht ergibt. Helikopter-Simulatoren erzeugen mit fünf Projektoren eine sogar noch größere Rundumsicht.

GEWÖLBTE RÜCKPROJEKTIONS-LEINWAND

HOHL-SPIEGEL

HEBEWINDEN

PROJEKTOREN

ROBOTER

Ein Roboter ist die entwickelteste aller computergesteuerten Maschinen. Seine Bewegungen können mit äußerster Genauigkeit so gelenkt werden, daß er Arbeiten wiederholt genau ausführt und den Menschen eintönige oder gefährliche Arbeiten abnimmt. Vorteilhaft ist, daß dem Roboter eine neue Arbeit „beigebracht" werden kann. Dies geschieht meist dadurch, daß man die entsprechenden neuen Bewegungen ausführt, wobei der Computer sie registriert und der Roboter sie kopiert. Dank der Computersteuerung werden in Zukunft Roboter sich frei bewegen, sehen, hören und sprechen können.

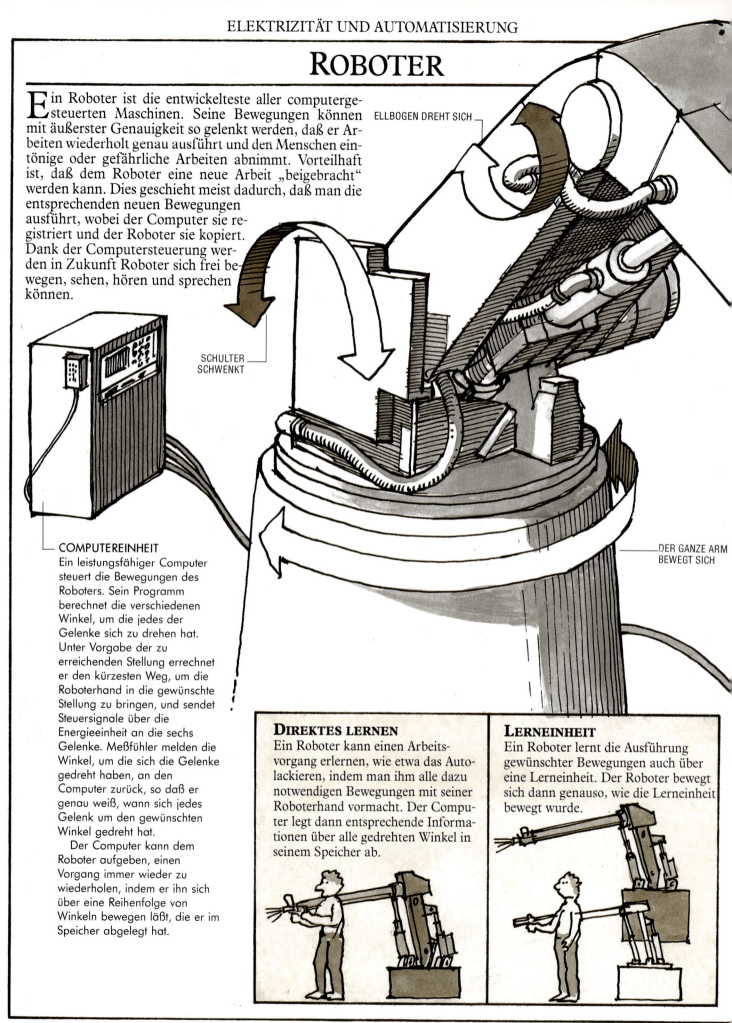

ELLBOGEN DREHT SICH

SCHULTER SCHWENKT

DER GANZE ARM BEWEGT SICH

COMPUTEREINHEIT
Ein leistungsfähiger Computer steuert die Bewegungen des Roboters. Sein Programm berechnet die verschiedenen Winkel, um die jedes der Gelenke sich zu drehen hat. Unter Vorgabe der zu erreichenden Stellung errechnet er den kürzesten Weg, um die Roboterhand in die gewünschte Stellung zu bringen, und sendet Steuersignale über die Energieeinheit an die sechs Gelenke. Meßfühler melden die Winkel, um die sich die Gelenke gedreht haben, an den Computer zurück, so daß er genau weiß, wann sich jedes Gelenk um den gewünschten Winkel gedreht hat.

Der Computer kann dem Roboter aufgeben, einen Vorgang immer wieder zu wiederholen, indem er ihn sich über eine Reihenfolge von Winkeln bewegen läßt, die er im Speicher abgelegt hat.

DIREKTES LERNEN
Ein Roboter kann einen Arbeitsvorgang erlernen, wie etwa das Autolackieren, indem man ihm alle dazu notwendigen Bewegungen mit seiner Roboterhand vormacht. Der Computer legt dann entsprechende Informationen über alle gedrehten Winkel in seinem Speicher ab.

LERNEINHEIT
Ein Roboter lernt die Ausführung gewünschter Bewegungen auch über eine Lerneinheit. Der Roboter bewegt sich dann genauso, wie die Lerneinheit bewegt wurde.

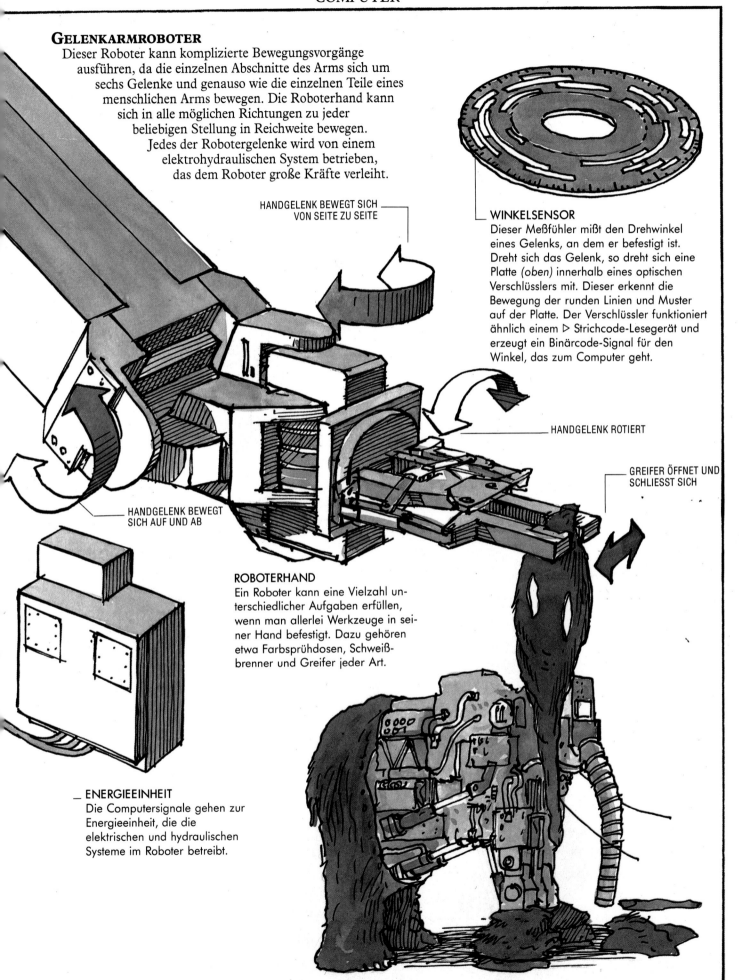

GELENKARMROBOTER

Dieser Roboter kann komplizierte Bewegungsvorgänge ausführen, da die einzelnen Abschnitte des Arms sich um sechs Gelenke und genauso wie die einzelnen Teile eines menschlichen Arms bewegen. Die Roboterhand kann sich in alle möglichen Richtungen zu jeder beliebigen Stellung in Reichweite bewegen. Jedes der Robotergelenke wird von einem elektrohydraulischen System betrieben, das dem Roboter große Kräfte verleiht.

HANDGELENK BEWEGT SICH VON SEITE ZU SEITE

WINKELSENSOR

Dieser Meßfühler mißt den Drehwinkel eines Gelenks, an dem er befestigt ist. Dreht sich das Gelenk, so dreht sich eine Platte (oben) innerhalb eines optischen Verschlüsslers mit. Dieser erkennt die Bewegung der runden Linien und Muster auf der Platte. Der Verschlüssler funktioniert ähnlich einem ▷ Strichcode-Lesegerät und erzeugt ein Binärcode-Signal für den Winkel, das zum Computer geht.

HANDGELENK ROTIERT

GREIFER ÖFFNET UND SCHLIESST SICH

HANDGELENK BEWEGT SICH AUF UND AB

ROBOTERHAND

Ein Roboter kann eine Vielzahl unterschiedlicher Aufgaben erfüllen, wenn man allerlei Werkzeuge in seiner Hand befestigt. Dazu gehören etwa Farbsprühdosen, Schweißbrenner und Greifer jeder Art.

ENERGIEEINHEIT

Die Computersignale gehen zur Energieeinheit, die die elektrischen und hydraulischen Systeme im Roboter betreibt.

EUREKA!

ÜBER DIE ERFINDUNG DER MASCHINEN

DIE SCHIEFE EBENE

Um zu überleben, müssen die Menschen essen. Da die Not erfinderisch macht, waren die Geräte zum Jagen und Sammeln von Nahrung die allerersten Maschinen, die in prähistorischen Zeiten erfunden wurden. Grob zu Geräten behauene Steine gab es vor mehr als einer Million Jahre, und Steinäxte und Speerspitzen gab und gibt es in archäologischen Fundstätten zuhauf.

Bei Schneidegeräten war die schiefe Ebene das erste technologische Prinzip, das angewendet wurde. In einem weit größeren Maßstab hat sie es den Menschen ermöglicht, eines der Sieben Weltwunder zu errichten — die großen Pyramiden. Sie wurden 2600 v. Chr. in Ägypten erbaut, indem man die großen Steinblöcke über Erdrampen auf die gewünschte Höhe beförderte.

DER PFLUG

Der Pflug wurde etwa 3500 v. Chr. im Mittleren Osten erfunden. Zu Beginn war er kaum mehr als ein Stock zum Umgraben, der von einem Menschen oder Ochsen gezogen wurde, doch mit diesem primitiven Pflug konnten die Menschen tiefer graben als je zuvor. Die Pflanzen faßten im umgepflügten Boden festere Wurzeln und lieferten einen höheren Ernteertrag: die Bauern erzielten einen Nahrungsüberschuß. Der Pflug befreite also manche Menschen von der Notwendigkeit, für ihre eigene Nahrung sorgen zu müssen.

SCHLÖSSER

Die ersten bekannten Schlösser (aus Holz) stammen aus Ägypten, und sie verwendeten bereits Stifte auf dieselbe Weise wie im Zylinder-Schloß. Die Anwendung der schiefen Ebene auf den Schlüssel, die Linus Yale 1848 in den USA herausbrachte, ist eine jener grundlegenden Erfindungen, die ihren Erfinder überlebten, und das Zylinder-Schloß wird auch heute noch Yale-Schloß genannt. Auf ein gleichartiges System war im Jahre 1805 ein preußisches Patent erteilt worden. Das Sicherheits-Schloß wurde 1778 von dem britischen Ingenieur Robert Barron entwickelt. Mit diesem Schloß wollte man es Einbrechern unmöglich machen, Wachsabdrücke von Schlössern zu nehmen und mit Hilfe eines solchen Abdrucks Nachschlüssel anzufertigen.

DER REISSVERSCHLUSS

Es dauerte eine ganze Weile, bis der Reißverschluß gebrauchsfertig war. Der Amerikaner Whitcomb Judson hat ihn 1891 erfunden, zwar nicht als Verschlußvorrichtung für Kleider, sondern für Stiefel. Auf verschiedenen Vorarbeiten baute der Schwede Sundback mit seiner Entwicklung auf, für die er 1914 ein Patent erhielt. Heutzutage wird der Reiß- oft vom Klettverschluß verdrängt, bei dem zwei Textilbänder mit kleinen Häkchen aneinanderhaften.

DER DOSENÖFFNER

Methoden zur Konservierung von Nahrungsmitteln in verschlossenen Behältern wurden im frühen 19. Jh. entwickelt. Zuerst benutzte man dazu Glaskrüge und dann Blechdosen. Diese Dosen waren für den Transport von Nahrungsmitteln ideal, doch das Öffnen war mit Schwierigkeiten verbunden. Zuerst halfen nur Hammer und Meißel — eine grobe Anwendung der schiefen Ebene — weiter. Danach wurden klauenähnliche Geräte und Hebelschneiden benutzt, was für die Anwender nicht

ungefährlich war. Der ebenso sichere wie einfache Dosenöffner von heute kam erst in den dreißiger Jahren unseres Jahrhunderts auf, mehr als ein Jahrhundert nach dem Auftauchen der Blechdose.

HEBEL

Hebel gab es ursprünglich auch schon in grauer Vorzeit in solchen Geräten wie Hacken, Rudern und Schleudern. Die Menschen ahnten, daß Hebel ihre Muskelkraft vergrößern können, doch es bedurfte eines Genies, um die Arbeitsweise von Hebeln zu erklären. Dieses Genie war der altgriechische Konstrukteur, Mathematiker und Physiker Archimedes (um 285—212 v. Chr.), der als erster die Hebelgesetze formulierte. Er illustrierte sie mit seinem berühmten Ausspruch: „Gebt mir einen Platz zum Stehen, und ich bewege die Erde." Hätte er nur, so meinte er damit, einen Hebel, der lang genug wäre, dann könnte er die Erde aus eigener Kraft bewegen.

Die Hebelgesetze waren ein Meilenstein in der Entwicklung der Wissenschaft und Technologie. Zugleich mit den Hebeln erklärten die Einsichten des Archimedes auch die schiefe Ebene, Zahnräder und Riemen, Rollen und Schrauben, da alle von denselben Gesetzen bestimmt werden. Darüber hinaus zeigte Archimedes, daß es mit Hilfe von Beobachtungen und Versuchen möglich ist, die Grundgesetze abzuleiten, die erklären, warum die Dinge so und nicht anders funktionieren.

WAAGEN

Das erste Gerät, das Hebel genau anwendete, wurde lange vor der Zeit des Archimedes erfunden. Es war der Waage-Balken zum Wiegen, der aus der Zeit um 3500 v. Chr. stammt. Es erscheint uns überraschend, daß ein Präzisionsinstrument vor so langer Zeit benötigt wurde: was jedoch zu wiegen war, ist kein gewöhnliches Material gewesen — sondern Gold. In den alten Zivilisationen des Mittleren Ostens wurde Goldstaub als Währung sehr geschätzt, und es mußten Unmengen an Gold genauestens gewogen werden, um dessen genauen Wert zu ermitteln.

TASTENINSTRUMENTE

Das Klavier wurde 1709 in Italien von Bartolommeo Cristofori erfunden, als er nach einer Möglichkeit suchte, das Volumen eines Tasteninstruments durch Hebel so zu verändern, daß man die Saiten mit unterschiedlicher Kraft anschlagen konnte. Sein Erfolg spiegelt sich im Namen des Instruments wider: Pianoforte oder „leise-laut". Das Hebelsystem wurde später verbessert, um die Resonanz des Klaviers zu erhöhen, die sich in dem sehr ausdrucksstarken Instrument niederschlug, das den Lauf der Musik erheblich beeinflußte.

Christopher Scholes erfand 1867 in den Vereinigten Staaten die erste brauchbare Schreibmaschine. Sie wurde von der Firma Remington gebaut. Im Gegensatz zum Klavier bietet eine Schreibmaschine kaum eine Variationsbreite beim Anschlag, und es ist daher kein Wunder, daß sie von Computerdruckern verdrängt wird, die mehrere Schriftarten und -grade anbieten.

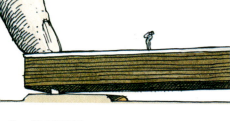

DIE PARKUHR

Der Vorläufer der mechanischen Parkuhr und anderer Münzautomaten, die Hebel benutzen, war ein faszinierendes Gerät, das der griechische Naturforscher Heron erfunden hatte, der im 1. Jh. n. Chr. in Alexandria lebte. Heron ist nämlich als Erfinder des ersten Motors bekannt, aber er baute auch viele ausgeklügelte Geräte, wie zum Beispiel Automatentheater, die Hebel und andere mechanische Teile verwendeten. Darunter war ebenfalls eine Maschine, die ein Glas heiligen Wassers spendete, wenn man eine Münze eingeworfen hatte. Die fallende Münze löste einen Hebel aus, der ein Ventil anhob, welches das heilige Wasser freigab.

RAD UND ACHSE

Die Entwicklung der mechanischen Kräfte hat ihren Ursprung im Rad und in der Achse. Die ersten Geräte, die diese Hilfe einsetzten, sind vermutlich Winde und Kurbel gewesen. Der griechische Arzt Hippokrates, der um 460 v. Chr. geboren wurde, benutzte eine Winde, um die Glieder seiner Patienten zu strecken, eine unangenehme Behandlung ähnlich der Streckfolter in mittelalterlichen Folterkammern. Kurbeln helfen seit vielen Jahrhunderten, Wasser aus tiefen Brunnen zu befördern.

WASSERRAD UND WINDMÜHLE

Das Wasserrad stammt aus dem 1. Jh. v. Chr. Die Windmühle, eigentlich dieselbe Maschine, nur

daß sie mit Luft statt mit Wasser betrieben wird, folgte mehr als sieben Jahrhunderte später.

TURBINEN

Moderne Turbinen sind ein Produkt der industriellen Revolution, als die Nachfrage nach Energie durch die vielen Fabriken in die Höhe schnellte. Ingenieure erforschten die Schaufelform, um ein Maximum an Energieausstoß zu erzielen. Die von James Francis 1850 erfundene und nach ihm benannte Turbine, die heutzutage in Kraftwerken üblich ist, war regelrecht ein Ergebnis unorthodoxer Denkweise, da Francis das Wasser ein- statt auswärts strömen läßt.

ZAHNRÄDER UND TREIBRIEMEN

Riemen sind einfache Geräte, wie man an den Eimerketten zur Wasserbeförderung in alter Zeit erkennt. Die grundlegende Form von Zahnrädern war schon im 1. Jh. n. Chr. bekannt. Eine sehr frühe Anwendung von Zahnrädern war der Antikythera-Mechanismus, ein mechanischer Kalender, der in Griechenland um 100 v. Chr. entstand und in einem Schiffswrack vor der griechischen Insel Antikythera entdeckt wurde. Diese Maschine besaß 25 Zahnräder aus Bronze, die ein kompliziertes Räderwerk bildeten, das Zeiger so bewegte, daß sie die künftige Stellung der Sonne und des Mondes anzeigten wie auch die Zeit, zu der bestimmte Sterne auf- oder untergingen.

UHREN

Ein Zahnstangengetriebe wurde zuerst in einer Wasseruhr eingesetzt, die der griechische Erfinder Ktesibios etwa 250 v. Chr. baute. Die Wasseruhr, in der Wasser gleichmäßig in einen Behälter tropfte, dessen Wasserstand die Uhrzeit anzeigte, war ein altbekanntes Gerät, das Ktesibios verbesserte. Bei ihm hob ein Schwimmer eine Zahnstange an, die ein Antriebskegelrad antrieb, das mit einem Zeiger auf einer Trommel verbunden war. Der Zeiger

drehte sich und zeigte die Zeit wie der Stundenzeiger einer mechanischen Uhr an.

Die älteste überlebende mechanische Uhr stammt aus dem späten 14. Jh. Zahnräder übertrugen die stete Bewegung eines Reglers auf die Zeiger oder zu einer Klingel. Ein guter Regler stand erst 1581 mit der Entdeckung des Pendels durch den großen italienischen Physiker Galileo zur Verfügung. Galileo stoppte mit dem Pendelschlag die Zeit eines schaukelnden Kronleuchters und stellte fest, daß die gestoppte Zeit für jede Schaukelbewegung gleich war. Dennoch dauerte es fast ein Jahrhundert, bevor die erste Pendeluhr auftauchte.

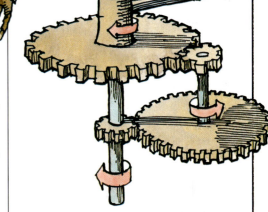

DAS PLANETENGETRIEBE

Das Planeten- oder Umlaufgetriebe (auch epizyklisches G.) ist jüngeren Datums als viele andere. Es wurde 1781 von dem großen britischen Ingenieur James Watt erfunden, der als Erfinder der Dampfmaschine bekannt ist. Watt war auf der Suche nach einem Gerät, das die Kolbenbewegung seiner Dampfmaschine in eine Drehbewegung umwandelte. Dabei durfte er die Kurbel nicht verwenden, da ein anderer dafür ein Patent besaß. Watts Alternative war das Planetengetriebe, das man heute in Salatschleudern, Automatikgetrieben und vielen anderen Geräten finden kann.

DAS AUSGLEICHSGETRIEBE

Es tauchte zuerst beim „Südlich-weisenden Wagen" im China des 3. Jh. n. Chr. auf. Der zweirädrige Wagen besaß eine Figur, die immer nach Süden zeigte, gleich in welche Richtung der Wagen sich bewegte. Die Figur wurde bei Fahrtantritt in Richtung Süden eingestellt, und ein von den Rädern betriebenes Ausgleichsgetriebe drehte die Figur in die zur Wagenrichtung entgegengesetzte Richtung, so daß sie noch immer nach Süden zeigte.

Solch eine Maschine muß den Menschen jener Zeit wie Zauberei vorgekommen sein. Jedoch Berechnungen zeigten, daß dieser Mechanismus nicht so ausreichend präzise war, daß die Figur ständig nach Süden zeigte. Nach fünf Kilometern hätte sie ebensogut nach Norden zeigen können!

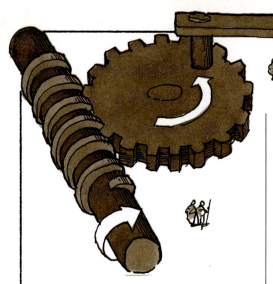

NOCKEN UND KURBELN

Nocken und Kurbeln sind ebenfalls alte Geräte — der Nocken taucht im Fallhammer auf und die Kurbel beim Förderschwengel. Angewendet wurden sie in der Nähmaschine im frühen 19. Jh.; die erste erfolgreiche Nähmaschine wurde 1851 in den Vereinigten Staaten von Isaac Singer hergestellt. Der Viertakt-Verbrennungsmotor, der ebenfalls auf der Steuerbewegung von Nocken und Kurbeln beruht, wurde zuerst 1885 von Karl Benz in ein Kraftfahrzeug eingebaut. Diese beiden Maschinen gibt es in ihrer ursprünglichen Form auch heute noch, verbunden mit den Namen ihrer jeweiligen Erfinder.

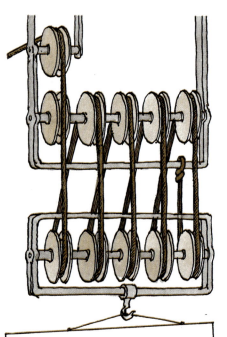

FLASCHENZÜGE

Einfache Kräne, die einfache Rollen verwendeten, gab es bereits vor etwa 3000 Jahren, und Flaschenzüge mit mehreren Rollen gab es schon um 400 v. Chr. Archimedes soll einen Verbundflaschenzug erfunden haben, der in der Lage war, ein ganzes Schiff zu heben. Den Schaduf, eine Hebevorrichtung mit Gegengewicht, gab es bereits in Alt-Ägypten.

AUFZUG UND ROLLTREPPE

Der Aufzug ist eine relativ junge Erfindung, da die Gebäude erst eine gewisse Bauhöhe erreichen mußten, bevor der Einbau eines Aufzugs notwendig wurde. Obwohl Aufzüge für den Publikumsverkehr gedacht sind, hatte der erste Aufzug den genau entgegengesetzten Zweck. Er wurde 1743 im Versailler Schloß für den französischen König Louis XV. gebaut. Mit Gegengewichten ausbalanciert und von Hand betrieben, beförderte er den König völlig ungestört von einer Etage zur anderen.

Der moderne Sicherheitsaufzug ist die Erfindung des amerikanischen Ingenieurs Elisha Otis, der 1854 die Wirksamkeit seiner Erfindung auf dramatische Weise unter Beweis stellte. Er befahl, daß man das Trageseil des Aufzugs, in dem er sich selber befand, einfach durchschnitt. Doch das Notbremssystem schaltete sich sofort ein, und der Aufzug raste nicht mit ihm in die Tiefe.

Rolltreppen stammen aus dem letzten Jahrzehnt des 19. Jh. Die ersten Modelle bestanden eigentlich nur aus rotierenden Treibriemen.

SCHRAUBEN UND SCHNECKEN

Die Schraube ist eine weitere Maschine, die mit Archimedes in Verbindung zu bringen ist. Denn die älteste bekannte Schraube ist die archimedische, eine Schnecke zum Fördern des Wassers. Die Schraubenpresse, die die Art Schraube enthält, die man auch bei Mutter und Schraube verwendet, hat zuerst Heron von Alexandria beschrieben.

Metallschrauben wurden ab 1555 als

den Nägeln überlegen verwendet, als der deutsche Mineraloge Georgius Agricola (eigtl. Georg Bauer) beschrieb, wie man Leder auf Holz schrauben muß, damit man einen widerstandsfähigen Blasebalg erhält. Der Schraubenzieher tauchte jedoch erst ab 1780 auf.

DER MÄHDRESCHER

In der Landwirtschaft ist der Mähdrescher die wichtigste Erfindung seit dem Pflug. Die verschiedenen Förderschnecken eines modernen Mähdreschers funktionieren genauso wie eine archimedische Schnecke. Der erste Mähdrescher stammt aus dem Jahr 1835 und kombinierte eine von einem Pferd gezogene Mäh- mit einer Dreschmaschine. Es dauerte ein weiteres Jahrhundert, bis aus jenem Mähdrescher eine wirksame Maschine mit Eigenantrieb wurde.

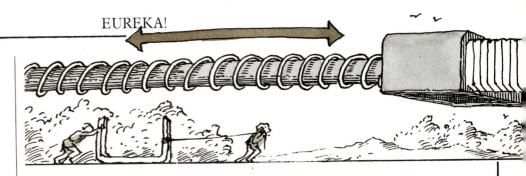

DIE FEINMESS-SCHRAUBE

Dieses wichtige Gerät, das auf dem Prinzip der Schraube beruht, wurde 1772 von James Watt erfunden. Watts Feinmeßschraube funktionierte im großen ganzen wie die modernen Feinmeßschrauben und war bereits auf ein Fünftel Millimeter genau.

ROTIERENDE RÄDER

Die Menschen aus der Vorzeit konnten leicht schwere Lasten bewegen, indem sie sie auf Baumstämmen rollen ließen, und man könnte annehmen, daß auf diese Weise das Rad entwickelt wurde. Dem ist jedoch nicht so. Im Gegensatz zur Walze benötigt das Rad nämlich eine Achse, auf der es sich drehen kann. Daher ist die Töpferscheibe das erste richtige Rad. Es wurde etwa um 3500 v. Chr. im Mittleren Osten erfunden. Aus der Töpferscheibe entstand dann bald das Rad zum Zweck des Transports.

DAS FAHRRAD

Beim ersten Fahrrad trat man noch nicht in die Pedale, sondern mußte sich mit den Füßen abstoßen. Der badische Forstmeister C. v. Drais baute 1817 eine „Laufmaschine" (Draisine). Es war eher eine Kuriosität als ein ernsthaftes Mittel zur Fortbewegung und wurde als Stahlroß bekannt. Der britische Schmied Kirkpatrick Macmillan versah 1839 das Fahrrad mit Pedalen. Löst der Radler die Füße vom Boden, um in die Pedale zu treten, so macht er, um das Gleichgewicht zu halten, von der Präzession Gebrauch.

DER KREISELKOMPASS

Die den schnell rotierenden Geräten wie Kreiseln innewohnende Trägheit oder gyroskopische Inertie ist schon seit Jahrhunderten bekannt, die Entwicklung und die Verwendung des Kreisels in Maschinen jedoch erst jüngeren Datums. Die wichtigste Anwendung, der Kreiselkompaß, wurde von Elmer Sperry erfunden und zum erstenmal 1911 auf einem amerikanischen Schiff vorgeführt.

FEDERN

Auch Federn sind eine ganz alte Erfindung und wurden in primitiven Schlössern verwendet. Metallfedern stammen aus dem 16. Jh., als Blattfedern erfunden wurden, um Radwagen mit einer primitiven Aufhängung auszustatten. Federn wurden erst zwei Jahrhunderte später populär, als die Spiralfeder erfunden war.

MESSMASCHINEN

Das Gesetz hinter der Feder — die Ausdehnung einer Feder ist proportional zu der auf sie wirkenden Kraft — wurde 1679 von dem englischen Wissenschaftler Robert Hooke erfunden und ist daher als das Hookesche Gesetz bekannt. Hooke erfand ebenfalls die Spiralfeder, auch Haarfeder genannt, die als Regler in mechanischen Uhren verwendet wurde und erst tragbare Uhrwerke möglich machte.

REIBUNG

Die Menschen haben von der Reibung Gebrauch gemacht, seitdem sie einen Fuß auf den Boden gesetzt haben, und das erste Gerät, das die Reibung ausnutzt, um Körner zu Mehl zu zermahlen, ist seit dem Beginn der Zivilisation bekannt.

DER FALLSCHIRM

Dies ist eine der Erfindungen, die Leonardo da Vinci vorausgesehen hatte, denn aus dem Jahre 1495 gibt es von ihm die Zeichnung eines Fallschirms. Verständlicherweise war weder Leonardo noch jemand anders besonders wild darauf, diese Idee in der Praxis zu erproben. Es gab auch kaum Bedarf für Fallschirme, bis drei Jahrhunderte später die ersten Ballons aufstiegen. Den nachweisbar ersten Absprung eines Menschen wagte S. Lenormand 1783. Aus 680 Meter Höhe sprang 1797 erfolgreich der französische Ballonfahrer André Garnerin. Die frühen Fallschirme sahen wie riesige Sonnenschirme aus und wurden auch ähnlich genannt, obwohl sie vor einer unsanften Landung eher schützten als vor der Sonne.

BOHRMASCHINEN

Bohren läßt sich eigentlich als Zermalmen oder Mahlen betrachten und ist eine erstaunlich alte Tätigkeit. Die Chinesen bohrten bereits im 3. Jh. v. Chr. Ölbrunnen einige hundert Meter tief. Sie senkten ein Bohrwerkzeug aus Metall ins Bohrloch hinab, um den Fels aufzubrechen. Der erste moderne Ölbrunnen, 1859 von Edwin Drake in Pennsylvania gebohrt, entstand auf dieselbe Weise.

KUGELLAGER

Geräte, die die Reibung verringern, sind älteren Ursprungs. Die ersten waren vermutlich Baumstämme, die man unter den Gegenstand schob, den man bewegen wollte. Um reibungslos zu funktionieren, muß ein Rad auf Kugeln lagern. Die ersten Kugellager wurden etwa um 1000 v. Chr. in Frankreich und Deutschland erfunden. Die Kugellager waren damals aus Holz und wurden geschmiert, damit sie länger hielten. Moderne Kugellager gibt es seit dem späten 18. Jh. Sie machten die Entwicklung der Maschinen während der industriellen Revolution viel wirtschaftlicher.

SCHWIMMEN

Das erste Fortbewegungsmittel aus eigener Kraft war das Floß. In prähistorischen Zeiten haben die Menschen sich vermutlich an entwurzelte Bäume geklammert, die flußabwärts trieben. Auf Meeresströmen schwimmende Flöße beförderten höchstwahrscheinlich Menschen über die Meerengen hinweg von einem Kontinent zum andern, lange vor dem Aufkommen der Geschichtsaufzeichnungen.

Das erste bekannte Hohlboot stammt aus der Zeit um etwa 8000 v. Chr. Es handelte sich um aus Baumstämmen geschnittene Einbaum-Kanus, die mit Paddeln gerudert wurden.

Die Entdeckung des Auftriebs, der erklärt, weshalb Körper schwimmen, war eine der großen Leistungen des Archimedes, des großen Mathematikers und Physikers, der von 285—212 v. Chr. in Sizilien (damals griech. Kolonie) lebte. Es heißt, er habe diese Entdeckung in seinem Bad gemacht, sei dann nackt auf die Straße gestürzt und habe den seither klassischen Freudenschrei jedes Entdeckers von sich gegeben: „Eureka!" („Ich hab's gefunden!")

Obwohl das Prinzip, das Archimedes aufstellte, erklärte, daß ein Schiff aus Eisen schwimmen kann, glaubte ihm doch keiner so recht, und alle Boote und Schiffe wurden daher bis vor zweihundert Jahren aus Holz gebaut. Die Entwicklung zu stählernen Schiffsrümpfen ging einher mit der Entwicklung starker Dampfmaschinen, die die Schrauben in den Schiffen antrieben.

UNTERSEEBOOTE

Das Reisen unter Wasser und in der Luft kann zu einem gefährlichen Abenteuer werden und verlangte daher unerschrockene Pioniere. Verständlicherweise überredeten deshalb sowohl der Erfinder des ersten U-Boots wie auch der des ersten Ballons jeweils andere Leute, ihre Erfindung zu erproben.

Das erste eigentliche U-Boot ging während des amerikanischen Freiheitskriegs 1776 auf Fahrt. Es war ein eiförmiges Holzschiff, eine Erfindung des amerikanischen Ingenieurs David Bushnell. Es wurde (erfolglos) gegen ein britisches Kriegsschiff eingesetzt. Die *Turtle (Schildkröte)*, so hieß es, war ein früher Vorläufer des modernen Tauchboots, das Ballasttanks und Propeller besitzt.

BALLONS

Der erste bemannte Ballon war ein Heißluftballon der Brüder Montgolfier aus Frankreich. Der Jungfernflug fand am 21. 11. 1783 bei Paris statt und führte mehr als acht Kilometer weit. Der erste gasgefüllte Ballon stieg nur wenige Tage später mit seinem Erfinder Jacques Charles in den Pariser Himmel auf. Er war mit Wasserstoff gefüllt, der auch das erste Luftschiff 1852 in die Luft hob. Diese dampfbetriebene Maschine hatte der französische Ingenieur Henri Griffard erfunden.

SEGEL UND PROPELLER

Segel trieben die Boote auf dem Nil im Alten Ägypten bereits etwa um 4000 v. Chr. an. Es waren quadratische Segel, mit denen man nur vor dem Wind segeln konnte. Das Dreiecksegel, mit dem man in den Wind segeln kann, tauchte gegen 300 n. Ch. bei Booten im Arabischen Meer auf.

Der Propeller wurde 1836 von Francis Pettit Smith in Großbritannien und von John Ericsson in den Vereinigten Staaten erfunden. Er trieb zum erstenmal 1839 ein seetüchtiges Schiff an, das passenderweise *Archimedes* hieß.

FLIEGEN

Die ersten fliegenden Menschen waren chinesische Kriminelle, die an großen Drachen hingen. Der große Reisende Marco Polo berichtet im 13. Jh. von solchen Drachen, die man zu Strafzwecken einsetzte, doch Drachenfliegen eignete sich auch dazu, feindliches Territorium auszuspähen. Fünf Jahrhunderte später begannen dann die Ballons die Menschen in die Luft zu befördern.

TRAGFLÄCHE

Das Prinzip der Tragfläche — die Erhöhung der Strömungsgeschwindigkeit eines Gases oder einer Flüssigkeit verringert dessen Druck — wurde 1738 von dem Schweizer Wissenschaftler Daniel Bernoulli entdeckt, und die Grundform der Flugzeugtragfläche wurde im 19. Jh. entwickelt. Der Entwurf stammte von dem britischen Ingenieur Sir George Cayley, der 1849 das erste Segelflugzeug flog. Vier Jahre später war Cayleys Kutscher der erste Erwachsene, der (gegen seinen Willen) in einem Luftfahrzeug mit Tragflächen flog. Nach der Landung soll er seine Stelle sofort gekündigt haben.

MOTORFLUG

Die Erfindung des Motorflugs ist unlösbar mit den Brüdern Wright verknüpft, jene amerikanischen Ingenieure, die 1903 das erste Motorflugzeug in Kitty Hawk in North Carolina flogen. Im Gegensatz zu sämtlichen modernen Flugzeugen besaßen die Tragflächen ihrer fliegenden Maschine keine Querruder. Diese Entwicklung tauchte 1908 im Flugzeugbau durch den britischen Ingenieur Henry Farman auf.

Instrument nutzte er den Wasserdruck, um Luft in die Orgelpfeifen zu pressen: das Ergebnis war bestimmt ohrenbetäubend!

PUMPEN UND STRAHLEN

Die Wasserpumpe ist eine weitere Ktesibios zugeschriebene Erfindung. Wegen der nur schleppenden Entwicklung von Pumpen, die einen steten Wasserstrahl abgeben, war es möglich, daß ein Großfeuer 1666 den größten Teil Londons in Schutt und Asche legte. Die erste richtige Feuerwehrspritze, eine Erfindung des britischen Ingenieurs Richard Newsham, tauchte erst 1721 auf. Es handelte sich um eine handbetriebene

und auch die Pneumatik. Eine der jüngsten Folgerungen daraus ist das Luftkissenfahrzeug, das der britische Ingenieur Christopher Cockerell 1955 erfand. Das derzeit größte im Einsatz befindliche Schwebefahrzeug hat eine höchste Reisegeschwindigkeit von 130 km/h und 160 km Reichweite. Als Autofähre faßt es bis zu 34 Pkw und 174 Passagiere.

DER HELIKOPTER

Wie das Motorflugzeug der Brüder Wright, so hing auch die Entwicklung des Helikopters von der Erfindung eines zwar leichten, doch starken Motors ab — des Benzinmotors. Der allererste, von Paul Cornu gebaute Helikopter wirbelte 1907 noch etwas unstet durch die Luft. Auf die Entwicklung eines verläßlichen Helikopters mußte man dann noch dreißig Jahre warten.

DAS TRAGFLÄCHENBOOT

Die erste Nutzanwendung eines Tragflügels fand nicht etwa in der Luft, sondern im Wasser statt. 1861 erprobte Thomas Moy in Großbritannien Flügel, die er unten an einem Boot befestigte, und er stellte fest, daß sie den Bootsrumpf übers Wasser hoben. Und daher war das Tragflächenboot vor dem Flugzeug da. In Italien wurden die ersten brauchbaren Tragflächenboote gebaut, die Enrico Forlanini im ersten Jahrzehnt des 20. Jh. entwickelte.

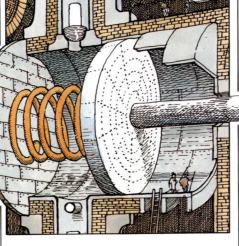

Pumpe, in der sich zwei Kolben auf und ab bewegten. Der Wasserstrahl reichte 50 Meter hoch und konnte sogar ein Fenster zertrümmern. Zuerst mit Druckluft, dann mit Kohlendioxid betriebene, tragbare Feuerlöscher wurden im 19. Jh. entwickelt.

SAUGMASCHINEN

Der Staubsauger wurde 1901 von Hubert Booth in Großbritannien erfunden. Wieder beruhte die Erfindung auf einem einfachen Versuch: Durch ein Taschentuch saugte Booth Luft an, der Staub kam mit. Erst 1908 jedoch entwickelte der Amerikaner William Hoover ein brauchbares Gerät, und sein Name wurde stets in Verbindung mit Staubsaugern gebracht.

HYDRAULIK UND PNEUMATIK

Erst durch das Werk des französischen Wissenschaftlers Blaise Pascal entwickelte sich ein Verständnis für den Druck sowohl in der Luft als auch im Wasser. Mitte des 17. Jh. entdeckte er das Prinzip, das die Druckwirkung auf einer Oberfläche bestimmt. Pascals Prinzip erklärt die Hydraulik

Sein entfernter Verwandter, die Aqualunge, ist auch eng mit ihrem Erfinder, dem französischen Ozeanographen Jacques Cousteau, verbunden. Sie wurde während des Zweiten Weltkriegs entwickelt, und Cousteau nutzte sie anschließend als erster beim Tiefseetauchen zur Meereserkundung.

DRUCKKRÄFTE

Die Erkenntnisse von Archimedes regten mehrere Generationen von Erfindern und Ingenieuren an. Der erste war Ktesibios, der um 170—117 v. Chr. in Alexandria (Ägypten) lebte und für seine selbstangetriebenen Geräte bekannt war, darunter die erste hydraulische Orgel. Wasser war eine praktische Energiequelle, und für dieses

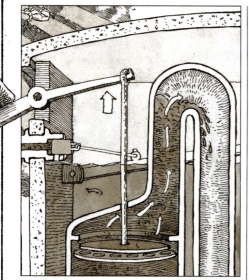

DIE TOILETTENSPÜLUNG

Das Wasserklosett, die erste von vielen Umschreibungen (und genauer als so manch andere) für die Toilettenspülung, geht auf das Jahr 1589 zurück, als der britische Edelmann Sir John Harrington, ein Patenkind der Königin Elizabeth I., sie erfand. Der Behälter bei Harringtons Erfindung funktionierte mit einem Ventil, das das Wasser freigab. Harrington empfahl, einmal — besser vielleicht zweimal pro Tag — die Spülung zu betätigen.

Harringtons wichtiger Beitrag zur Geschichte der Technologie war seiner Zeit weit voraus, und die Toilettenspülung in der heute bekannten Form gab es erst im späten 19. Jh. Der Saugheber, der Ventile überflüssig machte, stammt auch aus dieser Zeit.

WÄRMENUTZUNG

Die Nutzung der Wärme war die erste technologische Leistung. Dank der Entdeckung des Feuers vor etwa einer Million von Jahren in Afrika gab es Wärme zum Kochen und zum Heizen. Mehrere tausend Jahre mußten vergehen, bevor man die Wärme bei weit fortgeschritteneren Verfahren einsetzte, wie dem Schmelzen von Metallen und zur Bewegungsenergie.

EISEN- UND STAHLHERSTELLUNG

Eisenherstellung gab es bereits 1500 v. Chr., als die Hethiter (heute Türken) Öfen bauten, um mit Holzkohle Eisenerz zu schmelzen, und so das Metall Eisen zu erzeugen. Das Verfahren wurde erst 1709 weiterentwickelt, als der britische Eisenhersteller Abraham Darby die Holzkohle durch Kohle ersetzte und Kalkstein hinzugab. Sein Ofen benötigte einen kräftigen Luftzustrom, damit der Koks verbrannte, konnte jedoch Eisen in rauhen Mengen herstellen — ein Umstand, der die industrielle Revolution zuwege brachte.

Die Stahlherstellung aus Eisen in Hochöfen erfolgte im großen Maßstab erst gegen Mitte des

19. Jh., als William Kelly in den Vereinigten Staaten und Henry Bessemer in Großbritannien unabhängig voneinander den Stahlkonverter erfanden. Stahl wurde dadurch erzeugt, daß Luft durch geschmolzenes Eisen geblasen wurde, ein Verfahren, bei dem heutzutage die Luft durch Sauerstoff ersetzt wird.

KÜHLSCHRANK UND THERMOSFLASCHE

Obwohl das Verwahren von Nahrungsmitteln in eisgefüllten Gruben als Verfahren bereits seit mehr als 4000 Jahren bekannt ist, wurde die erste Maschine zur Temperaturverringerung erst 1851 gebaut. Der australische Drucker James Harrison bemerkte, daß die Drucktypen, die er mit Äther säuberte, sehr kalt wurden, wenn der Äther verdunstete. Auf diesem Verfahren fußend, baute er einen Äther-Kühlschrank. Jedoch war sein Verfahren nicht sehr erfolgreich, da er gegen das billige, aus Amerika importierte Eis nicht ankam.

Den ersten brauchbaren Kühlschrank, der mit Ammoniak statt mit Äther lief, baute 1876 der deutsche Ingenieur Carl von Linde. Damit konnte er sogar flüssigen

Sauerstoff produzieren, doch eine solch kalte Flüssigkeit war schwer zu lagern. Der britische Wissenschaftler James Dewar entwickelte dann 1892 die Thermosflasche, um flüssigen Sauerstoff zu lagern, doch sie wird weitaus mehr dazu benutzt, um Getränke warmzuhalten.

DAMPFKRAFT

Die glorreiche Idee, Wärme zur Erzeugung von Bewegungsenergie zu verwenden, kam dem griechischen Ingenieur Heron. Er baute die erste Dampfmaschine, ein kleines Gerät, das Dampfwolken ausstieß und etwa so wie ein Rasensprenger herumwirbelte. Seine Maschine hatte keinen praktischen Nutzen, und eine Dampfmaschine tauchte erst um 1700 als Entwicklung von James Watt in Großbritannien wieder auf. Die Dampfturbine wurde von einem anderen Briten, nämlich von Charles Parsons, 1884 erfunden.

GAS-, DIESEL- UND DÜSENMOTOREN

Der Benzinmotor folgte nach der Entwicklung der Erdölförderung Mitte des 19. Jh. wie auch die Erfindung des Viertakt-Verbrennungsmotors zur selben Zeit. Zwar wurde der erste Zweitakter 1878 erfunden, doch war es ein Viertakt-Benzinmotor, der einen Pferdewagen ohne Pferd antrieb. Ein brauchbarer Benzinmotor wurde 1883 hauptsächlich von dem deutschen Maschinenbauingenieur Gottlieb Daimler entwickelt, der ihn zuerst in ein Boot, dann in ein hölzernes Zweirad einbaute. Ein anderer Deutscher jedoch, nämlich der Ingenieur Carl Benz, baute 1885 das erste Kraftfahrzeug.

Der Dieselmotor wurde von Rudolf Diesel 1897 fertiggestellt, ein Jahr vor Erfindung des Vergasers.

Der Verbrennungsmotor trug zur Erfindung der Flugzeuge bei, während der Düsenmotor, der billiger und schneller arbeitet, uns den weltweiten Massentourismus brachte. Der britische Ingenieur Frank Whittle erfand 1930 das Düsentriebwerk.

THERMOMETER

Die Temperaturmessung steht im Zusammenhang mit mehreren berühmten Namen. Der große italienische Naturforscher Galileo, besser bekannt wegen seiner berühmten Entdeckungen auf dem Gebiet der Astronomie, erfand 1593 das erste Thermometer. Sein Instrument nutzte die Ausdehnung und das

Zusammenziehen eines Gasvolumens; es war so ungenau wie unhandlich.

Das erste Quecksilberthermometer erfand 1714 der deutsche Physiker Daniel Fahrenheit, und die von ihm ersonnene (in Großbritannien und den USA üb- liche) Temperaturskala trägt sei- nen Namen.

SCHIESSPULVER UND RAKETEN

Die Wärme wurde zu einer Energiequelle im Schießpulver, dem ersten Sprengstoff, der vor etwa tausend Jahren in China aufkam. Schießpulver fand auch noch andere Anwendungen, und etwa um 1200 wurden die ersten mit Schießpulver angetriebenen Raketen in China gezündet.

Der erste Mensch, der vorschlug, die Raketen für den Raumflug einzusetzen, war nicht etwa ein Ingenieur, sondern der russische Schullehrer Konstantin Ziolkowskij. Um die Jahrhundertwende erkannte er, daß nur Flüssigkeitsraketen mit mehreren Stufen den immensen Schub erzeugen konnten, der notwendig ist, um Menschen in den Weltraum zu befördern. 1903 entwarf er zwar die Flüssigkeitsrakete in allen Einzelheiten, baute jedoch selbst keine Rakete.

Eine Flüssigkeitsrakete wurde erstmals von dem amerikanischen Ingenieur Robert Goddard gebaut und 1926 gestartet. Die erste Weltraumrakete baute der russische Ingenieur Sergej Koroljow. Es war eine Flüssigkeitsrakete, die im Oktober 1957 den ersten Satelliten *Sputnik 1* in eine Umlaufbahn brachte, genau ein Jahrhundert nach Ziolkowskijs Geburt.

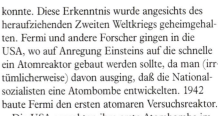

ATOMENERGIE

Die Grundlagen der Atomenergie wurden 1905 von dem großen deutschen Wissenschaftler Albert Einstein entdeckt. In seiner Speziellen Relativitätstheorie behauptete er, daß selbst eine kleine Masse in eine große Energiemenge umgewandelt werden kann.

Die Kernspaltung ist die praktische Anwendung von Einsteins Theorie und wurde zum erstenmal 1934 von dem italienischen Forscher Enrico Fermi im Labor durchgeführt. Fermi wußte zu jener Zeit nicht, daß eine Kernspaltung abgelaufen war. 1938 entdeckte Otto Hahn die Spaltung von Urankernen bei Neutronenbestrahlung. Es wurde klar, daß die Kernspaltung enorme Energiemengen freisetzen konnte. Diese Erkenntnis wurde angesichts des heraufziehenden Zweiten Weltkriegs geheimgehal- ten. Fermi und andere Forscher gingen in die USA, wo auf Anregung Einsteins auf die schnelle ein Atomreaktor gebaut werden sollte, da man (irr- tümlicherweise) davon ausging, daß die National- sozialisten eine Atombombe entwickelten. 1942 baute Fermi den ersten atomaren Versuchsreaktor.

Die USA erprobten ihre erste Atombombe im Juli 1945, kurz nach der deutschen Kapitulation. Die zweite und die dritte Atombombe warfen sie auf japanische Städte ab: am 6. 8. 1945 auf Hiroshima, drei Tage später auf Nagasaki. Es gab mehr als 100 000 Tote und ebenso viele Schwerverletzte. Die erste Wasserstoffbombe der USA detonierte 1952. Der erste Atomreaktor zur Stromerzeugung wurde 1954 in der Sowjetunion gebaut.

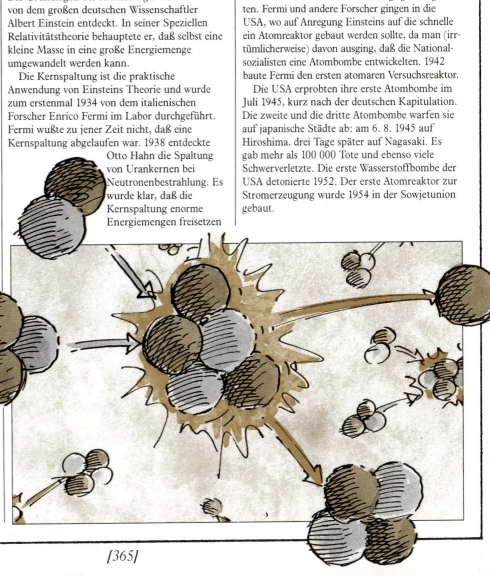

LICHT UND BILDER

Die Menschen haben vermutlich vor mehreren tausend Jahren damit begonnen, die Bewegung des Lichts zu beobachten. Sie konnten studieren, woher es kommt, und sie konnten bemerken, daß es von hellen, weichen Oberflächen zurückgeworfen wurde und einen Schatten warf, wenn etwas seinen Weg kreuzte. Der griechische Philosoph Euklid war um 300 v. Chr. vermutlich mit den grundlegenden Gesetzen der Optik vertraut, und der berühmte arabische Gelehrte Alhazen schrieb um 900 n. Chr. eine wichtige Abhandlung über dieses Thema. Doch keiner wußte so recht etwas über die Natur des Lichts bis 1666, als Isaac Newton die Spektralfarben entdeckte, und bis 1678, als der Niederländer Christiaan Huygens darauf hindeutete, daß Licht aus Wellen bestehe. Bis dahin hatte man Newtons Behauptung, das Licht bestehe aus Teilchen oder „Korpuskeln", als überzeugender angesehen.

ELEKTRISCHES LICHT

Dem amerikanischen Erfinder Thomas Edison wird allgemein die Erfindung des elektrischen Lichts zugeschrieben. In Wirklichkeit jedoch war ihm sein britischer Widersacher Joseph Wilson Swan zuvorgekommen. Swans Glühfadenlampe wurde im Dezember 1878, fast ein Jahr früher als Edisons Lampe, enthüllt. Glühlampen sind im Vergleich mit Leuchtlampen, die wenig Wärme abgeben, relativ unergiebig. Henri Becquerel, der Entdecker der Radioaktivität, machte 1859 seine ersten Versuche mit der Fluoreszenz, doch dauerte es bis 1934, bevor der amerikanische Wissenschaftler Arthur H. Compton die erste Leuchtlampe für den allgemeinen Gebrauch im Haus und im Büro entwickelt hatte.

SPIEGEL

„Natürliche" Spiegel aus geschliffenem Obsidian (vulkanisches Gesteinsglas) waren in der Türkei vor 7500 Jahren beliebt, doch die frühesten polierten Spiegel bestanden aus Kupfer, Bronze und Metall. Plinius d. Ä. erwähnt mit Zinn oder Silber hinterlegtes Glas im ersten Jh. n. Chr. Doch das Versilbern wurde im großen Maßstab erst angewandt, als die Venezianer im 13. Jh. eine Methode dafür entwickelten. Der deutsche Chemiker Justus von Liebig entwickelte 1835 das moderne Verfahren der Versilberung. Moderne Anwendungen der reflektierenden Oberflächen schließen das Periskop und das Endoskop ein. Periskope wurden für den Gebrauch in U-Booten 1854 in Frankreich entwickelt. Das biegsame Endoskop, das Glasfasern mit besonderer Beschichtung verwendet, damit man um die Ecke sehen kann, wurde 1958 zum erstenmal eingesetzt.

LINSEN

Der römische Kaiser Nero (37—68 n. Chr.) war einer der ersten Menschen, die eine Linse benutzten (obwohl ihm das vielleicht nicht bewußt war), wenn er die Vorstellungen in der Arena durch einen Scherben aus Smaragd betrachtete, der zufällig die richtige Größe hatte, um seine schlechte Sehkraft zu verbessern. Kugelförmige Linsen, die als Brenngläser verwendet wurden, waren sicher gegen 900 n. Chr. bekannt, als Alhazen beschrieb, wie sie funktionieren. Die ersten Linsen für den allgemeinen Gebrauch waren die konvexen Linsen in den Brillen, die irgendwann um 1287 in Italien auftauchten. Die Gummilinse (Zoom), die in einem großen Brennweitenbereich ein korrekt scharf eingestelltes Bild liefert, wurde in den dreißiger Jahren des 20. Jh. für die Filmindustrie entwickelt.

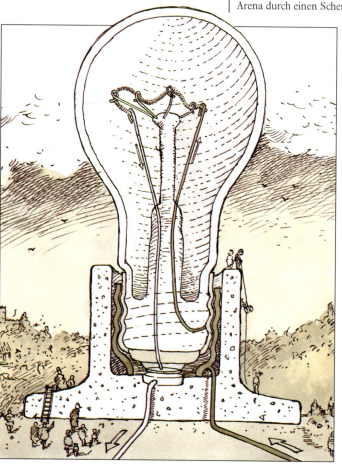

TELESKOPE

Linsen waren schon seit Jahrhunderten in Gebrauch, als Hans Lippershey, ein niederländischer Brillenglashersteller, zufällig die wunderbare Erfindung des Teleskops machte. Im Jahr 1608 sah er durch zwei hintereinander angeordnete Linsen zu einem nahen Kirchturm hin und stellte fest, daß er vergrößert war. Die betriebsfähigen Teleskope, die auf Lippersheys Entdeckung folgten, lieferten wegen der Brechung des Lichts durch die Glaslinsen nur eine schwache Bildqualität. Isaac Newton löste 1668 dieses Problem, indem er ein Teleskop baute, das Spiegel statt Linsen verwendete. Das Fernglas besteht im wesentlichen aus zwei Teleskopen nebeneinander. Es tauchte zum erstenmal 1823 in einem Pariser Opernhaus auf; obwohl sein Erfinder unbekannt ist, setzte es sich schnell für den Gebrauch drinnen und draußen durch.

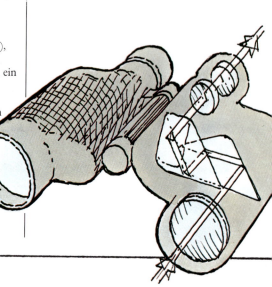

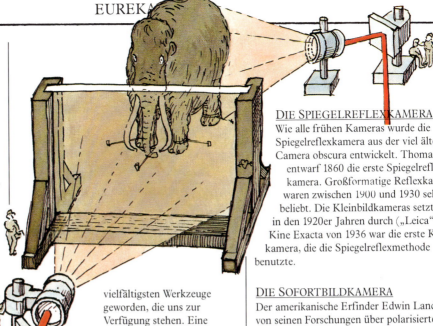

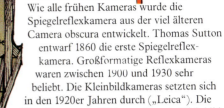

MIKROSKOPE

Vergrößerungsgläser sind so lange in Gebrauch wie es die konvexen Brillengläser gibt, und in der Mitte des 17. Jh. wurden sie von dem niederländischen Händler Antoni van Leeuwenhoek zu ausgezeichneten Mikroskopen mit einer Linse weiterentwickelt. Allein mit einer winzigen Linse, nur so groß wie eine Bohne, gelangen ihm bis zu 200fache Vergrößerungen.

Der Ursprung des Verbundmikroskops mit zwei Linsen liegt im Dunkeln. Zacharias Janssen, einem anderen niederländischen Linsenschleifer, wurde die Erfindung dieses Mikroskops 1590 zugeschrieben. Es erscheint jedoch unwahrscheinlich, daß das Mikroskop vor dem Teleskop da war. Vermutlich hat Janssens Sohn diese Legende aufgebracht. Von Galileo nimmt man an, daß er mit Linsen für ein Mikroskop experimentiert hat, doch die Biographen des niederländisch-stämmigen Naturforschers Cornelius Drebbel bestehen darauf, daß er 1619 das erste Verbundmikroskop gebaut hat. Das erste Elektronenmikroskop wurde drei Jahrhunderte später 1928 in Deutschland gebaut.

vielfältigsten Werkzeuge geworden, die uns zur Verfügung stehen. Eine Erscheinung, die wir gerade erst zu erkunden beginnen — das Hologramm —, wäre ohne den Laser undenkbar. Dennis Gabor erfand 1947 das Hologramm, konnte seine Idee jedoch nicht verwirklichen, bis er über eine kohärente Lichtquelle verfügte, mit anderen Worten einen Lichtstrahl mit einer einzigen Wellenlänge. Den lieferte ihm der Laser.

DIE SPIEGELREFLEXKAMERA

Wie alle frühen Kameras wurde die Spiegelreflexkamera aus der viel älteren Camera obscura entwickelt. Thomas Sutton entwarf 1860 die erste Spiegelreflex-kamera. Großformatige Reflexkameras waren zwischen 1900 und 1930 sehr beliebt. Die Kleinbildkameras setzten sich in den 1920er Jahren durch („Leica"). Die Kine Exacta von 1936 war die erste Kleinbild-kamera, die die Spiegelreflexmethode benutzte.

DIE SOFORTBILDKAMERA

Der amerikanische Erfinder Edwin Land wurde von seinen Forschungen über polarisiertes Licht und Fotografie so in Anspruch genommen, daß er aus seinem Unterricht an der Harvard Universität ausstieg. Dies stellte sich jedoch im weiteren als die richtige Entscheidung heraus, denn 1947 gelang es ihm, die erste Sofortbildkamera der Welt vorzustellen: die Polaroid. Farbbilder wurden 1963 eingeführt, und 1972 wurde eine vollständig neu entworfene Kamera, die SX-70, vorgestellt. Die SX-70 wirft nach jeder Belichtung das Bild automatisch aus. Es entwickelt sich dann wie durch Zauberei, ohne daß man etwas abziehen oder abwarten muß, was bei der ersten Sofortbildkamera noch der Fall gewesen war.

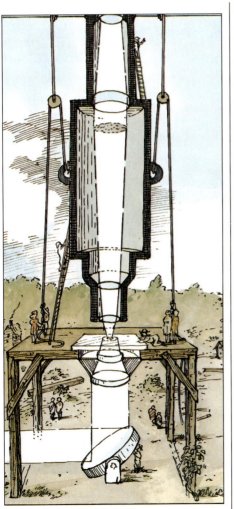

LASER UND HOLOGRAMME

Der erste Laser wurde 1960 in den Hughes Labors gebaut. Damals wurde er als Erfindung ohne Nutzen eingeschätzt. Nach seinem mäßigen Start ist er zu einem der mächtigsten und

FOTOGRAFIE

Die Fotografie erblickte das Licht der Welt, als der Franzose Joseph Niepce ein Bild mit einer Camera obscura (Kastenkamera) machte, einem Gerät, das bis dahin lange Zeit von Künstlern als Zeichenhilfe benutzt worden war. Niepces Aufnahme von 1826 ist die früheste erhaltene Fotografie. Louis Daguerre, Niepces jüngerer Partner seit 1829, erfand 1837 ein neues Verfahren. Er verringerte die Belichtungszeiten auf bis unter eine Minute und machte die Porträtaufnahme äußerst populär. Die moderne Fotografie beruht jedoch auf zwei Erfindungen des Briten William Fox-Talbot, die den Durchbruch brachten: die negativ-positiv Methode des Filmpapiers, wodurch so viele Abzüge wie gewünscht von einer Belichtung gemacht werden konnten, und die Entwicklung des latenten Bilds, die schließlich zu Belichtungszeiten von Sekundenbruchteilen führten. Das erste Farbfoto (von einem Schottenband) machte 1861 der britische Natur-wissenschaftler Clerk Maxwell.

FILMBILDER

Die beiden französischen Brüder Auguste und Louis Lumière erfanden 1895 den ersten brauchbaren Kinematographen und Filmprojektor. Bei den ersten Filmvorführungen fielen noch Zuschauer in Ohnmacht, als ein Dampfzug aus der Tiefe der Leinwand in den Zuschauerraum zu rasen schien. Trotz dieser beeindruckenden Demonstration erkannten die Brüder Lumière nicht die Möglichkeiten, die ihre Erfindung in sich barg. Als jemand Auguste eine riesige Summe dafür bot, glaubte er, dem begierigen Käufer einen Gefallen zu tun, als er ablehnte. Wie dumm von ihm!

DRUCKTECHNIK

Eine einfache Form des Druckens wurde von den Römern im 3. Jh. ausgeübt. Etwa zur selben Zeit verwandten ägyptische Kleidermacher in Holzblöcke geschnittene Zeichen, um damit Textilien zu bedrucken. Holzdruck entwickelte sich unabhängig voneinander in Europa und China. Die Chinesen druckten 868 das erste Buch im Holzdruck, und sie waren auch die ersten, die 1041 die bewegliche Drucktype erfanden. Im Gegensatz zum Blockdruck konnten diese bei jedem Buch wiederverwendet werden. Die beweglichen Lettern waren auch das wichtigste Element in Gutenbergs Erfindung vier Jahrhunderte später. Die Chinesen fertigten ihre Typen aus gebranntem Ton an. Es stellte sich aber schnell heraus, daß nur Lettern aus Metall wiederholter Verwendung standhielten. Diese wurden zuerst in Korea im frühen 15. Jahrhundert hergestellt. Der herkömmliche Buchdruck mit beweglichen Bleilettern ist inzwischen überwiegend vom Fotosatz (Lichtsatz) verdrängt worden.

perfektionierte. Die Druckpresse selbst, eine Schraubenpresse, die aus der Buchbinderei stammte, wurde den Bedürfnissen angepaßt und war so effizient, daß bis zur Automatisierung im 19. Jh. keine Veränderungen erforderlich wurden.

SCHALL UND MUSIK

Wenn archäologische Funde überhaupt Anhaltspunkte liefern, so waren die ersten Musikinstrumente in prähistorischer Zeit Flöten, die man aus hohlen Knochen geschnitzt hatte. Es wurden 6000 Jahre alte Trommeln aus Ton gefunden. Nach der Trommel kam die Lyra, ein Saiteninstrument, das man vor 4500 Jahren in der alten Stadt Ur spielte; später entwickelte sich daraus die Harfe. Blechinstrumente haben ihren Ursprung in den hohlen Tierhörnern, die man als Fanfaren benutzte. Mehr als 3000 Jahre alte, gerade Trompeten wurden in Tut-ench-Amuns Grab gefunden, doch die modernen Ventiltrompeten stammen erst aus dem Jahre 1801. Vermutlich der erste Mensch, der einem Musikinstrument seinen Namen gab, war der Belgier Adolphe Sax, der 1846 das Saxophon erfand.

die AEG in Berlin produzierte 1935 das erste Aufnahmegerät für Tonbänder aus Kunststoff.

DER PLATTENSPIELER

Die Probleme der Schallaufzeichnung und -wiedergabe wurden von einem der größten Erfinder aller Zeiten, dem Amerikaner Thomas Edison, gelöst. Er benutzte als „Platte" einen Staniolzylinder und gab am 6. Dezember 1877 die zuvor aufgezeichneten Kinderreime „Mary had a lamb" wieder. Seine Erfindung nannte er Phonograph. Der deutsche Einwanderer Emil Berliner verbesserte den Phonographen Edisons weiter durch gewachste kreisförmige Zinkplatten; er erfand 1887 den Flachplattenspieler oder das Grammophon.

TELEKOMMUNIKATION

Die moderne Telekommunikation hat das Problem gelöst, Nachrichten schnell über riesige Entfernungen zu schicken. Vor dem elektronischen Zeitalter mußten die Menschen nutzen, was immer sie an Möglichkeiten erfunden hatten, wie Spiegel- oder Rauchsignale. Vom griechischen Historiker Polybius behauptet man, er habe im 1. Jh. v. Chr. alphabetische Rauchsignale ersonnen, doch heutzutage macht kein Polybius-Code dem Morse-Code Konkurrenz, den der Amerikaner Samuel Morse 1838 erfand. Morse baute auch den ersten elektrischen Telegrafen, der die Signale über — den Telefonleitungen ähnliche — Drahtleitungen beförderte. 1844 schickte er seine erste Nachricht: „What hath God wrought?" (Was hat Gott geschaffen?)

PAPIER

Bevor das Papier erfunden wurde, schrieben die Menschen auf alles, was sich dazu eignete: auf Seide und Bambus in China, Palmblätter in Indien, Tontafeln in Babylon und Wachstafeln in Griechenland. Zwischen 3000 und 2000 v. Chr. begannen die Ägypter auf Papyrus zu schreiben, eine Riedgrasart, die man in Streifen schnitt, dann trocknete und in zwei Schichten zu einem Blatt zusammenklebte. Das Papier wurde 105 n. Chr. in China von Tsai Lun erfunden. 751 setzten die Araber einige Papiermacher in Samarkand gefangen, und so nahm die vierhundert Jahre während Ausbreitung dieser Erfindung im Westen ihren Lauf. Heutzutage wird Papier hauptsächlich aus Holzfasern hergestellt.

DAS TONBANDGERÄT

Der dänische Telefoningenieur Valdemar Poulsen erfand 1898 die magnetische Aufzeichnung. Poulsens „Telegraphone" benutzte genaugenommen kein Tonband, sondern einen Draht. Der amerikanische Filmproduzent Louis Blattner baute 1920 das erste Ton*band*gerät, und

DAS TELEFON

In der großen Zeit der frühen Schalltechnik waren die Erfinder oft in Verlegenheit, wenn sie während ihrer Versuche und Vorführungen etwas sagen sollten. Dies war jedoch bei Alexander Graham Bell nicht der Fall, als er sein soeben erfundenes Telefon 1876 zum erstenmal benutzte.

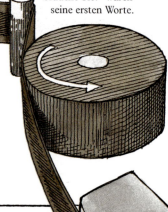

„Mr. Watson, kommen Sie schnell. Ich brauche Sie." waren seine ersten Worte.

DIE DRUCKMASCHINE

Die Druckpresse wurde etwa um 1450 von Johannes Gutenberg in Mainz erfunden. Es war nur eines der Elemente der Drucktechnik (die bewegliche Lettern aus Metall inbegriffen), die Gutenberg als erster

Denn er hatte Säure aus einer Batterie über seine Hose gekippt und brauchte dringend die Hilfe seines Assistenten. Zugleich mit der Erfindung des Telefons hatte Bell zwei weitere wichtige Geräte erfunden — das Mikrofon und den Lautsprecher.

RADIO

Die Einführung des Telegrafen 1844 löste das Problem der Nachrichtenübermittlung, indem man Elektrizität verwendete. Doch das neue Gerät hatte einen großen Nachteil: es war auf eine tatsächliche Drahtverbindung angewiesen. Andere Wissenschaftler begannen sofort an einer drahtlosen Methode zu arbeiten. Ein Durchbruch kam, als 1888 der Hamburger Physiker Heinrich Hertz die Existenz von Funkwellen entdeckte. Sieben Jahre später machte Guglielmo Marconi, der 21jährige Sohn eines wohlhabenden italienischen Grundbesitzers, die ersten erfolgreichen Versuche mit der Übertragung von Funkwellen. 1901 schuf er eine noch größere

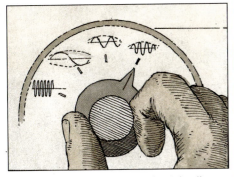

Sensation, als er ein Signal über den Atlantik schickte. Rundfunksendungen gibt es seit 1906, als der kanadische Erfinder Reginald Fessenden als erster einen Schall übertrug. Die Erfindung der Elektronen- oder Vakuumröhre im selben Jahr durch Lee de Forest war jedoch der wesentlichste Beitrag zur Entwicklung des Rundfunkwesens.

FERNSEHEN

Berücksichtigt man, daß das Fernsehen das einflußreichste Massenmedium unserer Zeit ist, so wurde es unter eher bescheidenen Umständen entwickelt. John Logie Baird war ein britischer Amateurforscher, der Schuhcreme und Rasierklingen verkaufte, um seine Freizeit-Forschung zu finanzieren. Nach arbeitsreichen Jahren als Forscher übertrug er 1925 in seiner Mansardenwerkstatt erfolgreich das erste

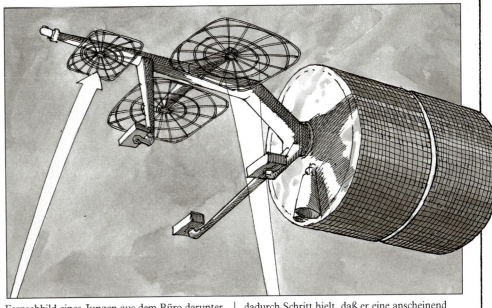

Fernsehbild eines Jungen aus dem Büro darunter. Da Bairds System mechanisch arbeitete und nur eine schlechte Bildqualität lieferte, war es nur eine Frage der Zeit, bis jemand kam, der ein überlegeneres elektronisches Produkt vorstellte. Dieser Jemand war der amerikanische Physiker russischer Herkunft Vladimir Zworykin, der 1929 das erste elektronische Fernsehsystem baute. Die erste öffentliche Übertragung fand 1936 statt.

NACHRICHTENSATELLITEN

Die amerikanische Regierung war für die Entwicklung von Nachrichtensatelliten verantwortlich. Im Juli 1962 startete die American Telephone and Telegraph Company Telstar, den ersten Nachrichtensatelliten, der Telefon- und Fernsehsignale übertrug. Er konnte täglich nur wenige Stunden senden, da er sich wegen seiner niedrigen Umlaufbahn zumeist außerhalb der Reichweite seiner Übertragungs- und Empfängerstationen bewegte. Der 1965 gestartete Early Bird war der erste Satellit, der dieses Problem löste, da er mit der Erddrehung

dadurch Schritt hielt, daß er eine anscheinend feste (geostationäre) Position einnahm.

RADIOTELESKOPE

Der Erfinder des Radioteleskops, und auch der Radioastronomie, war der Amateurastronom Grote Reber. 1937 baute er seine erste Empfängerantenne, nachdem er von der Entdeckung Karl Janskys aus dem Jahre 1931 gehört hatte, daß die Erde ständig von kosmischen Funkwellen bombardiert werde. Reber machte sich daran, diese Wellen mit einer Parabolantenne einzufangen und aufzuzeichnen, woher sie stammten. 1942 erstellte er die erste Funkkarte der Milchstraße.

RAUMSONDEN

Die erste erfolgreiche Raumsonde war die russische Luna 3, die 1959 die ersten Bilder von der unsichtbaren Rückseite des Monds zur Erde funkte. Die Planetenerkundung wurde im Dezember 1962 Wirklichkeit, als die amerikanische Raumsonde Mariner 2 nach einer Reise von mehr als 290 Millionen Kilometer, die fast vier Monate dauerte, schließlich den Planeten Venus erreichte.

ELEKTRIZITÄT

Gegen etwa 600 v. Chr. entdeckte der griechische Philosoph Thales folgendes: Nach dem Reiben mit Wolle auf Bernstein zog dieser aus irgendeinem Grund leichte Körper wie Stroh und Federn an. Über 2000 Jahre später, im Jahre 1600, nannte William Gilbert, Arzt der Königin Elizabeth I. von England, diese Kraft (nach dem griechischen Wort „elektron" für Bernstein) Elektrizität. Aber erst im 17. Jh. untersuchten Wissenschaftler die Natur der Elektrizität, und einer der Pioniere auf diesem Gebiet war Benjamin Franklin, ein unerschrockener Forscher. Im Jahre 1752 flog Franklin unter Einsatz seines Lebens einen Drachen in einem Gewitter, nur um zu beweisen, daß ein Blitz elektrischer Natur sei. Dieses berühmte Experiment, das er zum Glück überlebte, führte ihn zur Erfindung des Blitzableiters. Franklin behauptete auch, daß Elektrizität aus zwei Arten „Flüssigkeiten" bestehe, einer positiven und einer negativen. Heutzutage wissen wir, daß diese Flüssigkeit aus einem Strom negativer Elektronen besteht, wie der britische Physiker Joseph John Thomson 1897 nachwies.

DIE BATTERIE

1789 entdeckte der italienische Arzt und Naturforscher Luigi Galvani, daß die durchtrennten Schenkel eines toten Frosches zuckten, wenn man Metallstücke an sie anlegte. Galvani führte dies zwar richtig auf elektrische Entladungen im tierischen Körper zurück, jedoch erst Allessandro Volta fand heraus, daß diese

Reaktion nicht vom Frosch verursacht wurde, wie Galvani fälschlicherweise annahm, sondern von den Metallen. Schließlich entdeckte Volta, daß Kupfer und Zink zusammen eine starke Ladung erzeugen, und daß er einen ständigen elektrischen Strom produzieren konnte, wenn er abwechselnd Kupfer- und Zinkscheiben zu einer Säule stapelte und zwischen die einzelnen Metallscheiben Kissen legte, die in Salzwasser getränkt waren. Im Jahr 1800 vervollkommnet, war die Voltasäule, wie man sie zuerst nannte, die erste elektrische Batterie. Seither ist eine große Vielfalt verschiedener Batterietypen entwickelt worden.

DER FOTOKOPIERER

In den dreißiger Jahren des 20. Jh. war Chester F. Carlson in der Patentabteilung einer großen Elektronikfirma in New York beschäftigt. Seine Arbeit gefiel ihm — ausgenommen die Zeit und die Umstände, die es ihn kostete, die Patente zu kopieren. Schließlich war er so frustriert, daß er beschloß, ein völlig neues Kopierverfahren zu entwickeln. Das Ergebnis war die erste Xerokopie (von griech. xeros = trocken) am 22. Oktober 1938 (Patent 1942). Carlson entwickelte ein Trockenverfahren, das auf nasse und unhandliche Chemikalien wie bei bestehenden Kopierverfahren verzichtete. Es beruht auf der Fähigkeit einer elektrostatisch positiv aufgeladenen Platte, negativ geladenes Pulver anzuziehen und das abgelichtete Originaldokument bildmäßig auf Papier abzubilden. Einige Jahre später kaufte eine kleine Firma im Familienbesitz die Rechte an diesem Patent. Daraus wurde dann die mächtige amerikanische Firma Xerox, und Chester F. Carlson wurde dabei ein sehr wohlhabender Mann.

MAGNETISMUS

Der Legende nach soll ein griechischer Schafhirt namens Magnes als erster die Erscheinung des Magnetismus bemerkt haben, als an seinem eisenbeschlagenen Stock kleine schwarze Steine haften blieben, die auf dem Boden herumlagen. Diese schwarzen Steine waren aus Magnetit, dem eisenreichsten Eisenerz. William Gilbert, Arzt von Königin Elizabeth I. von England, formulierte als erster einige Grundgesetze des Magnetismus und hielt es für möglich, daß die Erde selbst ein riesiger Magnet sei. 1644 zeigte René Descartes, daß man Magnetfelder sichtbar machen kann, indem man Eisenspäne auf ein Blatt Papier streut. Außer dem Kompaß gab es jedoch bis zur Erfindung des Elektromotors keine praktische Nutzanwendung des Magnetismus — trotz der Bemühungen von Franz Anton Mesmer, dem Begründer der Magnetotherapie, der im 18. Jh. einige Jahre

lang die Pariser davon überzeugen konnte, daß Magnetismus sich als Heilmittel für gewisse Krankheiten eigne.

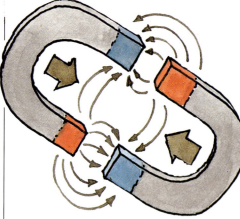

MAGNETE

Die ersten Magnete wurden aus Magnetit, natürlich vorkommenden magnetischen Steinen, hergestellt. Als seine Richtungseigenschaften erkannt wurden, bekam es den Namen Magneteisenstein und wurde zur Herstellung von Kompaßnadeln verwendet. Magnete kamen jedoch erst zur Geltung, nachdem der dänische Physiker Hans Ørsted 1820 seine sensationelle Entdeckung von der Ablenkung einer Magnetnadel durch den elektrischen Strom machte und damit die Lehre vom Elektromagnetismus begründete. Dies veränderte den Lauf der menschlichen Geschichte, weil dadurch die großen elektrischen Erfindungen des 19. Jh., wie Elektromotor, Dynamo und Telegraf, möglich wurden.

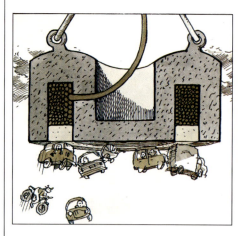

ELEKTROMAGNETEN

Elektromagneten waren eine der Entdeckungen, die durch Ørsteds große Entdeckung möglich wurden. Kurz nach dessen Bekanntwerden bewies der französische Wissenschaftler André-Marie Ampère, daß Drähte gefertigt werden konnten, die sich genau wie Magnete verhalten, wenn ein Strom hindurchfließt, und daß die Polarität des Magnetismus von der Stromrichtung abhängt. Nun war der Elektromagnet — ein Magnet, dessen Feld von einem elektrischen Strom erzeugt wird — geboren. Später fand der amerikanische Erfinder Joseph Henry heraus, daß durch Wickeln mehrerer Windungen isolierten Drahts um einen

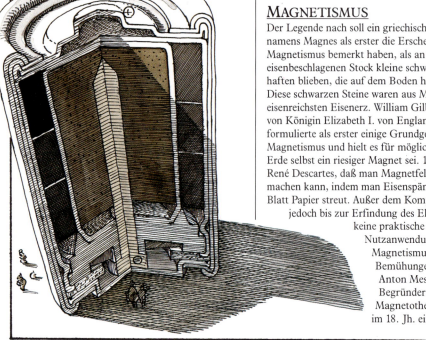

dicken Eisenkern ein vergrößertes Magnetfeld erreicht wurde. 1829 baute er den ersten Hochleistungs-Elektromagneten, der ein Gewicht von einer Tonne heben konnte.

DER MAGNETKOMPASS

Chinesische Historiker datieren die Entdeckung des Magnetkompasses auf das Jahr 2634 v. Chr. Gleichgültig, ob's stimmt oder nicht, die Chinesen sind sicher die ersten Menschen gewesen, die entdeckt hatten, daß der Magnetismus in der Navigation nützlich sein konnte. Im 3. Jh. n. Chr. war der Magnetkompaß jedenfalls im Fernen Osten weit verbreitet. Die Chinesen waren keine berühmten Seefahrer, und so vervollkommneten erst die seefahrenden Nationen Europas dieses Gerät. Wie bei anderen Erfindungen auch, sind vermutlich die Araber an der Übermittlung dieser Idee von Ost nach West beteiligt gewesen. Im 11. Jh. benutzten bereits die Wikinger auf ihren Kaperfahrten im nördlichen Europa Kompasse. Jüngeren Datums ist eine Abwandlung des Kompasses, die den senkrechten Winkel mißt, den das Magnetfeld der Erde an deren Oberfläche macht.

DER ELEKTROMOTOR

Nach der Erfingung Ørsteds ein Jahr zuvor machte sich der britische Naturforscher Michael Faraday daran zu zeigen, daß — genau so wie ein Draht mit elektrischem Strom eine Kompaßnadel ablenken kann — umgekehrt auch ein Magnet einen stromtragenden Draht dazu bringen konnte, sich zu bewegen. Als Faraday ein Stück Draht über eine Quecksilberschale hängte, in der ein Magnet aufrecht stand, und er den Draht mit einer Batterie verband, begann dieser sich zu drehen. Damit hatte er gezeigt, daß man elektrische in mechanische Energie umwandeln konnte, das Prinzip hinter dem Elektromotor. Der amerikanische Physiker Joseph Henry baute 1830 den ersten arbeitsfähigen Motor; seit 1840 treiben Elektromotoren bereits Maschinen an.

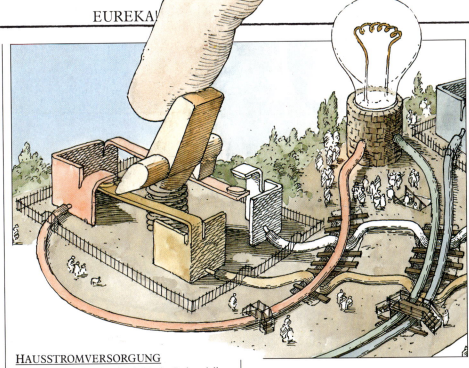

HAUSSTROMVERSORGUNG

Im Winter 1880 baute der britische Industrielle W. G. Armstrong ein kleines hydroelektrisches Werk in der Gartenanlage seines Landhauses in Northumberland, um damit seine neue elektrische Beleuchtung zu betreiben. Dies war die erste Hausstromversorgung der Welt. Im darauffolgenden Winter baute die Stadt Godalming in Surrey das erste Elektrizitätswerk zur Versorgung der Häuser wie der Straßenbeleuchtung mit Strom. Die Spannung war jedoch enttäuschend niedrig, und einige Jahre später mußte das Werk geschlossen werden. Etwa im Januar 1881 jedoch installierte die Thomas Edison's Electric Light Company ein ähnliches Werk in Holborn Viaduct in London. Im Gegensatz zur Anlage in Godalming war dieses Unternehmen sehr populär und hatte einen rasanten Zulauf.

SENSOREN UND DETEKTOREN

Einfache Sensoren, die durch Bewegung ausgelöst wurden, sind schon seit uralten Zeiten bekannt. Jedoch Geräte, die Bewegung fühlen und diese Information dann nutzen, um eine Maschine zu steuern, sind jüngeren Datums. Zwei wichtige frühe Beispiele wurden im 18. Jh. erfunden. Das erste war der Ventilatorschwanz der Windmühle, 1745 von Edmund Lee erfunden, der die Windmühlenflügel stets in Windrichtung drehte. Das zweite war James Watts Fliehkraftregler, der kunstvoll die Fliehkraft nutzte, um automatisch die Geschwindigkeit einer Dampfmaschine zu regeln.

DER SEISMOGRAPH

Historisch gesehen gibt es kein anderes Land, das vollständigere Aufzeichnungen über Erdbeben gemacht hätte als China. Deshalb ist es vielleicht angemessen zu behaupten, daß die Chinesen auch den ersten Seismographen besessen haben. Von einem Mathematiker, Astronomen und Geographen namens Chang Heng (78—139 n. Chr.) erfunden, besteht er aus acht sorgfältig ausbalancierten Bronzekugeln, die im Kreis um einen Kompaß angeordnet sind. Wann immer das Gerät die Erschütterung eines Erdbebens registrierte, fiel eine dieser Kugeln herunter, und zwar in die Richtung, aus der das Erdbeben kam. Der erste Seismograph, der einen durch Elektromagnetismus erzeugten Strom einsetzte, wurde 1905 von dem russischen Physiker Prinz Boris Golizyn erfunden.

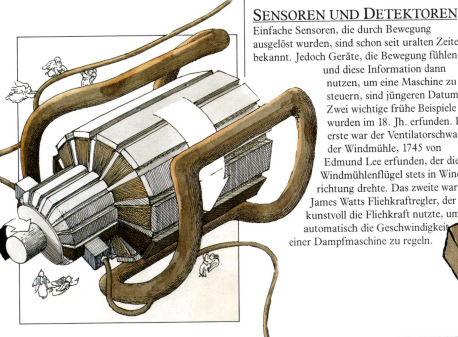

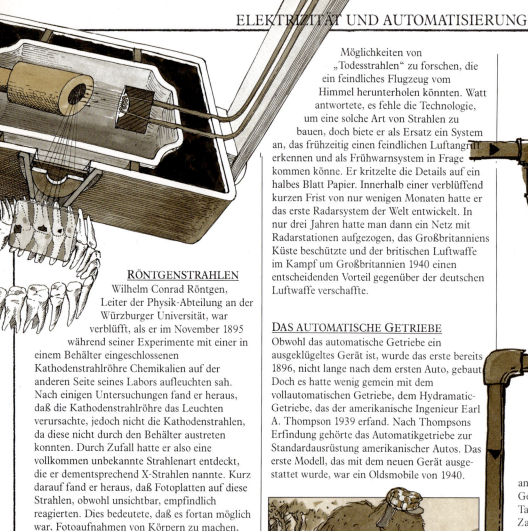

RÖNTGENSTRAHLEN

Wilhelm Conrad Röntgen, Leiter der Physik-Abteilung an der Würzburger Universität, war verblüfft, als er im November 1895 während seiner Experimente mit einer in einem Behälter eingeschlossenen Kathodenstrahlröhre Chemikalien auf der anderen Seite seines Labors aufleuchten sah. Nach einigen Untersuchungen fand er heraus, daß die Kathodenstrahlröhre das Leuchten verursachte, jedoch nicht die Kathodenstrahlen, da diese nicht durch den Behälter austreten konnten. Durch Zufall hatte er also eine vollkommen unbekannte Strahlenart entdeckt, die er dementsprechend X-Strahlen nannte. Kurz darauf fand er heraus, daß Fotoplatten auf diese Strahlen, obwohl unsichtbar, empfindlich reagierten. Dies bedeutete, daß es fortan möglich war, Fotoaufnahmen von Körpern zu machen, die für das menschliche Auge unsichtbar waren, eine Entdeckung, die die ärztliche Diagnostik revolutionierte. Die X-Strahlen wurden bald darauf nach ihrem Entdecker in Röntgenstrahlen umgetauft.

DAS SONAR

Zu Beginn des Ersten Weltkriegs fügten deutsche U-Boote den alliierten Flotten solch große Verluste zu, daß es dringend und unumgänglich war, ein wirksames U-Boot-Aufspürsystem zu finden. Nach Experimenten mit passiven Detektoren entwickelte der französische Wissenschaftler Paul Langevin ein sehr ausgeklügeltes System, das mit piezoelektrisch erzeugten Ultraschallimpulsen arbeitete. Mit diesem Verfahren konnte man selbst dann U-Boote aufspüren, wenn sie ihre Motoren abgestellt hatten, indem man das Echo von Ultraschallwellen benutzte, um die genaue Position eines Tauchboots zu ermitteln.

DAS RADAR

1935 beauftragte die britische Regierung den führenden Wissenschaftler Robert Watson-Watt damit, über die Möglichkeiten von „Todesstrahlen" zu forschen, die ein feindliches Flugzeug vom Himmel herunterholen könnten. Watt antwortete, es fehle die Technologie, um eine solche Art von Strahlen zu bauen, doch biete er als Ersatz ein System an, das frühzeitig einen feindlichen Luftangriff erkennen und als Frühwarnsystem in Frage kommen könne. Er kritzelte die Details auf ein halbes Blatt Papier. Innerhalb einer verblüffend kurzen Frist von nur wenigen Monaten hatte er das erste Radarsystem der Welt entwickelt. In nur drei Jahren hatte man dann ein Netz mit Radarstationen aufgezogen, das Großbritanniens Küste beschützte und der britischen Luftwaffe im Kampf um Großbritannien 1940 einen entscheidenden Vorteil gegenüber der deutschen Luftwaffe verschaffte.

DAS AUTOMATISCHE GETRIEBE

Obwohl das automatische Getriebe ein ausgeklügeltes Gerät ist, wurde das erste bereits 1896, nicht lange nach dem ersten Auto, gebaut. Doch es hatte wenig gemein mit dem vollautomatischen Getriebe, dem Hydramatic-Getriebe, das der amerikanische Ingenieur Earl A. Thompson 1939 erfand. Nach Thompsons Erfindung gehörte das Automatikgetriebe zur Standardausrüstung amerikanischer Autos. Das erste Modell, das mit dem neuen Gerät ausgestattet wurde, war ein Oldsmobile von 1940.

COMPUTER

Die Geschichte des Computers ist unlösbar mit der seines Vorgängers, des Rechners, verbunden. Die erste Rechenhilfe, sieht man einmal von den eigenen zehn Fingern ab, war der Abakus, ein Rechenbrett, das vor etwa 5000 Jahren in Babylon entwickelt wurde. Der römische Abakus verwendete *calculi* (Kiesel), um Zahlen darzustellen. Von daher stammt unser Wort *kalkulieren*. Noch immer wird der Abakus, ein Rechenbrett mit frei beweglichen oder in Schlitzen geführten Rechensteinen, benutzt. Jede senkrechte Reihe stellt den Rang einer Ziffer in einer Zahl dar: die Einer, Zehner, Hunderter usw. Man gibt Zahlen ein, indem man Rechensteine auf und ab schiebt.

Interessant zu wissen, daß ein Abakus nicht anders funktioniert als sein elektronisches Gegenstück — der Volladdierer eines Taschenrechners oder Computers. Will man zwei Zahlen addieren, so werden die Steine, die die Zahlen darstellen, hochgeschoben. Sind insgesamt zehn Steine hochgerückt worden, werden sie wieder zurückgeschoben (um 0 darzustellen), und ein einzelner Stein der links davon befindlichen Steine rückt statt dessen nach oben. Dieser Vorgang des „Übertragens" entspricht genau dem eines Volladdierers mit Binärzahlen, nur daß in einem Gerät Steinchen und im anderen elektrische Impulse übertragen werden.

BINÄRCODE

Die Vorstellung, daß das Zahlensystem nicht notwendigerweise auf der Grundlage von zehn Zahlen beruhen muß, ist nicht neu. Der deutsche Philosoph Gottfried Leibniz, der im 17. Jh. lebte, entwickelte Theorien über logische und binäre Zahlen. Ein Jahrhundert später ersann der britische Mathematiker George Boole einen Zweig der Logik, der noch immer in Binärsystemen bei Computern angewandt wird.

RECHENMASCHINEN

Das Prinzip des Abakus hat zum erstenmal 1642 der große französische Naturwissenschaftler Blaise Pascal im zarten Alter von 19 Jahren auf

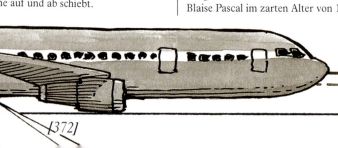

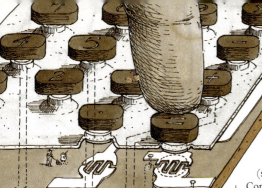

ELEKTRONISCHE COMPUTER

Der elektronische Computer, wie viele andere Erfindungen auch, kündigte sich durch den Druck des Krieges an. Er wurde nach dem Prinzip von Babbage gebaut, benutzte jedoch — statt Zahnrädern und Hebel — Elektronen- (siehe unten) oder Vakuumröhren. Der erste Computer mit dem Namen Colossus wurde 1943 in Großbritannien gebaut, um die deutschen Geheimcodes zu knacken, und hat vermutlich Einfluß auf den Ausgang des Zweiten Weltkriegs gehabt.

Colossus wurde tatsächlich nur zum Knacken des Codes eingesetzt, und der erste Computer zum allgemeinen Gebrauch war ENIAC, eine 1946 fertiggestellte amerikanische Maschine. ENIAC war riesig und wurde heiß, denn er enthielt 19 000 Röhren. Computer schrumpften erst nach der Erfindung des Transistors und des Mikrochips auf heutige Größen.

ersetzten den Glühfaden und die Elektroden, und von nun an wurden elektronische Bauelemente kleiner und zuverlässiger.

Die nächste wichtige Entwicklung war die Fabrikation mehrerer Bauelemente in einem einzigen Halbleiterstück — die integrierte Schaltung. Der amerikanische Ingenieur Jack Kilby erfand sie 1958, und sie führte zum Mikrochip, in den mehrere tausend Bauelemente gepackt werden. Der erste Mikroprozessor wurde 1970 gebaut.

ROBOTER

Der Begriff Roboter, der aus dem Tschechischen kommt und „Arbeit" bedeutet, wurde zuerst in den zwanziger Jahren auf Maschinen angewandt. Roboter, die sich bewegen, sind jedoch viel älter. Sie erreichten im 17. Jh. einen ersten Höhepunkt mit den perfekten Automaten, die komplizierte Bewegungen zum Amüsement ihrer wohlhabenden Eigner exekutierten. Einer, zum Beispiel, konnte einen ganzen Satz schreiben. Diese frühen Roboter wurden ausschließlich von einem komplizierten Räder- und Hebelwerk angetrieben.

Elektronisch gesteuerte Roboter stammen aus unserem Jahrhundert. Obwohl sie heutzutage in modernen Fertigungsanlagen anzutreffen sind, sind sie von den klassischen Robotern der Science-fiction, die sehen, hören, sprechen und denken, noch meilenweit entfernt. Diese werden das Licht der Welt nur dann erblicken, wenn die Fortentwicklung der Computer in Siebenmeilenschritten daherkommt.

eine mechanische Rechenmaschine angewandt. In seine Maschine gab man die Zahlen über eine der heutigen Telefonwählscheiben verwandte Scheibe ein, und das Ergebnis erschien in einem Fenster. Pascals Rechner enthielt ineinandergreifende Zahnräder, bei denen ein Zahnrad ein anderes um ein Zehner anstieß, wenn das erste zehn Einer weitergedreht war. Er addierte und subtrahierte Zahlen vollkommen korrekt, war jedoch finanziell ein Mißerfolg.

Gottfried Leibniz verbesserte 1694 die mechanische Rechenmaschine so, daß sie nun auch multiplizieren und dividieren konnte. Er erdachte dazu ein automatisches Verfahren, bei dem Addition und Subtraktion wiederholt durchgeführt wurden. In den darauffolgenden zwei Jahrhunderten machten mechanische Rechner große Fortschritte, bis sie seit den fünfziger Jahren nach und nach von den schnelleren elektronischen Rechnern verdrängt wurden.

MECHANISCHE COMPUTER

Frühe Rechner kannten sich nur in Arithmetik aus. Im Gegensatz zum Computer konnten sie weder Ergebnisse speichern noch Anweisungen zur Ausführung verschiedener Aufgaben annehmen. Die Idee jedoch, daß sich eine solche Maschine bauen ließ, kam dem britischen Erfinder Charles Babbage. 1833 schuf er einen Computer, einen kühnen Entwurf, der ihm den Namen „Vater des Computers" einbrachte. Babbage arbeitete zu jener Zeit an einer Maschine, die er die Differenzmaschine nannte. Sie konnte korrekte Rechenvorgänge von Logarithmen (Rechentabellen) ausführen, indem sie ein die Methode der Differenzen genanntes System anwandte. Er tippte auf eine Nachfolgetaste, die programmiert werden konnte, damit sie verschiedene Rechenaufgaben erledigte und die Ergebnisse speichern konnte. Diese Maschine hieß die Analytische Maschine; sie erhielt ihre Informationen über Lochkarten, ähnlich denen der automatischen Webstühle. Es hieß von ihr, sie „webe algebraische Muster wie der Webstuhl die Blumen und Blätter".

Leider kam es nicht soweit. Der Bau des mechanischen Computers von Babbage überforderte bei weitem die Ingenieurkunst seiner Zeit, und er wurde nie fertiggestellt. Rechenvorgänge erfordern eine schnelle Ausführung vieler unterschiedlicher Schritte, eine Anforderung, die nur sehr schwer bei einer Vielzahl mechanisch sich bewegender Teile zu erreichen ist.

DIODEN, TRANSISTOR UND MIKROCHIPS

Die Elektronik geht zurück auf die Jahrhundertwende, als man die ersten Geräte erfand, die elektrische Signale erzeugen und verarbeiten konnten. Es handelte sich um Elektronen- oder Vakuumröhren, in denen ein von einem Glühfaden erzeugter Elektronenstrahl einen Strom zwischen zwei Elektroden beförderte. Die Diodenröhre (Elektrode mit zwei Anschlüssen) war zuerst da, 1904 von dem britischen Wissenschaftler John Ambrose Fleming erfunden, dann folgte 1906 in Amerika die Triode (Elektrode mit drei Anschlüssen), erfunden von Lee de Forest. Die Diode wandelte Wechselstrom in ein Gleichstromsignal um, und die Triode verstärkte ein Signal. Diese Röhren waren für die Entwicklung des Radios und des Fernsehens sowie für die Schallaufnahme entscheidend.

Diese Röhren waren jedoch groß und kurzlebig, da irgendwann der Glühfaden durchbrannte, und verhinderten die Entwicklung kleinerer elektronischer Maschinen. Die Lösung wurde 1954 von den drei amerikanischen Wissenschaftlern William Shockley, John Barden und Walter Brattain gefunden, die in den Labors von Bell Telephone arbeiteten. Ihre Forschungen führten zu zwei entscheidenden Erfindungen auf dem Gebiet der Elektronik — der Halbleiterdiode und dem Transistor. Halbleiterteile

WORTERKLÄRUNGEN

ABTASTUNG
Die Umwandlung eines Bildes in eine Signalfolge: das Bild wird in eine Reihe getrennter Linien zerlegt, deren Helligkeitsstufen und Farben zu elektrischen Signalen umgewandelt werden.

ADDITIVE FARBMISCHUNG
Gleichzeitige Einwirkung von Farbreizen auf das Auge durch Überlagerung der drei Grundfarben des Lichts (Rot, Grün, Blau), die neue Farbempfindungen ergibt.

AMPERE (A)
Basiseinheit der elektrischen Stromstärke. Ein Strom fließt mit 1 A durch einen Stromkreis, wenn der Widerstand 1 Ohm und die Spannung 1 Volt betragen.

AMPLITUDE
Die maximale Auslenkung einer Schwingung aus der Ruhelage

ANALOG
Dieses Wort wird auf Schall- oder Bildaufzeichnungen und -übertragungen angewendet. In einem analogen System wird die wechselnde Energie des Schalls oder des Lichts in einem anderen Medium in Energieveränderungen umgewandelt, zum Beispiel Magnetismus auf einem Tonband.

ANODE
Eine positiv geladene Elektrode

ANTENNE
Der Teil des Radiosenders oder -empfängers, der Funkwellen ausstrahlt oder empfängt

ANTRIEBSKEGELRAD
Das kleinere von zwei Zahnrädern oder ein Zahnrad, das ein Zahnstangengetriebe antreibt oder von ihm angetrieben wird

ARMATUR
Der Teil einer elektrischen Maschine, der sich als Reaktion auf einen Strom oder ein Signal bewegt oder sich bewegt, um einen Strom oder ein Signal zu erzeugen

ATOME
Die kleinsten Teile eines Elements. Ein Atom ist etwa ein einhundertmillionstel Zentimeter groß und besteht aus einem von Elektronen umgebenen Kern (Nukleus) in seiner Mitte.

ATOMKERN
Der zentrale Teil eines Atoms, der sich aus Protonen und den Neutronen, winzigen Teilchen, zusammensetzt. Der Kern ist etwa zehntausendmal kleiner als das ganze Atom.

AUFLAGEPUNKT
Dreh- oder Angelpunkt, auf dem ein Hebel aufliegt, so daß er balancieren, kippen oder schaukeln kann

AUFTRIEB
Die nach oben gerichtete Kraft, die ein Flugzeugtragflügel oder ein Hubschrauberrotor oder auch die Tragfläche beim Tragflächenboot erzeugt

AUSLEGER
Das über den Zentralturm eines Krans hinausragende Gerüst, das Lasten hebt

BEUGUNG
Bei Wellenvorgängen die Abweichung von der geradlinigen Ausbreitung in der Nähe scharf begrenzter Hindernisse. Der Beugungswinkel hängt von der Wellenlänge ab.

BILD
Die Wiedergabe eines Körpers oder einer Szene durch ein optisches Instrument. Ein wirkliches Bild erscheint auf einem Bildschirm oder einer anderen Oberfläche. Ein virtuelles Bild kann nur durch eine Linse, einen Spiegel oder ein anderes Instrument oder ein Hologramm gesehen werden. Bilder können als Fotografie, Druck, Videoaufzeichnung und Hologramm aufgezeichnet werden.

BINÄRCODE
Ein Code mit nur zwei unterschiedlichen Elementen (z. B. Strom — kein Strom), der in Computern und anderen digital arbeitenden Maschinen verwendet wird, wie CD-Plattenspieler, Telefonnetz (ISDN)

BINÄRZAHL
Eine Zahl im Binärsystem, das nur zwei Ziffern verwendet, nämlich 0 und 1

BIT
Abk. für binary digit (Dualzahl). Bei einer Dualzahl eine 0 oder eine 1. Ein 16-bit-Computer funktioniert im Binärcode mit Dualzahlen, die sich aus 16 bits (= 2 Bytes) zusammensetzen.

BRECHUNG
Die Richtungsänderung, die Wellen und Strahlen erfahren, wenn sie aus einem Medium A (etwa Luft) in ein anderes B (etwa Wasser) übertreten

BREMSSUBSTANZ
Bremssubstanzen (Moderatoren) werden in einem Kernreaktor dazu verwendet, die bei der Spaltung von Uranbrennstoffen erzeugten schnellen Neutronen abzubremsen. Da diese eine für die weitere Kettenreaktion ungünstige Geschwindigkeit haben, müssen sie auf eine günstigere Geschwindigkeit abgebremst werden.

BRENNPUNKT
Der Punkt, in dem sich parallele Lichtstrahlen oder Wellen treffen, nachdem sie durch eine Linse hindurchgetreten und gebrochen worden sind. Der Brennpunkt eines Teleskops ist der Ort, wo ein Bild erzeugt wird.

BYTE
Eine Binärzahl aus 8 bits, welche die Dezimalzahlen von 0 (00000000) bis 255 (11111111) darstellen. Speicherkapazität wird oft in kB (1024 Bytes) und MB (1024 kB) gemessen.

CHIP
Siehe MIKROCHIP

DÄMPFER
Der Teil einer Maschine, der Schwingungen abfängt oder von vornherein verhindert. Beim Klavier der Mechanismus, der das Schwingen der Saiten unterbindet.

DAMPF
Siehe VERDUNSTUNG

DATEN
Diejenigen Informationen, die Wörter oder Zahlen, die ein Computer speichert oder abfragt, um Befehle auszuführen. Die Daten werden im Computer verarbeitet und im Binärcode gespeichert.

DEHNUNG
Die Verlängerung eines Körpers etwa durch mechanische Kräfte oder Temperaturerhöhung. Auch diese Kraft selbst.

DICHTE
Das Gewicht eines Festkörpers, einer Flüssigkeit oder eines Gases im Verhältnis zum Volumen. Jede reine Substanz besitzt eine spezifische Dichte. Wenn zwei Substanzen sich nicht vermischen, so wird die mit der geringeren Dichte immer über der anderen schweben. So schwimmt Holz auf Wasser, da seine Dichte geringer ist als die des Wassers.

DIGITAL
Ein Wort im Zusammenhang mit Schall- oder Bildaufzeichnung oder -wiedergabe. Bei der Informationsverarbeitung werden die Daten durch eine Reihenfolge von Binärzahlen dargestellt, aufgezeichnet und wiedergegeben.

DIODE
Ein elektronisches Bauelement, durch das der Strom nur in eine Richtung fließen kann. Eine Photodiode spricht auf Licht- oder andere Strahlen an, und eine Leuchtdiode (LED) sendet Licht- oder andere Strahlen aus, wenn Strom durch sie hindurchgeht.

DREHBEWEGUNG
Eine Bewegung, bei der ein Körper rotiert

DRUCK
Die Kraft, mit der eine Flüssigkeit oder ein Gas auf die Wände des Behälters oder jede Oberfläche in der Flüssigkeit oder im Gas drückt. Druckeinheiten messen die Kraft, die auf eine Flächeneinheit drückt.

ELASTIZITÄT
Die Eigenschaft fester Körper, ihre unter äußerer Krafteinwirkung angenommene Formveränderung nach Aufhören derselben wieder rückgängig zu machen.

ELEKTRISCHE LADUNG
Die elektrische Eigenschaft, die sich aus der Zusammenführung (negative L.) oder Entfernung (positive L.) von Elektronen ergibt. Die Ladung eines Elektrons ist die Basiseinheit der Elektrizität.

ELEKTRISCHER STROM
Der ständige Elektronenfluß durch einen Draht oder anderen elektrischen Leiter

ELEKTRISCHES FELD
Die Umgebung einer elektrischen Ladung. Ein Feld wirkt auf das andere, so daß sich ungleichnamige Ladungen anziehen und gleichnamige abstoßen.

ELEKTRISCHES SIGNAL
Ein wechselnder Stromfluß, der durch Umwandlung anderer Energieformen in Elektrizität erzeugt wird, wie etwa das Schallsignal eines Mikrofons und die codierten Daten eines Computers. Elektrische Signale können analog oder digital sein.

ELEKTRODE
Teil eines elektrischen Geräts oder einer Maschine, der entweder Elektronen (Kathode) erzeugt oder welche erhält (Anode).

ELEKTROLYT
Ein Stoff, der in seine Ionen zerfällt und den elektrischen Strom zwischen zwei Elektroden leitet

ELEKTROMAGNET
Ein Gerät, das mit Hilfe von elektrischem Strom ein Magnetfeld erzeugt.

ELEKTROMAGNETISCHE WELLEN
Die Familie der Strahlen und Wellen, zu denen die Funk- und Mikrowellen, Infrarot-, Ultraviolett-, Gamma-, Röntgen- und Lichtstrahlen gehören. Sie alle bestehen aus schwingenden elektrischen und magnetischen Feldern und breiten sich mit Lichtgeschwindigkeit aus. Sie unterscheiden sich nur in ihrer Wellenlänge oder Frequenz. Außer den Gammastrahlen werden alle anderen elektromagnetischen Wellen von beschleunigten Elektronen erzeugt.

ELEKTROMAGNETISMUS
Das Verhältnis zwischen Elektrizität und Magnetismus; das eine kann das andere erzeugen.

ELEKTRON
Das kleinste Teil eines Atoms. Das Elektron ist etwa hunderttausendmal kleiner als ein Atom und besitzt eine negative elektrische Ladung. Elektronen befinden sich außerhalb eines Atoms und umkreisen den Kern. Sie können ein Atom verlassen und auf ein anderes übergehen, sich aber auch ungebunden (frei) zwischen den Atomen bewegen.

ELEKTROSTATIK
Ein Begriff im Zusammenhang mit Geräten, die eine elektrische Ladung aufnehmen

ELEMENT
Ein Stoff, der nur Atome einer Sorte enthält. Einige Elemente (Wasser-, Stick-, Sauerstoff, Chlor) sind bei normalen Temperaturen gasförmig, andere (Jod, Schwefel, die meisten Metalle wie Eisen, Aluminium, Kupfer, Silber, Gold) sind fest, nur zwei (Brom und Quecksilber) sind flüssig. Derzeit sind 107 Elemente bekannt, darunter einige künstliche Elemente wie Plutonium. Alle anderen Stoffe sind Zusammensetzungen aus zwei oder mehreren Elementen.

ENERGIE
Die Fähigkeit eines Systems, Arbeit zu verrichten. Jede Tätigkeit verlangt Energie. Sie tritt in verschiedenen Erscheinungsformen auf, einschließlich Wärme, Bewegung, Elektrizität und Licht. Außer bei atomaren Reaktionen kann sie während einer Tätigkeit von einer Form in die andere umgewandelt werden. In einer Wärmemaschine zum Beispiel wird Wärme in Bewegungsenergie umgewandelt.

ENTENFLÜGEL
Ein kleiner Tragflügel, der bei einem Flugzeug vor den Hauptflügel gesetzt wird. Tragflächenboote können ebenfalls Entenflügel besitzen, die kleine Vorwärtsflügel sind. Entenflügel verhelfen der Bewegung zu mehr Stabilität.

EXZENTRISCH
Außerhalb des Mittelpunkts befindlich

FESTSPEICHER
Der Teil eines Computers oder -systems, der Programme und Daten speichert, die immer wieder gebraucht werden (= ROM)

FLIEHKRAFT
Eine aus der Trägheit resultierende Kraft, die die Richtungsänderung der Bewegung eines Körpers zu verhindern sucht und vom Zentrum weg nach außen weist

FLUORESZENZ
Die Eigenschaft eines Stoffs, nach Bestrahlung mit Licht, Röntgen- oder Elektronenstrahlen, aufzuleuchten. Ein fluoreszierender Gegenstand, zum Beispiel ein Bildschirm, kann unsichtbare Elektronen- oder ultraviolette Strahlen sichtbar machen.

FREQUENZ
Die Zahl der Schwingungen von Energiewellen in Schall- und elektromagnetische Wellen (Funkstrahlen, Lichtstrahlen) in der Zeiteinheit. Ebenfalls die Anzahl von Richtungswechseln beim Wechselstrom. Die Maßeinheit ist das Hertz (Hz), die Anzahl der Wellen oder Richtungswechsel pro Sekunde.

FUNKWELLEN
Unsichtbare elektromagnetische Wellen mit Wellenlängen zwischen einem Millimeter und mehreren Kilometern. F. für Radar haben Wellenlängen von mehreren Milli- oder Zentimetern und sind kürzer als die für Rundfunk und Fernsehen verwendeten Wellen.

GAMMASTRAHLEN
Unsichtbare energiereiche elektromagnetische Strahlen mit Wellenlängen kürzer als ein hundertmillionstel Meter. Die gefährlichen G. treten praktisch bei allen Kernreaktionen auf.

GASTURBINE
Eine Wärmemaschine, in der Brennstoff verbrannt wird, um Luft zu erhitzen. Diese heiße Luft und die Abgase treiben eine Turbine an. Das Strahltriebwerk besitzt eine Gasturbine. Hubschrauber besitzen manchmal Gasturbinen, bei denen die Turbine die Rotoren antreibt.

GEGENGEWICHT
Ein Gewicht, das an einem Ende einer Maschine befestigt ist, um das Gewicht einer Last am anderen Ende auszugleichen

GEGENWIRKUNG
Die gleiche und entgegengesetzte Kraft, die stets die Wirkung einer Kraft begleitet (siehe WIRKUNG UND GEGENWIRKUNG). In der Chemie auch der Vorgang, durch den ein Stoff oder mehrere Stoffe sich verändern, um verschiedene Stoffe zu bilden. Chemische Reaktionen haben meist mit der Erzeugung oder dem Verbrauch von Wärme zu tun. In ihnen setzen sich die beteiligten Atome neu zusammen, ohne sich selbst zu verändern. Bei atomaren Reaktionen verändern sich die Kerne der Atome, indem sie neue Elemente erzeugen und Energie in Form von Wärme oder Strahlung freisetzen.

GESCHWINDIGKEIT
Bei einem Körper das Verhältnis zwischen zurückgelegtem Weg und verwendeter Zeit

GETRIEBE
Mechanische Einrichtung zum Übertragen von Bewegungen und Energie mit Hilfe von Zahnrädern, die direkt oder über eine Kette verbunden sind, um einander anzutreiben. Ein G. besteht aus wenigstens drei Gliedern, wovon eines durch das Gestell festgelegt ist.

GEWICHT
Die Kraft, mit der die Schwerkraft einen Körper nach unten zieht

GEWINDE
Schraubenförmiges Profil eines Zylinders (Schraube) oder in einer Schraubenmutter

GLASFASEROPTIK
Lichtleitungen aus dünnen, bündelartig zusammengefaßten Glasfasern zur Beleuchtung und Informationsübertragung (ISDN)

GLEICHSTROM
Zeitlich konstanter elektrischer Strom, der in einer Richtung fließt

GRUNDFARBE
Eine Farbe, die nicht durch Mischen aus anderen Farben entstehen kann. Alle sonstigen Farben lassen sich durch Mischen aus zwei oder mehr Farben herstellen.

HALBLEITER
Festkörper etwa aus Silizium, der bei tiefer Temperatur elektrisch isoliert, bei höheren Temperaturen jedoch elektrisch leitend wird. Die Transistoren in integrierten Schaltkreisen bestehen aus Halbleitern.

HEBEL
Ein Stab, der sich um einen Angelpunkt dreht, um eine nützliche Bewegung auszuführen

HEBEWINDE
Ein Gerät, das einen schweren Körper mit geringer Leistung über einen kurzen Weg befördert

HEMMUNGSRAD
Das Teil einer mechanischen Uhr oder Armbanduhr, welches das Zahnradwerk, das die Zeiger dreht, mit dem Pendel verbindet oder mit der Unruh, welche die Drehgeschwindigkeit der Zeiger steuert

HOLOGRAMM
Ein mit Laserlicht erzeugtes Bild mit derselben räumlichen Tiefe wie der abgebildete Gegenstand, oder das Foto, das ein solches Bild wiedergibt

HOLOGRAPHIE
Das Verfahren zur Abbildung eines Lichtwellenfeldes, das von einem mit Laserlicht beleuchteten Gegenstand ausgeht

IMPULS
Die kurzzeitige Zustandsänderung der Bewegungsgröße einer Kraft, wie etwa Spannungs- und Stromimpuls

INDUKTION
Die Erzeugung eines Magnetismus oder elektrischen Stroms durch ein Magnetfeld in einem Material

INFRAROT-STRAHLEN
Unsichtbare elektromagnetische Wellen mit längeren Wellenlängen (zwischen einem millionstel und einem tausendstel Meter) als Licht. Dazu gehören die Wärmestrahlen.

INTERFERENZ
Die Überlagerungserscheinung von zwei aufeinandertreffenden Wellen. Die resultierende Amplitude ist jeweils gleich der Amplitude der ursprünglichen Wellen und führt zur Verstärkung oder Auslöschung der Wellen.

ION
Ein Atom, das Elektronen abgegeben oder dazugewonnen und eine elektrische Ladung hat

KATHODE
Negativ geladene Elektrode

KEIL
Der Teil einer einfachen Maschine, der durch Nutzung der schiefen Ebene als Mittel zum Trennen dient

KETTENRAD
Ein Zahnrad, das mit einer Gliederkette angetrieben wird

KOLBENBEWEGUNG
Eine Bewegung, die ein Maschinenteil durch eine wiederholte Hin- und Herbewegung ausführt

KOMPLEMENTÄRFARBE
Eine Farbe, die sich aus dem Mischen zweier Grundfarben ergibt

KONDENSATOR
Ein elektrisches Bauelement, das Ladung speichert. Bei Kältemaschinen ein Wärme(aus)tauscher (also Verflüssiger).

KONKAV
Hohl, nach innen gewölbt

KONVEX
Erhaben, nach außen gewölbt, zum Beispiel bei Linsen

KORREKTURTRIEBWERK
Eine Schiffsschraube zum Manövrieren eines Schiffs oder eines Unterseeboots; ebenfalls ein kleiner Raketenmotor oder Gasstrahl zum Manövrieren eines Raumschiffs im Weltall

KRAFT
Der Druck oder Zug, der Ursache für die Bewegung eines Körpers oder dessen Abbremsen ist, oder der Druck auf eine Oberfläche. Wenn eine Kraft auf einen Körper wirkt, so kann sie in zwei kleinere Bestandteile aufgeteilt werden, die in unterschiedlichen Winkeln wirken. Der eine Bestandteil der Kraft kann einen Körper in eine Richtung bewegen, während der andere Bestandteil der Kraft das Gewicht trägt oder gegen den Widerstand in einer anderen Richtung wirkt.

KÜHLER
Der Teil eines Automotors, der die Wärme aus dem Kühlwasser, das durch den Motor zirkuliert, ableitet

KURBEL
Ein einarmiger Hebel zur Drehung einer Welle oder umgekehrt. Bei der Kurbelwelle eines Automotors sind mehrere Kurbeln miteinander verbunden, die über ein Gestänge von den Zylindern angetrieben werden.

LASER
Abk. für *L*ight *A*mplification by *S*timulated *E*mission of *R*adiation = Lichtverstärkung durch erzwungene Strahlungsemission. Ein Gerät, das einen sehr hellen und scharf gebündelten Lichtstrahl erzeugt, dessen Wellen dieselbe Frequenz und Phase haben.

LAST
Der Name für einen Gegenstand, der getragen oder gefahren wird. Auch der Widerstand gegen eine Bewegung, die eine Maschine überwinden muß.

LEISTUNG
Die auf eine Maschine angewandte Kraft zwecks Erzeugung einer Arbeit

LICHTSTRAHLEN
Die sichtbaren elektromagnetischen Wellen mit einer Wellenlänge zwischen 4 und 8 zehnmillionstel Meter und mit einem Farbspektrum von Blau bis Rot

LINEARBEWEGUNG
Eine Bewegung in gerader Linie

LINSE
Ein Körper aus durchsichtigem Stoff, der zur Erzeugung eines Bilds durchtretende Lichtstrahlen beugt

LOCH
Der von einer Elektronenbewegung hinterlassene, freie Raum in einem Atom. Da ein Elektron eines anderen Atoms das Loch füllen kann, wird es auf das andere Atom „übertragen".

MAGNETFELD
Der Zustand eines Raums in der Umgebung eines Magneten oder elektrischen Stroms, der andere Magnete anzieht oder abstößt

MASSE
Die Stoffmenge, die ein Körper besitzt. Masse ist nicht dasselbe wie Gewicht, das die Kraft ist, mit der die Schwerkraft einen Körper zur Erde zieht. Ein schwimmender Körper verliert an Gewicht, doch seine Masse bleibt dieselbe.

MIKROCHIP
Ein elektronisches Bauelement mit vielen kleinen miniaturisierten Schaltkreisen, die elektrische Signale verarbeiten oder speichern. Auch kurz Chip oder integrierter Schaltkreis genannt.

MIKROCOMPUTER
Ein kleiner Computer, der auf einen Schreibtisch paßt oder sogar tragbar ist

MIKROWELLEN
Elektromagnetische Wellen mit sehr kurzen Wellenlängen zwischen einem Millimeter und 30 Zentimetern

MODULATION
Die gegenseitige Beeinflussung von Schwingungen durch Überlagerung, bei der die erste Schwingung die zweite verändert, entweder deren Amplitude (AM) oder deren Frequenz (FM).

MOLEKÜLE
Eine Gruppe von Atomen, die den kleinsten Teil einer Substanz bilden und noch deren chemische Eigenschaften besitzen. In vielen Elementen gruppieren sich identische Atome, um Moleküle zu bilden. Sauerstoffmoleküle etwa bestehen aus zwei Sauerstoffatomen. In chemischen Verbindungen bilden verschiedene Atome zusammen ein Molekül. So enthält zum Beispiel jedes Wassermolekül zwei Wasserstoffatome, die sich mit einem Sauerstoffatom verbinden. In Kristallen aus den Elementen und Verbindungen

hängen die Atome eher in regelmäßigen Netzstrukturen zusammen, als daß sie getrennte Moleküle bilden.

N-TYP-HALBLEITER

Eine Art von Halbleiter, der so vorbehandelt wird, daß er Elektronen erzeugt, sie abstößt und dadurch positiv geladen wird

NEGATIV

Das fotografisch hergestellte Bild, bei dem helle Bildteile dunkel und dunkle hell wiedergegeben werden. Beim Farb-Negativ sind zusätzlich die Farben durch ihre Gegenfarben (Komplementärfarben) ersetzt. In der Elektrizität gilt die Ladung eines Elektrons als negativ, ebenso alles, was Elektronen speichert oder abgibt. Bei den Wellen gilt eine minimale Energie als negativ.

NEUTRON

Neben dem Proton eines der beiden Bausteine eines Atomkerns. Ein Neutron besitzt fast dieselbe Masse wie ein Proton und erscheint nach außen hin elektrisch neutral. Alle Kerne enthalten Neutronen, nur die allerleichtesten nicht, die eine gewöhnliche Form des Wasserstoffs sind. Deuterium und Tritium, andere Formen oder Isotopen des Wasserstoffs (auch schwerer und überschwerer Wasserstoff genannt), enthalten Neutronen.

NOCKEN

Eine rotierende Kurvenscheibe, die einen Kipphebel bewegt. Bei Verbrennungsmotoren wandeln Nocken und Stößel gemeinsam die Drehbewegung des Motors in eine Kolbenbewegung um.

OBERTONWELLE

Eine Reihe von Wellen, die die Haupt- oder Grundwelle begleiten. Die Frequenzen der Obertonwellen sind Vielfache der Frequenzen der Hauptwelle. Die Obertonwellen sind bei den einzelnen Instrumenten Grund für die jeweilige Klangfarbe.

OSZILLATOR

Ein Gerät zur Erzeugung von Schallwellen oder elektrischen Signalen mit gleichmäßiger Frequenz.

P-TYP-HALBLEITER

Eine Art Halbleiter, die so vorbehandelt wird, daß sie Löcher in Atomen erzeugt (Räume für Elektronen), indem sie Elektronen abgibt und dadurch negativ geladen wird.

PENDEL

Ein Stab oder ein Seil mit einem schweren (Pendel-)Gewicht am Ende. Das Pendel dreht sich um den Aufhängepunkt und schwingt hin und her. Die Schwingungsdauer eines Pendels verändert sich nur mit der Pendellänge — nicht aber mit dem Pendelgewicht.

PLANETENGETRIEBE

Ein Zahnradgetriebe, das aus einem zentralen Sonnenrad besteht, auf dem sich die im Umlaufsteg geführten Planetenräder abwälzen

POSITIV

In der Fotografie ein Bild, das die Helligkeitswerte einer Szene genau abbildet. In der Elektrizität alles, was Elektronen erhält oder abgegeben hat.

PRÄZESSION

Die Bewegung, die ein rotierendes Rad macht, wenn eine Kraft darauf einwirkt. P. veranlaßt dieses Rad, sich rechtwinklig zur Kraftrichtung zu drehen.

PRISMA

Ein Körper aus lichtdurchlässigem und -brechendem Stoff, der von wenigstens zwei sich schneidenden Ebenen begrenzt ist

PROTON

Neben dem Neutron eines der beiden Bausteine der Atomkerne. Ein Proton besitzt die zweitausendfache Masse eines Elektrons und eine positive Ladung. Die Anzahl der Protone in einem Kern bestimmen die Identität eines Elements. So hat etwa Wasserstoff ein Proton pro Kern, während Sauerstoff deren acht hat.

RAD

Jedes runde, rotierende Teil in einer Maschine

RAD UND ACHSE

Eine Klasse rotierender Maschinen oder Geräte, bei der die in einem Teil erzeugte Leistung in einem anderen Teil eine nützliche Bewegung erzeugt

RADIOAKTIVITÄT

Die Erzeugung radioaktiver Strahlen durch Stoffe, die Atome mit instabilen Kernen enthalten, wie etwa der Atommüll aus Kernreaktoren

RAM

Abk. für *Random Access Memory* — der Schreib/Lesespeicher eines Computers, ein flüchtiger Speicher für Programme und Daten

RATSCHE

Eine Sperrklinke, die eine Bewegung in nur einer Richtung zuläßt. Eine Ratsche besteht aus einem Zahnrad mit Welle. Die Sperrklinke bewegt sich um ein Gelenk, so daß sie sich über die Zähne eines Zahnrads in einer Richtung bewegen kann. Bewegt dieses sich jedoch in die andere Richtung, so klinkt sich die Ratsche in ein Zahnrad ein und blockiert diese Bewegungsrichtung.

REFLEKTION

Die Bewegungsumkehrung von Wellen oder Strahlen, wenn sie auf eine Oberfläche auftreffen. Innere Reflektion tritt auf, wenn Lichtstrahlen von der inneren Oberfläche eines durchlässigen Materials zurückgestrahlt werden.

REIBUNG

Die Summe der an der Berührungsfläche zweier Körper wirksam werdenden Kräfte, die eine Bewegung hemmen oder verhindern (ohne Bewegung keine Reibung)

RESONANZ

Das Mitschwingen eines Gegenstands mit seiner natürlichen Eigenfrequenz, wenn äußere Schwingungen auf ihn auftreffen und ihn anregen

RÖNTGENSTRAHLEN

Unsichtbare elektromagnetische Wellen mit kürzeren Wellenlängen als das Licht, die Fluoreszenz erzeugen. Im Unterschied zu Licht haben sie ein hohes Durchdringungsvermögen für die meisten Stoffe.

ROLLE

Ein Rad, über das ein Seil, eine Kette oder ein Riemen geführt wird

ROM

Abk. für *Read Only Memory* — ein unveränderbarer Festwertspeicher im Computer, der Programm und Daten ständig aufhebt

SCHALLWELLE

Durch die Änderung der Massendichte erzeugte Schwingungen eines Mediums, im allgemeinen von Luft. Im Bereich zwischen 20 und 20 000 Hz sind sie für Menschen hörbar.

SCHALTKREIS

Ein elektronischer Baustein, der die aktiven und passiven Elemente einer elektronischen Schaltung in einem Gehäuse vereint. Die Bauteile werden auf einem Halbleiterkristallplättchen (Chip) aufgedampft. Ein Chip faßt einige 100 000 Bauteile.

SCHIEFE EBENE

Eine gegen die Waagerechte geneigte Ebene, die beim Heben von Lasten dazu benutzt wird, die Leistung und die Entfernung zu verändern

SCHNECKENBOHRER

Eine große Schraube, die sich in einem Rohr in Axialrichtung dreht, um Wasser sowie loses Schüttgut zu befördern oder Löcher zu bohren

SCHNECKENGEWINDE

Ein Schraubengewinde, das mit einem Getrieberad verzahnt ist

SCHRAUBE

Ein Zylinder mit Gewinde oder Kerbe in Spiralform, der sich entweder dreht, um sich selbst zu bewegen, oder ein ihn umgebendes Material oder Objekt

SCHUB(KRAFT)

Eine Kraft, die bewirkt, daß Körper sich vorwärts bewegen

SCHWERKRAFT

Die Kraft, die jeder Körpermasse ein Gewicht verleiht und sie zur Erde zieht. Der normale Druck der Luft oder des Wassers wird durch sie bewirkt.

SKALA

Eine gleichmäßige oder ungleichmäßige Folge von Strichen oder Ziffern für Meß- oder Einstellzwecke in gerader oder kreisförmiger Anordnung

SOLARZELLE
Ein Gerät, das die einfallende Strahlungsleistung des Sonnenlichtes direkt in elektrische Leistung umwandelt

SONNENRAD
Ein Zahnrad, um das herum sogenannte Planeten(zahn)räder sich drehen

SPALTUNG
Eine atomare Reaktion, bei der die Atomkerne auseinandergebrochen werden, um Energie zu liefern

SPANNUNG
In Volt gemessene Kraft, mit der ein elektrischer Strom oder eine elektrische Ladung Elektronen bewegt. In der Mechanik: die bei Belastung eines Körpers auftretende innere Kraft der Gegenwirkung.

SPERRHAKEN
Eine Klaue an einem Gelenk, die sich in die Zähne einer Ratsche einklinkt

SPIEGEL
Eine glatte Fläche, die einen wesentlichen Teil des auffallenden Lichts zurückwirft. Ein teildurchlässiger S. wirft teils Licht zurück, teils läßt er es durch.

SPIRALFÖRMIG
Jedes Gerät, das in Spiralform daherkommt, wie etwa eine Feder oder ein Korkenzieher

STATISCHE ELEKTRIZITÄT
Elektrische Ladung, die bei der Bewegung der Elektronen in einen Körper hinein oder aus ihm heraus erzeugt wird

STEREOPHONIE
Die Übertragung von Sprache oder Musik einschließlich ihrer räumlichen Kennzeichnung über zwei Lautsprecher oder Kopfhörer

STEREOSKOPISCHES BILD
Ein Bild mit räumlicher Tiefe. Es besteht aus zwei Halbbildern, die zu einer echten Raumwahrnehmung führen.

STRAHLEN
Eine elektromagnetische Welle mit kurzer Wellenlänge

STRAHLUNG
Strahlen, die aus einer Wärmequelle herrühren, oder Teilchenstrahlen und -ströme, die aus atomaren Reaktionen und radioaktivem Material stammen. Wärmestrahlung ist harmlos (es sei denn, sie führt zu Verbrennungen), doch radioaktive Strahlung ist gefährlich, da sie zur Zerstörung lebender Zellen führt.

STRÖMUNGSWIDERSTAND
Die Kraft, mit der Luft und Wasser der Bewegung eines Körpers (Auto, Schiff, Flugzeug) widerstehen; auch bekannt als Luft- oder Wasserwiderstand. Durch bestimmte Formen (Stromlinienform) läßt er sich wesentlich herabsetzen.

STROMVERSORGUNG
Die Lieferung von Elektrizität über ein Verteilungsnetz bis ins Haus. Es ist Wechselstrom mit einer Spannung von 220 Volt und einer Frequenz von 50 Hz.

SUBTRAKTIVE FARBMISCHUNG
Mischverfahren der drei Komplementärfarben (Gelb, Blaugrün und Purpur) zur Erstellung aller anderen Farben. Diese Farben vermischen sich, indem sie die Grundfarben aus dem Licht absorbieren, um die Farben zu erleuchten.

SUPRALEITUNG
Die praktisch unbegrenzte elektrische Leitfähigkeit einiger Metalle in der Nähe des absoluten Nullpunkts der Temperatur. Dadurch ist eine erheblich vergrößerte Leitfähigkeit und ein stärkeres Magnetfeld möglich.

TERMINAL
Die Ein- und Ausgabeeinheit einer elektrischen Maschine, die über ein Kabel Strom aufnimmt oder abgibt. Auch die Bedienungseinheit bei einem Computer.

TRAGFLÜGEL
Die gewölbte Fläche eines Flügels, die Auftrieb erzeugt, wenn die Tragfläche durch die Luft bewegt wird

TRANSFORMATOR
Ein Gerät, das die Spannung eines elektrischen Stroms erhöht oder herabsetzt

TRANSISTOR
Ein elektronisches Bauelement aus Teilen des n-Typ- und p-Typ-Halbleiters, das den Strom ein- und ausschaltet oder ihn verstärkt. Ein Steuersignal geht an die Zentraleinheit (Basis oder Gatter), die den Stromfluß über zwei äußere Teile (Sender oder Quelle, und Abnehmer oder Senke) steuert.

TRÄGERWELLE
Eine Funkwelle wird mit bestimmter Frequenz oder Wellenlänge gesendet, die so moduliert wird, daß sie Schall oder Bilder tragen kann.

TRÄGHEIT
Die Eigenschaft jedes Körpers, einer Änderung der Größe oder Richtung seiner Geschwindigkeit zu widerstehen

TREIBSTOFF (TREIBGAS)
Die in einer Sprühdose befindliche Flüssigkeit, die den für einen Sprühnebel notwendigen Druck erzeugt, oder der Brennstoff eines Raketenmotors

TURBINE
Eine Strömungsmaschine mit einem Laufrad, das von einer Flüssigkeit, einem Dampf oder einem Gas betrieben wird. Die Turbine kann umgekehrt auch Flüssigkeit, Dampf oder Gas befördern.

ÜBERSCHALL(GESCHWINDIGKEIT)
Geschwindigkeit, die schneller ist als die Schallgeschwindigkeit von 1200 km/Stunde

UHR
Ein Gerät in einem Rechner oder Computer, das gleichmäßige elektrische Impulse erzeugt, die die Aktivitäten der Bauelemente synchronisieren

ULTRAVIOLETTES LICHT
Unsichtbare elektromagnetische Wellen mit einer kürzeren Wellenlänge als Licht

UMDREHUNG
Die vollständige Drehung eines rotierenden Gegenstands um 360°

UNRUH(FEDER)
Der Teil in Uhren, der mit einem mechanischen oder elektrischen Unruhschwingsystem in Verbindung mit einer Spiralfeder den Gang einer Uhr regelt

VENTIL
Ein Gerät, das sich öffnet oder schließt, um den Zufluß einer Flüssigkeit oder eines Gases durch eine Leitung zu regeln. Es gibt Ein-Weg-Ventile, die sich nur in einer Richtung öffnen und einen Behälter so verschließen, daß eine Flüssigkeit oder ein Gas zwar hinein, nicht aber wieder hinaus können.

VERBRENNUNGSMASCHINE, INNERE
Siehe WÄRMEMASCHINE

VERDUNSTUNG
Der Vorgang, bei dem sich eine Flüssigkeit bei einer Temperatur, die unterhalb ihres Siedepunkts liegt, in Dampf verwandelt

VERFLÜSSIGER
Ein Gerät, das Gase oder Dämpfe so kühlt, daß sie ihre Wärme verlieren und sich in eine Flüssigkeit verwandeln

VERSCHMELZUNG (FUSION)
Eine atomare Reaktion, bei der verschiedene Atomkerne zu neuen Kernen verschmelzen, um Energie abzugeben

VIRTUELLES BILD
Siehe BILD

WAAGE
Ein Meßgerät zur Ermittlung des Gewichts eines Körpers

WÄRME(AUS)TAUSCHER
Ein Gerät, das einer heißen Flüssigkeit oder einem heißen Gas Wärme entzieht, um damit eine kühle Flüssigkeit oder ein kühles Gas zu erwärmen. Im Wärme(aus)tauscher werden gewöhnlich die heißen Flüssigkeiten oder Gase in Leitungen durch die kühlen Flüssigkeiten oder Gase hindurchgeführt.

WÄRMEMASCHINE
Eine Maschine, in der Wärme in Bewegung umgewandelt wird durch die Ausdehnung eines Gases, bei dem es sich entweder um Dampf oder das Verbrennungsprodukt eines Brennstoffs handelt. Es gibt zwei Arten: die äußere und die innere Verbrennungsmaschine. Bei einer äußeren W. befindet sich die Wärmequelle, welche die

Temperatur des Gases erhöht, außerhalb der Maschine, wie etwa der Dampfkessel einer Dampfmaschine. Bei einer inneren W. wird der Brennstoff innerhalb der Maschine verbrannt. Benzin- und Dieselmotoren sind beides innere Verbrennungsmaschinen.

WATT
Die Einheit für jede Art von Leistung. Ein Watt wird geleistet, wenn ein Strom von 1 A aus einer Quelle von 1 V eine Sekunde lang fließt.

WECHSELSTROM
Elektrischer Strom, dessen Richtung und Stärke sich in schneller Folge periodisch ändert. In der Bundesrepublik beträgt die gebräuchliche Frequenz 50 Hz.

WELLE
Eine meist runde, drehbar gelagerte Stange zur Weiterleitung von Drehmomenten über die Räder

WELLEN
Der Energiefluß, bei dem der Energiepegel gleichmäßig zu- und dann abnimmt, wie bei den Wellen im Meer. Eine vollständige Welle ist die Durchflußmenge zwischen zwei Energiehöhepunkten. Der Abstand zwischen zwei Wellen heißt Wellenlänge.

WELLENLÄNGE
Der Abstand zwischen zwei aufeinander-folgenden Maxima oder Minima einer Welle

WIDERSTAND
Eine Kraft, die die Bewegung eines Körpers, zum Beispiel durch Trägheit oder Reibung in der Luft oder im Wasser, behindert. In der Elektrizität die in Ohm gemessene Fähigkeit eines Gegenstands, den Elektronenfluß durch ihn hindurch zu beeinträchtigen.

WINDE
Eine Vorrichtung aus einer Trommel mit einem darumgewickelten Seil, um Lasten zu heben oder abzulassen

WIRKLICHES BILD
Siehe BILD

WIRKUNG UND GEGENWIRKUNG
Zwillingskräfte, die auf jeden bewegten Körper wirken. Die Kraft, die bewegt, heißt Wirkung, und der Körper stößt mit einer Kraft zurück, die Gegenwirkung heißt. Wirkung und Gegenwirkung sind stets gleich groß und wirken immer in entgegengesetzte Richtungen. Dies ist auch der Fall, wenn eine Flüssigkeit oder ein Gas bewegt wird oder die Zwillingskräfte selber einen Körper bewegen.

ZAHNRAD
Ein Rad aus Metall, das an seinem Rand Zacken (Zähne) hat und nie alleine kommt

ZAHNSTANGE
Eine mit Zähnen versehene Leiste, die mit einem Zahnrad oder einem Schneckenrad zusammenarbeitet

ZELLE
Ein selbständiges Element, das einen Gleichstrom erzeugt. Eine Batterie besteht aus mehreren hintereinander geschalteten Zellen. Und ein Sonnenmodul besteht aus mehreren Solarzellen.

ZIFFER
Eine einstellige Zahl, z. B. die Dezimalziffern 0 bis 9 und die Binärziffern 0 und 1.

REGISTER